均相催化剂：活化-稳定-失活

Homogeneous Catalysts：Activity-Stability-Deactivation

［荷］皮特·范·洛文(Piet W. N. M. van Leeuwen)
［美］约翰·C·查德威克(John C. Chadwick) 编

中国石化催化剂有限公司 译

中国石化出版社

著作权合同登记　图字：01-2015-5783 号

图书在版编目(CIP)数据

均相催化剂：活化-稳定-失活／(荷)皮特·范·洛文，(美)约翰·C·查德威克编；中国石化催化剂有限公司译. —北京：中国石化出版社，2019.7
ISBN 978-7-5114-5326-6

Ⅰ. ①均… Ⅱ. ①皮… ②约… ③中… Ⅲ. ①均相催化-催化剂-研究 Ⅳ. ①O643.32

中国版本图书馆 CIP 数据核字(2019)第 081453 号

中国石化出版社出版发行
地址:北京市朝阳区吉市口路 9 号
邮编:100020　电话:(010)59964500
发行部电话:(010)59964526
http://www.sinopec-press.com
E-mail:press@ sinopec.com
北京科信印刷有限公司印刷
全国各地新华书店经销
＊
710×1000 毫米 16 开本 19.75 印张 379 千字
2019 年 8 月第 1 版　2019 年 8 月第 1 次印刷
定价:75.00 元

编译委员会

主　任：陈遵江

副主任：刘志坚　曹光伟

委　员：刘志坚　曹光伟　殷喜平　胡学武

译 者 序

众所周知，催化剂是现代石油炼制和石油化工的核心技术产品，而催化材料又是开发新催化剂不可或缺的基础。进入21世纪后，催化技术在应对日益增多的来自经济、能源和环境保护的挑战方面，发挥着比以往更加重要的作用。中国石化催化剂有限公司是全球品种最全、规模最大的催化剂专业制造商之一，产品涵盖炼油催化剂、化工催化剂、基本有机原料催化剂和环保催化剂四大领域，在催化剂行业内发挥着举足轻重的作用。为更加深入地了解国外在催化剂材料、催化剂设计、合成、表征以及催化剂使用方面的最新技术进展，并为对催化剂感兴趣的研发人员提供有价值的参考资料，中国石化催化剂有限公司与中国石化出版社合作，遴选并引进了国外新近出版的催化剂技术专业图书，由中国石化催化剂有限公司负责组织编译，由中国石化出版社出版发行。《均相催化剂：活化-稳定-失活》便是其中一部值得向读者推荐的佳作。

本书分为10章，第1章介绍了一些应用均相催化的基本反应。第2、3章介绍了早期应用于烯烃聚合的过渡金属催化剂以及后过渡金属催化剂。第4、5章论述了烯烃聚合过程中催化剂的固定效应以及休眠中心的形成对聚合速率的限制。第6章讲述了过渡金属催化的烯烃低聚反应。第7、8章介绍了均相催化的非对称加氢反应和羰基化反应。第9、10章讲述了金属催化的交联反应和烯烃双键移位反应等。重点放在均相催化剂的活性、稳定性以及如何减缓失活方面。这是一本由浅入深介绍均相催化剂以及应用的好书，它既可为在校学生和从业者提供均相催化反应原理、催化剂类型及特点等相关知识，又为具有一定经验的科研工作者和资深从业者提供一部极具参考价值的专著。

本书由刘志坚、曹光伟组织编译。全书由曹光伟、胡学武统稿、审校。参与书稿翻译、审阅工作的还有王志平、刘春生、张英等同志，在此一并致谢。

　　限于译者水平，不妥和错误之处在所难免，敬请读者批评指正。

译者

2019 年 07 月

前　　言

自从 20 世纪 60 年代，均相催化剂就一直在石油化工产品和煤衍生化学品的生产中起着重要作用。在最近 20 年间，过渡金属催化剂在实验室与工业化生产两个方面都彻底改革了合成有机化学。均相催化剂在聚烯烃合成中的应用开始于 20 世纪 80 年代，并且引发了无数的研发工作，由此带来了以往无法得到的聚合物以及对于聚合物结构与性能控制的巨大提升。如同最近投入使用的生产辛烯-1 与甲基丙烯酸甲酯新路径所示，用于化工产品生产的新工艺和新催化剂在持续引入。

对于所有的催化剂，选择性和反应速率都是关键性参数，而在实验室内甚至速率都不会对反应有过多影响，因为催化剂的装载量一般都是 5%或更多。而对于工业应用，通常由于经济性的考虑需要有较高的转换数。这种经济性常常比简单的催化剂成本要复杂得多。对于大量化学品应用领域，催化剂活化、活性、稳定性、失活、循环和再生方面的研究已经形成了催化研究的组成部分。大量的研发努力（主要是在工业上）都集中在这方面，而公开的出版物还不多，尽管有些涉及稳定性的议题可以从专利文献中推导出来。催化剂稳定性在将催化技术进展转化为实际应用方面一直是一个高度重要的参数，特别是在聚合物合成、交联化学、加氢催化、羰基催化反应和置换反应化学中。

在非均相催化中，对于催化剂活化、失活和再生的研究一直是主要的研究活动。这些主题已经在许多文章、书籍和会议中涉及，而用这些关键词进行文献检索时可以得到许多相关结果。而对于均相催化剂来说，情况则大为不同，也许置换反应是个例外。在大量的出版物中可以得到许多相关知识，但这还是不容易检索的。在均相催化中的方法与非均相催化中的完全不同，特别是工业应用出现之前。在均相催化中，改进催化剂性能的通用方法是变化某个催化组分，而不会过多考虑其他催化剂系统为何失败这样的问题。

本书中，我们会涉及许多重要的均相催化剂，重点放在活性、稳定性和失活方面，包括失活路径如何避免这样的重要议题。活化和失活的关键概念以及典型的催化剂分解路径都在第1章中给出。第2~6章覆盖了烯烃聚合反应与齐聚反应的均相聚合催化剂，包括催化剂固定的影响以及休眠中心形成后所造成的聚合速率限制。第7~10章将描述催化剂在不对称加氢反应、氢甲酰化反应、烯烃-一氧化碳反应、甲醇羧基化反应、金属催化的交联催化反应以及最后提到的烯烃复分解反应中的活性和稳定性。

我们希望本书对于许多工作在均相催化领域内的科学家具有一定价值，而从聚合反应催化到特殊化学品和大众化学品合成的广泛话题的包容能够引起各种创意理念的交融。

我们要感谢 Rob Duchateau、Peter Budzelaar 和 Nick Clément 的有益评论和奉献，感谢 Marta Moya 和 María José Gutiérrez 对文稿的最后润色。我们也要感谢 Wiley-VCH 出版社的 Manfred Kohl，在第十届催化剂失活国际研讨会上说服我们开始此书项目。我们要感谢他、Lesley Belfit 和他们的团队从始至终提供的完美支持。

Piet W. N. M. van Leeuwen

John C. Chadwick

2011 年 2 月

目　　录

第1章　基本反应步骤

1.1　前言

在涉及催化的文献中，催化剂性能如选择性、活性和转换数是核心。通常，催化剂稳定性不是通过研究催化剂表现不佳的原因而直接表述的，而是通过改变条件、配位体、添加剂和金属等以便发现更好的催化剂。寻找适宜催化剂的一种方法涉及利用机器人筛选配位体或是配位体集群[1]；特别是超分子催化[2~4]使人们可以快速发现许多新的催化剂体系。另一种方法是研究分解机理或是催化剂前体所在状态以及为何其未能形成活性中心。人们已经对于一些重要反应进行了此类研究，但是其数目太少。如在前言中所述，人们在均相催化中给予催化剂稳定性[5]的关注远少于在多相催化中的[6]。我们倾向于某种既探明又探索的组合方式，而不评论哪种方法更有效。长期来看，这种方法对于某个我们已经详细了解的反应更合适。而对于那些相对新颖的反应、催化剂或基质，则如20世纪许多事例所示，筛选的方法更有效；对所有催化剂细节的研究都还不能使我们到达一个允许我们做预测的那种水平。通过全盘考虑已知的协同作用、有机金属复合物和它们的配位体的分解反应，我们可以将某预期反应的潜在催化剂（配位体、金属、助催化剂）数目大幅降低。游离的膦类化合物极易被氧化，亚磷酸脂类则会被水解，因而这类配位体和条件的简单组合可以从宽范的筛选项目中除去。此外，我们对于即将进行的与催化剂反应会有何结果可以进行精细设想，进一步降低筛选工作量。为更好探明催化机理，常常将研究中的催化反应分解为我们通常根据（模型）有机金属或有机化学所熟知的基本反应步骤。像许多书本所做的那样，我们可以收集基本反应步骤、逆反其过程，并尝试设计新的催化循环。对于分解工艺也可以这样做，首先观察其基本反应步骤[7]，这个工艺可能是单步骤的或比较复杂的、甚至可能是自催化的。本章我们将总结会导致金属复合物和配位体分解的基本反应，且仅限于后面章节会继续讨论的催化过程。

1.2　金属沉积

金属沉淀的形成是均相催化剂分解的最简单和最普通的机理。这并不奇怪，因为二氢、烷基金属化合物、烯属烃以及一氧化碳等这类还原剂都是常用试剂。零价金属可能会成为催化循环的中间体之一，如果没有稳定配位体出现，其极有可能作为金属沉淀下来。金属的沉淀一般会在配位体分解之后发生。

1.2.1　配位体丢失

一个典型实例就是经典甲酰化催化剂四羰基氢钴络合物上一氧化碳和二氢的

失去(见图 1.1)。

$$2HCo(CO)_4 \xrightarrow{-H_2} CO_2(CO)_8 \xrightarrow{-CO} Co金属\downarrow$$

图 1.1　钴金属的沉淀

催化剂的静止状态是四羰基一氢合钴 $HCo(CO)_4$ 或是四羰基烷氧基钴 $RC(O)Co(CO)_4$。在进一步反应发生之前,二者都必须失去一个一氧化碳分子。因此,一氧化碳的失去就是该催化循环的一个错综复杂部分,该循环包括了配位体完全失去而导致钴金属沉淀的危险。磷化氢配位体的加入可以形成三烷基磷三羰基一氢合钴 $HCo(CO)_3(PR_3)$ 而稳定羰基钴。相应地,该催化剂在甲酰化反应中需要较高的温度和较低的压力。

实验室中最著名的金属沉淀事例是在用钯复合物进行交联或羰基化反应催化中"钯黑"的生成,通常磷系配位体被用来稳定零价钯并避免该反应。

1.2.2　氢离子 H⁺ 的失去、卤化氢 HX 的还原消除

阳离子金属上失去质子也即还原消除,是形成零价金属物质的通常做法。如果没有稳定配位体,就会导致金属沉淀。对于钌、镍、钯、铂等金属已经描述过此类反应(见图 1.2)。其逆反应就是后过渡金属的金属氢化物常用再生方法,该反应式的平衡位置很明显地取决于系统的酸度。

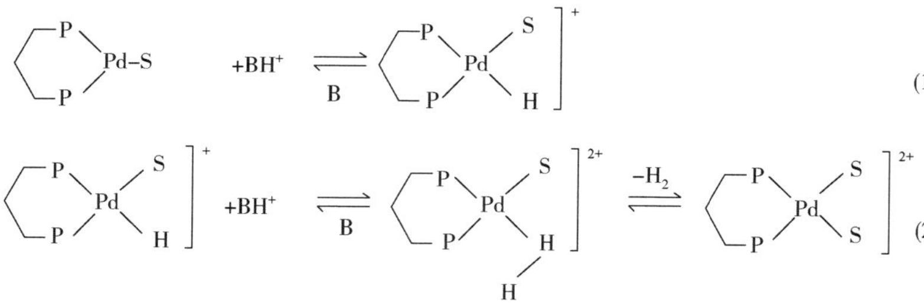

(1)

(2)

图 1.2　包含有质子与金属氢化物的反应式

在过强的酸性介质条件下,通过二氢和正二价带电金属复合物的形成,还会引起活性氢化物的分解[见图 1.2 中反应(2)]。所有这些反应都是可逆的,而其进程则取决于反应条件。

对于某些烯烃加氢反应和大部分烯烃齐聚反应(见图 1.3、图 1.4),则如这些图所见,这些金属会始终保持二价态,还原消除反应不会形成反应序列的不溶部分。

正如壳牌高碳烯烃工艺(SHOP)(其中 M = Ni)[8] 和钯催化的羰基化反应当中所示[9],L_nMH^+ 物质是由磷烷供体配位体予以稳定的。

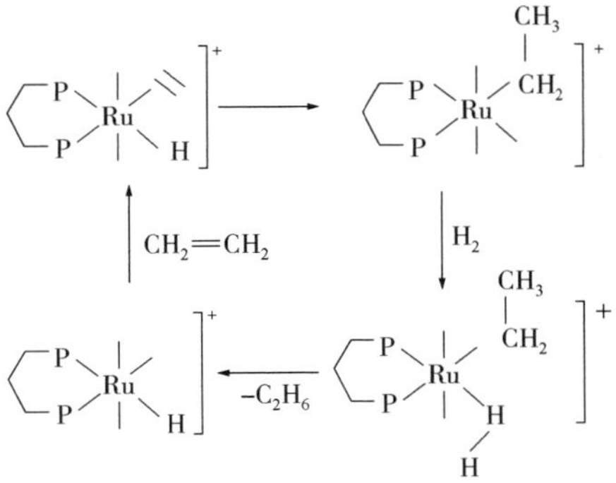

图 1.3　异裂加氢反应的简单图 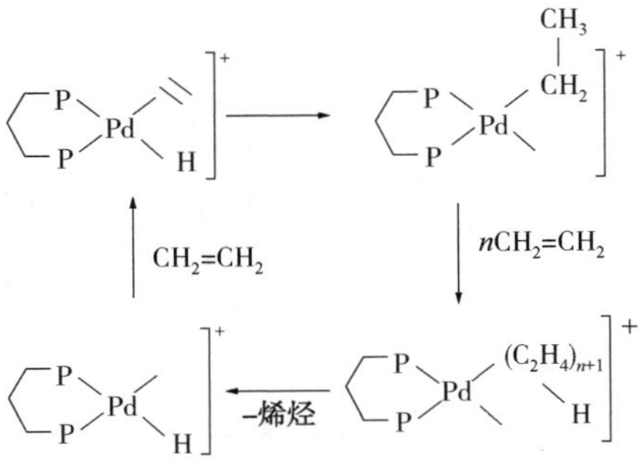　　　　　图 1.4　烯烃齐聚反应

我们提到了两个反应，包括卤化氢（HX）加成到一个双键和一个瓦克尔反应（Wacker Reaction）。如图 1.2 所示，其中的 MH$^+$ 与 M+H$^+$ 的平衡是反应序列的一部分。我们会把硅氢加成反应作为卤化氢（HX）的加成实例，对于氢氰酸（HCN）加成，其主要的分解反应（如后续文中可见）是不一样的。硅氢加成反应见图 1.5[10]。

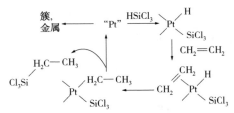

图 1.5　硅氢加成反应的简化机理

在瓦克尔反应（Wacker reaction）中，从盐酸钯（PdHCl）中除去 HCl 导致了零价钯的形成[11]，钯金属沉淀常常可以在瓦克尔反应或相关反应中发现[12]。在瓦克尔过程中，二价钯将乙烯氧化为乙醛（见图 1.6），因为用分子氧对钯的再氧化速率太慢，二价铜常被用作氧化剂。因为易被氧化，所以磷烷配位体不能作为零价钯的稳定剂。此外，磷烷还会减少钯的亲电性，而这是钯在瓦克尔反应中的重要特性。

与其他交联反应相同，在钯催化的赫克反应（Heck reaction）中（见图 1.7），在金属沉淀能发生之前，零价钯中间体会先经历氧化加成反应。如图 1.7 所示，也可以说零价钯会由于配位体的存在"得到保护"，但这需要在氧化加成反应发生之前有另一个分离步骤。对于有效的无配位体系统[13]和含配位体[14]系统都已见诸报道。极性介质可以加速加成。第二个方法包括了庞大配位体的使用，这样会提供较低的配位数，进而产生电子不饱和现象和更多的反应物质。转换数达上百万的情况已见报道。

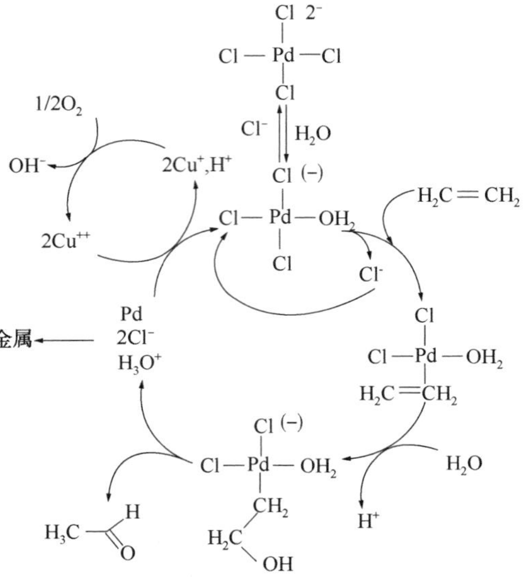

图 1.6 通过瓦克尔氧化反应由乙烯生成乙醛

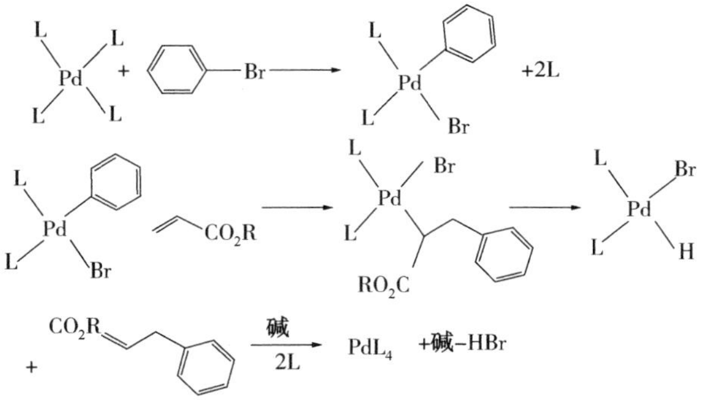

图 1.7 使用过量磷烷时的赫克反应机理

1.2.3 供碳、供氮、供氧碎片的还原消除

20 世纪已经报道了许多交联反应。由钯和镍催化的 C—C 键、C—N 键、C—O 键和 C—P 键的形成已经构成了有机合成的重要手段[16]。C—C 键形成的一般机理见图 1.8。金属的零价态再次成为该机理的内在部分。如同在赫克反应中一样，磷烷配位体必须避免金属沉积，加上/或者烃基卤化物的氧化加成反应必须快过金属沉积。

1.2.4 金属纳米粒子

金属团聚体的形成可能是从二聚物和三聚物的生成开始的，偶尔通过质谱仪或延伸 X 光吸收精细结构谱可以观察到它们；后一情况涉及某双膦钯催化剂在首先形成二聚物和三聚物之后才能观察到集簇体的生成[17]。在从金属复合物到整

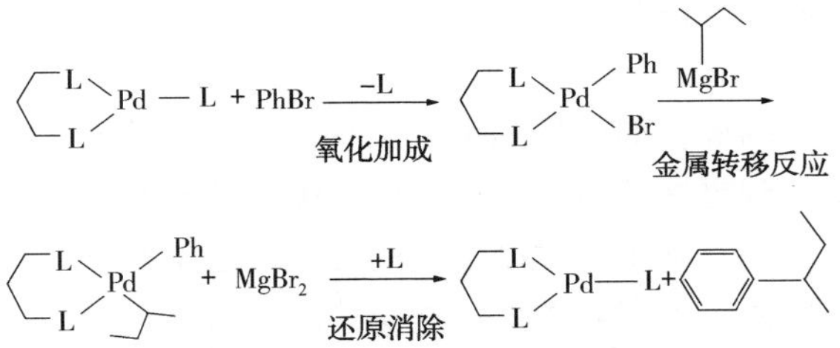

图 1.8　交联反应的一般机理

体金属颗粒的路径上，整个系统毫无疑问地经历了金属纳米粒子阶段（MNPs）。这一点通常可以通过观察到黑色沉淀之前，介质溶液由黄变绿再变蓝的状况推演出来。MNPs 也可以按需合成，作为催化剂使用[18]。是选择形成"巨大集簇"还是 MNPs 可以由条件、金属与配位体的比值、稳定剂[19]如聚合物等、固体表面[21]、离子液[22]、表面活性剂[23]和树状大分子[24]进行调节。MNPs 是能溶解、可循环的物质，可以在均相和非均相催化剂间作为中间体存在[25]。非均相催化剂的典型反应，如烯烃和芳烃的加氢反应可以在 MNPs 的表面进行，通常它们都会保持原封不动[26]。在催化氧化法中，人们对巨大集簇钯（当时的叫法）已有很久的了解了[27]，但真实催化剂的本质却还未可知。用钯纳米粒子 PdNP 催化剂进行的那些与均相催化过程相当相似的反应，如交联过程、赫克反应和烯丙基烷基化反应一直都是研究讨论的主题，人们要搞清钯纳米粒子 PdNP 是作为单金属复合物的催化剂还是沉降点/前体而发挥作用[28]。无配位体的钯"原子"（不过，已经溶剂化）可能在 C—C 交联反应中是非常活跃的催化剂，这可以解释为何纳米粒子能导致活性催化剂，甚至导致"有效"循环再用，因为只有一小部分催化剂前体消耗在了每个循环中。甚至对于非对称的金属纳米粒子 MNP 催化剂也有报道，其实例包括铂催化的丙酮酸乙酯加氢反应[29]、钯催化的苯乙烯硅氢加成反应[30]以及钯催化的外消旋基质烯丙基烷基化反应[31]。数十年来，人们都知道用手性分子对表面进行改性会提供对映选择性催化[32]，但在均相的与以金属纳米粒子 MNP 为基的对映选择性催化中所用配位体的相似性方面，似乎还有怀疑。已经有证据显示后一反应是由均相复合物催化的[28~33]。

　　在吡啶醋酸钯催化的醇类氧化反应中，人们由透射电子显微镜法（TEM）发现了钯纳米粒子 PdNP 的生成。但若使用在吡啶环 3 位上含有 2，3，4，5—四苯基苯基取代基的树突吡啶配位体，则这已经被 Tsuji 和其合作者成功地抑制了[35]。

　　均相催化的一个重要议题就是金属纳米粒子 MNP 可以以可逆方式形成，而较大的金属粒子的形成则通常无论是热力学上还是动力学上都是不可逆的。MNP 对于新反应的发现还仍然带来希望，并且作为分子催化剂的前体也展示了优势，但是在催化过程中控制其尺寸还是一个不易解决的内在问题。

1.3 配位体的氧化分解

1.3.1 综述

均相催化工艺中的催化剂改性的主要工具是配位体的改性。通过改变配位体的特性，我们试图得到更好的活性和稳定性。配位体和其复合物的分解对于整个系统的性能有很大影响。基于后过渡金属的催化剂通常都含有亚磷酸酯类和膦类化合物作为改性配位体。人们对于这些配位体的分解路径给予了极大的关注。如我们所将看到的，它们对于许多反应都极为敏感。氮系配位体如有机胺类、亚胺和吡啶类通常都是更加稳定的，但它们对于低价态后过渡金属如铑催化的加氢甲酰化中的一价铑则为低效配位体。而对于离子复合物，氮供体配位体在那些高效和高选催化反应中的应用已经大幅增加。

1.3.2 氧化

1.3.2.1 利用氧气的催化

利用氧气进行氧化反应的均相催化剂并不含有改性软配位体，但它们是由水、醋酸及类似物质给予溶剂化的离子化物质。相关实例包括制备乙醛的瓦克尔工艺(钯在水中)和对二甲苯制对苯二甲酸的氧化反应(钴在醋酸中)[36]。

基于氮供体原子的配位体是可选择的配位体，它们可以稳定高价金属离子并且不会像磷系或硫系配位体那样对氧化反应敏感。例如，菲咯啉配位体被用于钯催化的醇类氧化反应制酮类或醛类化合物[37]，二元胺则是铜催化的酚类氧化偶联反应在聚苯醚合成中的有效配位体[38]。尽管近年来有许多有趣的关于新型氧化催化剂的报道[39]，但是我们还未得到多配位基氮系配位体的商业应用信息。配位体骨干的氧化反应可能是个问题，因为即使卟啉类化合物也要以卤化物的形式使用，以便加强其在氧化反应中的稳定性[40]。

1.3.2.2 利用氢过氧化物的催化

利用氢过氧化物(叔丁基过氧化物和1-苯乙基过氧化氢)催化丙烯环氧化的商业应用包括了如烷氧基钛的"无配位体"金属，配位体氧化反应对于此类应用则不成问题[41]。对于使用夏普莱斯(Sharpless)催化剂的不对称环氧化工艺，配位体的氧化反应也不是主要问题[42]。

磷系配位体非常易氧化。因此，在开始催化过程之前，必须将氧和氢过氧化物从试剂和溶剂中彻底清除掉。尽管如此，膦烷配位体的氧化反应还是常常会使催化结果变得模糊。

当膦烷与过渡金属强烈键合以致没有或很少有分解产生时，由氢过氧化物造成的氧化就不会发生。这种情况就是斯图鲁库尔(STRUKUL)[43]开发的由铂催化的烯烃用氢过氧化物进行的环氧化反应。双齿膦配位体"幸免于"氢过氧化条件，非对称和特定选择的环氧化取得成功，证明手性配位基未受触动并与铂协同作用。典型情况下的转换数为50~100，因而从绿色化学角度来看颇具吸引力的氢过氧化物由于转换数过低而至今未能形成工业化应用。很显然，从成本控制角度来看，斯图鲁库尔(STRUKUL)催化剂似乎更具吸引力。

1.4 膦类化合物

1.4.1 简介

膦类化合物和二膦类化合物被广泛用于均相催化剂中的配位体组分。大型工艺过程包括铑催化的丙烯、丁烯和庚烯的加氢甲酰化反应与乙烯齐聚反应，钴催化的内部高碳烯烃加氢甲酰化反应和丁二烯二聚反应。小型操作上则包括有烯酰胺和取代丙烯酸不对称加氢、不对称异构化制薄荷醇、氢酯基化反应(异丁苯丙酸)和十族金属催化的 C—C 键形成反应[赫克反应(Heck reaction)、铃木反应(Suzuki reaction)]。未来还有可能包括乙烯[44]的选择性三聚和四聚、更多的烷氧羰基化反应(大型的甲基丙烯酸甲酯、更多的药品)、羟基羰基化反应、大量新型 C—C 键[45]与 C—N 键偶联反应、非对称的烯烃二聚反应、烯烃交互置换反应以及新型加氢甲酰化反应。

Garrou[46]在许多年前就对膦配位体分解与均相催化的关系进行了评述，从那以后又出现了许多对于膦配位体分解反应的有趣研究，但 Garrou 的评述仍然是对于高度相关反应的有用集合。那时，磷化物的形成似乎是含磷烷催化剂最常有的宿命，但是正如 2001 年所综述的那样[7]，在过去 20 年间许多反应类型已被加入。在最近的一份综述内，Parkins 讨论了在配位层内的配位体中发生的反应，其中的大量实例都是关于膦类化合物的[47]。在 Parkins 的综述中，反应是按金属类别排序的。Macgregor 最近对于金属复合物中磷取代基的变化进行了综述，这表明 Garrou 的综述发表后又有许多新反应被发现了[48]。

1.4.2 膦类化合物的氧化

游离膦类化合物的氧化反应已被作为导致膦类化合物损失的反应在前文提到过(1.3.2.2 节)。在有机合成反应中广泛应用着大量的膦类化合物，通常产物是氧化膦，也即它们被用作了还原剂。众所周知的实例是在极温和的反应条件下由醇和羧酸生成酯类化合物的光延反应(Mitsunobu reaction)、将醇类转化为卤代烃的阿佩尔反应(Appel reaction)以及维蒂希反应(Wittig reaction)。因此，在催化反应中膦类化合物的氧化是催化系统去活的通用方法也就不足为奇了。通用的氧化剂是双氧和氢过氧化物，高价金属也可以作为氧化剂。有时这些反应是有意为之，膦类化合物的还原功能被用于活化催化剂。例如，二价醋酸钯可以由过量膦配位体予以还原(图 1.9，第三个反应式)。

例如，在交联反应化学中，二价钯前体由膦类化合物就地还原为活性物质——零价钯(氧原子是由水提供的)。已有文献认为六价钼、六价钨

$$PR_3 + H_2O \longrightarrow H_2 + O = PR_3$$
$$PR_3 + CO_2 \longrightarrow CO + O = PR_3$$
$$PR_3 + Pd(OAc)_2 + H_2O \longrightarrow Pd(0) + 2HOAc + O = PR_3$$
$$PR_3 + 1/2O_2 \longrightarrow O = PR_3$$

图 1.9 膦类化合物氧化实例

和水可以作为膦类化合物的氧化剂[49]。三价碳酸铑可以氧化三苯基膦，形成二氧化碳和一价铑[50]。人们发现，水中的三价铑可以氧化三苯基膦三间磺酸钠（TPPTS），形成三苯基膦三间磺酸钠-氧和一价铑[51]。热力学上显示，即使是水和二氧化碳都能将膦类化合物氧化为对应的氧化物。这些反应可能是由系统中的过渡金属催化的，例如铑对于二氧化碳的催化[52]。用钯作为催化剂使水氧化膦类化合物，而在其用于 P—C 键交联合成之后，钯需要被彻底移除[53]。但考虑到水和干冰在均相催化中作为溶剂的许多成功应用，这些氧化反应相对来讲还是很稀缺的。

如果过量的膦类化合物迟滞了催化反应，则膦类化合物的氧化或部分氧化也可以转化为有用的反应。前文已经提到了无膦类化合物的钯化合物可以是交联反应活性很高的催化剂，如此有意或无意引入氧都会对此催化反应有利。另一实例是在格拉布一代（Grubbs I）复分解催化剂中某膦类化合物分子的氧化反应。

硝基和亚硝基化合物是强氧化剂，例如曾有其可氧化膦的报道[54]。因此，在苛刻的条件下，硝基苯和膦类化合物可以生成氧化偶氮苯和磷酸。在钯催化的烷基苯还原羰基化反应中，人们发现膦类化合物配位体并不合适，因为它们会被氧化为氧化膦[55]。亚硝基苯和零价十族金属的异氰酸酯复合物会把氧转化为三苯基膦并形成氧化偶氮苯[56]。亚硝基苯与硝基苯相比，更容易与膦类化合物反应，因为其可以在没有金属催化剂条件下氧化芳基膦类化合物、在室温有碱时生成氧化偶氮苯[57]。

许多含硫化合物也会氧化膦类化合物，或者生成硫化膦，或在有水存在下生成氧化膦。自从 1935 年起，人们就知道了此反应[58]。特别是与三羧甲基膦酸（TCEP）反应，其在生物化学系统内更具兴趣[59]。过去数年，人们对其研究多次，但是，只在近十年间它才在生物化学和分子生物学上引起了广泛兴趣，用以还原蛋白质二硫键（图 1.10），例如在标记研究中以及胶质电泳的筹备步骤中[60]。

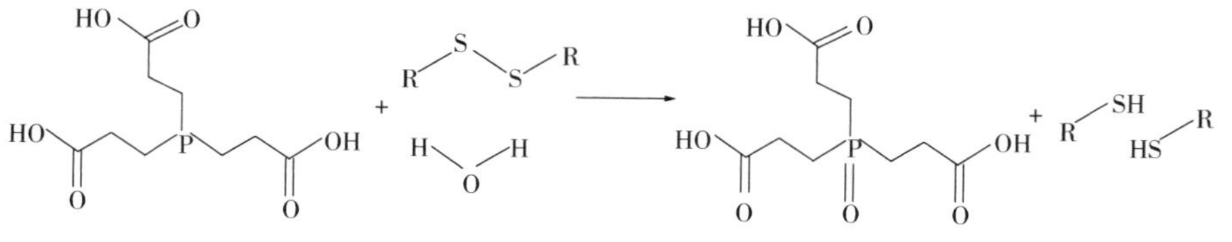

图 1.10　由三羧甲基膦酸 TCEP 还原二硫醚

三羧甲基膦酸（TCEP）还被用于还原亚砜、磺酰氯、氮氧化物和叠氮化物［施陶丁格反应（Staudinger reaction）］，如此则表明这些化合物也对催化系统中的膦类化合物构成了潜在威胁[61]。

1.4.3　P—C 键氧化加成为低价金属

在下面四小节，我们将讨论膦类化合物分解的其他四种方式：膦类化合物对于低价金属复合物的氧化加成反应、对于配位膦类化合物的亲核攻击、通过磷类物质的芳基交换反应、通过金属正膦的形成而发生的取代基交换反应。在所有这些情况下，金属都是作为分解反应的催化剂！

Garrou[46a] 在其综述中强调了第一个机理，P—C 键对于低价金属复合物的氧化加成（或 P—C 键的还原裂解）以及磷化物质的生成。在过去 20 年间，对于其他三种机理的实验性支持开始有所报道（1.4.4 节～1.4.6 节）。在图 1.11 中对四种机理进行了简要展示。

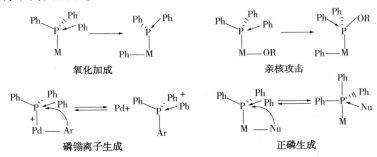

图 1.11　导致 P—C 键断裂的膦类化合物四种分解机理

在三芳基—或二芳基烷基膦类化合物中，P—C 键的还原裂解是制备新型膦类化合物的重要工具[62]。实验室中用于此目的的金属包括锂、钠（或钠萘）和钾。在液氨中用钠与三苯基膦反应制得二苯基磷、苯和氨基钠的裂解过程可以在工业规模上进行，通过二苯基磷酸钠与邻氯苯甲酸反应，用于 SHOP 工艺（壳牌高碳烯烃工艺）配位体的合成[63]。该裂解反应对于苯基和甲基以及几种甲氧基取代的苯基都很适用，大多数其他取代形态则会引发伯奇反应（Birch reaction）或是官能团的裂解[62b]。因而，低价过渡金属也会引发 P—C 键还原裂解这一点并不奇怪，不过它们在机理上会包括金属与碳和磷原子的相互作用，而不是像碱金属那样的初始电子转移。与过渡金属的反应通常被看作是 $R'PR_2$ 分子对于金属复合物的氧化加成。

在交联型催化中，C—Br 键或 C—Cl 键的氧化加成是非常重要的反应，而 P—C 键的反应非常类似，尽管 P—C 键的断裂在均相催化过程中并非有用反应。这是一个在含有过渡金属和膦配位体的系统中会发生而引起催化剂失活的副反应。实际上，通过对比二苯基磷与苯环上氯或溴的取代，磷烷对于低价过渡金属的氧化加成反应就相当容易理解了。看看哈米特（Hammett）参数，就会发现它们在电子上是非常相似的。在该反应中形成的磷化阴离子通常会导致非常稳定的桥接双金属结构，对于铑和钴催化剂[64]都已见诸报道的配位体在氢甲酰化中的分

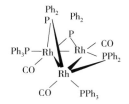

图 1.12 在氢甲酰化反应混合物
分离净化中可能形成的铑
原子簇合物

解就是实例。

众所周知的氢甲酰化催化剂三-三苯基膦羰基氢铑 $RhH(CO)(PPh_3)_3$ 在没有氢气与一氧化碳存在下会热分解为如图 1.12 所示的稳定簇合物。如联碳(现在的陶氏化学)普鲁特(Pruett)课题组所研究的那样[65],该簇合物含有 μ_2-二苯基磷片段。现在还不清楚 P—C 键断裂是在某个簇合物上发生的还是在与某单金属物种反应才开始的(参见下面簇合物内发生的反应)。

加热后,相应的铱化合物会导致含有两个桥接磷化物桥的二聚物的生成。由图 1.13 可以看出,苯基以苯或二苯基的方式被除去了。考虑到 Ir—Ir 键的短小现状,研究者们[66]提出了双键模型。

特别是在旧有文献中,有几个作者提出了膦配位体降解中包含了环金属化为第一步的机理。由氘化作用研究可以发现,环金属化确实发生了,但还不清楚其是否是氧化加成前必备的一个反应(见图 1.14)。

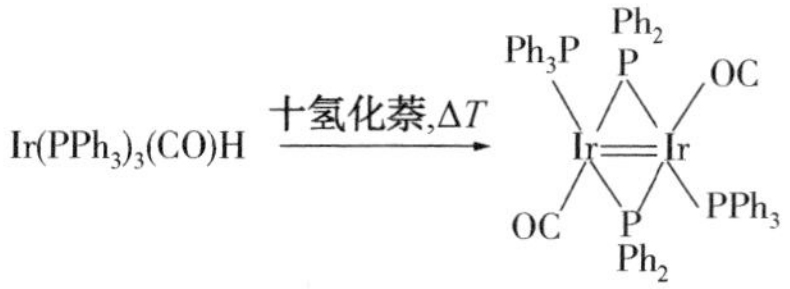

图 1.13 无合成气时形成的铱二聚物 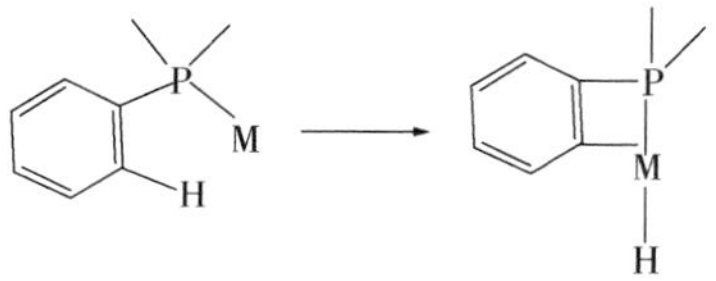　　　　图 1.14 磷烷的环金属化反应

接下来,P—C 键发生断裂,苯炔中间体插入到金属氢化物键中。尽管此机理在许多化学家中很流行,但是有许多实验结果是与之矛盾的。一个简单的苯基对位取代就可以回答环金属化是否包含其中的问题,如图 1.15 所示。

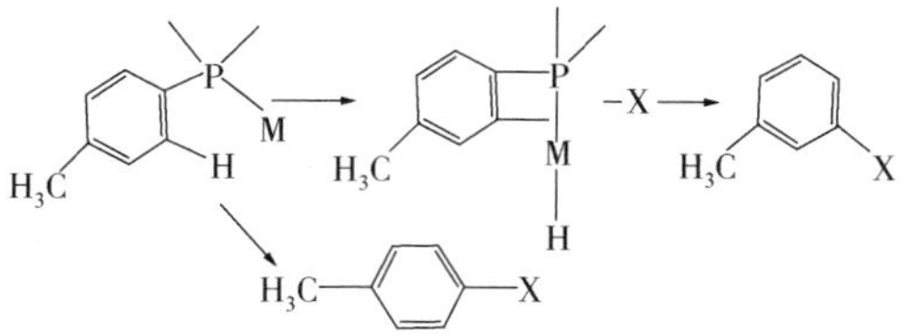

图 1.15 环金属化不在降解路径上的证明

如果环金属化机理可以运作的话,则对甲苯基膦类化合物的分解产物会在间位含有甲基取代基。而对于钯催化的三芳基膦类化合物分解过程,则并非如此[67]。利用含铑的三-邻位、三-间位和三-对位甲苯基膦类化合物溶液,Abatjoglou 等人发现,从每一个磷烷那里只能生成一个异构甲苯甲醛[68]。如此,产生的甲苯甲醛是由 C—P 键直接断裂形成的中间体而来。同样地,钴和钌甲酰化催化剂生成酰基衍生物时也未包括早期提出的环金属化机理[69]。

有几种铑络合物可以在较高温度下（130℃）催化三芳基膦类化合物的芳基取代基交换反应[68]：

$$R'_3P+R_3P-(Rh)\longrightarrow R'R_2P+R'_2RP$$

Abatjoglou 等人为此反应提出的机理是芳基膦类化合物片段对于低价铑化合物的可逆氧化加成反应。对于双三苯基膦苯甲基碘化钯 $Pd(PPh_3)_2(C_6H_4CH_3)$ I[70]复合物，人们也提出了一个简易的芳基交换反应。这些作者还提出了一个包括有氧化加成和还原脱除的路径，在下面章节提出的一些机理也可以解释这两项研究结果。

对于许多过渡金属膦烷复合物[43]，人们都观察到了磷配位物的形成。在长时间加热并伴有一氧化碳和/或氢气条件下，钯和铂也倾向于给出稳定的磷桥联二聚体或簇合物[71]。

伴随着 P—C 键断裂的氧化加成反应的"原型"就是图 1.15 中反应物 1 与三（二亚苄基丙酮）二钯 $Pd_2(dba)_3$ 的反应，其结果是一个芳基加成到钯上，形成磷桥联[72]。此例的有趣特点是该芳基为五氟苯基，对于该类反应的报道很少。氢类似物二苯基膦（dppe）和（二苯基膦）丙烷（dppp）在其与低价金属如零价铂反应时，会给出金属化作用而非 P—C 键断裂（见图 1.16 中反应物 2）[73]。

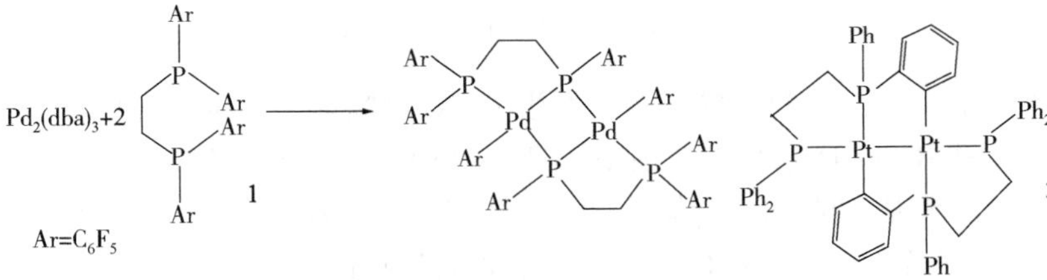

图 1.16　二膦与零价钯和铂复合物的反应

如图 1.17 所示[74]，桥联二膦金属复合物可能被定性为 P—C 键断裂的"路径"。与丁二烯氢氰化生成己二腈相关，在丁烯基氰化物异构化研究中，人们发现中间产物三磷酸氢氰酸镍（TRIPHOS）Ni（CN）H 复合物会分解为苯和使得催化工艺失活的高度稳定的 μ-磷桥联二聚体（此处只显示了一种异构体）。如果反应机理为氧化加成，则会唤起四价镍的反应，因而后续讨论的机理中的亲核攻击或膦烷中间体机理应该适用（见图 1.18）。

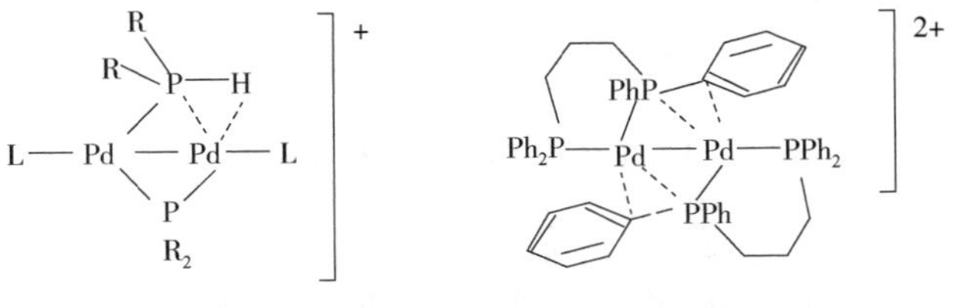

图 1.17　达至 P—C 键断裂的路径

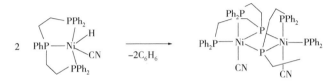

图 1.18 在氢氰化催化剂中的 P—C 键断裂

除了单金属氧化加成反应之外，簇合物与双金属反应也被提出了。例如，三氢钌二聚体会在芳基或烷基膦类化合物中裂解 P—C 键，生成磷桥氢化物。烷基膦类化合物会给出烯烃作为副产物，而芳基膦类化合物则会给出苯。对于苯基膦类化合物，可以观察到含有桥联苯基的中间物，显示该反应是 P—C 键沿钌二聚体的氧化加成，而不是氢在磷原子处的亲核攻击。烷基膦类化合物所给出的烯烃产物与此机理是吻合的，因为其是通过中间体烷基钌基团的 β 脱除形成的(见图 1.19)[75]。

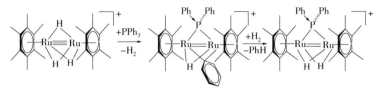

图 1.19 在钌二聚物中的 P—C 键断裂

很久以来，人们就知道簇合物会发生 P—C 键断裂。Nyholm 和其同事显示了十二羰基三钌 $Ru_3(CO)_{12}$ 和十二羰基三锇 $Os_3(CO)_{12}$ 与三苯基膦 PPh_3 反应，就可以生成如 μ_3-苯基–双 μ_2-二苯基膦–七羰基三锇 $Os_3(CO)_7(\mu_2-PPh_2)_2(\mu_3-C_6H_4)$ 这样的产品[76]。对于 1，8 二(苯基膦)萘和十二羰基三钌 $Ru_3(CO)_{12}$ 也有类似反应报道[77]。

作为相当复杂的簇合物会引发 P—C 键断裂反应的实例，有报道指出，铱–铁–单碳硼烷由于三苯基膦断裂而含有 μ_2-二甲基磷基团和苯基[78]。

如同在单金属物质中，其逆反应也可以在二聚物和簇合物中看到，见图 1.20，其中包括乙烯插入了氢化铑键中，并在形成的乙基迁移(或是还原移除)到临近 μ 磷化基团后在非常温和条件下形成了磷烷[79]。

图 1.20 在异质二聚体中 P—C 键的形成

大部分研究都集中于未取代的苯基，但是，如同在用一族金属还原裂解那样，芳基的替代会影响 P—C 键的断裂速度，取代的芳基可能为我所用以避免过渡金属催化的断裂。总之,还需要进行大量研究以理解和抑制不希望的 P—C 键断裂。

1.4.4 在磷上的亲核攻击

我们在此关注的是金属催化的或金属辅助的在膦类化合物中磷上的亲核攻击,但是也有一些丁基锂和格氏(Grignard)试剂在磷上替换烃基取代基的例子(卤化物和烷氧基化合物被烃基离子的取代是一个无处不在的反应!)。我们只提三个例子,但是文献中肯定还有更多范例。三-五氟苯基膦$(C_6F_5)_3P$中的五氟苯基被发现由乙基溴化镁取代生成了二-五氟苯基乙基膦 $Et(C_6F_5)_2P$ 和二乙基五氟苯基膦$(C_6F_5)Et_2P$[80]。图 1.21 中反应物 3 的苯基在其与甲基锂或丁基锂反应中被甲基或丁基取代。因而氧邻位上的氢的锂化反应应该使用苯基锂以避免副产物的生成[81]。

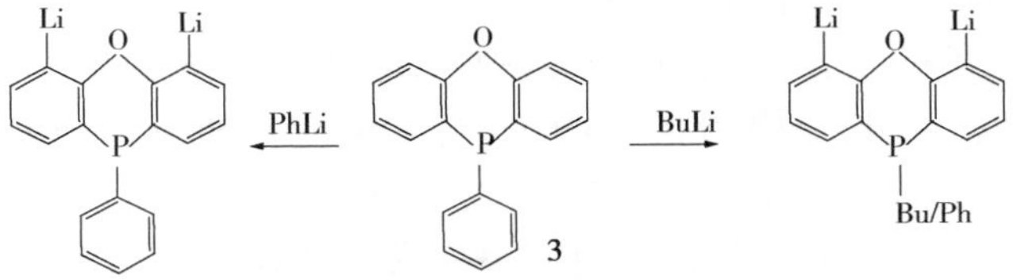

图 1.21 在磷上的亲核置换

人们一直认为超价磷烷是这类交换反应的中间体或过渡态[82],理论研究表明,锂代磷烷在这类交换反应中会处于过渡态而非成为中间体[83]。另一个在磷上由碳亲核物质进行亲核攻击的事例是 2,2′-二联苯基锂与二苯基氯化磷的反应,该反应给出了可量化的 9-苯基二苯并磷杂茂和三苯基膦,而非预期的二膦[84]。Schlosser 为此反应推荐了一个锂代磷烷中间体(见图 1.22)[85]。

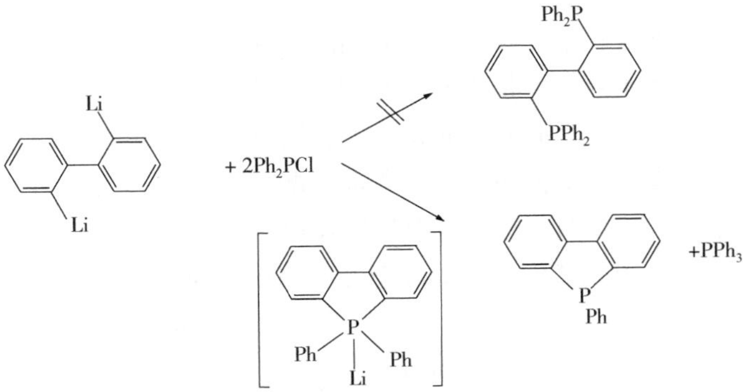

图 1.22 导致二苯并磷杂茂生成的亲核置换

长久以来,研究文献都低估了亲核攻击作为与金属配位的膦类化合物催化分解机理的重要性,特别是与醋酸盐、甲氧基、羟基和氢化物这类亲核物质反应时

（见图 1.23）。对于配位磷上亲核攻击的实例，可以参考文献［71，86］。烷基膦类化合物和三苯基膦较易进行的分解反应已有报道（使用醋酸钯、1bar 氢气压力、室温条件下）[71a]。一般建议醋酸盐作为亲核试剂，但是氢化物作为亲核试剂也不能排除在外。

图 1.23　膦类化合物通过亲核攻击发生的分解

　　对于铂复合物，有一个详细的反应显示了亲核攻击的存在[86d]。与铂配位的烷氧基攻击了磷，而与磷配位的碳原子则迁移到了铂上。热力学上来讲，这个结果是可行的，但是机械上来讲，这个"洗牌"方式还是很神秘的。与铂配位会使磷原子更易受到亲核攻击，而更硬的（P 和 O）与更软的（C 和 Pt）原子的重组则是可期待的。Matsuda[86a]对于由二价醋酸钯进行的三苯基膦分解提出了同样的机理。在此研究中，芳基膦类化合物被用作可以通过赫克反应（Heck reaction）转化为二苯乙烯类的芳基来源。甚至烷基膦类化合物也通过醋酸钯经历了 P—C 键断裂。

　　实际上，膦类化合物可以在碱性条件下作为交联反应的有效配位体一事还是令人吃惊的。例如，0℃下，苯氧化物会在氯化钯复合物中与三苯基膦反应生成双三苯基膦-苯基-氯化钯 PdCl(Ph)(PPh₃)₂以及苯基亚磷酸酯、亚膦酸酯、磷酸酯[87]。可以得出结论，双三苯基膦-五氟苯氧基氯化钯 PdCl(OAr)(PPh₃)₂是高度不稳定的中间体。最可能的机理是苯氧化物在配位三苯基膦的磷原子上的亲核攻击。

　　关于苯氧化物在配位双二苯基膦甲烷 dppm 和其甲基类似物的亲核攻击的实例还有几个。裂解的 P—C 键是带有亚甲基单元的，显然是很不稳定的。例如，双二苯基膦甲烷二氯化钯（dppm）PtCl₂会在液氨中与氢氧化钠反应生成二苯基甲基膦 Ph₂MeP 和二苯基氧化膦 SPO，二者都会配位在包含于与二价铂单元构成酰胺桥的铂上（见图 1.24）[88]。形成的中间体亚甲基阴离子则由氨予以质子化。与锰进行配位后，双二甲基膦甲烷 dmpm 会经历同样反应，见图 1.25[89]。

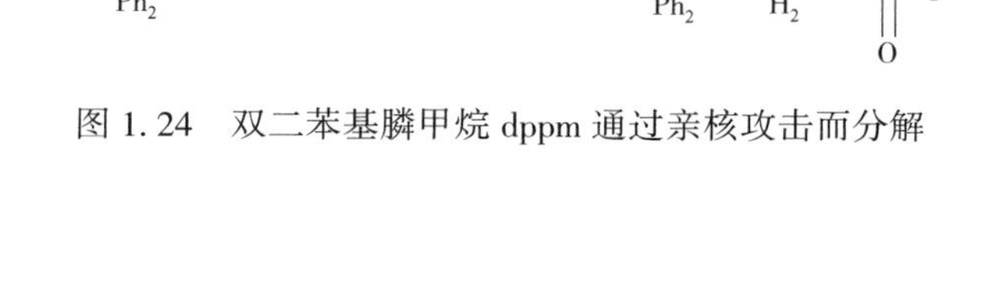

图 1.24　双二苯基膦甲烷 dppm 通过亲核攻击而分解

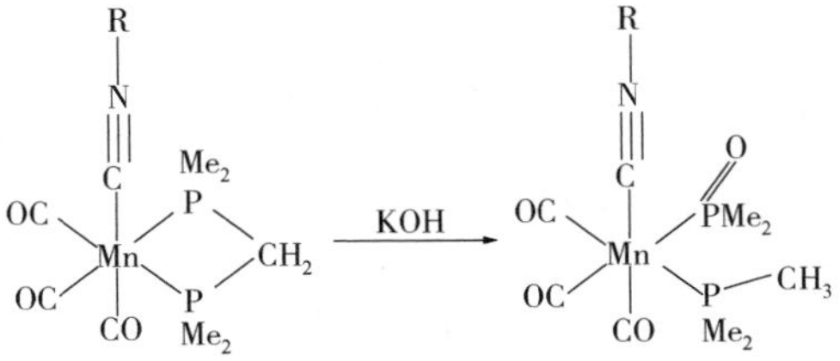

图 1.25　双二甲基磷甲烷 dppm 通过亲核攻击而分解

图 1.26 中带有 NP4 给电子体的腙配位体会与甲醇进行 P—C 键裂解反应，得到次磷酸复合物，而由亚甲基阴离子的质子化作用生成的甲基则显示其与铁之间形成了抓氢键作用[90]。令人吃惊的是，如果加上 10bar 的一氧化碳压力，该反应就会逆反，完整的 NP4 配位体会再生。

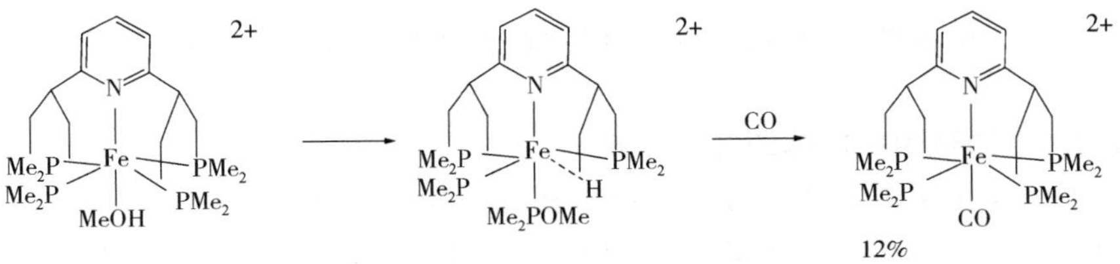

图 1.26　NP4 经过亲核攻击的分解

含有三甲基磷的芳氧基钌复合物也会显示分子间的亲核攻击，导致甲基—磷键的断裂和次磷酸配位体的生成[91a]。在 1.4.6 节，我们将讨论金属磷烷在类似交换反应中作为中间体的情况，很有可能在交换反应中会有此类过渡态或是中间体发生，我们在此将其展示为亲核机理，或是金属—O/P—C"洗牌"反应（见图 1.27）[86d]。

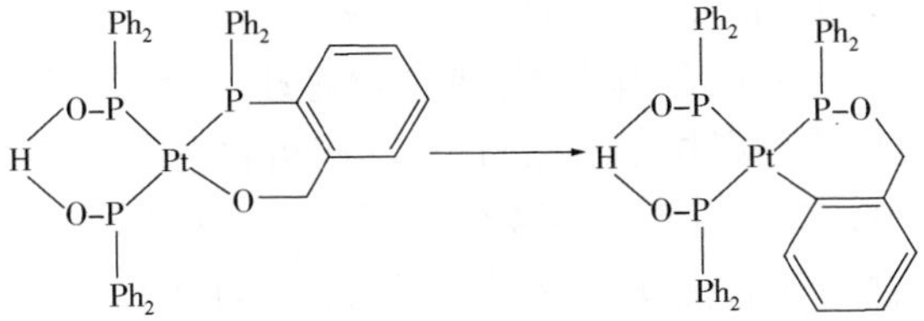

图 1.27　金属–氧/磷–碳经过亲核攻击的"洗牌"反应

在包含有羰基铑、甲醛、水和一氧化碳的反应中，三苯基膦的催化分解也已见诸报道[92]。一小时内每摩尔铑可以引发数百摩尔的磷烷以此方式分解！下面的反应可能包含其中（见图 1.28）。

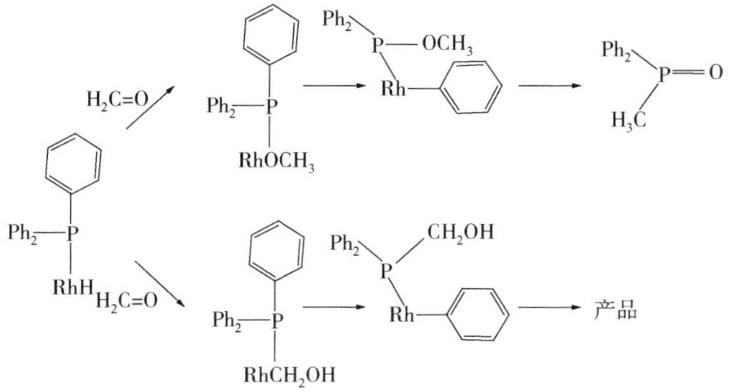

图 1.28 由甲醛和铑催化的三苯基膦的分解

与此化学相关的是甲醛的氢甲酰化反应,生成了羟基乙醛。这是由合成气制乙二醇的重要路径。该反应实际上是可以做到的,并由芳膦铑进行催化[93]。但是很显然,在甲醛的氢甲酰化反应可以商业化之前,膦烷分解是需要解决的主要问题之一。

1.4.5 通过磷中间体的芳基交换

在钯和镍化学中,鏻盐常作为反应物、中间体或产品出现。根据 Yamamoto 的报道[94],双三苯基膦苯基碘化钯(PPh₃)₂PdPhI 分解会产生四苯基碘化磷 Ph₄PI。Grushin 研究了许多这些复合物的分解反应,发现碘化物比溴化物和氯化物更易反应,而且过量的膦烷和卤化物会强烈影响分解反应速率(对于芳基氟化物可以参见 1.4.6 节)[95]。他提出,使用过量的膦烷和卤化物可以很好地避免催化中的交换反应。在交联化学中,后者是无论如何都存在的,并且一旦确定了基质,也无可选择。过量的膦烷会迟滞该反应。

卤代芳烃(或准芳烃)可以与三苯基膦反应,生成鏻盐,而金属镍和钯会催化此反应。镍只对一部分基质有效,用量也较大[96]。而醋酸钯则是一个很活跃的前体,对此反应有很广的适用范围[97]。鏻盐可以在交联反应中用作卤代芳烃替代物。这样,鏻盐就可以氧化加成到零价钯上,生成三芳基磷作为产品之一[94]。把卤代芳烃加成到膦烷上,Chan 与其同事将芳基交换当作了制备膦烷的合成工具(见图 1.29)[98]。由于或多或少地得到了一些随机混合物,产率没有超过 60%。但是,此法对于官能团的容忍度很大,因此可以避免使用敏感的、昂贵的试剂。

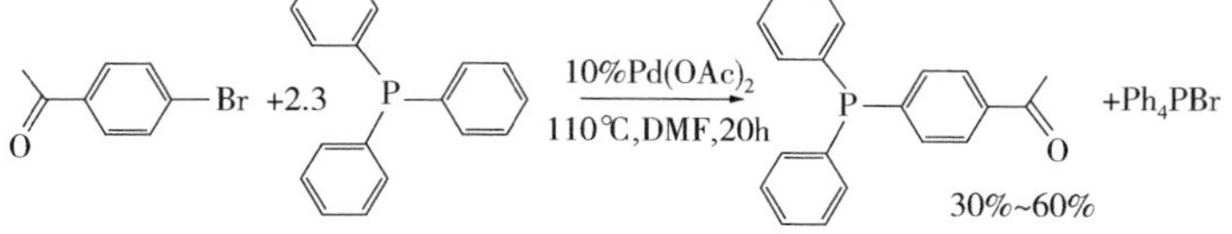

图 1.29 三苯基膦中芳基的催化转移

对于交联反应的兴趣在近十年间导致了大量涉及膦配位体在这些反应中的报道[99]，但并非对所有实例都阐明了反应机理。上面讨论的氧化加成反应和亲核攻击反应能够解释这些结果的一部分，但是特别在诺瓦克（Novak）的研究工作之后，磷中间体一直被看作是中间体[99c]。形式上来讲，该机理也包括了烃基在配位膦烷上的亲核攻击反应，但在亲核攻击之后磷配位基会作为𬭩盐从金属上分离出来。实际上，这是一个还原脱除过程。与 Yamamoto 的发现相一致[94]，要想完成一个催化周期，需要𬭩盐再氧化加成到零价钯复合物上（见图 1.30）。

对于钯配位的甲基与苯基在磷上的交换反应，Norton 等人认为是苯基在分子内迁移到钯上，然后发生了二苯基甲基膦的还原脱除[99a]。他们否认了𬭩化合物中间介质的存在，因为具有同样组成的氘代磷盐并未参与反应（见图 1.31）。金属磷烷中间体或过渡态（1.4.6 节）也会很好地解释分子间特征，并不会引起四价钯中间体的发生。

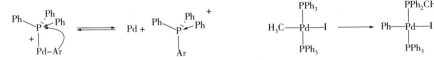

图 1.30　通过磷中间体的取代基交换　　　图 1.31　苯基在分子内迁移到钯上[99a]

芳基交换反应对于钯介入的芳基卤化物与烯烃或烃基金属（Mg、B、Sn）的交联反应（赫克反应 Heck reaction）的收率和选择性都有有毒影响[99,100]。高相对分子质量的聚合反应尤其受到这种副反应的影响[101]，芳基膦类化合物会被包容到生长链中并将其终止。在其他系统中，𬭩物质的形成还会使催化剂失活。例如，从阳离子烯丙基钯物质上还原脱除烯丙基𬭩盐（见图 1.32），会导致配位体的"消耗"，由此减少了催化剂的对映选择性或活性。

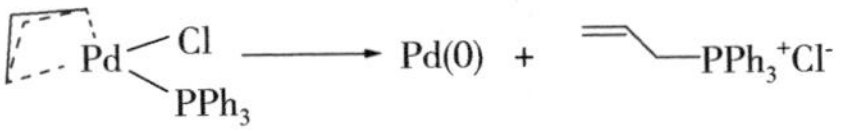

图 1.32　生成了𬭩盐的对-烯丙基钯膦复合物

1.4.6　通过金属磷烷的芳基交换

本节研究的反应中作为中间体的金属磷烷和磷烷都与 1.4.4 节（亲核攻击）和 1.4.5 节（𬭩盐形成）中的路径紧密地机械相关。Green 与其同事早在 1971 年就指出，在三苯基膦 PPh3 配位到氯化镍 NiCl2 的反应中，甲基锂和苯基中甲基交换反应是受到了金属磷烷的介入才在室温下顺利进行的[102]。除其他产物外，还观察到了游离二甲基苯基膦 PMe2Ph 和二苯基甲基膦 PMePh2 的生成。这里没有全部中间体的详细情况，但是图 1.33 给出了相关机理。

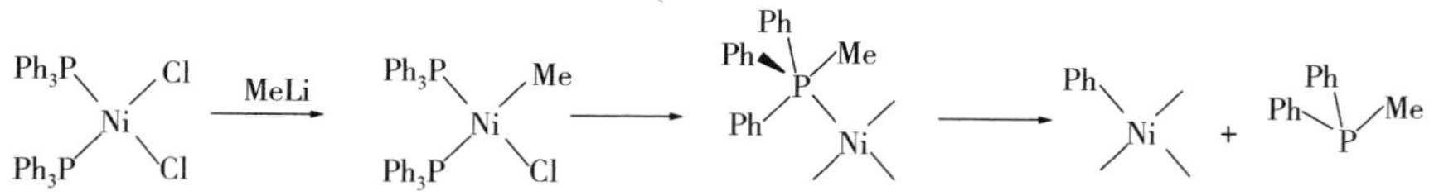

图 1.33 经过金属磷烷的烃基交换

三-三苯基膦甲基钴 CoMe(PPh₃)₃ 的分解也导致了杂乱的甲基/苯基膦类化合物[103]。图 1.34 给出了一个配位胺类物质去质子化的典型事例，之后则是氨基化合物对于配位膦酸酯进行亲核攻击、形成了金属磷烷[104]。在升至室温过程中，磷烷通过苯基向铁的迁移而重整。向后者加入盐酸，可以再得到起始物质，表明亲核攻击与其逆反应在配位层内是一简单流程。

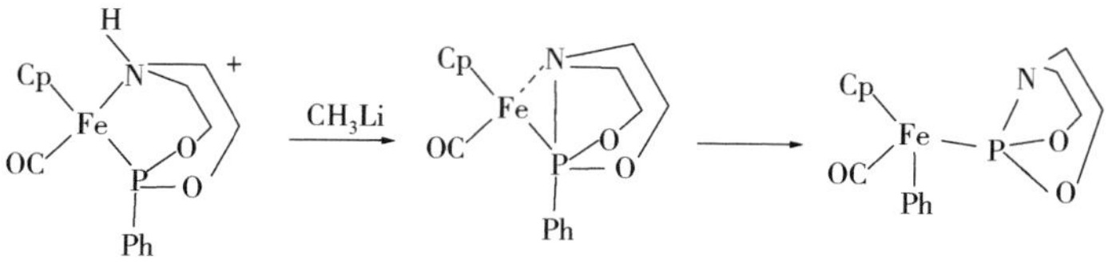

图 1.34 经过金属磷烷的亲核试剂交换

在 1.4.4 节中描述的几个亲核攻击实际上可能都是通过一个磷烷进行，例如在图 1.27 中的实例可以解读为图 1.35。如在 1.4.4 节所讲，在吡啶膦中发生的烃基交换更像是包含锂磷烷作为过渡态而非由离散傅里叶变换(DFT)所计算出来的那样作为中间体[83]。这对于此处显示的几个案例可能也是对的。

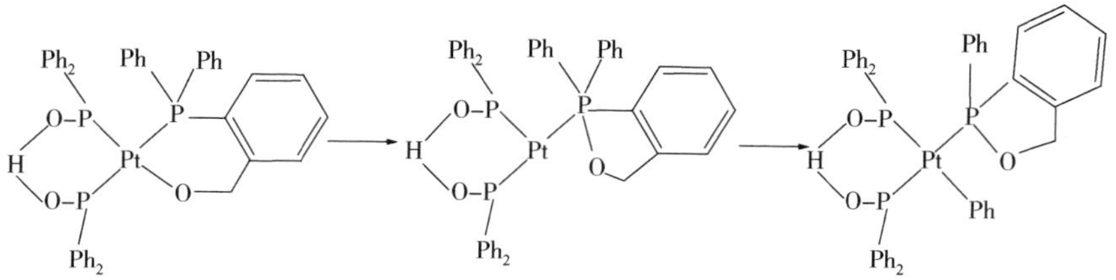

图 1.35 通过金属磷烷的亲核物质交换

除了卤化钯的芳基膦类化合物外，Grushin 还研究了钯与铑的金属复合氟化物，特别是芳基交换反应和它们的分解[95]。在苯中加热三-三苯基膦氟化铑 RhF(PPh₃)₃ 会导致苯基与氟化物的交换，得到双三苯基膦二苯基氟化膦苯基铑 RhPh(PFPh₂)(PPh₃)₂，而在氯苯中则发现产物是双三苯基膦二苯基氟化膦氯化铑 RhCl(PFPh₂)(PPh₃)₂ 和联苯。离散傅里叶变换 DFT 计算显示，最有可能的路径是金属氟磷烷作为中间体的形成[105]。在双三苯基膦苯基氟化钯(PPh₃)₂PdPhF 的分解反应中，Grushin 发现了三苯基氟化膦 Ph₃PF₂ 的生成，因而特别是对于氟原子来讲，极有可能形成了磷烷化合物[95]。外消旋联萘二苯基膦 BINAP(O)钯化合物对于氟磷烷的形成显示了同样的倾向性[106]。Pregosin 对于外消旋联萘二苯基磷(BINAP)、钌和四氟硼酸盐的研究结果主要与催化有关。使用惰性阴离子如氟硼酸 BF_4^-，不会引起过多猜想，但其显示甚至在极低的温度下氟代二苯膦类化合物也会在该催化剂中形成(见图 1.36)[107]。水和醋酸也可能起到亲核试剂作用，这是因为如同在 Grushin 报道的工作所示，其中很有可能包括了磷烷中间体。Goodman 和 Macgregor 在 2011 年对于金属磷烷进行了综述[108]。

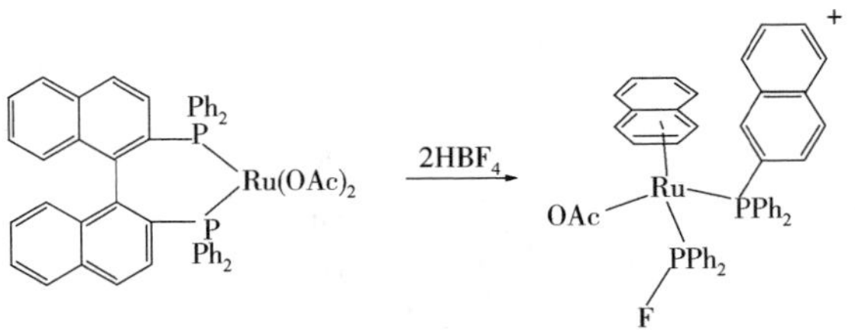

图 1.36　在外消旋联萘二苯基磷(BINAP)中的氟–碳交换

1.5　亚磷酸脂类

与膦类化合物相比，亚磷酸脂类更易合成、更不易氧化。它们比大多数膦类化合物便宜，并能得到大量不同结构。使用亚磷酸脂类作为配位体的不利之处包括几个副反应：水解作用、醇解、酯交换、阿尔布佐夫重排(Arbuzov rearrange-ment)、O—C 键裂解、P—O 键裂解。图 1.37 给出了这些反应的概览。在氢甲酰化反应系统中，至少还会有两个反应发生，大致是对醛类的亲核攻击以及与醛类的氧环化反应。路易斯酸在室温条件下能催化阿尔布佐夫反应(Arbuzov reac-tion)[109]。

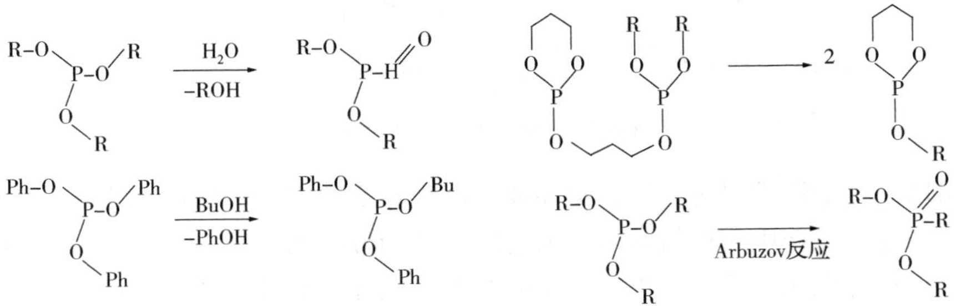

图 1.37　亚磷酸脂类配位体的各种分解路径

亚磷酸酯类是镍催化丁二烯氢氰化作用制备己二腈的首选配位体[110]。文献中还缺少对此系统的配位体分解研究。本书之后会讨论此系统中导致催化剂失活的副反应。

人们深入开展了亚磷酸酯类在铑催化氢甲酰化反应中作为配位体的研究。使用亚磷酸酯类的第一份报道来自于联碳公司的 Pruett 和 Smith[111]。庞大单亚磷酸酯类的第一次开发是 van Leeuwen 和 Roobeek[112]。联碳公司的 Bryant 和其同事发现某些庞大双亚磷酸酯可以在铑催化终端和内部烯烃氢甲酰化反应中获得高选择性(见图 1.38)[113],双亚磷酸酯也受到了重视。

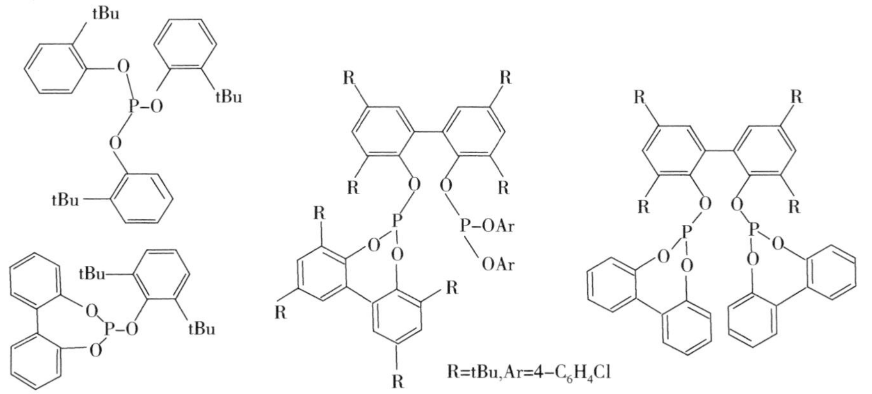

图 1.38　典型的庞大单亚磷酸酯和双亚磷酸酯

值得注意的是,所有见诸报道的亚磷酸酯类都是芳基亚磷酸酯(有时其骨架可能是脂肪族的),而首选的常是含有庞大取代基的。脂肪族亚磷酸酯使用较少的原因是其易于发生阿尔布佐夫重排而芳基亚磷酸酯则不会。酸、正碳离子和金属会催化阿尔布佐夫重排。有关金属催化分解反应的实例有许多报道(见图 1.39)[114]。

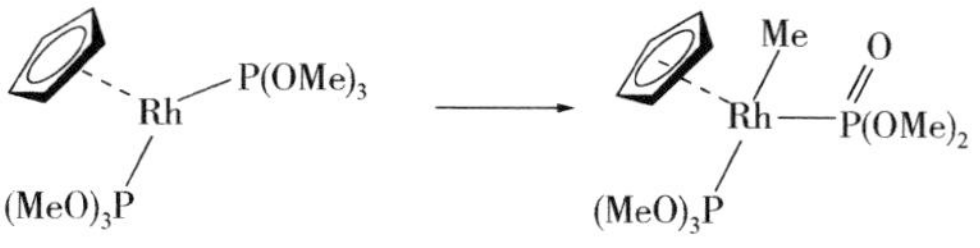

图 1.39　会引发亚磷酸酯分解的金属催化阿尔布佐夫反应

采取完全除湿手段可以轻易避免亚磷酸酯在实验室反应器内的水解。在苛刻条件下的连续操作中,微量水可能通过醛产品的醇醛缩合反应生成。弱酸和强酸以及强碱都会催化该反应。单一亚磷酸酯的反应性会有极大数量级的不同。在实验室中使用硅胶柱净化亚磷酸酯时,通常要加入一些三乙基胺以避免其在柱上水解。

Bryant 和其同事对于亚磷酸酯的分解反应进行了深入研究[115]。稳定性包括有热稳定性、水解稳定性、醇解稳定性和对于醛类的稳定性,而严谨的结构对于稳定性具有重大影响。令人惊奇的是,醛类的反应性受到了最大的关注。早期文献[116]提到了几个亚磷酸酯与醛类的反应,本节在图 1.40 中只展示其中两个。

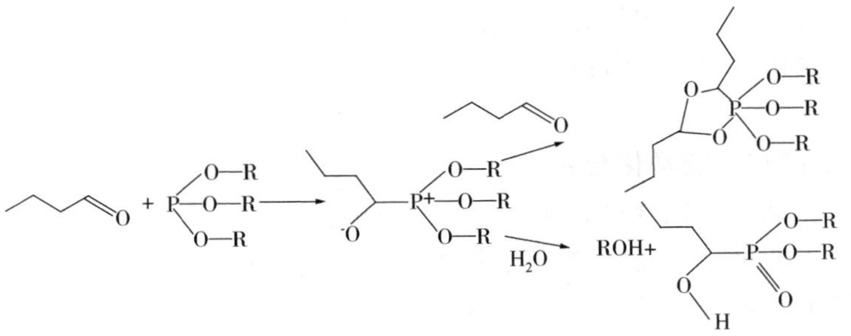

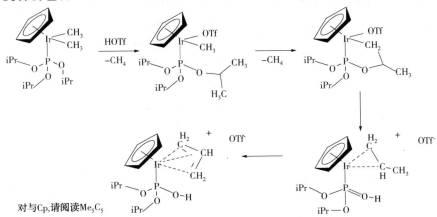

图 1.40 亚磷酸酯与醛类的反应

　　亚磷酸酯加入醛类中得到膦酸酯的反应是最重要的反应[115]。该反应是由酸催化的，因产物也是酸性的，所以该反应是自催化的。另外，酸还催化水解和醇解反应，所以提出的补救措施就是采用碱性树脂(大孔树脂 Amberlyst A-21)持续移除膦酸酯。专利中的实例表明，如果酸性分解产物能够持续除去，则可以得到非常稳定的系统。亚磷酸酯用醛类进行的热分解反应可以示于图 1.41。

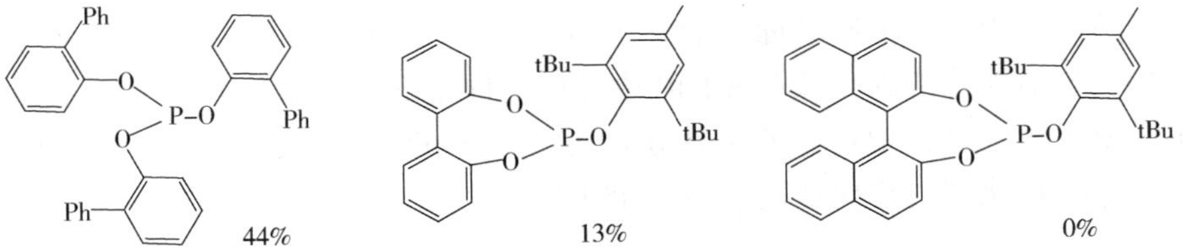

图 1.41　不同亚磷酸酯对于碳五醛类的反应性[115]（在 160℃下、23h 后的分解百分比）

　　Simpson 报道了一个看似阿尔布佐夫反应而实际并非如此的分解反应[117]。铱代三异丙基亚磷酸酯的分解反应包括一个丙基在明显的阿尔布佐夫反应发生之前被金属的取代。这是人们可能遇到的分解路径复杂性的良好范例（见图 1.42）。最终复合物包含一个 π-烯丙基和一个二异丙基亚磷酸酯配位体。

对与Cp,请阅读Me₅C₅

图 1.42　亚磷酸酯金属化反应及后续的类阿尔布佐夫反应

在钌复合物中的三甲基亚磷酸酯脱烷基化作用是一个酸催化反应，得到的亚磷酸酯是羟基甲氧基磷 $MeOP(OH)_2$[118]。亚磷酸酯的金属化反应将在 1.9.3 节讨论。

1.6 亚胺和吡啶类化合物

本质上，吡啶类化合物和亚胺与磷配位体相比，不太易于发生分解反应。它们不太适合于低价金属复合物的稳定化[119]，而且初看起来，它们都不是交联型化学的可选配位体，虽然对于手性双噁唑啉有关于对映选择性赫克（Heck）反应的报道[120]、铃木-宫浦反应可以由含有氮给电子配位体的钯复合物催化[121]，并且尽管这些反应可以在没有配位体的条件下进行（1.2.2 节~1.2.4 节），用镍进行的对映选择性反应证明氮双齿给电子体在整个过程中都保持了协同作用[122]。在近十年间，氮配位体在共聚反应[123]和齐聚反应[124]中受到了极大关注。截至目前，还没有工业应用的报道。但对于乙烯齐聚反应来讲，新型亚胺系催化剂的活性和选择性都很有前途。

后期发展包括了含铁、含钴吡啶双亚胺配位体的使用。Brookhart 与 Gibson 的课题组同时报道了极快的催化剂[124]，他们记录到了每小时高达数百万的周转率。催化剂活性非常高，像在 SHOP 中那样的催化剂与产品的两相分离系统可能都不需要了。不过，相对分子质量分布还需要 SHOP 工艺中的异构化/置换作用程序。此类催化剂的样板示例于图 1.43 中。

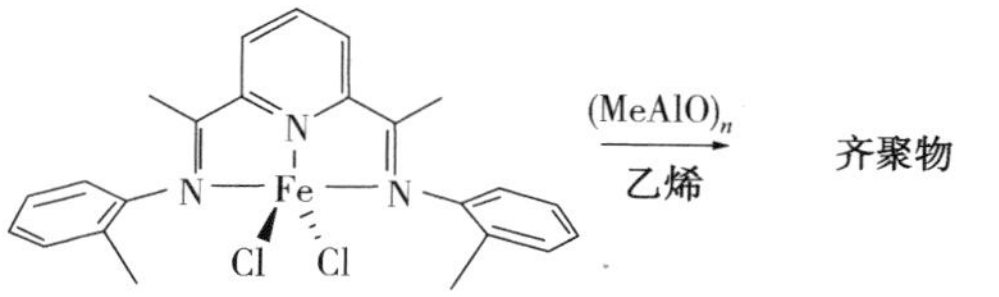

图 1.43　吡啶-亚胺-铁系乙烯齐聚催化剂

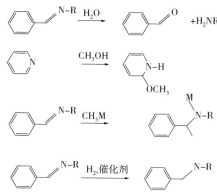

图 1.44　亚胺和吡啶的分解反应

氯前体的活化包括了用甲基铝氧烷的烷基化作用，则前过渡金属催化的聚合反应中发生的副反应将会发生（参见下文）。有关配位体稳定性的详尽研究还未见报道，而配位体分解在此例中似乎也不是一个问题。图 1.44 收集了几个会引发亚胺和吡啶分解的反应。

我们将自己限定在下面的亚胺反应中：

① 导致醛类和胺类生成的亚胺水解反应，这是大多数合成反应的逆反应；

② 由金属催化的水与甲醇的加成反应，与先前反应相同，如果催化反应中

不含此类试剂则其可以避免;

③ 生成氨基金属的烷基金属加成反应。该化学反应极为复杂,会有多个反应发生[125]。

④ 如果催化剂对其拥有意外活性并且氢也存在[126],则催化加氢生成胺类的反应可能发生。

1.7 碳烯

1.7.1 引入含氮杂环类物质做配位体

费舍尔(Fischer)碳烯与施洛克(Schrock)碳烯两者都在催化中起了重要作用,前者是作为配位体,后者是作为引发剂或是基质片段。对于碳烯作为配位体的讨论将仅限于氮杂环卡宾,因为较早的含有不同杂原子的费舍尔碳烯在催化中的研发应用极少。近十年间,NHCs(氮杂环卡宾)作为配位体在复合物和催化中[127]的应用有了大幅增加。它们在置换作用[128]、交联反应[129]、丁二烯二聚作用[130]、聚合反应[131]中是高效的配位体,并且在此化学中的速率、选择性和转换数等结果是非常可观的。同时,NHCs(氮杂环卡宾)还被发现在硅氢加成反应[132]、羰基化作用[133]、C—C 键形成的金催化反应[134]、氢转移反应[135]、共轭加成[136]、炔烃的芳烃 C—H 键活化[137]、氧化反应[138]、叠氮-炔"链接"反应[139]、镍催化的闭环反应[140]、乙烯齐聚反应[141]等反应中都可作为适宜的配位体。克鲁登(Crudden)和艾伦(Allen)对它们的稳定性和反应性进行了综述[142]。

自从 1962 年,人们就已熟知 NHCs(氮杂环卡宾),Lappert 课题组则从 20 世纪 70 年代起就合成了许多复合物[143]。其轨道对于氮原子和碳原子的作用使得NHCs(氮杂环卡宾)高度稳定[144]。特别是自从 Arduengo 在氮原子上引入了立体位阻、进一步渲染了其稳定性后,使其成为了非常有用的多功能配位体[145]。NHCs(氮杂环卡宾)是很强的 σ 给电子体,在氮原子上较大的烷基取代基会进一步增加其碱性[146]。在许多金属复合物中,NHCs(氮杂环卡宾)可以替代膦类化合物,给复合物性能带来剧烈变化,其中包括催化性能。Nolan 对于 NHCs(氮杂环卡宾)的电子特性和空间特性进行了综述[147]。近十年来,NHC(氮杂环卡宾)配位体领域的发展极为迅猛,可以说在膦配位体化学方面获取的知识已经高速转移到了碳烯化学,由此给出了过剩的含有单原子螯合配位体的金属复合物,而且还有双-、三-、四-、六-齿型和螯型 NHC(氮杂环卡宾)[148]。NHCs(氮杂环卡宾)是高度碱性的并能与过渡金属形成较强的 σ-键,这比膦类化合物要强许多。因此,尽管在较低的催化剂浓度下(10^{-3} mol/L 或更低)需要有过量的膦类化合物,特别是在一氧化碳为竞争配位体(和基质!)时,但是 NHC(氮杂环卡宾)可能只需要化学计量量即可。在多个实例中,如果不去考虑下面要讨论的、可能的分解路径,这看来都是可行的。在 1.7.2 节将提及 NHC(氮杂环卡宾)的主要副反应,在 1.7.3 节将会展示施洛克(Schrock)碳烯的几个分解路径,它们将主要作为基质片段而非改性配位体。

1.7.2 含氮杂环类物质(NHCs)的还原脱除

在金属复合物中引入 NHC(氮杂环卡宾)配位体要比引入膦烷和亚磷酸酯类配位体更棘手一些,关于 NHC(氮杂环卡宾)的化学资料也更丰富一些,因为磷配位体很少能够在现场制备出来!通过从其他金属如银的复合物转移、异腈胺金属上的现场闭环反应,NHCs(氮杂环卡宾)可以通过"富电子烯烃"(Lappert)[149]、自由碳烯(Arduengo)[145]引入,作为它们的咪唑鎓盐和碱(见图 1.45,为与大多数文献一致,我们将金属-NHC 键划为单线)[150]。

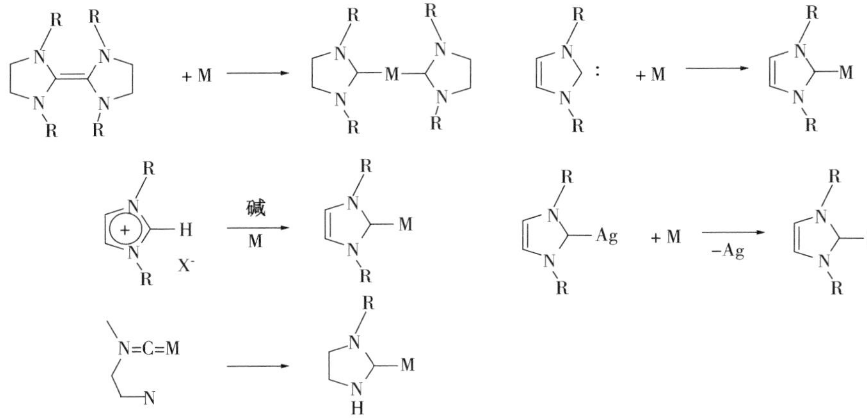

图 1.45　NHC(氮杂环卡宾)复合物的合成

NHC(氮杂环卡宾)复合物的一个最突出的分解反应是 McGuinness 和 Cavell 发现的还原脱除反应[151],这大部分归功于 Cavell 课题组[152]。我们在上面已经看到,膦类化合物在其复合物中会发生多个分解反应。目前的反应近似于烃基金属磷类复合物(金属为镍、钯等)脱除磷盐。如同图 1.46 所示,发现的第一个反应是[PdMe(dmiy)(cod)]BF₄脱除四氟硼酸三甲基咪唑鎓盐的反应(dmiy 为 1,3-二甲基咪唑啉-2 叉)。

图 1.46　氮杂环卡宾 NHC-烷基盐的还原脱除

阳离子络合物与中性络合物相比反应更快。在利用 NHC 改性钯催化剂的赫克(Heck)反应中也发现了还原脱除产物,它们在咪唑鎓盐中或含有芳基或含有苯乙基。羰基化反应研究中,可以确定乙酰咪唑鎓盐脱除产物[152c],在 NHC-镍催化的烯烃二聚反应中也得到了 2-烷基取代的咪唑鎓盐[141b、153]。后续报道也显示了由 NHC-钯-芳基络合物得到了 2-芳基咪唑鎓盐[154]。

离散傅里叶变换 DFT 研究显示该反应机理是一个协同的还原脱除反应而不是烃基向碳烯的迁移[155]。如同交联反应所描述的那样[156]，该反应最有可能类比于迁移还原脱除反应，但是对于这两种反应过渡态几何构型的详尽对比还未进行。其他 DFT 研究指出，在氮原子上的给电子基团将减缓还原脱除反应，因而叔丁基基团结合空间位阻与强大给电子能力会给出最好结果[157]。这些结果还显示，还原脱除反应与交联反应中的迁移还原脱除反应极为相似，因为在那些反应中吸收迁移烃基的芳基上的吸电子取代基确实会强化还原脱除反应[158]。

尽管它们容易发生还原脱除反应，NHC-钯络合物还是可以提供高活性的赫克催化剂[151]，作者的解释是分解与催化的竞争反应(烯烃插入和 β-脱除)；只要基质存在，催化作用就会快于脱除反应，催化就会继续(在较高温度下)。人们就如何避免还原脱除反应提出了几个建议，例如使用低聚齿状的或是庞大的 NHCs(氮杂环卡宾)。实际上，人们发现，庞大的 NHCs(氮杂环卡宾)是铃木交联反应化学中最佳配体[159]。限制 NHC-R 还原脱除反应的另一有效方式是使用过量的咪唑鎓盐作为离子液体溶剂，这需要发生盐对零价钯的加成反应，而这正是建议发生的情况。此外，离子介质会稳定二价钯物质并协助产品与催化剂的分离。Seddon 和其同事在此条件下成功地进行了赫克反应[160]。由咪唑鎓盐对零价镍和钯络合物的加成反应生成二价金属氢化物的实例也在此期间见诸报道[161]。

如同在鏻盐的可逆氧化加成和还原脱除反应实例中那样，咪唑鎓盐反应也可为我所用。在此例中，新的取代基被引入作为烯烃，利用镍催化剂插入咪唑盐的 C—H 键，这对整个图都是有效的(见图 1.47，镍上未参与反应的膦类化合物或 NHCs 都已省略)[162]。

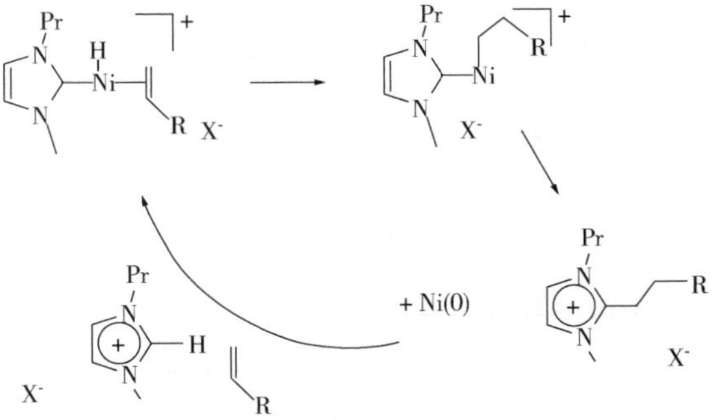

图 1.47　烷基咪唑盐的合成

Grubbs 和其同事对于下面将要提及的 NHCs 在镍复合物中的分解反应作了研究报道，本书的目的是为了收集具有潜在兴趣的反应，因为在发布该反应时其在催化方面的重要性还未为人知[163]。该反应示于图 1.48 中，最有可能是试图以苯酚–NHC 配位体而不是膦基酚盐为基制备 SHOP 型催化剂，复合物 4 如图中所示与碱和苯基镍前体反应。我们已经画了一个近似的中间体，它经反应得到报道的产品(室温下产率为 60%)。作者指出了与 Cavell 课题组报道的烷基化反应的关系(参见前文)，但是与膦类化合物化学的关系还可以进一步延展，因为所示反应是一个在碳烯中心原子上的亲核取代。对于磷配位体中亲核取代所提出的机理见于 1.4.4 节~1.4.6 节以及图 1.21~图 1.28。与膦类化合物化学不同，在磷化学中，在磷原子上端封的阴离子越硬，在铂或钯上的碳原子就越软。NHC 的另一个扩环反应也已见诸报道，但此次的反应更像是通过 NHC 的烯烃二聚体进行的[163b]。

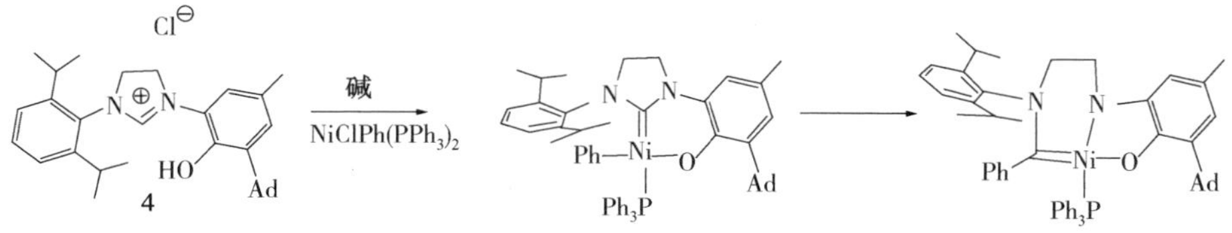

图 1.48 对 NHC 的亲核攻击以及后续的开环反应

Danopoulos 和其同事对于四甲基乙二胺(TMEDA)二甲基镍复合物与吡啶双NHC 螯配位体间的反应报道了不寻常的开环反应(见图 1.49)[164]。乍一看，这像是一个新反应。但提出的机理包括了氮原子在碳烯给电子体的亲核位移、质子转移则完成了该反应。质子转移可能也得到了现场四甲基乙二胺(TMEDA)的辅助。碳烯碳原子作为乙烯基(阴离子)端封结合到镍上，后一化合物是我们还不知道的磷类化合物，因其会是一个磷甲叉镍复合物(维蒂希 Wittig 试剂)，但很可能重排为膦基甲基镍部分(R$_2$PCH$_2$Ni)。

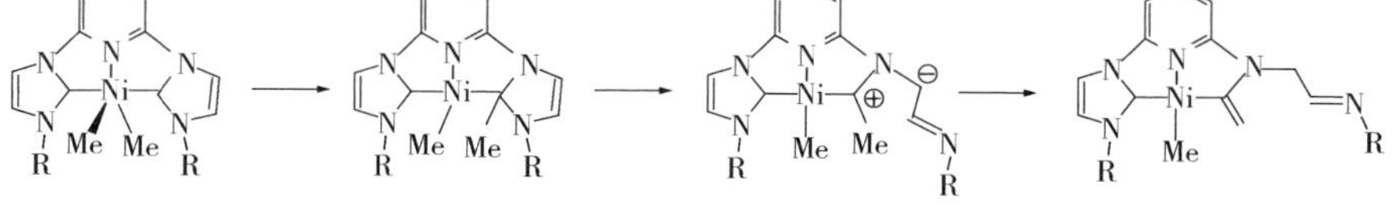

图 1.49 对 NHC 的亲核攻击以及后续的开环反应

1.7.3 置换催化剂中的碳烯分解

第一个分解反应由一个包括在置换反应中的 NHC 配位体和碳烯片段间的反应构成，该反应对于前体和配位体都很明确，但是它代表了由前一段落到此段落的转移! 如图 1.50 所示，Blechert 和其同事发现荷维达–格拉布(Hoveyda–Grubbs)催化剂经历了一个可逆环合作用，在钌环氧化后提供了化合物的钝性。用氧进行氧化会重新建立起不适合催化的芳环和碳烯–钌键[165]。得到的化合物收率较低，而且芳环上的适宜取代方式极有可能避免该反应。

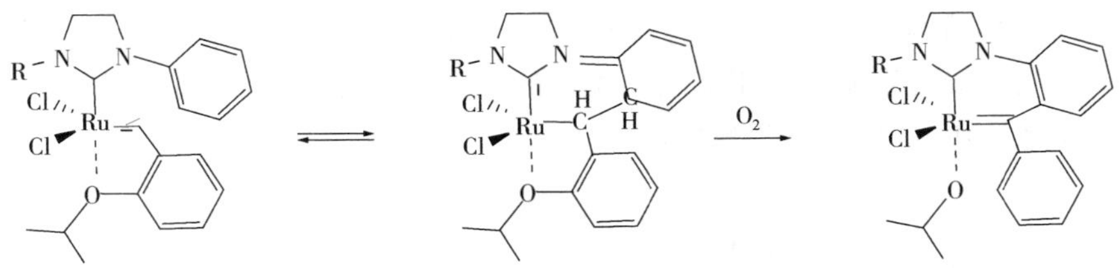

图 1.50 荷维达-格拉布(Hoveyda-Grubbs)催化剂中包含了配位体和碳烯的可逆环合作用

　　另一个包括了 NHC 配位体和反应物碳烯的失活反应,是由 Grubbs 在研究 NHC 氮原子上含有非取代苯基的复合物时发现的[166]。作者提出这可能包括了双重 C—H 活化,只有第一步显示在图 1.51 中而剩余部分将在后面讨论。在没有极性物质情况下,C—H 活化是分解反应的重要起始点。通过选择芳环上适宜的取代型式可以将其有效还原[167]。

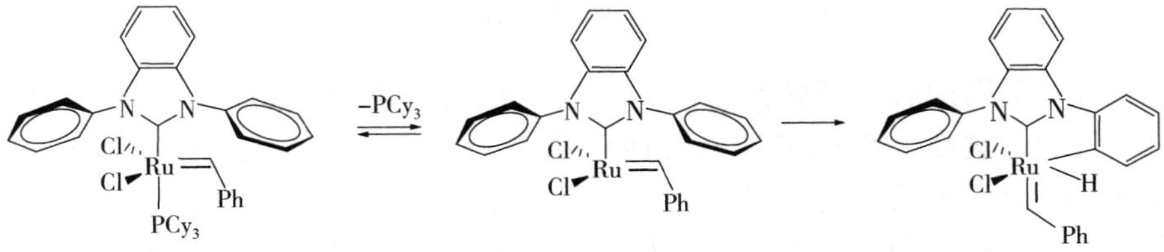

图 1.51　NHC 置换催化剂中 C—H 的活化

　　在早期研究中,Grubbs 研究表明亚甲基钌催化剂在单分子反应中分解,而烷叉催化剂则显示了包含有膦类化合物分解的双分子分解路径,无机产物在那时还未被认定[168]。亚甲基钌物质在许多催化反应中都显示了其特性,而且可以得出结论,这个分解反应就是为何常常需要高催化剂载荷的原因。

　　在同一年(1999),Hoffman 和其同事描述了富电子膦类化合物对于复配在格拉布(Grubbs)Ⅰ型催化剂上的亚烷基的攻击。在此例中,膦类化合物是双齿的,而该攻击则是受到了分子内特性的辅助支持[169]。他们认为此反应可能会在催化剂分解中具有重要性,因为在许多情况下需要膦类化合物从钌前体上分离出来以启动催化过程。该反应示于图 1.52。在内鎓盐三苯基膦形成之后,裂解过程发生,该复合物成为二聚物(未显示)。

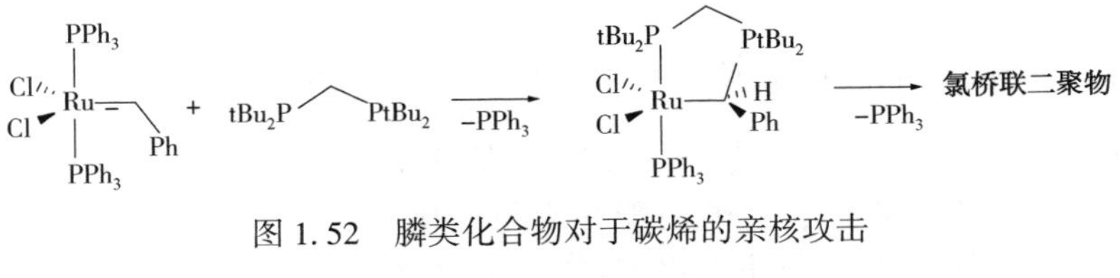

图 1.52　膦类化合物对于碳烯的亲核攻击

　　Grubbs 和其同事对于最敏感的催化剂中间体亚甲基钌进行了进一步研究,他们认为三环己基膦 PCy₃对于亚甲基片段的亲核攻击是整个过程的起始步骤[170]。

生成的高碱性磷内鎓盐会从另一个亚甲基钌上提取一个质子，而形成了早期观察到的产物之一氯化甲基三环甲基磷。生成的次烷基钌会与其他配位不饱和钌物质反应，生成图 1.53 所示的二聚体。

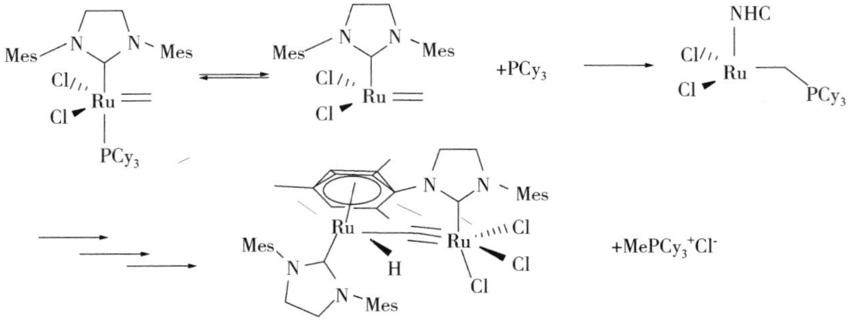

图 1.53　格拉布（Grubbs）催化剂在碳烯上受到三环己基膦 Cy₃P 的亲核攻击

　　当从元素周期表的钛转到钌时，置换催化剂对于含氧化合物的敏感性将有剧烈的改变。这在非均相和均相置换催化之中都是如此[171]，中间体碳烯金属复合物的简单置换反应可以被想象为、而在某些实例中也被观察到是将碳烯金属物转化为了氧化金属和对应的有机产品。很显然，与钌催化剂相比，钼催化剂与含氧化合物的反应更常发生。有几个反应已经展示在图 1.54 中。可以想象，羧酸和羧酸酯、醛类、亚胺等将导致类似反应。特别在涉及前过渡金属时更是如此。

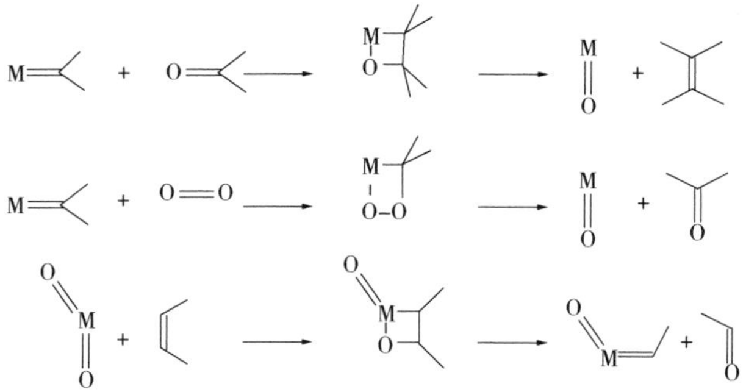

图 1.54　金属–碳烯与含氧化合物和氧化物的反应

　　根据图 1.54 所示，施罗克（Schrock）钼催化剂可以很利索地与苯甲醛反应，生成预期产品。在此例中，醋酸乙酯并不与催化剂反应[172]。氧络–碳烯在金属间的转移（此例中为钽和钨）也有报道[173]。金属氧化物与烯烃反应得到了亚烷基物质（见图 1.54 中反应 3）和醛，但是同样地，其逆反应会导致催化剂失活[174]。
　　自从 1965 年以来，大家都认识到钌催化剂相比于前过渡金属催化剂的耐含氧化合物能力更强[175]，但是用作功能分子的钌催化剂总吨位也比用作净化的、纯粹烷烃类烯烃的低许多。对于含氧化合物，大约常用有1%的催化剂。而对于烯烃基质的转换数则高达百万。与许多其他使用烯烃为基质的催化反应相同，要获取高的转换数则过氧化氢的移除是非常重要的[176]。不过要注意，四甲基锡活化的钨催化剂也能转化高达500个油酸酯基质分子[177]！

多个课题组研究了一代格拉布(Grubbs)置换催化剂与伯醇、水和氧所发生的降解反应以及单羰基二价钌物质的形成和催化活性[178]。对于多个反应，他们都认为 RuHCl(CO)L$_2$ 是最终产品。Dinger 和 Mol[178a] 提出的一个可能机理见图1.55。

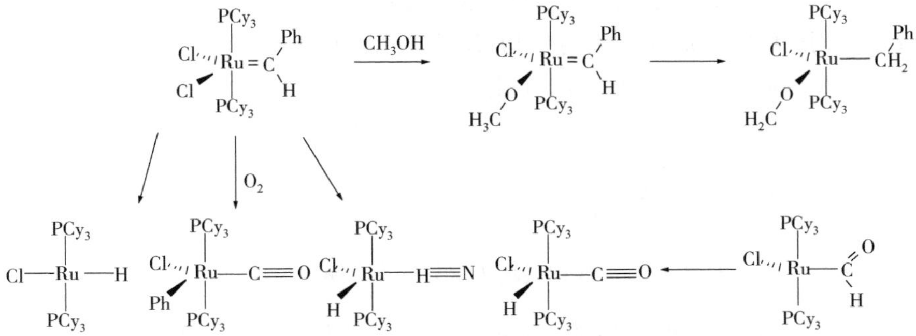

图 1.55　一代格拉布(Grubbs Ⅰ)催化剂与醇和双氧发生的分解反应

二代格拉布催化剂(见图1.56)在碱性条件下与甲醇的反应要快于一代格拉布催化剂，并能得到产品混合物，其中包括配位体歧化反应得到了与来自一代格拉布催化剂相同的氢化物产品。所提出的反应机理与图1.55所示相同[179]。

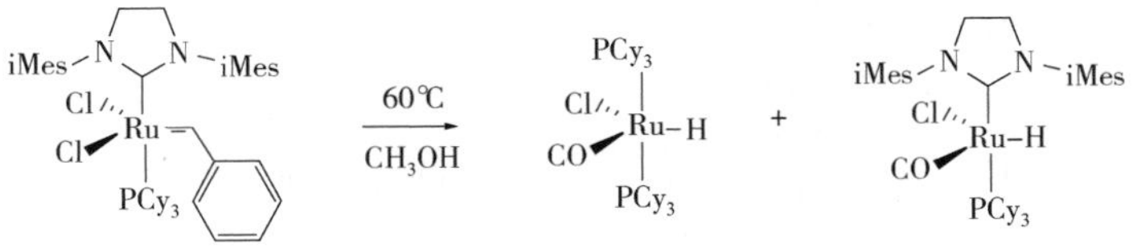

图 1.56　二代格拉布(Grubbs Ⅱ)催化剂与醇和双氧发生的分解反应

形成的氢化物是高活性的异构或加氢催化剂，因而它们的形成会极大影响置换反应的选择性。置换反应仍然要比甲醇分解反应快，所以在醇类物质中进行反应只会对结果有很小影响。或者，有意将烷叉催化剂转化为氢化物质，以便进行串联置换/加氢反应[178d]，如同 Fogg 与其同事所示。Dinger 在 100℃、氢气压力为 4bar 的条件下进行辛烯-1 加氢反应，得到的 TOF(单位时间完成的催化循环数)高达 160000mm^{-1}·h^{-1}[179]。

二代格拉布催化剂在微酸条件下与水反应转化成了阳离子三扁复合物，而与乙腈反应则给出了苯甲醛和由溶剂封装的氮杂环卡宾 NHC-钌复合物[180]。该反应很有可能是以水对于复配在阳离子型钌离子上的碳烯碳原子进行亲核攻击开始的。该反应可以与由复配在二价钯上的膦类化合物和水反应生成氧化膦的情况相对比（1.4.2 节和 1.4.4 节）。

中间体金属取代环丁烷的分解反应是一个被提及很多次的反应，但是真正确凿的证据还不多[181]（通过此路径形成的副产物总是数量极少，而产品则通常可以用置换反应解释）。此类反应中的一个是金属取代环丁烷复合物的 β-H 脱除反应，特别是在多相催化过程中。该反应对于铼复合物固定化已得到证实[182]，而 DFT 计算则表明，对于钌系催化剂，该反应应该只有很低的活化障碍（见图 1.57）[183]。烯丙基金属氢化物可以以不同方式反应，例如可以得到金属烯烃复合物。其逆反应也被提及可以用作由金属复合物和烯烃制备催化剂引发剂的路径[184]。

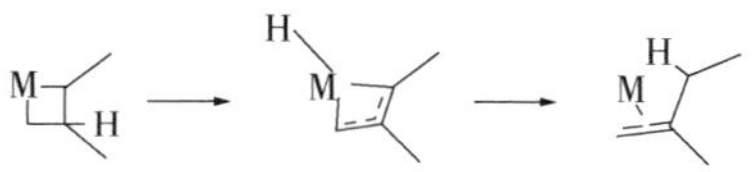

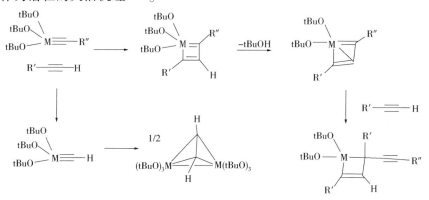

图 1.57　金属取代环丁烷分解为金属烯烃复合物

用于炔烃置换反应的施罗克（Schrock）催化剂也会经历中间体上氢损失[185]，此时的中间体是由末端炔烃生成的金属取代环丁烷（见图 1.58）[186]。末端炔烃可以以各种方式与金属复合物反应，而置换反应并非常见。Mortreux 发现了作为分解反应复合物之一的产物（见图 1.58 右上）和叔丁醇。该复合物作为烯烃聚合催化剂的活性很高，因而在过量烯烃存在下很难确认。另一复合物（见图 1.58 左下）也可以直接从金属-次烷基复合物得到，而且其二聚作用已经被 Schrock 提到可以作为潜在的失活机理[187]。

图 1.58　施罗克（Schrock）炔属烃置换催化剂分解路径

1.8　金属–碳键与金属–氢化物键的反应

1.8.1　与质子试剂的反应

有机金属化合物最简单的反应是前过渡金属烷基化物和氢化物与水、酸和醇的反应。嗜酸的金属离子如钛、锆和钒（但也有一些主族金属，如锂、镁、铝、锌等）会非常快速地与水反应，如果不加注意地彻底除去这些质子试剂，则会构成其分解的最常通道。排除这些物质包括氧是齐格勒（Ziegler）催化反应常做之事。通常会使铝烷基化试剂过量，以便排除掉会使催化剂分解的这些物质残留。对试剂和溶剂进行预处理是得到广泛研究的方法，都可以在适宜的文献中查到[188]。金属氢化物可能经历相同的反应过程。

对于后过渡金属烷基化物情况更复杂一些，许多会耐受与水的反应，也许这是未曾预期的状况，所以在某种程度上迟滞了过渡金属化学和其在水中催化作用的发展[189]。20 世纪 70 年代以来，我们已经了解到许多过渡金属烷基化物在水中是很稳定的，主族金属烷基化物在水中也是稳定的。主族金属示例包括了烷基有毒重金属物质如甲基汞的衍生物（水生厌氧有机体的产物之一！）、四乙铅和/或烷基锡衍生物（需使用铜催化剂在酸性水中使其分解）等。二甲基钯复合物与弱酸反应极为迅速，而钯的单烷基物质则反应很慢，即使是在100℃与强酸反应也是如此。这样就可以在有酸存在下使乙烯与一氧化碳在甲醇中进行共聚[190,191]。同样地，包括有烷基镍物质的 SHOP 过程[92]也可以在 1, 4-丁二醇中进行。在水中进行丙烯氢甲酰化的鲁尔化学–罗纳普朗克工艺包括氢化铑和丙基铑物质，它们在中性 pH 值条件下不会被水分解。

使用亚磷酸镍[193]或镍膦络合物[194]催化剂进行的烯烃的氢氰化反应包括了氢化镍中间体，它可以与氢氰酸（HCN）反应生成氢气和二氰化镍。该反应不可逆并可引发催化剂分解。在甲醇羰基化反应中，三价甲基铑中间体能够忍耐强酸条件，甲基铑或乙酰铑与质子的反应只能作为副反应。这就导致了三价铑卤化物的生成，它们必须在重启催化反应周期前先被还原，如一价铑所经历的甲基碘加成反应。

1.8.2　烷基锆和烷基钛催化剂的反应

除了反应性金属烷基化物与质子试剂的一些明显反应，对于烷基锆和钛化合物还有一些反应也被提及，主要与这些催化剂的分解反应有关。据 Teuben 报道，烷基锆化合物与丙烯反应能得到链烷烃和 π–烯丙基锆物质[195]，后一物质对于烯烃聚合没有活性，因而可以终止聚合反应（见图 1.59）。在乙烯聚合中，此反应不太会发生，因其只能与 β–氢化物脱除生成的物质发生而不能与基质乙烯发生。从概念上讲，此反应可以类比二价钯盐特别是醋酸盐与烯烃反应生成 π–烯丙基钯复合物与酸的情况。Kamisky[196]报道了铝氧烷与甲基锆反应生成甲烷和桥接亚甲基的情况。

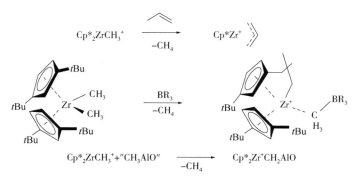

图 1.59　锆催化剂的失活反应

由 Marks 报道的另一个通过生成桥接亚甲基物质而使催化剂失活的情况见图 1.60[197]。

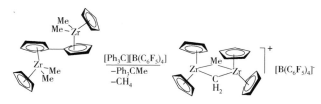

图 1.60　通过 μ-CH₂ 复合物的生成而使催化剂失活

烯烃聚合中链转移与氢反应生成氢化物中间体的反应也会导致失活。例如，用齐格勒-纳塔催化剂进行丙烯聚合时，酯改性剂的存在会导致钝性钛醇盐的生成[198]，酯与过量烷基铝反应也会被还原为醇盐[199]。

$$Ti-H+RCOOR' \longrightarrow Ti-OCH(R)OR'$$

$$PhCOOEt \cdot AlEt_3+AlEt_3 \longrightarrow PhEt_2COAlEt_2+AlEt_2OEt$$

1.9　阻塞活性基团的反应

原料中的杂质或是基质的选择反应会导致钝性物质的生成。例如，当烯烃是基质时，则认为氢过氧化物、双烯、炔烃、烯酮等会与催化剂反应生成钝性物质。有时这可能是暂时的，催化剂活性可以再恢复，此时可以说"休眠"中心形成了。这些反应都是专属性很强的，大部分会在后续章节中专门处理。休眠基团在丙烯聚合催化和氢甲酰化催化反应中是很著名的。在茂金属催化烯烃聚合中，三甲基铝 AlMe₃ 对于二茂锆基团 [Cp₂ZrR]⁺ 的配位会导致 [Cp₂Zr(μ-R)(μ-Me)AlMe₂]⁺ 型的休眠、烷基桥键物质的生成。

1.9.1　极性杂质

与基质竞争参与开放-配位中心反应的配位体显然是反应减速的原因。毫无疑问，人们可以收集成百上千的实例。我们将只提及具有实际意义的一个实例，这就是 Takasago[200] 运作的薄荷醇烯丙胺前体的不对称异构化反应。薄荷醇的合成见图 1.61。其关键反应就是烯丙胺对映选择性异构化为非对称的烯胺。胺类副产物会阻碍此例中的阳离子催化剂。

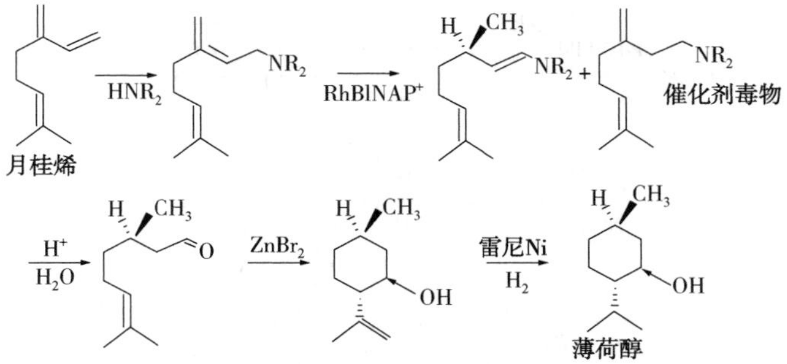

图 1.61　按照 Takasago 方法制备薄荷醇

1.9.2　二聚物的形成

活性单体催化剂物质会参与惰性二聚物的生成反应。如果此反应是可逆的，则其只会降低可用催化剂的数量而不会使催化反应完全停止。著名的事例是 Wilkinson 已经报道过的由三-三苯基膦羰基氢化铑 HRh(PPh$_3$)$_3$CO 生成所谓的橙二聚体[201]。此反应会在较低的氢压及较高的铑浓度下发生(见图 1.62)[202]，并且该反应是可逆的。

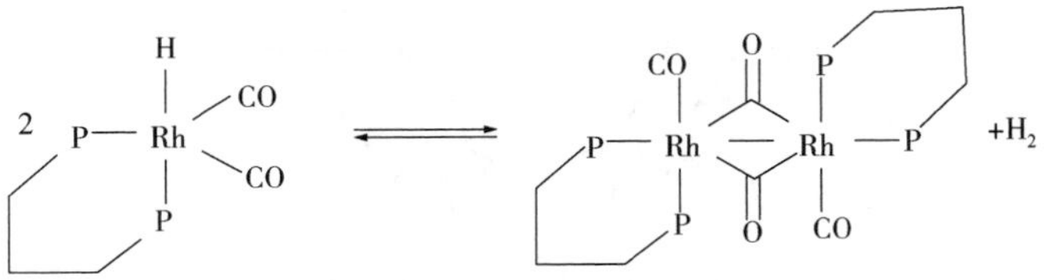

图 1.62　铑催化中铑二聚体的生成

在二价钯催化的羰基化反应中形成的零价钯物质会导致形式上的一价钯的形成[203]。已经观察到的几个类型见于图 1.63。

当二聚体的形成处于主导地位时，人们就会尝试使二聚体相对于单体处于非稳定状态。例如，使配位体非常庞大，就可以避免二聚体的形成。另一种方法是 Grubbs 描述的固化催化剂的所谓"活性中心分离法"[204]，或者是将其封装在树状分子中[205]。Grubbs 的典型案例涉及了作为加氢催化剂的茂钛催化剂。氢化钛中间体几乎完全转化为二聚体，使得催化剂活性很低。将催化剂固化在树脂载体上，可以避免二聚反应并得到有活性的催化剂。在包含有金属卟啉或是金属酞菁的氧化反应中，二聚体的形成是一个普遍现象。例如，如图 1.64[206] 所示的三价酞菁锰。

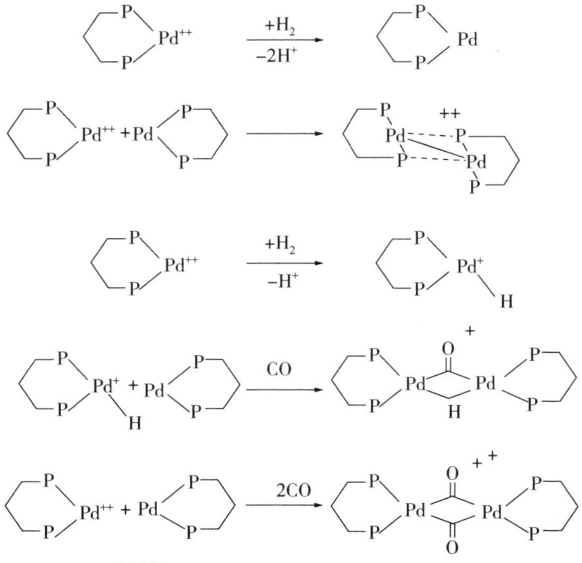

图 1.63　羰基化反应催化剂中形成的一价钯二聚体

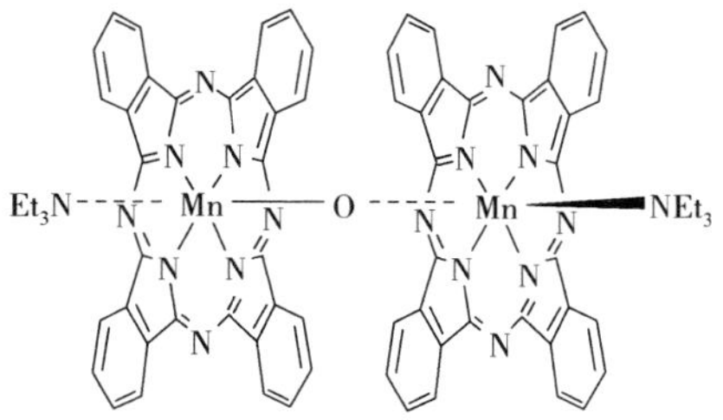

图 1.64　通过氧桥联进行的三价酞菁锰二聚反应

1.9.3　配位体的金属取代

图 1.59 中，我们已经展示了配位体的金属取代导致钝性锆催化剂的形成。在后过渡金属化学中发生了同样的反应，但这些复合物形成了休眠活性中心，催化剂活性常可以恢复。氢甲酰化反应后，铑-亚磷酸盐催化剂溶液的分离净化常常展示了金属化物质的部分形成，特别是在使用了庞大亚磷酸酯时[207]。二氢的脱除或是烷烃的脱除都会生成金属化的复合物。该反应对于铑是可逆的，因而在催化剂循环中金属化物质可以起到铑的稳定态作用。许多金属化亚磷酸酯复合物都有所报道，但我们只提及两个：一个是亚磷酸三苯酯和铑[208]（见图 1.65），另一个是庞大二亚胺和钯[209]（见图 1.66）。

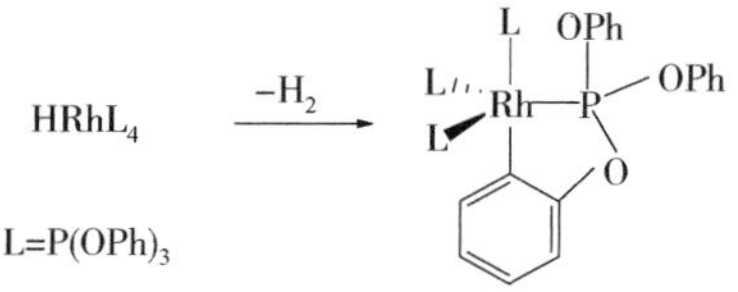

L=P(OPh)₃

图 1.65　金属化铑亚磷酸酯复合物

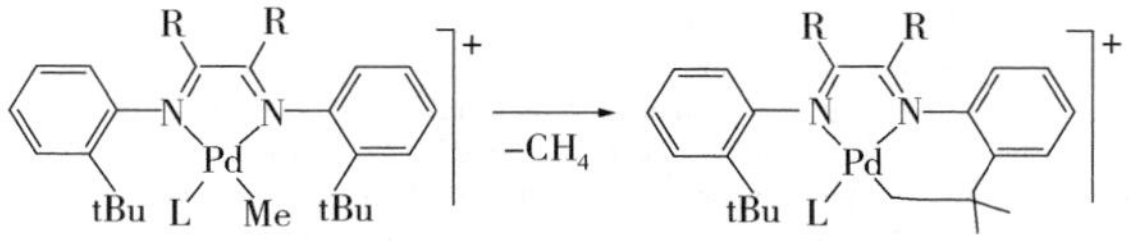

图 1.66　阳离子钯 α-二亚胺复合物中分子内 C—H 活化过程

参 考 文 献

[1] (a) Diéguez, M., Ruiz, A., and Claver, C. (2002) J. Org. Chem., 67, 3796–3801; (b) Buisman, G. J. H., Martin, M. E., Vos, E. J., Klootwijk, A., Kamer, P. C. J., and van Leeuwen, P. W. N. M. (1995) Tetrahedron: Asymmetry, 6, 719–738.

[2] van Leeuwen, P. W. N. M. (ed.) (2008) Supramolecular Catalysis, Wiley–VCH Verlag GmbH, Weinheim.

[3] Goudriaan, P. E., Jang, X.-B., Kuil, M., Lemmens, R., van Leeuwen, P. W. N. M., and Reek, J. N. H. (2008) Eur. J. Org. Chem., 6079–6092.

[4] Breit, B. (2008) PureAppl. Chem., 80, 855.

[5] Heller, D., de Vries, A. H. M., and de Vries, J. G. (2007) Catalyst inhibition and deactivation in homogeneous hydrogenation, in Handbook of Homogeneous Hydrogenation, Part 3 (eds J. G. de Vries and C. J. Elsevier), Wiley–VCH Verlag GmbH, Weinheim, pp. 1483–1516.

[6] (a) Moulijn, J. A., van Diepen, A. E., and Kapteijn, F. (2001) Appl. Catal. A: General, 212, 3–16; (b) Moulijn, J. A. (ed.) (2001) Appl. Catal. A: General, 212 (1–2), 1–271 (Special issue: Catalyst Deactivation).

[7] van Leeuwen, P. W. N. M. (2001) Appl. Catal. A: General, 212, 61–81.

[8] (a) Freitas, E. R. and Gum, C. R. (1979) Chem. Eng. Proc., 73, 70, Ref.4; (b) Keim, W. (1990) Angew. Chem., Int. Ed., 29, 235.

[9] van Leeuwen, P. W. N. M. and Freixa, Z. (2006) in Carbon Monoxide as a Chemical Feedstock: Carbonylation Catalysis (ed. W. B. Tolman), Wiley–VCH Verlag GmbH, Weinheim, Germany, pp. 319–356.

[10] Lewis F L. N. (1990) J. Am. Chem. Soc., 112, 5998.

[11] Smidt, J. (1962) Angew. Chem. Int. Ed., 1, 80.

[12] Henry, P. M. (1980) Palladium–Catalyzed Oxidation of Hydrocarbons, Reidel, Dordrecht.

[13] Beletskaya, I. P. (1982) J. Organomet. Chem., 250, 551.

[14] van Strijdonck, G. P. F., Boele, M. D. K., Kamer, P. C. J., de Vries, J. G., and van Leeuwen, P. W. N. M. (1999) Eur. J. Inorg. Chem., 1073.

[15] Albisson, D. A., Bedford, R. B., Lawrence, S. E., and Scully, P. N. (1998) Chem. Commun., 2095.

[16] (a) de Meijere. A. and Diederich, F. (eds) (2004) Metal–Catalyzed Cross–Coupling Reactions, 2nd edn, Wiley–VCH Verlag GmbH, Weinheim; (b) Hartwig, J. F. (2002) in Handbook of Organopalladium Chemistry for Organic Synthesis, vol. 1 (ed. E. I. Negishi,), Wiley–Interscience, New York, p.1051 and 1097; (c) Jiang, L. and Buchwald, S. L. (2004) in Metal–Catalyzed Cross–Coupling Reactions, 2nd edn (eds A. De Meijere and F. Diederich), Wiley–VCH Verlag GmbH, Weinheim, Germany, p. 699.

[17] Tromp F M., Sietsma, J. R. A., van Bokhoven, J. A., van Strijdonck, G. P. F., van Haaren, R. J., van der Eerden, A. M. J., van Leeuwen, P. W. N. M., and Koningsberger, D. C. (2003) Chem. Commun., 128–129.

[18] Astruc, D. (ed.) (2008) Nanoparticles and Catalysis, Wiley–VCH Verlag GmbH, Weinheim.

[19] Schmid, G. (2004) Nanoparticles, from Theory to Application, Wiley–VCH Verlag GmbH, Weinheim.

[20] Starkey Ott, L. and Finke, R. G. (2007) Coord. Chem. Rev., 251, 1075–1100.

[21] Guari, Y., Thieuleux, C., Mehdi, A., Reyé C., F C.;., Corriu, R. J. P., Gomez–Gallardo, S., Philippot, K., Chaudret, B., and Dutartre, R. (2001) Chem. Commun., 1374.

[22] Dupont, J., de Souza, R. F., and Suarez, P. A. Z. (2002) Chem. Rev., 102, 3667.

[23] Calandra, P., Giordano, C., Longo, A., and Turco Liveri, V. (2006) Mater. Chem. Phys., 98, 494.

[24] (a) Zhao, M., Sun, L., and Crooks, R. M. (1998) J. Am. Chem. Soc., 120, 4877; (b) Boisselier, E., Diallo, A. K., Salmon, L., Ruiz, J., and Astruc, D. (2008) Chem. Commun., 4819–4821; (c) Balogh, L. and Tomalia, D. A. (1998) J. Am. Chem. Soc., 120, 7355.

[25] Astruc, D., Fu, J., and Aranzaes, J. (2005) Angew. Chem. Int. Ed., 44, 7852–7872.

[26] Sablong, R., Schlotterbeck, U., Vogt, D., and Mecking, S. (2003) Adv. Synth. Catal., 345, 333.

[27] Vargaftik, M. N., Zagorodnikov, V. P., Stolarov, I. P., Moiseev, I. I., Kochubey, D. I., Likholobov, V. A., Chuvilin, A. L., and Zamaraev, K. I. (1989) J. Mol. Catal., 53, 315.

[28] (a) Dalton Trans., 421; (b) Phan, N. T. S., van der Sluys, M., and Jones, C. W. (2006) Adv. Synth. Catal., 348, 609 – 679; (c) Durand, J., Teuma, E., and Gomez, M. (2008) Eur. J. Inorg. Chem., 3577–3586; (d) Duran Pachon, L. and Rothenberg, G. (2008) Applied Organomet. Chem., 22, 288–299; (e) Trzeciak, A. M. and Zioélkowski, J. J. (2007) Coord. Chem. Rev., 251, 1281–1293; (f) Djakovitch, L., Koehler, K., and de Vries, J. G. (2008) in Nanoparticles and Catalysis (ed. D. Astruc), Wiley – VCH Verlag GmbH, Weinheim, pp. 303–348.

[29] (a) Studer, M., Blaser, H. - U., and Exner, C. (2003) Adv. Synth. Catal., 345, 45; (b) Bonnemann, H. and Braun, G. A. (1996) Angew. Chem., Int. Ed. Engl., 35, 1992; (c) Bonnemann, H. and Braun, G. A. (1997) Chem. Eur. J., 3, 1200; (d) Zuo, X., Liu, H., Guo, D., and Yang, X. (1999) Tetrahedron, 55, 7787; (e) Kohler, J. U. and Bradley, J. S. (1997) Catal Lett., 45, 203; (f) Kohler, J. U. and Bradley, J. S. (1998) Langmuir, 14, 2730.

[30] Tamura, M. and Fujihara, H. (2003) J. Am. Chem. Soc. , 125, 15742.

[31] (a) Jansat, S. , Gémez, M. , Phillipot, K. , Muller, G. , Guiu, E. , Claver, C. , Castilloén, S. , and Chaudret, B. (2004) J. Am. Chem. Soc. , 126, 1592; (b) Favier, I. , Gomez, M. , Muller, G. , Axet, M. A. , Castillón, S. , Claver, C. , Jansat, S. , Chaudret, B. , and Philippot, K. (2007) Adv. Synth. Catal, 349, 2459.

[32] Klabunovskii, E. , Smith, G. V. , and Zsigmond, A. (2006) in Heterogeneous Enantioselective Hydrogenation, Theory and Practice, Catalysis by Metal Complexes, vol. 31 (eds B. R. James and P. W. N. M. van Leeuwen), Springer, Dordrecht, The Netherlands.

[33] Dieguez F M. , Pamies, O. , Mata, Y. , Teuma, E. , Gomez, M. , Ribaudo, F. , and van Leeuwen, P. W. N. M. (2008) Adv. Synth. Catal. , 350, 2583−2598.

[34] Wada, K. , Yano, K. , Kondo, T. , and Mitsudo, T. (2006) Catal. Lett. , 112, 63−67.

[35] Iwasawa, T. , Tokunaga, M. , Obora, Y. , and Tsuji, Y. (2004) J. Am. Chem. Soc. , 126, 6554−6555.

[36] Landau, R. and Saffer, A. (1968) Chem. Eng. Prog. , 64, 20.

[37] ten Brink, G. -J. , Arends, I. W. C. E. , and Sheldon, R. A. (2002) Adv. Synth. Catal. , 344, 355.

[38] Challa, G. , Chen, W. , and Reedijk, J. (1992) Makromol. Chem. Makromol. Symp. , 59, 59.

[39] (a) Hage, R , Iburg, J. E. , Kerschner, J. , Koek, J. H. , Lempers, E. L. M. , Martens, R. J. , Racherla, U. S. , Russell, S. W. , Swarthoff, T. , van Vliet, R. P. , Warnaar, J. B. , van der Wolf, L. , and Krijnen, B. (1994) Nature, 369, 637; (b) Que JJr. , L. (2007) Acc. Chem. Res. , 40, 493−500; (c) Klopstra, M. , Hage, R. , Kellogg, R. M. , and Feringa, B. L. (2003) Tetrahedron Lett. , 44, 4581−4584.

[40] Collins, T. J. (1994) Acc. Chem. Res. , 27, 279.

[41] Landau, R. , Sullivan, G. A. , and Brown, D. (1979) ChemTech, 602.

[42] Hill, J. G. , Sharpless, K. B. , Exon, C. M. , and Regeneye, R. (1985) Org. Synth. , 63, 66.

[43] (a) Colladon, M. , Scarso, A. , Sgarbossa, P. , Michelin, R. A. , and Strukul, G. (2007) J. Am. Chem. Soc. , 129, 7680−7689; (b) Strukul, G. and Michelin, R. A. (1985) J. Am. Chem. Soc. , 107, 563−569.

[44] Blann, K. , Bollmann, A. , Dixon, J. T. , Hess, F. M. , Killian, E. , Maumela, H. , Morgan, D. H. , Neveling, A. , Otto, S. , and Overett, M. J. (2005) Chem. Commun. , 620−621.

[45] Tucker, C. E. and de Vries, J. G. (2002) Top. Catal. , 19, 111−118.

[46] (a) Garrou, P. E. (1985) Chem. Rev. , 85, 171; (b) Garrou, P. E. , Dubois, R. A. , and Jung, C. W. (1985) ChemTech, 123.

[47] Parkins, A. W. (2006) Coord. Chem. Rev. , 250, 449−467.

[48] Macgregor, S. A. (2007) Chem. Soc. Rev. , 36, 67−76.

[49] Cervilla, A. , Perez-Pla, F. , Llopis, E. , and Piles, M. (2006) Inorg Chem. , 45, 7357−7366.

[50] Aresta, M. , Dibenedetto, A. , and Tommasi, I. (2001) Eur. J. Inorg. Chem. , 1801−1806.

[51] Larpent, C. , Dabard, R. , and Patin, H. (1987) Inorg. Chem. , 26, 2922−2924.

[52] Nicholas, K. M. (1980) J. Organomet. Chem. , 188, C10−C12.

[53] Ropartz, L. , Meeuwenoord, N. J. , van der Marel, G. A. , van Leeuwen, P. W. N. M. , Slawin, A. M. Z. , and Kamer, P. C. J. (2007) Chem. Commun. , 1556−1558.

[54] (a) Buckler, S. A. , Doll, L. , Lind, F. K. , and Epstein, M. (1962) J. Org. Chem. , 27, 794−798; (b) Zhao, Y. - L. , Flora, J. W. , Thweatt, W. D. , Garrison, S. L. , Gonzalez, C. , Houk, K. N. , and Marquez, M. (2009) Inorg. Chem. , 48, 1223−1231; (c) Dobbie, R. C. (1971) J. Chem. Soc. (A), 2894−2897; (d) Lim, M. D. , Lorkovic, I. M. , and Ford, P. C. (2002) Inorg. Chem. , 41, 1026−1028; (e) Odom, J. D. and Zozulin, A. J. (1981) Phosphorus Sulfur Silicon Relat. Elem. , 9, 299−305.

[55] Wehman, P. , van Donge, H. M. A. , Hagos, A. , Kamer, P. C. J. , and van Leeuwen, P. W. N. M. (1997) J. Organomet. Chem. , 535, 183−193.

[56] Otsuka, S. , Aotani, Y. , Tatsuno, Y. , and Yoshida, T. (1976) Inorg. Chem. , 15, 656−660.

[57] Segarra−Maset, M. D. , Freixa, Z. , and van Leeuwen, P. W. N. M. , (2010) Eur. J. Inorg. Chem. , 2075−2078.

[58] Burns, J. A. , Butler, J. C. , Moran, J. , and Whitesides, G. M. (1991) J. Org. Chem. , 56, 2648−2650, and references therein.

[59] Levison, M. E. , Josephson, A. S. , and Kirschenbaum, D. M. (1969) Experientia, 25, 126−127.

[60] Storjohann, L. , Holst, B. , and Schwartz, T. W. (2008) Biochemistry, 47, 9198−9207.

[61] Faucher, A. -M. and Grand−Maitre, C. (2003) Synth. Commun. , 33, 3503−3511.

[62] (a) Hewertson, W. and Watson, H. R. (1962) J. Chem. Soc. , 1490; (b) van Doorn, J. A. , Frijns, J. H. G. , and Meijboom, N. (1991) Rec. Trav. Chim. Pays−Bas, 110, 441−449.

[63] Phadnis, P. P. , Dey, S. , Jain, V. K. , Nethaji, M. , and Butcher, R. J. (2006) Polyhedron, 25, 87−94.

[64] (a) Chini, P. , Martinengo, S. , and Garlaschelli, G. (1972) J. Chem. Soc. , Chem. Commun. , 709; (b) Dubois, R. A. and Garrou, P. E. (1986) Organometallics, 5, 466; (c) Harley, A. D. , Guskey, G. J. , and Geoffroy, G. L. (1983) Organometallics, 2, 53.

[65] Billig, E. , Jamerson, J. D. , and Pruett, R. L. (1980) J. Organomet. Chem. , 192, C49.

[66] Mason, R. , SOtofte, I. , Robinson, S. D. , and Uttley, M. F. (1972) J. Organomet. Chem. , 46, C61.

[67] Goel, A. B. (1984) Inorg. Chim. Acta, 84, L25.

[68] Abatjoglou, A. G. , Billig, E. , and Bryant, D. R. (1984) Organometallics, 3, 923−926.

[69] Sakakura, T. (1984) J. Organometal. Chem. , 267, 171.

[70] Kong, K−C. and Cheng, C−H. (1991) J. Am. Chem. Soc. , 113, 6313.

[71] (a) Sisak, A. , Ungvary, F. , and Kiss, G. (1983) J. Mol. Catal. , 18, 223−235; (b) van Leeuwen, P. W. N. M. , Roobeek, C. F. , Frijns, J. H. G. , and Orpen, A. G. (1990) Organometallics, 9, 1211.

[72] Heyn, R. H. and Gorbitz, C. H. (2002) Organometallics, 21, 2781−2784.

[73] (a) Bennett, M. A. , Berry, D. E. , and Beveridge, K. A. (1990) Inorg. Chem. , 29, 4148−4152; (b) Dekker, G. P. C. M. , Elsevier, C. J. , Poelsma, S. N. , Vrieze, K. , van Leeuwen, P. W. N. M. , Smeets, W. J. J. , and Spek,

A. L. (1992) Inorg. Chim. Acta, 195, 203-210.

[74] (a) Albinati, A., Lianza, F., Pasquali, M., Sommovigo, M., Leoni, P., Pregosin, P. S., and Regger, H. S. (1991) Inorg. Chem., 30, 4690; (b) Budzelaar, P. H. M., van Leeuwen, P. W. N. M., Roobeek, C. F., and Orpen, A. G. (1992) Organometallics, 11, 23; (c) Murahashi, T., Otani, T., Okuno, T., and Kurosawa, H. (2000) Angew. Chem. Int. Ed., 39, 537.

[75] Tschan, M. J. - L., Cherioux, F., Karmazin - Brelot, L., and Suess - Fink, G. (2005) Organometallics, 24, 1974—1981.

[76] Bradford, C. W. and Nyholm, R. S. (1973) J. Chem. Soc., Dalton Trans., 529.

[77] Bruce, M. I., Humphrey, P. A., Okucu, S., Schmutzler, R., Skelton, B. W., andWhite, A. H. (2004) Inorg. Chim. Acta, 357, 1805-1812.

[78] Franken, A., McGrath, T. D., and Stone, F. G. A. (2006) J. Am. Chem. Soc., 128, 16169-16177.

[79] (a) Geoffroy, G. L., Rosenberg, S., Shulman, P. M., and Whittle, R. R. (1984) J. Am. Chem. Soc., 106, 1519; (b) Shulman, P. M., Burkhardt, E. D., Lundquist, E. G., Pilato, R. S., Geoffroy, G. L., and Rheingold, A. L. (1987) Organometallics, 6, 101.

[80] Sicree, S. A. and Tamborski, C. (1992) J. Fluor. Chem., 59, 269-273.

[81] (a) van der Veen, L. A., Keeven, P. H., Schoemaker, G. C., Reek, J. N. H., Kamer, P. C. J., van Leeuwen, P. W. N. M., Lutz, M., and Spek, A. L. (2000) Organometallics, 19, 872-883; (b) Levy, J. B., Walton, R. C., Olsen, R. E., and SymmesJr., C. (1996) Phosphorus, Sulfur, 109-110, 545-548.

[82] Oae, S. and Uchida, Y. (1991) Acc. Chem. Res., 24, 202-208.

[83] Budzelaar, P. H. M. (1998) J. Org. Chem., 63, 1131-1137.

[84] Miyamoto, T. K., Matsuura, Y., Okude, K., Lchida, H., and Sasaki, Y. (1989) J. Organomet. Chem., 373, C8-C12.

[85] Desponds, O. and Schlosser, M. (1996) J. Organomet. Chem., 507, 257-261.

[86] (a) Kikukawa, K., Takagi, M., and Matsuda, T. (1979) Bull. Chem. Soc. Jpn, 52, 1493; (b) Bouaoud, S-E., Braunstein, P., Grandjean, D., and Matt, D. (1986) Inorg. Chem., 25, 3765; (c) Alcock, N. W., Bergamini, P., Kemp, T. J., and Pringle, P. G. (1987) J. Chem. Soc., Chem. Commun., 235; (d) van Leeuwen, P. W. N. M., Roobeek, C. F., and Orpen, A. G. (1990) Organometallics, 9, 2179.

[87] Yasuda, H., Maki, N., Choi, J. -C., Abla, M., and Sakakura, T. (2006) J. Organometal. Chem., 691, 1307-1310.

[88] Alcock, N. W., Bergami, P., Kemp, T. J., and Pringle, P. G. (1987) J. Chem. Soc., Chem. Commun., 235.

[89] Ruiz, J., Garcia-Granda, S., Diaz, M. R., and Quesada, R. (2006) Dalton Trans., 4371-4376.

[90] Kohl, S. W., Heinemann, F. W., Hummert, M., Bauer, W., and Grohmann, A. (2006) Chem. Eur. J., 12, 4313-4320.

[91] Hartwig, J. F., Bergman, R. G., and Anderson, R. A. (1990) J. Organomet. Chem., 394, 417.

[92] Kaneda, K., Sano, K., and Teranishi, S. (1979) Chem. Lett., 821-822.

[93] Chan, A. S. C., Caroll, W. E., and Willis, D. E. (1983) J. Mol. Catal., 19, 377.

[94] Sakamoto, M., Shimizu, I., and Yamamoto, A. (1995) Chem. Lett., 1101.

[95] Grushin, V. V. (2000) Organometallics, 19, 1888-1900.

[96] Cooper, M. K., Downes, J. M., and Duckworth, P. A. (1989) Inorg. Synth., 25, 129-133.

[97] (a) Marcoux, D. and Charette, A. B. (2008) J. Org. Chem., 73, 590-593; (b) de la Torre, G., Gouloumis, A., Vazquez, P., and Torres, T. (2001) Angew. Chem. Int. Ed., 40, 2895-2898; (c) Migita, T., Nagai, T., Kiuchi, K., and Kosugi, M. (1983) Bull. Chem. Soc. Jpn., 56, 2869-70.

[98] (a) Kwong, F. Y. and Chan, K. S. (2000) Chem. Commun., 1069-1070; (b) Kwong, F. Y., Lai, C. W., and Chan, K. S. (2002) Tetrahedron Lett., 43, 3537-3539; (c) Kwong, F. Y. and Chan, K. S. (2001) Organometallics, 20, 2570-2596; (d) Wang, Y., Lai, C. W., Kwong, F. Y., Jia, W., and Chan, K. S. (2004) Tetrahedron, 60, 9433-9439.

[99] (a) Morita, D. K., Stille, J. K., and Norton, J. R. (1995) J. Am. Chem. Soc., 117, 8576-8581; (b) Segelstein, B. E., Butler, T. W., and Chenard, B. L. (1995) J. Org. Chem., 60, 12; (c) Goodson, F. E., Wallow, T. I., and Novak, B. M. (1997) J. Am. Chem. Soc., 119, 12441.

[100] (a) O'Keefe, D. F., Dannock, M. C., and Marcuccio, S. M. (1992) Tetrahedron Lett., 33, 6679; (b) Herrmann, W. A., Brossmer, C., Ofele, K., Beller, M., and Fischer, H. (1995) J. Organomet. Chem., 491, C1; (c) Batsanov, A. S., Knowles, J. P., and Whiting, A. (2007) J. Org. Chem., 72, 2525-2532; (d) Leriche, P., Aillerie, D., Roquet, S., Allain, M., Cravino, A., Frere, P., and Roncali, J. (2008) Org. Biomol. Chem., 6, 3202-3207.

[101] Goodson, F. E., Wallow, T. I., and Novak, B. M. (1998) Macromolecules, 31, 2047.

[102] Green, M. L. H., Smith, M. J., Felkin, H., and Swierczewski, G. (1971) J. Chem. Soc. D, 158.

[103] Mohtachemi, R., Kannert, G., Schumann, H., Chocron, S., and Michman, M. (1986) J. Organomet. Chem., 310, 107.

[104] Vierling, P. and Riess, J. G. (1986) Organometallics, 5, 2543.

[105] Macgregor, S. A. and Wondimagegn, T. (2007) Organometallics, 26, 1143-1149.

[106] Marshall, W. J. and Grushin, V. V. (2003) Organometallics, 22, 555-562.

[107] (a) Geldbach, T. J. and Pregosin, P. S. (2002) Eur. J. Inorg. Chem., 1907; (b) Geldbach, T. J., Pregosin, P. S., and Albinati, A. (2003) Organometallics, 22, 1443; (c) den Reijer, C. J., Dotta, P., Pregosin, P. S., and Albinati, A. (2001) Can. J. Chem., 79, 693; (d) Geldbach, T. J. and Pregosin, P. S. (2001) Organometallics, 20, 2990-2997.

[108] Goodman, J. and Macgregor, S. A. (2010) Coord. Chem. Rev., 254, 1295-1306.

[109] Renard, P. -Y., Vayron, P., Leclerc, E., Valleix, A., and Mioskowski, C. (2003) Angew. Chem. Int. Ed., 42, 2389-2392.

[110] Tolman, C. A., McKinney, R. J., Seidel, W. C., Druliner, J. D., and Stevens, W. R. (1985) Adv. Catal., 33, 1.

[111] Pruett, R. L. and Smith, J. A. (1969) J. Org. Chem., 34, 327.

[112] (a) van Leeuwen, P. W. N. M. and Roobeek, C. F. (1983) J. Organometal. Chem. , 258, 343; (b) van Leeuwen, P. W. N. M. and Roobeek, C. F. , Brit. Pat. 2, 068, 377. US Pat. 4, 467, 116 (to Shell Oil); (1984) Chem. Abstr. , 101, 191142.

[113] Billig, E. , Abatjoglou, A. G. , and Bryant, D. R. (1987) (to Union Carbide Corporation) U. S. Pat. 4, 769, 498; U. S. Pat. 4, 668, 651; U. S. Pat. 4, 748, 261; (1987) Chem. Abstr. , 107, 7392.

[114] (a) Brill, T. B. and Landon, S. J. (1984) Chem. Rev. , 84, 577; (b) Werener, H. and Feser, R. (1979) Z. Anorg. Allg. Chem. , 458, 301.

[115] (a) Billig, E. , Abatjoglou, A. G. , Bryant, D. R. , Murray, R. E. , and Maher, J. M. (1988) (to Union Carbide Corporation) U. S. Pat. 4, 717, 775; (1989) Chem. Abstr. , 109, 233177.

[116] Ramirez, F. , Bhatia, S. B. , and Smith, C. P. (1967) Tetrahedron, 23, 2067.

[117] Simpson, R. D. (1997) Organometallics, 16, 1797–1799.

[118] Nagaraja, C. M. , Nethaji, M. , and Jagirdar, B. R. (2004) Inorg. Chem. Commun. , 7, 654–656.

[119] (a) de Meijere, A. and Diederich, F. (eds) (2004) Metal-Catalyzed Cross-Coupling Reactions, 2nd edn, Wiley–VCH Verlag GmbH, Weinheim; (b) Hartwig, J. F. (2002) in Handbook of Organopalladium Chemistry for Organic Synthesis, vol. 1 (ed. E. I. Negishi), Wiley – Interscience, New York, p. 1051 and 1097; (c) Jiang, L. and Buchwald, S. L. (2004) in Metal–Catalyzed Cross–Coupling, Reactions, 2nd edn (eds A. De Meijere and F. Diederich), Wiley–VCH Verlag GmbH, Weinheim, p. 699.

[120] Tietze, L. F. , Spiegl, D. A. , Stecker, F. , Major, J. , Raith, C. , and Grofie, C. (2008) Chem. Eur. J. , 14, 8956–8963.

[121] Najera, C. , Gil–Molto, J. , and Karlstrfma, S. (2004) Adv. Synth. Catal. , 346, 179–1811.

[122] Saito, B. and Fu, G. C. (2008) J. Am. Chem. Soc. , 130, 6694–6695.

[123] Drent, E. and Budzelaar, P. H. M. (1996) Chem. Rev. , 96, 663.

[124] (a) Small, B. L. and Brookhart, M. (1998) J. Am. Chem. Soc. , 120, 4049 and 7143; (b) Britovsek, G. J. P. , Gibson, V. C. , Kimberly, B. S. , Maddox, P. J. , McTavish, S. J. , Solan, G. A. , White, A. J. P. , and Williams, D. J. (1998) Chem. Commun. , 849.

[125] Rijnberg, E. , Boersma, J. , Jastrzebski, J. T. B. H. , Lakin, M. T. , Spek, A. L. , and van Koten, G. (1997) Organometallics, 16, 3158.

[126] James, B. R. (1997) Catal. Today, 37, 209.

[127] (a) Glorius, F. (ed.) (2007) N–Heterocyclic Carbenes in Transition Metal Catalysis: Top. Organomet. Chem, vol. 28, Springer–Verlag, Berlin/Heidelberg; (b) Herrmann, W. A. (2002) Angew. Chem. Int. Ed. , 41, 1290.

[128] (a) Trnka, T. M. and Grubbs, R. H. (2001) Acc. Chem. Res. , 34, 18 – 29; (b) Connon, S. J. and Blechert, S. (2003) Angew. Chem. Int. Ed. , 42, 1900 – 1923; (c) Schrock, R. R. and Hoveyda, A. H. (2003) Angew. Chem. Int. Ed. , 42, 4592–4633; (d) Grubbs, R. H. (2004) Tetrahedron, 60, 7117–7140; (e) Donohoe, T. J. , Orr, A. J. , and Bingham, M. (2006) Angew. Chem. Int. Ed. , 45, 2664–2670; (f) Vougioukalakis, G. C. and Grubbs, R. H. (2008) Chem. Eur. J. , 14, 7545–7556.

[129] (a) Wfirtz, S. and Glorius, F. (2008) Acc. Chem. Res. , 41, 1523–1533; (b) Diez–Gonzalez, S. and Nolan, S. P. , pages 47–82 in reference 122a.

[130] Clement, N. D. , Routaboul, L. , Grotevendt, A. , Jackstell, R. , and Beller, M. (2008) Chem. Eur. J. , 14, 7408–7420, and references therein.

[131] McGuinness, D. S. , Gibson, V. C. , Wass, D. F. , and Steed, J. W. (2003) J. Am. Chem. Soc. , 125, 12716–12717.

[132] (a) Jimenez, M. V. , Perez–Torrente, J. J. , Bartolome, M. I. , Gierz, V. , Lahoz, F. J. , and Oro, L. A. (2008) Organometallics, 27, 224 – 234; (b) Wolf, J. , Labande, A. , Daran, J. – C. , and Poli, R. (2007) Eur. J. Inorg. Chem. , 32, 5069–5079.

[133] Veige, A. S. (2008) Polyhedron, 27, 3177–3189.

[134] Marion, N. and Nolan, S. P. (2008) Chem. Soc. Rev. , 37, 1776–1782.

[135] (a) Castarlenas, R. , Esteruelas, M. A. , and Onate, E. (2008) Organometallics, 27, 3240 – 3247; (b) Hauwert, P. , Maestri, G. , Sprengers, J. W. , Catellani, M. , and Elsevier, C. J. (2008) Angew. Chem. Int. Ed. , 47, 3223–3226.

[136] Zhang, T. and Shi, M. (2008) Chem. Eur. J. , 14, 3759–3764.

[137] Biffis, A. , Tubaro, C. , Buscemi, G. , and Basato, M. (2008) Adv. Synth. Catal. , 350, 189–196.

[138] Strassner, T. (2007) Topics in Organometallic Chemistry, Organometallic Oxidation Catalysis, vol. 22, Springer GmbH, Berlin, pp. 125–148.

[139] Diez–Gonzalez, S. and Nolan, S. P. (2008) Angew. Chem. Int. Ed. , 47, 8881–8884.

[140] Tekavec, T. N. and Louie, J. (2008) J. Org. Chem. , 73, 2641–2648.

[141] (a) McGuinness, D. S. , Suttil, J. A. , Gardiner, M. G. , and Davies, N. W. (2008) Organometallics, 27, 4238–4247; (b) McGuinness, D. S. , Mueller, W. , Wasserscheid, P. , Cavell, K. J. , Skelton, B. W. , White, A. H. , and Englert, U. (2002) Organometallics, 21, 175–181.

[142] Crudden, C. M. and Allen, D. P. (2004) Coord. Chem. Rev. , 248, 2247–2273.

[143] (a) Lappert, M. F. , Cardin, D. J. , Cetinkaya, B. , Manojlovic–Muir, L. , and Muir, K. W. (1971) J. Chem. Soc. D: Chem. Commun. , 400–401; (b) Lappert, M. F. (2005) J. Organomet. Chem. , 690, 5467–5473.

[144] Bourissou, D. , Guerret, O. , Gabbal, F. P. , and Bertrand, G. (2000) Chem. Rev. , 100, 39–91.

[145] Arduengo, A. J. , Harlow, R. L. , and Kline, M. (1991) J. Am. Chem. Soc. , 113, 361–363.

[146] Magill, A. M. , Cavell, K. J. , and Yates, B. F. (2004) J. Am. Chem. Soc. , 126, 8717–8724.

[147] Diez–Gonzalez, S. and Nolan, S. P. (2007) Coord. Chem. Rev. , 251, 874–883.

[148] (a) Hahn, F. E. and Jahnke, M. C. (2008) Angew. Chem. , Int. Ed. , 47, 3122; (b) Kaufhold, O. and Hahn, F. E. (2008) Angew. Chem. , Int. Ed. , 47, 4057; (c) Chen, J. C. C. and Lin, I. J. B. (2000) J. Chem. Soc. , Dalton Trans. , 839; (d) Peris, E. , Loch, J. A. , Mata, J. , and Crabtree, R. H. (2001) Chem. Commun. , 201.

[149] Cardin, D. J. , Doyle, M. J. , and Lappert, M. F. (1972) J. Chem. Soc. , Chem. Commun. , 927.

[150] Hahn, F. E., Langenhahn, V., Meier, N., Lugger, T., and Fehlhammer, W. P. (2003) Chem. Eur. J., 9, 704–712.
[151] (a) McGuinness, D. S., Green, M. J., Cavell, K. J., Skelton, B. W., and White, A. H. (1998) J. Organomet. Chem., 565, 165; (b) Magill, A. M., McGuinness, D. S., Cavell, K. J., Britovsek, G. J. P., Gibson, V. C., White, A. J. P., Williams, D. J., White, A. H., and Skelton, B. W. (2001) J. Organomet. Chem, 617–618, 546.
[152] (a) McGuinness, D. S., Cavell, K. J., Skelton, B. W., and White, A. H. (1999) Organometallics, 18, 1596; (b) McGuinness, D. S. and Cavell, K. J. (2000) Organometallics, 19, 741; (c) McGuinness, D. S. and Cavell, K. J. (2000) Organometallics, 19, 4918.
[153] Cavell, K. J. and McGuinness, D. S. (2004) Coord. Chem. Rev., 248, 671–681.
[154] (a) Caddick, S., Cloke, F. G. N., Hitchcock, P. B., Leonard, J., Lewis, A. K., McKerrecher, D., and Titcomb, L. R., (2002) Organometallics, 21, 4318–4319; (b) Marshall, W. J., Grushin, V. V., (2003) Organometallics, 22, 1591–1593.
[155] McGuinness, D. S., Saendig, N., Yates, B. F., and Cavell, K. J. (2001) J. Am. Chem. Soc., 123, 4029–4040.
[156] Hartwig, J. F. (2007) Inorg. Chem., 46, 1936.
[157] Graham, D. C., Cavell, K. J., and Yates, B. F. (2006) Dalton Trans., 14, 1768–1775.
[158] (a) Baranano, D. and Hartwig, J. F. (1995) J. Am. Chem. Soc., 117, 2937; (b) Widenhoefer, R. A., Zhong, H. A., and Buchwald, S. L. (1997) J. Am. Chem. Soc., 119, 6787; (c) Driver, M. S. and Hartwig, J. F. (1997) J. Am. Chem. Soc., 119, 8232.
[159] Weskamp, T., Boehm, V. P. W., and Herrmann, W. A. (1999) J. Organomet. Chem., 585, 348.
[160] Carmichael, A. J., Earle, M. J., Holbrey, J. D., McCormac, P. B., and Seddon, K. R. (1999) Org. Lett., 1, 997.
[161] Clement, N. D., Cavell, K. J., Jones, C., and Elsevier, C. J. (2004) Angew. Chem. Int. Ed., 43, 1277.
[162] (a) Clement, N. D. and Cavell, K. J. (2004) Angew. Chem., Int. Ed., 43, 3845; (b) Cavell, K. J. (2008) Dalton Trans., 47, 6676–6685.
[163] (a) Waltman, A. W., Ritter, T., and Grubbs, R. H. (2006) Organometallics, 25, 4238–4239; (b) Pelegri, A. S., Elsegood, M. R. J., McKee, V., and Weaver, G. W. (2006) Org. Lett., 8, 3049–3051.
[164] Pugh, D., Boyle, A., and Danopoulos, A. A. (2008) Dalton Trans., 1087–1094.
[165] Vehlow, K., Gessler, S., and Blechert, S. (2007) Angew. Chem. Int. Ed., 46, 8082–8085.
[166] Hong, S. H., Chlenov, A., Day, M. W., and Grubbs, R. H. (2007) Angew. Chem. Int. Ed., 46, 5148–5151.
[167] Chung, C. K. and Grubbs, R. H. (2008) Org. Lett., 10, 2693–2696.
[168] Ulman, M. and Grubbs, R. H. (1999) J. Org. Chem., 64, 7202–7207.
[169] Hansen, S. M., Rominger, F., Metz, M., and Hofmann, P. (1999) Chem. Eur. J., 5, 557–566.
[170] (a) Hong, S. H., Wenzel, A. G., Salguero, T. T., Day, M. W., and Grubbs, R. H. (2007) J. Am. Chem. Soc., 129, 7961–7968; (b) Hong, S. H., Day, M. W., and Grubbs, R. H. (2004) J. Am. Chem. Soc., 126, 7414–7415.
[171] Ivin, K. J. and Mol, J. C. (1997) Olefin Metathesis and Metathesis Polymerization, Academic Press, San Diego, CA.
[172] Schrock, R. R., Murdzek, J. S., Bazan, G. C., Robbins, J., DiMare, M., and O'Regan, M. (1990) J. Am. Chem. Soc., 112, 3875.
[173] Wengrovius, J. H., Schrock, R. R., Churchill, M. R., Missert, J. R., and Youngs, W. J. (1980) J. Am. Chem. Soc., 102, 4515.
[174] Salameh, A., Coperet, C., Basset, J.-M., Boehm, V. P. W., and Roeper, M. (2007) Adv. Synth. Catal., 349, 238–242.
[175] Natta, G., Dall'Asta, G., and Porri, L. (1965) Makromol. Chem., 81, 253.
[176] (a) Nubel, P. O. and Hunt, C. L. (1999) J. Mol. Catal. A: Chem., 145, 323; (b) Dinger, M. B. and Mol, J. C. (2002) Adv. Synth. Catal., 344, 671.
[177] (a) Baker, R. and Crimmin, M. J. (1977) Tetrahedron Lett., 441; (b) Verkuijlen, E. and Boelhouwer, C. (1974) J. Chem. Soc., Chem. Commun., 793–794.
[178] (a) Dinger, M. B. and Mol, J. C. (2003) Organometallics, 22, 1089; (b) Furstner, A., Ackermann, L., Gabor, B., Goddard, R., Lehmann, C. W., Mynott, R., Stelzer, F., and Thiel, O. R. (2001) Chem. Eur. J., 7, 3236; (c) Fogg, D. E., Amoroso, D., Drouin, S. D., Snelgrove, J., Conrad, J., and Zamanian, F. (2002) J. Mol. Catal. A: Chem., 190, 177–184; (d) Drouin, S. D., Zamanian, F., and Fogg, D. E. (2001) Organometallics, 20, 5495–5497; (e) Louie, J., Bielawski, C. W., and Grubbs, R. H. (2001) J. Am. Chem. Soc., 123, 11312–11313; (f) Werner, H., Griinwald, C., Stuer, W., and Wolf, J. (2003) Organometallics, 22, 1558–1560.
[179] (a) Dinger, M. B. and Mol, J. C. (2003) Eur. J. Inorg. Chem., 2827; (b) Banti, D. and Mol, J. C. (2004) J. Organomet. Chem., 689, 3113–3116.
[180] Kim, M., Eum, M.-S., Jin, M. Y., Jun, K.-W., Lee, C. W., Kuen, K. A., Kim, C. H., and Chin, C. S. (2004) J. Organomet. Chem., 689, 3535–3540.
[181] (a) Tsang, W. C. P., Schrock, R. R., and Hoveyda, A. H. (2001) Organometallics, 20, 5658–5669; (b) van der Eide, E. F., Romero, P. E., and Piers, W. E. (2008) J. Am. Chem. Soc., 130, 4485–4491.
[182] Leduc, A.-M., Salameh, A., Soulivong, D., Chabanas, M., Basset, J.-M., Coperet, C., Solans-Monfort, X., Clot, E., Eisenstein, O., Bohm, V. P. W., and Roper, M. (2008) J. Am. Chem. Soc., 130, 6288–6297.
[183] van Rensburg, W. J., Steynberg, P. J., Meyer, W. H., Kirk, M. M., and Forman, G. S. (2004) J. Am. Chem. Soc., 126, 14332–14333.
[184] Blanc, F., Berthoud, R., Cope ret, C., Lesage, A., Emsley, L., Singh, R., Kreickmann, T., and Schrock, R. R. (2008) Proc. Natl. Acad. Sci, 105, 12123–12127.
[185] Wengrovius, J. H., Sancho, J., and Schrock, R. R. (1981) J. Am. Chem. Soc., 103, 3932.
[186] (a) Freudenberger, J. H. and Schrock, R. R. (1986) Organometallics, 5, 1411; (b) Mortreux, A., Petit, F., Petit,

M. , and Szymanska-Buzar, T. (1995) J. Mol. Catal. A: Chem. , 96, 95-105.

[187] Schrock, R. R. (1986) Acc. Chem. Res. , 19, 342-348.

[188] Perrin, D. D. andArmarego, W. L. F. (1988) Purification of Laboratory Chemicals, Pergamon Press, Oxford.

[189] Horvath, I. T. and Joó, F. (eds) (1995) Aqueous Organometallic Chemistry and Catalysis, NATO ASI Series, vol. 5, Kluwer, Dordrecht, p. 3.

[190] Drent, E. and Budzelaar, P. H. M. (1996) Chem. Rev. , 96, 663.

[191] Zuideveld, M. A. , Kamer, P. C. J. , van Leeuwen, P. W. N. M. , Klusener, P. A. A. , Stil, H. A. , and Roobeek, C. F. (1998) J. Am. Chem. Soc. , 120, 7977.

[192] Reuben, B. and Wittcoff, H. (1988) J. Chem. Educ. , 65, 605-7.

[193] Tolman, C. A. , McKinney, R. J. , Seidel, W. C. , Druliner, J. D. , and Stevens, W. R. (1985) Adv. Catal. , 33, 1.

[194] Goertz, W. , Keim, W. , Vogt, D. , Englert, U. , Boele, M. K. D. , van der Veen, L. A. , Kamer, P. C. J. , and van Leeuwen, P. W. N. M. (1998) J. Chem. Soc. , Dalton Trans. , 2981.

[195] Eshuis, J. J. W. , Tan, Y. Y. , Meetsma, A. , and Teuben, J. H. (1992) Organometallics, 11, 362.

[196] Kaminsky, W. (1995) Macromol. Symp. , 97, 79.

[197] Yang, X. , Stern, C. L. , and Marks, T. J. (1994) J. Am. Chem. Soc. , 116, 10015.

[198] Albizzati, E. , Galimberti, M. , Giannini, U. , and Morini, G. (1991) Macromol. Symp. , 48/49, 223-238.

[199] Barbe, P. C. , Cecchin, G. , and Noristi, L. (1987) Adv. Polym. Sci. , 81, 1-81.

[200] Akutagawa, S. (1992) Chapter 16, in Chirality in Industry (eds A. N. Collins, G. N. Sheldrake, and J. Crosby), John Wiley & Sons.

[201] Evans, D. , Yagupsky, G. , and Wilkinson, G. (1968) J. Chem. Soc. (A), 2660.

[202] Castellanos-Péaez, A. , Castilloén, S. , Claver, C. , van Leeuwen, P. W. N. M. , and de Lange, W. G. J. (1998) Organometallics, 17, 2543.

[203] (a) Budzelaar, P. H. M. , van Leeuwen, P. W. N. M. , Roobeek, C. F. , and Orpen, A. G. (1992) Organometallics, 11, 23; (b) Portnoy, M. , Frolow, F. , and Milstein, D. (1991) Organometallics, 10, 3960.

[204] Bonds, W. D. , Brubaker, C. H. , Chandrasekaran, E. S. , Gibsons, C. , Grubbs, R. H. , and Kroll, L. C. (1975) J. Am. Chem. Soc. , 97, 2128.

[205] Mueller, C. , Ackerman, L. J. , Reek, J. N. H. , Kamer, P. C. J. , and van Leeuwen, P. W. N. M. (2004) J. Am. Chem. Soc. , 126, 14960-14963.

[206] Lever, A. B. P. , Wilshire, J. P. , and Quan, S. K. (1979) J. Am. Chem. Soc. , 101 (13), 3668-3669.

[207] Trzeciak, A. M. and Ziolkowski, J. J. (1987) J. Mol. Catal. , 43, 15-20.

[208] (a) Parshall, G. W. , Knoth, W. H. , and Schunn, R. A. (1969) J. Am. Chem. Soc. , 91, 4990; (b) Coolen, H. K. A. C. , van Leeuwen, P. W. N. M. , and Nolte, R. J. M. (1995) J. Organomet. Chem. , 496, 159.

[209] Tempel, D. J. , Johnson, L. K. , Huff, R. L. , White, P. S. , and Brookhart, M. (2000) J. Am. Chem. Soc. , 122, 6686-6700.

第 2 章　烯烃聚合的前过渡金属催化剂

2.1　齐格勒–纳塔催化剂

2.1.1　前言

为了将目前涉及烯烃聚合均相催化剂活化与失活工艺水平表述透彻，最好先对占据了聚烯烃工业主导地位达五十多年的齐格勒–纳塔催化剂进行思考。这些催化剂是非均相系统，但是在涉及所包含的有机金属化学和使用的聚合工艺过程方面，它们与新近开发的均相催化系统有很强的关联。而且还应考虑在聚烯烃浆液和气相工艺上广泛使用的均相催化剂需要被固载在固体载体上。

在聚乙烯（PE）和聚丙烯（PP）浆液和气相生产工艺中使用的齐格勒–纳塔催化剂通常由无机载体（氯化镁或硅胶）与过渡金属预催化剂组分（如氯化钛）组成。聚丙烯催化剂还含有被称作内给电子体的路易斯酸，其功效是控制 $TiCl_4$ 在 $MgCl_2$ 载体上的数量和分布，由此影响催化剂的选择性[1]。这类催化剂被用于 PP 本体（液相单体）和气相工艺中，并且取代了在以往浆液工艺中使用的 $TiCl_3$ 催化剂。

齐格勒–纳塔催化剂在聚合过程中的活性模式依赖于化学和物理两个因素。化学活化一般非常迅速，但在一些特定条件下，在达到最大速率之前会有一个重要的诱导期。齐格勒–纳塔催化剂的典型颗粒尺寸范围在 $10\sim100\mu m$。每一颗粒含有上百万甚至数十亿的初级微晶，尺寸可达到 15nm。在聚合起始阶段，助催化剂和单体会通过催化剂颗粒进行扩散并在颗粒内初级微晶表面进行聚合。随着结晶聚合物的生成，微晶会被推开，颗粒开始生长。颗粒形态会得到保持（复制），根据催化剂的产率，颗粒直径可以增长高达 50 倍。颗粒破碎和增长的容易程度取决于载体特性，氯化镁一般会比硅胶更易破碎[2,3]。聚合速率还会受到单体在颗粒表面形成的结晶聚合物间相对较慢的扩散速率影响，这是在乙烯均聚中常会遇到的传质限制现象[4,5]。扩散限制可以通过引入共聚单体使得聚合单体易于通过所生成的结晶度较低的共聚物，或是通过乙烯均聚前先进行丙烯或其他 α-烯烃的预聚合而予以缓解[6~8]。产率也可以通过在催化剂系统中引入二亚胺镍，生成支链聚乙烯而得到提高，后者的生成会降低单体扩散限制进而增加主催化剂组分（也就是钛）的产率[9]。

2.1.2　催化剂毒物的影响

在烯烃聚合过程中，特别是在使用前过渡金属催化剂时，应避免有极性杂质在单体或溶剂（准确地说，是浆液工艺中的稀释剂）中出现。对单体和溶剂进行严格的干燥以除去微量水显然是必须的，但对齐格勒–纳塔催化剂毒性更大的则

是 CO、CO_2、CS_2、乙炔和二烯烃[10]。一般来讲，这些杂质也不太容易通过与烷基铝助催化剂的反应(清理)而除去。

因为可以快速与过渡金属活性中心配位，继而又会(慢慢)插入过渡金属—C键之中，所以在烯烃聚合过程中加入一氧化碳会立刻破坏催化剂活性。由于其在催化剂失活方面的有效作用，一氧化碳一直被用来终止活性中心。Keii 通过测算加入一定量一氧化碳后，丙烯聚合速率(实际上是瞬间)的下降估算了 $MgCl_2$ 负载 $TiCl_4$ 催化剂的活性中心数目[11]。20 世纪 70 年代，由 Yermakov 和 Zakharov 开发的广泛用于研究活性中心测量的方法包括了 ^{14}CO 辐射标记法[12]。聚合过程在与 ^{14}CO 接触瞬间即被压制，但成功的辐射标记要求其能被包容在聚合物链段中，这就需要有一定的接触时间，有人指出该法只能确定活性中心的很少一部分[13]。另外，如果接触时间过长，则会由于烯烃/CO 的共聚合而导致 ^{14}CO 多重插入[14]。可以替代 ^{14}CO 辐射标记确定活性中心数的另一方法是用氚醇淬灭聚合过程[15]。氚醇与聚合生长中心的反应如下：

$$Pol—Ti+RO^3H \longrightarrow Pol—^3H+RO—Ti$$

通过对聚合物进行放射化学分析就可以得到活性中心含量。不过，一个重要的复杂情况是链转移到烷基铝助催化剂上而生成的放射性标记聚合物：

$$Pol—AlR_2+RO^3H \longrightarrow Pol—^3H+RO—AlR$$

因而，此法要求测量在不同聚合时间的金属(即钛或铝)—聚合物键(MPB)含量。如果钛—聚合物键含量保持不变，而铝—聚合物键含量随时间线性增加，则钛—聚合物键含量可以通过[MPB]对时间(t)作图，并将其外推至 $t=0$ 得到。此法的另一益处是可以确定链转移至烷基铝的速率。

2.1.3 $TiCl_3$ 催化剂

尽管 $TiCl_3$ 催化剂事实上已经被高活性的 $MgCl_2/TiCl_4$ 型催化剂取代，大致回顾一下影响其活性和稳定性的主要因素还是很有趣的。Kissin 曾经发现 $TiCl_3$ 类齐格勒-纳塔催化剂的活性在 80℃ 高温下都是很稳定的[10]。但是，在许多情况下都观察到了聚合过程中的催化剂失活现象。使用 $AlEt_3$ 作为助催化剂时，会由于钛被过度还原为二价物质而使催化剂失活，因为它在丙烯聚合中几乎没有活性。与 $AlEt_3$ 相比，$AlEt_2Cl$ 提供的活性较低，但提供的立构规整性却很高，因此常被选为用 $TiCl_3$ 催化剂生产聚丙烯时的助催化剂。$AlEt_2Cl$ 的还原能力比 $AlEt_3$ 小，但催化剂在聚合过程中的失活情况仍会发生。第一代 $TiCl_3$ 催化剂的组成通常是 $TiCl_3$·$0.33AlCl_3$，其中的三氯化铝是由 Al 或 AlR_3 还原 $TiCl_4$ 生成的。固体催化剂中的 $AlCl_3$ 会通过 Et/Cl 在 $AlCl_3$ 和 $AlEt_2Cl$ 间的交换生成 $AlEtCl_2$：

$$AlCl_3+AlEt_2Cl \longrightarrow 2AlEtCl_2$$

$AlEtCl_2$ 是很强的催化剂毒物[16]。其降低速率的作用可以用表面 $TiCl_3$ 活性中心与 $AlEtCl_2$ 间动态吸附/脱附平衡予以解释[17]：

$$Ti(活性)+AlEtCl_2 \longleftrightarrow Ti·AlEtCl_2(非活性)$$

催化剂活性可以通过加入少量能与 AlEtCl$_2$ 形成复合物的路易斯酸(如二丁醚等)而得到提高，因其能使上述平衡向左偏移。也可以使用受阻酚如 4-甲基-2,6-二叔丁基酚与 AlEt$_2$Cl 反应，可以生成苯氧化物 ArOAl(Et)Cl。该物质又可与 AlEtCl$_2$ 相互作用，生成杂二聚体[EtClAl(OAr)(Cl)AlEtCl][18]。此受阻酚的效果在于庞大的叔丁基避免了[EtClAl(OAr)$_2$AlEtCl]型非活性二聚体的生成；苯氧化物只能与系统中立体需求最低的路易斯酸 EtAlCl$_2$ 形成二聚体。利用由 AlEt$_2$Cl 与 4-甲基-2,6-二叔丁基酚反应生成的空间受阻苯氧化物也被表明能在异戊二烯聚合中有效提高 β-TiCl$_3$ 催化剂的活性[19]。

在 20 世纪 70 年代，索尔维(Solvay)开发了改进型 PP 用 TiCl$_3$ 催化剂[20]。该催化剂的制备包括用 AlEt$_2$Cl 还原 TiCl$_4$，然后再用醚和 TiCl$_4$ 进行处理。用醚进行处理可以将 AlCl$_3$ 从 TiCl$_3\cdot n$AlCl$_3$ 上除去，用 TiCl$_4$ 处理则可以在较温和温度下(<100℃)使 TiCl$_3$ 经历由 β 型向 δ 型的相转移[17]。使用此类催化剂，进行 1~4h 的液相本体聚合，PP 产率可以达到 5~20kg/g 催化剂。在此聚合期间内，聚合活性基本维持不变[20]。不过，二代催化剂的商业应用很快就因下面描述的三代以及新生代氯化镁载体催化剂的出现而失色。

2.1.4 MgCl$_2$ 载体催化剂

高活性载体催化剂的开发基础在于 20 世纪 60 年代发现了能够负载 TiCl$_4$ 并提供较高催化剂活性的"活化"氯化镁，以及 20 世纪 70 年代中期发现了能够增加催化剂立构规整性进而得到(高)等规聚丙烯的给电子体(路易斯酸)[21~24]。

2.1.4.1　MgCl$_2$/TiCl$_4$/苯甲酸乙酯催化剂

在 MgCl$_2$ 负载催化剂开发的早期，活性氯化镁是通过在苯甲酸乙酯存在下进行球磨制备的，由此在每个颗粒内形成了非常小的初始微晶(≤3nm 厚)[17]。现在的活化载体是由化学法制备的，例如，通过 MgCl$_2$ 与醇形成络合物，或是由烷基镁或醇镁与氯化剂或 TiCl$_4$ 反应。许多这类方法对于制备可控粒径和形态的催化剂也是非常有效的。氯化镁负载催化剂中内给电子体(此例中是苯甲酸乙酯 EB)的功能是双重的。一个功能是稳定氯化镁中的细小初级微晶，另一个功能是控制 TiCl$_4$ 在最终催化剂中的数量和分布。活性氯化镁拥有由很小片晶组成的无规结构。詹尼尼(Giannini)指出，在首选横向裂面上，镁原子会与 4 个或 5 个氯原子配位，而在晶体里面则是与 6 个氯原子配位[22]。如图 2.1 所示，这些横向切口对应着大家熟知的 MgCl$_2$ 的(110)面和(100)面。而 TiCl$_4$ 和给电子体的配位则在这些表面上发生。布西科(Busico)最近得到的

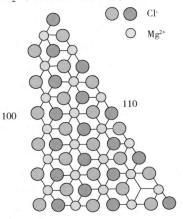

图 2.1　最具可能的裂面切口的 MgCl$_2$ 单层模型

结果表明，五坐标表面在大晶体内和球磨 $MgCl_2$ 中都是占主导地位的横向终端。因而该表面应该被编为(104)面而不是(100)面[25]。不过，在载体制备中出现的内给电子体可以导致(110)面的优先生成[26]。

由 $MgCl_2$、$TiCl_4$ 和苯甲酸乙酯组成的催化剂常被称为第三代聚丙烯催化剂。它们通常会与三烷基铝助催化剂(如 $AlEt_3$)以及"外"给电子体(如对甲基苯甲酸甲酯或对乙氧基苯甲酸乙酯)等一起加入到聚合反应中。用此类催化剂得到的 PP 产率一般在 15～30kg/g 催化剂之间。在丙烯聚合中的催化剂初始活性很高，但此系统在聚合中也显示了快速的活性衰减，聚合 1h 后的活性可能只有初始活性的 10%。

三代催化剂的活性衰减可以至少部分地归因于酯类物质用作了"外"给电子体以及"内"给电子体。酯类会被金属氢化物快速还原[27]。氢常常在齐格勒-纳塔催化剂进行的烯烃聚合反应中作为链转移剂，链转移反应中生成的 Ti—H 键物质会与酯反应生成对于链增长没有活性的 Ti—O 键[28]。

$$Ti—H+RCOOR' \longrightarrow Ti—OCH(R)OR'$$

酯还会与烷基铝反应。在 $AlEt_3$ 和苯甲酸乙酯之间发生的路易斯酸-路易斯碱络合作用会将 C═O 伸缩频率由自由酯类中的 1720～1730cm^{-1} 移动到络合物中的 1655～1670cm^{-1}[24]。如果 $AlEt_3$ 过量，则烷基会加成到羰基中，生成烷氧基铝[29~31]。

$$PhCOOEt \cdot AlEt_3+AlEt_3 \longrightarrow PhEt_2COAlEt_2+AlEt_2OEt$$

有人提出，在此反应中生成的烷氧基铝会在控制催化剂立构规整性方面发挥重要作用[30,32]。这并不重要，因为最有效的酯外给电子体是最能抵抗烷基化的，单独加入烷氧基化合物分解产物对于催化剂活性或选择性都没有影响[33]。

$MgCl_2$ 负载催化剂的高活性有一部分来自于其丙烯聚合生长速率常数要比 $TiCl_3$ 型催化剂的高出一倍这一事实[34]。用 $MgCl_2$/$TiCl_4$/EB–$AlEt_3$ 催化剂系统进行丙烯聚合时的速率衰减可以描述为活性中心的二阶失活反应，这是因为 $AlEt_3$ 的存在导致 Ti^{3+} 被还原为 Ti^{2+}[11,34]。利用 $MgCl_2$/$TiCl_4$–$AlEt_3$ 催化剂系统进行乙烯和丙烯聚合时的失活也可以根据 Ti^{3+} 被还原为更低价态的原理予以解释[35]。Chien 指出，$MgCl_2$/$TiCl_4$/EB 型催化剂在对甲基苯甲酸甲酯存在时与 $AlEt_3$ 接触只会引起部分还原。并且提出，在载体表面上由临近活性物质生成的 Ti—C—C—Ti 物质是催化剂失活原因(消除了聚合物链但没有改变钛化合价)[36]。用 $MgCl_2$/$TiCl_4$/EB 进行乙烯聚合时，Hsu 发现随着 $AlEt_3$ 助催化剂浓度增加，衰减动力学会由一阶向二阶转化，他认为其原因是随 Al/Ti 比增加，相邻钛物质的持续活化[37]。

不过，影响丙烯聚合三代催化剂的活性/衰减/选择性平衡的重要因素是用作外给电子体的酯相对于助催化剂的浓度[24,38]。增加外给电子体浓度(即降低 $AlEt_3$/酯比值)会增加立构规整性，但会降低活性。尽管在聚合过程中的间歇期进一步增加 AlEt₃ 加入量可以观察到活性的小幅增长，活性中心通过与碱相互作用引起的活性衰减很大程度上还是不可逆的。这可以由简单的路易斯酸-路易斯碱络合反应予以解释，该反应使下面平衡向右倾斜：

$$Ti \cdot 酯(非活性) + AlEt_3 \longleftrightarrow Ti(活性) + AlEt_3 \cdot 酯$$

2.1.4.2 MgCl₂/TiCl₄/二酯催化剂

催化剂稳定性的重大改进来自于含有邻苯二甲酸二异丁酯类二酯作为内给电子体的第四代齐格勒-纳塔催化剂的开发。这些催化剂要与二烷基二甲氧基硅烷 RR′Si(OMe)₂ 型或烷基三甲氧基硅烷 RSi(OMe)₃ 型的烷氧基硅烷外给电子体配合使用[39]。MgCl₂/TiCl₄/邻苯二甲酸酯-AlR₃-烷氧基硅烷组合是目前 PP 生产中最广泛应用的催化剂体系。获取高立构规整性最有效的烷氧基硅烷给电子体是在相对于硅原子 α 处含有相对庞大烷基分枝的甲基硅氧烷[40~42]。与含有苯甲酸乙酯作为内给电子体的催化剂进行比较可以发现，邻苯二甲酸酯/硅烷为基的系统在丙烯聚合时显示了较低的初始活性[43]，但是其非常低的衰减速率导致了极高的产率，与三代催化剂 30kg/g 催化剂相比，其产率可达到 80kg/g 催化剂。

与含有苯甲酸乙酯作为内给电子体的催化剂形成对照的是，含邻苯二甲酸酯的催化剂在丙烯聚合时的衰减行为可以由一阶动力学予以描述。Soga 等人指出，在无酯或单酯系统中的活性钛物质会与邻近的钛物质相互作用，而在双酯中的则不会[44]。另一个单酯系与双酯系催化剂间的不同在于后者使用的外给电子体(烷氧基硅烷)不仅能够提高立构规整性，还能提高活性[45]。这与各个组分在助催化剂存在下混合时外给电子体对于内给电子体的取代反应有关[45,46]，外给电子体积极参与了高活性、立构规整中心的产生[47]，但过高的外给电子体浓度则会因其对于低立构与高立构中心的毒化作用而使活性下降[45,48]。

MgCl₂ 负载型催化剂的最佳聚合温度大约在 70℃ 左右，温度如果高于 80℃，则催化剂产率会受到相对较快的活性衰减速率的限制。例如，Kojoh 等人发现，当聚合温度由 70℃ 增加到 100℃ 时，活性会大幅降低[49]。使用 AlEt₃ 时的活性降低幅度要大于使用 AliBu₃ 时的情况，在 100℃ 时用 AlEt₃ 进行聚合会发现聚丙烯熔点有一个很大幅度的降低，其原因应该是 AlEt₃ 分解产生的乙烯被包容在聚合物链中。在此温度下，AliBu₃ 的分解(变为氢化二异丁基铝 AliBu₂H 和异丁烯)速度尽管也很快，但是对聚合物影响却很小，因为异丁烯的聚合与共聚合能力几乎可以忽略。

2.1.4.3 MgCl₂/TiCl₄/二醚催化剂

用于丙烯聚合的活性最高的 MgCl₂ 负载型催化剂含有二醚作为内给电子体(通常是 2，2-二取代 1，3-二甲氧基丙烷)[50,51]。与含有苯甲酸乙酯或邻苯二甲酸酯为内给电子体的催化剂不同，当催化剂与 AlR₃ 助催化剂接触时，二醚不会从载体上除去。因而这类催化剂即使在没有外给电子体存在下也具有很高的立构规整性，而聚丙烯收率可以高达 100kg/g 催化剂。$MgCl_2/TiCl_4/$二醚–AlR_3 催化剂系统还可以提供相对稳定的聚合动力学。这一点至少可以部分归因于没有酯类作为内给电子体或外给电子体。

2.1.5 乙烯聚合

前面章节大部分涉及了用齐格勒-纳塔系统进行丙烯聚合时影响催化剂失活的因素。聚合速率-时间关系曲线可以为催化剂活化和衰减速率提供可靠信息，但在乙烯聚合中情况则完全不同。乙烯聚合的增长速率常数比丙烯聚合的高，但是其总的聚合速率会因传质阻力而严重迟滞。用非均相催化剂进行乙烯均聚时，聚合速率会由于单体通过颗粒表面上结晶聚乙烯较低的扩散[4,5]以及聚合物颗粒在碎裂性较低的催化剂载体上艰难地生长而受到阻碍[52]。聚合动力学通常由逐渐增加的活动予以表征，因为由生长聚合物产生的压力会使催化剂颗粒持续破碎，进而使颗粒内部新的催化剂活性中心暴露出来。使用具有相对较大孔隙的催化剂可以得到规则的颗粒增长，因为单体的扩散比较容易[53]。氢的出现一般会使乙烯聚合活性降低[54,55]，其原因目前还不清楚。Kissin，认为氢的钝化作用可以用"休眠"物质 $Ti-CH_2CH_3$ 的生成来解释。在用氢进行链转移后，乙烯插入 $Ti—H$ 键形成该物质[56~60]。Ti-Et 物质的较低生长活性归因于 β-氢键的稳定性。但 Garoff 不支持这一观点，他发现在聚合中增加氢气加入量会降低钛以四价形式出现的催化剂的活化[61]。Pennini 和其同事发现，有氢存在下进行的乙烯聚合中活性会有不寻常的逐步增加。他们认为这是由于颗粒瓦解暴露出更多活性中心而引起的[53]。

存在 α-烯烃共聚单体时使用非均相催化剂，常常都能观察到乙烯聚合活性显著增加。共聚合中的活性增加常被看作是共聚单体的活化效能，可以归因于单体易于在结晶度较低的共聚合物中扩散。共聚单体活化现象在单体碎裂性较低因而影响了颗粒有效破裂与增长的系统中特别普遍[52]。在此情况下，乙烯均聚合会使得未破碎催化剂孔隙中充满聚合物，限制了单体扩散进入颗粒中。

2.2 茂金属

2.2.1 简介

20 世纪 50 年代以来，人们就对茂金属有所了解。Natta 和 Breslow 的早期研究表明，使用二氯二茂钛 Cp_2TiCl_2 和烷基铝可以进行乙烯聚合，但活性很低[62,63]。Reichert 和 Meyer 则发现，微量水可以活化用氯乙基二茂钛/二氯一乙基铝体系 $Cp_2TiEtCl/AlEtCl_2$ 进行的乙烯聚合[64]。Breslow 和 Long 把水的这种效应归因于烷基铝部分水解所生成的铝氧烷[65]。茂金属催化聚合的突破发生在 20 世纪 70 年代末期，Kaminsky 和 Sinn 发现二甲基二茂锆 Cp_2ZrMe_2 或二氯二茂锆 Cp_2ZrCl_2 与甲基铝氧烷（MAO）配合使用可以得到非常高的乙烯聚合活性[66,67]。导致这一突破的是人们观察到尽管三烷基铝对于茂金属是无效的助催化剂，三甲基铝 AlMe₃ 则会在微量水加入后变得极为高效。作为该反应的产物甲基铝氧烷，在早期出版物中是被描述为无确定组成的 $\{Al(Me)O\}_n$-低聚物。MAO 的结构问题至今还未很好解决，已经提出的有笼形结构和管体结构[68]，缔合 AlMe₃ 的出现则使该结构进一步复杂化[69]。

用 MAO 活化茂金属包括了烷基化反应与阴离子(Cl⁻ 或 Me⁻)提取过程的组合，以便得到如图 2.2 的甲基二茂锆阳离子[Cp₂ZrMe]⁺活性物质。一旦认识到弱配位阴离子对于高催化活性至关重要，人们就开始开发其他能够生成阳离子活性物质的(非 MAO)活化剂。Chen 和 Marks 对于助催化剂在活性物质生成中的作用进行了综述，其重点是硼烷和硼酸，见图 2.3[70]。

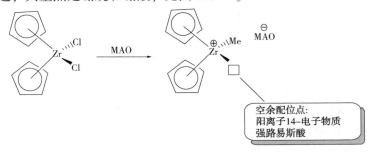

图 2.2　用甲基铝氧烷活化茂金属

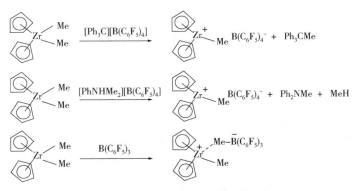

图 2.3　用硼烷和硼酸活化茂金属

茂金属催化聚合过程中的链增长是由链迁移插入到金属—碳键中的反应进行的，见图 2.4。与使用非均向齐格勒-纳塔催化剂情形相同，聚合物相对分子质量可以通过加入氢作为链转移剂予以控制。事实上，茂金属催化剂对于氢的链转移反应要比大多数齐格勒-纳塔催化剂敏感。在没有氢时，通常的链转移机理包括了生长聚合物链上的 β-H 脱除反应，由此产生了带乙烯端基的聚乙烯链。有趣的是，该反应通过聚合物链上 β-H 向单体而不是金属转移而继续下去。链向铝转移也可以发生，特别是在 MAO 中含有大量 AlMe₃ 时。乙烯聚合中的不同链转移过程见图 2.5。

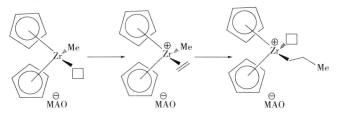

图 2.4　在茂金属催化乙烯聚合中的链增长步骤

$Zr-CH_2-CH_2-R + H_2 \longrightarrow Zr-H + CH_3-CH_2-R$

$Zr-CH_2-CH_2-R + CH_2=CH_2 \longrightarrow Zr-CH_2-CH_3 + CH_2=CH-R$

$Zr-CH_2-CH_2-R + AlMe_3 \longrightarrow Zr-Me + AlMe_2-CH_2-CH_2-R$

图 2.5　乙烯聚合中的链终止

　　茂锆/MAO 系统的发现导致了烯烃聚合均相催化剂研发在学术界和产业界的大幅增加。该类催化剂定义明确的、单活性中心本质使得人们能够比用多活性中心齐格勒-纳塔催化剂得到更多的对于聚合物微观与宏观结构的控制。在茂金属开发后，人们发现其中的环戊二烯基环由二甲基硅烷或其他桥键连接，避免了环的旋转。若在茂金属中引入取代基，则会在金属周围形成手性。因此丙烯聚合的立构规整性可以达到史无前例的程度，这对茂金属催化剂研发提供了进一步刺激[71]。丙烯聚合钛、锆和铪催化剂中常见对称性的示意性表征见图 2.6。在 C_2-对称活性中心上，由配位体(由图 2.6 中的灰色长方形指出)给予的空间位阻可以使聚合物链朝向手性配位球体开放部分。新加入的丙烯单体就会采取对应面取向位，使其甲基处于聚合链反式位置。对于茂金属和齐格勒-纳塔催化剂的相关简易图见图 2.7。这是非常不同的系统，但在丙烯聚合中得到立构规整聚丙烯的立构控制基础机理(对映异构活性中心控制)是相同的[72]。如图 2.8 所示，由具有手性生长活性中心的 C_s-对称茂金属可以得到间规立构聚丙烯，而 C_1-对称茂金属则根据环戊二烯基取代环的位阻效应生成半等规或等规聚丙烯[73]。Resconi 等人对于丙烯聚合茂金属催化剂的进化过程进行了极为详尽的综述[74]。

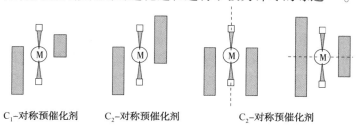

C_1-对称预催化剂　　　C_2-对称预催化剂　　　C_2-对称预催化剂

图 2.6　四族过渡金属催化的烯烃聚合中的对称性

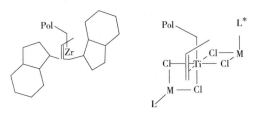

图 2.7　全同立构丙烯聚合中的立构控制

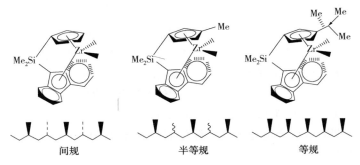

间规　　　　　　半等规　　　　　　等规

图 2.8　茂金属对称性对于聚丙烯微观结构的影响

2.2.2　茂金属/甲基铝氧烷 MAO 体系

在四族茂金属催化剂烯烃聚合中，活性顺序大致是 Zr>Hf>Ti。钛茂在大约 50℃ 以上时会迅速失活，极有可能是因为四价钛被还原为三价钛[75, 76]。不过，如同第 4 章中所述，将钛茂固定在氯化镁类载体上就可得到稳定的聚合活性。对于含有 $TiCl_4$ 和 $MeOTiCl_3$ 的齐格勒-纳塔催化剂系统，载体除了在避免双分子分解方面有效之外，在烷基铝引发的钛还原反应中也展示了氯化镁的稳定效果，其原因应该是载体与氯化钛之间的电子相互作用[77]。

大多数早期进行的茂金属催化烯烃聚合用的都是二氯二茂锆 Cp_2ZrCl_2。在 Cp_2ZrCl_2 与甲基铝氧烷接触时，可以观察到每摩尔锆可以产生 ≥1mol 的甲烷[78]。卡明斯基（Kaminsky）提出这是由下式形成的 $Zr-CH_2-Al$ 结构产生的：

$$Zr—CH_3+CH_3—Al(CH_3)—O-\longrightarrow Zr—CH_2—Al(CH_3)—O—+CH_4$$

此缩合反应与茂金属进行的速度比与 $AlMe_3$ 进行时快许多。反应产物对于聚合是惰性的，不过若加入过量的 MAO，则由于生成了 $Al—CH_2—Al$ 和 $Zr—CH_3$ 结构，可以使该系统再活化[79]。

在均相（甲苯溶液）条件下，用 Cp_2ZrCl_2/MAO 进行丙烯聚合的衰减动力学是用可逆和不可逆钝化作用进行解释的[80, 81]。在 40℃ 时，可以观察到快速衰减继之以几乎恒定的活性；而在 60℃ 时，则是先发生了快速初始衰减，然后是缓慢的（不可逆的）催化剂失活。Cp_2ZrCl_2/MAO 催化聚合的动力学曲线也可以是依赖于甲基铝氧烷的组成的。MAO 一般含有一定数量的蒂联三甲基铝，它们会通过形成[Cp$_2$Zr(μ-R)(μ-Me)AlMe$_2$]$^+$(见图 2.9 中的物质 1)型的休眠烷基桥联物质而抑制聚合速率。不过，Sivaram 报道了三甲基铝的积极效果，他发现，向用 Cp$_2$ZrCl$_2$进行的乙烯聚合中的 MAO 里加入三甲基铝，可以将衰减型动力学行为转变为积聚动力学行为[82]。Chien[83] 也观察到，在用 Cp$_2$ZrCl$_2$进行的乙烯聚合中由三甲基铝部分取代 MAO，活性不受损失。但是在用外消旋-乙基二茚二氯化锆 rac-Et(Ind)$_2$ZrCl$_2$(见图 2.9 中的物质 2)进行丙烯聚合时，若由三甲基铝部分取代MAO，则催化剂活性会大幅降低[84]。如Rieger 和 Janiak 所述[85]，使均相条件进行烯烃聚合更加复杂的因素是该系统仅

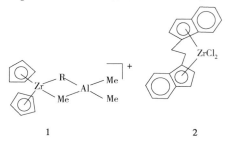

图 2.9　物质 1、物质 2

在聚合启动瞬间是真正均相的。即使是在 110℃进行的乙烯聚合中，由部分聚合物沉积的高黏稠溶液也会迅速生成。催化剂在聚合物固体中的吸留就会成为单体扩散的巨大障碍。

　　在均相聚合中，需要有较高的 MAO 浓度以便得到最大的催化剂活性。Jüngling 和 Mülhaupt 认为，5mmol/L 的[Al]浓度能将大部分茂金属转化为活性阳离子物质，但若浓度更高，则 MAO 会与单体竞争抢夺茂金属络合物中空的配位点[86]。MAO 浓度看来是比 MAO/Zr 比值更重要一些的参数[87]。Fink 和其同事发现，最佳 MAO 浓度取决于茂金属和单体。在较高 MAO 浓度下，相对于丙烯聚合，乙烯聚合可以得到最大的聚合活性。

　　外消旋-二甲基硅二茚二氯化锆 rac-Me$_2$Si(Ind)$_2$ZrCl$_2$(见图 2.10 中的物质 3)与二氯二甲基碳茂基芴基锆 Me$_2$C(Cp)(Flu)ZrCl$_2$(见图 2.10 中的物质 4)相比，需要更高浓度的 MAO[88]。这些差异归因于 Zr 原子受到了较庞大二茚基配位体的较多屏蔽，限制了由 Zr 阳离子与 MAO 派生的阴离子组成的紧密离子对的生成。另外还观察到，由 AlR$_3$部分取代 MAO，若 R=

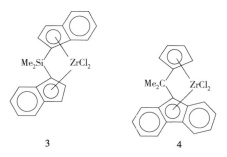

图 2.10　物质 3、物质 4

Me 或 Et，则活性降低；若 R=i-Bu 或 n-Bu，则活性增加。这表明活性锆茂中心与 MAO 中存在的三甲基铝相互作用生成的[Cp$_2$Zr(μ-R)(μ-Me)AlMe$_2$]$^+$会被 AlMe$_3$和 AliBu$_3$或 AlnBu$_3$生成的混合 Al$_2$R$_6$二聚体还原。

　　茂金属催化的聚合反应会受到所存在的氧或二氧化碳的强烈抑制。但据 Kallio 等人报道，使用二氯化二正丁基茂锆/甲基铝氧烷(n-BuCp)$_2$ZrCl$_2$/MAO 进

行乙烯聚合时，在暴露于 O_2 或 CO_2 后，用可见光照射会使活性完全恢复[89]。由此提出了一个阳离子金属中心与配位 O_2 或 CO_2 的平衡，光的活化效应归因于 O_2 或 CO_2 从金属中心的剥离。但是，O_2 或 CO_2 与茂锆和/或 MAO 的相互化学作用则比简单的(可逆的)络合更有可能发生。研究茂锆被铝氧烷烷基化与活化的特别便利的方式是用紫外可见光度法[90~95]。茂锆紫外可见光谱中配位体至金属电荷的转移带对锆上电子密度变化极为敏感。用甲基取代一个氯会由于金属原子上纯正电荷的减少而产生向紫效应(向低波长)，而红向频移(向高波长)则表明有阳离子活性物质生成。外消旋-乙基二茚二氯化锆 rac-Et(Ind)$_2$ZrCl$_2$ 活化过程中，在从 MAO 到乙基异丁基铝氧烷(EBAO)发生的波长增长要归因于 EBAO 松散的离子对[93]。也可得出结论，认为用外消旋-乙基二茚二氯化锆 rac-Et(Ind)$_2$ZrCl$_2$/EBAO 进行乙烯聚合时的快速失活归因于松散的未受保护的离子对。

紫外可见光度法还可用于获取对于茂钛催化剂快速失活现象的深刻理解[76]。相比于茂锆，茂钛的烷基化与活化仅需要很少量的 MAO。不过，茂锆衍生出来的阳离子活性产品的稳定性在室温下可维持一周，而外消旋-乙基二茚二氯化钛 rac-Et(Ind)$_2$TiCl$_2$ 和 MAO 形成的阳离子络合物则是不稳定的。在 606nm 与接触离子对[rac-Et(Ind)$_2$TiMe$^+$...Me-MAO$^-$]相关的吸收峰在室温下数分钟内就开始衰减，只有在 -20℃ 下才能保持稳定[76]。另一方面，含有三甲基铝的外圈离子对[rac-Et(Ind)$_2$Ti(μ-Me)$_2$Al-Me$_2$]$^+$[Me-MAO]$^-$ 可以在室温下稳定数小时。电子顺磁共振(EPR)研究表明，茂钛催化剂聚合中的快速失活起源于四价钛被还原为三价钛物质。向外消旋-乙基二茚二氯化钛 rac-Et(Ind)$_2$TiCl$_2$ 甲苯溶液中加入三异丁基铝会迅速彻底地将其还原至三价钛。有人指出，氢化二异丁基铝 AliBu$_2$H(存在于三异丁基铝 AliBu$_3$ 中)类的氢化物是茂钛快速还原与失活的原因。在有丙烯存在条件下，人们发现催化剂失活现象也会被加速。

还有人研究了由四价态还原到三价氧化态在茂锆催化剂失活路径中可能起的作用[96]。电子顺磁共振(EPR)研究表明，二-2-苯基茚二氯化锆(2-PhInd)$_2$ZrCl$_2$ 比外消旋-二甲基硅二茚二氯化锆 rac-Me$_2$Si(Ind)$_2$ZrCl$_2$ 更易被还原，用 AliBu$_3$ 改性的 MAO(MMAO)是比 MAO 更强的还原剂。加入单体也会促进四价锆还原为三价锆。尽管 MMAO 还原茂锆的速度更快一些，人们却发现在茂锆催化剂的烯烃聚合中用 AliBu$_3$ 部分取代 MAO 会使催化剂稳定性大幅改善[97]。AliBu$_3$ 的稳定作用可能归因于异丁基几乎可以忽略的在 Zr 和 Al 间架桥的倾向，这就避免了因产自于茂锆/MAO 系统的[L$_2$Zr(μ-CH$_2$)(μ-Me)]型烷叉物质的生成引起的失活[98]。可以认为，促进了 AlMe$_n$iBu$_{3-n}$ 从[L$_2$Zr(μ-Me)$_2$AlR$_2$]$^+$ 型阳离子上驱除以换取一个烯烃基质的空间相互作用对超高聚合活性做出了贡献。这种超高活性可以由外消旋-二甲基硅二-2-甲基-4-苯基茚二氯化锆 rac-Me$_2$Si(2-Me-4-Ph-Ind)$_2$ZrCl$_2$(见图 2.11 中的物质 5)之类的立体拥堵催化剂得到。在丙烯聚合中由外消旋-二甲基硅二-2 甲基-4-叔丁基茂二氯化锆 rac-Me₂ Si(2-Me-4-tBu-Cp)₂ZrCl₂/MAO 得到的超高(初始)活性同样被归因于立体屏蔽的阳离子[rac-Me₂ Si(2-Me-4-tBu-Cp)₂ ZrMe]⁺不会形成三甲基铝的加合物[rac-Me₂ Si(2-Me-4-tBu-Cp)₂ Zr(μ-Me)₂ AlMe₂]⁺[99]。不过，这个系统也显示了快速衰减，原因是没有对催化剂因三甲基铝加合物形成所引发的失活进行保护。

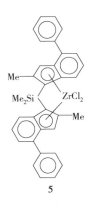

5

图 2.11 物质 5

根据上面的研究，很明显三甲基铝的有无是影响茂金属/MAO 进行烯烃聚合中活性和稳定性的主要因素。根据核磁共振(NMR)研究，有人提出，[L₂Zr(μ-Me)₂ AlMe₂]⁺[Me-MAO]⁻型络合物是茂基系统中活性中心的主要先驱[100]。聚合活性取决于三甲基铝的数量以及单体取代络合三甲基铝的容易程度。从 MAO 上移除"游离"三甲基铝的有效方法包括加入 2，6-二叔丁基苯酚或其四甲基取代的同系物这样的立体受阻酚[101]。其对于聚合活性和稳定性的影响取决于催化剂和聚合条件。Rytter 和其同事发现，用二氯二苯基碳茂基芴基锆 Ph₂C(Cp)(Flu)ZrCl₂在 40℃进行丙烯聚合时，从 MAO 上除去三甲基铝会增加活性；而在 80℃则不同，因为在较高聚合温度下，没有三甲基铝会导致活性快速衰减。使用外消旋-二甲基硅二-2 甲基-4-叔丁基二氯化锆 rac-Me₂ Si(2-Me-4-tBu-Cp)₂ZrCl₂/MAO 时，发现了更复杂的现象：有三甲基铝存在会带来较高的活性，但是对于稳定性却没有任何影响。有人认为在此系统中，因为有立体位阻效应，MAO 在活化过程的第一步不及三甲基铝有效，该过程包括了茂金属甲基化反应以生成 L₂ZrMeCl 产物。

2.2.3 茂金属/硼酸酯体系

如图 2.3 所示，烷基茂金属可以由三(五氟苯基)硼 B(C₆F₅)₃、三苯基甲基-四(五氟苯基)硼[Ph₃C][B(C₆F₅)₄]和二甲基苯基氨基-四(五氟苯基)硼[PhNHMe₂][B(C₆F₅)₄]类全氟烷基硼烷和硼酸酯活化。在这些物质中，硼酸酯能给出比硼烷高的活性。因为相对于较弱的配位四(五氟苯基)硼[B(C₆F₅)₄]⁻阴离子，由二烷基二茂基锆 L₂ZrR₂ 和三(五氟苯基)硼 B(C₆F₅)₃ 形成的三(五氟苯基)烷基硼[RB(C₆F₅)₃]⁻阴离子中的烷基会在 Zr 和 B 间生成相对坚固的桥联。博曼(Bochmann)和兰开斯特(Lancaster)提到，二苄基锆复合物与三苯甲基-四(五氟苯基)硼[Ph₃C][B(C₆F₅)₄]反应生成了四(五氟苯基)硼苯甲基二茂锆[Cp′2Zr(CH₂Ph)]⁺[B(C₆F₅)₄]⁻型的阳离子型复合物，该物质比相关的甲基复合物更稳定[103]。热稳定性的增加归因于苄配位体 η²络合，这在一定程度上满足了贫电子金属中心的电子需求。也有人指出，假设烯烃配位发生前需要苄配位体由 η²向 η¹重排，则同样的稳定效应可能也是低温下催化活性相对较低的原因。

二甲基二茂锆 Cp_2ZrMe_2 与三苯甲基-四(五氟苯基)硼$[Ph_3C][B(C_6F_5)_4]$在低温(-60℃)反应生成了双核络合物$[\{Cp_2ZrMe\}_2(\mu-Me)]^+$，这表明与 Cp_2ZrMe_2 形成的加合物会比溶剂分子或是阴离子配位对于稳定$[Cp_2ZrMe]^+$更有效[104]。三甲基铝的存在引起了休眠物质$[Cp_2Zr(\mu-Me)_2AlMe_2]^+[B(C_6F_5)_4]^-$的形成，可以确认过量加入三甲基铝会引起聚合活性的大幅降低。塔尔西等人注意到三甲基铝的存在会使由 Cp_2ZrMe_2 和$[Ph_3C][B(C_6F_5)_4]$衍生出来的阳离子中心稳定性增加[105]。人们用 ^1H 磁共振波谱研究了阳离子型复合物 6、7 和 8(见图2.12)之间的相互转化。当 Cp_2ZrMe_2 和$[Ph_3C][B(C_6F_5)_4]$以 2:1 比例混合时，可以得到双核阳离子物质 6，而当 Zr/B 比值为 1:1 时，则可得到阳离子络合物 7。在 7 中加入过量 20 倍的三甲基铝，就可以得到异双核阳离子 8。结果显示，络合物 6、7 和 8 具有相似的能级，只要改变 Cp_2ZrMe_2、$[Ph_3C][B(C_6F_5)_4]$和三甲基铝之间的比例，这三者间就可以相互转换。据报道，它们在 1-己烯聚合中的活性处于同一数量级，表明烯烃可以分别取代 Cp_2ZrMe_2、$[B(C_6F_5)_4]$和三甲基铝，形成反应中间体$[Cp_2ZrMe(烯烃)]^+$。

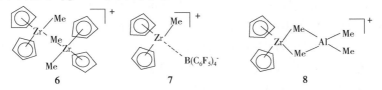

图 2.12　由二甲基二茂锆 Cp_2ZrMe_2、三苯甲基四(五氟苯基)硼
$[Ph_3C][B(C_6F_5)_4]$和三甲基铝 $AlMe_3$[105]形成的茂锆物质

　　Brintzinger 和其同事指出，最大聚合活性可以由等摩尔比的茂金属和硼酸酯得到[106]。该结果指出，同摩尔量的外消旋-二甲基硅二茚基二甲基锆 $rac-Me_2Si$ $(Ind)_2ZrMe_2$ 和三正丁基氨基四(五氟苯基)硼$[n-Bu_3NH][B(C_6F_5)_4]$反应生成的单核茂锆阳离子是唯一的催化物质，即使在较高的 Zr/B 比值下也是如此。但是，在过量茂锆存在下生成的双核$[\{rac-Me_2Si(Ind)_2ZrMe\}_2(\mu-Me)]^+$阳离子可以增加抗失活稳定性。在 Zr/B 比值为 1:1 时，在 15~45℃范围内提高温度，可以观察到丙烯聚合速率大幅增加，表明温度对于催化剂失活有很大影响。

　　在先前茂金属/MAO 系统章节中讨论的因 $\mu-CH_2$ 络合物的形成而导致催化剂失活的可能性由富瓦烯络合物与$[Ph_3C][B(C_6F_5)_4]$的反应得到印证，如图2.13所示，该反应导致了甲烷的轻易脱除，得到了双核 $\mu-CH_2$ 络合物[107]。

　　由烷基茂金属和硼酸酯活化剂组成的二元催化剂体系有不利方面，在没有烷基铝时，活性物质会被聚合中出现的杂质去活。与母体二氯化物相比，二烷基茂金属更贵、更不易得到。因而更多地被用于开发由二氯茂金属、烷基铝和硼酸酯构成的三元体系上，烷基铝 AlR_3 的出现使我们可以就地进行茂金属的烷基

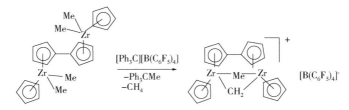

图 2.13　经由 μ-CH₂ 络合物的生成引起的催化剂失活[107]

化[108~111]。Beck 和 Brintzinger 研究了烷基铝 AlR_3 与二氯茂锆间的烷基交换，他们发现，使用三甲基铝只能进行单甲基化反应生成氯甲基二茂锆 $Cp_2ZrMeCl$，而使用 $AlEt_3$ 和 $AliBu_3$ 则可以吸收两个烷基并进一步发生烷烃进化[112]。在三元催化剂体系中，烷基铝可能不仅与茂金属反应，还会与硼酸酯反应。Bochmann 和 Sarsfield 发现，$AlMe_3$ 与 $[Ph_3C][B(C_6F_5)_4]$ 反应生成 Ph_3CMe 和过渡物质 $[AlMe_2]^+[B(C_6F_5)_4]^-$，后者立刻分解为 $AlMe_2(C_6F_5)$ 和 $B(C_6F_5)_3$[113]。进一步的配位体交换会最终生成 $Al(C_6F_5)_3$ 和 BMe_3。$[Ph_3C][B(C_6F_5)_4]$ 与 $AliBu_3$ 的反应比与 $AlMe_3$ 的反应快许多，包括了氢化物的提取和异丁烯的脱除，生成了 Ph_3CH 和过渡性产物 $[AliBu_2]^+[B(C_6F_5)_4]^-$，后者分解为 $AliBu_n(C_6F_5)_{3-n}$ 和 $iBu_{3-n}B(C_6F_5)_n$。一般认为 $Al-C_6F_5$ 的生成可能代表了三元催化剂系统中的一个失活路径。人们发现 Cp_2ZrMe_2 可以与 $AlMe_2(C_6F_5)$ 反应，生成 $Cp_2ZrMe(C_6F_5)$，但是如果生成 $[AlR_2]^+$ 的条件[例如 $[Ph_3C][B(C_6F_5)_4]$ 与 AlR_3 的预混合]能够避免，则 $[B(C_6F_5)_4]^-$ 阴离子的降解就可避免[113]。不过，茂金属/硼酸酯/烷基铝系统看来比茂金属/甲基铝氧烷系统稳定性弱。Dornik 等人发现，在高温（100~140℃）和压力条件下于甲苯溶液里进行的乙烯聚合中，由 MAO 活化得到的活性物质的半衰期是由 $[PhNMe_2][B(C_6F_5)_4]/AliBu_3$ 得到的活性物质半衰期的两倍左右[114]。其失活动力学是一阶的，并且还发现桥联茂金属 $Me_2Si(Cp)_2ZrCl_2$ 的失活也较慢，使得活性物质的半衰期可以两倍于来自于 Cp_2ZrCl_2 的活性物质。

Marks 和其同事研究了不同阳离子茂金属络合物的热稳定性[115,116]。$[L_2ZrMe]^+[MeB(C_6F_5)_3]^-$ 的稳定性对于金属中心周围的辅助配位体类型非常敏感，$[Cp_2ZrMe]^+[MeB(C_6F_5)_3]^-$ 甲苯溶液在室温下可以稳定数天，而 $[\{1,3-(SiMe_3)_2Cp\}_2ZrMe]^+[MeB(C_6F_5)_3]^-$ 的半衰期只有大约 10h，即分解为 $\{1,3-(SiMe_3)_2Cp\}_2ZrMe(C_6F_5)$ 和 $MeB(C_6F_5)_2$。1，3-二叔丁基取代同族体显然会通过分子内的 C—H 活化，衍生出一当量的 CH_4，生成金属无环产物 9（见图 2.14）。与含有阴离子 $[MeB(C_6F_5)_3]^-$ 或 $[B(C_6F_4Si-tBuMe_2)_4]^-$ 的络合物形成对照的是，带有 $[B(C_6F_5)_4]^-$ 阴离子的甲基锆络合物在室温下是不稳定的。已经有人注意到，将 $[Cp''_2ZrMe]^+[MeB(C_6F_5)_3]^-$（$Cp''=1，2-Me_2C_5H_3$）苯溶液在 25℃下放置数周，会生成 $[Cp''_2MeZr(\mu-F)ZrMeCp''_2]^+[MeB(C_6F_5)_3]^-$（见图 2.14 中

的物质 10），这是 $[Cp''_2ZrMe]^+[MeB(C_6F_5)_3]^-$ 与 Cp''_2ZrMeF 的加成化合物[115]。不过，Arndt、Rosenthal 和其同事新近研究表明，氟化锆络合物的形成并不一定是失活机理，因为 L_2ZrF_2 型氟化物可以在 R_2AlH[117] 存在时转化为催化活性的氢化茂锆。

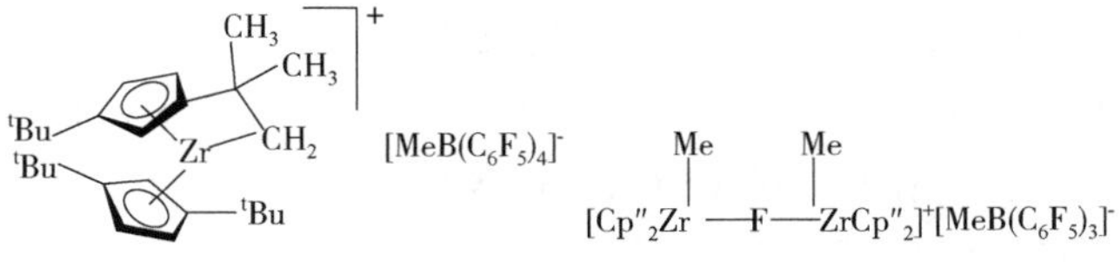

图 2.14　物质 9、物质 10

硼酸酯活化不仅在茂锆催化的而且在茂铪催化的烯烃聚合中都导致了极高的活性。使用茂铪与 MAO 的组合，通常得到的活性会比茂锆低许多。但是，Rieger 和其同事发现，在茂铪催化的丙烯聚合中用 $[Ph_3C][B(C_6F_5)_4]$ 替代 MAO 作为活化剂，则所得活性要比对应茂锆的高出许多[118]。用 MAO 作为活化剂时，茂铪催化聚合活性较低的原因在于 MAO 中存在的络合 $AlMe_3$，它们会形成 $[Cp_2Hf(\mu\text{-}Me)_2AlMe_2]^+[MeMAO]^-$ 类型的物质。近期研究表明，这些物质以及茂铪与 $AlMe_3$ 和 $[Ph_3C][B(C_6F_5)_4]$ 接触形成的 $[Cp_2Hf(\mu\text{-}Me)_2AlMe_2]^+[B(C_6F_5)_4]^-$ 物质与其茂锆对应物质相比会有特别高的稳定性和极低的烯烃聚合活性，原因在于 $AlMe_3$ 的强力键合[119,120]。另外，使用了 $AliBu_3$ 和 $[Ph_3C][B(C_6F_5)_4]$ 进行活化的茂铪则会生成具有极高活性的 $[Cp_2Hf(\mu\text{-}H)_2AliBu_2]^+[B(C_6F_5)_4]^-$ 型或 $[Cp_2Hf(\mu\text{-}H)_2Al(H)iBu]^+[B(C_6F_5)_4]^-$ 型氢化桥联物质。

2.3　其他单活性中心催化剂

2.3.1　限制几何构型和半夹心结构复合物

自从发现了高活性茂金属体系后，另类烯烃聚合单活性中心催化剂就不断涌现[121,122]。一个在商业上得到了极大重视的茂金属同类物实例就是由陶氏化学（Dow）与埃克森（Exxon）同时发现的"限制几何构型"类络合物。该物质含有一个柄型-酰胺-茂基配位键，首先是由 Bercaw 和其同事进行描述的[123]。该类催化剂的通用结构如图 2.15 所示。

该类催化剂的一个重要特征是其活性中心的开放本质，这就使其他烯烃包括端乙烯基聚合物链能够并入主链中，形成长链化。限制几何构型类催化剂还要比二茂基类茂金属更稳定，使其能被用于在较高温度（>100℃）下进行的聚合反应[124]。

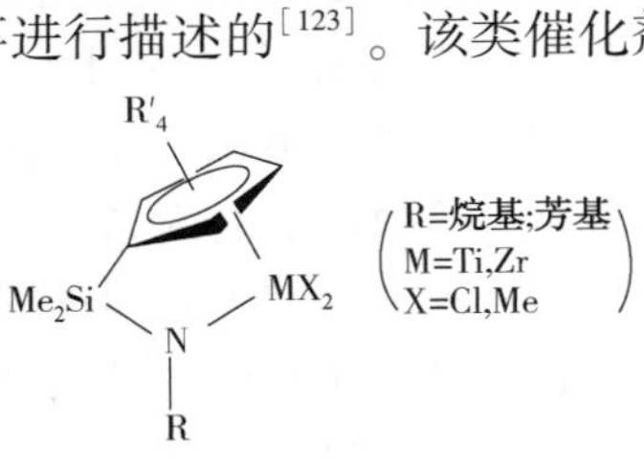

图 2.15　限制几何构型
物质结构图

Chen 和 Marks 研究了受控几何构型二苄基复合物（CGC）M（CH₂Ph）₂（CGC 代表着叔丁基氨四甲基环戊二烯金刚烷配位体）与 B（C₆F₅）₃ 和［Ph₃C］［B（C₆F₅）₄］的反应[125]。在低温下用硼酸酯活化（CGC）Zr（CH₂Ph）₂，可以得到［（CGC）ZrCH₂Ph］⁺［B（C₆F₅）₄］⁻，而由对应的钛复合物与 B（C₆F₅）₃ 和［Ph₃C］［B（C₆F₅）₄］反应则能分别得到分子内金属化产品 11 和 12（见图 2.16）。与此相反，（CGC）TiMe₂ 与 B（C₆F₅）₃ 反应，生成了［（CGC）TiMe］⁺［MeB（C₆F₅）₃］⁻。

Okuda 和其同事介绍了一种 CGC 配位体的潜在三齿变体，他们合成了物质 13（见图 2.17）的复合物。其中额外的双给电子官能团 X（代表 NMe₂ 或 OMe），被设计用作半不稳定配位体，可以临时稳定高度亲电的金属中心[126]。Park 等人合成了酰肼复合物 14（见图 2.17）[127]。原本预期酰肼单元的强烈给电子特征将会稳定聚合中的催化活性阳离子物质，但是却发现有烷基铝存在时，−NMe₂ 的氮原子会与铝而不是与钛配位，导致热不稳定性及较弱的聚合活性。

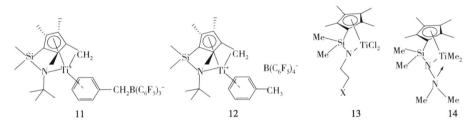

图 2.16　物质 11、物质 12　　　图 2.17　物质 13、物质 14

Shiono 和其同事研究了桥联环戊二烯金刚烷氨基二甲基钛配合物［t-BuNSiMe₂（C₅Me₄）］TiMe₂ 进行丙烯聚合中的助催化剂效应，他们利用 MAO 作为助催化剂实例考察了活性聚合反应，MAO 中的 AlMe₃ 通过真空干燥予以脱除[128]。结果表明，活性要比采用未经处理的 MAO 高出一个数量级，未经处理的 MAO 很明显地会快速失活。采用［Ph₃C］［B（C₆F₅）₄］则得到了最大的活性。一般在用［Ph₃C］［B（C₆F₅）₄］活化茂金属时，硼酸酯对催化剂的化学计量比为 1∶1。不过，Bochmann 和其同事却发现，一系列茂锆在烯烃聚合中的活性在过量硼酸酯存在下会增加[129]。对于三元系统桥联环戊二烯金刚烷氨基二氯化钛/三异丁基铝/三苯甲基四（五氟苯基）硼，硼酸酯浓度增加 10 倍，则催化剂产率会增加一个数量级。该效应的起因尚不清楚。

齐格勒和其同事利用密度泛函理论和分子力学对于烯烃聚合中可能的衰减路径进行了理论研究[130,131]。对于芳基五氟苯基（C₆F₅）由硼酸盐阴离子转移到金属中心的活化能进行了计算，表明在此方面钛复合物会比其锆的同类物更稳定，原因显然在于锆原子的较大尺寸。研究结果还表明，如果催化剂金属中心附近带着具有空间需求的取代基则往往不易发生芳基转移，而在辅助配位体上拥有给电子取代基则可以避免失活路径。

　　Okuda 和其同事研究了钛金属的非桥联氨基环戊二烯基复合物[132]。复合物 15(见图 2.18)与茂进行组合在乙烯聚合时表现出较差的活性，而用一个相关的非桥联系统则能对苯乙烯进行高效聚合。这些结果指出了环戊二烯基配位键和氨基间的共价键在稳定乙烯聚合中四价烷基钛阳离子中的关键作用。在物质 15 这类复合物中的桥键的缺失会引起还原产物三价钛物质的生成，其在苯乙烯间规聚合中具有活性[133]。Nomura 认为，因为 MAO 中的 $AlMe_3$ 引起的酰胺配位体从金属中心的脱离而导致的复合物 15 在乙烯聚合中的失活现象可以在一定程度上通过引入庞大的环己基予以抑制，并且发现复合物 16(见图 2.18)确实在乙烯聚合时提供了较高活性[134]。利用物质 17(见图 2.18)这样的(环戊二烯基)(芳氧基)钛(Ⅳ)复合物，在 60~70℃ 可以得到较高的活性[135]。有人发现，在 Cp * 配位体中的甲基取代与苯氧基中的 2,6-二异丙基取代的组合作用对于高活性是必不可少的，强调了位阻效应在催化活性物质稳定中的作用。Phomphrai 等人研究了 Cp(OAr)$TiMe_2$ 与 $B(C_6F_5)_3$ 的反应。他们发现，当 OAr = $OC_6H_3iPr_2$-2,6 时，主要产品将是 C_6F_5 从 B 转移到 Ti 而生成的 Cp(OAr)$TiMe(C_6F_5)$[136]。

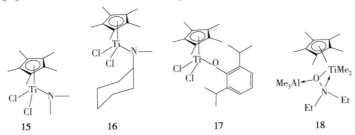

图 2.18　物质 15、物质 16、物质 17、物质 18

　　最近，Waymouth 和其同事研究了 Cp * $TiMe_2$($ONEt_2$)类型的羟基氨化复合物。他们发现，加入 $AlMe_3$ 可以得到稳定的加合物 18(见图 2.18)[137]。不过，将三异丁基铝或三甲基铝加入 Cp * $TiMe(ONR_2)^+[B(C_6F_5)_4]^-$ 阳离子会分解产生不明物质，伴随着异丁烯和甲烷的分别释放。

　　Stephan 和其同事开发了含有次膦酰亚胺配位键的单活性中心钛系催化剂[138,139]。典型实例是($tBu_3P = N$)$CpTiCl_2$。与环戊二烯基配位键相似，次膦酰亚胺配位键的位阻效应被认为是阻止了失活路径，例如阳离子的二聚反应和与路易斯酸的相互作用，由此引起了 C—H 活化[140,141]。与其钛系同类物不同，人们发现次膦酰亚胺锆复合物催化活性较低，原因在于较大锆离子半径有助于失活路径而不利于链增长[142]。对于金属锆，观察到了芳基由三(五氟苯基)硼 $B(C_6F_5)_3$ 转移到金属，而对于金属钛则未见此现象。在有三甲基铝存在下，次膦酰亚胺配位键的提取以及集簇锆的形成都会发生。

Piers 和其同事用三（五氟苯基）硼 B(C₆F₅)₃ 为活化剂，研究了 Cp[tBu(R) C=N]TiMe₂ 型酰基酮亚胺的活化与失活行为[143]。如图 2.19 可见，由接触离子对上脱除甲烷会引起失活反应发生。限定几何构型二甲基衍生物催化剂用三（五氟苯基）硼 B(C₆F₅)₃ 进行处理时，可以观察到类似现象。在 Cp[tBu₂C=N]TiMe₂ 与相当于半个[Ph₃C][B(C₆F₅)₄]接触时也会观察到甲烷的脱除，原因在于包括了在二聚物质{[CpLTiMe]₂-(μ-Me)}⁺[B(C₆F₅)₄]⁻ 中桥联甲基 C—H 键的 σ-键置换反应[144]。

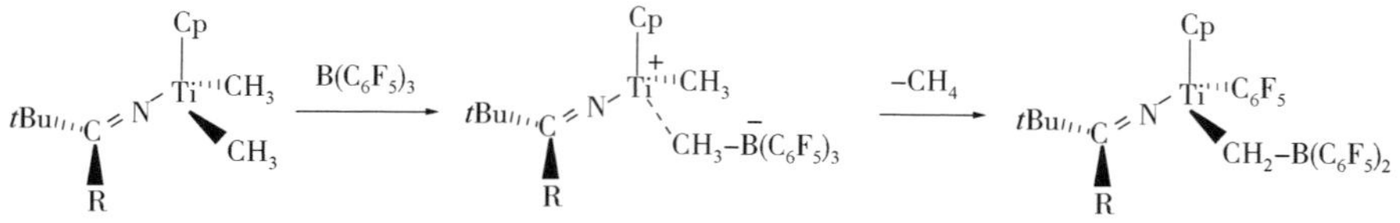

图 2.19　茂基-酰基酮亚胺与三（五氟苯基）硼的反应[143]

2.3.2　八面体复合物

MgCl₂/TiCl₄ 体系的齐格勒-纳塔催化剂与茂金属及上述半茂金属间的根本差异涉及了围绕过渡金属原子的配位层：在齐格勒-纳塔系统时为八面体，而对于茂金属及相关复合物则为四面体。不过，最近对于八面体单活性中心前过渡金属催化剂体系的开发兴趣日渐浓厚。

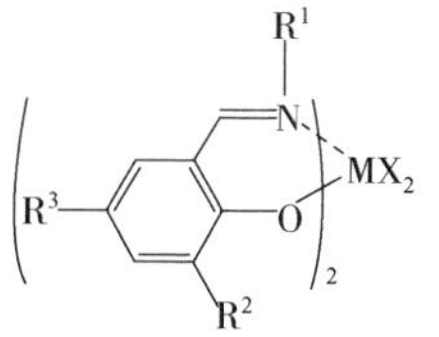

图 2.20　FI 结构图

烯烃聚合八面体复合物的一个重要的新家族包括有日本三井化学（Mitsui Chemicals）开发的 FI 催化剂[145~147]。名称 FI 起源于日语苯氧基亚胺配位体。该催化剂的基本结构如图 2.20 所示。

钛系、锆系和铪系 FI 催化剂在乙烯聚合时的活性会根据配位体结构的变化而变化。在相对于酚氧邻位上需要有庞大取代基以便得到较高活性。大型取代基（R²）可以提供空间位阻，抵抗聚合介质中路易斯酸的亲电攻击。并且能通过在阳离子中心物质和阴离子助催化剂间建立有效分离状态而增加活性。FI 催化剂是在反式位置上有两个氧原子、在顺式位置上有两个氮原子和两个氯原子的扭曲的八面体复合物。如果用 MAO 作为活化剂，复合物 19（见图 2.21）进行乙烯聚合的活性在温度超过 40℃时会降低[146]。活性在高温下降低的原因在于活性物质通过配位键失落而分解。用 ¹H 核磁共振进行的分析证实了配位键由过渡金属中心向铝的转移，表明 FI 催化剂失活包括了配位键向 MAO 中的三甲基铝转移，生成了 LAlMe₂[148,149]。因此，要想提高活性中心稳定性，可以从 MAO 中除去三甲基铝，或是在靠近金属中心处引入空间位阻配位取代基。为了加强金属—配位体键，在对位 R³ 和亚胺氮上引入了给电子基团。R¹ 等于正己基或环己基与 R³ 等于甲氧基的组合效果可以引发 75℃下更强的稳定性和更高的活性[150]。此外，在 R^2 位置上拥有金刚烷基或枯基取代基，则可以得到大约为 800000kg/（mol·h·bar）的超高活性。

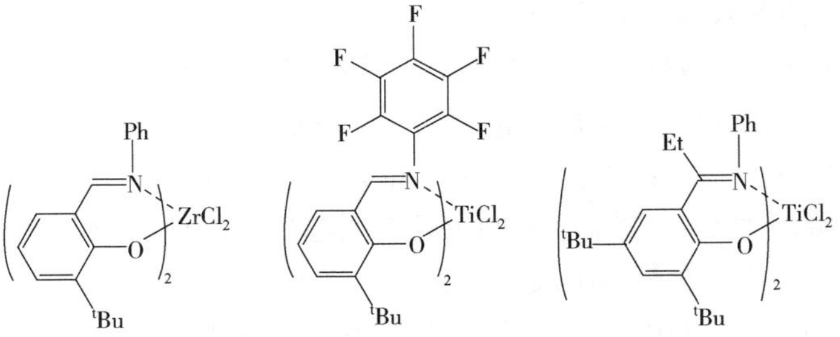

图 2.21　物质 19、物质 20、物质 21

　　钛系 FI 催化剂的活性一般要比其锆系同类物低，但是稳定性则较高。其活性可以通过在 R^1 苯基基团上引入强吸电子取代基进而增加了活性钛物质的亲电性而提高。例如，用 $3,5-(CF_3)_2C_6H_3$ 替换苯基，会使乙烯聚合活性增加四倍[151]。钛系 FI 催化剂还展示了较低的链终止速率，使得活性聚合反应成为可能。复合物 20（见图 2.21）可对此予以展示，在 50℃用 MAO 进行活化的聚合反应中可以观察到聚乙烯相对分子质量随时间线性增加[152]。人们发现，活性聚合中要求在苯基的 2，6 位置上至少有一个氟原子。由于在带阴电荷的氟与带正电荷的 β-H 之间的静电相互作用，可以认为临近亚胺氮的氟抑制了 β 氢从增长链上的转移[153、154]。不过，Coates 和其同事发现活性聚合也可以用无氟复合物 21（见图 2.21）做到，表明除了 β-H/σ-F 相互作用外，还有其他因素可能起作用[155]。Busico 等人提出了催化剂结构与活性聚合间的关系，特别以丙烯聚合反应作为参考[156]。计算机研究表明，邻位氟原子在活性聚合中所给予的主要影响在于空间位阻，由此使得 β-H 向单体转移的过渡态处于失稳状态。β-H 向单体的转移是使用双（苯氧基亚胺）催化剂时占主导地位的链转移路径。

　　Kol 和其同事展示了 1-己烯的活性聚合，他们开发了一族新的双阴离子四齿[ONNO]型螯合配位体[157]。根据这些萨朗配位体中出现的取代基，可以合成出能把 α-烯烃聚合成等规立构聚合物的 C_2-对称复合物。Busico 等人用这些复合物进行了丙烯聚合，他们发现立构控制机理取决于主要由下面复合物（见图 2.22）中烷基取代基 R_1 给予的空间位阻，其中 Bn 代表苯甲基[158]。当 R_1=金刚烷基、R_2=甲基时，可以得到非常高的立构规整性。并且通过活性聚合可以得到丙烯和乙烯的嵌段共聚物[159、160]。在 R_1 位置的取代基的立体位阻非常重

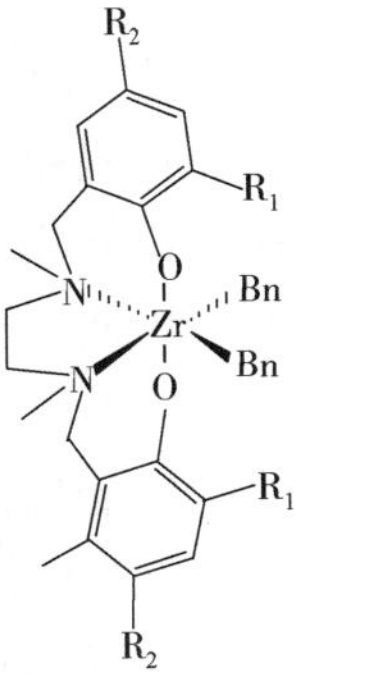

图 2.22　带有 R_1、
R_2 与 Bn 的物质

要，不仅能提供较高对映选择性(生产高等规聚丙烯)还能使链转移至丙烯的过渡态失稳，因而能够在其他链转移路径不存在时进行活性聚合[156]。

2.3.3 二酰胺和其他复合物

使用[ArN(CH₂)₃NAr]TiX₂型二酰胺复合物可以在α-烯烃聚合中得到较高活性(在短时间内)，其中X=Cl或Me[161]。在芳基环上带有2，6—二异丙基取代基的催化剂22(见图2.23)比其2，6—二甲基取代的同类物活性高，再次显示了空间位阻因素的重要性。少量甲苯的出现会引起聚合活性的大幅降低，表明甲苯会有效地与α-烯烃竞争参与阳离子活性物质的配位。这类复合物的二甲基衍生物(例如，X=Me)可以由B(C₆F₅)₃予以活化，在室温下进行1-己烯的活性聚合[162]。当聚合反应是在有二氯甲烷而非丙烷存在时，可以观察到活性大幅增加。这一效果可以归因于二氯甲烷CH₂Cl₂的极性在阳离子金属活性中心与硼酸反离子间形成的较大电荷分离作用。

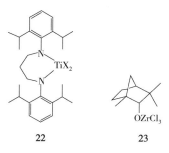

图2.23　物质22、物质23

庞大配位体的屏蔽效应提高了催化剂稳定性、进而提高了产率的事实在过去许多范例中都极为明显，这种效应在ROZrCl₃型复合物中也很明显。利用这类复合物如从莭醇衍生出来的物质23(见图2.23)，在乙烯聚合中能得到非常高的活性[163]。

2.4　钒系催化剂

钒系催化剂的开发主要是用于生产乙烯共聚物，著名产品是乙烯/丙烯/二烯橡胶(EPDM)。均相钒系催化剂可以生产相对分子质量分布相对较窄的聚合物，相比于钛系齐格勒-纳塔(Ziegler-Natta)催化剂则在乙烯聚合中能更便捷地、更无规地吸纳共聚单体。但没有载体的钒系催化剂一般在烯烃聚合中产率都较低，因为活性衰减太快。典型的预催化剂是三氯氧钒VOCl₃、四氯化钒VCl₄或乙酰丙酮钒V(acac)₃，与烷基铝助催化剂如一氯二乙基铝AlEt₂Cl或三氯三乙基二铝Al₂Et₃Cl₃以及卤烃促进剂混合使用。广泛认可的失活原因是活性三价钒物质被还原到活性较差或没有活性的二价钒物质，而促进剂(如氯代酯)的功能就是将二价态物质再氧化为活性、三价态物质[164~167]。

如所预期，在钒催化的聚合反应中，催化剂的失活速率取决于温度。在极高温度(160℃)下，如果没有卤烃促进剂，则由VCl₃·0.33AlCl₃-AlEt₃催化剂系统得到的初始催化活性的90%以上都会在聚合反应的头1min内丧失[168]。而在三氯乙烷CH₃CCl₃存在条件下，则可以观察到产率增加了10倍以上[169]。与此不同，活性聚合可以在相当低的温度下进行。多伊(Doi)等人利用乙酰丙酮钒/一氯二乙基铝V(acac)₃/AlEt₂Cl体系在-65℃展示了丙烯的活性聚合，得到了间同立构聚丙烯。他们还发现，利用2-甲基-1，3-丁二酮取代乙酰丙酮进行配位体系变换，可以在−40℃得到较高的聚合活性和活性聚合反应[170,171]。在这些系统中进行的间同立构链增长源自于链端控制的次级（2，1−）丙烯插入机理[172]。利用乙酰丙酮钒 V（acac）$_3$ 和相应配位体可以合成嵌段共聚物，但是考虑到其较低的活性以及对极低温度的需求，这难以成为商业抉择。不过，利用四氯化钒／三氯三乙基二铝 VCl$_4$／Al$_2$Et$_3$Cl$_3$ 体系，人们在带有侧流注入系统的管状柱塞流反应器中得到了含有乙烯和乙烯−丙烯嵌段的嵌段共聚物[173]。反应器温度大约为 20℃，而对于每个嵌段的大约数秒聚合时间与链增长时间和催化剂衰减速率也是匹配的。

$β$−二酮钒催化剂较差的热稳定性是由于烷基铝助催化剂对配位体的淋溶作用引起的，生成的二价钒／铝双金属物质聚合活性可以忽略，而与乙酰丙酮配位体中的取代基无关[174]。

试图改善钒系催化剂热稳定性的方法包括了含有酰胺、脒基、酰亚胺和酚盐这类配位体的复合物的合成。利用（R$_2$N）$_2$VCl$_2$（R＝异丙基 i-Pr 或环己基 cyclohexyl）型四价钒酰胺可以得到适度的乙烯聚合活性[175]。在有三氯三乙基二铝 Al$_2$Et$_3$Cl$_3$ 或其他烷基铝助催化剂存在时，失活机理被认为是由于四价钒被还原至三价钒。通过加入苄基氯、1，2−二氯乙烷或三氯甲烷 CHCl$_3$ 可以使活性恢复。利用二酰胺复合物 24（见图 2.24）可以得到相似的活性，其在丙烯聚合中也是有活性的[176]。

Hessen 和其同事合成了三价脒钒复合物 25 和 26（见图 2.24）[177]。与一氯二乙基铝 AlEt$_2$Cl 进行组合，这些催化剂在温度范围为 30～80℃进行乙烯聚合时展示了活性。复合物 25 含有悬垂的胺基官能团，在 30℃最活跃。在 80℃，可以观察到快速失活现象、聚乙烯相对分子质量分布变为双峰，显示出对于单活性中心催化行为的偏离。复合物 26 会提供较高的聚乙烯相对分子质量，在 50～80℃会更稳定一些，表明在复合物 25 中引入悬垂的胺基官能团不会改善活性物质的热稳定性。

有人研究了带有四配位基［ONNO］类萨伦（Salen）型配位体的四价钒复合物进行的乙烯聚合[178]。在均相条件下（甲苯中、以一氯二乙基铝 AlEt$_2$Cl 或二氯一乙基铝 AlEtCl$_2$ 为助催化剂），随温度在 20～50℃范围内升高，可以观察到聚合活性大幅降低。在较高温度下的较差催化剂活性归因于钒被还原至低价和无活性的氧化态。

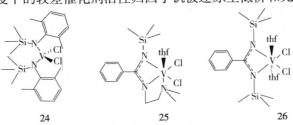

图 2.24　物质 24、物质 25、物质 26

Nomura 和其同事合成了不同的 VCl₂(NAr)(OAr′) 型(芳酰亚胺基)(芳氧基)五价钒[179]。在 25℃，用已经除去三甲基铝 AlMe₃ 的 MAO 为助催化剂，由复合物 27(见图 2.25)可以得到最高的乙烯聚合活性。用一氯二乙基铝 AlEt₂Cl 作为助催化剂可以得到更高的催化活性，但是较高聚合温度再次导致了产率大幅下降，表明活性物质失活。不过位阻更大的复合物 28(见图 2.25)在 60℃ 使用甲基异丁基铝氧烷为助催化剂时能提供稳定的聚合活性。(CH₂Ph)₂(NAr)(OAr′) 钒型二苄基复合物在没有任何助催化剂时可以引发降冰片烯的开环聚合反应。在 0℃ 用复合物 27/一氯二乙基铝 AlEt₂Cl 系统进行乙烯/降冰片烯的共聚合反应的活性要高于其在乙烯均聚合时的活性，但若升高聚合温度至 25℃ 则会大幅降低产率[180]。在由 VCl₂(NAr)(OAr′) 催化的乙烯聚合中加入氯烃(CCl₃CO₂Et)会降低而不是提高活性，表明此系统中的催化活性物质与从三价钒和四价钒复合物中衍生出来的不同[181]。

复合物 29(见图 2.25)含有三齿 β-烯胺酮配位体，在用一氯二乙基铝 AlEt₂Cl 和三氯乙酸乙酯活化后，可以在乙烯聚合中提供很好的稳定性[182]。50℃ 下，在 20min 的聚合时间内可以观察到活性降低了 30%。采用其他含有带柔软(磷或硫)供体配位物的复合物，可以观察到类似的失活曲线。而拥有悬吊供氧、供氮配位体的复合物则会在 30min 的聚合时间内损失约 70% 活性。

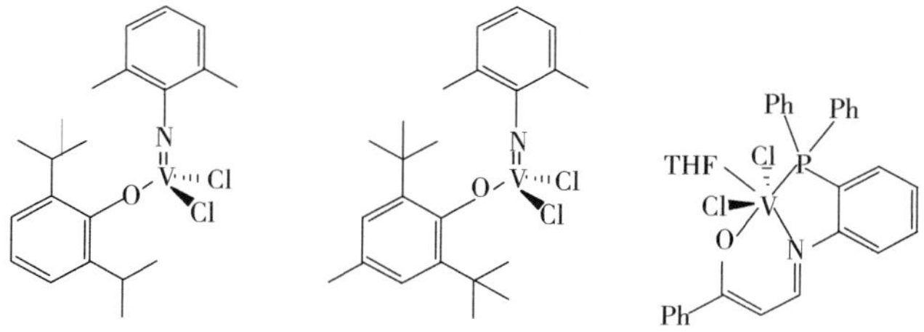

图 2.25　物质 27、物质 28、物质 29

使用 [V(O)(μ₂-(OPr)L)]₂ 型复合物可以在钒催化乙烯聚合中得到较高活性，其中 L 代表二苯氧基或三苯氧基去质子化的形态[183]。利用一氯二甲基铝 AlMe₂Cl 作为助催化剂，可以发现 CCl₃CO₂Et 再活化剂的出现能使活性增加 7 倍。在钒杯芳烃进行的乙烯聚合中，一氯二甲基铝 AlMe₂Cl 和 CCl₃CO₂Et 的组合也是有效的[184]。将聚合温度由 25℃ 升至 80℃ 可以使活性升高，表明其有相对较高的热稳定性。钒复合物 30 和 31(见图 2.26)含有双(苯并咪唑)胺配位体，也能为乙烯均聚和共聚提供异常强大的、单活性中心催化剂[185]。采用物质 31/AlMe₂Cl/CCl₃CO₂Et 催化剂系统，在 60℃ 下可以观察到大约 36000kg/(mol·h·bar) 的聚合活性并可以持续 1h 左右。氢的出现会降低聚合物相对分子质量而不会影响催化剂整体表现。

图 2.26　物质 30、物质 31

　　Gambarotta、Duchateau 及其同事最近报道了能得到高相对分子质量聚乙烯的单组分催化剂的有趣实例[186]。由 VCl₃(THF)₃ 与 2，5-二甲基吡咯在三甲基铝 AlMe₃ 存在下反应合成了二价双环戊二烯基钒型复合物 32（见图 2.27），该物质已被证明耐热性极高，在 100℃甲苯溶液中加热也不会分解。该复合物可以在 75℃没有任何助催化剂情况下引发乙烯聚合反应。如图 2.28 所见，可以认为乙烯的存在引起了重组，导致了烷基从铝到钒的转移。

图 2.27　物质 32　　　图 2.28　在单组分乙烯聚合钒系催化剂中活性物质的形成[186]

　　Gambarotta 早期进行的研究包含有从双（亚氨基）吡啶基钒复合物 33 中产生活性物质（Ar＝2，6-二异丙基苯基）[187]。如第 3 章中所述，类似的铁复合物在乙烯聚合中活性较高。甲苯溶液中，使用 MAO 为助催化剂，复合物 33（见图 2.29）进行乙烯聚合时的活性在 50～85℃温度范围内下降明显，该复合物在 140℃下 1min 内即完全失活。当物质 33 与 MAO 或甲基锂（MeLi）接触时，颜色会由红变绿，表明在此两种情况下产品为吡啶环烷基化后生成的复合物 34（见图 2.29）。此反应导致了金属配位数的减少，这也是物质 33 配合 MAO 后能拥有聚合活

图 2.29　物质 33→物质 34

性的重要因素，而且人们发现复合物 34 确实提供了相似的聚合活性和聚合物特征。

许多钒系聚合催化剂的活性都可以通过固定在氯化镁载体上而得到大幅提高。例如，将复合物 33 固定在氯化镁载体上，可以在 70℃下展示稳定的乙烯聚合活性[188]。这一点以及其他通过固定化而避免催化剂失活的改进效果实例将在第 4 章中进行更详尽的讨论。

2.5　铬系催化剂

由氧化铬负载在硅胶上构成的菲利普斯（Phillips）催化剂是重要的工业催化剂，占有目前全球 HDPE 生产能力的三分之一。这些非均相催化剂的一个不寻常的特点是能够在没有任何活化剂条件下进行乙烯聚合。与齐格勒-纳塔（Ziegler-Natta）催化剂情形相同，可能的活性中心本质还是处于辩论中的问题[189~191]。这些催化剂所产聚乙烯拥有很宽的相对分子质量分布，其催化剂活性能随温度升高至 130℃而一直增加[192]。

人们进行了各种尝试以合成乙烯聚合均相铬系催化剂，其中一些被认为是菲利普斯型（CrO_x/SiO_2）或是联碳型（Cp_2Cr/SiO_2）均相系统样板[193]。大多数兴趣都集中在三价铬系复合物上。用 MAO 活化三氮环己烷复合物 35（见图 2.30）在 45℃可以提供高达约 700kg/（mol·h·bar）的乙烯聚合活性[194]。另外也研究了采用［PhNHMe$_2$］［B（C$_6$F$_5$）$_4$］/AliBu$_3$进行的活化[195]。已经发现活性复合物在甲苯中的分解会通过三氮环己烷向铝的转移而发生，生成（三氮环己烷）二异丁基铝四（五氟苯基）硼和一价铬复合物二芳烃配位铬四（五氟苯基）硼。

Jolly 和其同事用氨基取代环戊二烯基三价铬复合物 36（见图 2.30）在 30℃左右得到了 3000kg/（mol·h·bar）的乙烯聚合活性[196,197]。根据 Huang 与其同事的报道，利用相关复合物类型 37（见图 2.30）在 25℃得到的活性要比 50℃得到的高，表明在较高温度下有失活现象[198]。此项工作中的一个不寻常情况是乙烯/己烯-1 共聚合所得聚合物的相对分子质量高于乙烯均聚合所得产品。Enders 和其同事在环戊二烯基配位体和氮配位原子间引入了刚性间隔基团，如同在复合物 38（见图 2.30）中那样，以便增加这类半夹心三价铬化合物的稳定性[199,200]。当这些复合物在甲苯中与 MAO 接触时没有检测到分解情况，得到的溶液在温度高至 110℃时一直具有乙烯聚合活性。在

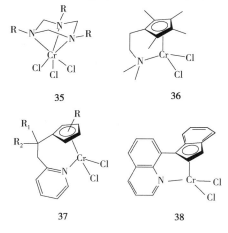

图 2.30　物质 35、物质 36、物质 37、物质 38

丙烯聚合时，这些复合物能制备具有与乙烯/丙烯共聚物微观结构相同的无规聚合物[201]。这种不寻常的微观结构源自于"链行走"机理，如图 2.31 所示，2，1-插入的丙烯单元会在聚合物链上转化为 3，1-单元。

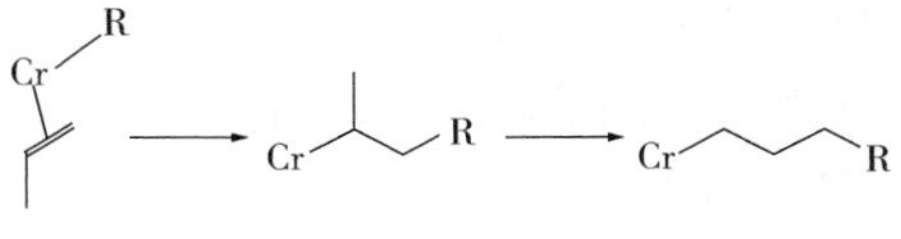

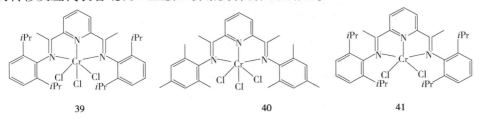

图 2.31　丙烯 2，1-插入后的链行走

Esteruelas 等人合成了物质 39 和 40（见图 2.32）的吡啶二亚胺基三价铬复合物[202]。使用 MAO 为活化剂、在均相条件下进行乙烯聚合，可以得到低分子蜡和低分子聚合物。在 60~90℃ 范围内提高温度会降低活性，但是人们注意到，这些铬系复合物在 70℃ 的稳定性高于其铁和钴的同类复合物。将此复合物固定在经 MAO 浸渍处理的硅胶载体上后，可以在 80℃ 得到稳定的聚合活性。据 Small 等人报道，采用一系列的吡啶二亚胺基复合物得到了齐聚物和聚合物的混合体，并且证明由二价铬和三价铬复合物衍生出来的活性中心是完全相同的[203]。

Gambarotta 和 Duchateau 论述了铬催化的乙烯齐聚反应和聚合过程中的氧化态议题[204,205]。用烷基铝处理吡啶二亚胺三价铬复合物，可以将其还原到二价态[206]。为了研究催化活性物质的氧化态，人们合成了二价 $LCrCl_2$ 复合物 41（见图 2.32），并研究了其与各种还原剂和烷基化剂的反应[205]。与氢化钠的反应生成了 LCrCl，使之与 MAO 组合，就能形成有效的聚合催化剂。在与过量三甲基铝反应时，由 LCrCl 可以生成 $LCr(\mu\text{-}Cl)_2AlMe_2$ 和 LCrMe 的混合物。这些是正式的单价铬复合物，但是配位体骨架变形表明配位体被一个电子予以还原。所以这些复合物最好被描述为键合在配位自由基阴离子上的二价铬中心。由此可以得出结论：随着电子密度主要位于配位体上，系统的整体还原作用将会增强催化活性。向 LCrCl 中加入异丁基铝氧烷，会使配位体由铬向铝部分转移。可以说，这种金属转移反应代表着吡啶二亚胺三价铬复合物失活路径。

39　　　　　　　　　　40　　　　　　　　　　41

图 2.32　物质 39、物质 40、物质 41

2.6　结语
烯烃聚合中，均相催化剂的活性与稳定性取决于一系列不同因素，其相对重要性则取决于过渡金属。在茂锆催化聚合中，金属中心的空间保护起了重要作用。庞大配位体 L 会阻止三甲基铝与茂锆金属阳离子$[L_2ZrR]^+$配位，使得关联的三甲基铝易于被单体置换。如此就提供了较高的催化剂活性，但也导致了较低的稳定性，原因是缺少抵抗由三甲基铝加合物形成而引起的失活作用。因而 MAO 中三甲基铝的总体效应依赖于催化剂与聚合条件。茂铪在有三甲基铝时活性较低，原因在于$[L_2Hf(\mu\text{-}Me)_2AlMe_2]^+$型稳定、低活性物质的生成，但在与三异丁基铝/苯甲基四（五氟苯基）硼 $AliBu_3/[Ph_3C][B(C_6F_5)_4]$ 配合时则有较高活性。由于烷烃脱除而生成 $Zr\text{-}CH_2\text{-}Zr$ 或 $Zr\text{-}CH_2\text{-}Al$ 的失活反应在茂锆催化的聚合反应中也很重要。由三异丁基铝 $AliBu_3$ 取代或部分取代 MAO 或三甲基铝 $AlMe_3$ 可以避免或减少此类物质的生成。因为与甲基基团相比，异丁基在锆与铝之间形成桥键的倾向较弱。例如，在硼酸酯活化的聚合中使用了 $L_2ZrCl_2/[Ph_3C][B(C_6F_5)_4]/AliBu_3$ 系统，要避免硼酸酯与烷基铝预接触非常重要，否则就会形成 $Al\text{-}C_6F_5$ 物质，并通过五氟苯基基团向锆的转移而失活。

对于均相钛系和铬系催化剂来说，还原到较低的、无活性或活性较差的氧化态是占主导地位的失活路径。茂钛会通过由活性四价态还原到三价态而失活。不过，相比于锆而显得较小的钛离子半径会给如次膦酰亚胺这样的半夹心结构复合物提供较大的稳定性，进而提供较高活性。用于乙烯聚合的铬系催化剂一般都是三价态复合物，能通过还原反应快速还原为二价态物质。所以聚合反应都是在助催化剂如一氯二乙基铝之外再加入卤烃促进剂的条件下进行的。促进剂的功能就是将二价态钒物质再氧化为活性三价态。

对于不同催化剂，人们都注意到了活性物质通过失去配位体而分解的现象。这些催化剂包括苯氧基-亚胺复合物、二酮钒化合物、环己烷三氮杂铬和吡啶二亚胺复合物。在这些情况下，失活反应通过金属转移反应而发生，包括配位体从过渡金属到铝的转移。

涉及催化剂在烯烃聚合中稳定性的一个重要考虑是在均相聚合中经常看到的活性衰减现象，在许多情况下能够通过催化剂在载体上的固化得以避免。而且，大多数聚烯烃生产工艺都需要使用非均相载体催化剂。催化剂固定行为对于活性和稳定性的影响实例将在第 4 章中进行介绍。

参 考 文 献

[1] Albizzati, E., Cecchin, G., Chadwick, J. C., Collina, G., Giannini, U., Morini, G., and Noristi, L. (2005) Polypropylene Handbook, 2nd edn(ed. N. Pasquini), Hanser Publishers, Munich, pp. 15–106.
[2] McKenna, T. F. and Soares, J. B. P. (2001) Chem. Eng. Sci., 56, 3931–3949.
[3] Abboud, M., Denifl, P., and Reichert, K. -H. (2005) J. Appl. Polym. Sci., 98, 2191–2200.
[4] Floyd, S., Mann, G. E., and Ray, W. H. (1986) (eds T. Keii and K. Soga), Catalytic Polymerization of Olefins, Elsevier, Amsterdam, pp. 339–367.
[5] Soga, K., Yanagihara, H., and Lee, D. (1989) Makromol. Chem., 190, 995–1006.
[6] Tait, P. J. T. and Berry, I. G. (1994) (eds K. Soga and M. Terano), Catalyst Design for Tailor-Made Polyolefins, Elsevier, Amsterdam, pp. 55–72.
[7] Kou, B., McCauley, K. B., Hsu, J. C. C., and Bacon, D. W. (2005) Macromol. Mater. Eng., 290, 537–557.
[8] Zakharov, V. A., Bukatov, G. D., and Barabanov, A. A. (2004) Macromol. Symp., 213, 19–28.
[9] Huang, R., Koning, C. E., and Chadwick, J. C. (2007) Macromolecules, 40, 3021–3029.
[10] Kissin, Y. V. (1985) Isospecific Polymerization of Olefins, Springer-Verlag, New York.

[11] Keii, T., Suzuki, E., Tamura, M., Murata, M., and Doi, Y. (1982) Makromol. Chem., 183, 2285-2304.
[12] Yermakov, Yu. I. and Zakharov, V. A. (1975) Coordination Polymerization (ed. J. C. W. Chien), Academic Press, New York, pp. 91-133.
[13] Mejzlik, J., Lesna, M., andMajer, J. (1983) Makromol. Chem., 184, 1975-1985.
[14] Busico, V., Guardasole, M., Margonelli, A., and Segre, A. L. (2000) J. Am. Chem. Soc., 122, 5226-5227.
[15] Yaluma, A. K., Tait, P. J. T., and Chadwick, J. C. (2006) J. Polym. Sci., Part A: Polym. Chem., 44, 1635-1647.
[16] Caunt, A. D. (1963) J. Polym. Sci., Part C, 4, 49-69.
[17] Goodall, B. L. (1990) Polypropylene and other Polyolefins (ed. S. van der Ven), Elsevier, Amsterdam, pp. 1-133.
[18] Goodall, B. L. (1988) Transition Metals and Organometallics as Catalysts for Olefin Polymerization (eds W. Kaminsky and H. Sinn), Springer-Verlag, Berlin, pp. 361-370.
[19] Chadwick, J. C. and Goodall, B. L. (1984) Eur. Patent 107871.
[20] Bernard, A. andFiasse, P. (1990) Catalytic Olefin Polymerization (eds T. Keii and K. Soga), Kodansha, Tokyo, pp. 405-423.
[21] Kashiwa, N. (2004) J. Polym. Sci., Part A: Polym. Chem., 42, 1-8.
[22] Giannini, U. (1981) Makromol. Chem., Suppl., 5, 216-229.
[23] Galli, P., Luciani, L., and Cecchin, G. (1981) Angew. Makromol. Chem., 94, 63-89.
[24] Barbe, P. C., Cecchin, G., and Noristi, L. (1987) Adv. Polym. Sci., 81, 1-81.
[25] Busico, V., Causa, M., Cipullo, R., Credendino, R., Cutillo, F., Friederichs, N., Lamanna, R., Segre, A., and Van Axel Castelli, V. (2008) J. Phys. Chem. C, 112, 1081-1089.
[26] Andoni, A., Chadwick, J. C., Niemantsverdriet, J. W., and Thune, P. C. (2008) J. Catal., 257, 81-86.
[27] Zakharin, L. I. and Khorlina, I. M. (1962) Tetrahedron Lett., 14, 619-620.
[28] Albizzati, E., Galimberti, M., Giannini, U., and Morini, G. (1991) Macromol. Symp., 48/49, 223-238.
[29] Pasynkiewicz, S., Kozerski, L., and Grabowski, B. (1967) J. Organometal. Chem., 8, 233-238.
[30] Goodall, B. L. (1983) Transition Metal Catalyzed Polymerizations: Alkenes and Dienes (ed. R. P. Quirk), Harwood Academic Publishers, New York, pp. 355-378.
[31] Spitz, R., Lacombe, J.-L., and Primet, M. (1984) J. Polym. Sci.: Polym. Chem. Ed., 22, 2611-2624.
[32] Kissin, Y. V. and Sivak, A. J. (1984) J. Polym. Sci.: Polym. Chem. Ed., 22, 3747-3758.
[33] Tashiro, K., Yokoyama, M., Sugano, T., and Kato, K. (1984) Contemp. Top. Polym. Sci., 4, 647-662.
[34] Doi, Y., Murata, M., Yano, K., and Keii, T. (1982) Ind. Eng. Chem., Prod. Res. Dev., 21, 580-585.
[35] Busico, V., Corradini, P., Ferraro, A., and Proto, A. (1986) Makromol. Chem., 187, 1125-1130.
[36] Chien, J. C. W., Weber, S., and Hu, Y. (1989) J. Polym. Sci., Part A: Polym. Chem., 27, 1499-1514.
[37] Dusseault, J. J. A. and Hsu, C. C. (1993) J. Appl Polym. Sci., 50, 431-447.
[38] Spitz, R., Lacombe, J. L., and Guyot, A. (1984) J. Polym. Sci.: Polym. Chem. Ed., 22, 2625-2640, 2641-2650.
[39] Parodi, S., Nocci, R., Giannini, U., Barbe, P. C., and Scatà, U. (1981) Eur. Patent 45977.
[40] Seppala, J. V., Harkonen, M., and Luciani, L. (1989) Makromol. Chem., 190, 2535-2550.
[41] Harkonen, M., Seppala, J. V., and Vaananen, T. (1990) Catalytic Olefin Polymerization (eds T. Keii and K. Soga), Elsevier, Amsterdam, pp. 87-105.
[42] Proto, A., Oliva, L., Pellecchia, C., Sivak, A. J., and Cullo, L. A. (1990) Macromolecules, 23, 2904-2907.
[43] Spitz, R., Bobichon, C., and Guyot, A. (1989) Makromol. Chem., 190, 707-716.
[44] Soga, K., Shiono, T., and Doi, Y. (1988) Makromol. Chem., 189, 1531-1541.
[45] Sacchi, M. C., Forlini, F., Tritto, I., Mendichi, R., Zannoni, G., and Noristi, L. (1992) Macromolecules, 25, 5914-5918.
[46] Noristi, L., Barbè, P. C., and Baruzzi, G. (1991) Makromol. Chem., 192, 1115-1127.
[47] Chadwick, J. C. (1995) Ziegler Catalysts. Recent Scientific Innovations and Technological Improvements (eds G. Fink, R. Mualhaupt, and H. H. Brintzinger), Springer-Verlag, Berlin, pp. 427-440.
[48] Bukatov, G. D., Goncharov, V. S., Zakharov, V. A., Dudchenko, V. K., and Sergeev, S. A. (1994) Kinet. Catal., 35, 358-362.
[49] Kojoh, S., Kioka, M., and Kashiwa, N. (1999) Eur. Polym. J., 35, 751-755.
[50] Albizzati, E., Giannini, U., Morini, G., Smith, C. A., and Zeigler, R. C. (1995) Ziegler Catalysts. Recent Scientific Innovations and Technological Improvements (eds G. Fink, R. Mualhaupt, and H. H. Brintzinger), Springer-Verlag, Berlin, pp. 413-425.
[51] Albizzati, E., Giannini, U., Morini, G., Galimberti, M., Barino, L., and Scordamaglia, R. (1995) Macromol. Symp., 89, 73-89.
[52] Hammawa, H. and Wanke, S. E. (2007) J. Appl. Polym. Sci., 104, 514-527.
[53] Hassan Nejad, M., Ferrari, P., Pennini, G.], and Cecchin, G. (2008) J. Appl. Polym. Sci., 108, 3388-3402.
[54] Guastalla, G. and Giannini, U. (1983) Makromol. Chem., Rapid Commun., 4, 519-527.
[55] Pasquet, V. and Spitz, R. (1993) Makromol. Chem., 194, 451-461.
[56] Kissin, Y. V., Mink, R. I., Nowlin, T. E., and Brandolini, A. J. (1999) Top. Catal., 7, 69-88.
[57] Kissin, Y. V., Mink, R. I., Nowlin, T. E., and Brandolini, A. J. (1999) J. Polym. Sci., Part A: Polym. Chem., 37, 4255-4272.
[58] Kissin, Y. V. and Brandolini, A. J. (1999) J. Polym. Sci., Part A: Polym. Chem., 37, 4273-4280.
[59] Kissin, Y. V., Mink, R. I., Nowlin, T. E., and Brandolini, A. J. (1999) J. Polym. Sci., Part A: Polym. Chem., 37, 4281-4294.
[60] Kissin, Y. V. (2002) Macromol. Theory Simul., 11, 67-76.
[61] Garoff, T., Johansson, S., Pesonen, K., Waldvogel, P., and Lindgren, D. (2002) Eur. Polym. J., 38, 121-132.
[62] Natta, G., Pino, P., Mazzanti, G., and Giannini, U. (1957) J. Am. Chem. Soc., 79, 2975-2976.
[63] Breslow, D. S. and Newburg, N. R. (1957) J. Am. Chem. Soc., 79, 5073-5074.
[64] Reichert, K. H. and Meyer, K. R. (1973) Makromol. Chem., 169, 163-176.
[65] Long, W. P. and Breslow, D. S. (1975) Liebigs Ann. Chem., 3, 463-469.
[66] Kaminsky, W. and Arndt, M. (1997) Adv. Polym. Sci., 127, 143-187.

[67] Kaminsky, W. (2004) J. Polym. Sci. , Part A: Polym. Chem. , 42, 3911-3921.
[68] Linnolahti, M. , Severn, J. R. and Pakkanen, T. A. (2006) Angew. Chem. Int. Ed. , 45, 3331-3334; (2008) Angew. Chem. Int. Ed. , 47, 9279-9283.
[69] Tritto, I. , Mealares, C. , Sacchi, M. C. , and Locatelli, P. (1997) Macromol. Chem. Phys. , 198, 3963-3977.
[70] Chen, E. Y. -X. and Marks, T. J. (2000) Chem. Rev. , 100, 1391-1434.
[71] Brintzinger, H. H. , Fischer, D. , Mualhaupt, R. , Rieger, B. , and Waymouth, R. M. (1995) Angew. Chem. Int. Ed. , 34, 1143-1170.
[72] Corradini, P. , Guerra, G. , and Cavallo, L. (2004) Acc. Chem. Res. , 37, 231-241.
[73] Miller, S. A. and Bercaw, J. E. (2002) Organometallics, 21, 934-945.
[74] Resconi, L. , Cavallo, L. , Fait, A. , and Piemontesi, F. (2000) Chem. Rev. , 100, 1253-1346.
[75] Chien, J. C. W. (1959) J. Am. Chem. Soc. , 81, 86-92.
[76] Bryliakov, K. P. , Babushkin, D. E. , Talsi, E. P. , Voskoboynikov, A. Z. , Gritzo, H. , Schroder, L. , Damrau, H. -R. H. , Wieser, U. , Schaper, F. , and Brintzinger, H. H. (2005) Organometallics, 24, 894-904.
[77] Ivanchev, S. S. , Baulin, A. A. , and Rodionov, A. G. (1980) J. Polym. Sci. : Polym. Chem. Ed. , 18, 2045-2050.
[78] Kaminsky, W. and Steiger, R. (1988) Polyhedron, 7, 2375-2381.
[79] Kaminsky, W. , Bark, A. , and Steiger, R. (1992) J. Mol. Catal. , 74, 109-119.
[80] Fischer, D. and Mulhaupt, R. (1991) J. Organometal. Catal. , 417, C7-C11.
[81] Fischer, D. , Jungling, S. , and Mulhaupt, R. (1993) Makromol. Chem. , Macromol. Symp. , 66, 191-202.
[82] Srinivasa Reddy, S. , Shashidhar, G. , and Sivaram, S. (1993) Macromolecules, 26, 1180-1182.
[83] Chien, J. C. W. and Wang, B. -P. (1988) J. Polym. Sci. , Part A: Polym. Chem. , 26, 3089-3102.
[84] Chien, J. C. W. and Sugimoto, R. (1991) J. Polym. Sci. , Part A: Polym. Chem. , 29, 459-470.
[85] Rieger, B. and Janiak, C. (1994) Angew. Macromol. Chem. , 215, 35-46.
[86] Jungling, S. and Mulhaupt, R. (1995) J. Organometal. Chem. , 497, 27-32.
[87] Koltzenburg, S. (1997) J. Mol. Catal. A: Chem. , 116, 355-363.
[88] Kleinschmidt, R. , vanderLeek, Y. , Reffke, M. , and Fink, G. (1999) J. Mol. Catal. A: Chem. , 148, 29-41.
[89] Kallio, K. , Wartmann, A. , and Reichert, K. -H. (2002) Macromol. Rapid Commun. , 23, 187-190.
[90] Pieters, P. J. J. , van Beek, J. A. M. , and van Tol, M. F. H. (1995) Macromol. Rapid Commun. , 16, 463-467.
[91] Coevoet, D. , Cramail, H. , and Deffieux, A. (1998) Macromol. Chem. Phys. , 199, 1451-1457 1459-1464.
[92] Pedeutour, J. N. , Coevoet, D. , Cramail, H. , and Deffieux, A. (1999) Macromol. Chem. Phys. , 200, 1215-1221.
[93] Wang, Q. , Song, L. , Zhao, Y, and Feng, L. (2001) Macromol. Rapid Commun. , 22, 1030-1034.
[94] Makela-Vaarne, N. I. , Linnolahti, M. , Pakkanen, T. A. , and Leskela, M. A. (2003) Macromolecules, 36, 3854-3860.
[95] Alonso-Moreno, C. , Antmolo, A. , Carillo-Hermosilla, F. , Carrión, P. , Rodriguez, A. M. , Otero, A. , and Sancho, J. (2007) J. Mol Catal. A: Chem. , 261, 53-63.
[96] Lyakin, O. Y. , Bryliakov, K. P. , Panchenko, V. N. , Semikolenova, N. V. , Zakharov, V. A. , and Talsi, E. P. (2007) Macromol. Chem. Phys. , 208, 1168-1175.
[97] Seraidaris, T. , Lofgren, B. , Makela-Vaarne, N. , Lehmus, P. , and Stehling, U. (2004) Macromol. Chem. Phys. , 205, 1064-1069.
[98] Babushkin, D. E. and Brintzinger, H. H. (2007) Chem. Eur. J. , 13, 5294-5299.
[99] Schroader, L. , Brintzinger, H. H. , Babushkin, D. E. , Fischer, D. , and Mualhaupt, R. (2005) Organometallics, 24, 867-871.
[100] Bryliakov, K. P. , Semikolenova, N. V. , Yudaev, D. V. , Zakharov, V. A. , Brintzinger, H. H. , Ystenes, M. , Rytter, E. , and Talsi, E. P. (2003) J. Organometal. Chem. , 683, 92-102.
[101] Busico, V. , Cipullo, R. , Cutillo, F. , Friederichs, N. , Ronca, S. , and Wang, B. (2003) J. Am. Chem. Soc. , 125, 12402-12403.
[102] Tynys, A. , Eilertsen, J. L. , and Rytter, E. (2006) Macromol. Chem. Phys. , 207, 295-303.
[103] Bochmann, M. and Lancaster, S. J. (1993) Organometallics, 12, 633-640.
[104] Bochmann, M. and Lancaster, S. J. (1994) Angew. Chem. Int. Ed. , 33, 1634—1637.
[105] Talsi, E. P. , Eilertsen, J. L. , Ystenes, M. , and Rytter, E. (2003) J. Organometal. Chem. , 677, 10-14.
[106] Beck, S. , Prosenc, M. -H. , Brintzinger, H. -H. , Goretzki, R. , Herfert, N. , and Fink, G. (1996) J. Mol. Catal. A: Chem. , 111, 67-79.
[107] Bochmann, M. , Cuenca, T. , and Hardy, D. T. (1994) J. Organometal. Chem. , 484, C10-C12.
[108] Chien, J. C. W. andXu, B. (1993) Makromol. Chem. , Rapid Commun. , 14, 109-114.
[109] Chien, J. C. W. and Tsai, W. -M. (1993) Makromol. Chem. , Macromol. Symp. , 66, 141-156.
[110] Chien, J. C. W. , Song, W. , and Rausch, M. D. (1994) J. Polym. Sci. , Part A: Polym. Chem. , 32, 2387-2393.
[111] Gotz, C. , Rau, A. , and Luft, G. (2002) J. Mol. Catal. A: Chem. , 184, 95-110.
[112] Beck, S. and Brintzinger, H. H. (1998) Inorg. Chim. Acta, 270, 376-381.
[113] Bochmann, M. and Sarsfield, M. J. (1998) Organometallics, 17, 5908-5912.
[114] Dornik, H. P. , Luft, G. , Rau, A. , and Wieczorek, T. (2004) Macromol. Mater. Eng. , 289, 475-479.
[115] Yang, X. , Stern, C. L. , and Marks, T. J. (1994) J. Am. Chem. Soc. , 116, 10015-10031.
[116] Jia, L. , Yang, X. , Stern, C. L. , and Marks, T. J. (1997) Organometallics, 16, 842-857.
[117] Arndt, P. , Jager-Fiedler, U. , Klahn, M. , Baumann, W. , Spannenberg, A. , Burlakov, V. V. , and Rosenthal, U. (2006) Angew. Chem. Int. Ed. , 45, 4195-4198.
[118] Rieger, B. , Troll, C. , and Preuschen, J. (2002) Macromolecules, 35, 5742-5743.
[119] Bryliakov, K. P. , Talsi, E. P. , Voskoboynikov, A. Z. , Lancaster, S. J. , and Bochmann, M. (2008) Organometallics, 27, 6333-6342.
[120] Busico, V. , Cipullo, R. , Pellecchia, R. , Talarico, G. , and Razavi, A. (2009) Macromolecules, 42, 1789-1791.
[121] Britovsek, G. J. P. , Gibson, V. C. , and Wass, D.] F. (1999) Angew. Chem. Int. Ed. , 38, 429-447.
[122] Gibson, V. C. and Spitzmesser, S. K. (2003) Chem. Rev. , 103, 283-315.
[123] Shapiro, P. J. , Bunel, E. E. , Schaefer, W. P. , andBercaw, J. E. (1990) Organometallics, 9, 867-869.
[124] McKnight, A. L. and Waymouth, R. (1998) Chem. Rev. , 98, 2587-2598.

[125] Chen, Y. -X. and Marks, TJ. (1997) Organometallics, 16, 3649-3647.
[126] Amor, F., Butt, A., du Plooy, K. E., Spaniol, T. E., and Okuda, J. (1998) Organometallics, 17, 5836-5849.
[127] Park, J. T., Yoon, S. C., Bae, B. -J., Seo, W. S., Suh, I. -H., Han, T. K., and Park, J. R. (2000) Organo-metallics, 19, 1269-1276.
[128] Ioku, A., Hasan, T., Shiono, T., and Ikeda, T. (2002) Macromol. Chem. Phys., 203, 748-755.
[129] Song, F., Cannon, R. D., Lancaster, S. J., and Bochmann, M. (2004) J. Mol. Catal. A: Chem., 218, 21-28.
[130] Wondimagegn, T., Xu, Z., Vanka, K., and Ziegler, T. (2004) Organometallics, 23, 3847-3852.
[131] Wondimagegn, T., Xu, Z., Vanka, K., and Ziegler, T. (2005) Organometallics, 24, 2076-2085.
[132] Sinnema, P. -J., Spaniol, T. P., and Okuda, J. (2000) J. Organometal. Chem., 598, 179-181.
[133] Grassi, A., Zambelli, A., and Laschi, F. (1996) Organometallics, 15, 480-482.
[134] Nomura, K. and Fujii, K. (2003) Macromolecules, 36, 2633-2641.
[135] Nomura, K., Naga, N., Miki, M., and Yanagi, K. (1998) Macromolecules, 31, 7588-7597.
[136] Phomphrai, K., Fenwick, A. E., Sharma, S., Fenwick, P. E., Caruthers, J. M., Delgass, W. N., Abu - Omar, M. M., and Rothwell, I. P. (2006) Organometallics, 25, 214-220.
[137] Dove, A. P., Kiesewetter, E. T., Ottenwaelder, X., and Waymouth, R. M. (2009) Organometallics, 28, 405-412.
[138] Stephan, D. W., Stewart, J. C., Guerin, F., Courtenay, S., Kickham, J., Hollink, E., Beddle, C., Hoskin, A., Graham, T., Wei, P., Spence, R. E. v. H., Xu, W., Koch, L., Gao, X., and Harrison, D. G. (2003) Organometallics, 22, 1937-1947.
[139] Beddle, C., Hollink, E., Wei, P., Gauld, J., and Stephan, D. W. (2004) Organometallics, 23, 5240-5251.
[140] Yue, N. L. S. and Stephan, D. W. (2001) Organometallics, 20, 2303-2308.
[141] Kickham, J. E., Guerin, F., Stewart, J. C., Urbanska, E., and Stephan, D. W. (2001) Organometallics, 20, 1175-1182.
[142] Yue, N., Hollink, E., Guerin, F., and Stephan, D. W. (2001) Organometallics, 20, 4424-4433.
[143] Zhang, S., Piers, W. E., Gao, X., and Parvez, M. (2000) J. Am. Chem. Soc., 122, 5499-5509.
[144] Zhang, S. and Piers, W. E. (2001) Organometallics, 20, 2088-2092.
[145] Matsui, S., Mitani, M., Saito, J., Tohi, Y., Makio, H., Matsukawa, N., Takagi, Y., Tsuru, K., Nitabaru, M., Nakano, T., Tanaka, H., Kashiwa, N., and Fujita, T. (2001) J. Am. Chem. Soc., 123, 6847-6856.
[146] Makio, H., Kashiwa, N., and Fujita, T. (2002) Adv. Synth. Catal., 344, 477-493.
[147] Mitani, M., Saito, J., Ishii, S. -I., Nakayama, Y., Makio, H., Matsukawa, N., Matsui, S., Mohri, J. -I., Furuyama, R., Terao, H., Bando, H., Tanaka, H., and Fujita, T. (2004) The Chemical Record, 4, 137-158.
[148] Makio, H. and Fujita, T. (2004) Macromol Symp., 213, 221-223.
[149] Kravtsov, E. A., Bryliakov, K. P., Semikolenova, N. V., Zakharov, V. A., and Talsi, E. P. (2007) Organometal-lics, 26, 4810-4815.
[150] Matsukawa, N., Matsui, S., Mitani, M., Saito, J., Tsuru, K., Kashiwa, N., and Fujita, T. (2001) J. Mol. Catal., 169, 99-104.
[151] Ishii, S. -I., Saito, J., Mitani, M., Mohri, J. -I., Matsukawa, N., Tohi, Y., Matsui, S., Kashiwa, N., and Fujita, T. (2002) J. Mol. Catal., 179, 11-16.
[152] Saito, J., Mitani, M., Mohri, J. I-., Yoshida, Y., Matsui, S., Ishii, S. -I., Kojoh, S. -I., Kashiwa, N., and Fujita, T. (2001) Angew. Chem. Int. Ed., 40, 2918-2920.
[153] Mitani, M., Mohri, J. -I., Yoshida, Y., Saito, J., Ishii, S., Tsuru, K., Matsui, S., Furuyama, R., Nakano, T., Tanaka, H., Kojoh, S. - I., Matsugi, T., Kashiwa, N., and Fujita, T. (2002) J. Am. Chem. Soc., 124, 3327-3336.
[154] Furuyama, R., Saito, J., Ishii, S., Makio, H., Mitani, M., Tanaka, H., and Fujita, T. (2005) J. Organometal. Chem., 690, 4398-4413.
[155] Reinartz, S., Mason, A. F., Lobkovsky, E.] B., and Coates, G. W. (2003) Organometallics, 22, 2542-2544.
[156] Busico, V., Talarico, G., and Cipullo, R. (2005) Macromol. Symp., 226, 1-16.
[157] Tshuva, E. Y., Goldberg, I., and Kol, M. (2000) J. Am. Chem. Soc., 122, 10706-10707.
[158] Busico, V., Cipullo, R., and Ronca, S. (2001) Macromol. Rapid Commun., 22, 1405-1410.
[159] Busico, V., Cipullo, R., Friederichs, N., Ronca, S., and Togrou, M. (2003) Macromolecules, 36, 3806-3808.
[160] Busico, V., Cipullo, R., Friederichs, N., Ronca, S., Talarico, G., Togrou, M., and Wang, B. (2004) Macro-molecules, 37, 8201-8203.
[161] Scollard, J. D., McConville, D. H., Payne, N. C., and Vittal, J. J. (1996) Macromolecules, 29, 5241-5243.
[162] Scollard, J. D. and McConville, D. H. (1996) J. Am. Chem. Soc., 118, 10008-10009.
[163] Mitani, M., Oouchi, K., Hayakawa, M., Yamada, T., and Mukaiyama, T. (1995) Polym. Bull., 34, 199-202.
[164] Evens, G. G., Pijpers, E. M. J., and Seevens, R. H. M. (1988) Transition Metal Catalyzed Polymerizations (e-d. R. P. Quirk), Cambridge UniversityPress, Cambridge, pp. 782-798.
[165] Hagen, H., Boersma, J., andvanKoten, G. (2002) Chem. Soc. Rev., 31, 357-364.
[166] Gambarotta, S. (2003) Coord. Chem. Rev., 237, 229-243.
[167] D' Agnillo, L., Soares, J. B. P., and van Doremaele, G. H. J. (2005) Macromol. Mater. Eng., 290, 256-271.
[168] Adisson, E., Deffieux, A., and Fontanille, M. (1993) J. Polym. Sci., Part A: Polym. Chem., 31, 831-839.
[169] Adisson, E., Deffieux, A., Fontanille, M., and Bujadoux, K. (1994) J. Polym. Sci., Part A: Polym. Chem., 32, 1033-1041.
[170] Doi, Y., Ueki, S., and Keii, T. (1979) Macromolecules, 12, 814—819.
[171] Doi, Y., Suzuki, S., and Soga, K. (1986) Macromolecules, 19, 2896-2900.
[172] Zambelli, A., Sessa, I., Grisi, F., Fusco, R., and Accomazzi, P. (2001) Macromol. Rapid Commun., 22, 297-310.
[173] Ver Strate, G., Cozewith, C., West, R. K., Davis, W. M., and Capone, G. A. (1999) Macromolecules, 32, 3837-3850.
[174] Ma, Y., Reardon, D., Gambarotta, S., Yap, G., Zahalka, H., and Lemay, C. (1999) Organometallics, 18, 2773-2781.

[175] Desmangles, N., Gambarotta, S., Bensimon, C., Davis, S., and Zahalka, H. (1998) J. Organometal. Chem., 562, 53-60.

[176] Cuomo, C., Milione, S., and Grassi, A. (2006) J. Polym. Sci.: PartA, Polym. Chem., 44, 3279-3289.

[177] Brandsma, M. J. R., Brussee, E. A. C., Meetsma, A., Hessen, B., and Teuben, J. H. (1998) Eur. J. Inorg. Chem., 1867-1870.

[178] Bialek, M. and Czaja, K. (2008) J. Polym. SciPartA: Polym. Chem., 46, 6940-6949.

[179] Nomura, K., Sagara, A., and Imanishi, Y. (2002) Macromolecules, 35, 1583-1590.

[180] Wang, W. and Nomura, K. (2005) Macromolecules, 38, 5905-5913.

[181] Wang, W. and Nomura, K. (2006) Adv. Synth. Catal., 348, 743-750.

[182] Wu, J.-Q., Pan, L., Li, Y.-G., Liu, S.-R., and Li, Y.-S. (2009) Organometallics, 28, 1817-1825.

[183] Redshaw, C., Warford, L., Dale, S. H., and Elsegood, M. R. J. (2004) Chem. Commun., 1954—1955.

[184] Redshaw, C., Rowan, M. A., Warford, L., Homden, D. M., Arbaoui, A., Elsegood, M. R. J., Dale, S. H., Yamato, T., Casas, C. P., Matsui, S., and Matsuura, S. (2007) Chem. Eur. J., 13, 1090-1107.

[185] Tomov, A. K., Gibson, V. C., Zaher, D., Elsegood, M. R. J., and Dale, S. H. (2004) Chem. Commun, 1956-1957.

[186] Jabri, A., Korobkov, I., Gambarotta, S., and Duchateau, R. (2007) Angew. Chem. Int. Ed., 46, 6119-6122.

[187] Reardon, D., Conan, F., Gambarotta, S., Yap, G., andWang, Q. (1999) J. Am. Chem. Soc., 121, 9318-9325.

[188] Huang, R., Kukalyekar, N., Koning, C. E., and Chadwick, J. C. (2006) J. Mol. Catal. A: Chem., 260, 135-143.

[189] McDaniel, M. P. (1985) Adv. Catal., 33, 47-98.

[190] Groppo, E., Lamberti, C., Bordiga, S., Spoto, G., and Zecchina, A. (2005) Chem. Rev., 105, 115-183.

[191] Fang, Y, Liu, B., Hasebe, K., and Terano, M. (2005) J. Polym. Sci., Part A: Polym. Chem., 43, 4632-4641.

[192] van Kimmenade, E. M. E., Loos, J., Niemantsverdriet, J. W., and Thune, P. C. (2006) J. Catal., 240, 39-46.

[193] Theopold, K. H. (1998) Eur. J. Inorg. Chem., 15-24.

[194] Kohn, R. D., Haufe, M., Mihan, S., and Lilge, D. (2000) Chem. Commun., 1927-1928.

[195] Kohn, R. D., Smith, D., Mahon, M. F., Prinz, M., Mihan, S., and Kociok-Kohn, G. (2003) J. Organometal. Chem., 683, 200-208.

[196] Dohring, A., Gohre, J., Jolly, P. W., Kryger, B.], Rust, J., and Verhovnik, G. P. J. (2000) Organometallics, 19, 388-402.

[197] Int. Patent WO 98/04570 (1998) Studiengesellschaft Kohle m. b. H., invs.: Jolly, P. W., Jonas, K., Verhovnik, G. P. J., Doring, A., Gohre, J., and Weber, J. C. (1998) Chem. Abstr., 128, 167817v.

[198] Zhang, H., Ma, J., Qian, Y., and Huang, J. (2004) Organometallics, 23, 5681-5688.

[199] Enders, M., Fernandez, P., Ludwig, G., and Pritzkow, H. (2001) Organometallics, 20, 5005-5007.

[200] Enders, M., Kohl, G., and Pritzkow, H. (2004) Organometallics, 23, 3832-3839.

[201] Derlin, S. and Kaminsky, W. (2008) Macromolecules, 41, 6280-6288.

[202] Esteruelas, M. A., López, A. M., Mendez, L., Olivan, M., and Onate, E. (2003) Organometallics, 22, 395-406.

[203] Small, B. L., Carney, M. J., Holman, D. M., O'Rourke, C. E., and Halfen, J. A. (2004) Macromolecules, 37, 4375-4386.

[204] Crewdson, P., Gambarotta, S., Djoman, M.-C., Korobkov, I., and Duchateau, R. (2005) Organometallics, 24, 5214-5216.

[205] Vidyaratne, I., Scott, J., Gambarotta, S., and Duchateau, R. (2007) Organometallics, 26, 3201-3211.

[206] Sugiyama, H., Aharonian, G., Gambarotta, S., Yap, G. P. A., and Budzelaar, P. H. M. (2002) J. Am. Chem. Soc., 124, 12268-12274.

第3章　烯烃聚合的后过渡金属催化剂

3.1　镍系和钯系催化剂

3.1.1　二亚胺复合物

Brookhart 与其同事在 1995 年发现了阳离子二价 α-二亚胺镍和钯催化剂后，对于用后过渡金属催化剂进行乙烯聚合的兴趣得到了极大加强[1]。二亚胺镍催化剂前体的一个典型实例见图 3.1。在芳基环中的邻位取代基，大致与正方形的平面成直角，会妨碍烯烃从轴向接近，因而如图 3.2 所示，延迟了联结位移速率和链转移。而与用镍系催化剂通常得到二聚物和齐聚物的情况相反，此系统可以得到高相对分子质量的聚合物。

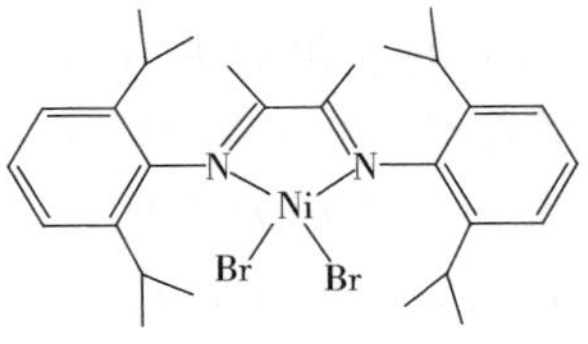

图 3.1　2,3-双(2,6-二异丙基苯亚氨基)丁烷二溴化镍(Ⅱ)

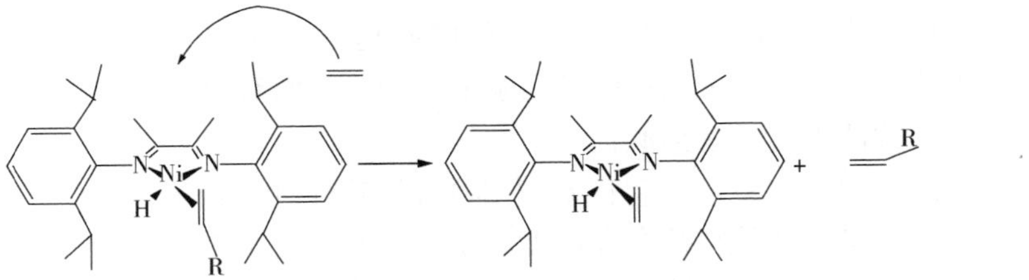

图 3.2　缔合交换引发的链转移，在相对于金属中心的轴向位置受到空间位阻的延迟

二亚胺镍和钯催化剂的特性是其亲氧性比前过渡金属催化剂低，使得乙烯能够与极性单体如丙烯酸酯进行共聚合、能够生成带有大量链分支的聚乙烯[2]。甲基和长支链的形成是通过链行走过程发生的(见图 3.3)，与 Fink 最先描述的类似[3]。支化度随着温度的升高和乙烯压力的降低而增加，并且还依赖于催化剂结构。用邻甲基基团取代邻异丁基基团以降低二亚胺配位体的空间位阻，会生成支化度低、线型度高且相对分子质量变低的聚合物[1,4]。

在镍催化的乙烯聚合中，如果将温度由 35℃ 升至 60℃，则可发现活性因催化剂衰减而降低。在 85℃，活性降低非常迅速。邻烷基取代基的 C—H 活化被认为是可能的失活路径，尽管这一点没有获得下面事实的支持：在每个芳香环上都

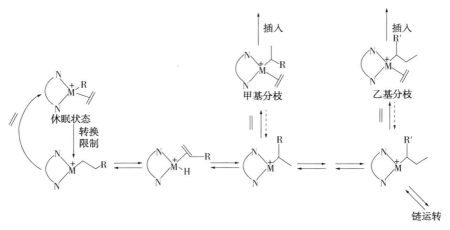

图 3.3　使用 α-二亚胺镍和钯复合物时聚乙烯支链的形成

是邻五氟苯基 *ortho*-C_6F_5 取代基时同样观察到了失活现象。

上面的聚合都是用 MAO 作为助催化剂进行的,但也有人表明一氯二乙基铝 $AlEt_2Cl$ 是镍系催化剂的有效活化剂[5,6]。在 25℃ 时,使用一氯二乙基铝 $AlEt_2Cl$ 和 MAO 二者都观察到了衰减型动力学行为并且衰减速率会随着 Al/Ni 比的减少而增加[6]。硼酸酯活化剂 $NaB[3,5-(CF_3)_2C_6H_3]_4$ 被用来研究给电子和吸电子取代基在二价 α-二亚胺钯催化剂中的作用[7]。越是缺电子催化剂越是给出较少的链支化,并且热稳定性较差、对极性共聚单体的容忍度也弱。越是富电子的复合物将电负性基团(如酯类官能团)绑缚的倾向越小,有助于乙烯与丙烯酸甲酯这样的单体共聚。阳离子钯系统是弱亲电性的,因而对质子溶剂和共聚单体官能团的敏感度就低于其镍系类似物。

在低温下(-10~5℃),二价 α-二亚胺镍和钯催化剂可以引发 α-烯烃的活性聚合[8~12]。但是,活性特征会在温度高于室温时失去,原因是链转移反应和失活反应。不过,Guan 和其同事发现,二苯撑环烷烃为基的 α-二亚胺镍催化剂更稳定。并且发现,复合物 1(见图 3.4)由 MMAO 活化后在温度高达 50℃ 时可以进行丙烯活性聚合[13,14]。高温性能的改进源自于二苯撑环烷烃框架完全阻隔了金属的轴面,只留下两个顺式配位点供单体进入和聚合物链增长。缺少了旋转柔性就避免了 C—H 活化引起的失活反应,这是如图 3.1 所示对于无环催化剂 2,6-二异丙基取代配位体所提出的情形。据 Brookhart 和其同事报道,如图 3.5 所示,阳离子二价 α-二亚胺钯复合物的醚加成物可以通过芳基环上邻位取代基的分子内 C—H 活化而分解,但是不能确认是否该分解路径导致了催化剂衰减[15]。最近,Guan 和其同事报道了带有氟化二苯撑环烷烃配位体二价镍催化剂的特高活性[16]。在 105℃ 进行乙烯聚合 70min,人们发现活性有一点降低,而这种较高的热稳定性则归因于反应性 $14e^-$ 中间体 2(见图 3.4)通过氟孤电子对向金属中心奉献电子而提供的稳定化作用。配位体中出现的氟还对键行走具有抑制作用，极有可能是因为其降低了 β-氢化物的脱除速率，使得所产聚乙烯具有较低的支链密度。

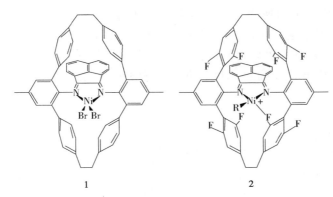

图 3.4　物质 1、物质 2

图 3.5　阳离子 α-二亚胺钯复合物的分子内 C—H 活化

Cramail 和其同事用紫外可见光谱研究了二亚胺镍/MAO 系统的活化与失活情况[17]。在甲苯中将二价二亚胺镍 3（见图 3.6）与 MAO 接触，可以在 480~510nm 和 710nm 得到吸收峰。静置以后，在 710nm 的吸收峰强度会以 480~510nm 的吸收峰为代价有所增加。这些变化伴随着催化系统的快速失活和黑色固体的沉淀，这可以归因于可溶复合物的结构改变以及部分零价镍的还原反应。有己烯-1 存在时，失活速率会减缓，表明有 α-烯烃与活性物质配位的稳定作用。同以往低温下活性聚合的报道相一致，

图 3.6　物质 3

与 20℃下观察到的变化不同，紫外可见光谱在-10℃数天都不发生变化。从专利文献中可以明显看到，由于活性二价镍物质还原到低价氧化态而失活的证据。这些文献中提到，在存在碘或活性卤烃的情况下进行聚合，无论对于均相的还是负载的二价二亚胺镍复合物，都能使产率大幅增加[18]。这一方法与第二章描述的用卤烃氧化剂使烯烃聚合中被还原的钒物质再活化相似。

3.1.2　中性二价镍系复合物

考虑到阳离子镍基系统亲电子性更强，因而对极性杂质和功能基团的敏感性

就要比钯基系统更高这一事实，有大量的研究兴趣都放在了中性镍系统的开发上了。Grubbs 和其同事合成了 4(见图 3.7)型中性二价水杨醛镍复合物[19]。根据报道，在氮酮亚胺和酚醛环上引入庞大取代基可能挡住金属中心的轴面、迟滞联结位移并降低催化剂失活速率。乙烯聚合可以在有双(环辛二烯)镍或三(五氟苯基)硼存在时完成，它们可以作为磷烷捕食剂。后续研究表明，用更不稳定的配位体乙腈取代三苯基腺可以得到高活性的单组分催化剂[20]。这些中性系统还被发现对于功能基团有较高容忍度，在醚、酮和酯类物质存在下还能维持较高活性。

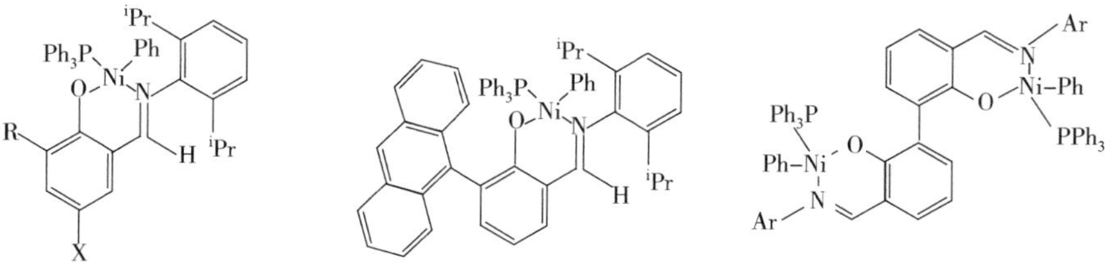

图 3.7   物质 4、物质 5、物质 6

中性二价镍乙烯聚合催化剂 5(见图 3.7)在丙烯酸甲酯存在下的失活反应是按图 3.8 所示进行的，由丙烯酸甲酯 2,1-插入到镍-苯基键形成烯醇化镍产品开始[21]。

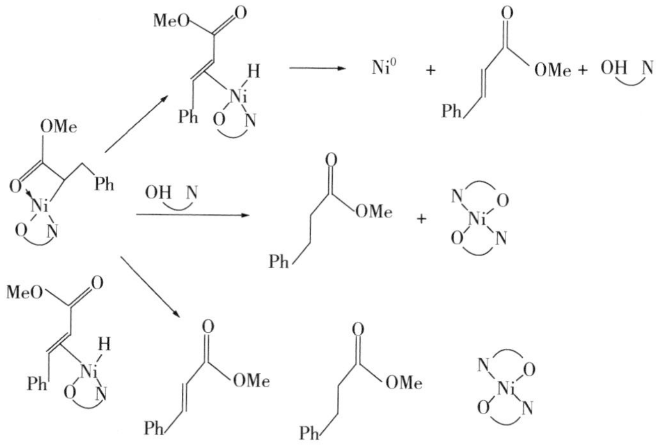

图 3.8   中性镍复合物在有功能烯烃时的失活反应[21]

Li 和其同事发现，双核复合物 6(Ar=2,6-二异丁基苯基，见图 3.7))可被用作单组分乙烯聚合催化剂，得到主要含有甲基支链的聚乙烯[22]。在 43℃，聚合活性可以稳定维持 2h 以上。其活性要高于那些 4 型和 5 型单核复合物所得，而且人们注意到，在物质 6 中的每个水杨醛亚胺单元都在其他单元的 C-3 位上起到了位阻基团作用。

　　Brookhart 和其同事合成了含有五个而不是六个螯形环的物质 7 型和物质 8（见图 3.9）型中性镍复合物[23~26]。苯胺基环庚三烯酮类催化剂（7，Ar＝2,6-二异丁基苯基，见图 3.9）显示了较高的初始活性，但在 80℃乙烯聚合时也会快速衰减。该催化剂并不需要磷烷捕食剂的存在，加入更多三苯基膦会降低催化剂活性但能延长其寿命。通过将聚合反应在甲醇中猝灭并将分解产物隔离出来，人们对于催化剂失活命运进行了判定，并发现分解产物是二价双（苯胺基环庚三烯酮）镍复合物 9（见图 3.9）。其形成如图 3.10 所示，可以解释为从氢化镍中间产物还原剥离生成自由配位体，然后在催化循环中出现的二价镍物质上对该配位体进行攻击[25,26]。用苯胺基萘嵌苯酮复合物 8 进行乙烯聚合时，可以观察到更稳定的动力学。在 80℃，催化剂的半衰期大约是 20~30min[24]。对失活产物的分析只发现了自由配位体。苯胺基萘嵌苯酮 N—H 质子的微弱酸性被用于解释双配位体镍复合物在此系统内低速生成的原因。

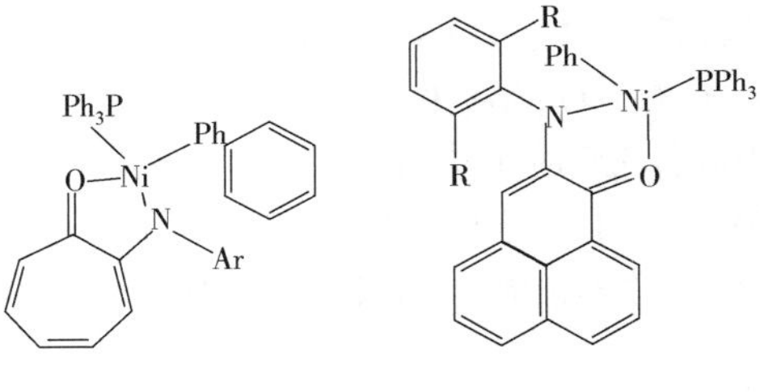

图 3.9　物质 7、物质 8、物质 9

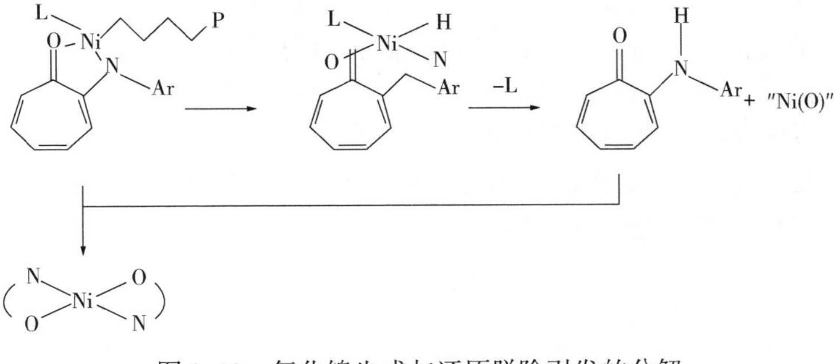

图 3.10　氢化镍生成与还原脱除引发的分解

　　Brookhart 课题组对于中性二价镍催化剂的进一步开发导致了 10（见图 3.11）型复合物的合成，该复合物来自带有三氟甲基和三氟乙酰取代基的苯胺取代的烯酮配位体[27]。要引发聚合反应，乙烯必须取代三苯基膦 PPh_3 生成（苯基）乙烯镍复合物，再进行迁移插入反应产生增长聚合物链。利用该复合物，乙烯替换三苯基膦 PPh_3 的反应因双（环辛二烯）镍 $Ni(COD)_2$ 或三（五氟苯基）硼 $B(C_6F_5)_3$ 的加入而大为增强。在聚合过程中，失活反应在60℃很明显，但催化剂在35℃则特别稳定。

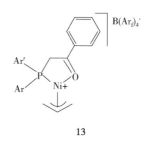

图 3.11　物质 10、物质 11

　　Mecking 和其同事报道了烯烃聚合中稳定性高的中性二价镍催化剂[28~30]。在 60℃甲苯中，复合物 11(见图 3.11)显示了几乎连续 4h 不变的乙烯聚合活性。尽管因为 CF_3 和 CF_3CO 基团的强吸电子特性引起了金属中心的缺电子性，催化剂的稳定性还是足以使聚合在水乳液中进行，不过活性降低了 5~10 倍。最近，人们用二甲亚砜(DMSO)配位复合物 12(见图 3.12)研究了中性二价镍聚合催化剂的失活路径[31]。研究表明，DMSO 解离后，[N，O]Ni(Ⅱ)—CH_3 物质可以进行双分子失活生成乙烷，而高碳烷基物质[N，O]Ni(Ⅱ)—R 会与氢化物[N，O]Ni(Ⅱ)—H(二者均为催化循环中的中间体)反应生成 RH 烷烃。这种双分子烷烃脱除代表了所研究系统的主要失活路径。可以看到，双分子失活反应在(N，O)配位体骨架内有立构需求取代基的系统中并不流行。而且，当 DMSO 被更强壮的配位吡啶取代时，也看不到复合物的分解。

3.1.3　其他二价镍系和二价钯系复合物

　　人们还研究了基于二齿 P，O 螯合配位体的二价镍和二价钯催化剂[物质 13，$Ar_f = 3,5-(CF_3)_2C_6H_3$，见图 3.13][32]。这些复合物是著名的 SHOP 型乙烯聚合系统的阳离子类似物，可以加以改性制备高相对分子质量聚乙烯，并能有效地用于乙烯与极性单体和一氧化碳的共聚合[33~35]。Ar = Ar′ = 2,4,6-三甲基苯基 2,4,6-$Me_3C_6H_2$ 的复合物可以制备聚乙烯，而用苯基取代这些基团中的一个或两个则主要得到的是丁烯-1，表明空间位阻在迟滞链转移反应中的重要性。不过，这些催化剂热稳定性很差，会快速衰减。

图 3.12　物质 12

图 3.13　物质 13

Wass 和其同事描述了含有 PNP 型配位体并对烯烃聚合催化剂传统毒物显示较高耐受力的镍系催化剂[36]。这些具有 [Ar₂PN(Me)PAr₂] 形态的催化剂活性依赖于用作活化剂的 MAO 中的三甲基铝含量，Ar 代表 2-取代苯基。游离三甲基铝 AlMe₃ 的出现会使催化剂失活。Carlini 等人在使用双-水杨醛亚胺合二价镍系催化剂时，报道了三甲基铝 AlMe₃ 的类似脱活效应[37]。三甲基铝 AlMe₃ 的脱活效应被归因于过渡金属的还原反应。通过与 2,6-二叔丁基苯酚反应来降低 MAO 中的三甲基铝 AlMe₃ 含量就可以提高活性。

3.2 铁系和钴系催化剂

3.2.1 吡啶二亚胺基复合物

在 α-二亚胺镍系复合物之后，在乙烯聚合后过渡金属催化剂领域的第二项重大进展发生在 1998 年。当时，Brookhart 和 Gibson 课题组分别独自开发了高活性吡啶双亚胺基铁催化剂[38,39]。此家族中活性最高的预催化剂是复合物 14（见图 3.14）。与镍系和钯系复合物不同，这些催化剂可以生产高度线型的、高密度聚乙烯，其相对分子质量则取决于亚胺-芳基环中取代基的位阻效应。例如，2,6-二异丙基取代的复合物 15（见图 3.14）生产的聚乙烯相对分子质量高于复合物 14 所产聚乙烯。复合物 14 与复合物 16（见图 3.14）相同，在每一芳环上都只有一个邻位取代基，导致了齐聚反应和线型烯烃的生成[40]。在邻-芳基位上的位阻效应对于聚乙烯相对分子质量的影响归因于围绕氮-芳基键的旋转阻碍[41]。吡啶双亚胺基钴复合物一般会比其铁系同类物活性低、得到产品的相对分子质量低[42]。但是，在每个芳基上都有一个邻位 BF₃ 取代基的钴系复合物所给出的齐聚反应活性与铁系系统提供的相当[43]。催化剂较长的活性寿命表明三氟甲基基团不仅增加了金属中心的亲电性，而且还改进了催化剂的稳定性。

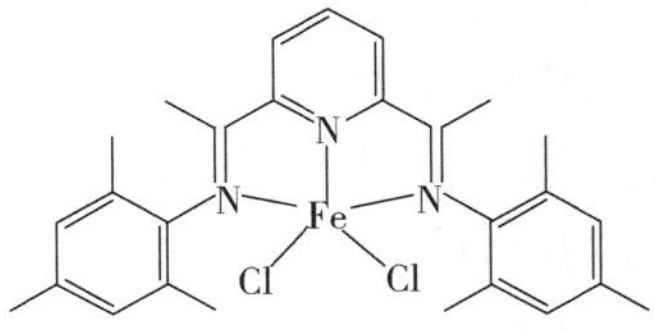

14

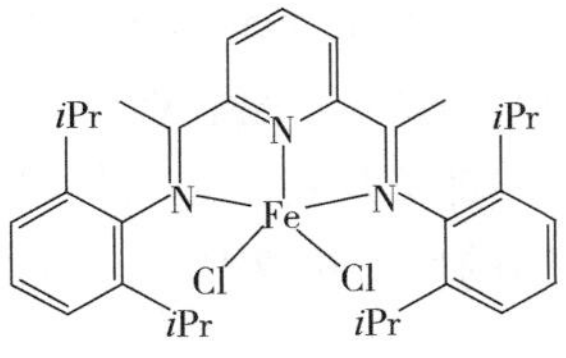

15

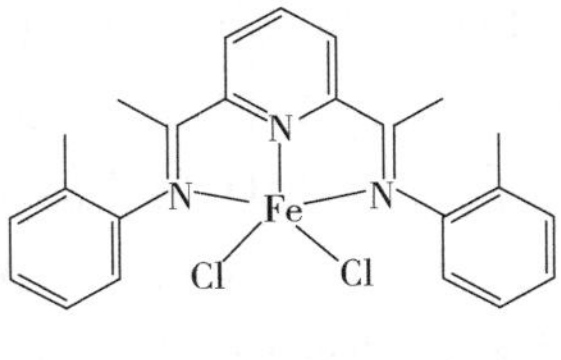

16

图 3.14 物质 14、物质 15、物质 16

与绝大部分烯烃聚合均相催化剂不同，上述复合物生产的聚乙烯一般都具有较宽的相对分子质量分布。在许多情况下，双峰分布是、并且也有证据表明是用 MAO 活化的系统得到的。造成这种现象的原因是由链转移至铝而导致的低相对分子质量部分的生成，特别是在聚合反应的初期[42]。不过，链转移至铝不是使用这类系统得到宽广多分散性的唯一原因。Barabanov 等人使用 ^{14}CO 无线识别技术来确定均相聚合中活性中心数目和增长速率常数，提供了不同活性物质存在的有力证据[44]。他们得到的结果表明，系统中既有那些反应性较高而稳定性较弱的活性物质会制备低相对分子质量聚合物部分，又有那些活性较低而稳定性很好的活性物质能生产高相对分子质量聚合物。铁基预催化剂不仅可以用 MAO 活化，而且也可以用普通烷基铝如三乙基铝 AlEt$_3$ 和三异丁基铝 AliBu$_3$ 活化[6,45]。已有报道指出，用三异丁基铝 AliBu$_3$[6,45] 或二异丁基铝二异丁基铝氧烷 iBu$_2$AlOAliBu$_2$[47] 做助催化剂可以得到窄相对分子质量分布的聚乙烯。

除非固定在适宜的载体之上（见第 4 章），否则吡啶双亚胺基铁催化剂在聚合过程中失活相当快。在 35℃，可以观察到催化剂活性在 10min 内会降低 3 倍和 5 倍[44]，而把聚合温度从 35℃ 升至 70℃ 则会使产率大幅降低[42]。在 120℃ 进行乙烯齐聚时，由复合物 16 与 MMAO 衍生出来的活性物质的寿命不足 3min，而利用亚氨基芳基环中有间位芳基取代基的复合物则活性寿命能达到 10~20min[48]。这种改性效果背后的推理就是这些复合物的热稳定性会由于远程提升了金属的位阻保护而改善。

由于配位体具有经历多个不同转换包括在吡啶环上任何位置烷基化的能力，所以铁系催化聚合中的活性物质本质还未被充分理解[49]。在自由配位体和各种各样烷基锂、镁和锌之间的反应已表明，由于烷基金属在吡啶氮原子上的攻击可生产氮烷基化产品[50]。Budzelaar 和其同事近期所做研究表明，自由配位体和烷基铝的反应是出乎意料的复杂，他们观察到了烷基对于亚胺碳的加成反应以及烷基在吡啶环 2-位和 4-位的加成反应[51]。另外还表明，吡啶双亚胺基铁复合物中的铁原子可以通过与烷基铝的反应被替代，但生成的铝复合物没有催化活性，表明此反应代表了失活路径[52]。甚至铁在 LFeCl$_2$ 由 MAO 活化后生成的活性物质的氧化态也不确定（L=吡啶双亚胺基），相互对立的说法有 +3 氧化态和 +2 氧化态[53,54]。

Bryliakov 等人研究了 LFeCl$_2$/烷基铝和 LFeCl$_2$/MAO 系统中的活性中间体，他们得出的结论是，LFe(Ⅱ)Cl(μ-R)$_2$AlR$_2$ 或 LFe(Ⅱ)R(μ-R)$_2$AlR$_2$ 在 LFeCl$_2$/烷基铝系统中占据优势，而采用了 MAO 则使离子对 [LFe(Ⅱ)(μ-Me)(μ-Cl)AlMe$_2$]$^+$[Me-MAO]$^-$ 和 [LFe(Ⅱ)(μ-Me)$_2$Al-Me$_2$]$^+$[Me-MAO]$^-$ 占据支配地位[55]。使用这些系统得到了相似的聚合活性，但却可以观察到 LFeCl$_2$/烷基铝的活性会比 LFeCl$_2$/MAO 系统的活性衰减得更快一些。

从本章可以看出，镍系和铁系催化剂在乙烯齐聚反应和聚合反应中的性能极大地依赖于配位体空间位阻。Gibson 和其同事强调了庞大芳基配位体在后过渡金属复合物中的重要性，他们合成了一系列在一侧含有庞大芳亚氨基取代基而在另一侧含有相对不太受阻的杂环供体的杂化配位体[56]。由三齿亚氨基-联吡啶配位体得到的复合物 17(见图 3.15) 与 MAO 配合使用，比其母体吡啶二亚胺基复合物的活性低许多，主要生产的是 1-丁烯、1-己烯而不是高相对分子质量聚乙烯。很明显，在一边缺少位阻保护效应要比每边都有一个小的芳基取代基的(如在齐聚催化剂 16 中那样)情况有更强大的影响力。物质 17 的低活性，可以归因于缺少位阻保护所导致的快速失活效应超越了单体易于接触到活性中心的方便效应。可以认为催化剂的休眠状态是烷基铁物质，而链增长速率决定步骤则是乙烯配位到铁中心上去的过程。

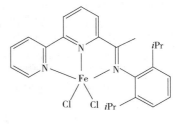

17

图 3.15　物质 17

3.3　结语

乙烯聚合用后过渡金属催化剂的特性受到配位体空间位阻的强烈影响。用芳基取代二价 α-二亚胺镍复合物合成的聚乙烯的链结构和相对分子质量都依赖于芳基环上的邻位取代基，它们会阻碍烯烃沿轴向靠近，并通过联结位移而迟滞链转移速率。异丙基取代基会生成较高相对分子质量的支链聚合物。有效的活化剂包括有 MAO 和一氯二乙基铝 AlEt₂Cl，但阳离子二亚胺镍复合物的活性衰减相对较快，特别是在较高的聚合温度下。邻-烷基取代基的分子内 C—H 活化导致的失活以及活性二价镍物质被还原到低价氧化态导致的失活证据都已有所提供。不过，利用镍轴向面已被二苯撑环烷烃骨架完全阻碍的二苯撑环烷烃型复合物可以改善高温性能。庞大的配位体取代基也是影响中性二价镍聚合催化剂稳定性的重要因素。

由 MAO 或烷基铝活化的吡啶二亚胺基铁复合物是活性很高的乙烯聚合催化剂，但是它们的活性在均相聚合条件下会快速衰减。对于活性中心缺少空间保护的复合物，其失活速率特别快。与镍系或钯系统不同，用此类复合物可以得到链支化可以忽略而相对分子质量分布相对较宽的聚乙烯。宽相对分子质量分布起源于活性中心不止一种，但在铁催化的聚合反应中活性中心本质尚不清楚。吡啶二亚胺基配位体可以经历与烷基金属的一系列烷基化反应，而配位体由铁向铝转移进而使活性丢失的反应也会发生。不过，将铁系复合物固定在载体上则可以在铁催化的聚合反应中得到稳定的聚合动力学，这一点将在第 4 章描述。

参　考　文　献

［1］Johnson，L. K.，Killian，C. M.，and Brookhart，M.（1995）J. Am. Chem. Soc.，117，]6414-6415.
［2］Johnson，L. K.，Mecking，S.，and Brookhart，M.（1996）J. Am. Chem. Soc.，118，267-268.
［3］Moring，V. M. and Fink，G.（1985）Angew. Chem. Int. Ed.，24，1001-1003.
［4］Gates，D. P.，Svejda，S. A.，Onate，E.，Killian，C. M.，Johnson，L. K.，White，P. S.，and Brookhart，M.（2000）Macromolecules，33，2320-2334.
［5］Pappalardo，D.，Mazzeo，M.，and Pellecchia，C.（1997）Macromol. Rapid Commun.，18，1017-1023.
［6］Kumar，K. R. and Sivaram，S.（2000）Macromol. Chem. Phys.，201，1513-1520.

[7] Popeney, C. and Guan, Z. (2005) Organometallics, 24, 1145-1155.

[8] Killian, C. M. , Tempel, D. J. , Johnson, L. K. , and Brookhart, M. (1996) J. Am. Chem. Soc. , 118, 11664-11665.

[9] Gottfried, A. C. and Brookhart, M. (2001) Macromolecules, 34, 1140-1142.

[10] Gottfried, A. C. and Brookhart, M. (2003) Macromolecules, 36, 3085-3100.

[11] Yuan, J. - C. , Silva, L. C. , Gomes, P. T. , Valerga, P. , Campos, J. M. , Ribeiro, M. R. , Chien, J. C. W. , and Marques, M. M. (2005) Polymer, 46, 2122-2132.

[12] Rose, J. M. , Cherian, A. E. , and Coates, G. W. (2006) J. Am. Chem. Soc. , 128, 4186-4187.

[13] Camacho, D. H. , Salo, E. V. , Ziller, J. W. , and Guan, Z. (2004) Angew. Chem. Int. Ed. , 43, 1821-1825.

[14] Camacho, D. H. and Guan, Z. (2005) Macromolecules, 38, 2544-2546.

[15] Tempel, D. J. , Johnson, L. K. , Huff, R. L. , White, P. S. , and Brookhart, M. (2000) J. Am. Chem. Soc. , 122, 6686-6700.

[16] Popeney, C. S. , Rheingold, A. L. , and Guan, Z. (2009) Organometallics, 28, 4452-4463.

[17] Peruch, F. , Cramail, H. , and Deffieux, A. (1999) Macromolecules, 32, 7977-7983.

[18] Arthur, S. , Teasley, M. F. , Kerbow, D. L. , Fusco, O. , Dall' Occo, T. , and Morini, G. (2001) Int. Patent WO 01/ 68725; (2001) Chem. Abstr, 135, 257599.

[19] Wang, C. , Friedrich, S. , Younkin, T. R. , Li, R. T. , Grubbs, R. H. , Bansleben, D. A. , and Day, M. W. (1998) Organometallics, 17, 3149-3151.

[20] Younkin, T. R. , Connor, E. F. , Henderson, J. I. , Friedrich, S. K. , Grubbs, R. H. , and Bansleben, D. A. (2000) Science, 287, 460-462.

[21] Waltman, A. W. , Younkin, T. R. , and Grubbs, R. H. (2004) Organometallics, 23, 5121-5123.

[22] Hu, T. , Tang, L. -M. , Li, X. -F. , Li, Y. -S. , and Hu, N. -H. (2005) Organometallics, 24, 2628-2632.

[23] Hicks, F. A. and Brookhart, M. (2001) Organometallics, 20, 3217-3219.

[24] Jenkins, J. C. and Brookhart, M. (2003) Organometallics, 22, 250-256.

[25] Hicks, F. A. , Jenkins, J. C. , and Brookhart, M. (2003) Organometallics, 22, 3533-3545.

[26] Jenkins, J. C. and Brookhart, M. (2004) J. Am. Chem. Soc. , 23, 5827-5842.

[27] Zhang, L. , Brookhart, M. , and White, P. S. (2006) Organometallics, 25, 1868-1874.

[28] Zuideveld, M. A. , Wehrmann, P. , Ruohr, C. , and Mecking, S. (2004) Angew. Chem. Int. Ed. , 43, 869-873.

[29] Wehrmann, P. and Mecking, S. (2006) Macromolecules, 39, 5963-5964.

[30] Yu, S. -M. , Berkeveld, A. , Gottker- Schnetmann, I. , Muller, G. , and Mecking, S. (2007) Macromolecules, 40, 421-428.

[31] Berkefeld, A. and Mecking, S. (2009) J. Am. Chem. Soc. , 131, 1565-1574.

[32] Malinoski, J. M. and Brookhart, M. (2003) Organometallics, 22, 5324-5335.

[33] Keim, W. , Kowalt, F. H. , Goddard, R. , and Kruger, C. (1978) Angew. Chem. Int. Ed. , 17, 466-467.

[34] Klabunde, U. and Ittel, S. D. (1987) J. Mol. Catal. , 41, 123-134.

[35] Ostoja Starzewski, K. A. and Witte, J. (1987) Angew. Chem. Int. Ed. , 26, 63-64.

[36] Cooley, N. A. , Green, S. M. , Wass, D. F. , Heslop, K. , Orpen, A. G. , and Pringle, P. G. (2001)] Organometallics, 20, 4769-4771.

[37] Carlini, C. , De Luise, V. , Fernandes, E. G. , Martinelli, M. , Raspolli Galletti, A. M. , and Sbrana, G. (2005) Macromol. Rapid Commun. , 26, 808-812.

[38] Small, B. L. , Brookhart, M. , and Bennett, A.] M. A.] (1998) J. Am. Chem. Soc. , 120, 4049-4050.

[39] Britovsek, G. J. P. , Gibson, V. C. , Kimberley, B.] S. ,] Maddox, P. J. , McTavish, S. J. , Solan, G. A. , White, A. J. P. , and Williams, D. J. (1998) Chem. Commun. , 849-850.

[40] Small, B. L. and Brookhart, M. (1998) J. Am. Chem. Soc. , 120, 7143-7144.

[41] Britovsek, G. J. P. , Mastroianni, S. , Solan, G. A. , Baugh, S. D. , Redshaw, C. , Gibson, V. C. , White, A. J. P. , Williams, D. J. , and Elsegood, M. R. J. (2000) Chem. Eur. J. , 6, 2221-2231.

[42] Britovsek, G. J. P. , Bruce, M. , Gibson, V. C. , Kimberley, B. S. , Maddox, P. J. , Mastroianni, S. , McTavish, S. J. , Redshaw, C. , Solan, G. A. , Stromberg, S. , White, A. J. P. , and Williams, D. J. (1999) J. Am. Chem. Soc. , 121, 8728-8740.

[43] Tellmann, K. P. , Gibson, V. C. , White, A. J. P. , and Williams, D. J. (2005) Organometallics, 24, 280-286.

[44] Barabanov, A. A. , Bukatov, G. D. , Zakharov, V. A. , Semikolenova, N. V. , Echevskaja, L. G. , and Matsko, M. A. (2005) Macromol. Chem. Phys. , 206, 2292-2298.

[45] Wang, Q. , Yang, H. , and Fan, Z. (2002) Macromol. Rapid Commun. , 23, 639-642.

[46] Radhakrishnan, K. , Cramail, H. , Deffieux, A. , Francois, P. , and Momtaz, A. (2003) Macromol. Rapid Commun. , 24, 251-254.

[47] Wang, Q. , Li, L. , and Fan, Z. (2005) J. Polym. Sci. , Part A: Polym. Chem. , 43, 1599-1606.

[48] Ionkin, A. S. , Marshall, W. J. , Adelman, D. J. , Bonik Fones, B. , Fish, B. M. , and Schiffhauwer, M. F. (2006) Organometallics, 25, 2978-2992.

[49] Scott, J. , Gambarotta, S. , Korobkov, I. , and Budzelaar, P. H. M. (2005) J. Am. Chem. Soc. , 127, 13019-13029.

[50] Blackmore, I. J. , Gibson, V. C. , Hitchcock, P. B. , Rees, C. W. , Williams, D. W. , and White, A. J. P. (2005) J. Am. Chem. Soc. , 127, 6012-6020.

[51] Knijnenburg, Q. , Smits, J. M. M. , and Budzelaar, P. H. M. (2006) Organometallics, 25, 1036-1046.

[52] Scott, J. , Gambarotta, S. , Korobkov, I. , Knijnenburg, Q. , de Bruin, B. , and Budzelaar, P. H. M. (2005) J. Am. Chem. Soc. , 127, 17204-17206.

[53] Britovsek, G. J. P. , Clentsmith, G. K. B. , Gibson, V. C. , Goodgame, D. M. L. , McTavish, S. J. , and Pankhurst, Q. A. (2002) Catal. Commun. , 3, 207-211.

[54] Bryliakov, K. P. , Semikolenova, N. V. , Zudin, V. N. , Zakharov, V. A. , and Talsi, E. P. (2004) Catal Commun. , 5, 45-8.

[55] Bryliakov, K. P. , Semikolenova, N. V. , Zakharov, V. A. , and Talsi, E. P. (2004) Organometallics, 23, 5375-5378.

[56] Britovsek, G. J. P. , Baugh, S. P. D. , Hoarau, O. , Gibson, V. C. , Wass, D. F. , White, A. J. P. , and Williams, D. J. (2003) Inorg. Chim. Acta, 345, 279-291.

第4章 烯烃聚合催化剂固定化的影响

4.1 前言

第2章和第3可知，大量的研究是为了发现烯烃聚合的单中心催化剂，这就导致了很多新型和均相催化剂的出现。但是，这些催化剂在商业气体和浆态相流程用于聚烯烃生产的广泛应用，需要其在合适的载体材料上固定，以防止反应器结垢。这里的难点是实现固定化，而不改变活性物质的单中心性质，并且催化剂活性没有显著降低，这不是一项容易的任务。人们已经研究了许多不同载体和固定化的方法，且经常观察到固定化后的催化剂活性比均相聚合条件下的活性低得多[1,2]。然而，这一趋势也有显著的例外，当催化剂固定化使活性物质更稳定从而防止其失去活性，这在均相催化中非常常见。

在形成颗粒的过程中，可溶性催化物种必须沉积在合适载体上，在整个聚合过程中与载体保持强烈连接[3]。有两个主要方法用于催化剂固定化：物理浸渍和化学圈养。简单浸渍或在载体上的有机金属配合物沉积常常可引起严重的结垢问题，特别是溶剂能够溶解活性催化剂的泥浆体系。一个显而易见的解决浸出问题的方案是化学圈养催化剂到载体上，但这常常涉及一个复杂的合成方法。另一种方法是固定活化剂在载体上，一个例子是使用 MAO 浸渍的二氧化硅。二氧化硅是迄今为止为单中心催化剂固定化使用最广泛的载体材料，但载体如氯化镁、Al_2O_3 和微球状聚合物也受到相当重视[1~9]。开发了用于含有烯烃功能的金属茂自固定化技术，可以作为在聚合过程中的共聚单体的技术已经得到了发展[10]。另一种方法涉及乳液的方法，其中在氟碳非溶剂中液滴锆/MAO/甲苯溶液转化为球形颗粒的催化剂，可以通过升高温度来影响甲苯转移到碳氟化合物相[11]。

固定化对催化剂活性和生产率的作用受复杂混合物化学和物理因素的影响。例如，需要考虑 SiO_2 载体表面的 Si—OH 基团的数量和性质。一般应避免表面羟基基团与过渡金属的预催化剂直接反应。另外，表面的羟基可被用于锚定 MAO 或另一烷基铝。MAO 存在时，该反应的有益效果是 Si—OH 与 $AlMe_3$ 可以优先反应[12]。载体上路易斯或布朗斯台德酸性表面物质的存在，具有足够高的酸度，能够产生活性物质，阳离子过渡金属物质需要用于烯烃聚合是另一个重要化学因素。这对催化剂生产率有重要作用的物理因素是一个支撑聚合过程中经受渐进碎片的能力。低支撑脆性可以导致不分段的催化剂的孔中充满聚合物，造成有限的单体扩散到粒子[13]。高载体孔隙度以及在乙烯聚合相对大的孔助剂单体扩散的存在，导致规律粒子生长[14]。

本章的目的不是要提出一个全面综述性的催化剂固定化技术，这个主题已经有据可查[1~9]，而是要找出固定化如何影响第 2 章和第 3 章所述的不同类型的早期和晚期过渡金属的活性和稳定性。

4.2 茂金属和相关复合物

4.2.1 固定化 MAO/茂金属系统

最常用的技术用于支持在硅胶上固定锆，包括要么将 MAO 固化在载体上，随后加入锆茂，要么在固定载体之上用 MAO 预接触锆茂。在导入 MAO 之前，二氧化硅与 MAO 直接接触往往会降低活性。卡明斯基（Kaminsky）发现后者的活性与获得的均相聚合相比低很多，但观察到聚丙烯的相对分子质量和等规度大幅度增加[15]。固定催化剂比均相聚合的 MAO/Zr 比率要低得多。

如在第 2 章中所述，茂金属催化剂失活可以通过下述的 α-H 转移机理发生，生成无活性的 $Zr-CH_2-Al$ 或 $Zr-CH_2-Zr$ 的物种和甲烷。

$$Zr—CH_3+CH_3—Al(CH_3)—O———\!\!\longrightarrow Zr—CH_2—Al(CH_3)—O—+CH_4$$

结果发现，在 SiO_2/MAO 上固定锆能有效抑制该反应[16]。$SiO_2/MAO/Cp_2ZrCl_2$ 系统与对照实验 SiO_2/MAO 系统在甲烷生成反应上无显著差异。应注意的是，乙烯在聚合过程中活性很稳定。随后的研究还表明，在 SiO_2/MAO 上固定锆会增加聚合反应的稳定性[17,18]。在这些实验中，固体 $SiO_2/MAO/$锆催化剂结合使用 $AliBu_3$，这是存在于聚合中任何杂质的有效清除剂，但不是锆的有效清除剂。避免了在聚合反应中单独加入 MAO，因为这可能会导致锆从支撑体浸出和活性种在溶液的产生。研究发现，在固定的茂锆 rac-$Me_2Si[2-ME-4-(1-naphthyl)Ind]_2ZrCl_2$ 上制备的聚丙烯，比均相条件下制备的熔点稍低（见图 4.1）。这是由于生长颗粒的催化中心具有较低的局部单体浓度。在金属茂催化的丙烯聚合中，单体浓度降低导致链不规则程度增加，而这钟不规则是在链差向异构化的过程中生成的[19]。

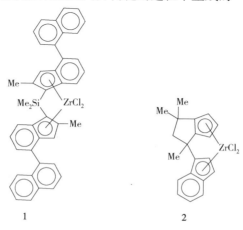

1 2

图 4.1　物质 1、物质 2

据报道，在均相和非均相的条件下，乙烯聚合具有高稳定性，因而已被用于环戊二烯衍生的桥连锆，例如复合物2(见图4.1)[20]。与在甲苯溶液中进行的气相聚合反应相比，在固定化 SiO_2/MAO 上进行的反应活性低很多，但聚合产物相对分子质量高(90℃)。

在烯烃聚合反应中，不同烷基铝的存在也可以影响固定化金属茂上的活性/衰变分布。已发现，在气相中进行乙烯均聚和共聚，所用催化剂为 $(n-BuCp)_2$ $ZrCl_2$/MAO 固定在多孔聚合物载体上，$AlEt_3$ 或 $AliBu_3$ 的存在降低了初始聚合速率，但会导致更稳定的聚合动力学，进而提高产率[21]。$AlEt_3$ 对初始速率抑制作用比 $AliBu_3$ 的更强，这可能是因为它更容易形成 $[(n-BuCp)_2Zr(\mu-R)_2AlR_2]^+$ 类的休眠物种。

Fink 和他的同事调查了关于物理方面用锆负载于硅胶进行的烯烃聚合。丙烯与 rac-$Me_2Si(Ind)_2ZrCl_2$ 固定于 SiO_2/MAO 聚合的缓慢积聚归因于聚合支持体在初期阶段逐渐碎裂[22]。颗粒生长模型采用了壳-壳碎片，从外部进入到颗粒内部。当聚合反应发生的温度(30℃)较低时，诱导时间特别长[23]。研究还发现，在聚合反应中间阶段到诱导期结束得到的聚丙烯熔点降低，然后在较长的聚合反应阶段熔点升高。这提供了一个本系统单体扩散限制的明确迹象。早期阶段的不完全碎裂导致在颗粒表面形成聚合物层，制约了单体扩散。在颗粒内活性中心的低单体浓度导致具有较低的熔点的立体规整聚合物较少。1-辛烯的预聚合催化剂得到的聚丙烯产量高，这是由于单体易通过无定形聚(1-辛烯)而不是晶状聚丙烯扩散[23,24]。

在固定化催化剂上进行的烯烃聚合反应中颗粒的生长特征可以通过扫描聚合反应不同阶段获得的颗粒横截面来确定[25,26]。单体扩散对颗粒生长影响的一个有趣例证是由 Fink 及其同事发现的，他们用二氧化硅负载锆催化乙烯/1-己烯共聚，在聚合反应的早期阶段发现二氧化硅粒子表面形成了一层共聚物壳，这导致了所谓的滤镜效果[27]。乙烯通过这个外壳扩散比较容易，而较大的1-己烯扩散速度则比较慢。因此，共聚物壳在聚合物块周围形成，主要组成为乙烯均聚物，从而导致比均相聚合获得更广的共聚物化学组成分布。随着聚合反应时间的增加，相继观察到化学组成增加，逐渐形成一个相对高的相对分子质量——乙烯的富聚合物组分，因而为 Fink 的过滤模型提供了证据[28]。在低孔隙率载体中的扩散限制也可导致聚乙烯相对分子质量分布加宽[29]。

通常使用"早期湿润"方法对 MAO 和金属茂在二氧化硅载体上进行固定化，其中甲苯中金属茂/MAO 溶液加入到载体中的量相当于载体的孔体积，然后在真空下去除溶剂。Rytter 及其同事报道了这个方法的一个变体，采用冷的(约40℃) $(n-BuCp)_2ZrCl_2$ 和 MAO 的1-己烯溶液浸渍二氧化硅载体，然后将混合物加热至室温来影响1-己烯在载体孔中的聚合[30,31]。这种方法得到的锆能在整个载体上均匀分布，从而使得催化剂活性位能充分暴露在空气中，催化性能更优越。

如上所述，在没有 MAO 的二氧化硅上直接固定金属茂，通常导致较低的活性。例如在以 MAO 作为助催化剂的乙烯/1-己烯共聚中，$SiO_2/rac-Et(Ind)_2$ $ZrCl_2$ 比 $SiO_2/(n-BuCp)_2ZrCl_2$ 的活性低得多[32,33]。金属茂化合物的低活性归因于二氧化硅载体表面的空间位阻。

4.2.2 固定化硼烷和硼酸盐活化剂

一种替代使用 MAO 的助催化剂是使用固定化硼烷或硼酸盐活化剂。例如，在硅胶上固定化 $(C_6F_5)_3$，其涉及的表面羟基反应如下[34]：

$$Si—OH+B(C_6F_5)_3 \longrightarrow [Si—OB(C_6F_5)_3]^-H^+$$

在乙烯聚合中采用均相催化剂体系 $Cp_2ZrCl_2/AliBu_3/B(C_6F_5)_3$，其活性在达到顶峰之后迅速衰减，与此相对的是，采用组合催化剂 $Cp_2ZrCl_2/AliBu_3$ 和 $SiO_2/B(C_6F_5)_3$，其活性较低但更稳定[35]。

采用叔胺如 Et_2NPh 对 $SiO_2/B(C_6F_5)_3$ 进行处理形成苯胺硼酸盐物种，它能与二烷基锆相互作用产生活性锆物种[36,37]：

$$[Si—OB(C_6F_5)_3]^-H^++NR_3 \longrightarrow [Si—OB(C_6F_5)_3]^-[HNR_3]^+$$

$$[Si—OB(C_6F_5)_3]^-[HNR_3]^++Cp_2ZrMe_2 \longrightarrow [Si—OB(C_6F_5)_3]^-[Cp_2ZrMe]^++Ch_4+NR_3$$

或者，该二氧化硅载体也可以用 BuLi 处理，随后添加 $B(C_6F_5)_3$ 和三苯甲基氯形成固定化的三苯甲基硼酸盐活化剂[38]：

$$Si—OH+BuLi \longrightarrow Si—OLi+BuH$$

$$Si—OLi+B(C_6F_5)_3+Ph_3CCl \longrightarrow [Si—OB(C_6F_5)_3]^-[Ph_3C]^++LiCl$$

$$[Si—OB(C_6F_5)_3]^-[Ph_3C]^++Cp_2ZrMe_2 \longrightarrow [Si—OB(C_6F_5)_3]^-[Cp_2ZrMe]^+Ph_3CMe$$

据报道，也可用三苯甲基氯和 $SiO_2/B(C_6F_5)_3$ 直接反应形成上述活性物种[39,40]。用 $AliBu_3$ 对 SiO_2 进行预处理，使表面部分 Si—OH 物种转换为 Si—O AliBu_2，能够得到较高和相对稳定的聚合活性。

4.2.3 超强酸载体

如果载体具有高的路易斯或 Brønsted 酸性位点，那么即使不使用 MAO 或硼酸盐活化剂，也可无机载体上完成金属茂的活化，硫酸铝是含有强质子酸表面位点的载体[41,42]。Marks 及其同事提出，在硫酸化氧化铝上活化 $Cp*_2ZrMe_2$，其过程如图 4.2 所示，发现这种系统中几乎所有的锆都具有催化活性[41]。

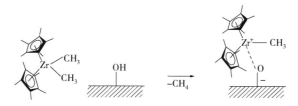

图 4.2 在载体 Brønsted 酸性位上通过质子分解活化锆[41]

Jones 和他的同事报告了磺酸功能化含 Brønsted 酸性位的二氧化硅的制备[43]。二氧化硅载体与氟化砜前体反应影响功能化，如图 4.3 所示。在乙烯聚合反应中，使用产生的载体和 $AlMe_3$ 以及 $Cp*_2ZrMe_2$ 组合体系的活性接近二氧化硅/MAO 的。研究表明，活性物种是通过金属茂与组合物 Brønsted 酸–$AlMe_3$ 的相互作用所形成的，如图 4.4 所示。

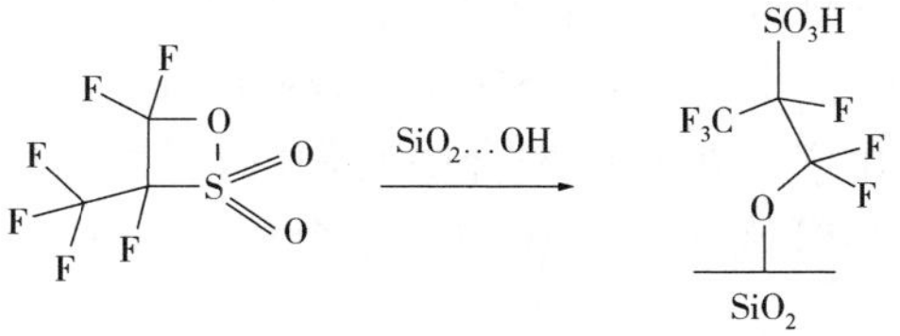

图 4.3   在 Brønsted 酸位上的合成[43]

4.2.4   氯化镁载体系统

表面酸性位点的存在也是氯化镁作为金属茂和其他单中心催化剂固定和活化载体材料性能的一个重要决定因素。氯化镁表面路易斯酸性位点的存在可以使催化剂活化，而无需使用 MAO 或硼酸盐。这已被 Marks 报道，他证明通过甲基阴离子的萃取使 $MgCl_2$ 激活 $Cp*_2ThMe_2$，生成了催化活性中心 $[Cp*_2ThMe]^+$，如图 4.5[44] 所示。在正庚烷回流的情况下，镁与过量的 $n-BuCl$ 能反应生成氯化镁，这就证实了表面酸性位点的存在[45]。据报道，表面酸性位浓度约为 $170\mu mol/g$，其与钛和铁的催化剂量相对应，因而可以有效地被固定[46]。

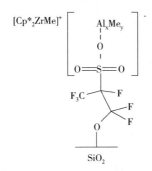

图 4.4   全氟辛烷磺酸官能化的二氧化硅上可能的活性物种[43]

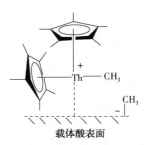

图 4.5   在 $MgCl_2$ 上通过甲基化物质转移到路易斯酸表面位点产生活性物质[44]

氯化镁载体与 MAO 一起被用于锆的固定和活化[47~50]，但使用氯化镁的一个重要原因是利用简单的助催化剂如三乙基铝或 $AliBu_3$ 可以实现许多单中心催化剂的活化。然而，大多数使用这些助催化剂活化氯化镁–锆的尝试一直不成功。在乙烯聚合中，在 $MgCl_2/AlR_n(OEt)_{3-n}$ 类型的载体上固化 Cp_2ZrCl_2 的只有 Cp_2TiCl_2 的三分之一[51]。Kissin 等用 MgR_2 和 $AlEt_2Cl$ 的混合物原位产生 $MgCl_2$ 和 AlR_3，获得的活性比 MAO 所获得的低 5～10 倍[52]。Kaminaka 和 Soga 报道，在丙烯聚合中，使用 AlMe₃ 和三乙基铝作为助催化剂活化球磨型 MgCl₂/rac−Et(IndH₄)₂ZrCl₂，尽管其活性比在均相聚合中使用 MAO 获得的低一个数量级[53]。然而，随着聚合时间的增加，聚合物的产量呈现线性增加，呈现出高的催化剂稳定性[54]。氯化镁载体的一个关键作用是在 rac−Et(IndH₄)₂ZrCl₂−AlMe₃ 或 SiO₂/rac−Et(IndH₄)₂ZrCl₂−AlMe₃ 系统中不具有活性[53]。Echevskaya 等通过 MgBu₂ nAlEt₃ 与四氯化碳反应，将 rac−Me₂Si(Ind)₂ZrCl₂ 固化在高度分散的 MgCl₂ 上。使用 AliBu₃ 作为助催化剂，在乙烯聚合中它们的活性与使用 SiO₂/MAO 作为载体获得的相差不大，尽管该活性比在均相聚合中用 MAO 作为助催化剂获得的活性低得多[55]。

近期研究表明，对于氯化镁固定锆的(RCP)₂ZrCl₂ 类型，用三乙基铝或 AliBu₃ 活化时，环戊二烯基环上的取代基 R 对催化剂活性有显著的影响[56]。在乙烯聚合中，带有 R＝H 或 Et 的活性较低，但更长的烷基取代基特别是 n−Pr 或 n−Bu 的活性的增长值会大于一个数量级。特别是在低负荷茂的载体上得到高的活性，表明存在有限数量的活性物种。进一步研究表明，高聚合活性只能通过 MgCl₂/AlR$_n$(OEt)$_{3-n}$ 类型的载体得到，它是通过 AlEt₃ 或者 AliBu₃ 和 MgCl₂·1.1EtOH 的反应制备的[57]。与其他化学活化载体相比较，包括由氯化镁/乙醇与具有较高乙醇含量的加合物制备的这些载体，其特点是在 X 射线衍射图中出现了额外的峰，这表明存在其他载体中没有的结晶结构。锆的有效活化表明在载体中存在着路易斯强酸位，它能够产生活性金属茂物质。它还证实，用三乙基铝作助催化剂会导致聚合反应(70℃)活性显著衰退，但是用 AliBu₃ 得到的活性相对稳定[57]。增加 AliBu₃ 浓度，能进一步稳定聚合活性。AliBu₃ 的稳定作用，可能是由于异丁基将 Zr 与 Al 桥接起来这种可忽略的倾向，通过形成类似于[L₂Zr(μ−CH2)(μ−Me)AlMe₂]⁺可以生成锆/MAO 系统的亚烷基物种避免失活[58]。

用茂钛催化剂进行金属茂催化聚合反应时，氯化镁的稳定作用尤为明显。如第 2 章所示，Cp₂TiCl₂ 在聚合过程中活性迅速降低，最有可能的原因是无效 Ti(Ⅲ)物种的减少。然而，Satyanarayana 和 Sivaram 发现，稳定的乙烯聚合活性可以通过在氯化镁载体上用 AliBu₃ 为助催化剂固定 Cp₂TiCl₂ 得到[59]。用 CpTiCl₃ 和相关的复合物固定在 MgCl₂/AlEt$_n$(OET)$_{3-n}$ 载体上，并由 AliBu₃ 活化，可获得非常稳定的聚合活性[60]。所获得的活性比报道[61]的在均相条件下活化 MAO 得到的高一个数量级。从聚乙烯的 GPC 分析可知，CpTiCl₃ 的 MgCl₂ 载体及其类似物的相对分子质量分布窄，但这些聚合物的后续流变学特性表明，它与预期 Schulz−Flory 分布的存在偏差，表示存在的活性物质类型不止一种[62]。这与固定后保留了单中心特点的氯化镁负载 Zr、V 和 Cr 复合物是相反的。

4.3　其他钛锆金属络合物

4.3.1　限制几何构型络合物

用 MAO 或 AlR_3 处理二氧化硅载体，即可制得固定和活化的负载于二氧化硅上的限定几何络合物，然后将预处理过的载体与 $[HNEt_3][B(C_6F_5)_3(C_6H_4-4-OH]$ 反应，通过 Si-O-Al-R 与活性氢反应，将硼酸盐连接于载体上，如图 4.6 所示[63]。对于限定构型的催化剂例如 $t-BuNSiMe_2(C_5Me_4)TiMe_2$，产生的固定化硼酸盐是一种有效的活化剂。使用在铵离子上有长链烃的硼酸三烷基铵类似物，能改善甲苯溶液的溶解性，这在相关文献中也有描述[64,65]。采用一种类似的方法，在类似 $MgCl_2/AlEt_n(OET)_{3-n}$ 的载体上固定 $[HNEt_3][B(C_6F_5)_3(C_6H_4-4-OH]$，在金属茂催化聚合的过程中，比采用在二氧化硅上固定相同硼酸获得更高的活性[66]，聚合过程中氯化镁性能的提高归因于载体的易碎裂性。

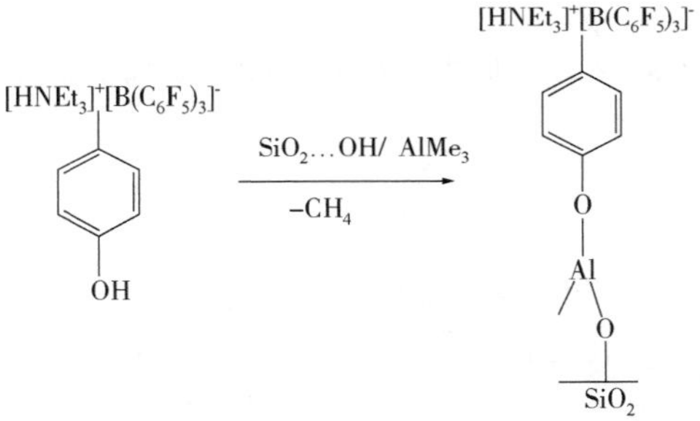

图 4.6　二氧化硅上硼酸盐活化剂的固定化[63]

Eisen 及同事报道了将限制几何构型催化剂连接在二氧化硅载体上，通过表面 Si-OH 基团与 $-Si(OME)_3$ 部分的反应，将复合物 3（见图 4.7）连接在载体上来影响固化效果[67]。发现在 20℃、使用 MAO 为助催化剂时，乙烯聚合的失活符合一级动力学，非均相催化剂不可能存在双分子失活。

为了避免在二氧化硅载体负载限制几何构型催化剂时的空间拥挤，Jones 和同事先用巨大的图形分子与载体相连接，如图 4.8 所示[68,69]。图形分子上的大三苯甲基防止在相邻表面位点掺入硅烷。然后未反应的硅烷醇使用六甲基二硅胺调解，接着图形分子的亚胺键水解，得到胺官能化的二氧化硅，然后将其用作限制几何构型催化剂合成中的支架，如图 4.9 所示。所得到的催化剂，用 $AliBu_3/B(C_6F_5)_3$ 活化，其活性比在均相聚合中得到的更高。高活性归因于活性物质的均一性和独立性，以及避免了该氧化表面与复合物之间不希望发生的相互作用。

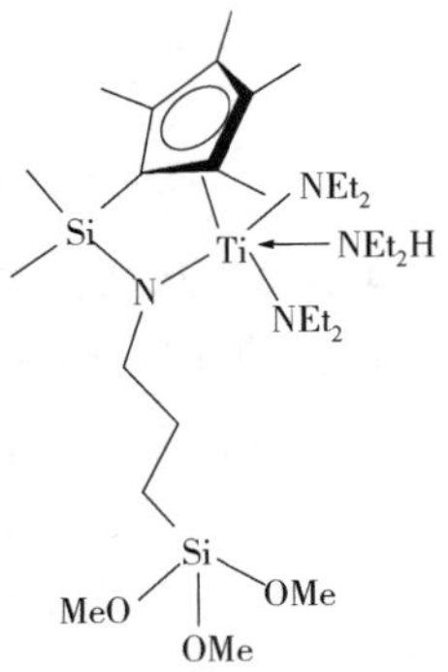

图 4.7　物质 3

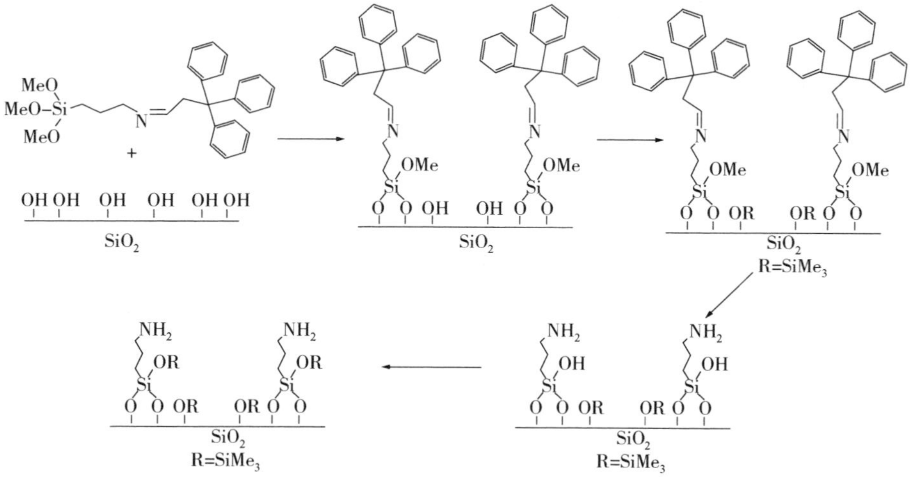

图 4.8　利用图形技术进行二氧化硅表面功能化[70]

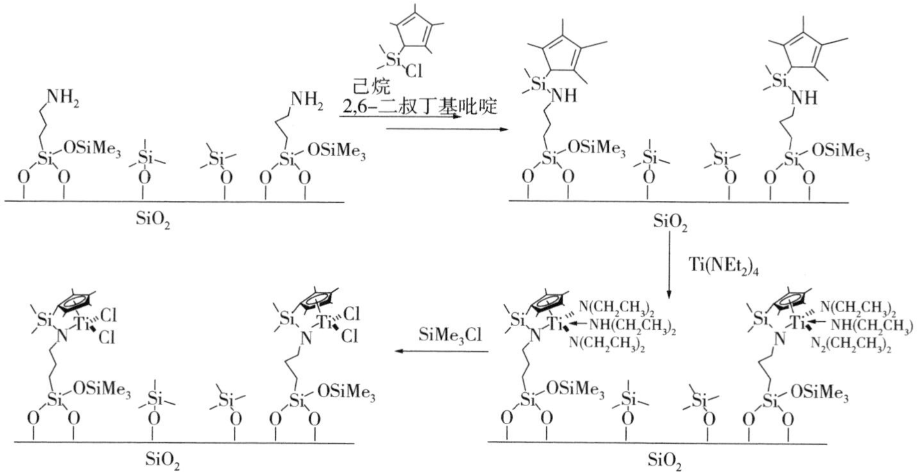

图 4.9　在图案化的二氧化硅载体上合成限制几何构型催化剂[70]

4.3.2　八面体复合物

Repo 等在均相和多相的乙烯聚合中使用 Zr(salen)Cl₂(THF)，其中 salen 代表双水杨酰胺乙基钴配体[71]。使用 MAO 作活化剂，80℃时甲苯均相聚合只呈现出中等强度的活性。首次将 salen 复合物 4(见图 4.10)固定在 SiO₂ 载体上，就获得更高的活性。这种行为不同于锆，因为锆直接固定在二氧化硅上会表现出较低的活性。活性随着载体上催化剂负载量的降低而增强，据报道，聚合过程中的固定化会降低失活速度。催化剂负载与活性的逆效应归因于活性物质间的距离增大，能降低双分子失活的可能性。Bialek 等由 MgCl₂·3.4EtOH 与 AlEt₂Cl 的反应制备载体，然后将相关的钛复合物 5(见图 4.10)固定在载体上，该催化剂在 50℃ 和 60℃ 的乙烯聚合反应中具有稳定的活性[72]。AlMe₃ 作为助催化剂时活性最高。在均相聚合条件下，或在二氧化硅载体上，采用 MAO 或 AlEt₂Cl 作为活化剂时，聚合物产率相当低。

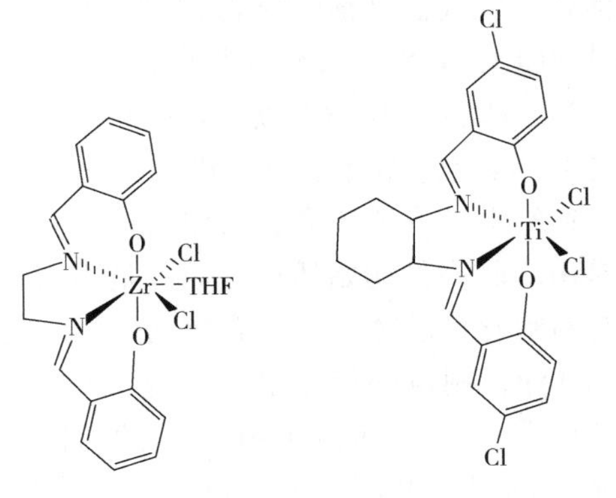

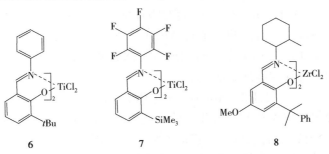

图 4.10　物质 4、物质 5

Fujita 和同事们由 AlBr₃ 与 1∶3 的 MgCl₂ 加合物溶液及含有 2-乙基-1-己醇的癸烷溶液，经原位反应制得 $MgCl_2/iBu_nAl(OR)_{3-n}$ 载体，然后在该载体上有效地固定和活化双(苯氧基-亚胺)配合物(FI 催化剂)[73]。在 50℃，乙烯聚合中钛复合物 6(见图 4.11)呈现出大约 4000kg/(mol·bar·h)的活性，这是均相条件下使用 MAO 得到的活性的 80% 左右。在聚合的 30min 内乙烯被稳定的吸收。有人认为，氯化镁基活化剂的有效性归因于双(苯氧基-亚胺)复合物 O 和 N 杂原子能够与载体的电子交相反应。经证实，在 25℃ 的丙烯聚合中，采用氟化的 2-(苯氧基-亚胺)物质 7 固定于 $MgCl_2/iBu_nAl(OR)_{3-n}$，会发生活性聚合，得到高度聚合的间同立构聚丙烯[74]。特别是使用锆 FI 催化剂能获得较高的乙烯聚合活性。复合物 8(见图 4.11)，在 50℃ 的乙烯聚合中和 $MgCl_2/iBu_nAl(OR)_{3-n}$ 一起使用时，呈现 202000kg/(mol·bar·h)的活性，比使用 MAO 得到的活性高[75]。使用这些系统也可以得到良好的聚合物形态[76,77]。

图 4.11　物质 6、物质 7、物质 8

4.4 钒复合物

如第 2 章所述，均相钒催化剂在烯烃聚合中的催化活性一般较低，这是由于 V(Ⅲ) 被快速还原为活性很低或无活性的 V(Ⅱ) 物种，V(Ⅱ) 可以再次被氧化，并使用卤化碳促进剂活化。在高温下活性降低得特别快，但在 160℃ 下的乙烯聚合中，采用三氯化铝基 VCl_3 催化剂，三乙基铝助催化剂时，发现 CH_3CCl_3 的存在可使生产率提高 20 倍[78]。然而，当 VCl_3 以 $CrCl_3$ 为载体时，CH_3CCl_3 的活化作用小得多，这是由于在还原-再氧化循环中存在钒和铬之间的竞争。不存在卤化碳时，采用 $VCl_3/CrCl_3$ 得到的生产率比不负载 VCl_3 的大约高 5 倍[79]。在这些载体系统中，高的生产率是由于较高的初始活性，而不是因为较慢的衰减率。

目前已有很多学者对氯化镁载体上钒复合物的固定进行了研究。据报道，通过球磨 $MgCl_2(THF)_2$ 与 $VOCl_3$ 制得的催化剂，结合 $AlEt_2Cl$ 使用时，在 22℃ 的乙烯聚合中具有稳定的活性[80]。它的活性比用 $TiCl_4$ 的活性更高，并且聚乙烯的相对分子质量也更高。随后的研究表明，聚合反应中的高稳定性是由于与不负载 $VOCl_3$ 或 VCl_4 的情况相比，该催化剂更不易被还原为 V(Ⅱ)[81]。

在乙烯聚合中，发现氯化镁负载钒催化剂的活性对于存在的氢具有高敏性，因此，与钛系统相比，在聚合反应中活性降低得更快[82,83]。Spitz 等发现，存在促进剂($CF_2Cl-CCl_3$)时，由氢引起的失活是可逆的，该活性可以通过除去氢得到恢复[84]。据推测，氢可能有助于钒还原为无效的物种，这种情况可通过促进剂逆转。Czaja 和 Bialek 观察到氢对降低聚合活性的影响是按照 $TiCl_4 \ll VOCl_3 < VCl_4$ 顺序增大的[85]。研究发现，氢对动力学稳定性没有影响；不管氢存在与否，以 $MgCl_2(THF)_2$ 为载体的催化剂显示出稳定的聚合活性。氢存在时的低活性归因于较低浓度的活性中心。据 Mikenas 等报告，在氢气存在下，$VCl_4/MgCl_2$ 和 $VOCl_3/MgCl_2$ 在乙烯聚合中活性降低 2~6 倍，并观察到活性也随着助催化剂($AliBu_3$)浓度的增加而降低[86]。有人提议用氢链转移与 $AliBu_3$ 交换反应形成的钒氢化物种，生成 $AliBu_2H$：

$$V—Pol+H_2 \longrightarrow V—H+Pol—H$$
$$V—H+AlR_3 \longrightarrow V—R+AlR_2H$$

通过与 V(μ-PoL)(μ-H)ALR_2 类型物种之间强烈的相互作用，烷基铝氢化物物种可阻断活性位。有人建议通过 AlR_2H 与乙烯反应生成 AlR_3，以除去导致失活的氢。将 $MgCl_2$ 或 $AlCl_3$ 作为附加成分加入到预备制备烷基铝氢化物的系统中，可观察到氢的存在增加了活性[87]：

$$MCl_n+AlR_2H \longrightarrow (MCl_n \cdot AlR_2H)$$

乙烯聚合中氯化镁基 VCl_4 催化剂的活性中心数目测定表明，不考虑氢存在的情况下，钒-聚合物键的数目约为钒的 6%[88]。然而，氢存在时传播速率常数低得多。这些结果为证明氢的存在下形成了休眠 V(μ-PoL)(μ-H)ALR_2 物种提供了进一步的支持。

在氢的存在下采用 $MgCl_2/VCl_4$ 进行乙烯聚合时发现，得到的聚乙烯具有宽、双峰分布[89]。有人认为，随着氢浓度增加，相对分子质量分布加宽是由于两种活性中心的存在，其中只有一个易受含氢链转移的影响。

在对比上述齐格勒-纳塔型的系统中，主要是基于使用 VCl_4 或 $VOCl_3$，如今人们更加关注被应用到乙烯聚合中的单中心钒催化剂的开发和固定。据近期的一份报道，采用 $MgCl_2/iBu_nAl(OR)_{3-n}$ 固化和活化双(苯氧基-亚胺)钒复合物 9(见图 4.12)，其在 50℃和 75℃下的乙烯聚合中呈现出高的稳定性和活性，而采用 $VOCl_3$ 时，聚合温度升高会导致活性迅速衰减，且产率下降[75~77,90]。在 75℃时，固定的 FI 催化剂 9 呈现出 65100kg/(mol·bar·h)的聚合活性。

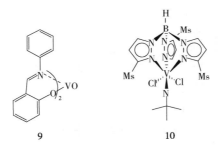

图 4.12　物质 9、物质 10

三(吡唑基)硼酸盐的钒催化剂，例如物质 10(Ms = 2,4,6-三甲基苯，见图 4.12)已经与各种无机载体一起使用[91]。当(AlR₃ 或 MAO)助催化剂存在时，将 SiO_2/MAO 和催化剂分别加入到聚合反应器中得到了适当的活性，超过在均相聚合得到的[92]。当聚合温度由 30℃增加到 60℃时，会导致活性降低，这表明高温限制了稳定性。

聚苯乙烯载体也已用于钒聚合催化剂中[93]。用 $C_pV(NtBu)Cl_2$ 处理氨基官能化聚苯乙烯，会形成固定的酰氨钒复合物(见图 4.13)。在 50℃下的乙烯聚合中，采用 $AlEt_2Cl$ 为助催化剂，在一个 1h 的聚合过程中活性低而稳定，而在均相聚合中，由于在双分子分解过程被还原，$C_pV(NR)Cl_2$ 类型的催化剂几分钟内就失活了[94]。然而，在 75℃下采用聚苯乙烯-固化的催化剂会导致产率下降，这归因于催化剂在高温下失活了[93]。

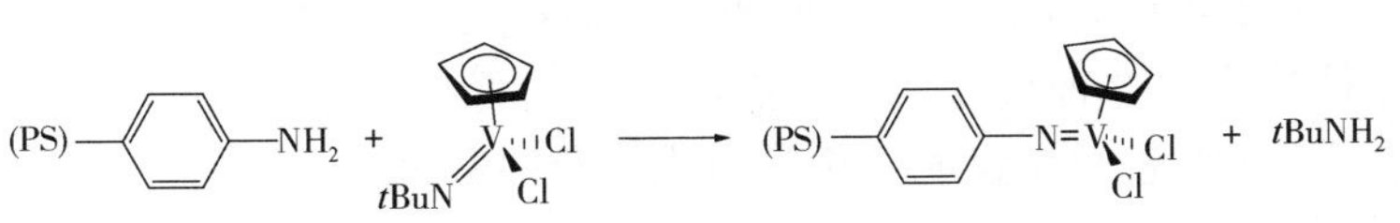

$(PS)-\!\!\!\!\bigcirc\!\!\!\!-NH_2 + $ (cyclopentadienyl)$V(tBuN)Cl_2 \longrightarrow (PS)-\!\!\!\!\bigcirc\!\!\!\!-N=V(Cp)Cl_2 + tBuNH_2$

图 4.13　在氨基功能化的聚苯乙烯上固化酰亚胺钒复合物

采用具有宽范围的钒复合物固化在 $MgCl_2/AlR_n(OET)_{3-n}$ 类型载体上的催化

剂，在升高的聚合温度下乙烯聚合呈现出非常稳定的活性，上述载体是通过 $AlEt_3$ 或 $AliBu_3$ 与固体氯化镁/乙醇加合物制备的。在 50℃ 和 70℃ 下的乙烯聚合采用双(亚氨基)吡啶基复合物 11(Ar=2,6-二异丙基，见图 4.14)固定在这种载体上，用三乙基铝作为助催化剂，活性分别为 560kg/(mol·bar·h) 和 2140kg/(mol·bar·h)[95]。在聚合反应的 1h 内，没有发生明显的失活。此外，具有窄(舒尔茨-弗洛里)相对分子质量分布的高相对分子质量聚乙烯的获得，证实这种催化剂体系的单中心特性，与通过双(亚氨基)吡啶基铁复合物得到的类似的相对宽相对分子质量分布相反，在负载和不负载两种情况下。类似的结果用复合物 12(见图 4.14)也能获得，这表明该系统中活性物种的前驱体可能是通过吡啶环的烷基化得到，从而导致金属配位数的降低[96]。

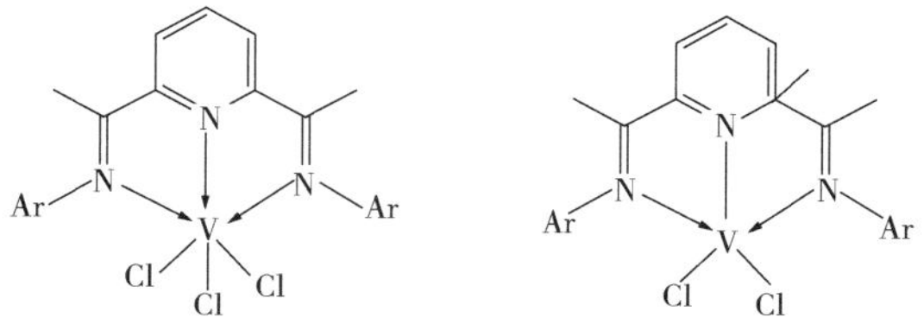

图 4.14 物质 11、物质 12

使用合成物 $MgCl_2 \cdot 0.24AlEt_{2.3}(OEt)_{0.7}$ 作载体固化和活化钒(Ⅲ)胩基复合物 13 和 14(见图 4.15)，其活性比在先前均相聚合中获得的高很多[50℃，1500～3100kg/(mol·bar·h)]，再次显示出了 $MgCl_2$ 载体的稳定作用[97]。最近，人们已经证实，钒和钳形催化剂的产率数量级的增加由于将它们固定在 $MgCl_2/AlR_n$(OEt)$_{3-n}$ 载体上[98]。在均相聚合条件下，MAO 作为助催化剂，含有 2,6-二(2′-恶唑啉)苯配体(phebox)的复合物 15(见图 4.15)会迅速失活，其活性为 100kg/(mol·bar·h)。固定后活性提高到 500～2000kg/(mol·bar·h)。NCN 型钳形复合物 16(见图 4.15)在均相聚合中呈现出低活性[70℃时 130kg/(mol·bar·h)]，但固定在氯化镁载体上时，表现出很高的活性[可达 30000kg/(mol·bar·h)][57,98]。此外，氯化镁固定的钒复合物 13～16 呈现出聚乙烯的窄相对分子质量分布，与钛同系物得到更多分散的聚合物相反。与固化钒催化剂的单中心行为之间的根本区别，与钛催化剂单中心催化的偏差截然相反，已被聚合物的流变学表征证实[62]。与钛催化剂相比，对应的钒催化剂在乙烯/α-烯烃共聚上也呈现出更大的共聚单体聚合，这种特性加上它们固定化后保留的单中心性质(导致无规共聚单体聚合)，使得它们在合成窄化学组成分布的共聚物方面备受关注。

4.5 铬复合物

第 2 章已经描述了用于乙烯聚合的单中心铬催化剂合成的最新发展。催化剂失活在均相聚合中是普遍现象，但可通过将铬固定在合适的载体上获得稳定的活

图 4.15　物质 13~16

性。Uozumi 和同事报道了乙烯聚合催化剂体系的 $MgCl_2/Cr(acac))_3$-$AlEt_2Cl$ 具有适中但稳定的活性，聚乙烯呈现出相对分子质量高且分布窄的特点[99]。Esteruelas 等通过固化双(亚氨基)吡啶基铬(Ⅲ)配合物到 MAO 浸渍的二氧化硅，在 80℃得到稳定的聚合活性[100]。

　　Monoi、Yasuda 和同事已经观察到，在二氧化硅载体上固定铬配合物上可导致铝氧烷活化的聚合活性的大幅增加，虽然在大多数情况下，得到的聚合物分散度很高[101]。窄相对分子质量分布的聚乙烯是采用半夹心物质 17(见图 4.16)固定在载体 $MgCl_2/AlR_n(OEt)_{3-n}$ 上得到的，载体通过多种三烷基铝与一种加合物 $MgCl_2 \cdot 1.1EtOH$ 反应制得[102]。在 50℃时，使用 $AliBu_3$ 为助催化剂/清除剂，聚合活性的范围为 1900~2700kg/(mol·bar·h)，与同类条件下 MAO 为助催化剂获得的活性相差不大[103,104]。确认的单中心催化剂，可制备具有窄相对分子质量分布的高相对分子质量聚乙烯，是由聚合物的熔融流变性能表征获得的[102]。利用受控形态的氯化镁载体可生产具有球形粒子的形态的聚合物，如图 4.17 所示，且没有反应器结垢的迹象。

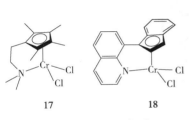

图 4.16　物质 17、物质 18　　　图 4.17　采用将物质 17 固定在 $MgCl_2/AlR_n(OEt)_{3-n}$
载体上制备的聚乙烯的扫描电子显微照片[102]

将 1-（8-喹啉基）茚基铬（Ⅲ）Cl$_2$ 物质 18（见图 4.16）固定在 MgCl$_2$/AlR$_n$（OEt）$_{3-n}$ 载体上能获得高且稳定的活性[105]。这种复合物也与双（亚氨基）吡啶基铁催化剂结合使用[106~108]。在单载体上共同固化两种催化剂能够产生相对分子质量高（铬催化）和相对低（铁-催化的）的聚乙烯亲密共混物。在熔体加工过程中，晶体结构和这样的双峰聚合物性能受到剪切引起的定向的强烈影响。

4.6 镍复合物

下面介绍固定镍二亚胺聚合催化剂的各种方法。与那些广泛用于锆固定和活化的方法类似，可用 MAO 浸渍二氧化硅或二氧化硅与二亚胺镍/MAO 溶液接触的方法制备 SiO$_2$/MAO 基系统[109~111]。然而，研究发现，这些二氧化硅载体系统的乙烯聚合活性比均相条件下获得的低得多，负载的催化剂也呈现出较低的链转移性能，从而导致聚合物的短链分支较少[112]。然而，人们注意到，与均相聚合相比，增加聚合温度导致链分支增加更强烈；这种作用可归因于温度超过 55℃ 时，聚合介质中支化聚乙烯的溶解度增加[113]。

Preishuber-Pflugl 和 Brookhart 认为，与二氧化硅负载的镍二亚胺获得的低活性是由于使用了 MAO 作为助催化剂[114]。它们通过 AlMe$_3$ 预处理的二氧化硅与羟基或氨基功能化的镍（Ⅱ）二亚胺复合物反应合成共价载体上的催化剂，如图 4.18 所示。在乙烯聚合中这些负载型催化剂使用 Al$_2$Et$_3$Cl$_3$ 或 AlMeCl$_2$ 为助催化剂，在 60℃ 时活性可高达 2330kg/（mol·bar·h），比用二氧化硅/MAO 获得的活性高一个数量级以上。在 60℃ 时，Al$_2$Et$_3$Cl$_3$ 比 AlMeCl$_2$ 的活性更高，但在 80℃ 时，这种趋势发生逆转，这是由于在高温下 Al$_2$Et$_3$Cl$_3$ 快速失活了。进一步的研究表明，将 3% 的 Ni 负载在载体上，在 80℃ 和高乙烯压力（48bar）下，产率可达 6kg 聚合物/g（催化剂+载体）[115]。相关的研究已经由 Wang 和同事报道[116]。

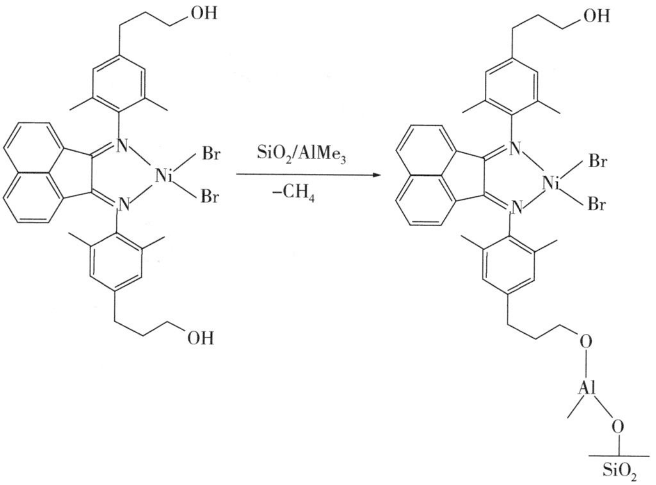

图 4.18　在硅胶上固定水杨醛亚胺镍[114]

含有羟基官能团的镍(Ⅱ)也被负载在采用 AlMe$_3$ 预处理的硅胶上，如图 4.19 所示。Li 和他的同事报告说，这种方法制备的非均相催化剂的活性只有均相相对物的一半，且得到的聚乙烯相对分子质量较高、支化程度较低[117]。

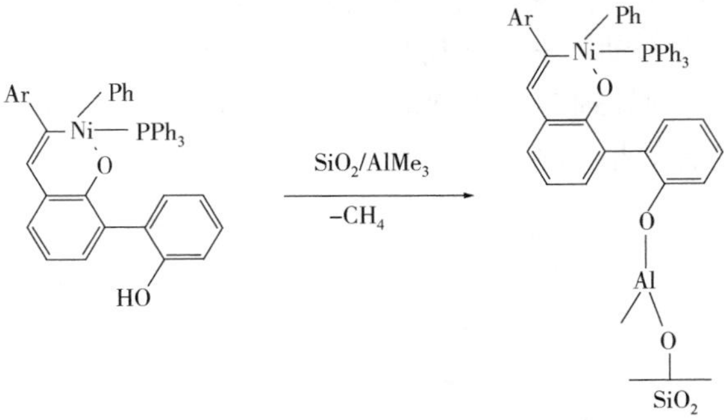

图 4.19 一个基于水杨醛亚胺镍的固化在硅胶上[117]

研究也证明，氯化镁载体对镍的固化和活化很有效。固定各种二亚胺镍(Ⅱ)复合物在组成为 MgCl$_2$·0.24AlEt$_{2.3}$(OEt)$_{0.7}$ 的载体上，载体由三乙基铝与 MgCl$_2$·2.1EtOH 反应制得，接着在 50℃、AliBu$_3$ 存在下进行乙烯聚合，活性高达约 7000kg/(mol·bar·h)[118]。这些活性比以前报道的均相聚合或将二亚胺镍固定在二氧化硅上的高很多，但活性在聚合过程中存在衰变现象。在聚合过程中，第二个 30min 的产率为第一个 30min 的四分之一。然而，已有稳定聚合动力学的相关报道，将二亚胺镍固定在氯化镁载体上，该载体由加合物 MgCl$_2$·2.6EtOH 的热脱醇及含有 2% 残余的乙醇制备的[119]。

通过将限量的二亚胺镍加入到固体催化剂中，实现了在乙烯聚合中使用各种铁、铬和钛基非均相催化剂时，产率显著增加[105,120]。在聚合的早期阶段，镍-催化的支化聚乙烯的形成可减少乙烯均聚中固有的单体扩散限制，从而提高了主催化剂组分(线型聚乙烯生产)的生产效率。最终产品基本上是直链的高密度聚乙烯，含有非常少量的支化聚合物。

4.7 铁复合物

将双(亚氨基)吡啶基铁配合物(氯化亚铁)固定在载体上，可实现乙烯聚合反应产率的显著提高。与均相聚合中特别是高温下存在的快速失活相反，当铁被固定在载体(如 SiO$_2$ 和 MgCl$_2$)上时能够得到稳定的聚合活性。Semikolenova 等发现，在 70℃时，SiO$_2$/LFeCl$_2$ 具有稳定的聚合活性，然而在均相 LFeCl$_2$–AliBu$_3$ 体系中，即使温度为 35℃，活性也明显地迅速衰减[121]。对催化剂的稳定性进行相似改进，如将双(亚氨基)吡啶基铁配合物化学束缚到二氧化硅载体表面[122~124]。

漫反射红外光谱(DRIFTS)已被用于研究铁复合物 19(见图 4.20)与氧化硅和氧化铝的相互作用[125]。氧化硅的表面羟基基团只有一小部分能够与 LFeCl$_2$ 交互作用，从而使负载催化剂具有较低的铁含量。在 $Al_2O_3/LFeCl_2$ 系统中能获得较高的负载量，主要是铁复合物和氧化铝上的路易斯酸性位及配体 L 和 Al—OH 基团之间形成的氢键相互作用的结果。在 XPS 研究的基础上，Ray 和 Sivaram 认为，$LFeCl_2$ 和 SiO_2 的表面没有较强的相互作用[126]。他们还观察到，以二氧化硅为载体的催化剂得到的聚合动力学比在均相条件下得到的更稳定，完全消除了二氧化硅羟基与 MAO 经由预处理对催化剂活性产生的不利影响。较低的载体活性中心的稳定性可解释这种效果。

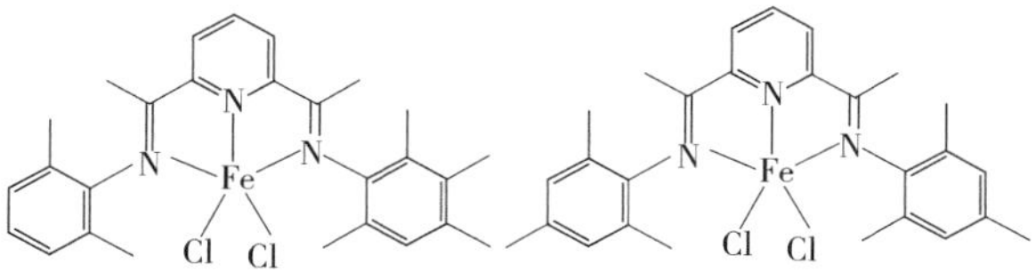

图 4.20　物质 19、物质 20

Barabanov 等已经确定了负载双(亚氨基)吡啶铁催化剂的活性中心数量，该催化剂用助催化剂 $AliBu_3$ 进行活化，用 ^{14}CO 作为抑制剂[127]。先前在均相系统中的测试[128]发现，高达 41% 的总铁量是具有催化活性的，然而，固定在 SiO_2、Al_2O_3 或 $MgCl_2$ 上的铁只有 2%~4% 具有活性。载体的组成不仅影响聚乙烯相对分子质量，而且影响聚乙烯相对分子质量分布，因而可以得出，载体的性质对所述活性中心的结构影响不大。

氯化镁是铁催化剂特别有效的载体材料。发现过量 n-BuCl 与镁反应生成的氯化镁比二氧化硅或氧化铝载体具有更高的活性[127,129,130]。$LFeCl_2$ 能被固定的最大量约为 $150\mu mol/g$，接近载体路易斯酸性位点的浓度，且类似于最大量的 $TiCl_4$ 紧密束缚在 $MgCl_2/TiCl_4$ 催化剂相同的载体上。Huang 等已开发利用组成为 $MgCl_2/AlEt_n(OEt)_{3-n}$ 的控制形貌载体，$MgCl_2/AlEt_n(OEt)_{3-n}$ 由 $AlEt_3$ 与具有球状粒子形态的 $MgCl_2/EtOH$ 加合物制备[95,131,132]。在 70℃ 时，$AlEt_3$ 为助催化剂，物质 20(见图 4.20)固化在该载体上的乙烯聚合活性，要比在均相聚合下获得的高一个数量级[131]。在均相，MAO 活化的聚合中，得到的聚乙烯具有相对宽的相对分子质量分布，但没有双峰性迹象(归因于链转移到铝)[95,132]。该聚合物的相对分子质量比那些在均相聚合中获得的更高，然而，催化剂固定化对增加聚合物相对分子质量的影响没有早期过渡金属催化剂经常观察到的那么惊人。

4.8　结语

颗粒载体材料上的固定化是用于聚烯烃生产过程的均相催化剂被广泛应用的一个重要前提。固定化对催化剂活性的影响是取决于化学和物理两方面的因素。降低催化剂的生产能力，特别是在乙烯聚合中，可能会导致载体不易承受碎裂，不易促进聚合过程中颗粒的复制和生长。当载体易脆性较低且孔径分布较窄时，有限的单体能够扩散到不断增长的粒子上。载体表面的羟基或其他官能团与催化剂的相互化学作用也可导致活性降低。另外，载体上催化剂的固定化大大提高了聚合中活性物质的稳定性，在这种情况下，催化剂活性显著增加。

　　在二氧化硅载体上固定金属茂的典型做法是，将载体浸渍在 MAO 和茂锆的甲苯溶液中，然后去除溶液，与茂锆和 MAO 的均相聚合得到的活性相比，一般得到的活性会较低。然而，研究表明，聚合过程中的固定化会提高稳定性和抑制 α-H 转移，α-H 转移会产生惰性 Zr-CH₂-Al 或 Zr-CH₂-Zr 物种。此外，与均相聚合的对应物相比，固化锆需要的 MAO 会少得多，而均相聚合要得到最佳活性需极高的 MAO/Zr 比。经常用 AliBu₃ 清除聚合过程中的杂质，其中包括固定茂锆和其他单中心催化剂，它的存在也会进一步改进催化剂的稳定性。

　　钛、钒和铁催化剂稳定性的显著改善可通过固定在载体上实现。氯化镁在这方面特别有效，将钛和钒复合物固定在氯化镁上，很有可能稳定活性物种，从而防止还原到较低的不活跃氧化态。例如，在 70~75℃ 的乙烯聚合中，含有双（苯氧基-亚胺）和 NCN-钳形配体的钒复合物具有高且稳定的活性，与均相聚合中钒催化剂迅速衰减和活性差正好相反。锆、钒和铬聚合催化剂的单中心特性在固定之后被保留，而相应的钛固定于氯化镁则不会出现这种情况。

参 考 文 献

[1] Hlatky, G. G. (2000) Chem. Rev., 100, 1347–1376.
[2] Severn, J. R., Chadwick, J. C., Duchateau, R., and Friederichs, N. (2005) Chem. Rev., 105, 4073–4147.
[3] Severn, J. R. and Chadwick, J. C. (eds) (2008) Tailor–made Polymers via Immobilization of Alpha–Olefin Polymerization Catalysts, Wiley–VCH Verlag GmbH, Weinheim.
[4] Ribeiro, M. R., Deffieux, A., and Portela, M. F. (1997) Ind. Eng. Chem. Res., 36, 1224—1237.
[5] Chien, J. C. W. (1999) Top. Catal., 7, 23–36.
[6] Kaminsky, W. and Winkelbach, H. (1999) Top. Catal., 7, 61–67.
[7] Kristen, M. O. (1999) Top. Catal., 7, 89–95.
[8] Carnahan, E. M. and Jacobsen, G. B. (2000) CatTech, 4, 74–88.
[9] Wang, W. and Wang, L. (2003) J. Polym. Mater., 20, 1–8.
[10] Alt, H. G. (1999) J. Chem. Soc., Dalton Trans., 1703–1709.
[11] Bartke, M., Oksman, M., Mustonen, M., and Denifl, P. (2005) Macromol. Mater. Eng., 290, 250–255.
[12] Panchenko, V. N., Semikolenova, N. V., Danilova, I. G., Paukshtis, E. A., and Zakharov, V. A. (1999) J. Mol. Catal., 142, 27–37.
[13] Hammawa, H. and Wanke, S. E. (2007) J. Appl. Polym. Sci., 104, 514–527.
[14] Hassan Nejad, M., Ferrari, P., Pennini, G., and Cecchin, G. (2008) J. Appl. Polym. Sci., 108, 3388–3402.
[15] Kaminsky, W. and Renner, F. (1993) Makromol. Chem., Rapid Commun., 14, 239–243.
[16] Kaminsky, W. and Striibel, C. (1998) J. Mol. Catal. A: Chem., 128, 191–200.
[17] Arrowsmith, D., Kaminsky, W., Laban, A., and Weingarten, U. (2001) Macromol. Chem. Phys., 202, 2161–2167.
[18] Frediani, M. and Kaminsky, W. (2003) Macromol. Chem. Phys., 204, 1941–1947.
[19] Busico, V. and Cipullo, R. (1994) J. Am. Chem. Soc., 116, 9329–9330.
[20] Kaminsky, W., Miller, F., and Sperber, O. (2005) Macromol. Mater. Eng., 290, 347–352.
[21] Hammawa, H., Mannan, T. M., Lynch, D. T., and Wanke, S. E. (2004) J. Appl. Polym. Sci., 92, 3549–3560.
[22] Bonini, F., Fraaije, V., and Fink, G. (1995) J. Polym. Sci., Part A: Polym. Chem., 33, 2393–2402.
[23] Zechlin, J., Hauschild, K., and Fink, G. (2000) Macromol. Chem. Phys., 201, 597–603.
[24] Zechlin, J., Steinmetz, B., Tesche, B., and Fink, G. (2000) Macromol. Chem. Phys., 201, 515–524.
[25] Knoke, S., Korber, F., Fink, G., and Tesche, B. (2003) Macromol. Chem. Phys., 204, 607–617.
[26] Zheng, X., Smit, M., Chadwick, J. C., and Loos, J. (2005) Macromolecules, 38, 4673–4678.
[27] Przybyla, C., Tesche, B., and Fink, G. (1999) Macromol. Rapid Commun., 20, 328–332.
[28] Smit, M., Zheng, X., Brüll, R., Loos, J., Chadwick, J. C., and Koning, C. E. (2006) J. Polym. Sci., Part A: Polym. Chem., 44, 2883–2890.
[29] Hammawa, H. and Wanke, S. E. (2006) Polym. Int., 55, 426–434.
[30] Kamfjord, T., Wester, T. S., and Rytter, E. (1998) Macromol. Rapid Commun., 19, 505–509.
[31] Rytter, E. and Ott, M. (2001) Macromol. Rapid Commun., 22, 1427–1431.
[32] Galland, G. B., Seferin, M., Guimaraes, R., Rohrmann, J. A., Stedile, F. C., and dos Santos, J. H. Z. (2002) J. Mol. Catal. A: Chem., 189, 233–240.
[33] Guimaraes, R., Stedile, F. C., and dos Santos, J. H. Z. (2003) J. Mol. Catal. A: Chem., 206, 353–362.

[34] Tian, J., Wang, S., Feng, Y., Li, J., and Collins, S. (1999) J. Mol. Catal. A: Chem., 144, 137-150.
[35] Charoenchaidet, S., Chavadej, S., and Gulari, E. (2002) J. Mol. Catal. A: Chem., 185, 167-177.
[36] (a) Walzer, J. F. (1999) US Patent 5, 972, 823; (1999) Chem. Abstr., 131, 310941. (b) Walzer, J. F. US Patent (1997) 5, 643, 847; (1997) Chem. Abstr., 127, 122104.
[37] Bochmann, M., Jimenez Pindado, G., and Lancaster, S. J. (1999) J. Mol. Catal. A: Chem., 146, 179-190.
[38] Ward, D. G. and Carnahan, E. M. (1999) US Patent 5, 939, 347; (1999) Chem. Abstr., 131, 158094.
[39] Charoenchaidet, S., Chavadej, S., and Gulari, E. (2002) Macromol. Rapid Commun., 23, 426-431.
[40] Charoenchaidet, S., Chavadej, S., and Gulari, E. (2002) J. Polym. Sci., Part A: Polym. Chem., 40, 3240-3248.
[41] Nicholas, C. P., Ahn, H., and Marks, T. J. (2003) J. Am. Chem. Soc., 125, 4325-4331.
[42] McDaniel, M. P., Jensen, M. D., Jayaratne, K., Collins, K. S., Benham, E. A., McDaniel, N. D., Das, P. K., Martin, J. L., Yang, Q., Thorn, M. G., and Masino, A. P. (2008) in Tailor-made Polymers via Immobilization of Alpha-Olefin Polymerization Catalysts (eds J. R. Severn and J. C. Chadwick), Wiley-VCH Verlag GmbH, Weinheim, pp. 171-210.
[43] Hicks, J. C., Mullis, B. A., and Jones, C. W. (2007) J. Am. Chem. Soc., 129, 8426-8427.
[44] Marks, T. J. (1992) Acc. Chem. Res., 25, 57-65.
[45] Zakharov, V. A., Paukshtis, E. A., Mikenas, T. B., Volodin, A. M., Vitus, E. N., and Potapov, A. G. (1995) Macromol. Symp., 89, 55-61.
[46] Mikenas, T. B., Zakharov, V. A., Echevskaya, L. G., and Matsko, M. A. (2005) J. Polym. Sci., Part A: Polym. Chem., 43, 2128-2133.
[47] Guan, Z., Zheng, Y, and Jiao, S. (2002) J. Mol. Catal. A: Chem., 188, 123-131.
[48] Cho, H. S. and Lee, W. Y. (2003) J. Mol. Catal. A: Chem., 191, 155-165.
[49] Ochedzan-Siodlak, W. and Nowakowska, M. (2005) Eur. Polym. J., 41, 941-947.
[50] Aragón Sáez, P. J., Carrillo-Hermosilla, F., Villasenor, E., Otero, A., Antmolo, A., and Rodriguez, A. M. (2008) Eur. J. Inorg. Chem., 330-337.
[51] Severn, J. R. and Chadwick, J. C. (2004) Macromol. Rapid Commun., 25, 1024-1028.
[52] Kissin, Y. V., Nowlin, T. E., Mink, R. I., and Brandolini, A. J. (2000) Macromolecules, 33, 4599-4601.
[53] Kaminaka, M. and Soga, K. (1991) Makromol. Chem., Rapid Commun., 12, 367-372.
[54] Soga, K. and Kaminaka, M. (1993) Makromol. Chem., 194, 1745-1755.
[55] Echevskaya, L. G., Zakharov, V. A., Semikolenova, N. V., Mikenas, T. B., and Sobolev, A. P. (2001) Polym. Sci., Ser. A, 43, 220-227.
[56] Huang, R., Duchateau, R., Koning, C. E., and Chadwick, J. C. (2008) Macromolecules, 41, 579-590.
[57] Huang, R., Malizia, F., Pennini, G., Koning, C. E., and Chadwick, J. C. (2008) Macromol. Rapid Commun., 29, 1732-1738.
[58] Babushkin, D. E. and Brintzinger, H. H. (2007) Chem. Eur. J., 13, 5294-5299.
[59] Satyanarayana, G. and Sivaram, S. (1993) Macromolecules, 26, 4712-4714.
[60] Severn, J. R. and Chadwick, J. C. (2004) Macromol. Chem. Phys., 205, 1987-1994.
[61] Kang, K. K., Oh, J. K., Jeong, Y. -T., Shiono, T., and Ikeda, T. (1999) Macromol. Rapid Commun., 20, 308-311.
[62] Kukalyekar, N., Huang, R., Rastogi, S., and Chadwick, J. C. (2007) Macromolecules, 40, 9443-9450.
[63] Jacobsen, G. B., Wijkens, P., Jastrzebski, J. T. B. H., and van Koten, G. (1998) US Patent 5, 834, 393; (1998) Chem. Abstr., 130, 14330.
[64] Jacobsen, G. B., Loix, P. H. H., and Stevens, T. J. P. (2001) US Patent 6, 271, 165; (2001) Chem. Abstr., 135, 153238.
[65] Mealares, C. M. -C. and Taylor, M. J. (2002) Int. Patent WO 02/06357; (2002) Chem. Abstr., 136, 118861.
[66] Smit, M., Severn, J. R., Zheng, X., Loos, J., and Chadwick, J. C. (2006) J. Appl. Polym. Sci., 99, 986-993.
[67] Galan-Fereres, M., Koch, T., Hey-Hawkins, E., and Eisen, M. S. (1999) J. Organometal. Chem., 580, 145-155.
[68] McKittrick, M. W. and Jones, C. W. (2004) J. Am. Chem. Soc., 126, 3052-3053.
[69] Jones, C. W., McKittrick, M. W., Nguyen, J. V., and Yu, K. (2005) Top. Catal., 34, 67-76.
[70] Hicks, J. C. and Jones, C. W. (2008) in Tailor-made Polymers via Immobilization of Alpha-Olefin Polymerization Catalysts (eds J. R. Severn and J. C. Chadwick), Wiley-VCH Verlag GmbH, Weinheim, pp. 239-260.
[71] Repo, T., Klinga, M., Pietikainen, P., Leskela, M., Uusitalo, A. -M., Pakkanen, T., Hakka, K., Aaltonen, P., and Lofgren, B. (1997) Macromolecules, 30, 171-175.
[72] Bialek, M., Garlovska, A., and Liboska, O. (2009) J. Polym. Sci., Part A: Polym. Chem., 47, 4811-4821.
[73] Nakayama, Y, Bando, H., Sonobe, Y., Kaneko, H., Kashiwa, N., and Fujita, T. (2003) J. Catal., 215, 171-175.
[74] Nakayama, Y, Saito, J., Bando, H., and Fujita, T. (2005) Macromol. Chem. Phys., 206, 1847-1852.
[75] Nakayama, Y., Bando, H., Sonobe, Y., and Fujita, T. (2004) J. Mol. Catal. A: Chem., 213, 141-150.
[76] Nakayama, Y., Bando, H., Sonobe, Y., and Fujita, T. (2004) Bull. Chem. Soc. Jpn., 77, 617-625.
[77] Nakayama, Y, Saito, J., Bando, H., and Fujita, T. (2006) Chem. Eur. J., 12, 7546-7556.
[78] Ribeiro, M. R., Deffieux, A., Fontanille, M., and Portela, M. F. (1995) Macromol. Chem. Phys., 196, 3833-3844.
[79] Ribeiro, M. R., Deffieux, A., Fontanille, M., and Portela, M. F. (1996) Eur. Polym. J., 32, 811-819.
[80] Czaja, K. and Bialek, M. (1996) Macromol. Rapid Commun., 17, 253-260.
[81] Czaja, K. and Bialek, M. (1998) Macromol. Rapid Commun., 19, 163-166.
[82] Hsieh, H. L., McDaniel, M. P., Martin, J. L., Smith, P. D., and Fahey, D. R. (1987) in Advances in Polyolefins (eds R. B. Seymour and T. Cheng), Plenum Press, New York, pp. 153-169.
[83] Zhou, X., Lin, S., and Chien, J. C. W. (1990) J. Polym. Sci.: Part A: Polym. Chem., 28, 2609-2632.
[84] Spitz, R., Pasquet, V., Patin, M., and Guyot, A. (1995) in Ziegler Catalysts. Recent Scientific Innovations and Technological Improvements (eds G. Fink, R. Mulhaupt, and H. H. Brintzinger), Springer-Verlag, Berlin, pp. 401-411.
[85] Czaja, K. and Bialek, M. (2001) J. Appl Polym. Sci., 79, 361-365.
[86] Mikenas, T. B., Zakharov, V. A., Echevskaya, L. G., and Matsko, M. A. (2000) Polimery, 45, 349-352.

[87] Mikenas, T. B., Zakharov, V. A., Echevskaya, L. G., and Matsko, M. A. (2001) Macromol. Chem. Phys., 202, 475-481.

[88] Matsko, M. A., Bukatov, G. D., Mikenas, T. B., and Zakharov, V. A. (2001) Macromol. Chem. Phys., 202, 1435-1439.

[89] Echevskaya, L. G., Matsko, M. A., Mikenas, T. B., and Zakharov, V. A. (2006) Polym. Int., 55, 165-170.

[90] Nakayama, Y., Bando, H., Sonobe, Y., Suzuki, Y., and Fujita, T. (2003) Chem. Lett. (Japan), 32, 766-767.

[91] Casagrande, A. C. A., Tavares, T. T. da R., Kuhn, M. C. A., Casagrande, O. L., dos Santos, J. H. Z., and Teranishi, T. (2004) J. Mot. Catal. A: Chem., 212, 267-275.

[92] Casagrande, A. C. A., dos Anjos, P. S., Gamba, D., Casagrande, O. L., dos Santos, J. H. Z., and Teranishi, T. (2006) J. Mol. Catal. A: Chem., 255, 19-24.

[93] Chan, M. C. W., Chew, K. C., Dalby, C. I., Gibson, V. C., Kohlmann, A., Little, I. R., and Reed, W. (1998) Chem. Commun., 1673-1674.

[94] Chan, M. C. W., Cole, J. M., Gibson, V. C., and Howard, J. A. K. (1997) Chem. Commun., 2345-2346.

[95] Huang, R., Kukalyekar, N., Koning, C. E., and Chadwick, J. C. (2006) J. Mol. Catal. A: Chem., 260, 135-143.

[96] Reardon, D., Conan, F., Gambarotta, S., Yap, G., and Wang, Q. (1999) J. Am. Chem. Soc., 121, 9318-9325.

[97] Severn, J. R., Duchateau, R., and Chadwick, J. C. (2005) Polym. Int., 54, 837-841.

[98] Huang, R. (2008) Immobilization and Activation of Early- and Late-Transition Metal Catalysts for Ethene Polymerization using MgCl2-based Supports, Ph. D. thesis, Eindhoven University of Technology.

[99] Takawaki, K., Uozumi, T., Ahn, C. -H., Tian, G., Sano, T., and Soga, K. (2000) Macromol. Chem. Phys., 201, 1605-1609.

[100] Esteruelas, M. A., Lopez, A. M., Mendez, L., Olivan, M., and Onate, E. (2003) Organometallics, 22, 395-06.

[101] Ikeda, H., Monoi, T., Ogata, K., and Yasuda, H. (2001) Macromol. Chem. Phys., 202, 1806-1811.

[102] Severn, J. R., Kukalyekar, N., Rastogi, S., and Chadwick, J. C. (2005) Macromol. Rapid Commun., 26, 150-154.

[103] Emrich, R., Heinemann, O., Jolly, P. W., Kruger, C., and Verhovnik, G. P. J. (1997) Organometallics, 16, 1511-1513.

[104] Doring, A., Gohre, J., Jolly, P. W., Kryger, B., Rust, J., and Verhovnik, G. P. J. (2000) Organometallics, 19, 388-402.

[105] Huang, R., Koning, C. E., and Chadwick, J. C. (2007) Macromolecules, 40, 3021-3029.

[106] Kukalyekar, N. (2007) Bimodal Polyethylenes from One-Pot Synthesis; Effect ofFlow-Induced Crystallization on Physical Properties, Ph. D. thesis, Eindhoven University of Technology.

[107] Kukalyekar, N., Balzano, L., Chadwick, J. C., and Rastogi, S. (2007) PMSE Preprints, 96, 840-841.

[108] Balzano, L., Kukalyekar, N., Rastogi, S., Peters, G. W. M., and Chadwick, J. C. (2008) Phys. Rev. Lett., 100, 048302.

[109] Vaughan, G. A., Canich, J. A. M., Matsunaga, P. T., Grindelberger, D. E., and Squire, K. R. (1997) Int. Patent WO 97/ 48736; (1997) Chem. Abstr., 128, 89235.

[110] Bennett, A. M. A. and McLain, S. D. (1998) Int. Patent WO 98/56832; (1998) Chem. Abstr., 130, 66907.

[111] MacKenzie, P. B., Moody, L. S., Killian, C. M., and Lavoie, G. G. (1999) Int. Patent WO 99/62968; (1999) Chem. Abstr., 132, 36184.

[112] AlObaidi, F., Ye, Z., and Zhu, S. (2003) Macromol. Chem. Phys., 204, 1653-1659.

[113] Simon, L. C., Patel, H., Soares, J. B. P., and de Souza, R. F. (2001) Macromol. Chem. Phys., 202, 3237-3247.

[114] Preishuber-Pfugl, P. and Brookhart, M. (2002) Macromolecules, 35, 6074-6076.

[115] Schrekker, H. S., Kotov, V., Preishuber-Pfugl, P., White, P., and Brookhart, M. (2006) Macromolecules, 39, 6341-6354.

[116] Jiang, H., Wu, Q., Zhu, F., and Wang, H. (2007) J. Appl. Polym. Sci., 103, 1483-1489.

[117] Hu, T., Li, Y. -G., Lu, J. -Y., and Li, Y. -S. (2007) Organometallics, 26, 2609-2615.

[118] Severn, J. R., Chadwick, J. C., and Van Axel Castelli, V. (2004) Macromolecules, 37, 6258-6259.

[119] Xu, R., Liu, D., Wang, S., and Mao, B. (2006) Macromol. Chem. Phys., 207, 779-786.

[120] Huang, R. and Chadwick, J. C. (2007) Int. Patent WO 2007/111499.

[121] Semikolenova, N. V., Zakharov, V. A., Talsi, E. P., Babushkin, D. E., Sobolev, A. P., Echevskaya, L. G., and [Khysniyarov, M. M. (2002) J. Mol. Catal. A: Chem., 182-183, 283-294.

[122] Kaul, F. A. R., Puchta, G. T., Schneider, H., Bielert, F., Mihalios, D., and Herrmann, W. A. (2002) Organo-metallics, 21, 74-82.

[123] Zheng, Z., Liu, J., and Li, Y. (2005) J. Catal., 234, 101-110.

[124] Han, W., Muller, C., Vogt, D., Niemantsverdriet, J. W., and Thune, P. C. (2006) Macromol. Rapid Commun., 27, 279-283.

[125] Semikolenova, N. V., Zakharov, V. A., Paukshtis, E. A., and Danilova, I. G. (2005) Top. Catal., 32, 77-82.

[126] Ray, S. and Sivaram, S. (2006) Polym. Int., 55, 854-861.

[127] Barabanov, A. A., Bukatov, G. D., Zakharov, V. A., Semikolenova, N. V., Mikenas, T. B., Echevskaja, L. G., and Matsko, M. A. (2006) Macromol. Chem. Phys., 207, 1368-1375.

[128] Barabanov, A. A., Bukatov, G. D., Zakharov, V. A., Semikolenova, N. V., Mikenas, T. B., Echevskaja, L. G., and Matsko, M. A. (2005) Macromol. Chem. Phys., 206, 2292-2298.

[129] Mikenas, T. B., Zakharov, V. A., Echevskaya, L. G., and Matsko, M. A. (2005) J. Polym. Sci., Part A: Polym. Chem., 43, 2128-2133.

[130] Zakharov, V. A., Semikolenova, N. V., Mikenas, T. B., Barabanov, A. A., Bukatov, G. D., Echevskaya, L. G., and Mats'ko, M. A. (2006) Kinet. Catal., 47, 303-309.

[131] Huang, R., Liu, D., Wang, S., and Mao, B. (2004) Macromol. Chem. Phys., 205, 966-972.

[132] Huang, R., Liu, D., Wang, S., and Mao, B. (2005) J. Mol. Catal. A: Chem., 233, 91-97.

第5章 过渡金属催化烯烃
聚合的惰性组分

5.1 前言

在过渡金属催化烯烃聚合反应中，催化剂的能力取决于活性组分的数量、活性以及稳定性。在之前的章节中已经讨论过催化剂失活的影响因素。然而，即便不考虑失活且催化剂性能稳定，催化剂活性中心也不会一直具有活性。在很多情况下，活性和惰性组分间存在动态平衡，总活性取决于活性组分的比例。在金属茂络合物催化的聚合反应中，强配位阴离子可有效阻止单体配位，从而降低催化剂活性。三甲基铝通过形成 $[Cp_2Zr(\mu-R)(\mu-Me)AlMe_2]^+$ 型惰性甲基桥组分可抑制催化剂活性，阻止单体配位形成过渡金属。在丙烯以及高烯烃的 Ziegler-Natta 或者金属茂络合物催化的聚合反应中，通过二级（2,1）而非一级（1,2）单体插入形成惰性组分。在金属茂络合物中，η^3-丙烯基中间体也会形成惰性组分。本章主要介绍过渡金属催化烯烃聚合反应中惰性组分的形成和影响作用。本章中关于形成惰性组分的重要观点是：如果活性和惰性组分之间的相互转化速率相对较快，那么该惰性组分仅会影响总反应速率常数而非催化剂的衰减。

5.2 Ziegler-Natta 催化剂

5.2.1 乙烯聚合反应

惰性组分的形成是临氢催化乙烯聚合反应中催化剂活性降低的原因。Kissin 认为氢气的速率降低效应是由乙烯插入到 Ti—H 键形成 Ti—CH$_2$CH$_3$ 造成的[1-4]。活性降低则是由于 Ti 和 CH$_3$ 氢原子之间的相互作用。临氘下 C$_2$H$_3$D 的形成是由于 Ti—CH$_2$CH$_2$D 分解成 Ti—H 和 CH$_2$=CHD。在乙烯-α 烯烃的共聚反应中，α 烯烃插入到 Ti—H 键作为链引发反应也是这种观点的证据。然而，Garoff 等认为，Ziegler-Natta 催化乙烯聚合中的氢气效应并不能支持 Kissin 的观点[5]，相反，氢气的存在能减缓催化剂失活，尤其是 Ti 存在形式是 Ti(Ⅳ)的催化剂。

在第4章已提到，钒 Ziegler-Natta 催化剂对氢气很敏感。Mikenas 等认为临氢下 VCl$_4$/MgCl$_2$ 或 VOCl$_3$/MgCl$_2$ 的活性降低是由于钒氢化物和助催化剂 AlR$_3$ 之间发生交换反应，生成 AlR$_2$H 所造成的[6~8]，该氢化物会形成 V(μ-Pol)(μ-H)AlR$_2$ 型惰性组分进而堵塞活性中心。

5.2.2 丙烯聚合反应

相比乙烯聚合反应，Ziegler-Natta 催化丙烯聚合反应中，氢气的存在会极大地增加催化剂活性。Guastalla 和 Giannini 发现，在 MgCl$_2$/TiCl-AlEt$_3$ 催化体系中，氢气的存在会使丙烯聚合反应速率提高150%，而降低乙烯聚合反应速率[9]。对于 Ziegler-Natta 催化剂，普遍观点认为，在丙烯聚合反应中，氢气具有活化作用是因为在惰性(2,1)-插入点发生链传递反应而使活性中心得到再生。传递反应发生在一级单体插入，而二级单体插入会在部分金属原子上形成具有空间位阻作用的 $Ti-CH(CH_3)-CH_2-R$，极大地降低了链增长速率。Busico 等认为，在 $MgCl_2/TiCl_4/$邻苯二甲酸二辛酯和 $AlEt_3PhSi(OEt)_3$ 催化体系中，10%~30%的活性中心位于惰性(2,1)-插入点。Tsutsui 等发现，金属茂合物催化丙烯聚合反应中，氢气活化作用会伴随具有丁基终止单元长链比例的增大[11]：

$$M-CH(CH_3)CH_2[CH_2CH(CH_3)]_nPr+H_2 \longrightarrow M-H+nBuCH(CH_3)[CH_2CH(CH_3)]_{n-1}Pr$$

一级插入反应后会发生氢气的链转移反应，生成异构丁基作为终止单元的长链：

$$M-CH_2CH(CH_3)[CH_2CH(CH_3)]_nPr+H_2 \longrightarrow M-H+iBuCH(CH_3)[CH_2CH(CH_3)]_{n-1}Pr$$

^{13}C NMR 是一种极有效的技术，可以确定以正构和异构丁基分别为终止单体链的相对比例。由于惰性(2,1)-插入点的平衡浓度较高，正丁基链的比例会随氢气浓度的降低而停止增长[12]。在 $MgCl_2/TiCl_4/$二醚-$AlEt_3$ 催化体系中，正丁基链的比例会更高，这正好解释了氢气对含有二醚为内给电子体的催化剂的促进作用[13]。如果没有氢气，(2,1)插入点就会成为聚合物链的一部分。链浓度一般都会低于最低限值，但是通过 ^{13}C NMR 技术分析丙烯和 $1-^{13}C$ 乙烯可得到(2,1)插入点的精确数值[14-15]。乙烯比丙烯能更快地插入到(2,1)中心位，因此丙烯聚合反应中的定向选择可通过测定两侧含有丙烯单体的富含 ^{13}C 的乙烯单体而获得[16]。通过这种技术最终可知丙烯聚合物的相对分子质量分布情况。高配向活性组分的存在会导致生成高相对分子质量的聚合物片段。

将丙烯插入到 $Ti-H$ 键中，(2,1)插入点的可能性更大些。当发生一系列(1,2)插入点反应时，会生成(2,3)-二甲基丁基终止单元，它的比例对于金属茂合物[17-18]和 Ziegler-Natta[19] 催化丙烯聚合反应非常重要。有学者认为，氢气的活化作用与 $Ti-$异构丙基单元的氢解作用有关[20]，但这似乎不太可能，因为在这种情况下，氢气会同时涉及到惰性物种的生成和除去。

在 Ziegler-Natta 催化的丙烯聚合反应中，还没有发现亚乙烯基群组，即$-[CH_2CH(CH_3)]_m-CH_2C(=CH_2)-[CH_2CH(CH_3)]_n-$[19]。在5.3.4节中，使用金属茂合物催化制备聚合物时会发现这种结构，这是由 β—H 消去步骤后形成惰性 η^3-丙烯基组分所造成。

5.3 茂金属和相关早期过渡金属催化剂

5.3.1 阴阳离子间的相互作用

茂金属催化剂的活化作用可促使生成 $[Cp_2ZrR]^+$ 型阳离子复合物。但 Bochmann 发现茂金属催化烯烃聚合反应会涉及到一系列不同的静止态和平衡态[21]。每个静止态可认为是一种惰性组分且最重要的因素是配位离子的配位度。[B(C₆F₅)₄]⁻容易成为非配位阴离子，但多数情况下金属和 F 之间的相互作用是可以检测出来的。Mark 和他的团队测定了多种硼酸盐阴离子和 Zr 离子配位的相对能力并发现聚合活性取决于阴阳离子配位的紧密度[22]。Brinzinger 发现[Cp₂ZrMe⁺⋯MeB(C₆F₅)₃]⁻电子对会被[MeB(C₆F₅)₃]⁻中的 PR3 取代且烯烃仅会从茂锆烷基阳离子中的小部分平衡组成中取代硼酸盐阴离子[23]。问题是在阴离子给出临时惰性离子对进行再配位之前有多少连续烯烃发生插入反应。之后又研究了在相对较弱的配位路易斯碱如二甲基苯胺存在下，[MeB(C₆F₅)₃]⁻阴离子取代茂锆甲基阳离子[24]。结果表明路易斯碱和阴离子之间以 S$_N$2 型络合机理进行交换且生成路易斯碱和锆配位的五配位中间体。研究者提出了"间断性"烯烃聚合模型，即烯烃取代配位离子并不常见，阴离子发生再配位之前会发生传递反应。阴离子取代反应的速率常数会随金属中心周围的空间位阻增大作用而降低且可能导致出现聚合反应中的可见诱导期，尤其是在丙烯聚合反应中，这种空间相互作用会阻止形成五配位中间体。停流实验证实了丙烯聚合反应中存在诱导期[25]。

Brintzinger 还报道了在茂锆硼酸盐体系中阴离子和[B(C₆F₅)₄]⁻发生取代和交换比和[MeB(C₆F₅)₃]⁻快 5000 倍，但他们也认为即便是非常弱的配位[B(C₆F₅)₄]⁻也会通过络合机理发生交换[26]。在非极性溶剂中，硼酸盐阴离子交换是通过离子聚合而非解离成溶剂自由离子进行的。Bochmann 等对(SBI)ZrCl₂/MAO 和(SBI)ZrMe₂/AliBu₃/[Ph₃C][CN{B(C₆F₅)₃}₂]催化丙烯停流聚合反应进行研究，SBI 代表 rac-Me₂Si(1-indenyl)₂[27]。动力学数据表明了相似的惰性组分比例，但 MAO 体系的传递速率比硼酸盐体系的慢 40 倍。这说明配位离子会极大地影响迁移单体插入环的能量且和整个插入序列中的阳离子密切相关。

Landis 发现，在 rac-Et(Ind)₂ZrMe₂/B(C₆F₅)₃催化己烯聚合反应中，添加[PhNMe₃][MeB(C₆F₅)₃]对传递速率没有影响且自由离子不是主要的传递组分[28]。低温下的 NMR 实验证实了连续而非间断聚合机理[29]。考虑到这些结论，Bochmann 提出了不同聚合体系存在不同的动力学体制[30]。连续模型适用于单体插入慢于离子交换的反应，如己烯聚合反应。另外，阴离子取代反应后会发生一系列单体插入反应，然后阴离子的再联结会打断链增长，这就是间断模型，它适用于单体插入快于离子交换的反应中如乙烯和丙烯聚合反应。图 5.1 和图 5.2 是两种反应机理的说明图[31]。在低活性的"连续"传递模型中（见图 5.1），单体插入后会发生阴离子再联结。但是在插入步骤后阴离子再配位并和金属中心形成紧密的离子对的机理并不适合阴离子如[B(C₆F₅)₄]⁻。在这种情况下，阴离子会在溶剂笼之间形成外层离子对，如图 5.2 所示，且每个插入步骤会涉及到阴阳离子间距离的变化。在这种情况下，抓氢金属和甲基之间的相互作用会先于离子再配位，并形成催化剂的静止态[32]。

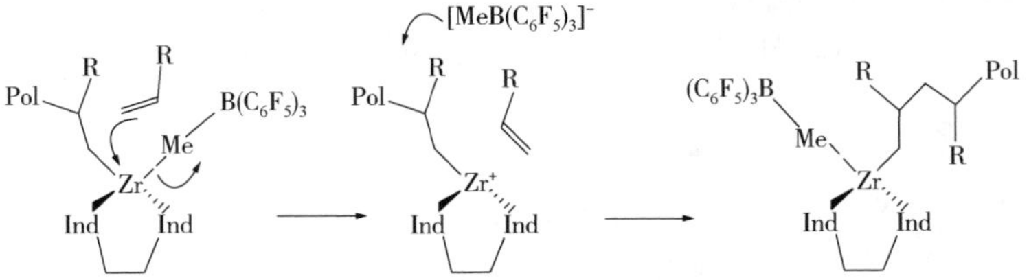

图 5.1 低活性茂金属催化聚合反应的内层离子对

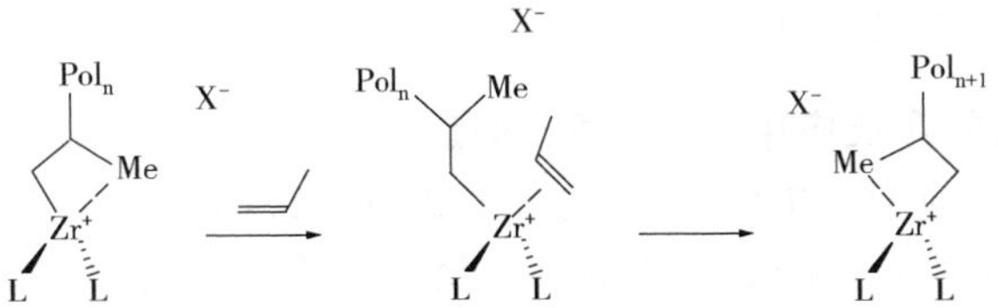

图 5.2 高活性茂金属催化聚合反应的外层离子对

茂金属催化聚合反应中的反离子效应主要取决于溶剂极性。例如，Marks 发现 $Me_2C(Cp)(Flu)ZrMe_2$ 物质 1（见图 5.3）催化丙烯聚合反应中，作为溶剂的 1,3-二氯苯会取代辛烷且不同的催化剂会增加活性，降低聚丙烯链的立体规整性对催化剂性质的依赖，这是在极性溶剂中弱离子对效应的结果[33]。Deffieux 的早期研究认为，$rac\text{-}Et(Ind)_2ZrCl_2$ 物质 2（见图 5.3）催化己烯聚合反应，作为溶剂的二氯甲烷会取代甲苯且 MAO 具有较高活性，可在相对低 MAO/Zr 比例下有效活化茂锆化合物[34]。Sacchi 发现，在 $rac\text{-}Et(Ind)_2ZrCl_2$/MAO 催化乙烯共聚反应中，增加 CH_2Cl_2/甲苯混合溶剂中 CH_2Cl_2 的含量会促进乙烯合并[35]。这是由于在高极性溶剂中，阴阳离子分开的越彻底，就越容易接近活性中心。丙烯/己烯共聚反应的溶剂效应说明，相比二氯苯，在甲苯溶剂中己烯合并作用会减弱[36-37]。

5.3.2 AlMe₃的作用

第 2 章已经讨论过 $AlMe_3$ 通过生成 $[Cp_2Zr(\mu\text{-}R)(\mu\text{-}Me)AlMe_2]^+$ 物质 3（见图 5.4）型惰性烷基桥组分抑制茂金属催化烯烃聚合反应速率。聚合反应活性取决于体系中 $AlMe_3$ 的数量，它会成为 MAO 的组成部分。$AlMe_3$ 可以抑制反应速率，因此它是一种具有高稳定性和低聚合活性的组分，如 $[Cp_2Hf(\mu\text{-}R)(\mu\text{-}Me)AlMe_2]^+$[38]。DFT 计算表明，在 MAO 混合催化的聚合反应中，这种组分比它们的茂锆类似物更稳定，可得到更大比例的惰性组分[39]。解决 MAO 中有"自由" $AlMe_3$ 的简单而有效的方法是使 MAO 和具有空间位阻作用的苯酚如丁基苯酚或丁基甲基苯酚相接触[40]。苯酚不和金属离子反应，它和三甲基铝的反应产物 $MeAl(OAr)_2$ 是聚合反应中的有效清除剂[41]。增大烷基组的尺寸不利于烷基铝和 $[Cp_2$

M—Pol]⁺的联结。当存在 R = Et 而非 Me，式(5.1)的反应平衡就会向左移动[30]。

$$[Cp_2MR]^+ + AlR_3 \rightleftharpoons [Cp_2M(\mu-R)_2AlR_2]^+ \qquad (5.1)$$

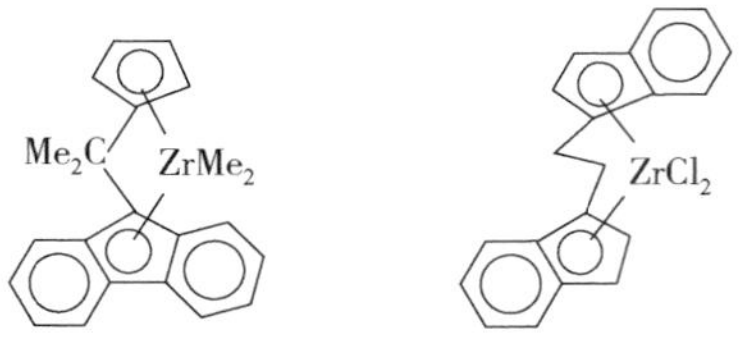

图 5.3　物质 1、物质 2　　　　图 5.4　物质 3

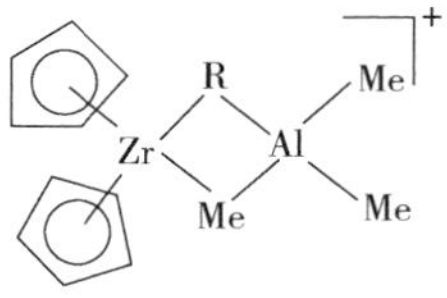

5.3.3　丙烯聚合反应中(2,1)插入效应

在丙烯聚合反应中，单体能插入到(1,2)或(2,1)位生成一级(p)或二级(s)烷基产物。正如 Ziegler-Natta 催化剂，以茂金属络合物为催化剂，主要插入模型是一级(1,2)插入。(2,1)插入不常见，但对聚合反应动力学有很重要的影响。一个(2,1)插入位可提供一个惰性点，该惰性对进一步的丙烯插入活性较低但易进行临氢链转移反应，使得活性物种再生[11]。Busico 推测，在 60℃ 的 rac-Et(Ind)₂ZrCl₂/MAO 催化丙烯聚合反应中，约 90% 的催化中心位于惰性(2,1)插入点[42]。(2,1)插入点能生成 −CH₂CH(Me)−CH(Me)−CH₂−CH₂−CH(Me)− 和 −CH₂−CH(Me)−CH₂−CH₂−CH₂−CH₂−CH(Me)，并且可降低链传递反应。后者是(2,1)到(3,1)单元异构化的结果，如图 5.5 所示[43~46]。

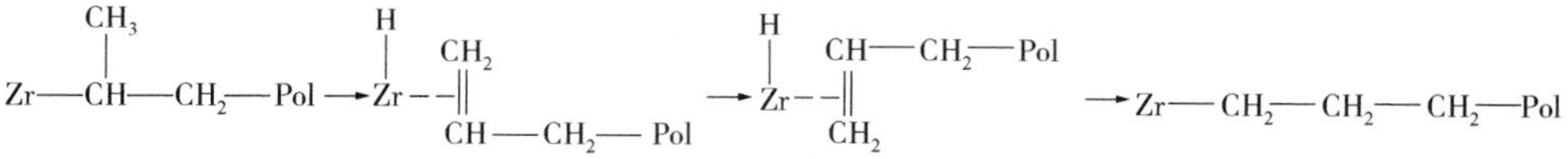

图 5.5　(2,1)到(3,1)单元异构化的结果

在 rac-Me₂Si(3-MeCp)₂TiCl₂/MAO 催化的聚丙烯合成反应中，存在大量的(3,1)插入单元，但 Zr 和 Hf 复合体主要提供(2,1)插入位[47]。在非临氢下，(2,1)插入位就有传递反应活性，(3,1)插入位就有异构化反应活性。(2,1)插入位的延迟效应对较大的单体更为明显。在 1-丁烯聚合反应中可发现氢气活化效应，惰性组分会通过链转移进行被再活化，聚合物链中的(4,1)而非(2,1)插入单元经过不规则插入后，就处于高度静止状态，且(4,1)单元通过一系列 β—H 消去反应和再插入进行异构化[48]。

(2,1)插入降低传递反应的程度不仅取决于发生频率还与(2,1)插入组分通过链转移、异构化或单体插入转化为活性组分有关(k_{sp}/k_{ps}，见图 5.6)。如果 k_{sp}/k_{ps} 比例足够低，少量的(2,1)缺陷位就能有效抑制催化剂活性[49]。5.2.2 节已指出乙烯比丙烯能更快地插入到(2,1)插入链中。Busico 等为了测定不规则插入的含量和影响，在存在少量 1-^{13}C-乙烯下，用 rac-Me$_2$Si(Ind)$_2$ZrCl$_2$物质 4(见图 5.7) 和 rac-Me$_2$Si(2-Me-4-Ph-Ind)$_2$ZrCl$_2$物质 5(见图 5.7) 催化丙烯聚合反应[49]。结果表明，催化剂 4 在(2,1)插入后的静止态更显著，这和催化剂 4 活性低于催化剂 5 相一致。临氢聚丙烯的制备过程中会检测到不规则(2,1)单元也说明了催化剂 5 的相对低静止态[50]。在单环戊二烯基如[Cp*TiMe$_2$][MeB(C$_6$F$_5$)$_3$]复合物中应注意到(2,1)插入后可能被忽视的静止态[51]。与茂金属络合物相比，这种聚合物的活性不会因添加氢气而增大。

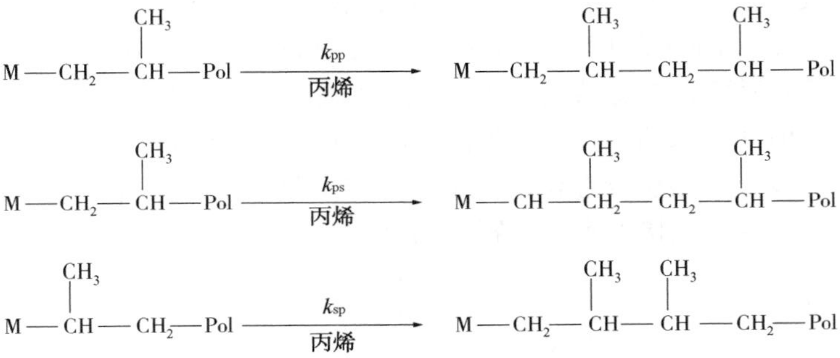

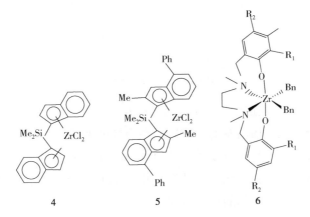

图 5.6　丙烯聚合反应中一级和二级插入反应

图 5.7　物质 4、物质 5、物质 6

Busico 认为，添加少量氢气或乙烯就会提高催化剂活性以及(2,1)单元易异构成(3,2)单元是丙烯聚合反应高静止态的重要指标[52]。在 Ziegler-Natta 和茂金属络合物催化丙烯聚合反应中，临时(2,1)插入会形成静止位是常见的现象。添加少量氢气或乙烯会增加(2-PhInd)$_2$ZrCl$_2$/MAO 催化丙烯聚合反应的活性[53]。然而，Landis 发现，在-80℃时，丙烯插入到活性组分[rac-Et(Ind)$_2$ZrBu][MeB(C$_6$F$_5$)$_3$]的 Zr—nBu 和 Zr—sBu 键中具有相似的速率[54]，且和二级烷基锆发生氢解的速率是一级烷基锆的 100 倍。MAO/二丁基苯酚活化非茂金属催化剂 6(Bn

是苯甲基；R_1是异丙苯基；R_2是甲基，见图5.7)可增大反应速率[52]。该体系在(2,1)-丙烯插入后呈现出休眠的整体趋势，k_{sp}/k_{pp}比值约为0.03。

在丙烯聚合反应中，非临氢的(2,1)插入单元不仅能异构成(3,1)单元，还能导致链终止。Mulhaupt 等发现，MAO 活化 rac-Me$_2$Si(Benz[e]Indenyl)$_2$ZrCl$_2$物质7(见图5.8)催化丙烯聚合反应会生成2-丁烯基端基[55]。聚合物相对分子质量和丙烯浓度无关，这说明链转移反应是在(2,1)插入后 β—H 转移到单体进行的。复合物8(见图5.8)中2-甲基取代基的引入降低了单体链转移反应的发生率，进而获得更高聚合物相对分子质量。添加氢气会增大活性并减少聚合物链中的(2,1)缺陷位以及(2,1)插入后的水解作用，会获得重要比例的 n-丁基端基链。Sacchi 研究了聚丙烯的微观结构对不同茂金属络合物活化氢气的影响[56]。氢气活化很常见，但和丁基端基没有清晰的关联，且氢气的链转移反应并不是氢活化的唯一解释。茂金属络合物催化丙烯聚合反应中氢活化是由 η^3-烯丙基惰性组分的再活化造成，这会在接下来的内容中加以讨论。

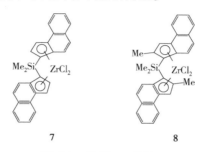

图5.8　物质7、物质8

5.3.4　丙烯聚合反应中 η^3-烯丙基的作用

Teuben 报道了 η^3-烯丙基的形成以及在丙烯低聚反应中单体和异丁烯的烯丙基 C—H 键活化，最终形成惰性烯丙基组分[Cp$_2^*$Zr(η^3-C$_3$H$_5$)]$^+$和[Cp$_2^*$Zr(η^3-C$_4$H$_7$)]$^+$[57]。添加氢气会活化烯丙基复合物。Richardson 研究了[Cp$_2$ZrMe]$^+$和丙烯的气相反应中甲代烯丙基的形成过程[58]。

$$[Cp_2ZrMe]^+ + C_3H_6 \longrightarrow [Cp_2Zr(\eta^3\text{-}C_4H_7)]^+ + H_2$$

在上述反应中会生成氢气，且 Karol 认为在茂金属络合物催化的烯烃聚合反应中会同时生成氢气和烯丙基中间体[59]。烯丙基中间体会导致在聚合物链中生成茂金属不饱和侧基。在络合物催化丙烯聚合反应中确实会发生析氢反应，且 Resconi 提出聚合物中的内部亚乙烯基结构是通过如图5.9所示的机理生成的[60]。Ziegler 等研究了相关机理并提出生成二氢丙烯基聚合物是茂金属络合物及相关催化剂的一个特征，且该过程可被过量氢气所逆转[61~63]。Brintzinge 的实验和理论研究表明，烯烃聚合过程中生成的茂锆-烯丙基组分可通过和烷基铝交换或烯烃插入到 Zr-烯丙基键进行再活化[64]。烯烃插入到 Zr-烯丙基中的速率比插入到 Zr-烷基中慢一倍。通过单体插入进行再活化的速率慢于和氢气反应。

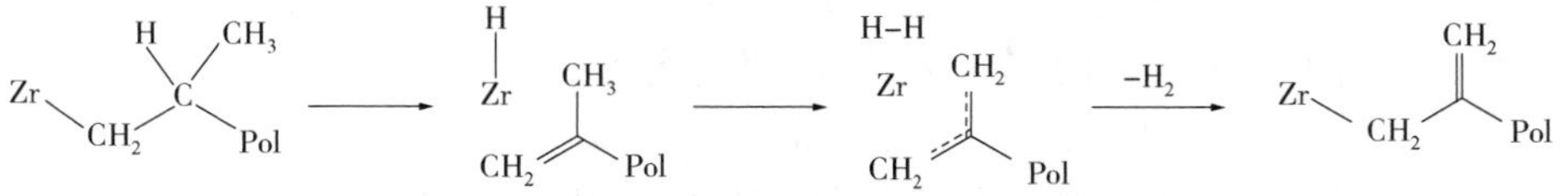

图 5.9 茂金属络合物催化丙烯聚合反应内部亚乙烯基单元的生成过程

烯烃和共轭二烯的共聚反应也会生成惰性 η³-烯丙基[65~66]。Ishihara 和 Shiono 发现，rac-Me₂Si(2-Me-4-Ph-Ind)₂ZrCl₂ 和 MMAO 催化丙烯和 1,3-丁二烯的共聚反应具有较低活性，但若加入氢气，活性就会增加 3 倍[65]。在非临氢下制备聚合物会因 1,2 和 1,4-丁二烯插入生成烯烃群组。在临氢下，1,2-丁二烯插入会生成不饱和侧基，但 1,4 插入会通过惰性组分 η³-烯丙基的氢解反应生成饱和—(CH₂)₄—单元。

5.3.5 丙烯聚合反应中的链差向异构化作用

Busico 和 Cipullo 发现用 Ansa-茂金属络合物催化链烯烃聚合反应存在一个有趣现象，即聚合物等规度会随单体浓度的降低而降低[67~68]。这主要由最后插入的单体单元发生差向异构化反应所造成，而这种反应会在低单体浓度下与链传递反应竞争。差向异构化反应如图 5.10 所示。

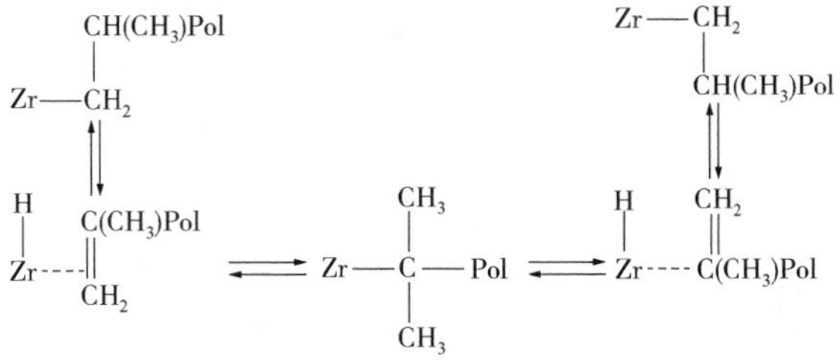

图 5.10 茂金属络合物催化丙烯聚合反应中最后插入的单体单元的差向异构化反应

Resconi 根据茂锆二氢烯丙基复合物的可逆形成，提出了链端差向异构化反应的另一种机理[69~70]。

正如之前章节中提到的，烯丙基中间体和不饱和侧基的生成有关，但目前较多的研究表明这种机理不涉及到链端差向异构化反应[71]。Yoder 和 Bercaw 采用 CH₂CD₁₃CH₃ 作为标记物，证实了如 Busico 和 Cipullo 所提出的会发生差向异构化反应。如图 5.10 所示，这种机理涉及到 β—H 消去反应，烯烃旋转和插入进而生成叔烷基中间体。

5.3.6 惰性点对聚合反应动力学的影响

烯烃催化聚合反应速率如公式(5.2)所示，C 代表活性中心浓度，M 代表单体浓度。

$$R_p = k_p [C][M]^n \tag{5.2}$$

单体的反应级数介于 1~2 之间。例如，Mulhaupt 发现茂锆催化丙烯聚合反应的反应级数为 1.7，这可能是由于丙烯会参与到惰性和活性中心之间的平衡所造成[55]。

Fait 提出了单中心，两态催化剂的动力学模型[72]：

$$R_p = k_{p,\text{fast}} [C_{\text{fast}}][M] + k_{p,\text{slow}} [C_{\text{slow}}][M] \tag{5.3}$$

在增长链中，较快和较慢传递组分会有所不用，r-抓氢中间体比 β 静止态具有更高的活性。Ystenes 提出了单体高反应级数的机理，该机理认为第二个单体分子会引发单体插入反应[73]。然而，Busico 并不认可这种说法，他认为链传递反应和链末端的差向异构化反应都是一级反应。催化组分的传递态和静止态之间的相互转化仍然是对反应级数大于 1 的最合理的解释。

5.4 后过渡金属催化剂

5.4.1 镍二亚胺催化聚合反应中的静止态

阳离子 α-二亚胺镍和钯复合物催化乙烯聚合反应中的静止态是图 5.11 左边的烷基乙烯复合物[75]。烷基乙烯复合物的迁移插入反应是手性决定步骤，且乙烯的链增长是 0 级反应。插入反应之后会生成的 β-抓氢组分会发生一系列 β-氢化物的消去反应，进而导致金属在聚合物链中的迁移。这种链迁移机理最终会生成具有支链的聚合物。

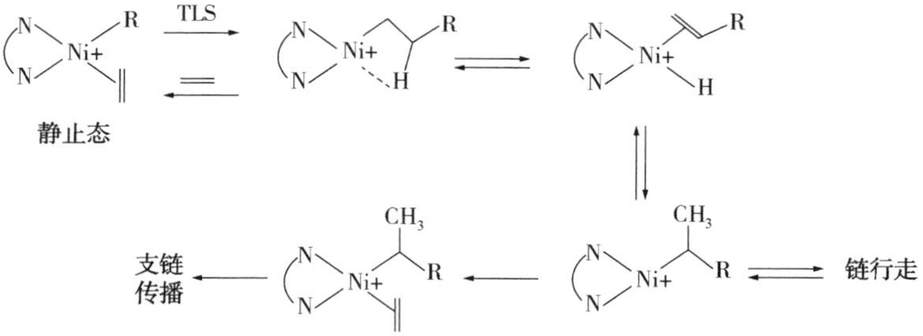

图 5.11 镍二亚胺复合物催化乙烯聚合反应中的静止态和支链生成过程

5.4.2 亚胺基吡啶铁复合物催化聚合反应中氢气的作用

在本章和以前的章节中，烯烃聚合反应中主要通过使用氢气作为链迁移剂来控制相对分子质量。在丙烯聚合反应中，氢气的存在会增加活性，但在乙烯聚合反应中，氢气会降低活性。然而，在亚胺基吡啶铁复合物催化乙烯聚合反应中，氢气的存在会极大地增大活性[76~78]。Zakharov 提出，氢气活化作用是指通过链转移反应惰性组分发生如图 5.12 所示[79~80]的反应。铁催化聚合反应的活化效应是由 η³-烯丙基的氢解反应造成的，如图 5.13 所示[81]。η³-烯丙基复合物的生成伴随着链反应的终止，但是氢气的存在会使 η³-烯丙基复合物发生氢解反应且再活化活性中心，终止链转移反应。这也许可以解释双亚胺基吡啶铁催化聚乙烯反应中聚乙烯相对分子质量对氢气压力不敏感，除非存在 α-烯烃如 1-己烯，这是因为在烯烃和氢气的共同作用下会降低聚乙烯相对分子质量[81]。

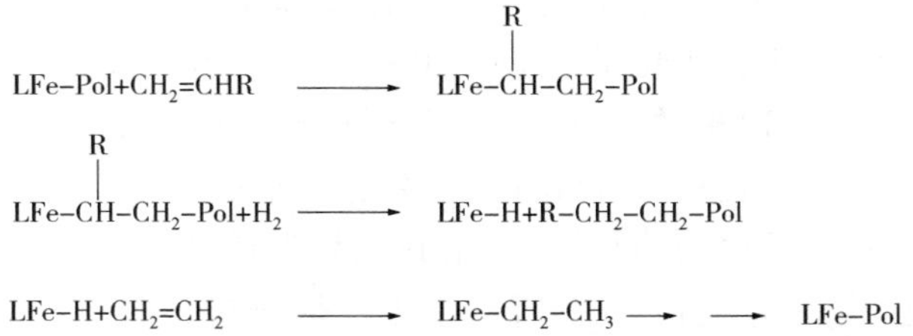

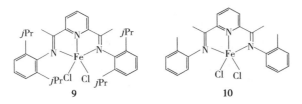

图 5.12　临氢下铁催化聚合反应通过链转移反应再活化惰性(2,1)插入位

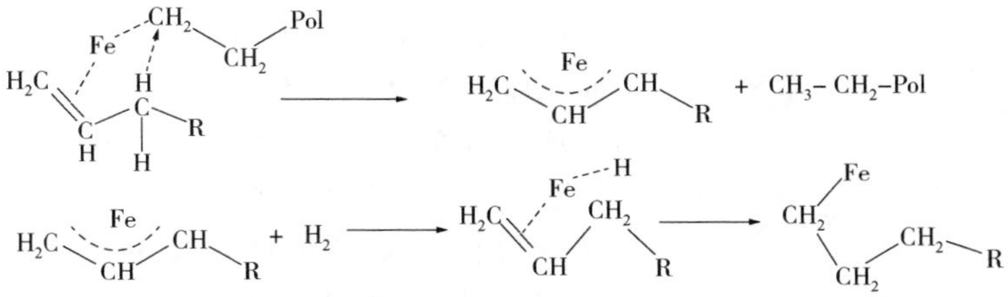

图 5.13　临氢下铁催化聚合反应 η^3-烯丙基复合物的生成和再生过程

通过研究多种以氯化镁为载体的 $LFeCl_2$ 型亚胺基吡啶铁催化剂发现，氢气的作用取决于配体 L 的位阻效应[82]。复合物 9(见图 5.14)中聚乙烯相对分子质量会随氢气压力的增大而降低。相反地，在乙烯和复合物 10(见图 5.14)的低聚反应中，氢气的存在会增大反应物相对分子质量，最终生成较少的低相对分子质量聚合物和低聚物。考虑到这些多活性中心催化剂以及通过链转移反应发生的氢气活化作用，部分低聚物活性组分的失活可能有利于增大临氢下铁催化剂的活性。

图 5.14　物质 9、物质 10

5.5　烯烃聚合反应中的可逆链转移反应

二乙基锌是 Ziegler-Natta 催化烯烃聚合反应中有效的链转移剂。最近，它被用在均相前后过渡金属催化剂中[84~88]。在茂锆催化聚合反应中，低相对分子质量 ZnR_2 的生成伴随着活性的降低，这是由于生成了 $[L_2Zr(\mu\text{-alkyl})(\mu\text{-R})ZnR]^+$ 型异双核加合物[85]。这些加合物的稳定性有助于 Zr 链转移成 Zn 链。

如果链转移反应是可逆的，也就是说链转移反应可以很快地、可逆地在活性金属中心和非活性主金属或其他惰性组分之间转换，那么这个过程称为衰减性或配位性链转移聚合反应（CCTP）。如果链转移反应的速率比传递速率快很多倍，那么过渡和主金属中心仍以相同的速率参加链传递反应。Sita 证实了当将锆脒基物质 11（见图 5.15）用于少于化学计量的 [PhNMe$_2$H][B(C$_6$F$_5$)$_4$] 型硼酸盐催化剂中，可发生衰减性链传递聚合反应，使部分复合物转化成活性阳离子组分[89]。在活性和惰性组分之间的快速且可逆链转移反应见式（5.4），生成的聚合物具有较窄的分散性。最近，研究者同时使用铪脒基和少量 ZnR$_2$ 去催化乙烯、α-烯烃和非共轭二烯烃活性聚合反应[90]。每一个聚乙烯链包含一个异丙基和一个非侧端基，证实了 ZniPr$_2$ 催化链增长反应中 Zn 作为"替代"中心参与反应。

$$[L_2ZrR]^+ + [L_2ZrR_2] \longleftrightarrow [L_2ZrR_2] + [L_2ZrR]^+ \tag{5.4}$$

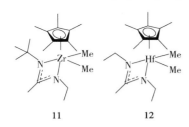

Gibson 认为，在 MAO、约 500 当量 ZnEt$_2$ 及亚胺基吡啶铁共同催化配位链转移聚合反应中，可生成窄分布的低相对分子质量聚乙烯。键解离能受金属中心、降低桥烷基键的大体积配体及可逆链周围的位阻环境的影响较大。Mortreux 认为，同时使用烷和茂金属如 (C$_5$Me$_5$)$_2$NdCl$_2$Li(OEt)$_2$ 也能催化镁配位链转移聚合反应[91]。

图 5.15　物质 11、物质 12

烯烃聚合反应中的可逆链转移反应中，最重要的发现就是 Dow 化学公司通过链穿梭聚合反应生成嵌段共聚物[92~93]。它涉及在相对较高温度下（>120℃），两种过渡金属为催化剂，ZnEt$_2$ 为链穿梭剂的乙烯/α-烯烃的共聚反应。一种催化剂 13（见图 5.16）促进低共聚单体的合并进而生成硬结晶聚乙烯段，而另一种催化剂 14（见图 5.16）促进高共聚单体的合并且生成软聚乙烯段。Zn 烷基的存在会促进增长链的可逆转移并生成多块共聚物。

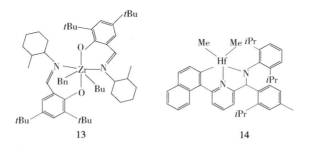

图 5.16　物质 13、物质 14

5.6　结语

在催化烯烃聚合反应中，惰性组分对催化剂的活性及聚合物的结构和性质有重要的影响。在 Ziegler-Natta 催化的丙烯聚合反应中，单体的临时（2,1）而非常（1,2）插入会降低链转移反应的速率。而在临氢下，惰性（2,1）插入中心处的链转移反应会活化活性组分而获得更高的活性，甚至较少的(2,1)插入就会对聚丙烯相对分子质量和相对分子质量分布有重要影响。在茂金属催化的聚合反应中，惰性组分也能通过脱除氢气而生成 η^3-烯丙基组分。这些异构化反应涉及到 β—H 的消去反应，烯烃旋转和 Zr—H 键的再插入。

高活性茂金属催化烯烃聚合反应中的静止态涉及到一系列抓氢键之间的相互作用。在低活性体系中，例如当存在强配位阴离子或 AlMe$_3$，惰性组分如[Cp$_2$ZrMe$^+$···MeB(C$_6$F$_5$)$_3$]或[Cp$_2$Zr(μ-R)(μ-Me)AlMe$_2$]$^+$[X]$^-$会阻止单体向过渡金属中心配位。镍和钯的二亚胺复合物发生聚合反应的惰性状态是指烷基金属和乙烯之间的复合物。单体插入会形成 β 抓氢组分，进而发生一系列 β—脱氢反应，生成支链。

在烯烃聚合反应中，惰性位具有重要作用。在这个过程中，在不同活性过渡金属中心和非活性主组金属之间的快速且可逆链转移反应会生成由晶体和无定形链段交替组成的乙烯或 α—烯烃的多嵌段共聚物。

参 考 文 献

[1] Kissin, Y. V., Mink, R. I., and Nowlin, T. E. (1999) J. Polym. Sci., Part A：Polym. Chem., 37, 4255-4272.
[2] Kissin, Y. V. and Brandolini, A. J. (1999) J. Polym. Sci., Part A：Polym. Chem., 37, 4273-4280.
[3] Kissin, Y. V., Mink, R. I., Nowlin, T. E., and Brandolini, A. J. (1999) J. Polym. Sci., Part A：Polym. Chem., 37, 4281-4294.
[4] Kissin, Y. V. (2002) Macromol. Theory Simul., 11, 67-76.
[5] Garoff, T., Johansson, S., Pesonen, K., Waldvogel, P., and Lindgren, D. (2002) Eur. Polym. J., 38, 121-132.
[6] Mikenas, T. B., Zakharov, V. A., Echevskaya, L. G., and Matsko, M. A. (2000) Polimery, 45, 349-352.
[7] Mikenas, T. B., Zakharov, V. A., Echevskaya, L. G., and Matsko, M. A. (2001) Macromol. Chem. Phys., 202, 475-481.
[8] Matsko, M. A., Bukatov, G. D., Mikenas, T. B., and Zakharov, V. A. (2001) Macromol. Chem. Phys., 202, 1435-1439.
[9] Guastalla, G. and Giannini, U. (1983) Makromol. Chem., Rapid Commun., 4, 519-527.
[10] Busico, V., Cipullo, R., and Corradini, P. (1992 Makromol. Chem., Rapid Commun., 13, 15-20.
[11] Tsutsui, T., Kashiwa, N., and Mizuno, A. (1990) Makromol. Chem., Rapid Commun., 11, 565-570.
[12] Chadwick, J. C., van Kessel, G. M. M., and Sudmeijer, O. (1995) Macromol. Chem. Phys., 196, 1431-1437.
[13] Chadwick, J. C., Morini, G., Albizzati, E., Balbontin, G., Mingozzi, I., Cristofori, A., Sudmeijer, O., and van Kessel, G. M. M. (1996) Macromol. Chem. Phys., 197, 2501-2510.
[14] Busico, V., Cipullo, R., Polzone, C., Talarico, G., and Chadwick, J. C. (2003) Macromolecules, 36, 2616-2622.
[15] Busico, V., Chadwick, J. C., Cipullo, R., Ronca, S., and Talarico, G. (2004) Macromolecules, 37, 7437-7443.
[16] Chadwick, J. C., van der Burgt, F. P. T. J., Rastogi, S., Busico, V., Cipullo, R., Talarico, G., and Heere, J. J. R. (2004) Macromolecules, 37, 9722-9727.
[17] Moscardi, G., Piemontesi, F., and Resconi, L. (1999) Organometallics, 18, 5264-5275.
[18] Randall, J. C., Ruff, C. J., Vizzini, J. C., Speca, A. N., and Burkhardt, T. J. (1999) Metalorganic Catalysts for Synthesis and Polymerization(ed W. Kaminsky), Springer, Berlin, pp. 601-615.
[19] Chadwick, J. C., Heere, J. J. R., and Sudmeijer, O. (2000) Macromol. Chem. Phys., 201, 1846-1852.
[20] Kissin, Y. V. and Rishina, L. A. (2002) J. Polym. Sci., Part A：Polym. Chem., 40, 1353-1365.
[21] Bochmann, M. (1996) J. Chem. Soc., Dalton Trans., 255-270.
[22] Jia, L., Yang, X., Stern, C. L., and Marks, T. J. (1997) Organometallics, 16, 842-857.
[23] Beck, S., Prosenc, M. -H., and Brintzinger, H. H. (1998) J. Mol. Catal. A：Chem., 128, 41-52.
[24] Schaper, F., Geyer, A., and Brintzinger, H. H. (2002) Organometallics, 21, 473-483.
[25] Busico, V., Cipullo, R., and Esposito, V. (1999) Macromol. Rapid Commun., 20, 116-121.
[26] Beck, S., Lieber, S., Schaper, F., Geyer, A., and Brintzinger, H. H. (2001) J. Am. Chem. Soc., 123, 1483-1489.
[27] Song, F., Cannon, R. D., and Bochmann, M. (2003) J. Am. Chem. Soc., 125, 7641-7653.
[28] Liu, Z., Somsook, E., White, C. B., Rosaaen, K. A., and Landis, C. R. (2001) J. Am. Chem. Soc., 123, 11193-11207.
[29] Landis, C., Rosaaen, K. A., and Sillars, D. R. (2003) J. Am. Chem. Soc., 125, 1710-1711.
[30] Bochmann, M. (2004) J. Organometal. Chem., 689, 3982-3998.
[31] Bochmann, M., Cannon, R. D., and Song, F. (2006) Kinet. Catal., 47, 160-169.
[32] Song, F., Lancaster, S. J., Cannon, R. D., Schormann, M., Humphrey, S. M., Zuccaccia, C., Macchioni, A., and Bochmann, M. (2005) Organometallics, 24, 1315-1328.
[33] Chen, M. -C., Roberts, J. A. S., and Marks, T. J. (2004) J. Am. Chem. Soc., 126, 4605-4625.
[34] Coevoet, D., Cramail, H., and Deffieux, A. (1996) Macromol. Chem. Phys., 197, 855-867.

[35] Forlini, F., Fan, Z. -Q., Tritto, I., Locatelli, P., and Sacchi, M. C. (1997) Macromol. Chem. Phys., 198, 2397 – 2408.
[36] Forlini, F., Princi, E., Tritto, I., Sacchi, M. C., and Piemontesi, F. (2002) Macromol. Chem. Phys., 203, 645 – 652.
[37] Sacchi, M. C., Forlini, F., Losio, S., Tritto, I., and Locatelli, P. (2003) Macromol. Symp., 193, 45 – 56.
[38] Bryliakov, K. P., Talsi, E. P., Voskoboynikov, A. Z., Lancaster, S. J., and Bochmann, M. (2008) Organometallics, 27, 6333 – 6342.
[39] Busico, V., Cipullo, R., Pellecchia, R., Talarico, G., and Razavi, A. (2009) Macromolecules, 42, 1789 – 1791.
[40] Busico, V., Cipullo, R., Cutillo, F., Friederichs, N., Ronca, S., and Wang, B. (2003) J. Am. Chem. Soc., 125, 12402 – 12403.
[41] Stapleton, R. A., Galan, B. R., Collins, S., Simons, R. S., Garrison, J. C., and Youngs, W. J. (2003) J. Am. Chem. Soc., 125, 9246 – 9247.
[42] Busico, V., Cipullo, R., and Corradini, P. (1993 Macromol. Chem., Rapid Commun., 14, 97 – 103.
[43] Grassi, A., Zambelli, A., Resconi, L., Albizzati, E., and Mazzocchi, R. (1988) Macromolecules, 21, 617 – 622.
[44] Busico, V., Cipullo, R., Chadwick, J. C., Modder, J. F., and Sudmeijer, O. (1994) Macromolecules, 27, 7538 – 7543.
[45] Resconi, L., Fait, A., Piemontesi, F., Colonnesi, M., Rychlicki, H., and Zeigler, R. (1995) Macromolecules, 28, 6667 – 6676.
[46] Pilme, J., Busico, V., Cossi, M., and Talarico, G. (2007) J. Organometal. Chem., 692, 4227 – 4236.
[47] Yano, A., Yamada, S., and Akimoto, A. (1999) Macromol. Chem. Phys., 200, 1356 – 1362.
[48] Busico, V., Cipullo, R., Chadwick, J. C., and Borriello, A. (1995) Macromol. Rapid Commun., 16, 269 – 274.
[49] Busico, V., Cipullo, R., and Ronca, S. (2002) Macromolecules, 35, 1537 – 1542.
[50] Ewen, J. A., Elder, M. J., Jones, R. L., Rheingold, A. L., Liable – Sands, L. M., and Sommer, R. D. (2001) J. Am. Chem. Soc., 123, 4763 – 4773.
[51] Ewart, S. W., Parent, M. A., and Baird, M. C. (1999) J. Polym. Sci., PartA: Polym. Chem., 37, 4386 – 4389.
[52] Busico, V., Cipullo, R., Romanelli, V., Ronca, S., and Togrue, M. (2005) J. Am. Chem. Soc., 127, 1608 – 1609.
[53] Lin, S., Kravchenko, R., and Waymouth, R. M. (2000) J. Mol. Catal. A: Chem., 158, 423 – 427.
[54] Landis, C. R., Sillars, D. R., and Batterton, J. M. (2004) J. Am. Chem. Soc., 126, 8890 – 8891.
[55] Jungling, S., Mulhaupt, R., Stehling, U., Brintzinger, H. – H., Fischer, D., and Langhauser, F. (1995) J. Polym. Sci., PartA: Polym. Chem., 33, 1305 – 1317.
[56] Carvill, A., Tritto, I., Locatelli, P., and Sacchi, M. C. (1997) Macromolecules, 30, 7056 – 7062.
[57] Eshuis, J. J. W., Tan, Y. Y., Meetsma, A., Teuben, J. H., Renkema, J., and Evens, G. G. (1992) Organometallics, 11, 362 – 369.
[58] Richardson, D. E., Alameddin, N. G., Ryan, M. F., Hayes, T., Eyler, J. R., and Siedle, A. R. (1996) J. Am. Chem. Soc., 118, 11244 – 11253.
[59] Karol, F. J., Kao, S. –C., Wasserman, E. P., and Brady, R. C. (1997) New J. Chem., 21, 797 – 805.
[60] Resconi, L. (1999) J. Mol. Catal. A: Chem., 146, 167 – 178.
[61] Margl, P. M., Woo, T. K., Blochl, P. E., and Ziegler, T. (1998) J. Am. Chem. Soc., 120, 2174 — 2175.
[62] Margl, P. M., Woo, T. K., and Ziegler, T. (1998) Organometallics, 17, 4997 – 5002.
[63] Zhu, C. and Ziegler, T. (2003) Inorg. Chim. Acta, 345, 1 – 7.
[64] Lieber, S., Prosenc, M. –H., and Brintzinger, H. –H. (2000) Organometallics, 19, 377 – 387.
[65] Ishihara, T. and Shiono, T. (2005) J. Am. Chem. Soc., 127, 5774 – 5775.
[66] Niu, H. and Dong, J. –Y. (2007) Polymer, 48, 1533 – 1540.
[67] Busico, V. and Cipullo, R. (1994) J. Am. Chem. Soc., 116, 9329 – 9330.
[68] Busico, V. and Cipullo, R. (1995) J. Organometal. Chem., 497, 113 – 118.
[69] Leclerc, M. K. and Brintzinger, H. H. (1995) J. Am. Chem. Soc., 117, 1651 – 1652.
[70] Leclerc, M. K. and Brintzinger, H. H. (1996) J. Am. Chem. Soc., 118, 9024 – 9032.
[71] Yoder, J. C. and Bercaw, J. E. (2002) [J. Am. Chem. Soc., 124, 2548 – 2555.
[72] Fait, A., Resconi, L., Guerra, G., and Corradini, P. (1999) Macromolecules, 32, 2104 – 2109.
[73] Ystenes, M. (1991) J. Catal., 129, 383 – 401.
[74] Busico, V., Cipullo, R., Cutillo, F., and Vacatello, M. (2002) Macromolecules, 35, 349 – 354.
[75] Ittel, S. D., Johnson, L. K., and Brookhart, M. (2000) Chem. Rev., 100, 1169 – 1203.
[76] Huang, R., Liu, D., Wang, S., and Mao, B. (2004) Macromol. Chem. Phys., 205, 966 – 972.
[77] Mikenas, T. B., Zakharov, V. A., Echevskaya, L. G., and Matsko, M. A. (2005) J. Polym. Sci., Part A: Polym. Chem., 43, 2128 – 2133.
[78] Semikolenova, N. V., Zakharov, V. A., Paukshtis, E. A., and Danilova, I. G. (2005) Top. Catal., 32, 77 – 82.
[79] Zakharov, V. A., Semikolenova, N. V., Mikenas, T. B., Barabanov, A. A., Bukatov, G. D., Echevskaya, L. G., and Mats'ko, M. A. (2006) Kinet. Catal., 47, 303 – 312.
[80] Barabanov, A. A., Bukatov, G. D., Zakharov, V. A., Semikolenova, N. V., Mikenas, T. B., Echevskaja, L. G., and Matsko, M. A. (2006) Macromol. Chem. Phys., 207, 1368 – 1375.
[81] Mikenas, T. B., Zakharov, V. A., Echevskaya, L. G., and Matsko, M. A. (2007) J. Polym. Chem., Part A: Polym. Chem., 45, 5057 – 5066.
[82] Huang, R., Koning, C. E., and Chadwick, J. C. (2007) J. Polym. Chem., Part A: Polym. Chem., 45, 4054 – 4061.
[83] Boor, J. Jr. (1979) Ziegler–Natta Catalysts and Polymerizations, Academic, San Diego CA.
[84] Kim, J. D. and Soares, J. B. P. (1999) Macromol. Rapid Commun., 20, 347 – 350.
[85] Ni Bhriain, N., Brintzinger, H. –H., Ruchatz, D., and Fink, G. (2005) Macromolecules, 38, 2056 – 2063.

[86] Britovsek, G. J. P. , Cohen, S. A. , Gibson, V. C. , Maddox, P. J. , and van Meurs, M. (2002) Angew. Chem. Int. Ed. , 41, 489-491.

[87] Britovsek, G. J. P. , Cohen, S. A. , Gibson, V. C. , and van Meurs, M. (2004) J. Am. Chem. Soc. , 126, 10701-10712.

[88] van Meurs, M. , Britovsek, G. J. P. , Gibson, V. C. , and Cohen, S. A. (2005) J. Am. Chem. Soc. , 127, 9913-9923.

[89] Zhang, Y, Keaton, R. J. , and Sita, L. R. (2003) J. Am. Chem. Soc. , 125, 9062-9069.

[90] Zhang, W. , Wei, J. , and Sita, L. R. (2008) Macromolecules, 41, 7829-7833.

[91] Chenal, T. , Olonde, X. , Pelletier, J. -F. , Bujadoux, K. , and Mortreux, A. (2007) Polymer, 48, 1844-1856.

[92] Arriola, D. J. , Carnahan, E. M. , Hustad, P. D. , Kuhlman, R. L. , and Wenzel, T. T. (2006) Science, 312, 714-719.

[93] Hustad, P. D. , Kuhlman, R. L. , Arriola, D. J. , Carnahan, E. M. , and Wenzel, T. T. (2007) Macromolecules, 40, 7061-7064.

第6章 过渡金属催化的烯烃齐聚反应

6.1 前言

乙烯齐聚反应生产线型 1-烯烃代表了一种最重要的均相催化工业应用。例如 1-丁烯、1-己烯和 1-庚烯的烯烃作为共聚单体生产低密度聚乙烯。$C_6 \sim C_{10}$ 范围的烯烃可以作为增塑剂的起始原料，而 $C_{10} \sim C_{20}$ 范围的 1-烯烃可以作为表面活性剂和润滑油添加剂的起始原料。重要的工业生产 1-烯烃工艺是氧化铝催化乙烯齐聚反应和镍基高烯烃反应(SHOP)。镍基高烯烃反应(SHOP)的介绍详见本章 6.6 节。氧化铝催化生产 1-烯烃基于齐格勒催化剂，包括一系列的烯烃插入到 Al—C 键，以一个烷基作为 $AlEt_3$[1]。图 6.1 描述了 β—H 转移生成一个 1-烯烃和 Al—H，这些与乙烯反应生产 Al—Et，导致低聚物的链增长。

$$Al—Et + nCH_2=CH_2 \longrightarrow Al—(C_2H_4)_nEt$$

$$Al—(C_2H_4)_nEt \longrightarrow Al—H+CH_2=CH—(C_2H_4)_{n-1}Et$$

$$Al—H+CH_2=CH_2 \longrightarrow Al—Et$$

图 6.1 氧化铝催化乙烯齐聚反应

回顾 1991~1992 年关于烯烃齐聚反应的研究报道中，包括了范围广泛的基于钛和锆的 Ziegler-Natta 系统[2~3]。例如 $TiCl_4/EtAlCl_2$ 和 $Ti(OR')_4/AlR_3$，另一个例子应用于 Alphabutol 工艺中乙烯二聚生成 1-丁烯[4~5]。最近的研究中，更多的注意力放在了单中心化合物应用于乙烯齐聚反应。本章所述的早期过渡金属催化剂包括用于烯烃齐聚反应的锆化合物、乙烯三聚反应生成 1-己烯的夹心结构的钛化合物和乙烯生成三聚体或四聚体的铬催化剂。其中铬催化系统在过去十年受到了大量的关注。后期乙烯齐聚反应的过渡金属催化剂的组成，除了镍基高烯烃反应，也包括了亚氨基的吡啶基铁复合物。本章的最后部分介绍了串联线型低密度聚乙烯的合成催化剂系统，其使用乙烯作为唯一的单体来源。这样的系统包括使用乙烯聚合催化剂，可以催化乙烯三聚生成 1-己烯，原位产生单体。

6.2 锆系催化剂

Janiak 等人[6]研究了茂金属配合物用于乙烯、丙烯和更高的 1-烯烃的二聚或低聚反应。本节集中讨论乙烯齐聚反应，但是与其他齐聚催化剂相比，茂金属可以用于丙烯齐聚[7]。锆茂金属/MAO 系统的丙烯齐聚和聚合反应链终止的本质取决于环戊二烯基环替换反应。Cp_2ZrCl_2 和大多数的茂金属提供了亚乙烯基端基，导致 β—H 从增长链转移到单体。但是，高取代 Cp_2ZrCl_2($Cp = C_5Me_5$)提供乙烯基端链的聚合物核低聚物[8]：

$$Cp_2^* Zr^+ \!\!-\!\! CH_2\!\!-\!\!CH(CH_3)\!\!-\!\!Pol \longrightarrow Cp_2^* Zr^+ \!\!-\!\! CH_3 + CH_2 \!\!=\!\! CH\!\!-\!\!Pol$$

Teuben 等人首次报道了 β—H 转移生成链终止，得到了 4-甲基-1-戊烯、4, 6-二甲基-1-戊烯，接触丙烯和 [Cp*$_2$ZrMe(THT)]$^+$[Bph$_4$]$^-$（THT = 四氢噻吩）生成乙烯基端基的低聚物[9]。在相似的条件下，乙烯提供更高相对分子质量的聚合物。进一步的研究显示，在这个反应系统中，丙烯齐聚反应和铪模拟表明催化剂失活发生在丙烯基和 2-甲代烯丙基化合物的生成，如 5.3.4 节所述[10]。

Ciardelli 等人报道了锆催化乙烯和丙烯均和共聚反应[11]。随着温度从 20℃升高到 80℃，在 Cp$_2$ZrMe$_2$/MAO 下乙烯聚合反应导致聚合物的相对分子质量发生一定数量级的下降。AlEt$_3$ 作为催化剂第三组分的引入降低了催化剂活性和聚合物的相对分子质量。在丙烯的例子中，Cp$_2$ZrMe$_2$/MAO 提供了液态低聚物。在乙烯/丙烯共聚反应中得到了 C$_6$～C$_{30}$ 范围内的低聚物。链端分析表明，链转移反应发生在丙烯插入后。

乙氧基硼杂苯化合物 1（见图 6.2）被 MAO 激活后，证明是一个有效的乙烯齐聚催化剂，反应几乎完全生成线型 1-烯烃[12]。相比之下，氨基硼杂苯化合物 2（见图 6.2）反应生成聚乙烯和苯基取代化合物 3（见图 6.2）主要生成 1-烯烃和 2-烷基-1-烯烃[13~14]。2-烷基-1-烯烃导致 1-烯烃随着了 β—H 消除后发生反应插入到低聚物的链中。化合物 1～3（见图 6.2）得到不同的产物分布归因于金属位上不同的电子密度。

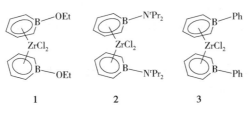

图 6.2　物质 1、物质 2、物质 3

Jacobs 等人报道，多相催化系统丙烯齐聚反应中，B(C$_6$F$_5$)$_3$ 和二甲基苯胺在 MCM-41 载体上固载硼酸活性中心[15]，接触 Cp$_2$ZrMe$_2$ 然后生成反应活化中心 [Si—O—B(C$_6$F$_5$)$_3$]$^-$[Cp$_2$ZrMe]$^+$。避免聚合反应与丙烯反应在相对较高的温度（90℃），导致 Schulz-Flory 寡聚物的分布的主要产物是 2-甲基-1-戊烯。Longon 等人报道了使用 Me$_2$Si(Cp)$_2$ZrCl$_2$/MAO 催化 γ-支链 1-烯烃的寡聚反应，发现乙烯基环己烷存在的条件下发生选择性二聚反应，而不阻碍单体 3-甲基-1-丁烯提供更高的低聚物和丙烯提供低相对分子质量聚合物[16]。

双(氨基)锆配合物如物质 4（见图 6.3），结合硼酸活化剂使用，发现在乙烯齐聚反应在温和条件下是可以发生的[17]。当支链烷基铝如三(2,4,4-三甲基戊基)铝或其铝氧烷衍生物作为催化添加剂加入反应系统中时，较低的催化老化速率导致较高的生产力[18]。

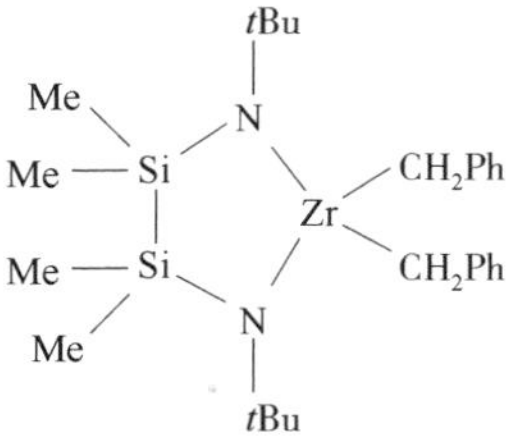

6.3 钛系催化剂

Deckers 等人报道，利用半稳定辅助配体，乙烯聚合催化剂向乙烯与 1-己烯三聚催化剂的有趣转变[19]。这种转变是通过配体(η^5-$C_5H_4CMe_2R$)$TiCl_3$ 的取代基 R 由甲基替换为苯基。结合 MAO，配合物 5(见图 6.4)提供了乙烯三聚反应 95%～98% 的选择性，产生 C_6 含量大于 99% 的 1-己烯。也得到了一部分 C_{10}，包括乙烯和 1-己烯。催化剂的热稳定性较温和，当温度在 30～80℃ 的范围内提高，催化剂会显著失活。如配合物 6(见图 6.4)所示，第二组分 CMe_2Ph 的引入可以提高催化剂稳定性[20]。该催化剂的活性低于物质 5，但是在 2h 内提供更高的稳定性从而产生更高的产率。也观察到物质 5/MAO 在甲苯中比在辛烷/甲苯混合物中的降解速率更慢，表明催化剂由甲苯配位瞬间稳定。比较了配合物 7(见图 6.4)和配合物 8(见图 6.4)不同的稳定性，物质 7/MAO 比物质 8/MAO 具有较低的稳定性，这是因为叔丁基的供电性提高了 Ti 的电子密度，使得芳烃配位后更加不稳定。环戊二烯基的环金属化反应与 $SiMe_3$ 相比，CMe_3 将更有可能发生取代反应，Marks 等人在锆阳离子上也得到类似的结论[21]。乙烯三聚反应中反应活性最高的配合是配合物 9(见图 6.4)，含有甲基取代的芳基环，除了三甲基硅烷取代环戊二烯基环[20]。Deckers 和 Hessen 已经研究了带有环戊二烯基配体的三苄基钛配合物的稳定性[22]。溶液中($C_5H_4CMe_2Ph$)$Ti(CH_2Ph)_3$ 在 50℃ 的热分解导致了芳基发生邻-环金属化反应，形成配合物 10(见图 6.4)。二苄基阳离子[($C_5H_4CMe_2Ph$)$Ti(CH_2Ph)_2$]$^+$ 在同样的温度发生分解，而二甲基[($C_5H_4CMe_2Ph$)$TiMe_2$]$^+$ 会更加稳定，表明环金属化反应所需的配位芳烃发生了位移。

图 6.3 物质 4

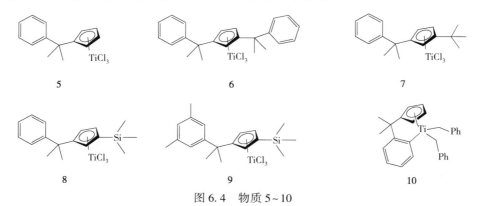

图 6.4 物质 5～10

乙烯齐聚生产 1-己烯工艺通过闭环多核金属配合物过渡态见图 6.5[19]。开始生成的［(C₅H₄CMe₂Ph)TiMe₂］⁺第一阶段经历了多个乙烯插入提供［(C₅H₄CMe₂Ph)Ti(CH₂CH₂R)₂］⁺，与氧化物–烯烃达到了平衡（β—H 消去）。由垂芳基部分位移的烯烃，随后还原消除提供 Ti(Ⅱ)，其配位乙烯的两个分子生成 tana(Ⅳ)环戊二烯。另外一个乙烯单元生成钛(Ⅳ)环庚烷。理论研究表明，钛环庚烷释放 1-己烯，来自直接的大分子内 Cβ 到 Cα 氢转移[23~25]。

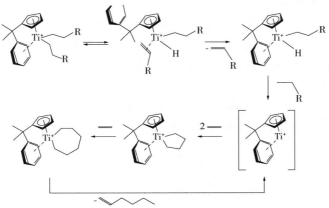

图 6.5　(η⁵-C₅H₄CMe₂Ph)TiCl₃/MAO 催化乙烯三聚

在上述反应系统中，不是聚合反应，三聚反应的驱动力是芳烃–Cp 键的半稳定状态[26,27]。在均相条件下，(C₅H₄CMe₂Ph)TiCl₃ 是一个三聚催化剂，MgCl 负载催化剂导致过量的聚乙烯生成[28]。三聚反应转变为共聚反应，表明了芳基环与金属中心的配位是三聚反应机理中的一个必要特征，而当负载 MgCl 后不存在这种现象。甚至在均相反应条件下，产生了 2%~5% 的聚乙烯副产物。副产物的形成，是因为两个不同基团，包括(C₅H₄CMe₂Ph)TiCl₃ 和 MAO 反应产生的部分烷基和芳基取代键的消除[29]。聚合物的形成，特别是在更高的温度下发现乙烯三聚夹心钛配合物 11（见图 6.6），带有噻吩基[30]。在低温(0℃)下，配合物 11/MAO 对 1-己烯有超过 95% 的选择性，然而配合物 12（见图 6.6）主要生成聚乙烯，表明 1-己烯的形成导致一个 η¹-S 而不是 η⁵ 发生配位。

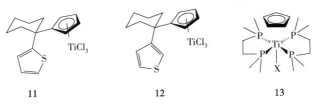

图 6.6　物质 11~13

据文献报道，配合物 13（见图 6.6）单环戊二烯钛(Ⅱ)(X = Cl、H 或 Me)具有乙烯二聚反应活性，不存在其他催化助剂[31]。得到的产物分布，包括 1-丁烯、

2-乙基-1-丁烯和3-甲基-1-庚烯，验证了烯烃耦合反应机理的金属环化戊烷中间体。结论显示反应活性中心是 Ti（Ⅱ）中心，钛催化乙烯齐聚反应生成二聚体和三聚体反应发生在 Ti（Ⅱ）处于氧化状态上。以得到相同的产物分布为基准，提出了乙烯二聚反应在 Ti（OR）₄/AlR₃-Alphabutol 工艺的催化活性中心是 Ti（Ⅱ）中心，然而 Ziegler-Natta 烯烃聚合反应催化剂的催化活性中心是更高氧化态。

6.4 钽系催化剂

Sen 等人报道了一种用于选择性催化乙烯制备 1-己烯的"无配体"催化剂，包含了 TaCl₅ 和一种如 SnMe₄ 或 ZnMe₂ 的烷化剂[32]。三聚反应机理包括了钽（Ⅲ）快速生成，与两个乙烯分子发生反应生成钽（Ⅴ）金属环化物。插入第三个乙烯分子生成金属环戊烷，然后还原 1-己烯生成钽（Ⅲ）。文献报道，活性中心的前驱体是 TaMe₂Cl₃。原位还原 TaCl₅ 成为 TaCl₃ 如图 6.7 所示，导致乙烯三聚反应发生[33]。反应得到了选择性为 98.5% 的 1-己烯。

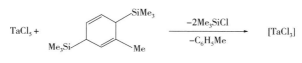

图 6.7　TaCl₅ 无盐还原反应

6.5 铬系催化剂

6.5.1 铬系催化三聚反应

铬系催化乙烯制备 1-己烯的三聚反应已受到广泛的工业关注，2003 年，雪佛龙菲利普斯设计了一套乙烯三聚反应制备 1-己烯的装置。2004 年，Morgan 等人报道了乙烯三聚反应的选择性大大提高，其中菲利普斯在催化剂中使用了吡咯基团[34]。菲利普斯提出在一种催化活性特别高的催化剂中引入了异辛酸铬（Ⅲ）、2,5-二甲基吡咯、AlEt₃ 和 AlEt₂Cl[35]。对这种催化剂的基本认识较少，但是已经发现催化活性和催化选择性取决于提供卤源的有机氯化合物和 Cr（2-乙基己酸酯）₃，2,5-二甲基吡咯和 AlEt₃[36]。Luo 等人使用得到了高催化活性和选择性的 2-氟-6 氯-α，α，α-三氯甲苯，并提出卤化物与金属中心不同配位的可能性[37]。使用铬催化剂将乙烯三聚反应为 1-己烯是通过金属循环机制进行的，如图 6.8 所示[38]。Janse van Rensburg 等人根据理论研究催化循环中存在 Cr（Ⅱ）和 Cr（Ⅳ），存在半稳定性的吡咯环[39]。

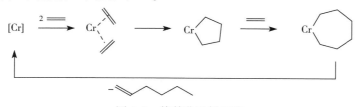

图 6.8　铬催化乙烯三聚

过去的 10 年里，文献讨论了新型铬催化剂用于三聚和四聚反应[40]。英国石油公司发现一种催化剂，包括 $CrCl_3(THF)_3$ 和配体 $Ar_2PN(Me)PAr_2$($Ar=$甲氧基苯），MAO 激活后，得到 90% 的总选择性 1-己烯，收率超过 $10^6g/(gCr \cdot h)$[41]。反应条件为甲苯、1h、80℃和 20bar。收率与乙烯压力呈二阶关系，符合金属环化反应机理。催化剂非常稳定，整个反应期间未发现失活。除了 1-己烯，产物中还发现了 1-己烯和乙烯的 C_{10} 共聚体。报道中发现了四甲氧基配体在催化循环中稳定配位不饱和中间体发挥了重要作用。Labinger 和 Bercaw 等人提供了金属环化反应机理的证据，并发现了 2-甲氧基-PNP 提供了 K^2-(P，P）和 $fac-\kappa^3$-(P，P，O）[42~44]。Cr(Ⅲ) 中心是六配位，如配合物 14($Ar=$2-甲氧基苯，见图 6.9），PNP 和 $CrCl(THF)_3$ 反应得到。该催化剂通过 MAO 或硼酸盐激活形成乙烯三聚反应催化剂，在该反应中活性组分是阳离子(PNP)-Cr，处于 Cr(Ⅲ) 和 Cr(Ⅰ) 之间，带有一个或更多的甲氧基稳定催化循环中不同的中间产物[45]。在本研究中，操作压力 1bar(乙烯分压），降低乙烯消耗量与催化剂起始时间，两者之间的关系明显是一级催化失活反应。

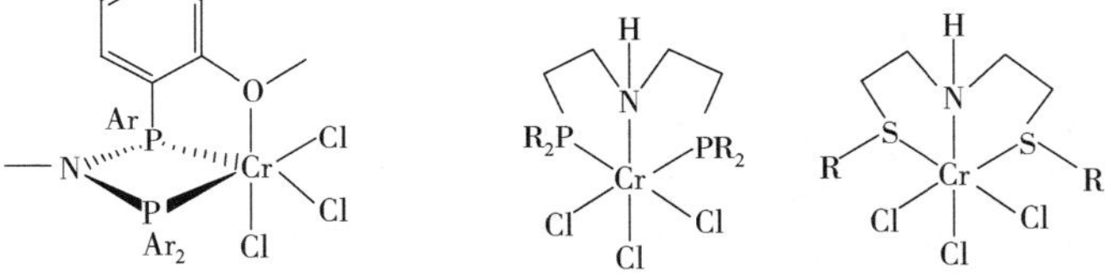

图 6.9　物质 14~16

McGuinness 等人研究得到 MAO 活化 Cr(Ⅲ) 三齿配体配合物，具有高活性和高 1-己烯选择性，如配合物 15($R=Et$)(见图 6.9)[46]。催化反应对于催化温度具有一定的敏感性。在 100℃，反应 30min 后发生明显的催化失活，但是在 80℃催化剂表现出更高的催化稳定性。在 50℃，催化活性大大降低，形成了很高比例的聚物。如 Cr(Ⅲ)-SNS 配合物 16($R=n$-丁基或 n-癸基，见图 6.9），与 MAO 结合后在乙烯三聚催化反应中具有较高的催化活性[47]。与 PNP 相比，配合物 16 具有更便宜的 SMS 配体合成方法。在这些三齿配体中，N-H 对于高催化活性和选择性是必须的；N-Me 或 N-苄基取代 N-H 后会引发催化活性降低和更多的聚合物形成[48]。研究表明，配合物 15 和配合物 16 去质子化提供了阴离子配体，可是其他研究却不支持[49]。

Gambarotta 等人发现，在乙烯三聚反应中，Cr-SNS 配合物中金属氧化态扮演着非常重要的角色[49]。$[CySCH_2CH_2N(H)CH_2CH_2SCy]CrCl_3$ 和 $AlMe_3$ 反应生成三价二聚体 17(见图 6.10），还发现了带有异丁基铝氧烷二价配合物 18(见图 6.10）。研究发现，配合物 17 是一种稳定性刚性体，但是过量的 MAO 或 $AlMe_3$

导致配合物 17 加速分解。在乙烯三聚反应中，存在 MAO 的配合物 17 和配合物 18 存在相类似的情况，表明这些配合物对于相同的催化活性中心是类似的三价态 Cr 的前驱体。研究还发现，金属中心阳离子在催化活性和配体的保留中是关键影响因素，但在共催化剂去质子后没有发现这样的现象。带有 SNS 配体的 $AlEtCl_2$或 $AlEt_3$处理 $CrCl_2(THF)_2$后得到氧化态得到进一步的研究[50]。在第一种情况下，形成了 Cr(Ⅱ)配合物 19(见图 6.10)。然而，$AlEt_3$处理产生 Cr(Ⅲ)配合物 17，形成配合物 17 表明歧化反应和价态低于 2 的物种的生成。$AlEt_3$诱导 Cr(Ⅱ)再氧化生成活性和选择性 Cr(Ⅲ)催化剂前驱体，表明与之前的结论相反，选择三聚反应可能因为三价态的催化剂。

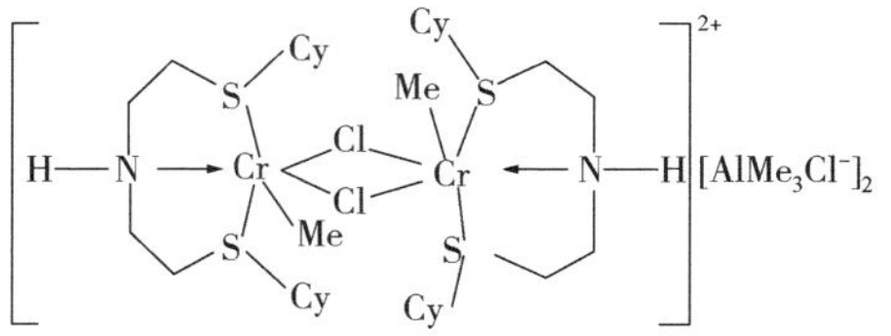

17

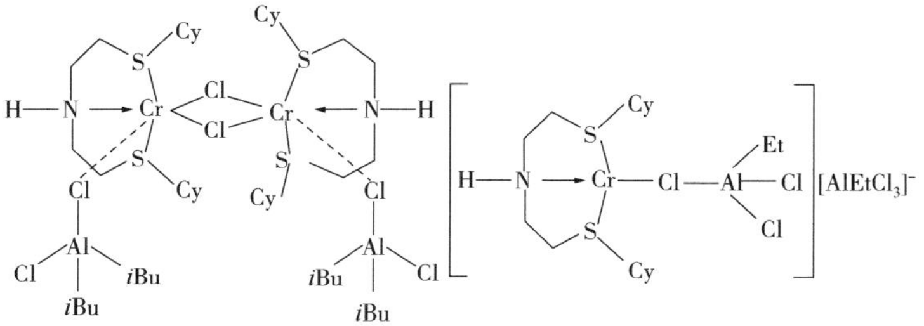

18 19

图 6.10 物质 17~19

研究进一步表明，当 MAO 活化三价态配合物 20(R=苯基或环己基，见图 6.11)后，乙烯选择性三聚反应生成 1-己烯，然后二价态配合物生成了一个统计分布的低聚物[51]。吡啶环可以稳定氧化态，不含有 N—H 的配体对于高选择性 SNS 系统不是必须的。

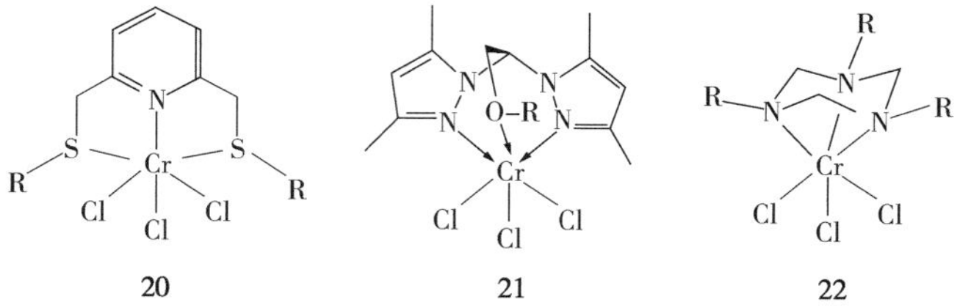

20 21 22

图 6.11 物质 20~21

带有[NON]和[NSN]杂异蝎配体 Cr(Ⅲ)配合物，例如物质 21(见图 6.11)，对于乙烯三聚反应具有较高的催化活性[52]。然而，80℃时，反应时间从20min延到60min导致催化活性的降低，表明催化剂寿命有限。最近的研究发现，MAO活化[NNN]吡唑基配体表明MAO中剩余的AlMe₃在金属还原反应和Cr-Cl活化反应中扮演着重要的作用[53]。MAO活化乙烯齐聚反应低估了AlMe₃的重要性。

MAO活化1,3,5-三亚甲基三硝胺配合物22(见图6.11)在1-烯烃选择性三聚反应，如1-己烯[54]。但是，乙烯这些配合物生成聚合物而不是三聚物[55]。[PhNHMe₂][B(C₆F₅)₄]和AliBu₃活化配合物22生成1-己烯三聚活化，与MAO得到的产物相似，表明这些系统中发生了还原Cr(Ⅰ)[56]。得到的证据显示甲苯中三亚甲基三硝胺配体从Cr转换成Al的分解，产生了[(三氮杂环己烷)AliBu₂][B(C₆F₅)₄]和[(芳烃)₂Cr][B(C₆F₅)₄]。

6.5.2 铬催化乙烯四聚反应

2004年，乙烯齐聚反应取得了重要进展，Sasol公司的研究人员报道了铬催化乙烯四聚反应，得到高选择性的1-辛烯[57]。之前的研究认为四聚反应是不可能的，因为需要七元金属环和九元金属环。该催化剂包括含有PNP配体的CrCl₃(THF)₃。类似于三聚反应中的配合物14，但是没有甲氧基。MAO作为活化剂时，在45bar和45℃时，得到了大约70%的1-辛烯、15%~20%的1-己烯。当在30bar和65℃时得到更高的反应活性，这是因为低温有助于降低催化剂失活和更高的乙烯分压[58]。从三聚反应到四聚反应，去掉了Ar₂PN(R)PAr₂上的邻位甲氧芳香取代基，与金属中心配体的OMe有关，延迟配位和嵌入了乙烯生成七元金属环。位阻效应也是一个重要的影响因素，当Ar=苯基时，主要生成1-辛烯；当Ar=乙基苯基时，主要生成93%选择性的1-己烯[59]。

产物除了1-己烯，乙烯四聚反应的副产物还有摩尔比是1:1的甲基环戊烷和亚甲基环戊烷[60,61]。配体PNP上的N原子连接的取代基影响着循环副反应的产物，异丙基、环乙基或2-烷基环乙基基团取代甲基后，在C₆组分中1-己烯的选择性大幅度提高[57,62]。Budzelaar已经提出甲基环戊烷和亚甲基环戊烷的生成机理，如图6.12所示[63]。

在Cr(acac)₃/Ph₂PN(iPr)PPh₂/MAO之下的乙烯四聚反应中，动力学研究表明根据乙烯浓度总反应级数是1.6[64]。在35~60℃反应为内，催化剂失活速率逐渐增加。蛇形管式反应器中的研究表明对于1-辛烯的乙烯浓度的反应级数要高于对于1-己烯的，提高乙烯分压导致更高的1-辛烯的选择性[65]。在另一项研究中，在CrCl₃(THF)₃/Ph₂PN(iPr)PPh₂/MAO系统中，50℃，在配体/Cr摩尔比大于1.0时，得到了相同的失活速率，但当配体/Cr摩尔比为0.5时，发现诱导期延长，然后发生加速反应速率[66]。这个亚化学计量配体/Cr摩尔比也导致了Schulz-Flory产物分布和奇数的α-烯烃副产物的生成。

Bercaw等人发现，用于乙烯三聚和四聚反应的相对稳定的催化剂，是由

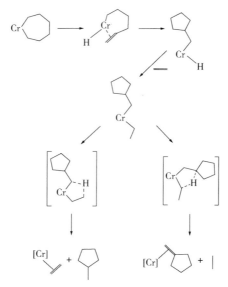

图 6.12 铬催化乙烯三聚/四聚反应中环产物的生成

CrCl$_3$(THF)$_3$带有配体如 Ph$_2$PN(R)PPh$_2$反应得到的,其中 R 代表有乙醚基团的-CH$_2$(o-OCH$_3$)C$_6$H$_4$[61]。在 25℃时催化活性保持 2h,然而催化剂中含有配体(o-MeO-C$_6$H$_4$)$_2$PN(Me)P(o-MeO-C$_6$H$_4$)$_2$时催化稳定性不会超过 20min。

随后的研究中,MAO 作为共催化剂,对 B(C$_6$F$_5$)$_3$/AlR$_3$ 和[Ph$_3$C][B(C$_6$F$_5$)$_4$]/AlR$_3$活化做了一系列的研究[67]。反应选择性和 MAO 活化后的大致相同,但是也观察到催化剂快速失活和聚乙烯的生成。催化剂的失活速率随着 AlEt$_3$浓度的增加而加快,表明硼烷/硼酸盐通过烷基替换为 AlR$_3$的分解,如 2.2.3 节金属茂络合物催化乙烯聚合反应。[Ph$_3$C][B(C$_6$F$_5$)$_4$]的过量使用,导致 Cr 上连接的 PNP 的流失和四聚反应变为 Schulz-Flory 齐聚反应。在一项研究更多刚性反粒子中,发现[Ph$_3$C][Al{OC(CF$_3$)$_3$}$_4$]结合了 AlEt$_3$,会形成更稳定、长寿命的催化剂[68]。[Al{OC(CF$_3$)$_3$}$_4$]$^-$阴离子是最弱配位已知离子[69],得到了 1-辛烯的高选择性,然而 Al(OC$_6$F$_5$)$_3$导致了三聚反应的发生,导致更强的阴离子配位,增加了金属中心附近的位阻效应。

研究发现,乙烯四聚反应中活性位 Cr(Ⅰ)和 Cr(Ⅲ)的形成,通过阳离子 Cr(Ⅰ)铝配合物[{Ph$_2$PN(iPr)PPh$_2$}Cr(CO)$_4$][Al{OC(CF$_3$)$_3$}$_4$],其结合 AlEt$_3$得到了 C$_6$和 C$_8$的选择性与 Cr(Ⅲ)/MAO 的选择性相同[70]。然而不同的氧化还原对,例如 Cr(Ⅱ)/Cr(Ⅳ),已经被认为在铬催化三聚和四聚反应中可能氧化态的。Cr(Ⅱ)配合物 23(见图 6.13),通过[(PNP)CrCl$_3$]$_2$(PNP = h$_2$PN(环己基)PPh$_2$)和 AlMe$_3$反应得到,或者通过 CrCl$_2$(THF)$_2$和 PNP 在 AlMe$_3$中反应得到,当使用 MAO 时在乙烯四聚反应中有催化活性[71]。在金属配位范围中第二个 PNP

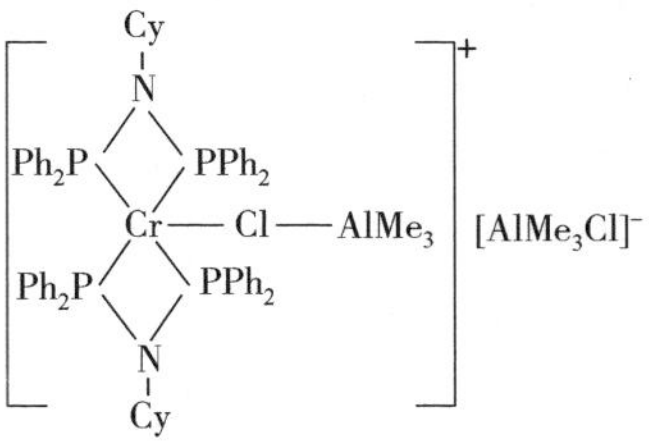

图 6.13 物质 23

配体的存在和阳离子化的助催化剂显然是稳定性的 Cr(Ⅱ)衍生品 PNP 配体。

6.5.3 铬催化齐聚反应

除了上述用于乙烯三聚和四聚反应的催化剂外，几种铬催化剂用来乙烯齐聚反应。Gibson 等人报道了带有螯碳烯配体的 CNC—Cr(Ⅲ)配合物，如配合物 24(见图 6.14)，在乙烯齐聚反应中与 MAO 共同提供非常高的催化活性，得到 Schulz-Flory 分布的 1-烯烃[72]。催化活性随着时间而下降，超过 50℃ 会加速失活速率。配合物 24 也用于催化丙烯齐聚反应或更高的 α-烯烃；金属环化中间体提供了主要的未饱和的亚乙烯基头-到-尾的二聚体[73]。再利用 MAO 作为活化剂，明确提出了配合物 25(见图 6.14)铬催化乙烯齐聚反应的金属环化反应机理[74]。GC-MS 分析混合 C_2H_4 和 C_2D_4 低聚物表明只有氘同位素 0、4、8，与大环金属环化反应的链增长机理相一致。McGunness 等人研究中阐述了配合物 24 齐聚反应机理，但是发现如配合物 26(见图 6.14)一样，转变生成一个二齿配体，金属环转换成线型链增长机理，导致反应活性下降[75]。结论是，只有铬催化剂可以支持金属环化机理促进高活性齐聚反应。

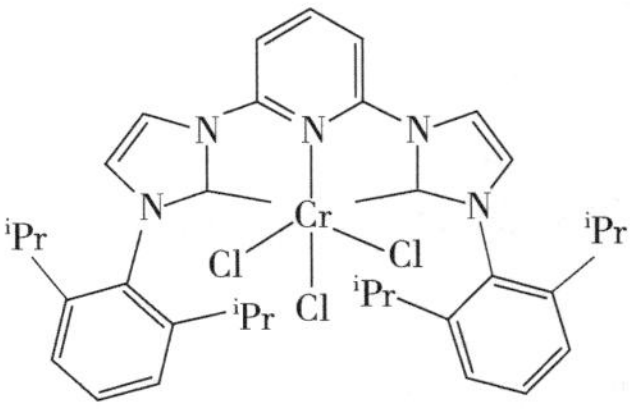

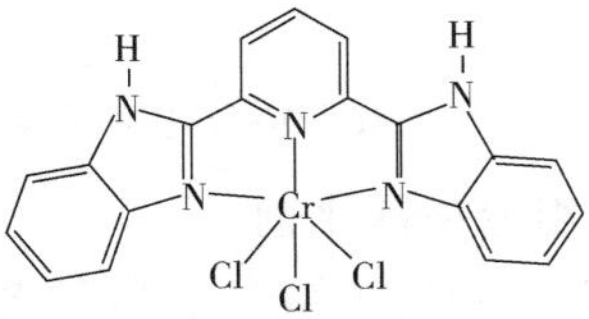

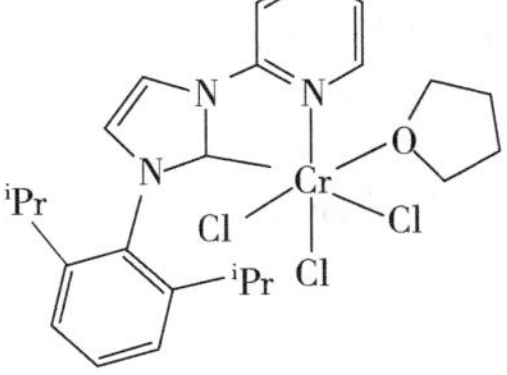

图 6.14 物质 24~27

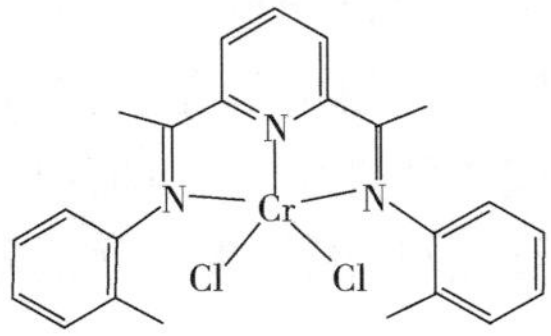

Small 等人研究了 MMAO 活化，二(亚氨基)吡啶基铬配合物催化乙烯齐聚反应[76]。配合物 27(见图 6.14)二聚乙烯成为 1-丁烯，叔丁基替换甲基取代基或者引入第二邻位取代基，导致蜡和低相对分子质量聚合物的混合物的生成。这些催化剂展现了很高的催化活性直到 100℃。

各种不同的吡咯啉配合物催化乙烯齐聚反应发现依赖于金属氧化态[77]。使用 MAO 作为活化剂，铬催化剂的二价比三价的催化活性高六倍。另外，还意外观察到共催化效应，MAO 被替换为 $iBu_2AlOAliBu_2$ 导致聚合而不是齐聚物生成。

铬催化齐聚反应可逆链转移的几个例子中，导致生成催化体系和较窄的产物分布。该过程类似于链转移聚合反应，见 5.5 节。Bazan 等人在 Cp – CrMe₂（PMe₃）（物质 28，见图 6.15）被 MAO 或 $B(C_6F_5)_3$ 和 AlMe₃ 或 AlEt₃ 活化后发现了乙烯齐聚反应中快速的转移金属化[78,79]。提出活化和休眠(烷基–桥接)之间的链转移现象，见图 6.16。试验过程中常温下没有发现失活现象发生。Ganeand 和 Gabbai 报道了常温下配合物 29 结合了 AlEt₃ 的齐聚反应[80]。

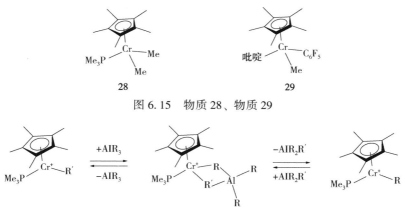

图 6.15　物质 28、物质 29

图 6.16　铬催化链转移齐聚反应的活性和休眠物种

6.5.4　单组分铬催化剂

本章前面部分阐述了结合了共催化剂 MAO 的铬配合物催化剂。但是，Gambarotta、Duchateau 等人报道了铬催化剂单组分[81,82]。经过 Cr(tBuNPNtBu)₂ 和 AlMe₃ 处理后产生了三价铬配合物 30(见图 6.17)。该催化剂催化乙烯得到聚乙烯，活性较温和[81]。相反的是，当 MAO 活化配合物 30 后得到了乙烯低聚物。如配合物 30 形成的活性中心，即使活化剂过量存在的情况下也会发生作用，可以是乙烯齐聚反应总形成的聚合物的原因。

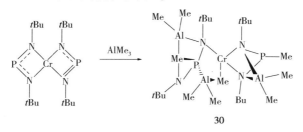

30

图 6.17　Cr(tBuNPNtBu)₂ 在 AlMe₃ 下的反应式

不同用量的 AliBu₃ 催化反应 Cr(tBuNPNtBu)₂ 得到配合物 31 和配合物 32(见图 6.18)[82]。即使不添加共催化剂，这两个化合物也具有较强催化活性的乙烯聚合催化剂。在这些配合物下得到类似的反应活性和聚合物相对分子质量，表明在聚合反应条件下配合物 31 可能转换成配合物 32。在过量 AliBu₃ 下，这些配合物的活化导致选择性发生了改变，从聚合反应变成三聚反应，可能是因为不饱和 Cr（Ⅰ）的形成。

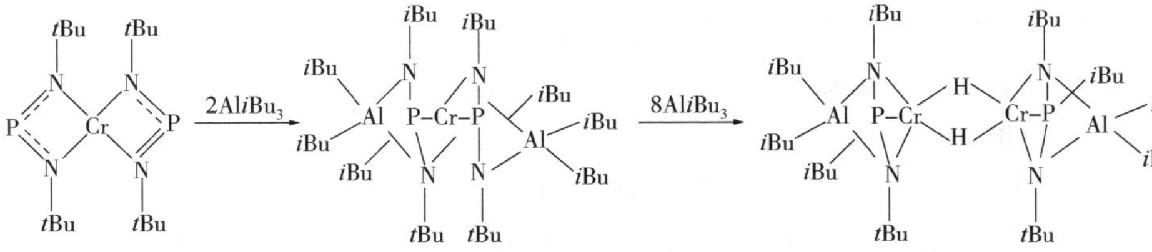

图 6.18　Cr(tBuNPNtBu)₂ 在 AliBu₃ 下的反应式

芳基基团(Ar=2,6-iPr₂C₆H₃)替换 Cr(tBuNPNtBu)₂ 上部分 tBu 基团，然后和 4 当量的 AlMe₃ 反应得到配合物 33(见图 6.19)[83]。显示一种单组分三聚催化剂，在 50℃ 下得到过量的 1-己烯。延长反应时间不能提高反应产率，表现出很快的催化剂失活速率(小于 30min)。提高反应温度至 80℃，导致选择性和聚合物的降低。共催化剂存在的条件下改变了配合物 33 的选择性。经过 MAO 活化处理后，导致催化活性和低聚物产物分布较大的提高，但是 iBu₂AlOAliBu₂ 产生聚乙烯。

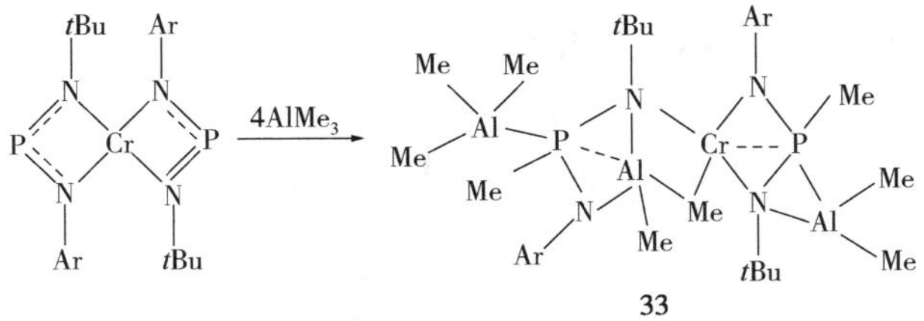

图 6.19　Cr(ArNPNtBu)₂ 和 AlMe₃ 反应

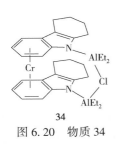

34

图 6.20　物质 34

通过 Cr(2-己酸乙酯)和 2,3,4,5-四氢咔唑反应，单组分催化剂乙烯三聚反应生成 1-己烯[84]。这种 Phillips 类型的三聚催化剂反应产物是 Cr(Ⅰ)配合物 34(见图 6.20)。这个配合物当在甲苯中、乙烯中时催化活性较弱，但是在甲基环己烷中具有催化活性，生产带有微量高齐聚物的 1-己烯。Phillips 类型催化剂在甲苯中的中毒效应见图 6.21，假设一个配体分解空出必须的乙烯配位和占据这些配位阻止甲苯配位。

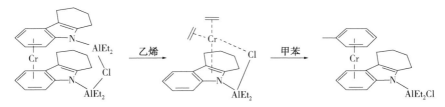

图 6.21　存在甲苯催化剂失活过程

　　基于上述研究，论述了金属氧化态和催化之间的关系，Cr(Ⅲ)导致无选择性齐聚反应，Cr(Ⅱ)导致聚合反应，Cr(Ⅰ)导致选择性三聚反应[84]。

6.6　镍催化剂

　　镍催化剂广泛应用于工业均相催化领域[85]。其中最大的应用是在壳牌高烯烃工艺(SHOP)，其中乙烯齐聚反应生成更高的 1-己烯。该工艺中镍配合物催化剂含有一种(P^O)螯合配体，控制催化活性和选择性。具有活性的催化剂是一种镍氢配合物，例如乙烯插入 Ni-苯基然后消除苯乙烯，如图 6.22 所示。

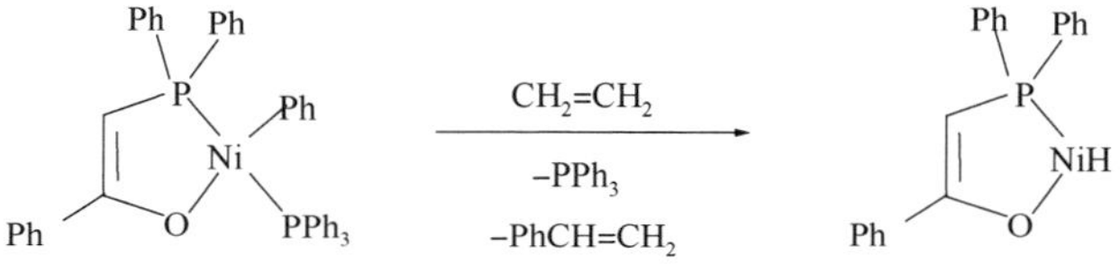

图 6.22　SHOP 催化剂用于乙烯齐聚反应

　　乙烯的齐聚反应是通过乙烯的配位和迁移插入发生，以产生 Ni-烷基物质。由于烷基链在向氧原子转移的位置上具有更强的配位性，接下来插入之前的异构化步骤将导致图 6.23 中所示的催化循环[86]。反应结束后，得到 Schulz-Flory 分布的单聚体产物。

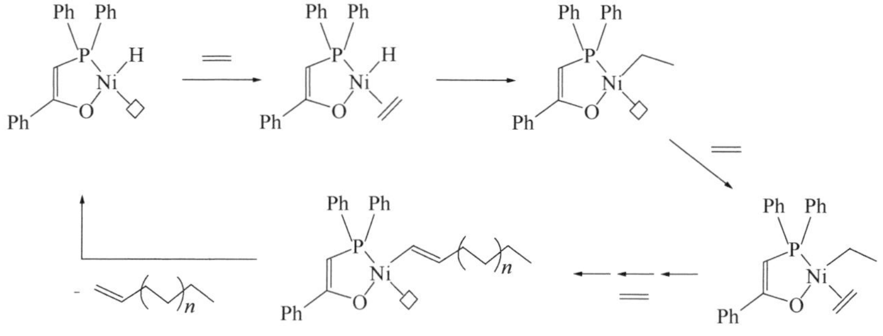

图 6.23　SHOP 催化剂用于乙烯齐聚催化循环反应

　　在链增长和链终止之间的平衡依赖于配合物 35(见图 6.24)的 L 配体。更强配位的 PMe₃ 替换 PPh₃ 阻碍了乙烯配合反应，导致活性降低和更低相对分子质量

的低聚物。另一方面，较弱配位的吡啶配体
或 PPh₃ 被磷化氢海绵[如二聚(环辛二
烯)]取代，导致聚乙烯的生成。比 PPh₃ 更大的
配体，例如 P(o-Tol)₃，是更弱配位，生成
较高相对分子质量低聚物和聚合物[87]，同
时，产率下降，因为活性位的稳定性取决于
配体的有效配位。

图 6.24　物质 35、物质 36

SHOP 催化剂的失活发生在二聚螯合物如 36(见图 6.24)的生成[88,89]。反应
中加入烷基铝可以提高催化活性，如图 6.25 所示发生再活化[86]。然而，再活化
伴随着 1-烯烃的选择性显著降低。双核失活形成了配合物 36，可以避免催化剂
固定和不同的载体(包括硅)，用于不同领域的催化剂[90]。隔离活性位点，当使
用树枝状的 P、O 配体的时候，阻止了无活性的二聚螯合物不可逆的形成[91]。树
枝状催化剂更有催化活性，这是因为增加了树枝状大分子配体形成的物种适用其
他过渡金属催化剂的可能性，形成的双金属配合物对催化剂失活起着作用。

图 6.25　铝烷基 SHOP 催化剂再活化

6.7　铁催化剂

在乙烯聚合反应中使用的二聚(亚氨基)吡啶铁配合物{2,6-[ArN=C(Me)]₂
C₅H₃N}FeCl₂ 在第 3 章已经有所论述。得到的聚合物相对分子质量依赖于芳基配

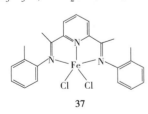

图 6.26　物质 37

体的空间效应；当 Ar = 2,6-二异丙基苯异氰酸酯时，
得到更高的相对分子质量。另一方面，只有芳基环上
一个单邻位取代，如配合物 37(见图 6.26)，导致低相
对分子质量聚合物的生成[92~95]。在均相条件下，MAO
作为活化剂，配合物 37 及相关的配体物在乙烯齐聚发
应中得到较高的催化活性。但是，如第 3 章所描述，
二聚(亚氨基)吡啶铁配合物在聚合反应或齐聚反应中
失活速率较快，尤其在温度升高以后。1h、50℃条件下，齐聚活性只有初始活性
的 10%~20%[94]。AliBu₃ 作为一种助剂，在乙烯齐聚配合物 37/MAO 反应中，会
导致进一步失活，因为配体上的邻位芳基没有空间效应[94]。

在铁催化齐聚反应和聚合反应中的产物相对分子质量不仅依赖于邻位芳基空
间效应，还依赖于电子效应。吸电子取代基，如 F 和 Cl，已经证明有利于生成低

分子的聚合物和齐聚体[96]。但是，卤素取代基的引入直接导致催化活性的下降。相反，通过在二聚(亚氨基)吡啶铁配合物中芳基环上的一个或者两个间位引入烷基或芳基基团，可以提高催化活性[94,97]。文献报道，在较高的温度(100~120℃)下，配合物37在MMAO活化乙烯齐聚反应中的寿命只有3min[97]；相反，对于配合物38(见图6.27)，其中亚氨基的芳基是两个体积庞大的间位芳基取代基，催化剂的寿命达到20min并得到更线型的Schulz-Flory分布低聚物。间位芳基取代基提供了空间保护，提高了催化剂的热稳定性。配合物39(见图6.27)带有一个硼基基团，提高了高温下稳定性[98]。

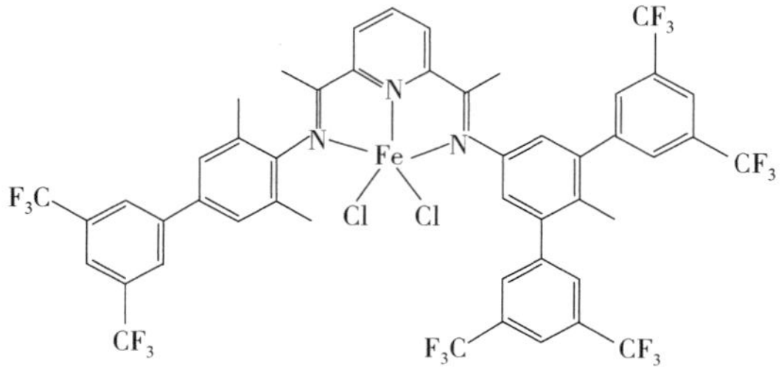

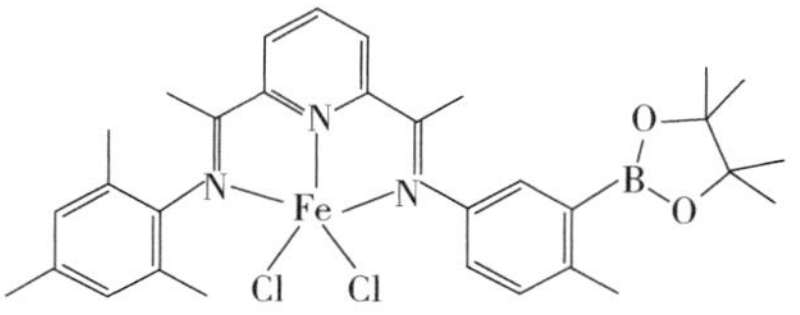

图6.27　物质38~40

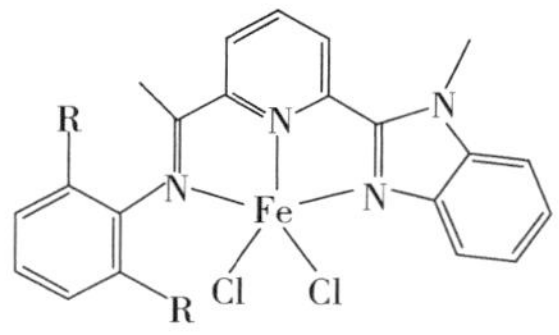

活性组分配合物40(见图6.27)已经被发现立体位阻效应对其稳定性有着重要的影响作用[99]。当取代基R是异丙基的时候MAO活化乙烯齐聚反应的活性高于取代基是甲基或者乙基，这是因为芳香环中的2,6-二异丙基取代基的空间保护作用。

如第4章所述，当铁基催化剂固载到载体上，其失活可大大降低或消失。AlEt3作为活性剂，配合物37固载上氯化镁载体导致长时间的高活性[100]。该配合物保留了齐聚催化活性，产生了质量比9∶1的低聚物和聚合物。有趣的是，加入氢气导致大量低聚物减少，聚合物少量增加，表明低聚物形成物种降低。氢气的链转移发生在乙烯基封端链上。

6.8　低聚和聚合反应的串联催化

单聚体(乙烯)串联催反应合成线型低密度聚乙烯(LLDPE)的研究可追溯于20世纪80年代。Beach和Kissin描述了一种双功能催化剂，包括Ti(OR)4-AlEt3的二聚反应催化剂和MgCl2/TiCl4 Ziegler-Natta催化剂[101,102]。反应产物是短链支化聚乙烯，通过乙烯和1-丁烯在二聚催化剂上发生 Ziegler-Natta 共聚反应。改性后的 Phillips 催化剂包括两种不同的铬配合物，分别提供低聚和共聚反应活性[103]，结合了镍叶立德(Ylid-nickel)低聚催化剂的 Phillips 催化剂[104]。

单中心低聚和共聚催化剂的研究导致了串联原位催化的可能性，涉及了1-丁烯、1-己烯和乙烯基端链的单聚体和乙烯的共聚物[104]。吡啶双亚胺铁齐聚催化剂和二茂锆化合物的结合[106,107]，包括了镍二聚催化剂和限制几何构型催化剂[108,109]。钛和铬三聚催化剂、钴低聚催化剂，都与限制几何构型催化剂结合研究过[110~112]。

上述研究均在均相条件下，特别是在甲苯中。相对较少的研究涉及固载单中心催化剂串联催化，而不是其他低聚催化剂和固载聚合催化剂的研究[113,114]。在相同的载体上固载低聚和共聚催化剂两者之间的研究显得很有意义，如果载体上不同的催化活性中心紧密的联系会增强串联相互作用。例如，三聚催化反应生成的1-己烯，如果发生聚合催化剂附近会随时被纳入聚合物链。Mark 等人讨论了均相聚合串联催化中不同的催化剂的重要性，其使用了硼酸双核活化器限制两种不同的锆-和钛-约束几何构型催化剂[115]。另外，Przybyla 和 Fink 报道了负载在硅上的不同锆茂配合物之间的链转移证据，而不是当催化剂单独固载[116]。Osakada 等人报道了两种金属中心的协作效应，其合成了一种含有 Zr 和 Ni 的双金属配合物并发现高效地插入聚合物链中[117]。

6.9 结语

在过去的10年里，在乙烯齐聚反应中的研究取得了相当大的进步，在乙烯三聚和四聚反应中发现了高催化活性的铬催化剂。这些催化反应产生了高选择性的1-己烯和1-辛烯，而不是在铝和镍催化剂上发生的乙烯低聚反应的(Schulz-Flory)产物分布。MAO 或者一种简单的烷铝烃作为活化剂的铬催化乙烯三聚和四聚反应，金属环化反应生成相对稳定的七元环和九元环，而烯烃的消除反应取决于配体的性质。当 Ar=2-甲氧基苯基，$Ar_2PN(R)PAr_2$ 的 PNP 配体产生1-己烯，相反的是，当 Ar=苯基时，产生1-辛烯。选择三齿配体 $R_2PCH_2CH_2NHCH_2CH_2PR_2$ 和 $RSCH_2CH_2NHCH_2CH_2SR$ 会发生选择性三聚反应。

使用 MAO 作为活化剂，钛配合物[如$(C_5H_4CMe_2Ph)TiCl_3$]在乙烯三聚生成1-己烯反应中取得了高活性和高选择性。发生三聚反应而不是二聚反应的反应动力是金属中心连接的不稳定的芳基配合物。这个系统不如铬系统抵抗失活性。在30~80℃范围内提高反应温度导致收率下降，但是引入第二个 CMe_2Ph 取代基进入环戊二烯环和使用芳香烃取代脂肪族溶剂导致催化剂的稳定性会提高。

如 SHOP 工艺，不活跃的双-(P^O)螯合物的生成导致镍催化低聚反应的失活。(P^O)Ni 配合物插入树枝状骨架中会避免双核失活的发生，从而提高了催化反应收率。

空间位阻效应较弱的二(亚胺)吡啶铁配合物在乙烯低聚反应中生成了较低相对分子质量的乙烯低聚物，而不是生成聚乙烯。这些配合物具有较高的催化活性，但是在均相反应条件下失活较快，特别是当温度升高的时候。在一些研究中，提高配体的空间效应可以增加催化剂的稳定性，这避免了从低聚物到聚合物的转变。

研究中发现，不同的串联催化系统包括结合了低聚物和聚合物催化剂乙烯作为唯一的单聚体生成 LLPDE，但是多数的研究限于均相反应条件下。研究中的缺点是两种催化组分的不同失活速率将会导致反应中产物组分的转移。多相串联催化系统的研究显得更有意义，这是因为催化剂固载后的更高催化稳定性和两种不同催化剂之间的串联相互作用可能会被增强。

参 考 文 献

[1] Ziegler, K., Gellert, H. G., Kuhlhorn, H., Martin, H., Meyer, K., Nagel, K., Sauer, H., and Zosel, K. (1952) Angew. Chem., 64, 323–329.

[2] Skupinska, J. (1991) Chem. Rev., 91, 613–648.

[3] Al-Jarallah, A. M., Anabtawi, J. A., Siddiqui, M. A. B., Aitani, A. M., and Al-Sa'doun, A. W. (1992) Catal. Today, 14, 1–121.

[4] Commereuc, D., Chauvin, Y., Gaillard, J., Leonard, J., and Andrews, J. (1984) Hydrocarb. Proc., Int. Ed., 63, 118–120.

[5] Al-Sa'doun, A. W. (1993) Appl. Catal. A: Gen., 105, 1–40.

[6] Janiak, C. (2006) Coord. Chem. Rev., 250, 66–94.

[7] Hungenberg, K. -D., Kerth, J., Langhauser, F., Muller, H. -J., and Muller, P. (1995) Angew. Makromol. Chem., 227, 159–177.

[8] Resconi, L., Piemontesi, F., Franciscono, G., Abis, L., and Fioriani, T. (1992) J. Am. Chem. Soc., 114, 1025–1032.

[9] Eshuis, J. J. W., Tan, Y. Y., Teuben, J. H., and Renkema, J. (1990) J. Mol. Catal., 62, 277–287.

[10] Eshuis, J. J. W., Tan, Y. Y., Meetsma, A., Teuben, J. H., Renkema, J., and Evens, G. G. (1992) Organometallics, 11, 362–369.

[11] Michelotti, M., Altomare, A., Ciardelli, F., and Ferrarini, P. (1996) Polymer, 37, 5011–5016.

[12] Rogers, J. S., Bazan, G. C., and Sperry, C. K. (1997) J. Am. Chem. Soc., 119, 9305–9306.

[13] Bazan, G. C. and Rodriguez, G. (1996) J. Am. Chem. Soc., 118, 2291–2292.

[14] Bazan, G. C., Rodriguez, G., Ashe, A. J. III, Al-Ahmad, S., and Kampf, J. W. (1997) Organometallics, 16, 2492–2494.

[15] Kwanten, M., Carrière, B. A. M., Grobet, P. J., and Jacobs, P. A. (2003) Chem. Commun., 1508–1509.

[16] Boccia, A. C., Costabile, C., Pragliola, S., and Longo, P. (2004) Macromol. Chem. Phys., 205, 1320–1326.

[17] Shell Internationale Research Maatschappij, invs.: Horton, A. D. and de With, J. (1999) Int. Patent WO 96/27439; (1996) Chem. Abstr., 125, 276896.

[18] Montell Technology Company, invs.: Horton, A. D., Ruisch, B. J., von Hebel, K., and Deuling, H. H. (1999) Int. Patent WO 99/52631; (1999) Chem. Abstr., 131, 299819.

[19] Deckers, P. J. W., Hessen, B., and Teuben, J. H. (2001) Angew. Chem. Int. Ed., 40, 2516–2519.

[20] Deckers, P. J. W., Hessen, B., and Teuben, J. H. (2002) Organometallics, 21, 5122–5135.

[21] Yang, X., Stern, C. L., and Marks, T. J. (1994) J. Am. Chem. Soc., 116, 10015–10031.

[22] Deckers, P. J. W. and Hessen, B. (2002) Organometallics, 21, 5564–5575.

[23] Blok, A. N. J., Budzelaar, P. H. M., and Gal, A. W. (2003) Organometallics, 22, 2564–2570.

[24] de Bruin, T. J. M., Magna, L., Raybaud, P., and Toulhoat, H. (2003) Organometallics, 22, 3404–3413.

[25] Tobisch, S. and Ziegler, T. (2003) Organometallics, 22, 5392–5405.

[26] Hessen, B. (2004) J. Mol. Catal. A: Chem., 213, 129–135.

[27] de Bruin, T., Raybaud, P., and Toulhoat, H. (2008) Organometallics, 27, 4864–4872.

[28] Severn, J. R. and Chadwick, J. C. (2004) Macromol. Chem. Phys., 205, 1987–1994.

[29] Hagen, H., Kretschmer, W. P., van Buren, F. R., Hessen, B., and van Oeffelen, D. A. (2006) J. Mol Catal. A: Chem., 248, 237–247.

[30] Huang, J., Wu, T., and Qian, Y. (2003) Chem. Commun., 2816–2817.

[31] You, Y. and Girolami, G. S. (2008) Organometallics, 27, 3172–3180.

[32] Andes, C., Harkins, S. B., Murtuza, S., Oyler, K., and Sen, A. (2001) J. Am. Chem. Soc., 123, 7423–7424.

[33] Arteaga-Muller, R., Tsurugi, H., Saito, T., Yanagawa, M., Oda, S., and Mashima, K. (2009) J. Am. Chem. Soc., 131, 5370–5371.

[34] Dixon, J. T., Green, M. J., Hess, F. M., and Morgan, D. H. (2004) J. Organometal. Chem., 689, 3641–3668.

[35] Phillips Petroleum Company, invs.: Freeman, J. W., Buster, J. L., and Knudsen, R. D. (1999) US Patent 5856257; (1999) Chem. Abstr., 130, 95984.

[36] Yang, Y., Kim, H., Lee, J., Paik, H., and Jang, H. G. (2000) Appl. Catal. A: Gen., 193, 29–38.

[37] Luo, H. -K., Li, D. -G., and Li, S. (2004) J. Mol. Catal. A: Chem., 221, 9–17.

[38] Briggs, J. R. (1989) J. Chem. Soc., Chem. Commun., 674-675.
[39] Janse van Rensburg, W., Grove, C., Steynberg, J. P., Stark, K. B., Huyser, J. J., and Steynberg, P. J. (2004) Organometallics, 23, 1207-1222.
[40] Wass, D. F. (2007) DaltonTrans., 816-819.
[41] Carter, A., Cohen, S. A., Cooley, N. A., Murphy, A., Scutt, J., and Wass, D. F. (2002) Chem. Commun., 858-859.
[42] Agapie, T., Schofer, S. J., Labinger, J. A., and Bercaw, J. E. (2004) J. Am. Chem. Soc., 126, 1304-1305.
[43] Agapie, T., Day, M. W., Henling, L. M., Labinger, J. A., and Bercaw, J. E. (2006) Organometallics, 25, 2733-2742.
[44] Agapie, T., Labinger, J. A., and Bercaw, J. E. (2007) J. Am. Chem. Soc., 129, 14281-14295.
[45] Schofer, S. J., Day, M. W., Henling, L. M., Labinger, J. A., and Bercaw, J. E. (2006) Organometallics, 25, 2743-2749.
[46] McGuinness, D. S., Wasserscheid, P., Keim, W., Hu, C., Englert, U., Dixon, J. T., and Grove, C. (2003) Chem. Commun., 334-335.
[47] McGuinness, D. S., Wasserscheid, P., Keim, W., Morgan, D., Dixon, J. T., Bollmann, A., Maumela, H., Hess, F., and Englert, U. (2003) J. Am. Chem. Soc., 125, 5272-5273.
[48] McGuinness, D. S., Wasserscheid, P., Morgan, D. H., and Dixon, J. T. (2005) Organometallics, 24, 552-556.
[49] Jabri, A., Temple, C., Crewdson, P., Gambarotta, S., Korobkov, I., and Duchateau, R. (2006) J. Am. Chem. Soc., 128, 9238-9247.
[50] Temple, C., Jabri, A., Crewdson, P., Gambarotta, S., Korobkov, I., and Duchateau, R. (2006) Angew. Chem. Int. Ed., 45, 7050-7053.
[51] Temple, C., Gambarotta, S., Korobkov, I., and Duchateau, R. (2007) Organometallics, 26, 4598-4603.
[52] Zhang, J., Braunstein, P., and Hor, T. S. A. (2008) Organometallics, 27, 4277-4279.
[53] Zhang, J., Li, A., and Hor, T. S. A. (2009) Organometallics, 28, 2935-2937.
[54] Kohn, R. D., Haufe, M., Kociok-Kohn, G., Grimm, S., Wasserscheid, P., and Keim, W. (2000) Angew. Chem. Int. Ed., 39, 4337-4339.
[55] Koohn, R. D., Haufe, M., Mihan, S., and Lilge, D. (2000) Chem. Commun., 1927-1928.
[56] Koohn, R. D., Smith, D., Mahon, M. F., Prinz, M., Mihan, S., and Kociok-Koohn, G. (2003) J. Organometal. Chem., 683, 200-208.
[57] Bollmann, A., Blann, K., Dixon, J. T., Hess, F. M., Killian, E., Maumela, H., McGuinness, D. S., Morgan, D. H., Neveling, A., Otto, S., Overett, M., Slawin, A. M. Z., Wasserscheid, P., and Kuhlmann, S. (2004) J. Am. Chem. Soc., 126, 14712-14713.
[58] Overett, M. J., Blann, K., Bollmann, A., Dixon, J. T., Hess, F., Killian, E., Maumela, H., Morgan, D. H., Neveling, A., and Otto, S. (2005) Chem. Commun., 622-624.
[59] Blann, K., Bollmann, A., Dixon, J. T., Hess, F. M., Killian, E., Maumela, H., Morgan, D. H., Neveling, A., Otto, S., and Overett, M. J. (2005) Chem. Commun., 620-621.
[60] Overett, M. J., Blann, K., Bollmann, A., Dixon, J. T., Haasbroek, D., Killian, E., Maumela, H., McGuinness, D. S., and Morgan, D. H. (2005) J. Am. Chem. Soc., 127, 10723-10730.
[61] Elowe, P. R., McCann, C., Pringel, P. G., Spitzmesser, S. K., and Bercaw, J. E. (2006) Organometallics, 25, 5255-5260.
[62] Kuhlmann, S., Blann, K., Bollmann, A., Dixon, J. T., Killian, E., Maumela, M. C., Maumela, H., Morgan, D. H., Pretorius, M., Taccardi, N., and Wasserscheid, P. (2007) J. Catal., 245, 279-284.
[63] Budzelaar, P. H. M. (2009) Can. J. Chem., 87, 832-837.
[64] Walsh, R., Morgan, D. H., Bollmann, A., and Dixon, J. T. (2006) Appl. Catal. A: Gen., 306, 184-191.
[65] Kuhlmann, S., Paetz, C., Hagele, C., Blann, K., Walsh, R., Dixon, J. T., Scholz, J., Haumann, M., and Wasserscheid, P. (2009) J. Catal., 262, 83-91.
[66] Wohl, A., Muller, W., Peulecke, N., Miiller, B. H., Peitz, S., Heller, D., and Rosenthal, U. (2009) J. Mol. Catal. A: Chem., 297, 1-8.
[67] McGuinness, D. S., Overett, M., Tooze, R. P., Blann, K., Bollmann, A., Dixon, J. T., and Slawin, A. M. Z. (2007) Organometallics, 26, 1108-1111.
[68] McGuinness, D. S., Rucklidge, A. J., Tooze, R. P., and Slawin, A. M. Z. (2007) Organometallics, 26, 2561-2569.
[69] Krossing, I. and Raabe, I. (2004) Angew. Chem. Int. Ed., 43, 2066-2090.
[70] Rucklidge, A. J., McGuinness, D. S., Tooze, R. P., Slawin, A. M. Z., Pelletier, J. D. A., Hanton, M. J., and Webb, P. B. (2007) Organometallics, 26, 2782-2787.
[71] Jabri, A., Crewdson, P., Gambarotta, S., Korobkov, I., and Duchateau, R. (2006) Organometallics, 25, 715-718.
[72] McGuinness, D. S., Gibson, V. C., Wass, D. F., and Steed, J. W. (2003) J. Am. Chem. Soc., 125, 12716-12717.
[73] McGuinness, D. S. (2009) Organometallics, 28, 244-248.
[74] Tomov, A. K., Chirinos, J. J., Jones, D. J., Long, R. J., and Gibson, V. C. (2005) J. Am. Chem. Soc., 127, 10166-10167.
[75] McGuinness, D. S., Suttil, J. A., Gardiner, M. G., and Davies, N. W. (2008) Organometallics, 27, 4238-4247.
[76] Small, B. L., Carney, M. J., Holman, D. M., O'Rourke, C. E., and Halfen, J. A. (2004) Macromolecules, 37, 4375-4386.
[77] Crewdson, P., Gambarotta, S., Djoman, M. -C., Korobkov, I., and Duchateau, R. (2005) Organometallics, 24, 5214-5216.
[78] Rogers, J. S. and Bazan, G. C. (2000) Chem. Commun., 1209-1210.
[79] Bazan, G. C., Rogers, J. S., and Fang, C. C. (2001) Organometallics, 20, 2059-2064.
[80] Ganesan, M. and Gabbai, F. P. (2004) Organometallics, 23, 4608-4613.
[81] Albahily, K., Kof, E., Al-Baldawi, D., Savard, D., Gambarotta, S., Burchell, T. J., and Duchateau, R. (2008)

Angew. Chem. Int. Ed., 47, 5816-5819.

[82] Albahily, K., Al-Baldawi, D., Gambarotta, 5., Kof, E., and Duchateau, R. (2008) Organometallics, 27, 5843-5947.

[83] Albahily, K., Al - Baldawi, D., Gambarotta, 5., Duchateau, R., Kof, E., and Burchell, T. J. (2008) Organometallics, 27, 5708-5711.

[84] Jabri, A., Mason, C. B., Sim, Y., Gambarotta, S., Burchell, T. J., and Duchateau, R. (2008) Angew. Chem. Int. Ed., 47, 9717-9721.

[85] Keim, W. (1990) Angew. Chem. Int. Ed., 29, 235-244.

[86] Kuhn, P., Semeril, D., Matt, D., Chetcuti, M. J., and Lutz, P. (2007) Dalton Trans., 515-528.

[87] Heinicke, J., Kohler, M., Peulecke, N., Kindermann, M. K., Keim, W., and Fink, G. (2004) J. Catal., 225, 16-23.

[88] Klabunde, U. and Ittel, S. D. (1987) J. Mol. Catal., 41, 123-134.

[89] Klabunde, U., Muolhaupt, R., Herskovitz, T., Janowicz, A. H., Calabrese, J., and Ittel, S. D. (1987) J. Polym. Sci., Part A: Polym. Chem, 25, 1989-2003.

[90] Nesterov, G. A., Zakharov, V. A., Fink, G., and Fenzl, W. (1991) J. Mol. Catal., 66, 367-372.

[91] Muller, C., Ackerman, L. J., Reek, J. N. H., Kamer, P. C. J., and van Leeuwen, P. W. N. M. (2004) J. Am. Chem. Soc., 126, 14960-14963.

[92] Small, B. L. and Brookhart, M. (1998) J. Am. Chem. Soc., 120, 7143-7144.

[93] Britovsek, G. J. P., Gibson, V. C., Kimberley, B. S., Maddox, P. J., McTavish, S. J., Solan, G. A., White, A. J. P., and Williams, D. J. (1998) Chem. Commun., 849-850.

[94] Britovsek, G. J. P., Mastroianni, S., Solan, G. A., Baugh, S. P. D., Redshaw, C., Gibson, V. C., White, A. J. P., Williams, D. J., and Elsegood, M. R. J. (2000) Chem. Eur. J., 6, 2221-2231.

[95] Bianchini, C., Giambastiani, G., Guerrero Rios, I., Mantovani, G., Meli, A., and Segarra, A. M. (2006) Coord. Chem. Rev., 250, 1391-1418.

[96] Chen, Y., Chen, R., Qian, C., Dong, X., and Sun, J. (2003) Organometallics, 22, 4312-4321.

[97] Ionkin, A. S., Marshall, W. J., Adelman, D. J., Bobik Fones, B., Fish, B. M., and Schiffhauer, M. F. (2006) Organometallics, 25, 2978-2992.

[98] Ionkin, A. S., Marshall, W. J., Adelman, D. J., Bobik Fones, B., Fish, B. M., and Schiffhauer, M. F. (2008) Organometallics, 27, 1902-1911.

[99] Sun, W. -H., Hao, P., Zhang, S., Shi, Q., Zuo, W., and Tang, X. (2007) Organometallics, 26, 2720-2734.

[100] Huang, R., Koning, C. E., and Chadwick, J. C. (2007) J. Polym. Sci., Part A: Polym. Chem., 45, 4054-4061.

[101] Beach, D. L. and Kissin, Y. V. (1984) J. Polym. Sci., Part A: Polym. Chem., 22, 3027-3042.

[102] Kissin, Y. V. and Beach, D. L. (1986) J. Polym. Sci., Part A: Polym. Chem., 24, 1069-1084.

[103] Benham, E. A., Smith, P. D., and McDaniel, M. P. (1988) Polym. Eng. Sci., 28, 1469-1472.

[104] Ostoja Starzewski, K. A., Witte, J., Reichert, K. H., and Vasilou, G. (1988) Transition Metals and Organometallics as Catalysts for Olefin Polymerization (eds W. Kaminsky and H. Sinn), Springer-Verlag, Berlin, pp. 349-360.

[105] Komon, Z. J. A. and Bazan, G. C. (2001) Macromol. Rapid Commun., 22, 467-478.

[106] Quijada, R., Rojas, R., Bazan, G., Komon, Z. J. A., Mauler, R. S., and Galland, G. B. (2001) Macromolecules, 34, 2411-2417.

[107] Zhang, Z., Cui, N., Lu, Y., Ke, Y., and Hu, Y. (2005) J. Polym. Sci., Part A: Polym. Chem., 43, 984-993.

[108] Komon, Z. J. A., Bu, X., and Bazan, G. C. (2000) J. Am. Chem. Soc, 122, 1830-1831.

[109] Komon, Z. J. A., Diamond, G. M., Leclerc, M. K., Murphy, V., Okazaki, M., and Bazan, G. C. (2002) J. Am. Chem. Soc., 124, 15280-15285.

[110] Ye, Z., AlObaidi, F., and Zhu, S. (2004) Macromol. Rapid Commun., 25, 647-652.

[111] De Wet-Roos, D. and Dixon, J. T. (2004) Macromolecules, 37, 9314-9320.

[112] Bianchini, C., Frediani, M., Giambastiani, G., Kaminsky, W., Meli, A., and Passaglia, E. (2005) Macromol. Rapid Commun., 26, 1218-1223.

[113] Musikabhumma, K., Spaniol, T. P., and Okuda, J. (2003) J. Polym. Sci., Part A: Polym. Chem., 41, 528-544.

[114] Zhang, Z., Guo, C., Cui, N., Ke, Y., and Hu, Y. (2004) J. Appl. Polym. Sci., 94, 1690-1696.

[115] Abramo, G. P., Li, L., and Marks, T. J. (2002) J. Am. Chem. Soc., 124, 13966-13967.

[116] Przybyla, C. and Fink, G. (1999) Acta. Polym., 50, 77-83.

[117] Kuwabara, J., Takeuchi, D., and Osakada, K. (2006) Chem. Commun., 3815-3817.

第 7 章　不对称加氢

7.1　前言

不对称加氢是均相催化的一个成功案例。通过加氢生产非手性产品完成的同样初始，由于有很多选择性很好的非均相催化剂可供选择，因而没有必要采用需进行繁琐的催化剂和产品分离过程的均相催化剂。虽然通过加氢得到非手性产物的反应同样进行得很好，但由于有许多高选择性的多相催化剂可用，因此不需要像均相催化剂那样经历繁琐的催化剂和产物分离过程。同样成功实现用手性分子修饰非均相金属催化剂，尤其是用金鸡纳碱修饰 Pt 和 Pd 以及用酒石酸修饰 Ni 来实现不对称加氢，并有案例见诸报道,. 但至今很少有实际应用被披露。在 SciFinder 上搜索"asymmetric hydrogenation"（不对称加氢）有 6000 多个词条，所以很明显这部分内容不可能在一章里详细描述。. 缩小搜索范围到"deactivation（钝化）"仅得到 34 个词条，其中还有几条不相关，需要添加其他搜索词["inhibition（抑制）"，"incubation（潜伏）"等等]以扩大搜索范围。De Vries 和 Elsevier 编辑出版过一本关于均相不对称加氢的书并被读者认为是相关方面完整的信息源。书里面 Heller、De Vries 和 De Vries 编辑的关于钝化的一章是当前这一章的优秀补充。

很多关于所应用的前驱体尤其是 Rh（Ⅰ）的双烯配合物（见 7.2 节）的活性催化剂的初始状态的研究已经发表。Rh 催化加氢使用的配体多种多样，从强供电子的烷基膦到吸电子的亚磷酸盐。不同体系中基元反应的排列都不同，甚至在烷基取代和芳基取代的膦之间。因此，静态的催化剂是不同的，从不同的前体得到它们的路径也是不同的。钝化可由基质、产品、极性添加剂或者可以作为配体与金属结合的比基质、产品以及极性溶剂（例如睛类和芳烃）更强的杂质（见 7.3 节）。另外，通过形成金属二聚体或多聚体也能产生钝化，这是一种由于我们试图获得不饱和金属物种引起的均相催化的常见特性（见 7.4 节）。这个问题可以通过位点隔离解决，但例子很少见。

这类反应大部分都是可逆的，并且它们对整个反应动力学的影响取决于平衡状态。杂质抑制是一种极端的情况。简单烯烃转化（聚合、氢甲酰化反应）催化体系的常见毒物有共轭二烯烃、炔烃、烯酮、氢过氧化物等。但是这些装置在不对称加氢的基质精细化工品中并不常见。精细化学中基质与催化剂的比值一般低于体相化学。另外，贵金属对杂原子的敏感性比非贵金属弱。非活性金属物种的形成（比如过度还原）或者配体的分解会导致不可逆失活。我们预计膦类化合物中 P—C 键的断裂会是其分解的主要机制。例如，氢气存在下醋酸钯可以打断三苯基膦中的 P—C 键生成非活性的膦桥连二聚钯或多聚钯，但这并不是 Rh、Ru、Ir 基加氢的主要反应(见 7.5 节)。亚胺基配体(包括稳定物种如二吡啶和邻二氮杂菲)的 Rh 基和 Ir 基氢转移催化剂，尤其是快速催化剂寿命很短。他们的分解机制还不清楚，因为在每小时的转化达到百万次后，就没人关心这个了。

7.6 节会给出一些因产品抑制反应的例子，而 7.7 节会介绍由于形成金属而导致的失活。

动力学研究对确定催化剂失活的重要性和特点是必不可少的，这些数据对于工业过程的发展也是必不可少的。Greiner 和 Ternbach[4] 通过动力学实验和建模，探究了[Rh(PyrPhos)(COD)]BF₄ 均相加氢的动力学过程(见图 7.1)。一组三批次的实验只能区分 6 个模型(组合了基质抑制、产品抑制以及失活的 Michaelis-Menten 动力学)。在这个案例中，也得到了失活的证据。

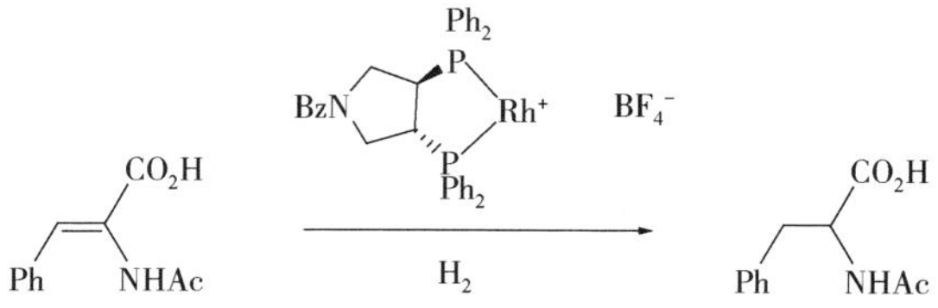

图 7.1 阳离子 Rh-Pyrphos 加氢

Heller[5] 及其同事开发了一个更复杂的模型，由于他们插入了几个非对映的过渡态，并且在反应方案中，平衡点在它们之间。等压情况下，氢气的消耗可以通过一个与 Michaelis-Menten 型动力学相似的方程描述。其次，简单介绍了几个实际例子产生的常数解释。以一个选定的过程为例，研究模型也考虑了产物的对映异构体比例对温度的依赖关系。

Blackmond 讨论了不对称催化中非线型影响的动力学因素，这部分会在 7.8 节中讨论光学活性催化剂的选择性活化和钝化(选择性中毒)时提到。

7.2 铑二烯前驱体中二烯烃的诱导期

烃类铑加氢的常见前驱体是铑阳离子的二烯烃配合物，常见分子式为 (diene)₂Rh(WCA)，其中 WCA 代表弱配位阴离子(如 BF₄、PF₆、BArF)。第一个二烯烃容易被膦基配体取代得到 (diene)(L₂)Rht，其中 L₂ 代表一个双配位基的配体或两个单配位基的配体。Heller[7] 发现二膦络合物中保留二烯烃的类型对观察到的钝化影响很大，因为大多数情况下基质对第二个二烯烃的取代相比其加氢慢得多。前驱体的二烯烃必须通过加氢脱除，而该反应的速度很大程度上取决于二烯烃的种类(见图 7.2)。奇怪的是，尽管很少定量，但对于铑的二氮(二吡啶、邻二氮杂菲)配合物，这种影响早就在 Mestroni 和及其同事的工作中被发现了[8,9]。他们的报道称，1,5-己二烯配合物催化剂的诱导期比 2,5-降冰片二烯(NBD)更短，而反过来 NBD 配合物的诱导又比 1,5-环辛二烯(COD)的更快。在 Rh 和 Ir

的配合物中，COD 容易被 1,5-己二烯取代。在中性介质中，Rh 配合物可以催化烯烃加氢，而在碱性醇介质中酮也可以加氢。最快的催化剂是包括 4,7-二甲基-邻二氮杂菲的，空间位阻最大的那种。采用二亚胺配体催化剂时与采用膦基配合催化剂时相比，烯烃加氢反应更快而酮加氢更慢。额外的配体效果最好表明协同作用很弱（[Rh] = 1~8mmol/L）。而且形成的二配体复合物比可能形成的其他配合物在静息状态更稳定。

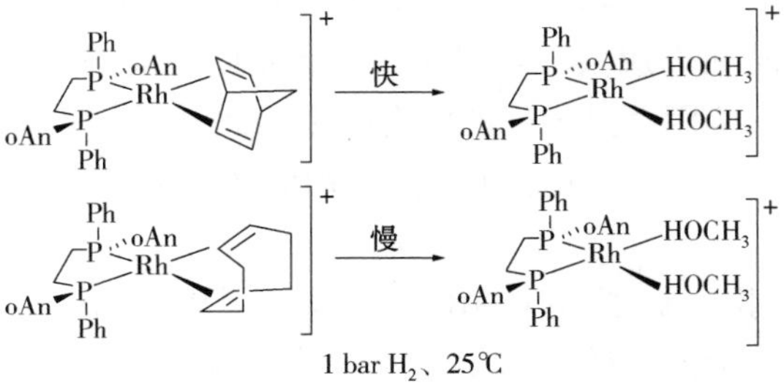

图 7.2　活性催化剂中二烯配合物前驱体的慢速及快速转化（RR-dipamp，o-An = rtho-anisyl）

　　Heldal 和 Frankel 关于低聚烯酯的研究中提到了特定二烯烃与几种铑前驱体的慢反应，如甲基山梨酸[甲基（E，E）-己-2,4-二烯酸酯]，在低压（1bar）下，RhCl(PPh$_3$)$_3$ 存在时，反 2-己烯酸乙酯和反 3-己烯酸乙酯的恒定比例表明山梨酸酯的 Δ4 双键的 1,2 加氢和 1,4 加氢活化能相同。RhCl(CO)(PPh$_3$)$_3$ 和 [Rh(NBD)(diphos)]$^+$PF$_6$$^-$（diphos = 磷化氢）在甲基山梨酸酯加氢中没有活性。但它们可以催化甲基亚油酸酯加氢。很明显，催化剂的抑制是由于与山梨酸酯（共轭二烯烃）的络合比与甲基亚油酸酯的二烯烃的络合更强。

　　Heller 及其同事发现，COD 和 NBD 的区别很普遍[11]。在使用 Rh 的络合物的加氢反应中，后两者是最常见的，因为它们已经商业化了。单烯烃的配合物可能来自更好的前体，但它们的保质期短得多。原位合成的配体复合物会将一个二烯分子留在溶液中，这样，大多数基质会迅速、更强烈地协调，使得两个分子都可以在催化剂催化基质加氢之前加氢得到单烯烃。

　　诱导期的模糊性可以通过使用阳离子膦铑络合物的甲醇络合物或者使用较高的温度和压力规避。在 25℃、1bar 二氢压力下研究了 COD 和 NBD 加氢速率的不同。

　　在 COD 或 NBD 配合物的基团中，二烯烃的加氢速率根据使用的双配位基磷配体的不同可以相差三个数量级。对于相同的配体，COD 和 NBD 的速率比可以从 5 倍到高达 3000。虽然 Heller 注意到，铑-配位体结构部分含有较大环的复合物显示出相对于 COD 络合物晶体的平面中有更大的大变形，并且这些复合物也使 COD 的加氢最慢，但这些差异的原因依然尚未探明。NBD 更小而且更不易变形，有人推测当发生氧化二氢加成时，COD 的二烯烃的旋转比 NBD 的受到的阻力更大。

Cobley 和同事研究了 Rh（DUPHOS）（diolefin）]BF₄在催化不同手性的烯烃不对称氢化过程中环辛二烯和降冰片二烯预催化剂的有效性[12]。在较高浓度，他们证实了 NBD 和 COD 的前体上的差异，但在低浓度下，为了在工业应用中经济的使用这种复合物，他们发现，对于这两个系统，诱导期几乎不存在。证明这一点的一种方式是使用等量具有相反 DUPHOS 手性配体的 NBD 和 COD 催化剂，并没有在这些混合催化剂体系中观察到显著 ee，表明在这种条件下，NBD 和 COD 得到同样的活性催化剂（例如，0.06mmol/L Rh 络合物在 MeOH 中，5bar H₂，25℃以及可反应基质如衣康酸二甲酯）。每个催化剂前都观察到了相同的反应，但反应速率的重要影响因素是氢气的混合效率。此外，装载量为衣康酸二甲酯的 50000/1 的 [Rh（DUPHOS）（COD）]BF₄催化剂的效果表明，该前段催化剂可高度经济地投入使用[13]。

Esteruelas 和同事[14]做了 [Rh（NBD）（PPH₃）₂]BF₄催化下 2,5-降冰片在室温下的选择性加氢得到降冰片的动力学研究。该反应被认为是独立于底物浓度的，而对于催化剂和氢气压力是一阶反应。加入三苯基膦可以抑制反应。此外，有人指出，在氢气氛围低温下，前体与二氢化顺反 [RhH₂（NBD）（PPH₃）₂]BF₄处于平衡，并且在加入甲苯膦配合物导致膦的交换。这些观察和其他光谱结果的基础上，他们的结论是，在这种情况下，2,5-降冰片二烯的氢化得到降冰片烯是通过五配位 [RhH₂（NBD）（PPH₃）]⁺进行的。而 [RhH₂（NBD）（PPH₃）]⁺是由双膦配合物和 3-配位单膦络合物的 [Rh（NBD）（PPH₃）]⁺的氧化加成单分子氢得到的。除了分子氢两者的双膦配合物和三坐标单膦络合物的 [Rh（NBD）（PPH₃）]⁺，这取决于催化溶液中膦自由基的浓度。

另一个 COD 的存在减缓了反应的例子是在含有 COD 的铑膦络合物存在下具有仲胺的醛和 H₂的还原性胺化[15]。对许多中间体和半产品进行鉴定，几个中间体在这些条件下成功地独立氢化，但不能给出详细的分析。醇也可以由醛直接氢化得到。在一些情况下，二膦的 Rh（COD）⁺的预氢化以除去 COD 对反应速率是有利的。

7.3 基质、溶剂、极性添加剂以及杂质抑制剂

7.3.1 基质抑制剂：铱

当基质是二烯时也可能导致抑制或呈现缓慢加氢反应。Burgess[16]研究了 2,3-二苯基丁二烯在 25℃和 1bar 氢压下使用 Pfaltz[17]烯烃加氢催化剂的一个 NHC 变种 1（见图 7.3）的加氢反应，逆反应使用双配位基的 Crabtree[18]的手性变异催化剂 3（见图 7.3）。如前所述的，缓慢反应中首先要除去铱络合物中的 COD。然后发生反应分为两个阶段：首先是单烯加氢，然后快两倍的反应产生 2,3-二苯基丁烷。

第一步骤立体选择性较差，但第二步骤有较高的立体选择性，从而主要得到内消旋产物（76%）和外消旋异构体之一（见图 7.4）。

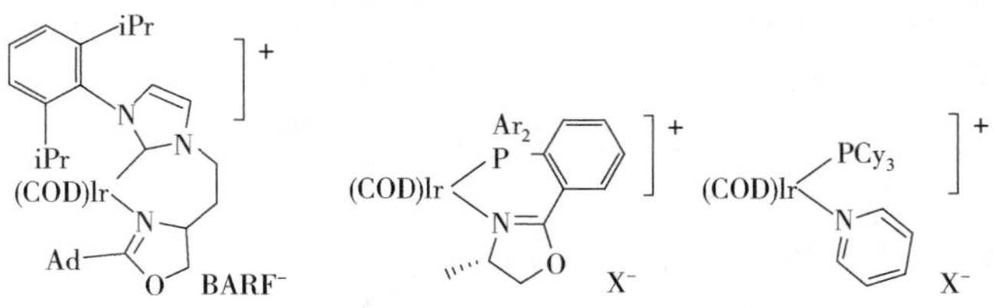

图 7.3 物质 1~3

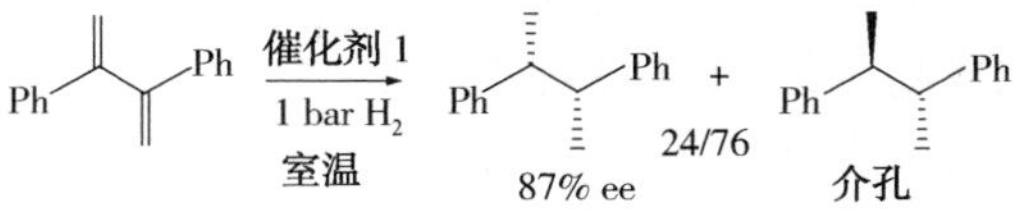

图 7.4 按照 1 过程的 2,3-二苯基丁二烯加氢

作者不认为烯丙基中间体为休眠状态,就像已知的含二烯作为杂质的单体的聚合或羰基化那样。相反,他们认为,在 Pfaltz 的结果中,快速加氢可能涉及几种含有氢化物的铱(Ⅴ)物种,这些铱(Ⅴ)物种是由烯烃插入到 Ir—H 键中并氧化加成另外一个氢分子形成的。当二烯与双配位基配体和两个氢化物一同存在于复合物中时,这样获得的 18-电子复合物是饱和的,所提出的反应不能发生。

7.3.2 基质与添加剂抑制剂:Rh

在第 7.2 节中讨论的第一个例子中,我们提到山梨酸酯的不成功氢化是由于形成含有甲基山梨酸的共轭二烯[甲基(E,E)-六叔-2,4-二烯酸酯]稳定的加合物。

Heller 及其同事报道了衣康酸(一种常见基质)对加氢反应的抑制[20]。使用的催化剂是(DIPAMP)Rh(CH₃OH)₂BF₄。活性催化剂的溶液为橙色,但是氢化停止时它变成无色。无色产物是含有烷基物种作为协同基质的铑(Ⅲ)物种,其结构可由 X 射线分析确认。它是通过第一个羧基被去质子化后氧化加成第二羧酸基团形成的(见图 7.5)。

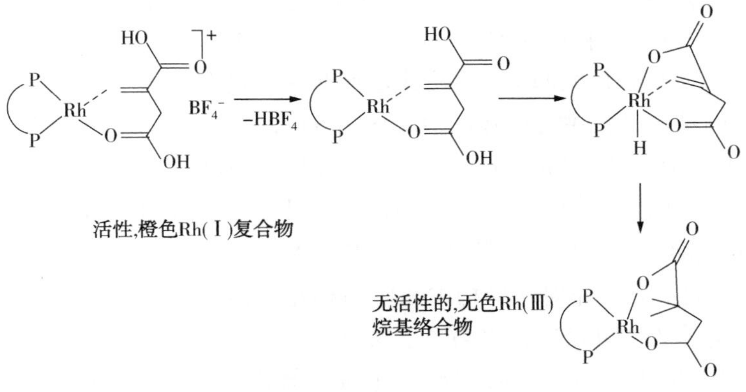

图 7.5 通过加入羧酸形成非活性 Rh(Ⅲ)物种

该铑（Ⅲ）物种既不能返回到铑（Ⅰ），也没有用 H_2 发生反应，活性完全停止。还原消除基质会得到内酯而不会发生这种情况。在其他案例中，氧化加成原生生物物质的发生，基质要么阻止，要么通过碱辅助还原消除使该物种返回到铑（Ⅰ）。

在此之前的工作，Brown 研究了各种二膦之间形成的复合物（DIPAMP，DIOP）的铑配合物溶剂化甲醇和几个不饱和酸和酰胺[21]。他们发现形成了许多复合物，并且这种非对映体加成物的结构与催化氢化反应中得到的最终 ee 值毫无关系。例如，（R，R）-[DIPAMP]双（甲醇）铑阳离

图 7.6 物质 4、物质 5

子和 2-亚甲基丁二酸和它的甲基酯，得到各种复合物，包括三配位基物种其中两个羧基和烯烃均伴随约束。他们还指出，在三乙胺的存在下，酸更容易加氢，这是我们现在基于上述 Heller 的工作明白的。衣康酸加氢是利用 BCPM 物质 4（见图 7.6）和 BPPM 物质 5（见图 7.6）配合物由 Takahashi 和 Ichiwa 实现的[22]。他们发现，增加 H_2 压力和加入三乙胺可以提高反应速率，并显著提高在环境温度下获得的 ee 值。可想而知的是，这里还是碱防止氧化加成羧酸得到铑（Ⅰ）。

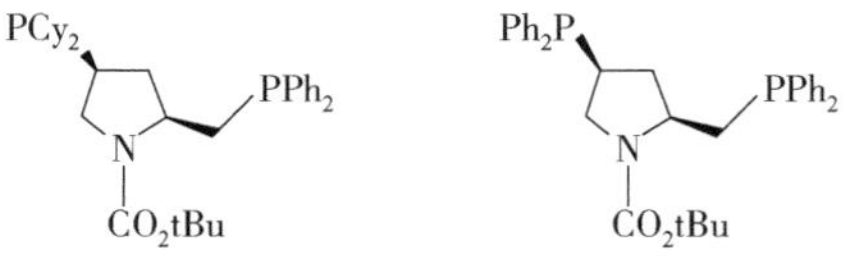

基质或溶剂都可以是 CO 的源，如果这样的话，羰铑配合物会形成，而它们作为氢化催化剂是无效的。从 Chaudhari 及其同事的工作中举一个例子就足够了，他们发现使用 Wilkinson 催化剂烯丙基醇可以在温和的条件下氢化以产生 RhCl（CO）（PPh_3）$_2$[23]，复合物从所用的乙醇溶剂中沉淀。在他们的案例中，反应结束后，对羰基物种进行了分离和表征。假定醇脱氢得到醛，形成的醛氧化加成到铑（Ⅰ），并脱羧，就像 Kollar 所报道的[24]。

众所周知的 Landis 和 Halpern 的文章报道的在不对称氢化中的"主要/次要"现象，还包含有趣的基质氢中毒[25]。他们报道了通过[Rh(dipamp)]$^+$催化的甲基(Z)-α-乙酰胺基肉桂酸甲酯(mac)加氢反应以及形成两个非对映体[Rh(dipamp)(mac)]$^+$的热力学和动力学及其定速步——这些络合物的氧化加氢（见图 7.7）。得出的结论是，主要产物的对映体[(S)-N-乙酰基苯丙氨酸甲酯]是来自较小的（更不稳定）[Rh(dipamp)(mac)]$^+$加合物，因为它与 H_2 的反应活性高得多。鲜为人知的是，他们还报道了温度和 H_2 压力对反应速率和对映选择性的影响。光学选择性对 H_2 的分压的倒数关系是由于与 H_2 的反应俘获了 Rh(dipamp)(mac)]$^+$，从而抑制了非对映异构中间体的相互转换。这是反应物浓度对映选择性的效果。这种效果可以通过提高温度所抵消。

Heller 及其同事报道了芳族溶剂对非对称氢化活性的抑制影响。结果发现，弱配位和强配位的前手性烯烃在甲醇-芳烃溶剂混合物均形成稳定 η^6 芳烃铑络合

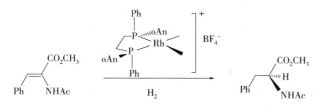

图 7.7　RR-dipamp Rh（Ⅰ）得到主要产物（S）-N-乙酰基苯丙氨酸甲酯（o-Anrtho-anisyl）

物，从而阻断催化活性。在使用 Wilkinson 催化剂 RhCl（PPh₃）₃ 在 325K 下催化 α-甲基苯乙烯加氢反应时，由 α-甲基苯乙烯导致的失活也被报道了[27]。该反应比用相同的催化剂时苯乙烯加氢在对氢气为一阶时更快。失活产物没有研究。

　　在 PHIP-NMR 光谱检测氢化中间体的案例中，Bargon 和同事发现，苯乙烯作为基质保持最初通过芳烃环配位到铑催化剂，然后在随后的缓慢反应步骤从阳离子铑（Ⅰ）催化剂分离的这影响了加氢反应[28]的整体速度。Heller 和 Boerner 等发现，在极性溶剂中使用甲基-或乙基-DUPHOS[29]不饱和 β-氨基酸前体是与压力相关和高度对映选择性的氢化反应（见图 7.8）。在极性溶剂中比甲苯中速率更高。Z-和 E-3-（乙酰氨基）-2-丁酮甲基酯 6 得到的 ee 值取决于所使用的极性溶剂（醇类，THF 中，在高压下，约 40bar ees 为 12%～35%），但 Z 异构体在极性溶剂中的加氢速率所得到的 ee 值显著加快。对于 Z-异构体，氢气压力下降会导致对映选择性的急剧增加。E-异构体得到的 ee 值是在 1bar 和 35bar 相同（97%）。两种异构体导致同一对映体过量。混合物可以在 1bar 下用相同的催化剂体系加氢 ee 值大于 90%。压力作用是参照由 Landis 和 Halpern[25]上面描述的工作说明的，根据 Landis 和 Halpern 由预平衡的压力相关的干扰对次要基质复合物的大、小概念[30]。显然 E-和 Z-异构体的影响不同（E-异构体的总加氢是慢得多，也许达到了平衡）。

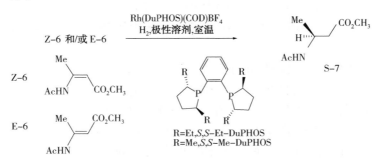

图 7.8　Z-6 和 E-6 加氢均生成 S-7

　　原料中的杂质可能延缓或阻碍催化，虽然在实验室中给出比较高的催化剂装填量这种现象相比在大宗化学过程也是不常见的，尤其是那些使用聚合物烯烃的反应。在工业应用中杂质的有害影响经常出现。对于 2-亚甲基琥珀酰胺酸单酰胺加氢反应，当起始原料用盐酸纯化时，会有氯化物残留在基质中，使得需要更大量的催化剂(铑的 Et-DUPHOS)和较长的反应时间[31]，尽管对映体过量产物未受影响。排除掉氯之后，使用{[(S, S)-Et-DUPHOS]的 Rh(COD)}+BF_4 作为 2-亚甲基琥珀酰胺酸(MeOH 中，140bar H_2，45℃)加氢的前段催化剂时转化数高达 10^5，而(R)-2-甲基琥珀酸加氢的 ee 达到 96%。分离出的固体中只有不足 1ppm 的铑。

在这篇文章中，我们也提到了铑催化的薄荷醇合成中的对映选择性异构化步骤，虽然这不是一个氢化反应。它涉及一种从月桂烯生产商业化的(-)薄荷醇的 Takasago 过程。所用的催化剂是铑络合物 BINAP。图 7.9 给出了薄荷醇的合成反应路径。关键反应是烯丙胺的不对称烯胺的对映异构化。因此假设该反应经由烯丙基中间体进行。

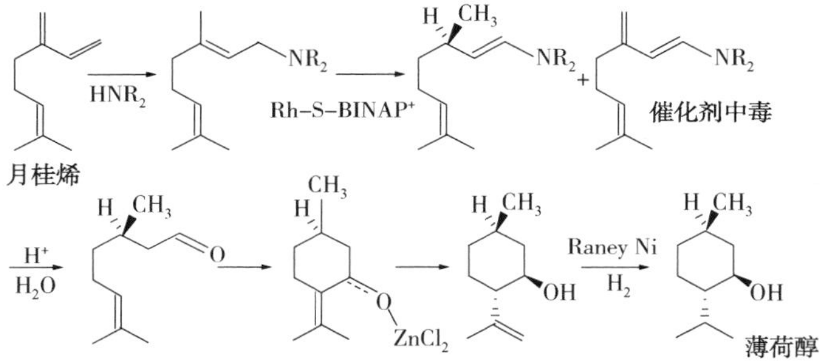

图 7.9　胺催化剂中毒的生产薄荷醇的 Takasago 过程

这是唯一一个需要被引导到正确的对映异构体的步骤，由于其他两个结构在所描绘的路线所需的立体化学产生。对映异构化后烯胺水解。路易斯酸催化的环闭合给出薄荷醇骨架。在六元环中间体中，所有取代基可以占据一个平伏位置并且因此该中间体易于形成。在随后的步骤中，异丙烯基通过 Raney 镍多相催化剂加氢。

配体 S-BINAP 和铑都相当昂贵，因此每摩尔催化剂的转化数要高(>50000)[34]。未经预处理的烯丙胺的 TON 只有 100。当基板用红铝[双(2-甲氧基乙氧基)氢化铝钠]处理后 TON 将增加到 1000。胺异构体(催化剂毒物 8，见图 7.7)的去除是必不可少的(TON 8000)。通过使用配体与铑比为 2，而不是为 1 可以提高 10 倍。恢复小的损失最终转化数可以达到 400 万。该方法在 1984 年商业化。每年 11800t 的生产力(1998 年)[35]的主要部分仍然来自天然来源薄荷。这还可以包含胡薄荷酮，这是一种毒药，在食品中要低于 20ppm。在过去的十年，薄荷的种植增加了不少，特别是在印度，年产量达 20000t，合成薄荷醇的比例已经下降。

而加入卤化物对反应通常是不利的，Zhang 和同事报道了加入溴化钾和二甲基吡啶的加速反应并且提高对映选择性[36]的情况。[Rh(cod)Cl]₂ 在 PennPhos 配体 8(R = Me，iPr)（见图 7.10）存在下催化简单酮的不对称氢化。例如，[Rh(cod)Cl]₂MePennPhos 催化 PhC(O)Me 催化加氢得到(S)-PhCHMeOH 的收率为 97%，ee 值为 95%。有趣的是，脂肪族酮也得到了高度 ee 值。没有给出两个 2，6-二甲基吡啶和溴化钾加速反应和提高了对映选择性的解释。

从五甲基环戊二烯氯化铑二聚体和 1R，2S-1-氨基-2-茚满醇的反应获得的手性铑络合物为苯乙酮和 2-丙醇氢化生产(R)和(S)苯乙醇提供了快速、高产的不对称转移加氢催化剂。各种反应参数，如反应温度、催化剂和底物浓度、气体环境和丙酮浓度对转化率和对映选择性的影响进行了研究[37]。结果表明，该催化剂可以通过在高温和空气气氛失活。酮基之前加入碱(异丙醇钠)，该催化剂活性要少得多，据推测，这是因为形成了非活性二聚体[38]。在反应开始时加入丙酮降低反应速率，而不是对映选择性，因此，丙酮是抑制剂。延长的反应时间的对映选择性由于平衡反应消旋而减小。

7.3.3 基质抑制剂 Ru

以 RuCl₂(PPH₃) 作为烯丙基醇的氢化前体导致形成 RuCl₂(CO)(PPh₃)₂，类似于在铑基 Wilkinson 催化下的烯丙醇加氢化的情况(第 7.3.2 节)[39]。钌配合物的脱羧醛能力和将醇催化为不饱和基质的[40]氢转移也是公认的。

Garrou 制备的三氟乙酸盐(TFA)配合物 Ru(TFA)₂(CO)(PPH₃)₂ 和 Ru(TFA)₂(CO)(PPH₃)(DIPHOS)用作酮和醇的加氢和脱氢催化剂[41]。他们发现，含有 PPH₃ 更容易地得到非活性的二羰基物种 RuCl₂(CO)₂(PPH₃)₂，而不容易得到加氢反应中更活跃的含有部分二膦的配合物。

Bargon 和同事[42]用[Cp⁰Ru(alkene)]⁺催化可以从内炔得到 E-烯烃。很少有配合物可以得到反式烯；例如钯(0)二亚胺配合物[43]总是得到顺式烯烃。(RU)的通过反应原位 PHIP(仲氢激发极化)NMR 光谱进行了研究。用这种方法最初形成的产品可以鉴定和表征，甚至在非常低的浓度和低的转化率。提出了涉及双核配合物 9(见图 7.11)的机制解释(E)烯烃的形成。该催化剂对末端炔没有活性，可能是由于偏二复合物的形成，通常观察到钌络合物。

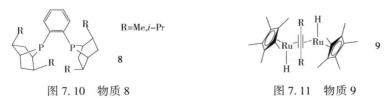

图 7.10　物质 8　　　　　　　　　图 7.11　物质 9

尽管 CO 可以降低钌氢化催化剂的活性，或形成二羰物种时完全抑制氢化，Fogg 及其同事报道了在 RuHCl(H₂)(PCy₃)(L) 和 RuHCl(CO)(PCy₃)(L)(L=

IMes，1，3-dimesitylimidazol-2-ylidene）中，后者更稳定而且转化数更高。一氧化碳 p-受体含强 S-供体配体金属的电子密度有所减少，显然这种减少使配合物更稳定。更大的稳定性补偿了由配位体（最有可能的 PCy_3）损失导致的活性损失。

Yi 及其同事研究了通过强酸活化 $RuHCl(PCy_3)_2(CO)$ 并且发现加入 HBF_4 后活性急剧增加[45]。一个膦配位体被质子化，形成鏻盐，留下高活性的不饱和 14 电子钌物种（见图 7.12）。活性络合物在苯中缓慢分解，以形成含有桥接氯化物一个四聚体络合物 $[Ru_4Cl_7(P-Cy_3)_4(CO)_4]BF_4$。六氯化物在 Ru_4 的四面结构边缘桥接两个钌原子（两个双桥两个单桥），并在 μ_4 氯的中间桥接 4 个 Ru 原子。这是典型的高碱性膦，如三苯基膦作为配位体既保持配位到金属，而是形成非活性二聚体[46]（见图 7.12）并失去 H_2。

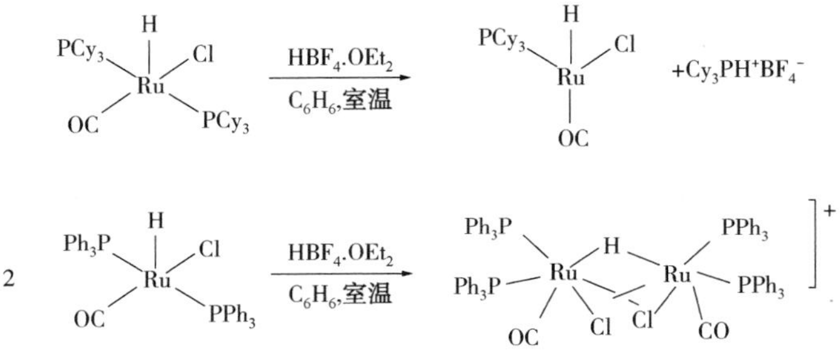

图 7.12　Ru 络合物的质子化

Carpentier 及其同事报道了使用 β-氨基醇（芳烃）钌催化剂在官能化酮的不对称氢转移加氢反应中的基质抑制作用[47]。催化剂的结构通过 $[(\eta^6-arene)RuCl_2]_2$ 络合物和 β-氨基醇 $R^1CH(OH)CHR^2NHR^3$ 进行系统的筛选。研究了很多基质的大范围的反应。催化剂前体 $[\{\eta^6-p\text{-cymene}\}\{\eta^2-N，O-(L)\}RuCl]$，16 电子的真正催化剂 $[\{\eta^6-p\text{-cymene}\}\{\eta^2-N，O-(L1-)\}Ru$ 以及氢化物 $[\{\eta^6-p\text{-cymene}\}\{\eta^2-N，O-(L)\}RuH]$ 分离并且表征了。这就证实了迄今为止在计算研究[48]的基础上设想的反应机理。在这里，我们将只关注在反应过程中的活性钌物种的抑制过程。β-二羰基基质导致的催化剂物种失活是由于形成了没有活性的（β-二酮盐）$Ru(Ⅱ)$络合物 11（见图 7.13），有限的 Ru 催化的氢转移过程就是代表。

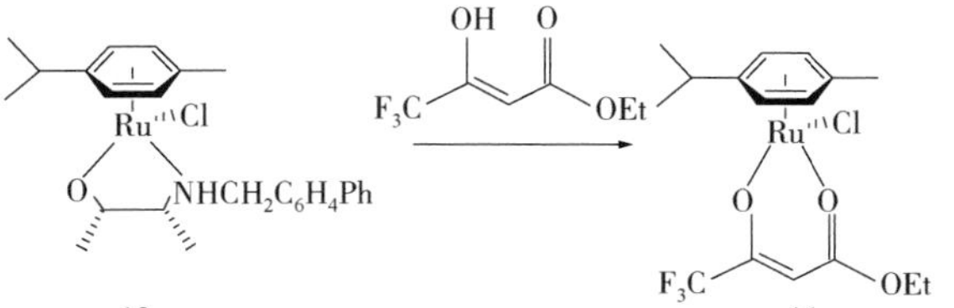

图 7.13　与 β-羰基酸酯的反应导致的催化剂 10 的失活

在铑、铱和钌催化的氢转移剂反应中水的存在往往是不利的。在大多数的催化剂中必须添加强碱(氢氧化钠)通常是有效的,使得少量的水不致于发生抑制反应。其中,加入碱和底物(主要是苯乙酮)的顺序也很关键,并且通常碱应首先添加以产生活性物质,可能是通过 β-消除去除金属醇盐中间体[49]的氢化物。甲酸可作为氢供体,与异丙醇相比,其优点是平衡远偏向于醇产物(和 CO_2)侧,

图 7.14 物质 12

长时间的反应中对映体选择性没有损失。由于氢转移需要中性至碱性条件,通常使用共沸甲酸/NEt_3 或甲酸及甲酸钠的混合物。Noyori - Ikariya Ru - Ts - dpen 物质 12(见图 7.14)在水体系是有活性也有对映选择性的[50]。在均相体系中,400℃转化频率大约 100h[-1],而固相的反应就会更慢一些。Xiao 一个有趣的研究表明,在低 pH 值(<5)时反应被抑制。弱碱性条件下(pH 值 5~8)[51]在水中,获得更快、更多的对映选择性和更富有成效的催化作用。在低 pH 值时,反应效率要低得多,并显示通过不同的机理进行。有人建议,中性和碱性条件下反应通过 Noyori 机理[52]进行,而在低 pH 值通过经典插入机理进行。

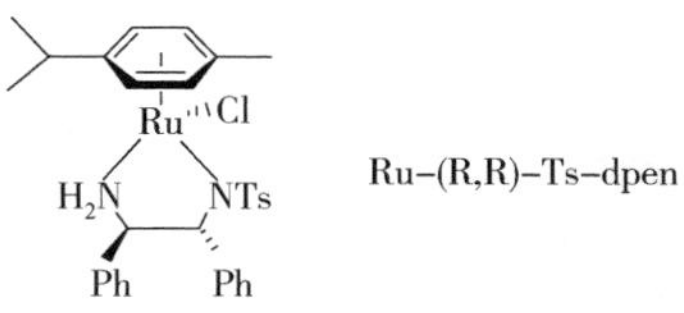

聚合物基质的 Gao-Noyori[53] 催化剂 13(见图 7.15)会被微量水抑制,这表明耐水性取决于催化剂的性质。配体是连接在方形平面中的氯化钌前体的 P_2N_2 配体。含胺配位体的性能比亚胺中间体好得多。Liese 和同事发现,通过用乙烯基苯络合物、二甲基硅氧烷和($MeOCH_2CH_2O$)$_3SiCH:CH_2$[54]的共聚制备的负载催化剂可通过超滤膜保留。他们发现,这种催化剂存在就会继续进行操作膜反应器所需要的连续异丙醇剂量以补偿所引起的进料流中残留的水导致的失活。

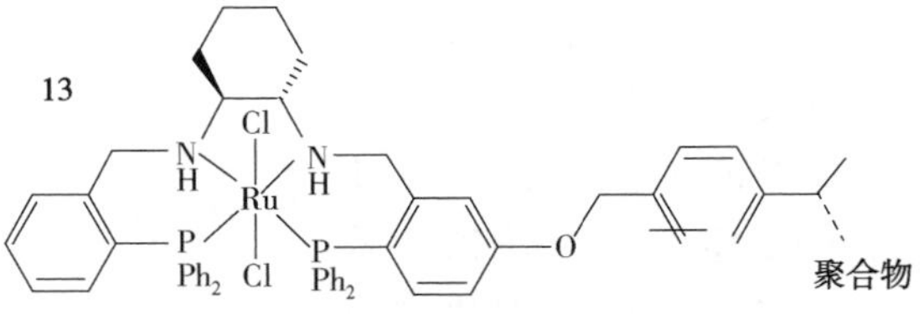

图 7.15 物质 13

来自配体 14(见图 7.16)和二氯化钌的固定 Noyori 在从异丙醇苯乙酮的氢转移反应中持续加入碱是没有必要的(ee 约 90%)。一旦将催化剂通过将 KOtBu 于室温激活它,可以在不丧失活性在室温下[55]用一个星期。在这种情况下,在二氧化硅上的催化剂比均相稳定得多。增加稳定性暂定归因于现场隔离效果,防止二聚体的形成。

7.4 形成桥接物种的抑制

当二聚体的形成变得重要时,人们试图破坏二聚体得到单体。例如使配体很

笨重可能会阻止二聚体的形成。模型表明要达到想要的效果，该配位体的尺寸必须大大增加。Grubbs[56]描述了另外一种叫做定点隔离的方式。众所周知的例子涉及一个用作氢化催化剂的茂钛催化剂。中间氢化钛几乎完全转化为二聚物，导致催化剂活性降低（见图 7.17）。在树脂载体上的催化剂的固定化可以防止二聚化，得到活性催化剂。一个 Cp 环被连接到交联的聚苯乙烯和它的阴离子用 CpTiCl₃ 反应得到活性催化剂。

图 7.16　物质 14

图 7.17　从 Cp₂Ti 形成富瓦烯钛二聚体

7.4.1　形成桥接物种导致的抑制剂：Ir

早在 1977 年，Crabtree 等人描述了采用铱催化剂 [Ir(cod)Lpy]PF₆(L = phosphine) 作用时含有 [Ir₂(M−H)₃H₂L₄]PF₆ 的桥接氢化二聚体物种的形成。该反应不需要基质，并且是不可逆的，无法重新启动催化作用。有时所有基质已消耗完之前基质就会发生。该反应最好在二氯甲烷中发生，当使用乙醇作为溶剂时，溶剂竞争与铱协调烯烃基质。

Crocker 通过在离子交换过程插在蒙脱石上稳定单体铱催化剂 [Ir(COD)(PPh₃)₂]⁺ 和 [Ir(COD)(NCMe)(PCy₃)]⁺。虽然对于环己烯的氢化的嵌插催化剂的初始活性一般是其均相类似物的 50% ~ 80%，但催化剂保持较长时间的活性，表明导致均相催化剂失活的二聚体和三聚体的形成反应，被部分嵌入后抑制。

上述实施例似乎表明铱催化剂下二聚体或三聚体的形成是在所难免的，但事实并非如此，而且我们以一个非常成功的加氢反应即对于 S-异丙甲草胺 15（见图 7.18）的亚胺前体的不对称氢化加以证实。Spindler 及其同事[59]报道了一类新的稳定的 Ir 二茂铁二膦 16（见图 7.18）配合物，在 HOAc 和碘化物的存在下，得到异常活泼和生产能力出众的催化剂。物质 15 在 80bar 氢压、50℃时，在 12h 以

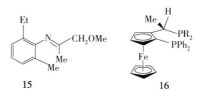

图 7.18　物质 15、物质 16

内基质/催化剂比为 500000，30h 内转化数为 100000。光学产率只有 79%，但对于该特定除草剂这被认为是可以接受的。异丙甲草胺是胺 15 的氯代酰胺，它是玉米和大豆种植园的除草剂。

因此，虽然 Josiphos 已经解决了异丙甲草胺的前体的氢化的稳定性问题，其他需要用到 Ir 催化剂与 DIOP、BDPP 和 BPPM，Chiraphos 以及 Norphos 配体依然面临形成二聚体和三聚体导致的快速分解。Blaser 及其同事发现了两个解决方

案，一是通过固定而使用不稳定的金属氢化物保护剂[60]。最好的结果，用固定在硅胶并与双金属的 W-Ir 和 Mo-Ir 络合物得到的。在大多数情况下，对映体过量和初始速度影响轻微，而催化剂的稳定性显著增强。据推测，在使用另一种金属氢化物以可逆方式形成具有铱氢化物种的异二聚体时，可能会阻止不可逆二聚化。从 Vananzi[61] 的工作中我们知道，选择的共氢化物是 Cp_2WH_2 和 Cp_2MoH_2，它们可以与阳离子铱氢化物种二聚化。可能会发生 Cp 环被 Ir 金属化（见图 7.19）。

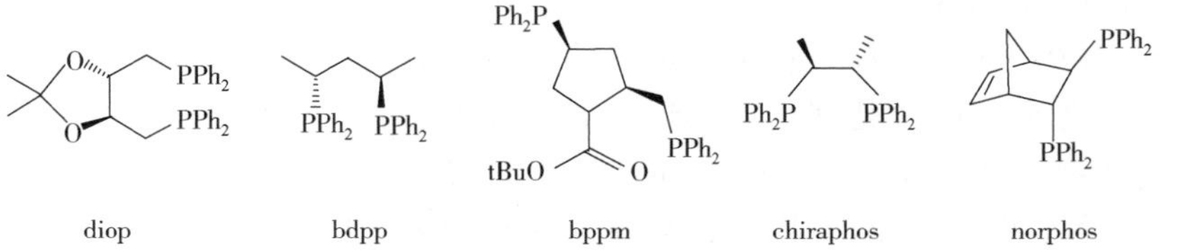

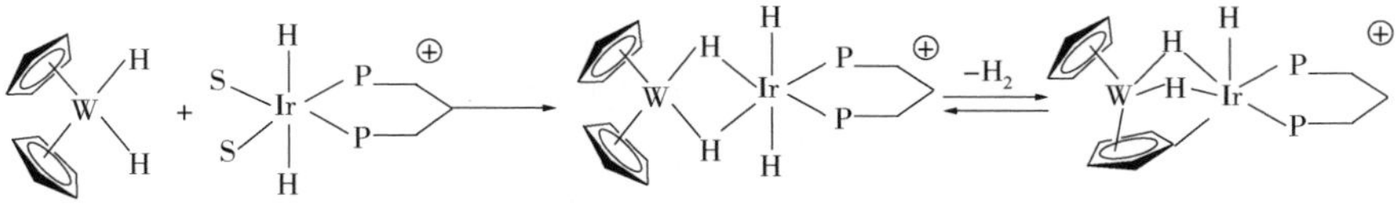

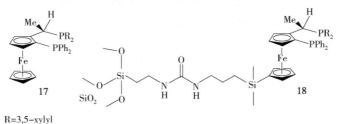

图 7.19　使用配体和替代物，铱加氢催化剂的可逆异源二聚体的形成

在一个进一步改善异丙甲草胺的实际催化剂的工艺中，Solvias 研究组将 Xyliphos17（见图 7.20）配位体固定在二氧化硅和聚苯乙烯上，通过良好建立的方法[62]。对各种烷氧基硅烷和异氰酸酯取代连接体进行了研究。最好的多相催化剂 18[0.04mmol/(gSiO_2)，催化剂 5%]（见图 7.20）得到的 $TONs>100000$，TOF 达到 $>20000h^{-1}$，是目前为止固定催化剂最好的效果。固定化的催化剂具有类似的对映选择性，但比均相类似物活性更低。令人惊奇的是，在目前的情况下，非均相催化剂比均相催化剂失活速率更高。这些负面影响是由载体表面上较高的局部催化剂浓度导致不可逆二聚体形成引起的失活增加趋势，而我们的目的刚好相反。低负载量没有得到更好的结果。该系统的一个优点是，这些催化剂通过过滤的简单而有效的分离。作者的结论是对工业应用没有吸引力。

R=3,5-xylyl

图 7.20　物质 17、物质 18

[Ir(ddppm)(COD)]X 物质 19(见图 7.21)型络合物合成出来并在不同胺基质上的不对称加氢反应上测试[63]。相反已知对于铱催化剂[64]，ddppm 络合物在常压氢气气氛中形成有效的催化剂，而在较高的压力系统的催化活性大大降低。根据反应条件，N-芳基亚胺和，Ar′N=CMeAr 以高收率和高对映选择性(80%~94%ee)加氢形成相应的仲胺。与此相反，对于 BF_4^- 和 PF_6^- 配合物，配位阴离子如氯离子

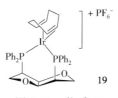

图 7.21　物质 19

不会形成活性 Ir-ddppm 加氢催化剂。阳离子 Ir-sdppm 加氢系统在氯化溶剂表现良好，而配位溶剂例如 THF 和甲醇可以使该系统失活。如果催化剂在溶液中加入亚胺基底之前用 H_2 预处理，还得到一个无活性系统。二聚和三聚的 Ir(Ⅲ)聚合氢化复合物从[IR(dd ppm 的)(COD)]PF_6 的与氢分子在 1bar 下反应形成，并抑制催化活性(见图 7.22)。因此，只要存在与阳离子铱络合物、单体铱络合物配位的亚胺，就不会形成二聚体或三聚体。

$$19 \xrightarrow{H_2,1bar,MeOH}$$

图 7.22　无基质时从 19 形成二聚和三聚体

Crabtree-催化剂[铱(PY)(PCy$_3$)(COD)]PF_6 是少数的一种能将三或四取代的烯烃加氢的催化剂(见图 7.23)。高度取代的烯烃的反应是缓慢的，通常是由 hydrido 二聚体和三聚体的形成引起的失活反应也会在反应期间发生。用于烯烃的不对称氢化的 Pflatzs Ir PHOX 催化剂速率更高也更不易失活。从而 Pfaltz 和同事认为，具有合适的空间位阻的手性 PHOX 配体可能适合于这些基下[65]的加氢。制备了四种手性的 PHOX 配体 Ir 络合物。空气中稳定的复合物四[3,5-双(三氟甲基)苯基]硼酸盐(BARF)作为抗衡离子在一系列 3,4 取代的烯烃加氢中显示出高的反应活性。从二环己基膦恶唑啉配位体中衍生的恶唑啉环没有另外的取代基的铱络合物得到最佳效果。集中在 Crabtree 催化剂下只能得到低转化率的基质观察到了完全转化。通过用 BARF 替换六氟磷酸阴离子，可以强烈地提高 Crabtree 催化剂的生产率。

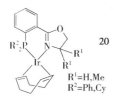

图 7.23　物质 20

阴离子效果之前已经被 Pfaltz 以铱-PHOX 催化剂[66]研究过了。在阳离子铱-PHOX 催化的非官能化的烯烃的不对称氢化中，反应动力学、催化剂活性和生产率很大程度上取决于抗衡离子。在一系列催化剂中观察到明显的反应速率下降 $[Al\{OC(CF_3)_3\}_4]>BArF>[B(C_6F_5)4]>PF_6>BF_4>CF_3SO_3$。对于前两个阴离子，其速率高，通常 40℃ 下 $TOF>5000h^{-1}$，TON 在 2000~5000 之间。六氟磷酸盐反应速率较低，但还是很可观的；此外，该盐尤其在催化剂负载量低时反应期间会失活，并且对水极端敏感。含有前三抗衡催化剂在反应期间不会失去活性，并在所有的基质被消耗之后仍能保持活性。它们对水较不敏感，通常不必严格排除氧和水。

7.4.2　形成桥接物种抑制剂：Ru

在铑基氢化催化剂中，二聚体的形成是众所周知的现象，比如在 Wilkinson 早期的文章中已经提出[67]。为了在 Wilkinson 催化剂中形成空位，三苯基膦必须解离并与烯烃或溶剂分子结合，否则可能二聚形成 $[RhCl(PPh_3)_2]_2$。当时很多问题由于缺乏灵敏的 ^{31}P-NMR 光谱仍未解决。

Czakova 和 Capka 通过原位从 μ，μ′-二氯双[二(烯)铑]和 $RPPh_2[R=(CH_2)$ $n(OEt)_3$，$n=1\sim6$，$R=CH_2SiMe_{3-m}(OEt)m$，$m=1\sim3$]型的膦合成的均相 $Rh(I)$ 络合物催化的烯烃加氢反应及其附着在二氧化硅上的多相类似物研究了二聚化，反应条件是 1.1bar 氢气、37~67℃[68]。通过这两种类型的催化剂催化加氢对烯烃是一级反应。铑催化剂的失活是由于催化活性物质的二聚化。有趣的是，在这种情况下二聚化发生在载体的表面上，并且取决于间隔基团从表面分离所述二苯基膦基团的长度。显然，需要更低的表面覆盖率以获得有效的定点隔离。

Ducket、Newell 和 Eisenberg 后来研究了 Willkisons 催化剂并在使用 PHIP 的 Willkison 催化剂催化的加氢反应中观察到了新的中间体[69]。PHIP 的启用使得反应体系中以前没有观察到的二氢化物种的检测成为可能。具体地，检测并表征了顺式-和反式-2-己烯、2-戊烯、甲基丙烯酸甲酯、苯乙烯和取代苯乙烯的双核配合物 $H_2Rh(PPh_3)_2(\mu-Cl)_2Rh(PPh_3)$（烯烃）。尽管 $H_2Rh(PPh_3)_2$ $(\mu-Cl)_2Rh(PPh_3)$（烯烃）在富集氢的 1~2bar 氢压的催化加氢过程中很容易观察到，它并不直接参与催化循环；它的出现表明形成了低活性的双核物质降低了系统的活性、在苯乙烯、对-氯苯乙烯和对-甲基苯乙烯作为基质时观察到第二个新物种是单核配合物 $RhH_2(alkene)(PPh_3)_2(Cl)$，它似乎是加氢反应的中间体。从 PHIP 光谱看，该物种有可能具有顺式-膦，以及顺式-氢化物。其结果还证实，少量游离膦抑制双核复合物的形成，从而增强 Willkison 复合物的催化活性。

后来的研究表明，除了生成双核二氢化的[Rh(H)$_2$(PPh$_3$)$_2$(μ-Cl)$_2$Rh(PPh$_3$)$_2$]，还生成了四氢化的复合物[Rh(H)$_2$(PPh$_3$)$_2$(μ-Cl)]$_2$(见图7.24)[70]。尽管可以观察到从自由 H$_2$ 磁化传递到四氢化物和[Rh(H)$_2$Cl(PPh$_3$)$_3$]，但并没有观察到向[Rh(H)$_2$(PPh$_3$)$_2$(μ-Cl)$_2$Rh(PPh$_3$)$_2$]的转移以及两种双核络合物之间的转移。因此，[Rh(H)$_2$(PPh$_3$)$_2$(μ-Cl)]$_2$和[Rh(H)$_2$(PPh$_3$)$_2$(μ-Cl)$_2$Rh(PPh$_3$)$_2$]并没有简单地通过氢气的添加消除链接到 NMR 的时间尺度。游离的 H$_2$ 的快速交换经由可逆卤化物桥断裂和[Rh(H)$_2$(PPh$_3$)$_2$(μ-Cl)RhCl(H)$_2$(PPh$_3$)$_2$]的形成达到。当在二氯甲烷中研究这些反应，得到了溶剂络合物[Rh(H)$_2$(PPh$_3$)$_2$(μ-Cl)$_2$Rh(CD$_2$Cl$_2$)(PPh$_3$)]、失活产品[Rh(Cl)(H)(PPh$_3$)$_2$(μ-Cl)(μ-H)Rh(Cl)(H)(PPh$_3$)$_2$]和[Rh(Cl)(H)(CD$_2$Cl$_2$)(PPh$_3$)(μ-Cl)(μ-H)Rh(Cl)(H)(PPh$_3$)$_2$]。

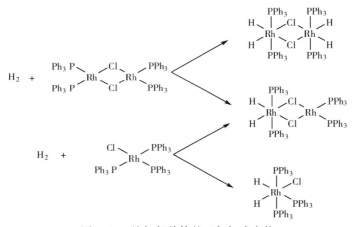

图 7.24　铑加氢前体的二氢加成产物

在烯烃和仲氢的存在下，检测到了以上内容中提到的双核烯烃的配合物相应的信号。这些配合物经受分子内氢化交换中的处理，是独立于苯乙烯和催化剂的浓度的，并涉及卤化物桥梁断裂。其次是对剩余的 Rh—Cl 桥旋转和桥重建，这个过程被富含电子的烯烃促进。还观察到从这些配合物的氢化物的配位体磁化传递到烷基的氢化产物。人们认为，通过由双核配合物碎片和烯烃对所得中间体[RhCl(H)$_2$(PPh$_3$)$_2$]的捕集实现加氢。对许多从 PMe$_3$ 衍生的其他双核二氢化络合物的研究表明，这种物种在氢化催化中能够发挥类似的作用。

类似的碘配合物[RhI(PPh$_3$)$_2$]$_2$和[RhI(PPh$_3$)$_3$]的研究揭示了类似的复合物的存在，包括双核烯烃-二氢化产品。该催化剂更有效，但这些前体的更高的初始活性通过形成三铑磷化物桥接失活产物[{(H)(PPh$_3$)Rh(μ-H)(μ-I)(μ-PPh$_2$)Rh(H)(PPh$_3$)}(μ-I)$_2$Rh(H)$_2$(PPh$_3$)$_2$]抵消，因此配体分解也出现在这里。

Rifat 等人[71]合成了含有硼烷单阴离子铑膦络合物，并研究了其作为加氢催化剂的性能。引入 Ag[闭式-CB$_{11}$H$_{12}$]to[(PPh$_3$)$_2$RhCl]$_2$得到了新的络合物[(PPh$_3$)$_2$

Rh(闭式-CB$_{11}$H$_{12}$)],并对其进行了细致的表征。使用亲核性更弱的[闭式-CB$_{11}$H$_6$Br$_6$]⁻阴离子得到了芳烃桥接的二聚体[(PPh$_3$)(PPh$_2$-η^6-C$_6$H$_5$)Rh]$_2$[闭式-CB$_{11}$H$_6$Br$_6$]$_2$。以前体配合物[(PPh$_3$)$_2$Rh(nbd)][闭式硼烷]作为起始原料,并用氢气处理得到收率和纯度都更高的络合物。降冰片二烯配合物已被认为是当使用环己烯、1-甲基环己烯和2,3-二甲基丁-2-烯温作为基质并在温和条件下时内部烯烃的氢化催化剂。并将这些新催化剂与[(PPh$_3$)$_2$Rh(nbd)][BF$_4$和 Crabtree 催化剂[(py)(PCy$_3$)Ir(cod)][PF$_6$]做了对比。抗衡离子效果明确显示,六溴显著优于其他两个,加氢效果与 Crabtree 催化剂相当。只有对于2,3-二甲基-2-烯烃 Crabtree 催化剂效果更好。尽管如此,这些结果对于铑配合物已经很好了,因为它们在传统上被认为对内部烯烃的温和条件下的加氢是无效的。在催化循环中的失活产物被报告为[(PPh$_3$)$_2$HRh(μ-Cl)$_2$(μ-H)RhH(PPh$_3$)$_2$][CB$_{11}$H$_{12}$]。

Heller 及其同事[72]报道了作为铑的氢化催化剂的休眠状态的三核羟基铑复合物的形成。提到了[Rh$_3$(PP)$_3$(μ_3-OH)$_x$(μ_3-OMe)$_{2-x}$]BF4 型(PP = Me-DuPhos、dipamp、dppp、dppe;不同配体和 μ 桥接阴离子)的各种三核 Rh 络合物。它们通过向溶解的[Rh(PP)(溶剂)$_2$]BF$_4$络合物中添加像 Net$_3$这样的碱。它们经由碱性添加剂活着碱性前提的原位形成导致其在不对称加氢中的失活。该问题可以通过酸性添加剂解决。

在 BINAPRh 催化剂用于月桂烯衍生的烯丙基醇的不对称异构化观察到了相关的三聚化,该反应的控速步骤是 Takasago 过程[73]。加入氨水到[Rh(BINAP)(MeOH)$_2$]ClO$_4$的丙酮溶液中得到[{Rh(BINAP)}$_3$(OH)$_2$]ClO$_4$[74]。两个羟基被三重桥接在大致固定的 RH$_3$三角形的各边。每个铑原子正方形平面由 BINAP 的两个磷原子和两个羟基的氧原子配位。该物种也被认为导致了对桂烯衍生烯丙基胺模型烯丙基胺1,3-H 迁移催化活性丧失。单磷酸酯络合物(见图7.25)是氢化催化剂,其中,在不存在基质的或弱配位基的存在下,通过芳烃与双溶剂物质结合形成二聚体[75]。在氢气和基质的存在下用 NMR 光谱观察一种氢化物中间体,发现氢化反应按照正常反应方案进行。这样的配体芳烃的结合已经有很多报道[76],这里仅作为示例。

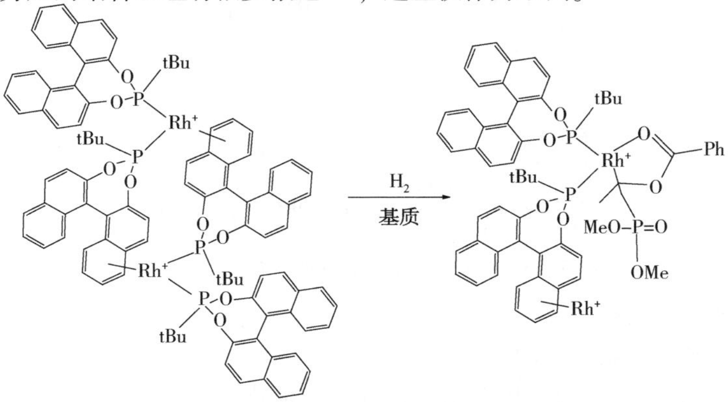

图7.25 从膦二聚体得到加氢催化剂

7.5 配体分解抑制剂

如在 1.4.3 节中提到的过渡金属和氢存在下 P—C 键中的裂解是一种常见的反应，但令人惊讶的是，关于加氢催化的数据很少。

在 7.4.2 节中提到，络合物 $[RhI(PPh_3)_2]_2$ 和 $[RhI(PPh_3)_3]$ 揭示了含有膦桥的三铑磷化桥接的失活产物 $[\{(H)(PPh_3)Rh(\mu-H)(\mu-I)(\mu-PPh_2)Rh(H)(PPh_3)\}(\mu-I)_2Rh(H)_2(PPh_3)_2]$ 的形成，这是通过 P—C 键断裂配体分解的第一个例子[70]。虽然这是一个非常普遍的反应，关于具有催化活性的加氢化合物几乎没有任何报道。

Nindakova 等研究了手性二膦铑催化剂 $[(1,5-COD)Rh(-)-R, R-DIOP]^+$ $CF_3SO_3^-$ 在加氢条件下的转化[77]。他们报道了 H_2、碱（加入 NEt_3）和溶液存在下，在没有基质的反应中得到的产品，并用 ^1H 和 ^{31}P-NMR 谱进行了研究。除了上面提到的它们的二聚复合物，他们还发现，从配位体与 H_2 的反应中得到了苯，这是由二膦配体的破坏引起的。最有可能的机理涉及 P—C 键裂解。

Noyori 和 Takaya 研究发现钌乙酸 BINAP 配合物是很有效的不对称氢化的催化剂[78]。它们已被用于各种各样的官能烯烃和酮的氢化。人们发现，当络合物中添加酸时，二膦络合物中的钌容易导致使用的配体中 P—C 键的断裂。该反应首次发现在 MeO-BIPHEP 配体中[79]。Pregosin 在 BINAP 上发现，钌和四氟与催化性能高度相关。使用惰性阴离子如 BF_4 不会引起太大的怀疑，但他的工作表明，在这样的催化剂下氟苯膦可以形成，即使在非常低的温度下（见图 7.26）[80]。水和乙酸也可以用作亲核试剂。该反应可能涉及膦中间体，就像在 Grushin 关于 BINAP(O)Pd 化合物的报道中那样[81]。当使用含有少量的水三氟甲磺酸时形成膦产物是二苯基膦氧化物。有趣的是，这两种情况下都是萘基的 P—C 键断裂，而不是一个苯基的。这个反应是由 η^6 芳烃与骨架钌结合发生，而不发生在其他的合适配体中[82]。

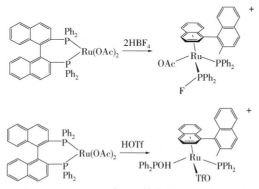

图 7.26　BINPAP 中 Ru 催化的 P—C 键断裂

7.6 产品抑制剂

7.6.1 产品抑制剂：Rh

与极性溶剂分子相同，当产品能比基质与催化剂更强烈地结合，它就会成为有效的抑制剂。最流行的基质类似于 L-DOPA 前体不会导致抑制产品，因为这种基质与 Rh 通过一个酰胺基和一个烯烃基结合，而产品没有烯烃基。因此，烯烃官能团氢化后，它们是比基质弱得多的配体。亚胺氢化得到胺，人们可能预期，它们将在反应中作为抑制剂，因为与金属的配位比起始离子的配位强。James 及其同事[83]发现，PhN = CHPh 和 $PhCH_2N$ = CHPh 的加氢是由[Rh(COD)$(PPh_3)_2$]PF_6催化的，并确实发现了产品抑制。然而，胺产物 $PhNHCH_2Ph$ 可以通过与 Rh 以芳烃部分结合而使催化剂中毒，而其他胺产物$(PHCH_2)_2NH$，形成不稳定的 N—键合的物质不毒化催化剂体系。

7.6.2 Ru

Wills 和同事[84]研究了由钌和铑二胺和氨基醇配合物催化的各种环状和无环取代的 α，β-不饱和酮的转移加氢反应。环状的 α，β-不饱和酮似乎比无环不饱和酮对合成对映体纯的烯丙醇更适合的。尽管与其他活性基质有相似性，对于醇 21a 和 21b(见图 7.27)的酮前体在催化剂 22(见图 7.27)没有转化。这是因为基质抑制或产物抑制。催化剂 23(见图 7.27)没有被这些基质或产品抑制。

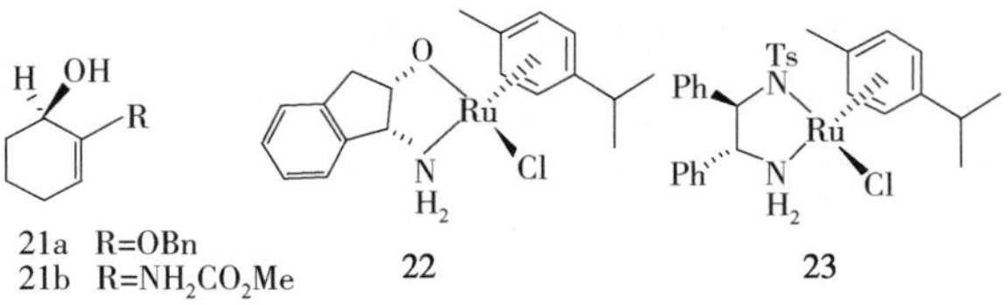
H OH
R
21a R=OBn
21b R=NH2CO2Me
O
Ru
N
H2
Cl
22
Ph
Ts
N
Ru
N
H2
Cl
23

图 7.27 物质 21~23

当使用适当的保护基团几个 α-氨基和 α-烷氧基取代的酮进行不对称转移氢化成功，具有很高的产率和对映选择[85]。例外情况是 α-氯和 α-甲氧基，会出现产品或析出物抑制。

参考文献[86]实现了使用白腐菌胶质干朽菌将 α-氯苯和 β-氯苯基乙基酮全细胞生物转化为相应的手性醇。后者的主要产物是脱氯醇(见图 7.28)。几个真菌和细菌展示氯化活性。类似于物质 22 的 Noyori 催化剂对这些基质的转移氢化无活性。有人提出基片或产物氧化加成到金属，从而导致催化剂的氯化物中毒。

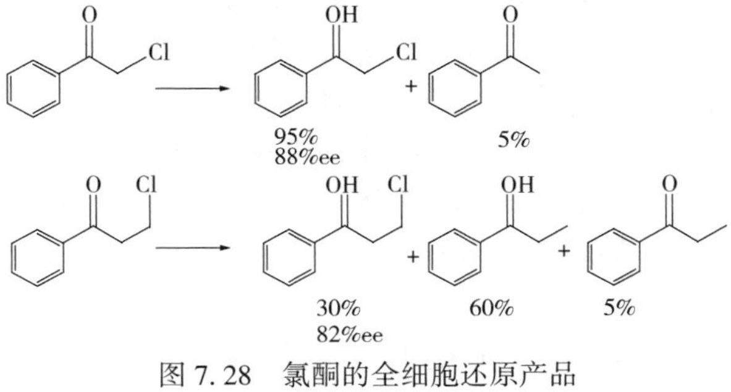
O
Cl
OH
Cl
O
95%
88%ee
5%
O Cl
OH Cl
OH
O
30%
82%ee
60%
5%

图 7.28 氯酮的全细胞还原产品

7.7 形成金属抑制剂；金属的多相催化

目前综述的多数加氢和转移氢化催化剂是真正均相催化剂和排除了块状金属的参与，并且我们这章重点讲述的金属常用在温和条件下，金属沉淀是不常见的失活机理。所获得的对映体选择性证明了，手性（二）膦，P-N 配体，或二亚胺配体可以配位到金属形成手性诱导剂，但它们不证明催化剂的均相性质，因为许多均相催化剂表面改性具有手性改性剂是已知的[87]。最常见的两种改性剂是酒石酸（在 Ni）和金鸡纳型分子（在 Pt 和 Pd），而不是在这里综述的研究的典型配体，这些催化剂已经报道了有很高的 ees，尤其是当酮类和酮酯被用作基质时[88]。

高压氢气和高温条件下金属的形成较为常见。在高负载量催化剂上大块金属的形成，可以很容易观察到，但低负荷伴随着纳米粒子的形成已经在过去的 30 年是讨论的问题。纳米颗粒是指小到 1nm（大配体尺寸）并且它们可以通过阴离子、聚合物、表面活性剂分子、配体、树枝状聚合物稳定。已经提出几种方法来发现金属颗粒（过滤、掺汞、添加二硫化碳、记录 TEM 光谱等），但是，如在近年已清楚地被 Finke 和同事解释的，这任务并不容易。多年来已经清晰地认识到，没有一个单一的实验可以区分均相和多相催化剂。Widegren 和 Finke[89] 提出一些测试方法，以确定该催化剂的真正性质。包括催化剂的分离和鉴定、力学研究（诱导期，再现性）、定量中毒和回收实验，机理研究表明该催化剂的形式是与所有的数据一致。

对于烯烃、酮、亚胺、酯等的氢化，人们一直认为是由于催化剂的均相性质，但单芳烃加氢催化剂的性质一直受到争论，如通常要求苛刻的条件（>50bar，>80℃），而使用铑和钌是作为此反应的金属催化剂具有较高的活性。Rothwell 和同事开发的铌（Ⅴ）和钽（Ⅴ）的氢化物是个例外，因为这些必须是真正的均相催化剂。因为热力学上不能用氢和金属醇盐得到铌和钽金属[90]。此外，该催化剂倾向于醇盐配位体的分子内加氢。

Widegren、Bennett 和 Finke[91] 研究了 60bar 氢压、100℃ 条件下使用 Ru（Ⅱ）（η^6-C_6Me_6）（OAc）$_2$ 作预催化剂的苯加氢反应。Ru（Ⅱ）（η^6-C_6Me_6）（OAc）$_2$ 是最古老的均相苯加氢催化剂，但多年来对它的机理并未研究透彻。

因此得出结论如下：真正的催化剂是 Ru 金属颗粒，而不是均相的金属配合物或可溶性纳米簇。首先，催化苯加氢反应在均相前体金属（0）之前表现为典型 S 形动力学。形成的堆积金属 Ru 具有足够的活性。此外，从产品溶液过滤得到的滤液无活性，直至形成块状金属。此外，加入汞（0），公知的非均相催化剂毒物，完全抑制了进一步催化。最后，TEM 未能检测纳米团簇，从而得出的结论是所述块状金属是实际的加氢催化剂。

Süss-Fink[93] 报道了 Atris 钌簇 [Ru$_3$（μ_2-H）$_3$（η^6-C_6H_6（$\eta6$-C_6Me_6）$_2$（μ_3-O）]$^+$ 是非常活泼的苯加氢催化剂，在氢压 60bar、110℃ 条件下每小时转化

数为 1000s[93]。簇包含的 Ru3 芯 (24)(见图 7.29),
桥接三个氢化物或二氢化物和羟基,用氧化物离子
封端,得到 1 个正电荷。两个钌原子 η6 键合到两个
Me6C6 分子和第三个含有 η6 苯分子。在这种情况下,
汞测试对加氢活性没有产生不利影响。据认为,也
许苯 η6 结合到簇可能模仿金属表面从而有这种不寻
常的活动。该三聚体是由第 1 章图 1.17 中的二聚体
和阳离子单体前体原位生成的。

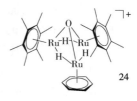

图 7.29 物质 24

　　在 Süss-Fink 和 Finke 课题组的共同努力下,最终证明超分子催化概念以为
与均相芳烃氢化关联是不正确的[94],虽然超分子苯的主客体络合到三聚簇被包
括 X 射线等明确证实,因此 η6κ3 三金属连接苯的情况与其他单金属催化剂很特
别,很值得研究。用于催化的分析采用的方法与上述相同。研究结果证明,[Ru3
(μ2-H)3(η6-C6H6)(η6-C6Me6)2(μ3-O)]+ 并不是如以前认为的那样真正的苯加
氢催化剂,所有证据都表明在这种反应条件下从均相前体得到的 Ru(0) 才是真正
的有活性的催化剂。因此可以认为,一个单独的测量结果并不可信,比如反应后
催化剂前体的回收、产物选择性、汞中毒、TEM 研究观察簇可以是在副产物或
样品制备或在电子束中形成的。

　　Finney 和 Finke 对 Pt(1,5-COD)Cl2 和 Pt(1,5-COD)(CH3)2 作为加氢催化
剂进行了类似的研究,以回答它到底是均相还是多相催化剂的问题[95]。该配合
物用于烯烃的氢化。经过产品的研究、动力学证据和汞中毒实验结果表明,Pt
(1,5-COD)Cl2 是一种预催化剂和必须还原到铂(0)纳米簇和块状金属作为真正
的氢化催化剂。相关的络合物 Pt(1,5-COD)(CH3)2 的研究发现,H2 下该复合物
自身不形成氢化催化剂,这与文献一致。动力学和汞中毒的实验证据证实 Pt(1,
5-COD)(CH3)2 也形成了一个铂(0)的非均相催化剂,但是在其他金属(铱,铂)
作为种子启动 Pt(Ⅱ)的还原情况下。

　　Maitlis 和同事[96]首次报道了与[Rh(η5-C5Me5)Cl2]2 相关的苯和环己烯加氢
的催化剂本质的长期问题。多年来催化剂进行了广泛研究,并有迹象表明所报告
的前体可能不是实际的催化剂。有关此的完整文献见 Maitlis 和 Finke 最近的报
道[97],他们深入研究了 Rh 二聚催化的反应。衍生物[Rh(η5-C5Me5)Cl2]2 真正
苯加氢催化剂是纳米颗粒多相催化剂,这回答了 25 年来的问题,并纠正了先前
的理念,即苯加氢催化剂是单金属均相催化剂。证据来自动力学、汞试验、金属
产品的形成、苛刻的条件等。真正的环己烯的氢化催化剂,尽管从相同的前体衍
生的被报告为均相催化剂,这里使用的是温和条件,与最初假定以及 Collman 和
同事[98]得出的结论一致。在温和的条件(22℃、3.7bar 氢气下)获得的环己烯加
氢催化剂是一种非纳米簇的均相催化剂,最可能的结构就是先前确定的络合物

$[Rh(\eta^5-C_5Me_5)H_2(溶剂)]^{[99]}$。因而采用的方法具有识别从相同的催化剂前体得到的多相和均相催化剂的能力。

Manners 报道了使用 Me_2NH-BH_3 作为氢供体，铑胶体作为（多相）催化剂的环己烯加氢[100]。随后，他们研究用几种 Rh 前体例如 $[\{Rh(1，5-cod)(\mu-Cl)\}_2]$、$Rh/Al_2O_3$、$Rh-colloid/[Oct_4N]Cl$ 以及 $[Rh(1，5-cod)_2]OTf$ 的 Me_2NH-BH_3 和 Ph_2PH-BH_3 加氢偶联。Me_2NH-BH_3 的加氢偶联是多相反应，而 Ph_2PH-BH_3 加氢偶联（得到 $Ph_2PH-BH_2-PPh_2-BH_3$）是均相反应，即使以 Rh/Al_2O_3 作为前体。这表明，磷与铑的相互作用和与二甲胺的相互作用确实有很大的不同，而与甲硼烷的相互作用的强度反转。

7.8 对映体催化剂的选择性激活和失活

这个概念很简单；我们对非对映体纯催化剂，添加手性配体用于与选择性的对映体之一结合，此时一个对映体失活或激活并留下一个纯的对映体，在催化反应中得到最佳的对映选择性的催化剂。有较少的催化剂中心现有的速度会下降，但选择性可能增加。对于最近的综述见参考文献[101]。这种方法在不对称催化中与非线型效应密切相关。显然，如果加入量少于化学计量，最终会得到对映选择性中间体[102]。第一个将使外消旋催化剂的一个对映体失活这个原则应用的可能是 Brown 和他的同事[103]。其实，他们的方法也略有不同，并需要原位检测。在他们的实验中，从对映纯 (R)-甲基-(Z)-R-苯甲酰氨基肉桂制备的铱配合物，用 2 倍当量的外消旋 CHIRAPHOS 反应，以选择性地结合的 $(S，S)$ 的二膦的对映体。随后加入 $Rh(I)$，然后使其剩余的自由 $(R，R)$-CHIRAPHOS 以形成用于选择性氢化的甲基(Z)-R-苯甲酰胺肉桂铑络合物。

Mikami 及其同事讨论了通过混合外消旋（二膦）配合物 25（见图 7.30）和手性钝化剂或手性活化剂，比如 $S，S$-DPEN 物质，26（见图 7.30）获得或多或少对映选择性催化剂的可能的方式[104,105]。例如 $BINAP-Rh(II)$ 配合物的外消旋混合物与 0.5mol 的纯对映物 3，3′二甲基二氨基 2，2′-1，1′联萘（R-DM-DABN）27（见图 7.30）得到了 0.5mol 纯对映体，非对映体（R-DM-DABN）-R-BINAP-$RuCl_2$ 催化剂和 0.5mol 剩余的 S-BINAP-Ru 对映体——一种无活性的 BINAP-Ru 络合物，即使在过量的手性二胺的存在下，也得到相同的结果。

R-TolBINAP,R=4-MeC₆H₄   S,S-DPEN   R-DM-DABM
25   26   27

图 7.30 物质 25~27

（RD-DAN）-R-BINAP-Ru 的较低的催化活性源于 Ru 中心的电子转移到二胺部分，与最高的电子密聚集在 Ru-N 区的 BINAP-Ru（Ⅱ）/DPEN 络合物相反。第二种胺例如，S,S-26，被加入以从剩余的 S-BINAP-S、S-DPEN-Ru 配合物形成活性络合物。这种混合物在不对称酮氢化被成功使用。

我们还可以使用一种假定一个手性的在复合物形成的外消旋结构代替非对映体纯的二膦，并控制非对映体过量的手性二胺加入[106]。最后 Mikami 用了 2，2′-双二苯基膦基二苯甲酮、RuCl₂ 和（1S，2S）-（-）-1，2-二苯基乙二胺（S，S）-DPEN）作为手性催化剂（见图 7.31）。DPBP 是一个所谓的 Tropos 配体，类似于下面将要讨论的 2，2′-二苯基膦基联苯。仅一个对映异构体形成（含有 DPBP 的一个优选阻转异构体）和 ees 高达 99%，用这种非手性二膦实现。对比研究表明，该系统对于所有测试基板比 BINAP 更有选择性！酮基配体的氢化是微不足道的。

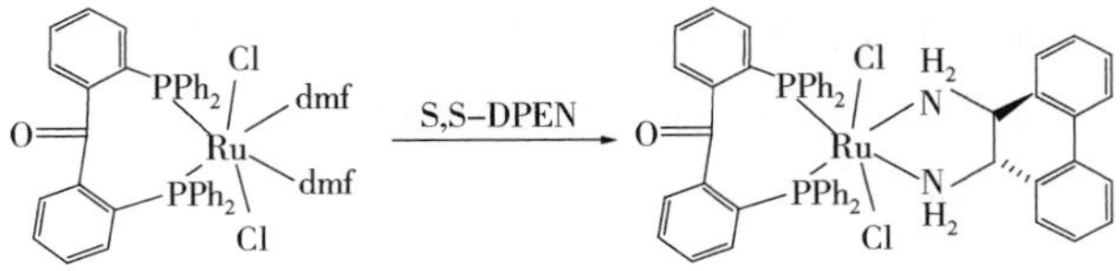

图 7.31　通过 S，S-二 DPEN 络合物形成二膦的一种阻转异构体

Leitner 和同事研究了在衣康酸二甲酯的不对称氢化中的外消旋 BINAP 及基于脯氨酸的离子液体（CIL）观察手性 CIL 是否会影响结果[107]。该反应与对映纯 BINAP 得到相同的 ee 值。对映体的分化主要是 BINAP 铑配合物的非对映体和脯氨酸酯部分相互作用的结果。因此，在这种情况下，一个铑配合物对映体被选择性地停用。

当使用 Trops 配体比如 BIPHEP 时，结果更加复杂，但仍可以得到令人惊奇的适中 ees[108]。自由 BIPHEP 将从一个到另一个的对映体迅速外消旋，但在复杂的与铑形成的环系统，禁止这样的快速交换（见图 7.32）。如果我们将该系统与外消旋 BINAP 的例子比较，CIL 优先形成对映体形式之一的复合，而剩余的对映体可以作为对映选择性的催化剂。它类似于图 7.31 的情况，不同之处在于，现在的加合物是非活性的物种。从长远来看，虽然所有复合物都可以转换为能与溶剂形成最稳定的加合物的对映体，而催化过程会出现停顿。

7.9　结语

对抑制或失活研究得最详细的是使用 Rh（COD）或 Rh（NBD）配合物作为前驱体的 Rh（Ⅰ）催化的氢化。特别是通过 Heller 和同事的工作已经表明，在温和的条件下，降冰片前驱体催化的反应起效更快。在较高的温度和压力下，诱导时间的差异可能会消失，但它是使用降冰片前驱体好的实践方法。一种可能的解释是，较为笨重的辛二烯氢化较慢，因为 H₂ 氧化加成需要二烯旋转，而越大的二

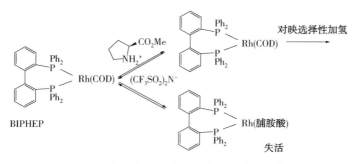

图 7.32　通过手性离子液体组分使一种非对映异构体复合物失活

烯旋转得越慢。

　　杂质抑制剂或极性溶剂抑制剂是罕见的，因为烯烃基质是（二膦）铑配合物相对强烈结合的配体。在没有基质的情况下，许多官能团都可以与 Rh（Ⅰ）阳离子结合，比如极性物质、芳烃等。形成更强的键的不饱和杂质如烯酮和炔可能抑制烯烃加氢，但低基质金属比的实验室条件下，这通常不出现。这同样适用于铱和钌。

　　已知的抑制催化的基质是羧酸，氧化加成得到铑（Ⅰ）以及可以与钌形成稳定盐的双功能基质。

　　因为加氢需要创建金属的自由配位点，所得的 MX 物质可能二聚得到的 M－uX₂－M 物种，而不是所期望的烯烃加合物。当 X 是卤化物时，二聚体可能成为合适的休眠状态和前驱体；如果它们是氢化物、金属氢化物或羟基，那么二聚体或三聚体的形成可以延缓反应。特别是对于铱氢化物二聚体和三聚体的形成经常被认为是不可逆的，但也已经报道了良好的解决方案。基质存在的反应明显要少得多。

　　产品的抑制作用不那么常见；烷烃产物，当它携带多个官能团时，也是一个配合能力比其烯烃前体较弱的配体。在转移氢化中，有几个例子不知道是基质抑制还是产品抑制。

　　对于典型的加氢金属 Rh、钌和铱，催化过程中通过 P—C 裂解进行的配位体分解是不常见的，除非它一直没有被注意到。有更多的关于铂和钯方面的报道。Pregosin 报道了 BINAP 钌配合物中的氟碳交换，令人惊奇地是，这是在低温下发生的反应，氟亲核试剂的来源是四氟硼酸。

　　在氢气气氛下容易导致金属形成，无论是纳米粒子、块状金属还是在反应器壁上的膜。在这种系统中，催化剂真正性质的确定需要广泛的研究，并基于一个简单的实验确定。解决这一问题的彻底办法已经由 Finke 及其同事研发出来，它被用来解决 Cp⁰-Rh（Maitlis）和 Cp⁰-Ru（Süss-Fink）催化的芳烃加氢的长期问题。在双方共同努力下，它们都被证实是包含非均相物种引起的催化加氢。

在 Faller 和 Mikami 的报道中，通过添加手性纯对映体选择性激活或钝化催化剂络合物可以被成功地用于增强外消旋或非纯对映体催化剂，得到活性甚至是具有 Tropos 特性的非手性催化剂。这个过程对每种金属都是不同的，对于 Rh，活性种通常是二磷酸铑物种，而二磷酸二胺-铑络合物可以带走的对映体之一使得催化剩余的对映体更加方便。对于钌的活性种，包括 RuN_2P_2 配合物，而钝化的可以是任一 RuP_2，或具有不同的没有活性的胺的 RuN_2P_2 物种。显然，当使用对映异构体配体时，可以获得金属和配体的最佳利用方式。只使用一个手性胺的非手性 Tropos 配体当然是最佳方案。

参 考 文 献

[1] Studer, M., Blaser, H. -U., and Exner, C. (2003) Adv. Synth. Catal., 345, 45-65.

[2] de Vries, J. G. and Elsevier, C. J. (eds) (2006) The Handbook of Homogeneous Hydrogenation, Wiley-VCH Verlag GmbH, Weinheim.

[3] Heller, D., De Vries, A. H. M., and de Vries, J. G. (2006) in The Handbook of Homogeneous Hydrogenation, J. G. de Vries, and C. J. Elsevier, (eds), Wiley-VCH Verlag GmbH, Weinheim, Ch. 44, pp. 1481-1514.

[4] Greiner, L. and Ternbach, M. T. (2004) Adv. Synth. Catal., 346, 1392-1396.

[5] Heller, D., Thede, R., and Haberland, D. (1997) J. Mol. Catal. A: Chem., 115, 273-281.

[6] Blackmond, D. G. (2000) Acc. Chem. Res., 33, 402-411.

[7] (a) Heller, D., Kortus, K., and Selke, R. (1995) Liebigs Ann., 3, 575-581; (b) Heller, D., Borns, S., Baumann, W., and Selke, R. (1996) Chem. Ber., 129, 85-89.

[8] We are indebted to Dr. B. de Bruin (University of Amsterdam) for pointing out Reference 9.

[9] Mestroni, G., Zassinovich, G., and Camus, A. (1977) J. Organomet. Chem., 140, 63-72.

[10] Heldal, J. A. and Frankel, E. N. (1985) J. Am. Oil Chem. Soc., 62, 1117-1120.

[11] (a) Heller, D., Kortus, K., and Selke, R. (1995) Liebigs Ann., 575-581; (b) Heller, D., Borns, S., Baumann, W., and Selke, R. (1996) Chem. Ber., 129, 85-89; (c) Baumann, W., Mansel, S., Heller, D., and Borns, S. (1997) Magn. Reson. Chem., 35, 701; (d) Drexler, H. -J., Baumann, W., Spannenberg, A., Fischer, C., and Heller, D. (2001) J. Organomet. Chem., 621, 89-102; (e) Borner, A. and Heller, D. (2001) Tetrahedron Lett., 42, 223-225; (f) Heller, D., Drexler, H. -J., You, J., Baumann, W., Drauz, K., Krimmer, H. -P., and Borner, A. (2002) Chem. Eur. J., 8, 5196; (g) Drexler, H. -J., You, J., Zhang, S., Fischer, C., Baumann, W., Spannenberg, A., and Heller, D. (2003) Org. Proc. Res. Dev., 7, 355; (h) Braun, W., Salzer, A., Drexler, H. -J., Spannenberg, A., and Heller, D. (2003) Dalton Trans., 1606; (i) Preetz, A., Drexler, H. -J., Fischer, C., Dai, Z., Boerner, A., Baumann, W., Spannenberg, A., Thede, R., and Heller, D. (2008) Chem. Eur. J., 14, 1445-1451.

[12] Cobley, C. J., Lennon, I. C., McCague, R., Ramsden, J. A., and Zanotti-Gerosa, A. (2001) Tetrahedron Lett., 42, 7481-7483.

[13] Cobley, C. J., Lennon, I. C., McCague, R., Ramsden, J. A., and Zanotti-Gerosa, A. (2003) Chemical Industries (Dekker), 89 (Catalysis of Organic Reactions), 329-339.

[14] Esteruelas, M. A., Herrero, J., Martin, M., Oro, M. L. A., and Real, V. M. (2000) J. Organomet. Chem., 599, 178-184.

[15] Tararov, V. I., Kadyrov, R., Riermeier, T. H., and Borner, A. (2002) Adv. Synth. Catal., 344, 200-208.

[16] Cui, X. and Burgess, K. (2003) J. Am. Chem. Soc., 125, 14212-14213.

[17] Lightfoot, A., Schnider, P., and Pfaltz, A. (1998) Angew. Chem., Int. Ed., 37, 2897-2899.

[18] Crabtree, R. (1979) Acc. Chem. Res., 12, 331-337.

[19] Perry, M. C., Cui, X., Powell, M. T., Hou, D. -R., Reibenspies, J. H., and Burgess, K. (2003) J. Am. Chem. Soc., 125, 113-123.

[20] Schmidt, T., Drexler, H. -J., Sun, J., Dai, Z., Baumann, W., Preetz, A., and Heller, D. (2009) Adv. Synth. Catal., 351, 750-754.

[21] Brown, J. M. and Parker, D. (1982) J. Org. Chem., 47, 2722-2730.

[22] Takahashi, H. and Achiwa, K. (1987) Chem. Lett., 1921-1922.

[23] Wadkar, J. G. and Chaudhari, R. V. (1983) J. Mol. Catal., 22, 103-116.

[24] Kollar, L., Toros, S., Heil, B., and Marko, L. (1980) J. Organometal. Chem., 192, 253-256.

[25] Landis, C. R. and Halpern, J. (1987) J. Am. Chem. Soc., 109, 1746-1754.

[26] Heller, D., Drexler, H. -J., Spannenberg, A., Heller, B., You, J., and Baumann, W. (2002) Angew. Chem. Int. Ed., 41, 777-780.

[27] Fu, C. C. and McCoy, B. J. (1988) Ind. Eng. Chem. Res., 27, 233-237.

[28] Giernoth, R., Huebler, P., and Bargon, J. (1998) Angew. Chem., Int. Ed., 37, 2473-2475.

[29] Heller, D., Holz, J., Drexler, H. -J., Lang, J., Drauz, K., Krimmer, H. -P., and Boerner, A. (2001) J. Org. Chem., 66, 6816-6817.

[30] (a) Chan, A. S. C., Pluth, J. J., and Halpern, J. (1980) J. Am. Chem. Soc., 102, 5952; (b) Brown, J. M. and Chaloner, P. A. (1980) J. Chem. Soc., Chem. Commun., 344.

[31] Cobley, C. J., Lennon, I. C., Praquin, C., Zanotti-Gerosa, A., Appell, R. B., Goralski, C. T., and Sutterer, A. C. (2003) Org. Proc. Res. Dev., 7, 407-411.

[32] Miyashita, A., Yasuda, A., Takaya, H., Toriumi, K., Ito, T., Souchi, T., and Noyori, R. J. (1980) J. Am. Chem. Soc., 102, 7932.

[33] Tani, K., Yamagata, Y., Tatsuno, Y., Yamagata, Y., Tomita, K., Agutagawa, S., Kumobayashi, H., and Otsuka, S. (1985) Angew. Chem. Int. Ed. Engl., 24, 217.
[34] Akutagawa, S. (1992) Chapter 16, in Chirality in Industry (eds A. N. Collins, G. N. Sheldrake, and J. Crosby), John Wiley & Sons, Inc., New York.
[35] Clark, G. S. (1998) Menthol. Perfumer Flavorist, 23, 33.
[36] Jiang, Q., Jiang, Y., Xiao, D., Cao, P., and Zhang, X. (1998) Angew. Chem., Int. Ed, 37, 1100-1103.
[37] Sun, X., Manos, G., Blacker, J., Martin, J., and Gavriilidis, A. (2004) Org. Proc. Res. Dev., 8, 909-914.
[38] Gladiali, S., Pinna, L., Delogu, G., Martin, S., Zassinovich, G., and Mestroni, G. (1990) Tetrahedron: Asymmetry, 1, 635-648.
[39] Patil, S. R., Sen, D. N., and Chaudhari, R. V. (1983) J. Mol Catal., 19, 233-241.
[40] (a) Bolton, P. D., Grellier, M., Vautravers, N., Vendier, L., and Sabo-Etienne, S. (2008) Organometallics, 27, 5088-5509. (b) Chaudret, B., Cole-Hamilton, D. J., Nohr, R. S., and Wilkinson, G. (1977) J. Chem. Soc., Dalton Trans., 1546-1557; (c) Ikariya, T. and Blacker, A. J. (2007) Acc. Chem. Res., 40, 1300-1308.
[41] Jung, C. W. and Garrou, P. E. (1982) Organometallics, 1, 658-666.
[42] Schleyer, D., Niessen, H. G., and Bargon, J. (2001) NewJ. Chem., 25, 423^26.
[43] van Laren, M. W. and Elsevier, C. J. (1999) Angew. Chem., Int. Ed., 38, 3715-3717.
[44] Beach, N. J., Blacquiere, J. M., Drouin, S. D., and Fogg, D. E. (2009) Organometallics, 28, 441-447.
[45] Yi, C. S., Lee, D. W., He, Z., Rheingold, A. L., Lam, K. -C., and Concolino, T. E. (2000) Organometallics, 19, 2909-2915.
[46] Sanchez-Delgado, R. A., Valencia, N., Marquez-Silva, R. -L., Andriollo, A., and Medina, M. (1986) Inorg. Chem., 25, 1106-1111.
[47] (a) Everaere, K., Mortreux, A., Bulliard, M., Brussee, J., van der Gen, A., Nowogrocki, G., and Carpentier, J. -F. (2001) Eur. J. Org. Chem., 275-291; (b) Everaere, K., Mortreux, A., and Carpentier, J. -F. (2003) Adv. Synt. Catal., 345, 67-77.
[48] (a) Noyori, R. and Hashiguchi, S. (1997) Acc. Chem. Res., 30, 97-102; (b) Petra, D. G. I., Reek, J. N. H., Handgraaf, J. -W., Meijer, E. J., Dierkes, P., Kamer, P. C. J., Brussee, J., Schoemaker, H. E., and van Leeuwen, P. W. M. N. (2000) Chem. Eur. J., 6, 2818-2829.
[49] (a) Zassinovich, G., Mestroni, G., and Gladiali, S. (1992) Chem. Rev., 92, 1051-1069; (b) Gladiali, S. and Alberico, E. (2006) Chem. Soc. Rev., 35, 226-236.
[50] (a) Liu, P. N., Deng, J. G., Tu, Y. Q., and Wang, S. H. (2004) Chem. Commun., 2070-2071; (b) Himeda, Y., Onozawa-Komatsuzaki, N., Sugihara, H., Arakawa, H., and Kasuga, K. (2003) J. Mol. Catal. A, 195, 95-100; (c) Li, X. G., Wu, X. F., Chen, W. P., Hancock, F. E., King, F., andXiao, J. (2004) Org. Lett., 6, 3321-3324.
[51] Wu, X., Li, X., King, F., and Xiao, J. (2005) Angew. Chem. Int. Ed., 44, 3407-3411.
[52] (a) Noyori, R., Yamakawa, M., and Hashiguchi, S. (2001) J. Org. Chem., 66, 7931-7944; (b) Alonso, D. A., Brandt, P., Nordin, S. J. M., and Andersson, P. G. (1999) J. Am. Chem. Soc., 121, 9580-9588; (c) Petra, D. G. I., Reek, J. N. H., Handgraaf, J. W., Meijer, E. J., Dierkers, P., Kamer, P. C. J., Brussee, J., Schoemaker, H. E., and van Leeuwen, P. W. N. M. (2000) Chem. Eur. J., 6, 2818-2829.
[53] Gao, J. -X., Ikariya, T., and Noyori, R. (1996) Organometallics, 15, 1087-1089.
[54] Laue, S., Greiner, L., Woltinger, J., and Liese, A. (2001) Adv. Synth. Catal., 343, 711-720.
[55] Sandee, A. J., Petra, D. G. I., Reek, J. N. H., Kamer, P. C. J., and van Leeuwen, P. W. N. M. (2001) Chem. Eur. J., 7, 1202-1208.
[56] (a) Bonds, W. D., Brubaker, C. H., Chandrasekaran, E. S., Gibsons, C., Grubbs, R. H., and Kroll, L. C. (1975) J. Am. Chem. Soc., 97, 2128; (b) Grubbs, R. H., Gibbons, C., Kroll, L. C., Bonds, W. D., and Brubaker, C. H. (1973) J. Am. Chem. Soc., 95, 2373-2375.
[57] (a) Crabtree, R. H., Felkin, H., and Morris, G. E. (1977) J. Organomet. Chem., 141, 205-215; (b) Crabtree, R. H., Chodosh, D. F., Quirk, J. M., Felkin, H., Khan-Fillebeen, T., and Morris, G. E. (1979) Fundamental Research in Homogeneous Catalysis, vol. 3 (ed. M. Tsutsui), Plenum Press, New York, pp. 475-485.
[58] Crocker, M. and Herold, R. H. M. (1993) Catal. Lett., 18, 243-251.
[59] Spindler, F., Pugin, B., Jalett, H. -P., Buser, H. -P., Pittelkow, U., and Blaser, H. -U. (1996) Chemical Industries (Dekker), 68 (Catalysis of Organic Reactions), 153-166.
[60] Blaser, H. -U., Pugin, B., Spindler, F., and Togni, A. (2002) Compt. Rend. Chim., 5, 379-385.
[61] Albinati, A., Togni, A., and Venanzi, L. M. (1986) Organometallics, 5, 1785.
[62] Pugin, B., Landert, H., Spindler, F., and Blaser, H. -U. (2002) Adv. Synth. Catal., 344, 974-979.
[63] Dervisi, A., Carcedo, C., and Ooi, L. (2006) Adv. Synth. Catal., 348, 175-183.
[64] Schnider, P., Koch, G., Prétôt, R., Wang, G., Bohnen, F. M., Kruger, C., and Pfaltz, A. (1997) Chem. Eur. J., 3, 887-892.
[65] Wustenberg, B. and Pfaltz, A. (2008) Adv. Synth. Catal., 350, 174-178.
[66] Smidt, S. P., Zimmermann, N., Studer, M., and Pfaltz, A. (2004) Chem. Eur. J., 10, 4685-4693.
[67] Jardine, F. H., Osborn, J. A., Wilkinson, G., and Young, J. F. (1965) Chem. Ind. (London), 560; (1966) J. Chem. Soc. (A), 1711.
[68] Czakova, M. and Capka, M. (1981) J. Mol. Catal., 11, 313-322.
[69] Duckett, S. B., Newell, C. L., and Eisenberg, R. (1994) J. Am. Chem. Soc., 116, 10548-10556.
[70] Colebrooke, S. A., Duckett, S. B., Lohman, J. A. B., and Eisenberg, R. (2004) Chem. Eur. J., 10, 2459-2474.
[71] Rifat, A., Patmore, N. J., Mahon, M. F., and Weller, A. S. (2002) Organometallics, 21, 2856-2865.
[72] Preetz, A., Baumann, W., Drexler, H. -J., Fischer, C., Sun, J., Spannenberg, A., Zimmer, O., Hell, W., and Heller, D. (2008) Chem. AsianJ., 3, 1979-1982.
[73] Tani, K., Yamagata, Y., Tatsuno, Y., Yamagata, Y., Tomita, K., Agutagawa, S., Kumobayashi, H., and Otsuka, S. (1985) Angew. Chem. Int. Ed. Engl., 24, 217.
[74] Yamagata, T., Tani, K., Tatsuno, Y., and Saito, T. (1988) J. Chem. Soc., Chem. Commun., 466-468.
[75] Gridnev, I. D., Fan, C., and Pringle, P. G. (2007) Chem. Commun., 1319-1321.

[76] Faller, J. W. , Mazzieri, M. R. , Nguyen, J. T. , Parr, J. , and Tokunaga, M. (1994) Pure Appl Chem. , 66, 1463.

[77] Nindakova, L. O. and Shainyan, B. A. (2001) Russ. Chem. Bul. , 50, 1855−1859.

[78] Noyori, R. and Takaya, H. (1990) Acc. Chem. Res. , 23, 345−350.

[79] den Reijer, C. J. , Ruegger, H. , and Pregosin, P. S. (1998) Organometallics, 17, 5213−5215.

[80] (a) Geldbach, T. J. and Pregosin, P. S. (2002) Eur. J. Inorg. Chem. , 1907; (b) Geldbach, T. J. , Pregosin, P. S. , and Albinati, A. (2003) Organometallics, 22, 1443; (c) den Reijer, C. J. , Dotta, P. , Pregosin, P. S. , and Albinati, A. (2001) Can. J. Chem. , 79, 693; (d) Geldbach, T. J. and Pregosin, P. S. (2001) Organometallics, 20, 2990−2997.

[81] Marshall, WJ. and Grushin, V. V. (2003) Organometallics, 22, 555−562.

[82] Feiken, N. , Pregosin, P. S. , and Trabesinger, G. (1997) Organometallics, 16, 3735−3736.

[83] Marcazzan, P. , Patrick, B. O. , and James, B. R. (2003) Organometallics, 22, 1177−1179.

[84] Peach, P. , Cross, D. J. , Kenny, J. A. , Mann, I. , Houson, I. , Campbell, L. , Walsgrove, T. , and Wills, M. (2006) Tetrahedron, 62, 1864−1876.

[85] Kenny, J. A. , Palmer, M. J. , Smith, A. R. C. , Walsgrove, T. , and Wills, M. (1999) Synlett. , 1615−1617.

[86] Hage, A. , Petra, D. G. I. , Field, J. A. , Schipper, D. , Wijnberg, J. B. P. A. , Kamer, P. C. J. , Reek, J. N. H. , van Leeuwen, P. W. N. M. , Wever, R. , and Schoemaker, H. E. (2001) Tetrahedron: Asym. , 12, 1025−1034.

[87] Klabunovskii, E. , Smith, G. V. , and Zsigmond, A. (2006) Heterogeneous enantioselective hydrogenation, theory and practice, in Catalysis by Metal Complexes, vol. 31 (eds B. R. James and P. W. N. M. van Leeuwen), Springer, Dordrecht, the Netherlands.

[88] Studer, M. , Blaser, H. −U. , and Exner, C. (2003) Adv. Synth. Catal. , 345, 45−65.

[89] Widegren, J. A. and Finke, R. G. (2003) J. Mol. Catal. A; Chem. , 198, 317−341.

[90] Rothwell, I. P. (1997) Chem. Commun. , 1331.

[91] Widegren, J. A. , Bennett, M. A. , and Finke, R. G. (2003) J. Am. Chem. Soc. , 125, 10301−10310.

[92] (a) Watzky, M. A. and Finke, R. G. (1997) J. Am. Chem. Soc. , 119, 10382; (b) Widegren, J. A. , Aiken, J. D. III, Ozkar, S. , and Finke, R. G. (2001) Chem. Mater. , 13, 312.

[93] Suss−Fink, G. , Faure, M. , and Ward, T. R. (2002) Angew. Chem. , Int. Ed. , 41, 99.

[94] Hagen, C. M. , Vieille−Petit, L. , Laurenczy, G. , Suss−Fink, G. , and Finke, R. G. (2005) Organometallics, 24, 1819−1831.

[95] Finney, E. E. and Finke, R. G. (2006) Inorg. Chim. Acta, 359, 2879−2887.

[96] Hamlin, J. E. , Hirai, K. , Millan, A. , and Maitlis, P. M. (1980) J. Mol. Catal. , 7, 543.

[97] Hagen, C. M. , Widegren, J. A. , Maitlis, P. M. , and Finke, R. G. (2005) J. Am. Chem. Soc. , 127, 4423−4432.

[98] Collman, J. P. , Kosydar, K. M. , Bressan, M. , Lamanna, W. , and Garrett, T. (1984) J. Am. Chem. Soc. , 106, 2569.

[99] Gill, D. S. , White, C. , and Maitlis, P. M. (1978) J. Chem. Soc. , Dalton Trans. , 617.

[100] (a) Jaska, C. A. and Manners, I. (2004) J. Am. Chem. Soc. , 126, 1334; (b) Jaska, C. A. and Manners, I. (2004) J. Am Chem. Soc. , 126, 9776.

[101] Faller, J. W. , Lavoie, A. R. , and Parr, J. (2003) Chem. Rev. , 103, 3345−3367.

[102] Blackmond, D. G. (2000) Acc. Chem. Res. , 33, 402−411.

[103] Alcock, N. W. , Brown, J. M. , and Maddox, P. J. (1986) J. Chem. Soc. , Chem. Commun. , 1532.

[104] Mikami, K. , Korenaga, T. , Ohkuma, T. , and Noyori, R. (2000) Angew. Chem. , Int. Ed. , 39, 3707−3710.

[105] Mikami, K. , Korenaga, T. , Yusa, Y. , and Yamanaka, M. (2003) Adv. Synt. Catal. , 345, 246−254.

[106] Mikami, K. , Wakabayashi, K. , and Aikawa, K. (2006) Org. Lett. , 8, 1517−1519.

[107] Chen, D. , Schmitkamp, M. , Francio, G. , Klankermayer, J. , and Leitner, W. (2008) Angew. Chem. , Int. Ed. , 47, 7339−7341.

[108] Schmitkamp, M. , Chen, D. , Leitner, W. , Klankermayer, J. , and Francio, G. (2007) Chem. Commun. , 4012−4014.

第 8 章　羰基化反应

8.1　前言

羰基化反应在 20 世纪 30 年代末和 40 年代初随着 Roelen 和 Reppe 的发现而得到发展，这二人都主要研究第一行过渡金属的活性，如钴对加氢甲酰化反应和甲醇羰基化反应的作用，以及镍对烯烃羰基化反应的作用[1]。以今天的标准来看，最初所得到催化剂的活性和选择性相当有限，但在当时却是革命性的。尽管由于第二次世界大战而被推迟，钴催化的加氢甲酰化反应和甲醇羰基化反应在不久之后即在工业上得到应用。对于无配体体系，主要的分解反应是金属沉积，为避免这种情况，可以采用较高的 CO 分压、较低的温度，在使用镍的情况下，还可以通过增加酸量经由氧化加成反应再生 Ni(Ⅱ)。当催化循环开始时，失去一个协同的配体来为底物腾出空间，这种情况主要指烯烃，该过程在易发生金属沉积的条件下进行，因为在最低的 CO 压力下速率最高。磷配体可用于防止金属簇形成，但不饱和金属络合物也可能导致配体分解。

Reppe 还发现了乙烯和一氧化碳共聚生成聚酮[2]，烯烃的羟基化和甲氧基羰化就与此有关。本章将讨论三种主要的羰基化反应：加氢甲酰化反应(8.2 节和 8.3 节)、烯烃/CO 反应(8.4 节)和羰基化反应(8.5 节)。对于各反应，第二行过渡金属(Rh 和 Pd)的引入都极大地提高了反应速率和选择性。对于加氢甲酰化反应和烯烃/CO 反应，磷配体可以大幅提高反应速率和选择性(包括立体选择性)，而对于甲醇羰基化反应，膦配体可通过促进甲基碘向 Rh(Ⅰ)的氧化加成而加速反应，但这只是暂时的，因为膦类化合物最终会形成氧化物或镍盐从而无法提高反应速率。钴膦改性的加氢甲酰化催化剂比未改性催化剂的选择性更高，但速率更慢。

对于加氢甲酰化和羰基化等较早的反应，并没有很多关于催化剂分解的明确的研究报道，而对于均相配位聚合和复分解等新近的反应则出现了较多研究。作为过去十年主要发展的一个领域，交叉耦合催化是个例外，这将在第 9 章加以说明，在这一领域由于文献数量巨大而关于失活的研究相对较少。迄今为止，在交叉耦合催化中找到更好的催化剂的最普遍的方法是筛选更多的配体、碱和条件，而不是专注于分解路径。

加氢甲酰化反应和羰基化反应的选择性和转化率的问题已得到解决，无需对某些催化剂性能不佳的原因作过多研究。一部分原因可能是该领域相对较老，一些工业应用中使用的是未改性的催化剂(即未使用膦)。其次，常见的配体是三苯基膦或其磺化同系物，它们都很便宜，新型配体虽然性能更高但成本较贵，要替代三苯基膦仍存在较大阻碍。第三，羰基化反应在较高压力下进行，大多数实验室和精细化工生产单位都没有合适的设备。因此，羰基化不是有机合成中的常规步骤，它们的使用仅限于大规模生产，但有少数例外，例如通过 Hoechst 方法合成外消旋形式的布洛芬。因此，关于羰基化催化剂分解的学术研究很少。毫无疑问，工业上已经进行了催化剂稳定性的研究，但文献很少。

8.2 钴催化加氢甲酰化反应

第一代钴催化加氢甲酰化过程采用未改性的钴氢羰基化合物作为催化剂。众所周知，Roelen 在 20 世纪 30 年代末研究非均相钴催化费托反应时偶然发现了烯烃的加氢甲酰化反应。Roelen 研究了烯烃是否是通过将生成的乙烯再循环而由合成气（以煤为原料，德国 1938）制燃料过程的中间体[3]。他发现烯烃转化为含有一个以上碳原子的醛或醇（115℃，>100bar）。过了近 10 年（1945 年），加氢甲酰化反应才得到进一步发展，现在它用来将石油烃（自 20 世纪 50 年代以来的重要原料）转化为含氧化合物。研究发现起催化作用的不是负载的钴，而是在足够高的压力下以液态形成的 $HCo(CO)_4$。最近有研究人员对钴催化剂的化学性质进行了综述[4]。催化剂可通过热分解生成金属并过滤的方法回收，更常见的方法是通过用水萃取对催化剂氧化和分离，在 Shell 和 Kuhlmann 的方法中，不分解的催化剂也可以被回收[5]。

BASF 开发的氧化工艺仍在应用和改进中[6]。加氢甲酰化反应器的排出物含有催化剂、醛和烯烃，应用水、酸和氧气处理，水层中的钴盐通过相分离除去。浓缩后经由合成气减量，用烯烃提取烃溶性的 $HCo(CO)_4$[7]返回进料流进入反应器。

Produits Chimiques Ugine Kuhlmann 工艺（现在叫 Exxon）是一种更简洁的回收催化剂的方法。该工艺仍在使用和改进中[8]。该工艺中加氢甲酰化反应在由烯烃和醛组成的有机相中进行。通常使用环流反应器或外部循环反应器以促进传热。反应完成后，产物和催化剂的液/液分离在单独的容器中进行。将反应混合物送入气体分离器，并从那里进入逆流洗涤塔，用 Na_2CO_3 水溶液处理。酸性 $HCo(CO)_4$ 转化成水溶性共轭碱 $NaCo(CO)_4$。产物用水冲洗以除去微量碱，含氧原油进入蒸馏装置。$Co_2(CO)_8$ 除非在萃取条件下不成比例地分解成 Co^{2+} 盐和四羰基钴酸根阴离子，否则不用这种方法提取。

含有 $NaCo(CO)_4$ 的碱性水溶液在有合成气的条件下用硫酸处理，$HCo(CO)_4$ 得到再生。$HCo(CO)_4$ 从水中提取出后进入底物烯烃，溶于烯烃的催化剂返回反应器。虽然盐是按催化剂的含量生成，但现在人们尽量避免生成盐，正如下文介绍铑催化剂时所提到的，已有更好的解决方法。

另一种不分解即被回收的催化剂是 Shell 的配体改性钴催化剂。钴催化加氢甲酰化反应是最早使用膦配体获得具有更高稳定性和选择性的催化剂的工业过程之一，用于对含 C_{11-12} 烯烃的清洁剂进行加氢甲酰化反应[9]，即 SHF(Shell 加氢甲酰化工艺，1970)工艺。SHF 工艺导致底物(对于烷烃，实际损失达 10%)和产物(对于乙醇或其他目标产物)发生较多的氢化作用。所使用的配体是三烷基膦，多年来文献中报道的都是 Bu_3P，但它的挥发性太强。目前认为配体是带有 C_{20} 烷基链的膦衍生物(1，5-和1，4-环辛烷二基膦的混合物)[10](见图 8.1)。环状的膦比无环膦的碱性弱，但其基本性质仍阻碍 CO 离解，Shell 催化剂需要比未改性催化剂更高的温度(180℃，140℃)，但使用压力较低(80bar，200~300bar)。Shell 催化剂比未改性催化剂的反应速率慢得多，但也更稳定，因此 SHF 催化剂可在蒸馏分离后回收利用[11]。

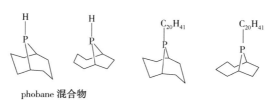

phobane 混合物

图 8.1　用于钴加氢甲酰化反应的膦和 Shell 配体混合物

　　未转化的烯烃、醛和醇在减压下用刮膜蒸发器蒸馏出来，蒸馏容器底部的物质和排出流再循环到反应器中以连续除去重质馏分(醛醇缩合产物)。排出流送至焚化炉。关于 P—C 碳键断裂是膦分解机理的报道很少，这可能不是此体系中催化剂的分解方式。烷基膦易氧化，任何含氧化合物(水、醛、二氧化碳)都可以将烷基膦氧化成氧化膦，因为该反应是动力学可行的，钴可能起到催化作用。分子氧的进入是发生氧化反应更主要的原因。在钯羰基化催化的酸性介质中，烷基膦配体可能发生季铵化反应，但是在钴加氢甲酰化反应的情况下这是应该避免的。

　　Sasol 研发出了一组和膦相似的配体——Lim 配体[12]。这种配体是将 PH_3 加到柠檬烯(R-对映体)中。由于甲基在 C-4 位存在两种构型(见图 8.2)，因此获得了两种非对映异构体化合物的混合物。所获得的 Liμ—H 化合物可以通过烯烃的自由基加成或与亲电体形成的共轭碱的取代反应在磷原子上进行衍生化。

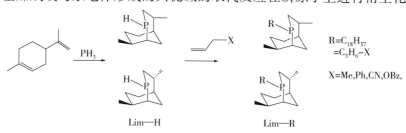

图 8.2　Sasol 的 Lim 配体

Shell 的膦衍生物(见图 8.1)含有两个仲烃基，因此体积很大，和$(i\text{-}Pr)_2P\text{-}$
n-烷基配体相当。Lim 配体含有两个伯烷基，但其他位置的支链可以弥补这一
点，因此仍可以像大体积配体一样作用。电子方面，烷基是强施主，但环体系的
空间位阻会增加配体的 χ 值(即使它们易成为 π 受主)。两种膦的同分异构体和
Lim 的非对称异构体在氧化和季铵化中的差异表明，不同的环结构导致异构体的
酸碱性略有不同。

轻微的电子效应确实对 1∶b 比值有影响，但正如作者所说，这对于反应不
是固有的配体效应，它是衡量平衡中的无膦催化剂含量的一种方式。因此，较弱
的施主配体和钴的结合较弱，产生更多的无膦催化剂，从而以较高的速率产生更
多的支链醛。在较低的温度下，膦配体形成的膦氢化物比 Lim 配体略多，但在
170℃相同的条件下，二聚物、氢化物和无膦络合物之间的平衡对于两种配体是
相同的[12]。

在这些条件下(70bar，170℃)，羰基铁是加氢甲酰化反应器中的潜在污染
物，Dwyer 团队使用高压[31]P 核磁共振研究了由此产生的影响[12]。在加氢甲酰化
条件下，$Fe(CO)_4(Lim)$ 络合物在热力学上比钴络合物更稳定，但低于 120℃时
$Fe(CO)_5$ 仅与体系中游离的过量膦反应，并且在研究中并未发现膦从钴转移到
铁，在 170℃所有配体在 2h 内从钴转移到铁，因此，必须防止反应器系统中羰基
铁的积累，否则钴将失去配体。配体消耗(被铁或氧化反应)可通过速率增加以
及 1∶b 比值降低被观察到。

8.3 铑催化加氢甲酰化反应

8.3.1 铑催化加氢甲酰化反应概述

在 Slaugh 关于 SHF 工艺的专利中也提到，铑作为潜在的活性催化剂，但由
于重点是烷基膦，结果并不令人兴奋(后来 Cole-Hamilton 及其同事证明烷基膦如
何可以有效地与铑催化剂一起使用以使醇成为质子溶剂[13])。在 20 世纪 60 年代
中期，Wilkinson 的研究表明芳基膦应该用于铑，即使在温和条件下也可以得到
活性催化剂[14]。不久之后，Pruett 和 Smith 将亚磷酸盐作为修饰配体用于铑催化
的加氢甲酰化[15]。Wilkinson 的论文是一个惊人的突破，因为他和他的同事在室
温和环境压力下实现了加氢甲酰化反应，但未考虑到钴催化剂的工艺条件。

第一个铑催化的配体改性工艺于 1974 年投入使用(Celanese)，不久之后是
UCC(Union Carbide Corporation，1976)和 MCC(三菱化学公司，1978)；所有这些
方法都使用三苯基膦作为配体。UCC 过程(现在的陶氏)已被许可给许多其他用
户，并且通常被称为 LPO 过程(低压氧过程)。铑催化剂不仅更快转化为更温和
的反应条件，而且其原料利用率(或原子经济性)远高于钴催化剂。例如，烷基
膦钴催化剂可能会产生多达 10% 的烷烃副产物。自 20 世纪 70 年代中期以来，铑
催化剂开始取代丙烯和丁烯加氢甲酰化中的钴催化剂。尽管如此，对于洗涤剂醇

生产而言，即使在今天，钴系统仍在使用中，因为内部高级烯烃主要为线型产物的加氢甲酰化没有更好的选择。钯催化剂已经非常接近钴，可替代钴作为现有钴工厂的催化剂[16]，但这似乎已被推迟。

Ruhrchemie/Rhone-Poulenc 工艺利用一个相中含有水溶性铑-Tppts 和有机相中的丁醛产物的两相体系自 1984 年以来由 Ruhrchemie(或现在的 Celanese)开始运行，这代表了第三代加氢甲酰化工艺。对于低碳烯烃(1995 年丁烯生产工艺开始实施)，这是最经济的过程，配体分解较少，产物和催化剂的分离非常容易，并且热交换很好地保持(加氢甲酰化反应是放热的并且所产生的热量用于通过蒸馏分离异构体产物)。

据 Pruett 和 Smith[15] 报道，在铑催化的氢甲酰化过程中，磷酸盐作为配体，在 van Leeuwen 和同事的研究之后再次成为焦点[17]，他们发现体积大的单磷酸盐的特殊作用使其产生很高的速率。联合碳化物公司的 Bryant 和同事们首先通过制造更稳定的单体亚磷酸盐来扩大了这项工作[18]。后来他们专注于二亚磷酸酯，自那时以来，它们因其高的区域选择性而变得非常受欢迎，并且使用手性配体获得了对映选择性[19]。只有一种相对较小的"庞大单磷酸盐"由 Kuraray 进行商业应用，进行 3-甲基丁-3-烯-1-醇的加氢甲酰化[20]。在过去的几十年中，许多研究致力于二磷酸盐的研究，目的是为了各种各样的应用[21]。UCC 对亚磷酸酯的分解进行了广泛的研究，并且通过改变亚磷酸酯的取代模式在化学稳定性方面取得了巨大的进步。

下面讨论催化剂的形成和孵化，以及几个配体可能发生的分解反应。如前所述，只有很少的详细研究，往往只能猜测可能是什么问题。首先，我们将总结一些特征性的配体效应。在不存在分解反应或反应性杂质的情况下，铑羰基化反应是良好控制和可预测的反应。Jensen 及其同事最近进行的一项 DFT 研究解释了多年来观察到的配体效应的基本现象[22]。

在加氢甲酰化条件下观察到的主要物种见图 8.3[23]。例如，络合物 1 和 2 是可分离的稳定络合物，对于三苯基膦(tpp)为 1，对于小亚磷酸酯为 2。在标准实验室加氢甲酰化条件下(10~20bar 合成气，70~100℃，1mmol/L Rh)三苯基膦将从 1 替换，并且物质 3 和 4 将形成。在这些条件下需要 10~20 倍过量的 tpp 以形成活性物种 3，其作为在赤道-赤道位置或顶端-赤道位置处具有 tpp 的两种异构体存在。低氢压力导致二聚体 5 的形成，或者如果 CO 压力低，则形成含有较少 CO 分子的相关二聚复合物，正如 Wilkinson 及其同事在 20 世纪 60 年代已经发现的[24]，它被称为所谓的橙色二聚体 5，由 $HRh(PPh_3)_3CO$ 产生；CO 缺陷复合物是深红色的。从那以后，几位作者[25] 报道了二聚体。最初 Wilkinson 观察到，在 H_2 和 CO 的亚环境压力下，反应对于 H_2 是一级的；实际上，这是由于物质 5 的主要形成，并且较高的压力将平衡从物质 5 移到物质 1~4 的一侧，而不是涉及 H_2

的限速步骤——在一个不成熟的建议之后，Wilkinson 令人信服地证明了事实并非如此。加氢甲酰化溶液的后处理通常导致形成二聚体。在连续反应器的液体循环中，铑似乎以这种二聚物形式出现。由于与氢的反应是可逆的，因此它提供了回收铑的手段。二聚体的形成不限于膦，因为亚磷酸酯也具有相似的行为。

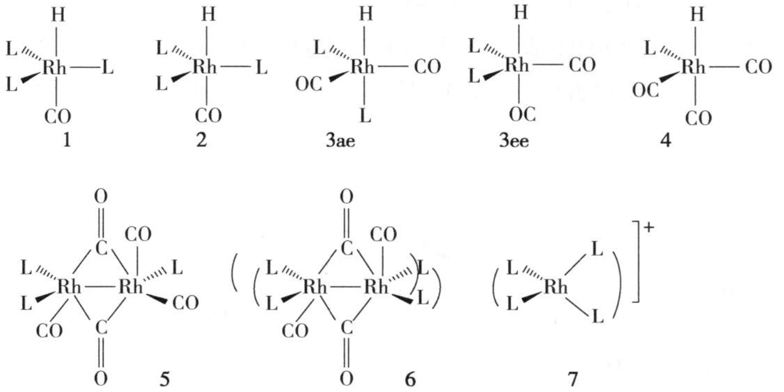

图 8.3　在加氢甲酰化条件下最常见的铑配体

二膦会以比单膦更高的比例形成所需的配合物 3，其总是产生混合物。在 1mmol/L Rh 和 CO 压力>5~10bar 下，二膦和二亚磷酸酯也需要过量的配体，尽管 2~3 倍过量就足够了。取决于二膦的咬入角，或多或少的 3ee 或 3ae 将存在于平衡中。当需要高线型时，异构体 3ee 是优选的[26]，例如，BISBI 和 Xantphos 型配体将这样做。在这种情况下，在低 H_2 压力下形成的二聚体具有结构 6。某些二膦如 Nixantphos[27] 和双（二苯并磷杂环戊烯基）-Xantphos[28] 具有很高的形成这种二聚体的倾向，即使在 H_2 压力下，不显示二聚体形成，这尚未被破解。据观察，在离子液体中，相同的配体在相同的氢气压力下没有表现出二聚体的形成[29]。在核磁共振实验中，应用比催化反应更高的浓度，二聚体形成更为突出。例如，对于氨基膦亚膦酸配体的羰基铑氢化物配合物，主要在中等 H_2 压力下观察到二聚体[30]。

其他二膦显示形成离子配合物如 7（阴离子对应物不含磷且尚未被鉴定）[31]。预计非常庞大的配体会产生单 P 配体配合物 4，如同亚磷酸盐一样，但对于大体积的膦，这似乎是一种相当微妙的平衡，并且通常膦完全脱落，而不是产生 4 型配合物[32]。

对于亚磷酸酯，观察到相同的平衡，并且已经通过 NMR 和 IR 光谱学鉴定了许多结构 3。对于 Binaphos，在苯乙烯加氢甲酰化中产生高含量的配体，观察到结构 3ae，而具有 C3~4 桥的宽咬合亚磷酸酯主要产生 3ee，在烯烃加氢甲酰化中高度线型的配合物。

在大多数催化剂中，CO 的解离和烯烃的配位发生在速率方程中（见

图8.4[33]），速率控制步骤是烯烃配位或插入，因此吸电子配体加速羰基化[34]，因为它们促进 CO 解离和烯烃配位，而迁移插入通常不受吸电子配体的影响或加速。动力学方程涉及烯烃浓度的反应级数为正和 CO 和/或磷配体浓度的反应级数为负，但不包含氢分子压力。显示庞大的亚磷酸酯在 CO 压力下产生单亚磷酸酯配合物 4。这些是用于电子和空间原因的快速加氢甲酰化催化剂[35]。在这种特殊情况下，用氢气氢解铑酰基是决定性的；循环的第一反应全部加速，但与 H₂ 的反应(可能涉及氧化添加)可能被延迟。在这种情况下，速率与烯烃浓度无关，对于氢分子压力为一级。

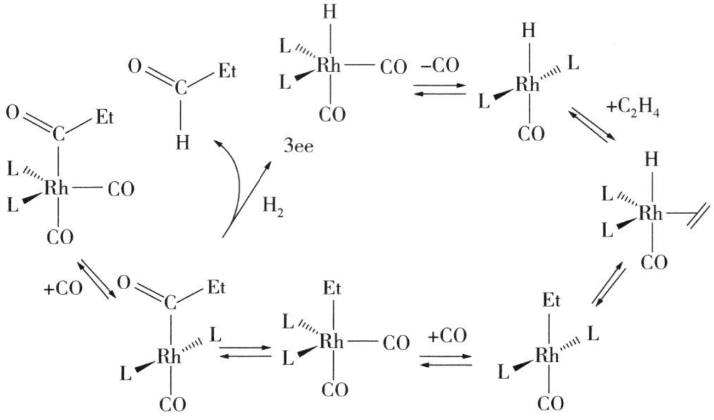

图 8.4　根据 Heck 和 Breslow 的方法乙烯的氢甲酰化机理，Rh 取代 Co

贫电子配体也通过消除烷基铑中间体的 β-氢化物加速烯烃的异构化，低 CO 压力具有相同的效果。富电子的烷基膦通过不同的机制反应，如后面所述。如果 Heck-Breslow 机制可操作，则电子富集的配体如 NHC 配体预计不会产生快速催化剂；配体解离和烯烃配位缓慢。预计二氢的氧化添加速度会更快，但这不是速率决定步骤，当然也不是这种情况。

8.3.2　催化剂合成

由于结构 1 的少量氢化物足够稳定而不能被分离并用作催化剂(或其前体)，所以通常在合成气压力下由铑盐和配体原位形成催化剂。发现具有结构 1 或 2 的芳基亚磷酸酯配合物在放置和加温时容易形成金属化物种，而 van Leeuwen 和同事们认为这些也应该是用于加氢甲酰化的良好催化剂前体[36]，如实际观察到的[37]。

$(L'RhX)_n + H_2 + 2L + 2CO \rightleftharpoons L_2(CO)_n RhH + L' + HX$

L'=2CO,1,5-COD
X=MeO,RS,acac,AcO,CI
n=1,2

图 8.5　将前体转化为催化剂

多种二羰基铑和 1，5-环辛二烯铑配合物已被用作前体。反应方程如图 8.5 所示。为了降低适用性，使用的阴离子优先顺序为甲醇盐>乙酰丙酮盐>硫醇盐>乙酸盐>氯化物。在加氢甲酰化条件下，甲醇铑会得到甲醇和氢化铑物质，但在没有氢气的情况下，热分解也会通过与甲醛一起消除β-氢化物而产生氢化铑。由于其稳定性低和缺乏商业可用性，其使用并不普遍。Jacobs[38]报道了一个比较例，表明甲醇盐比乙酰丙酮前体更高。

稍好于乙酰丙酮铑二羰基的是其二新戊酰甲酸酯类似物，它在溶液中具有更长的储存期限[39]。在低于80℃的温度下，乙酰丙酮前体的孵化时间可能相当长，特别是对于亚磷酸酯配体。如果对初始反应速率感兴趣，建议在加入烯烃之前在80℃下进行氢化物形成。在40℃、9bar的合成气中，通过原位红外光谱[40]可知孵化时间高达10h。

Kalck作为加氢甲酰化催化剂[41]引入的铑硫醇盐二聚体长期以来一直被认为是一种新型催化剂[42]，偏离经典的Wilkinson催化剂，以其二聚体形式起作用。Davis和同事们在动力学研究中表明，所用的铑硫醇盐作为单体种类是有活性的[43]。Dieguez、van Leeuwen及其同事通过原位IR研究证明，硫醇盐是前体，在反应条件下形成单体铑氢化物1~3；该系统的活性与根据图8.5所示的平衡形成的氢化物量平行运行[25,44]。平衡位置强烈依赖于硫醇盐的结构、加入的膦配体和条件。

Gao和Angelici报道，铑通过硫醇盐键在二氧化硅上固定为二聚物形成活性催化剂，条件是溶液中存在膦。催化剂没有改变[45]。我们倾向于得出这样的结论：活性催化剂通过从表面部分浸出而形成溶液-TOFs是适度的，并且在释放压力时，二氧化硅上的铑硫醇盐再次形成。通常在这些系统中观察到对较高CO/H₂压力的积极响应，如图8.5中的平衡起作用所预期的那样。一般而言，硫醇、硫醚甚至二硫醚都是对铑氢化物的弱配体，并且会被CO或膦取代，双齿硫醇配体是获得稳定的铑硫醇盐的最佳选择[46]。研究一直持续到今天，以证明或反驳二硫醇盐作为催化剂或活性前体的参与，因为它们是铸造的[42]。

值得一提的是，并非所有的硫基配体都会在一定压力下被一氧化碳所取代；硫脲及其衍生物已用于羰基化学的钯催化剂中的配体超过40年[47]。最近，它们被广泛用作有机催化剂[48]，它们已经用于交叉偶联催化（Pd）、氢转移反应（Rh）、Pauson Khand反应（Pd）和加氢甲酰化（Rh）。在没有其他手性配体的情况下，手性硫脲在铑催化的苯乙烯加氢甲酰化反应中给出了温和但不同的ees，表明在铑加氢甲酰化条件下，硫脲也是足够强的，不会被CO置换的配体[49]。

最初醋酸铑常被用作前体，但在较高浓度的羧酸中，氢化铑的形成并不完全[50]。

CO和1,5-cod的氯化铑配合物已广泛用作加氢甲酰化的前体，但在碱不存在的情况下，氯化铑与氢化铑的平衡位于氯化物侧。因此，自20世纪60年代以来，加入胺如三乙胺来清除HCl。过量的NEt₃不会损害反应，因为胺和其他氮配体都不会与非极性氢化铑催化剂配位。膦和亚磷酸酯配体可以含有来自合成的 HCl 或其盐的残余物，并且当相对于铑使用大量过量的配体时，这些杂质可以以有害的量存在。在这些情况下，氯化铑盐的形成也可以通过加入 EtN_3 来防止。离子铑配合物作为异构化和氢化催化剂起作用，并且这些副反应可能指向它们的存在。有时它们的形成是故意促进的，并且进行串联加氢甲酰化-氢化反应，或者催化剂可以从一个阶段转换到另一个阶段，如固定的 Nixantphos 催化剂所显示的那样是可逆的[51]。

胺对铑氢化物的非配位行为为氨基的其他用途开辟了可能性。在含有被二甲氨基甲基取代的苯基的 Xantphos 中，氨基不参与铑络合，它们可用于从产物／离析物混合物中质子化形成的铵盐提取络合物[52]。Andrieu 及其同事在加氢甲酰化反应中研究了 a，b 和 c 氨基膦作为半稳定配体[53]。即使在氯化铑前体中，氨基在 CO 压力下也不与铑配位。由于存在氨基，在 PPh_3 不显示活性的情况下，氯化物前体在不加入胺的情况下是活性的。α-氨基膦提供了最活泼的催化剂，这可以通过由胺官能团的接近促进的二氢的协同异裂来解释。在 NEt_3 存在的情况下，速率增强部分保留，并且推测该胺也可能在该仲丁基中间体的氢解步骤中起作用。

已经报道了许多关于在所需的膦，亚磷酸盐等存在下使用高氯酸铑或四氟硼酸盐络合物作为催化剂前体的例子。使用这些盐作为它们的 1，5-环辛二烯或降冰片二烯铑络合物，对于氢化反应来说是相当普遍的，当使用"阳离子"时，它们通常进行得更好。使用配合物而不是中性氯化铑物质。鉴于以上关于羧酸盐和氯化物的平衡概述，令人惊讶的是阳离子配合物提供如此反应快速的催化剂[54]。如果反应方程确实是图 8.5 的方程式，那么 HBF_4 就会形成，并且这不可能代表均衡情况。可能是由于过量的膦存在而使酸分解或形成膦盐，从而有助于形成铑氢化物。

8.3.3　杂质的潜伏：休眠位点

配体（以及催化剂）的不可逆分解将在后面讨论，而在这里，我们只关注暂时中毒的催化剂。对于许多烯烃工艺来说，二烯烃和炔烃是众所周知的毒物。在聚烯烃生产中，它们必须被小心地去除，因为它们会使催化剂完全失活。共轭二烯的插入比乙烯和丙烯的插入快得多。所得的 π-烯丙基物质作为催化剂是没有活性的。

在铑催化的加氢甲酰化反应中，其影响不太剧烈，常常不被观察到，但二烯杂质会掩盖例如烯烃加氢甲酰化反应的动力学[55]。因为效果往往只是暂时的，我们在这里总结一下休眠位点。共轭二烯烃的加氢甲酰化反应比烯烃慢得多，但是二烯烃比烯烃对铑氢化物更具反应性[56,57]。丁二烯可以通过二膦铑配合物进行加氢甲酰化，但在 120℃ 时 TOF 仅为每小时几百次，而 1-辛烯的 TOF 达到每小时几万次；部分原因可能是丁二烯的挥发性。形成稳定的 π-烯丙基配合物，其经历非常缓慢的一氧化碳插入（见图 8.6）。二烯催化剂的静止状态是 π-烯丙基物质，并且几乎没有任何氢化铑可用于烯烃加氢甲酰化。因此，必须彻底除去二烯，如 Garland[58]所述，这对于在动力学研究中获得可靠结果尤为重要。因此，1-烯烃中的 1，3-二烯和 1，2-二烯杂质，如果不能抑制的话，将阻碍烯烃的加氢甲酰化反应[59]。Liu 和 Garland[60]也观察到 1，3-二烯对未改性催化剂部分或暂时抑制作用。

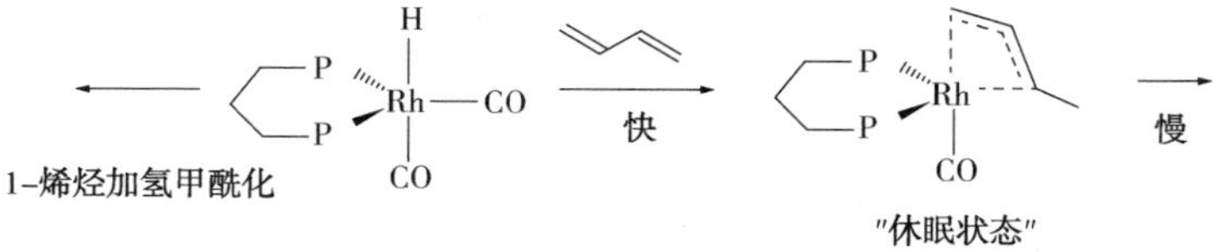

图 8.6　由二烯形成的休眠位点

使用 dppe 作为铑配体的丁二烯的加氢甲酰化作用是独特的，因为它只能产生戊醛作为产物[56]。在所有其他情况下，将获得不饱和醛的混合物。正如 Gusovskaya 及其同事所报道的那样，异戊二烯也是如此[61]。他们发现，对于所有测试的配体，不饱和醛都是非选择性地反应。在单齿膦中，Cy$_3$P 具有最好的催化活性。反应速率随着 H$_2$ 和 CO 的压力和配体浓度增高而提高。动力学不太清楚。

在温和条件下，含有非共轭二烯的对苯二酸酯内环双键的加氢甲酰化反应使得醛的形成缓慢且不完全，原因是形成了非反应性 π-烯丙基中间体，而这个中间体是由 Gusevskaya 及其合作者[62]发现的。当使用"大体积"亚磷酸酯（o-tBu-C$_6$H$_4$）时[63]，将得到快速和完整的反应，但选择性仍然很低。

通常铑催化的 1-烯烃加氢甲酰化反应的动力学并不遵循预期的烯烃浓度的一级反应和 CO 压力下的负一级反应[64]，这很可能与由于膦的损失导致催化剂组成的变化有关。

也观察到严重或轻微的潜伏期。众所周知[65]，不仅 1，3-二烯烃而且还有杂质如烯酮和末端炔烃可能是这种行为的原因。直到最近还没有详细的研究，虽然几名工作人员采取了预防措施，确保烯烃底物不被烯酮、二烯或炔烃污染。在一项原位红外研究和高压核磁共振研究相结合的研究中，Walczuk 及其同事证明了这种暂时抑制是如何发生的以及形成了哪些中间体[66]。当原位 IR 清楚地显示氢化铑催化剂消失时，这些毒素被添加并观察到新的休眠物种。随后，将休眠状态缓慢地减少，并且在所有杂质转化后，开始 1-辛烯的加氢甲酰化，同时恢复催化剂的氢化物休眠状态。烯酮产生了稳定的烷氧基羰基物种 8（见图 8.7），其在去除插入 CO 后缓慢转化为酮。抑制程度取决于抑制剂的结构和配体。

含氧化合物和其他不饱和杂质主要来源于费托产品混合物的烯烃原料中[65]。三苯基膦与原料中存在的烯酮、炔烃和二烯的接触会形成失活的休眠物种。在连

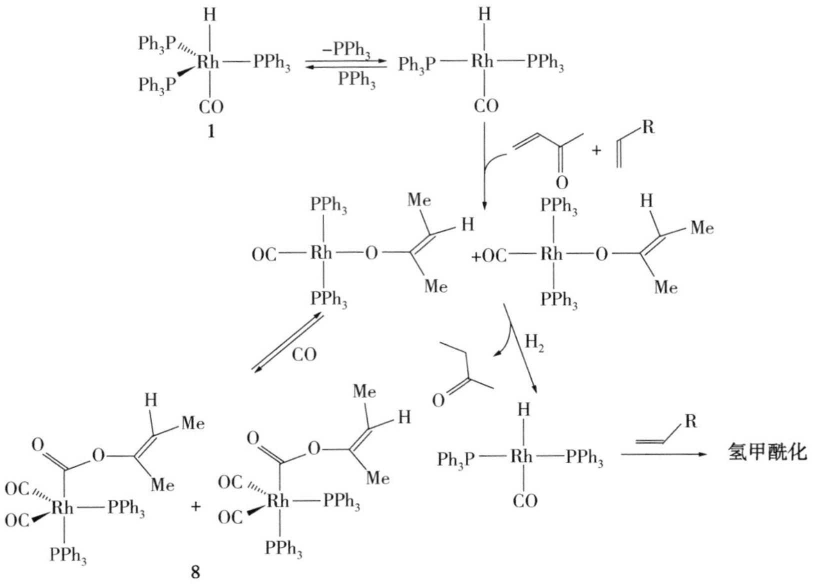

图 8.7　由烯酮和氢化铑组成的休眠状态

续的过程中，这转化成大量的处于休眠状态的催化剂。这被强烈依赖于所用的膦，并且当向 PPh₃ 体系中加入二齿膦如 4，5-双二苯基膦-9 9-二甲基氧杂蒽或苯醚时，会显著减少间歇反应中的休眠物种。

　　Scheuermann 和 Jaekel[67] 利用合成气在这些条件下对烯酮进行氢化。使用 2，3-双(二苯基膦)丁烷作为配体，他们在取代的环己烯酮和戊烯酮的氢化中实现了高达 90% 的 ees；异佛尔酮给出最高的 ee。有趣的是，与通过经典二氢化合物机理操作的阳离子铑配合物催化的氢化不同，由于催化剂是 3ae 型单氢化物，所以掺入产物中的两个氢原子不会来自相同的 H₂ 分子。在溶液中，除 3ae 之外，它们还鉴定出二聚体 5(携带两个 CO 分子小于 5)和具有 acac 作为阴离子的离子种类 7。没有加氢甲酰化发生在 60℃。

　　图 8.7 中的中间体铑烯醇化物是引人注目的化合物，因为它们被用作 Tischchenko 反应的催化剂，以将苯甲醛转化成苯甲酸苄酯[68]，特别是在室温下，每小时 120 个苯甲醛分子的 TOF。发现各种烷基和芳基醛以这种方式反应。显然这种反应不会发生在 CO 的存在条件下；作为催化物质，提出了高不饱和络合物(PPh₃)₂RhH。

　　炔烃的抑制作用可以通过多种方式进行。首先，可以发生直接络合，正如 Liu 和 Garland 观察到的未改性催化剂一样(见图 8.8)[69]。测试了 20 种不同的炔烃。他们暂时提出，形成的物种是取代羰基铑物种，也就是 $Rh_2(CO)_6\{\mu-\eta^1-(CO-HC_2R)\}$ 用于末端炔烃以及 $Rh_2(CO)_6\{\mu-\eta^1-(CO-R^1C_2R^2)\}$ 和 $Rh_2(CO)_6$

$\{\mu\text{-}\eta^2\text{-}(CO\text{-}R^1C_2R^2)\}$用于二取代的炔烃。在末端炔烃的情况下，在 20bar 压力 CO 下，铑-炔烃配合物快速 CO 插入。对于二取代炔烃，CO 插入不完全并且在桥接炔烃物质和插入产物之间观察到平衡。在这两种情况下，即使在分子 H_2 存在下，最终的炔配合物在 CO 下也是稳定的。这被认为是痕量炔烃能够毒化未改性体系中的催化烯烃加氢甲酰化反应的主要原因。

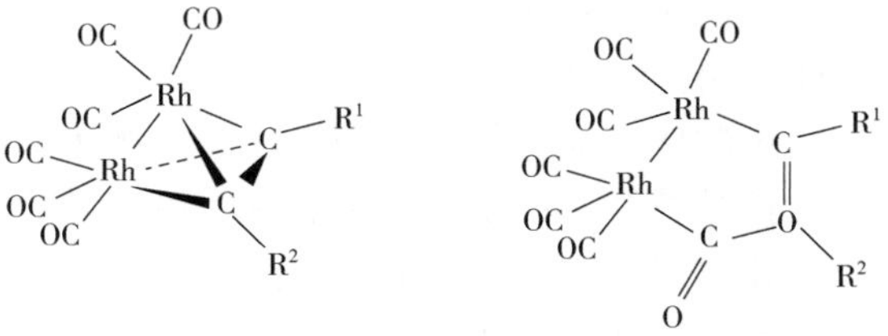

图 8.8　由 Garland 提出的烷基和铑羰基化合物结构

当使用膦改性的催化剂时，发生羰基化反应，但反应速率较低。可能首先形成一种烯酮作为呈现上述中毒效应的产物。由于它的形成很慢并且催化剂可以将烯酮慢慢氢化成醛，所以反应没有完全被阻断。

配体金属化在第 8.3.2 节中简要提及。在低压 H_2 条件下，催化剂的金属化形式也可以处于休眠状态，因为活性氢化物通常可以通过与氢气反应而回收[36,37]。芳基亚磷酸酯通常显示金属化；加氢甲酰化后的亚磷酸铑催化剂溶液的后处理常常表现出金属化物的部分形成，特别是当使用体积庞大的亚磷酸酯时[70]。

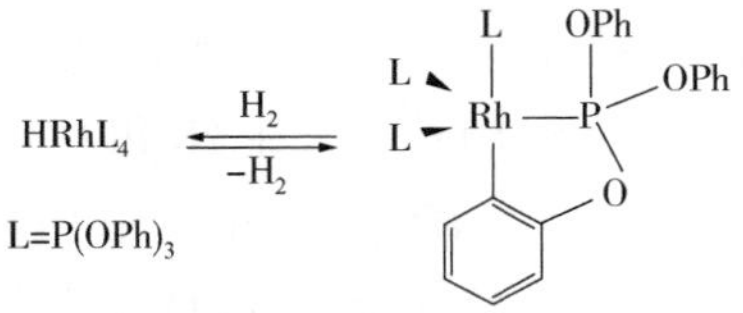

图 8.9　铑亚磷酸配合物可逆金属化

消除烷烃还可能导致金属化复合物。该反应对于铑和 H_2 是可逆的，因此金属化物质可以在催化剂再循环期间用作铑的稳定形式。已经报道了许多金属化亚磷酸酯配合物（见图 8.9[36a]）。

Rosales 及其同事对未经纯化的石脑油料流中烯烃的加氢甲酰基化感兴趣，以提高该汽车用原料的燃料价值。由于原油来自委内瑞拉，它富含硫化合物，因此他们对这种杂质在 120℃和相当低的 3bar 压力下对加氢甲酰化反应的影响很感兴趣。他们研究了噻吩、苯并[b]噻吩和二苯并[b,d]噻吩对铑配合物 RhH(CO)、RhH(CO)$_2$(PPh$_3$)$_2$ 和 RhH(CO)$_2$(dppe) 催化 1-己烯加氢甲酰化反应的影响。即使在这样低的压力下，他们发现硫化物对杂质负载量在 100~1000ppm 之间的反应速率没有影响，符合第 8.3.2 节中讨论由前体产生的硫化合物影响的说明。

8.3.4　膦类化合物分解

膦配体易于被氧化成氧化膦。后者不能通过 H_2 或 CO 还原，这对 Wittig 和

Mitsunobu 反应中的 $PPh_3P=O$ 的再循环也是理想的反应[71]，并且可以得出结论，甚至水和二氧化碳也可以将膦氧化成相应的氧化物。过渡金属可能催化这些反应，已知 Pd、Rh 和 CO_2 的例子[72]。例如，发现 $(Ph_3)_3RhCl$ 和 [(环辛烯) $RhCl]_2$ 在二氧化碳回流萘烷的反应条件下被催化氧化生成氧化膦。氧化速率按 $PPh_3 <$ $PBuPh_2 < PEt_3$[73]的顺序增加。

　　水可以是氧的来源，而金属(如 Pd^{2+})是氧化剂(见第 1.4.2 节)，或者水本身就是氧化剂[74]。更多情况下，水会以不同的方式反应，导致 P—C 裂解。为了避免氧化，在开始加氢甲酰化之前必须将氧和氢过氧化物从试剂和溶剂中彻底除去。烯烃原料的净化往往被忽视，由于烯烃可能以千倍过量的配体存在，因此仔细除去烯烃中的氢过氧化物是绝对有必要的。氢过氧化物是氧化膦的理想试剂。中性氧化铝上的渗滤通常足以在加氢甲酰化之前除去氢过氧化物。钠金属或钠-钾合金在载体上的处理除了 1-炔烃和 1，2-二烯烃或 1，3-二烯烃之外，还会除去氢过氧化物，这也可能影响催化剂的性能。用钠蒸馏除去二烯烃和炔烃可能会使 1-烯烃异构化成不希望的副反应。对于大多数官能化烯烃来说，这种剧烈的处理不能应用。用马来酸酐处理可以有效地去除 1，3-二烯[58]。

　　使用 $RhH(CO)(PPh_3)_3$ 作为催化剂，延长了丙烯的加氢甲酰化反应，生成各种分解产物，如苯、苯甲醛、丙基二苯基膦和各种含二苯基膦基部分的铑簇合物(见图 8.10)[75]。在 H_2 和 CO 不存在的情况下，$RhH(CO)(PPh_3)_3$ 的热分解产生一个稳定的簇，如图 8.10 所示，其中含有 μ_2-PPh_2 片段[76]。据推测，这种类型的团簇最终也会在 LPO 加氢甲酰化装置中形成。从这些惰性团中回收铑是一项繁琐的操作。已经描述了簇混合物与活性有机卤化物如烯丙基氯的反应，产生烯丙基二苯基膦和氯化铑，其可以容易地提取到水层中[77]。

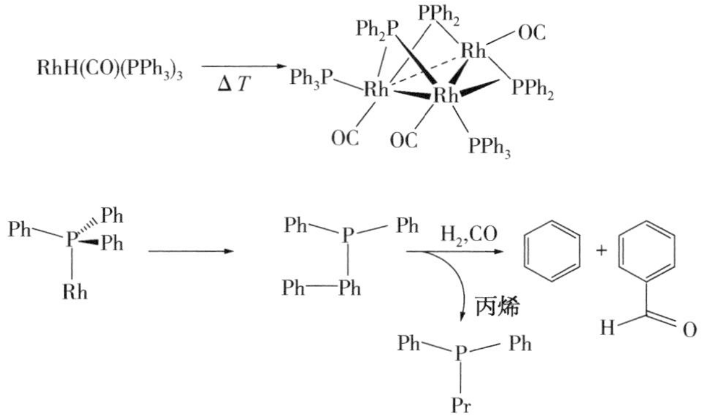

图 8.10　在加氢甲酰化过程中 $RhH(CO)(PPh_3)_3$ 的分解

　　反应器中生成的丙基二苯基膦比 PPh_3 碱性更强、体积更小，因此与 PPh_3 相比，对铑的配位作用更强。由于其较高的碱度，来自新复合物的 CO 解离较慢，因此加氢甲酰化反应会较慢。因此，必须从循环回路中的反应器中去除丙基二苯基膦，这可以用合适的酸的水溶液进行以形成相应的鏻盐，而 PPh_3 保留在有机溶液中。

在 Ruhrchemie-Rhone Poulenc(RC-RP)过程中，苯和苯甲醛副产物也在使用三苯基膦的三磺化类似物中观察到，但据报道 tppts 的分解比 PPh_3 慢得多。这是 RC-RP 过程的有利方面，不容易解释。可能有人认为在水中膦的分解比有机介质更快，尤其是通过涉及在配位的活化磷原子上的亲核攻击的途径，因此引发甲氧基铑中间体观察到的第二种分解模式。

醛类可能会导致三芳基膦的快速分解，但迄今为止只有甲醛才能观察到。三苯基膦催化分解报道[79]涉及羰基铑、甲醛、水和一氧化碳的反应。每摩尔铑每小时可以以这种方式分解几百摩尔的膦！图 8.11 中显示了可能涉及的反应。关键的一步是磷的甲氧基或羟甲基的亲核攻击。与这种化学反应相关的是甲醛的加氢甲酰化生成乙醇醛，并进一步氢化成乙二醇，这将成为从合成气到乙二醇的一个有吸引力的路线，从而避免使用石脑油衍生的乙烯。Chan 和同事确实使用铑芳基膦配合物作为催化剂来完成反应[80]。显然，在商业应用甲醛羰基化之前，膦分解是要解决的主要问题。通过选择正确的配体可能不利于甲氧基物质的形成，但是产物表明羟甲基也参与膦分解，并且它们是甲醛加氢甲酰化为乙醇醛的不可避免的中间体。

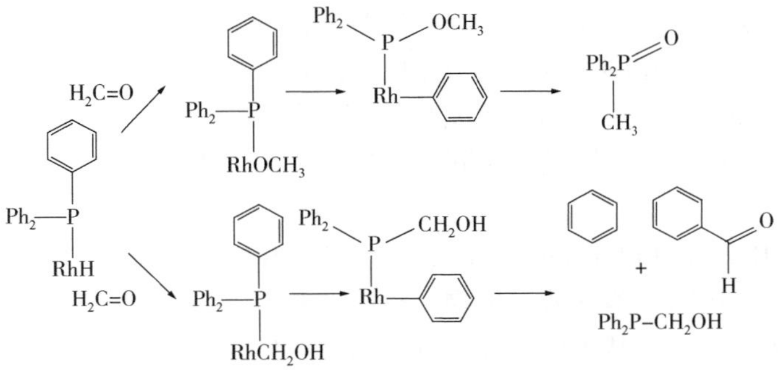

图 8.11　三苯基膦通过亲核攻击的分解

Stanley 和同事开发的双金属催化剂[81]显示了 PPh_3 的抑制作用。双金属催化剂(见图 8.12)在其正常操作条件下，6bar、90℃条件下显示出高的线型与支化产物的比率[$1:b=25$，$TOF=1200m/(m \cdot h)$]，但每二聚体仅添加 1mol PPh_3，则使速率降低至其初始值的一半，并且 $l:b$ 比率降至 3。进一步添加 PPh_3 完全阻断催化剂[82]，但没有完全分解双金属结构，因为没有观察到正常的 PPh_3 催化。

遗憾的是，通过 ^{31}PNMR 光谱学观察到的配合物总是混合物，但很可能活性物质具有二聚体性质，并且鉴于其行为和性能、配体的烷基性质等，它与经典的

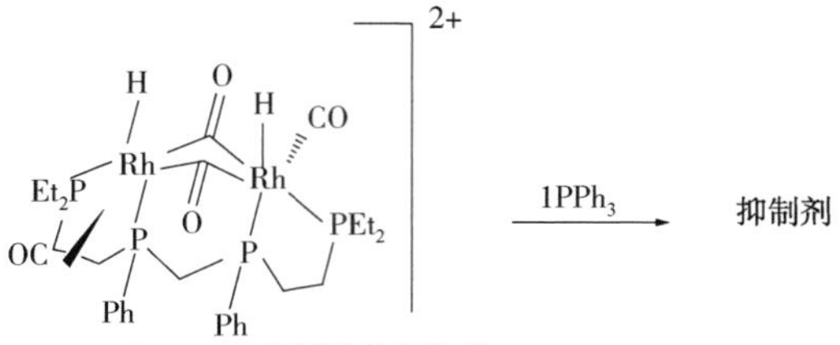

Stanley(rac)加氢甲酰化催化剂

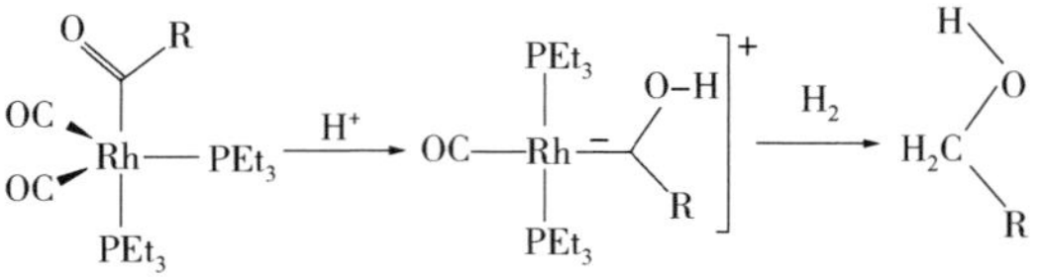

Cole-Hamilton的加氢甲酰化催化剂

图 8.12　PPh₃抑制 Stanley 双金属催化剂和 Cole-Hamilton 催化剂生成醇反应

L₄RhH 催化剂有显著的不同。

由 Cole-Hamilton 及其合作者开发的基于烷基单膦的催化剂与传统催化剂相似，但对于其中一些催化剂，尤其是 Et₃P，当使用醇作为溶剂时，所得产物为醇而不是醛类[13]。乙烯 *TOF* 高达 54000h⁻¹。就像钴一样，需要比 PPh₃ 或亚磷酸盐所需的更苛刻的条件(120℃，40bar)。关于钴的膦分解的考虑(第 8.2 节)也与此相关。已经证明，醇是主要产物，因此这些催化剂必须具有不同的机理。该循环可以具有与膦的变化相同的起始氢化物或使用非质子溶剂使其返回到"正常"醛产物。Et₃P 在质子溶剂中产生高度富电子且氧可以质子化的双配体铑酰基物质。更大体积的配体产生单膦铑酰基中间体，这些中间体不经质子化并通过正常途径形成醛[83]。

Krause、Reinius 和 Pakkanen 等人在 1-烯烃和甲基丙烯酸甲酯的加氢甲酰化中研究了邻位取代的三苯基膦衍生物。Krause 和 Reinius 使用 2-硫代甲基苯基二苯基膦作为铑催化的甲基丙烯酸甲酯加氢甲酰化反应中的配体[84]。新催化剂对转化率有显著影响，但与 PPh₃ 相比对选择性影响不大。在较高温度下发生显著分解；PPh₃ 上的给电子基团可以促进分解，最有可能是磷化物配合物[85]。Krause、Reinius 及其同事广泛研究了 PPh₃ 的邻烷基取代对丙烯加氢甲酰化催化剂性能的影响[86]。邻甲苯基和邻乙基苯基取代导致更高的支链醛形成，而反应稍慢。除此之外，其行为与 PPh₃ 的行为非常相似，包括分解。Pakkanen 及其同事研究了杂原子邻位取代基(S，N，O)对丙烯和 1-己烯氢甲酰化的影响[87]。一般来说，转化率低，1-己烯大量异构化。

如前面 8.3.1 节所述，即使在温和条件下，仍有较大的芳基膦配体失去与 CO 的竞争，并倾向于脱落[32]。

一个相当庞大的磷杂环戊二烯配体是 1，3，5-三苯基䏉，它由 Neibecker 和同事研究。首先，他们注意到大量过剩不会改变苯乙烯加氢甲酰化反应的选择性或速率[88]，这表明配体的相对体积庞大，这种行为与庞大的亚磷酸盐相当（见第 8.3.4 节）。催化剂鉴定表明存在两种异构体，其中一种为双赤道双䏉异构体，另一种异构体的谱解释为含有赤道氢化物的物种，这是第一种[89]。作者忽略了几种亚磷酸酯[90]报道的可能性，即两个 3ea 异构体在两个 CO 基团之间可以非常快速地交换，而不借助从四面体的一面到另一面的氢化物转移通过 3ee。请注意，穿过在其中一个顶点处包含磷配体的边缘的这种移动将会慢得多。在苯乙烯的加氢甲酰化反应中，观察到包含初始底物浓度的动力学、较高的浓度减缓反应，但未考虑由杂质引起的潜伏作用[91]。在较高的转化率下，尽管温和的条件下仍然观察到醛的产物抑制。

Rafter 及其合作者使用 2-芳基苯基二苯基䏉[32]研究了 1-辛烯的加氢甲酰基化反应[32]，Buchwald 及其合作者对此进行了探讨，使用 Pd 进行交叉偶联反应制出成功配体。配体以不对称方式庞大，因为它们阻断了与磷供体原子顺式的配位位点，这就产生了高效的 Pd 催化剂。在铑加氢甲酰化催化剂中，它们变成非常弱的配体，并且在加氢甲酰化条件下获得无配体的铑羰基化合物。正如 Tsuji 在催化[92]中所研究的，所谓的碗状䏉，例如三（2，2″，6，6″-四甲基-间-三联苯基-5′-基）䏉，在加氢甲酰化条件下也形成双配体络合物，但配体非常庞大。与布赫瓦尔德型配体相反，它们体积庞大，具有 C_3 对称性，而不是在一个方向暴露。结果显示 PPh$_3$ 相似的络合和加氢甲酰化行为。

Bianchini 和他的同事研究了在 1-己烯的氢甲酰化过程中一系列似于 dppf 的配体：1，1′-(PPh$_2$)$_2$-二茂铁，dppf，1，1′-(PPh$_2$)$_2$-钌茂基，dppr，1，1′-(PPh$_2$)$_2$-二茂锇，dppo，1，1′-(PPh$_2$)$_2$(Me)$_8$二茂铁，dppomf，1，1′-(邻异丙基苯基$_2$P)$_2$-二茂铁，o-iPr-dppf[93]。在加氢甲酰化条件下，形成五种配位氢化物（二羰基）配合物 RhH(CO)$_2$(P-P)，其存在于溶液中作为两种快速平衡异构体 3ee 和 3ae。尽管有预期的咬角效应，但用 Ru 或 Os 取代 dppf 中的 Fe 对产品分布几乎没有影响。o-iPr-dppf 前体与合成气在 60℃ 反应生成三芳基双吡啶二羰基配合物和配位 Fe-Rh 键，而 dppomf 配合物分解成各种含 CO 的铑配合物。HP-IR 光谱允许人们用 dppf、dppr 和 dppo 区分氢化物（二羰基）静息态的 ee 和 ea 几何异构体。o-iPr-dppf 形成稳定的二羰基配合物，而 dppomf 二羰基在加氢甲酰化条件下不稳定，转化为不含䏉的羰基 Rh 化合物。因此，在这里，大的空间体积也阻止了二䏉催化剂的形成。

8.3.5 亚磷酸盐的分解

美国联合碳化物公司的研究人员在 20 世纪 60 年代后期[15]报道了在铑催化的加氢甲酰化中使用亚磷酸酯作为配体。在壳牌公司发现亚磷酸盐的加速作用后[17]，联合碳化物公司在 20 世纪 80 年代后期重新开始对亚磷酸盐的研究，这导致了许多学术和工业团体的广泛跟进。芳基亚磷酸酯是通过丁二烯氢氰化方法商业生产己二腈的选择的配体，但亚磷酸酯尚未在工业上大规模应用于加氢甲酰化，并且仅报道了小规模应用。亚磷酸酯比膦更容易合成并且更不易氧化。它们比大多数膦便宜得多，并且可以商业上获得多种，它们用作抗氧化剂，例如在聚丙烯中。使用亚磷酸酯作为配体的缺点包括几种分解反应：水解，醇解，酯交换和 Arbuzov 重排，其由酸和金属盐催化。芳基亚磷酸酯不经历 Arbuzov 重排，因此它们通常是优选的。

Perez-Torrente、Pardey 及其同事报道了在相对温和的条件下加氢甲酰化过程中 Arb uzov 反应的一个例子[94]。他们对使用的硫醇盐前驱体进行了研究，二硫代磷酸酯二铑配合物与亚磷酸三苯酯、亚磷酸三甲酯和 Ph$_3$P 一起用作改性配体（见图 8.13）。没有磷配体，没有观察到活性，即使在 P-配体存在下，活性适中，TOFs 为几百，而在相同条件下和相同配体的其他前体将产生大约 5000 的 TOF（PPh$_3$）至 10000 的 TOFs[（PhO）$_3$P][57]。在压力下的光谱研究（HP NMR 和 HP IR）证明了在催化条件下形成氢化单核物质，其对应观察到催化活性。显然，二硫代二醇盐配合物相对稳定，并且在其标准条件下（7bar，80℃）仅部分转化为 3 型配合物。当（MeO）$_3$P 用作配体时，作者可以通过 NMR 光谱鉴定亚磷酸二甲酯单体复合物，如图 8.13 所示。它的形成涉及 Rh 催化的类阿布佐夫重排，没有报道甲基部分的去向。如果该机理类似于第 1 章（方案 1.36）中报道的铑催化反应的机理，则在这种情况下副产物将是甲烷（即，在 1 或 2 中氧化加成 MeX，然后还原消除 MeH）。

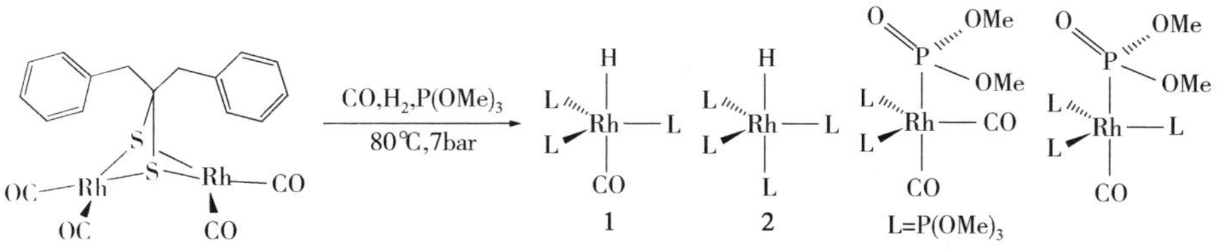

图 8.13　二硫醚作为前体以及形成亚磷酸二甲酯铑

亚磷酸盐对氧化不是非常敏感，但是，在催化剂再循环之前，在低压蒸馏中可能发生氧气进入的连续过程中，Borman 和 Gelling 注意到氧化[95]。宽咬合角，体积庞大的二亚磷酸酯过量使用，游离配体可被氧化。由于这些配体昂贵，因此应该防止它们氧化，这在本实施例中通过添加廉价且更容易氧化的 PPh$_3$ 作为清除剂来进行。此外，过量的 PPh$_3$ 可以在循环过程中通过形成稳定的二亚磷酸酯-三苯基膦氢化铑单羰基络合物而不是不稳定的二亚磷酸酯-氢化铑二羰基络合物来稳定在不存在 CO 的情况下的氢化铑物质。

Bryant 及其同事已广泛研究了亚磷酸盐的分解[96]。稳定性涉及热稳定性、水解、醇解和对醛的稳定性。对于典型的亚磷酸酯，见图 8.14。精确的结构对稳定性有很大的影响。

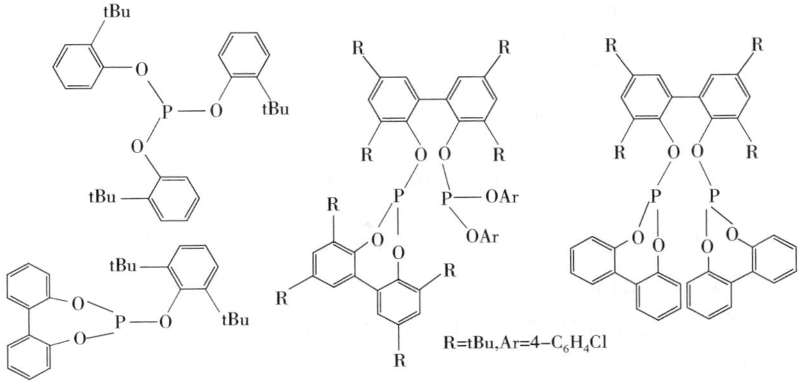

图 8.14　典型的大体积单齿磷酸盐和双齿磷酸盐

通过彻底排除水分，可以防止实验室反应器中的亚磷酸酯水解。在连续操作中，苛刻的条件下，可以通过醛产物的醛醇缩合形成痕量的水。弱/强酸和强碱催化反应。单个亚磷酸酯的反应性跨越了许多数量级。形成的二烃基亚磷酸酯与醛反应得到 α-羟烷基膦酸酯(见图 8.15)。

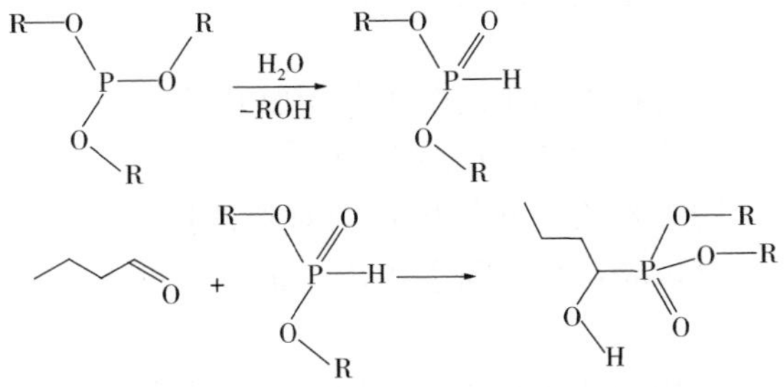

图 8.15　磷酸水解形成-羟基烷基膦酸盐

对醛的反应性受到了最多的关注。较早的文献提到[97]亚磷酸酯和醛类之间的几种反应，例如二氧代磷杂环戊烷，我们在图 8.16 中显示了两种反应。

在加氢甲酰化体系中，可能发生至少两个以上的反应，即对醛的亲核攻击和与醛的氧化环化。向醛中加入亚磷酸酯得到膦酸盐是最重要的反应[98]。该反应由酸催化，并且由于产物是酸性的，因此反应是自催化的。此外，酸催化水解和醇解，因此，提出的补救措施是在碱性树脂(Amberlyst A-21)上连续除去膦酸盐。专利中的实施例说明当连续除去酸性分解产物时可以获得非常稳定的体系。Babin 和 Billig 报道了另一种通过向加氢甲酰化混合物中加入环己烯氧化物去除

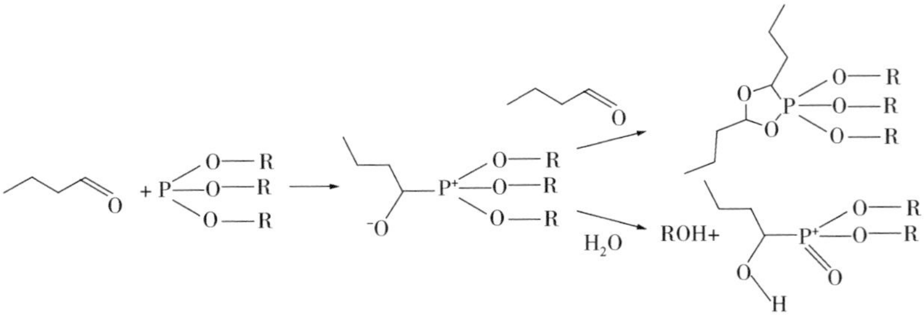

图 8.16　亚磷酸酯与醛的反应

(推测的)羟烷基膦酸盐的有效方法[99]。据推测，α-羟烷基膦酸酯与环氧乙烷反应，产生酸性低得多的醇。

单齿亚磷酸酯的详细结构显示出其稳定性的决定性因素。一些单齿亚磷酸酯与醛的热分解如图 8.17 所示。

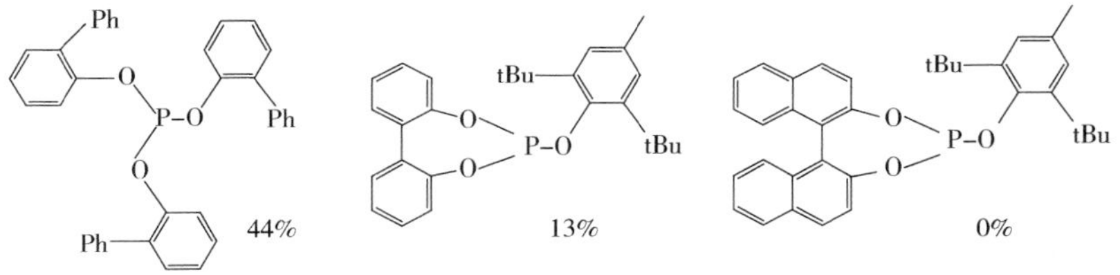

图 8.17　各种亚磷酸酯对 C₅-醛的反应性(23h，160℃时的分解百分率)

三菱公司报道了从气相中用于丙烯加氢甲酰化的二磷酸盐铑催化剂中连续除去水，同时将干燥的气体再循环到反应器中[100]。

手性二亚磷酸酯用于苯乙烯和衍生物的对映选择性加氢甲酰化[101]。没有研究稳定性和分解，但 Buisman 及其同事指出，最稳定的赤道-赤道协调配体给出了最高的 ees[102]。

已报道磺化亚磷酸酯及其在双相含水加氢甲酰化中作为配体的用途，但鉴于它们在水中的不稳定性，双相氟化氢加氢甲酰化是更好的选择。一个例子表明，使用配有氟烷基尾的三苯基亚磷酸酯可以获得高速率和高 1/b 比，并且催化剂可以有效地再循环[103]。

其他模拟亚磷酸酯电子特性的吸电子配体通常表现出与亚磷酸盐相同的不稳定性问题[104]。在图 8.18 中收集了一些例子，配体 9～11。吸电子配体通常显示高 1/b 比，但配体 9～11 相对快速地分解。配体 11 给出了优异的结果(TOF 为 100000mol/(mol·h)，l/b=100，在 80℃，20bar)，这是最好的报道之一，但它的寿命只有几个小时。配体 12 显示出低活性，即使在 100℃、20bar 也是如此。令人惊奇的是，配体 13 与配体 12 具有等同亚磷酸酯的 χ-值，仅在标准加氢甲酰化条件下显示出氢化活性。

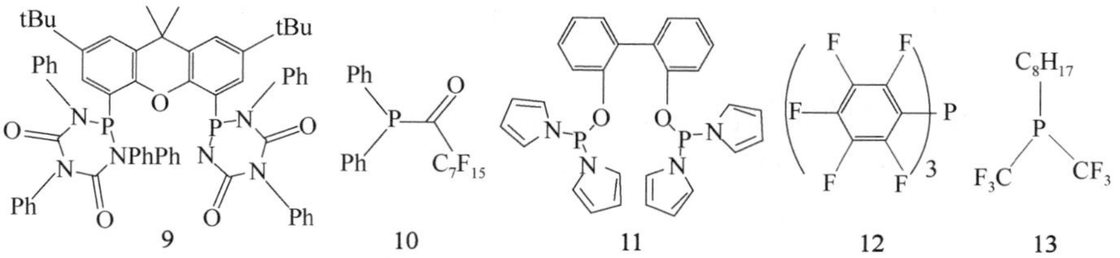

图 8.18 带吸电子基团的配体(参考文献 107a-d)

Takaya、Nozaki 及其同事发现了 BINAPHOS，为对映选择性加氢甲酰化领域做出了重要贡献。含有这种手性配体的铑(Ⅰ)配合物对各种烯烃进行加氢甲酰化，在温和的条件下提供了高的区域选择性和对映选择性[105]。几个其他手性双齿磷配体已成为有效的手性改性剂的铑(Ⅰ)基催化剂在苯乙烯[102b]的不对称氢甲酰化，和使用手性的铑(Ⅰ)基催化剂，用双(二氮杂磷杂环戊烷)配体，在乙酸乙烯酯的不对称氢甲酰化，得到高的立体选择性[106]。对于苯乙烯，这种最后的催化剂以低收率和外消旋形式提供支化醛。最近，推出了新配体，这些配体在广泛的基底上表现良好[107]。尽管取得了这些进展，但迄今为止，在技术文献中还没有报道不对称加氢甲酰化在手性精细化学品合成中的实际应用。也许 BINAPHOS 可以实现的总营业额并不是那么高。Solinas 及其同事报道，在延长的反应时间内，苯乙烯和芳氧基取代的乙烯加氢甲酰化产物的 ee 急剧下降(底物与催化剂的比率为 2000/1，60℃，80bar，ee 40%，40h)。对于工业应用，该比率必须高出一个或两个数量级。分解归因于醛产物与 BINAPHOS 的亚磷酸酯部分的反应，通过如图 8.16 所示的反应产生 α-羟烷基膦酸酯，但没有明确的证据。当反应在 50% 转化率下停止时，20h，ee 仍然很高(90%)。加入 Zn 以将 Rh(Ⅲ)氯化物还原为单价 Rh，因为在没有 Zn 的情况下不发生加氢甲酰化。

8.3.6 含氮杂环化合物(NHCs)的分解

在 Bertrand 和 Arduengo 关于可分离的 NHCs 的出版物之后，使用 NHCs 作为配体的研究发展迅速，这使得 NHC 复合物的合成更容易[108]。此外，与迄今为止已知的相比，体积庞大的配体产生了更稳定的复合物。NHC 作为配体，在几种优异的催化剂中用于交叉偶联反应[109]和丁二烯二聚[110]，均使用 Pd 作为金属，当然还有 Ru 催化的复分解(第 10 章)。Lappert 及其同事在 20 世纪 70 年代早期报道了铑配合物[111]，它们的主要合成途径涉及金属配合物与富含电子的四胺取代烯烃的反应。他们的一些样品已经作为加氢甲酰化催化剂进行了测试，但当时的结果相当令人失望。

在其他催化反应中，Praetorius 和 Crudden[112]最近对 Rh-NHC 配合物的加氢甲酰化进行了综述。其中的许多参考文献使用氯化铑配合物作为催化剂前体，其在亚磷酸酯和膦配合物中在不存在碱（例如用于消除 HCl 的碱）的情况下不会导致加氢甲酰化活性。在几种膦和 NHC 的混合配合物中观察到的高活性可能是由于使用 NHC 作为碱通过 HCl 消除产生的膦氢化物配合物。不存在 PPh₃（100℃，50bar）的快速催化剂的实例可以在参考文献[113]中找到，其速率高达 3500mol/（mol·h），尽管异构化的活性指向形成羰基铑催化剂。该研究中的催化剂前体是卤化铑 NHC 络合物，因此，在不添加碱的情况下，预期不会形成氢化物，除非 NHC 起到碱的作用。有趣的是，在这项研究中，大多数电子贫乏的 NHC 表现出了最快的催化作用，但这也可能是由于前体不稳定而不是活性的内在变化。与膦和亚磷酸酯基催化剂不同，NHC 基催化剂中的空间体积不会改变产物分布或速率。

通过 HP 核磁共振光谱显示，部分 Rh—C（NHC）键在加氢甲酰化条件下存活，但这对这些物种的加氢甲酰化的催化活性没有明确的证据[114]。大多数情况下的催化活性仅在膦存在下观察到。已经制备了方形平面的双-NHC 羰基氢化物，但它们未在加氢甲酰化中进行测试[115]。不含膦的单-NHC 铑二羰基乙酸酯具有中等的加氢甲酰化活性，可通过加入 1 当量的 PPh₃ 来提高[116]。

直到今天，人们仍然怀疑铑的 NHC 络合物是否会导致加氢甲酰化活性。在下文中，我们收集了一些例子来强调这一点。Lai 和同事合成了含有手性 NHC 和苯乙烯加氢甲酰基化的 Rh 配合物，该配合物得到的结果类似于不含磷配体的羰基催化剂，即低支化/线型比和可忽略不计的 ee（80℃，12bar）[117]。向该体系中加入 PPh₃ 使得支化醛的转化率更高，但 ee 也更低。

Wass 及其同事[118]通过将 1，1-二氯-2，3-二芳基环丙烯片段氧化加成到铑（Ⅰ）前体中合成[RhCl₃(PPh₃)₂(2，3-二(芳基)环丙烯基)]类型的铑（Ⅲ）环丙烯基配合物。这些配合物对 1-己烯的加氢甲酰化（90℃，20bar）产生催化结果，这强烈暗示了卡宾配合物的分解。

Dastgir 及其同事合成了铑（Ⅰ）络合物（1，5-cod）Rh（BIAN-SIMes）Cl 和（1，5-cod）Rh（BIANSIPr）Cl[119]。同时他们评价了铑（Ⅰ）配合物在 100℃ 和 20~55bar 下 1-辛烯的加氢甲酰化反应的催化活性。低 l/b 比（通常<1）表明催化是由于仅含羰基的物质，除非这种选择性也是 NHC 的影响（见图 8.19，在配体 L 存在下也是络合物 1，2 等可以形成）。对于这些系统中没有一个是原位 IR 报道的，作为证明改性铑羰基氢化物配合物存在的方法。

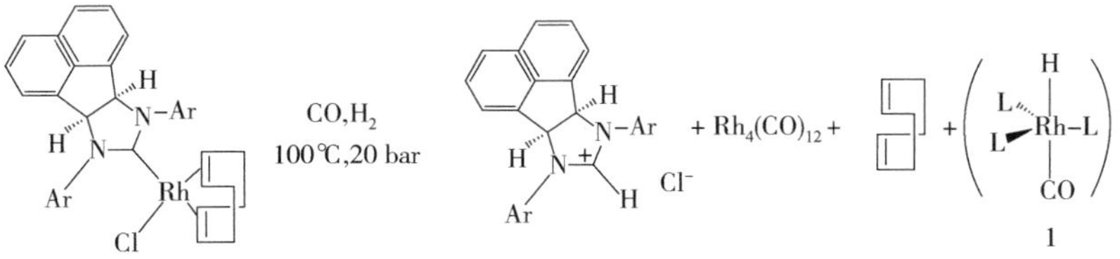

图 8.19　NHC 复合物生成羰基铑

在温和条件下(80℃，10bar)，Trzeciak 和同事研究了[Rh(NHC)(cod)(卤化物)]型铑(Ⅰ)卡宾配合物与 P(OPh)$_3$ 作为 1-己烯加氢甲酰化的改性配体[120]。发现该催化剂的 l/b 比率高于前体中不含 NHC 的催化剂，但在不存在卤化物的情况下，其速率不如纯三苯基亚磷酸酯体系所能达到的高[57]。假设在催化过程的条件下，铑(Ⅰ)卡宾配合物[Rh(NHC)(P(OPh)$_3$)$_2$X]与 H$_2$/CO 反应，得到具有催化活性的铑(Ⅰ)氢化物配合物含有 N-杂环卡宾配体，虽然对于三苯基亚磷酸酯没有证据表明只存在[HRh(CO)(P(OPh)$_3$)$_3$]和[Rh(NHC)(P(OPh)$_3$)(CO))X]复合物被证实。当 P(OCH$_2$CF$_3$)$_3$ 用作[Rh(NHC)(cod)Br]作为前体的改性配体时，证明了两种氢化物物种 HRhL$_4$ 和 HRhL$_3$(CO)的形成，而残留的氢化物信号被分配给含有一种 NHC 和两种亚磷酸酯配体的物种；无法获得 Rh—C(NHC)键的直接证据。该配体给出了更高的 l/b 比率，但是在没有 NHC 的情况下，这些之前也被报道为 P(OCH$_2$CF$_3$)$_3$[121]。

本文将通过介绍 Veige 和同事的工作，对铑催化氢甲酰化过程中的 NHC 复合物进行简要综述[122]。他们认为，在加氢(和其他有机金属催化反应)中，NHC 还原消除生成咪唑鎓盐[NHC-H]$^+$X$^-$ 是致命要害，正如 Cavell 及其同事[123]报道的那样，更特别是 Pd 基催化剂(见图 8.20)。

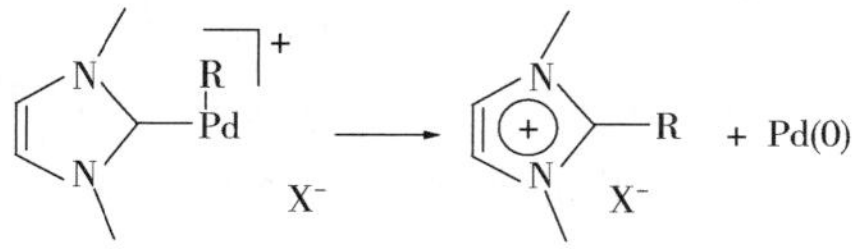

图 8.20　NHC-alkyl 盐
(R=烷基，氢)的还原消除反应

为了稳定 NHC 复合物并减少咪唑鎓盐消除的趋势，他们决定合成螯合的 bisNHC，更好的是手性的，以便在获得 ees 的情况下找到配体参与的证据。因此，他们合成了带有两个 NHC 部分的手性乙醇蒽配体。苯乙烯的氢甲酰化在 50℃和 30～100bar 下进行。气体吸收曲线具有明显的 S 形特征，而 ees 非常低。不同的配体给出非常相似的结果，并且在反应后，在 NMR 光谱中鉴定出咪唑鎓盐。结论是不含 NHC 的铑羰基物质负责催化作用。

除少数例外[13,81]，用于加氢甲酰化的铑催化剂含有弱电子给体或电子受体作为磷配体，而钴催化剂在强 σ-供体下表现最佳。因此，Van Rensburg 及其同事认为，NHC 可能是更合适的辅助催化加氢甲酰化配体，而不是 Rh 催化[124]。他们报道了第一种钴羰基卡宾二聚体 Co$_2$(CO)$_6$(IMes)$_2$ 的合成和结构。在 170℃和 60bar 的合成气(2∶1)下使用该化合物，未观察到加氢甲酰化活性。而是发现用 Co(CO)$_4$$^-$ 作为抗衡阴离子直接观察消除咪唑鎓盐(见图 8.20)。

8.3.7　两相加氢甲酰化

有两种方法可以进行两相加氢甲酰化(三相，包括气相!)，即水相/有机相，离子液体/有机相，氟相/有机相和固定化催化剂作为固相。

从商业角度来看，两相(水/有机)加氢甲酰化是非常重要的，因为据报道这

是低烯烃(丙烯和1-丁烯)的最经济的获得方法[125]。丁烯可以作为混合物使用，因为使用本发明的催化剂和条件，仅转化一定比例的1-丁烯。烯烃回收并不方便，因为2-丁烯是主要的烯烃；应用的解决方法是将剩余的烯烃流送至含有钴催化剂的第二反应器。此外，可以将剩余的丁烯用于其他过程，例如芳族化合物的丁基化。这种两相加氢甲酰化过程由Rhone Poulenc发现[126]并于1984年由Ruhrchemie商业化[127]。基本原理是在反应器和分离器中使用两个液相，一相是粗产物，另一相含有Rh催化剂和过量配体，因此实现催化剂/产物的高效分离。在这种情况下，第二极性相是水，并且使用水溶性配体。最成功的配体(用于Ruhrchemie/Rhone Poulenc工艺)是三苯基膦三偏磺酸盐(tppts)。通过三苯基膦磺化[128]进行tppts合成并不简单，但通过使用胺[129]萃取进行纯化并使用无水H_2SO_4/H_3BO_3使膦氧化最小化[130]。在两相加氢甲酰化反应器中，非极性丙烯扩散到水相中，非极性醛和副产物再次离开水相；反应器中的主要组分是含水催化剂相，有机非生产部分保持在最低限度(6∶1)。以这种方式，水变成连续相，其在反应器中提供总体高的Rh浓度和高的空速。萃取在反应器中进行，而两相通过剧烈搅拌强烈混合，形成淡黄色乳状液体。注意，在该方法中，非极性重质馏分离开有机物流中的反应器和分离器，在那里它们通过蒸馏与产物分离，并且剩余的重质馏分可以送至焚烧炉。在蒸馏过程中，重质馏分积聚成为主要问题，因为它们或者保留在反应器中(汽提过程)，或者它们与蒸馏单元的底部一起与催化剂一起再循环。原则上，这个提取系统是一个"开放的"系统，也就是说，它会通过在有机相中的简单溶解度而使Rh损失。如实验室实验所示，两相的分离速度非常快，并且由于有机相中铑的损失极低(1ppb)，因此它也非常有效[127]。

图8.21显示了工艺流程图[125,131]。机械搅拌反应器，以最大化气体/液体和液体/液体相转移的质量传递。尽管如此，反应似乎仍然受质量传递限制并限于液/液界面[43]，这可能是由高催化剂活性和温度以及丙烯的低溶解度引起的。反应器冷却与丁烷蒸馏再沸器结合。温度为120℃，压力约为50bar(H_2/CO比为1.0)。由于丙烯在水中的溶解度有限，对能量集成的需求以及每次通过需要高丙烯转化率，因此需要120℃的相对较高的温度。虽然应用高配位体/Rh比率，但这种较高的温度可能对催化剂稳定性有影响。水相含有约300ppm Rh，tppts/Rh摩尔比为50~100。催化剂稳定性高于Union Carbide工艺(现为Dow)，但应该指出，需要连续添加tppts，因为该比例应保持在50或更高以确保催化剂稳定性。没有检测出tppts的有机分解产物，并且在单相蒸馏过程中显然没有形成磷化铑物质。令人惊讶的是，该方法中的催化剂比Dow方法中的催化剂更稳定，因为水通常是膦降解的主要来源。没有关于膦分解的比较数据，但重要的是RCRP催化剂保持完整。CO压力应保持相对较高，因为其在水中的溶解度比有机介质中的

溶解度低约 10 倍，并且在较低压力下催化剂会发生分解。

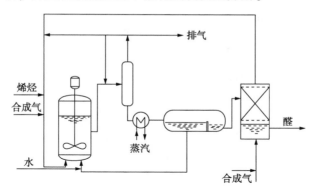

图 8.21　Ruhrchemistry–Rhone Poulenc 两相工艺过程

　　通过控制 pH 值(pH 值 5.5~6.2)使重馏分最小化；合成气中存在一些二氧化碳(1%~3%)有利于减少重馏分[132]。水微溶于丁醛，这样流失的水必须不断地被补充。少量副产物也可能涉及由醛醇缩合产生的烯酮，并且由于重馏分形成较少且有机物质被带入有机相，因此在这一过程中烯酮形成休眠种的程度也低于单相法。

　　该方法的主要优点是[126]：高水平的热集成、催化剂和产物/重馏分的简单分离、更好的选择性(99%醛，95%线型；无烯烃氢化)和对某些毒物的敏感性较低(某些毒物对有机产物层的偏好)。考虑到异丁醛衍生物的价值和市场规模，较高的产品线型似乎不是一个优势。较高的反应堆压力和热集成会在一定程度上增加资本支出。

　　链较长的烯烃不能在含水双相介质中加氢甲酰化，因为烯烃的溶解度随着链中碳数的增加而急剧下降，在 1-辛烯中，tppts 体系的活性几乎为零。已经研究了许多添加剂，形成胶束的扩展配体或提高烯烃溶解度的囊泡[133]、混合溶剂系统[134]等，但通常分离效果远低于 RCRP 系统。

　　另一种方法涉及单相催化，然后进行两相分离，如引言中所述(第 8.2 节，Co 的 Kuhlmann 工艺)。如同 Buhling 及其同事[50b]所阐述的那样，一种酸碱开关，用于将催化剂从有机相中移到水中，增加催化剂在单相催化过程中被酸性基团分解或抑制的机会。它们使用羧酸官能化间-三芳基膦和对-三芳基膦，其可以在反应后通过用碱性水溶液与铑催化剂一起处理而从有机溶剂中除去。但大量过量的羧酸在温和条件下(80℃，20bar 合成气，图 8.22 方法 A)产生大量无活性的铑羧酸盐。反向酸碱对(方法 B)导致单相加氢甲酰化而没有抑制作用，但是在水中的质子化形式中，如果芳环由于氮的质子化而被活化，则对-氨基芳基膦易于P—C 裂解。通过亚甲基从芳环上分离胺上的电荷有效地解决了这个问题，见图8.22 方法 C[52]。如 8.2 节所述，现在每个循环的盐的生产都不太理想，尽管只有"催化量"生产。

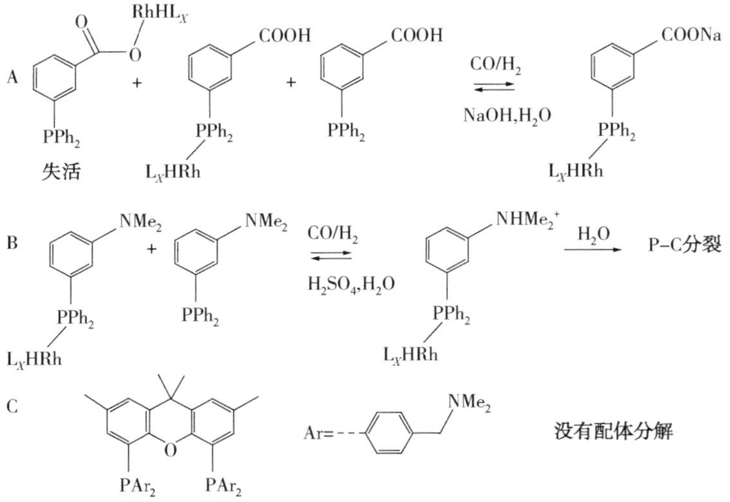

图 8.22 单相催化、两相分离的不利反应(A 和 B)和一个成功的体系(C)的例子

已经报道了非常多种加氢甲酰化催化剂的固定化和包封技术，并且通常具有良好的"稳定性和可回收性"。据报道，由于芳基膦和亚磷酸芳基酯的催化运行应该进行几天才能得出结论，或可以识别分解产物，因此几乎没有关于分解的数据(关于封装的最新报告见参考文献[135])。固定化催化剂的稳定性可能取决于细节，例如 Jongsma 及其同事[136]发现接枝在二氧化硅上的聚合亚磷酸酯在苯中作为溶剂产生稳定的催化剂 10 天而不丧失活性，但导致甲苯快速浸出。这被认为是"溶解度"甲苯中的聚合物链，导致铑的不完全络合并因此浸出。为解决催化剂分离问题而引入的所有固定化技术似乎都引入了新的问题，这就解释了为什么很少有这些技术得到应用。

近年来，室温离子液体(IL)已被证明是许多均相催化加氢甲酰化反应的有吸引力的替代介质。可以通过调节阳离子-阴离子对来调节离子液体的性质。例如，可以通过改变咪唑环上的阴离子和烃基来制备大量的咪唑离子液体。高密度、高稳定性、较低的蒸汽压和通过离子相互作用固定催化剂的可能性的结合使得通过简单的相分离或蒸馏和再循环可以容易地分离催化剂，因为大多数产品不能或仅可轻微地溶解于离子相[137]。ILs 的纯度对于它们的稳定性非常重要，Mehnert 发现痕量的酸会降低稳定性[138]。使用 tppti *(tppti * =三(间-磺酰基)三苯基膦 1，2-二甲基-3-丁基-咪唑盐)，Mehnert 发现半极性有机相中的铑损失，可以通过选择最佳的 IL 来降低铑的损失；[bmim][PF$_6$]由于与极性物质的极低混溶性而获得了最佳结果。

Bronger 及其同事报道了 IL 中最快和最具选择性的催化剂(60bar，100℃，

$TOF=6200h^{-1}$，$l/b=44$)[139]。选择的是 PF_6^- 的 Xanfphos 双咪唑鎓盐催化剂。在1-丁烯-3-甲基咪唑六氟磷酸盐溶液中的1-辛烯加氢甲酰化循环实验，没有催化剂浸出（Rh-损失<0.07%的初始铑引入量，P-损失<初始磷引入量的0.4%）或性能损失。在低催化剂负载下，观察到在常规溶剂中与单相催化竞争的活性和区域选择性。在高催化剂负载下，该体系非常稳定，并且由于形成稳定的（不活泼的）铑二聚体而具有长的保质期。

与 Arhancet 及其同事[140]引入的固体载体（SAPC）上使用的水性催化剂一样，ILs 也被带到固体载体上，以促进催化剂和产物的进一步分离，并增强相之间的相接触。两相形成薄层[141，142]（SILP，负载型离子液相催化剂）。研究了它们在丙烯的连续气相加氢甲酰化中的稳定性。动力学数据与液态双相加氢甲酰化的已知结果非常一致，这证实了先前公布的关于多相 Rh-SILP 催化剂的均相性质的结果。长期稳定性超过200h 的运行时间，选择性损失很小（0.1% h^{-1}）。溶解在离子液体层中的高沸点副产物的形成被认为是缓慢失活的原因。活性的小幅下降可以通过真空过程补偿，重新获得初始活性，这表明催化剂损失不是由于催化剂分解。

双相催化，其中一相是氟相（FBC），由 Vogt 和 Horvath 和 Rabai 独立研究介绍[143]。该系统基于氟化化合物与有机溶剂的不混溶性，这是由于极性 C—F 键和氟的低极化性使得这是一种"非相互作用的"溶剂。用长氟化烷基官能化的配体，即所谓的"马尾"，可溶于氟相，而底物通常溶解在有机相中。在低温下相分离，而在较高温度下可形成一相。分离通常不是完美的，需要进一步提取。其他问题是氟化化合物的成本，催化剂浸出和氟化化合物的产物污染。

Horvath 及其同事对使用 $P(C_2H_2C_6F_{13})_3$ 作为配体进行加氢甲酰化进行了详细的研究[144]。使用铑（100℃，11bar）在50%/50%（体积分数）甲苯/$C_6F_{11}CF_3$ 溶剂混合物中研究1-癸烯的加氢甲酰化，其在100℃以上形成均相液相。根据高压 NMR 光谱，溶液结构该配体的铑配合物与三苯基膦1和2的相同。加氢甲酰化活性略高于基于三辛基膦的催化剂，但比三苯基膦低一个数量级。由于氟尾的吸电子特性，其 l/b 比与 tpp 相似。

Foster、Cole-Hamilton 及其同事报道了另一种成功的氟化氢加氢甲酰化系统[145]。他们的最新研究是 $P(O-4-C_6H_4C_6F_{13})_3$，一种配有氟尾的亚磷酸芳基酯，而他们使用全氟-1，3-二甲基环己烷作为溶剂。催化在70℃、20bar 条件下进行，因为在较高温度下观察到分解，这很可能是少量的羟醛缩合后形成膦酸酯（见图8.13）。结果表明，在加氢甲酰化条件下，1-辛烯与溶剂完全混溶，但与产物壬醛分离。铑的浸出量估计为1 ppm，这是一个令人印象深刻的数字，但对于批量处理的化学品来说，这可能还不够好；几十 ppb 可能是极限，取决于强烈波动的铑价格。磷损失约为3%，远低于其他工艺。对速率和选择性与其他过程的比较中，这种氟过程非常有利，Rh/P 比例仅为 3（在 1mmol/L Rh 下）。

Mathivet、Monflier 和同事研究了几种氟尾芳基亚磷酸酯作为配体，用于在 80℃和 40bar 的合成气中对高级烯烃（1-癸烯）进行铑催化加氢甲酰化[146]。在不同温度下研究了 1-癸烯及其加氢甲酰化产物与 1-H-全氟辛烷的混溶性，发现 1-癸烯浓度比 C_8HF_{17} 中的十一癸烯浓度高约 10 倍。后者在 75℃下的溶解度约为 1%。由于铑配合物也在氟化物中，1-癸烯的较高溶解度是有利的。氟化物需要再循环，并且留在其中的未转化的烯烃是有利的。产品层也含有氟代辛烷和 1-癸烯，显然需要萃取或蒸馏。一个关键问题是氟尾亚磷酸酯和催化剂的有效再循环，事实证明是这种情况，因为在前四个循环中转化率大致相同（甚至一开始还会增加），但区域选择性下降，这很可能一些配体分解导致。

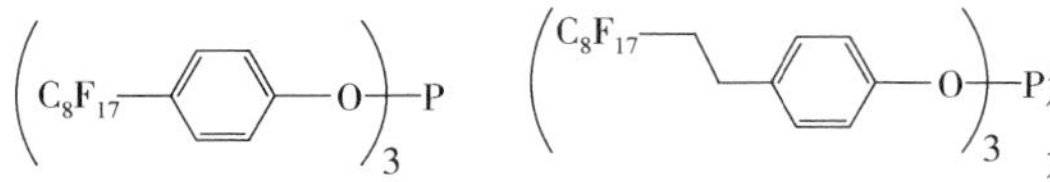

图 8.23　氟尾亚磷酸酯

两种典型的配体如图 8.23 所示。测试的第一个配体 14[147] 显示在水-四氢呋喃混合物中快速分解（在 24h 内完全分解），而第二个配体 15 在 48h 后完全没有显示水解。通过两个亚甲基将氟尾与酚环分离，足以降低全氟辛基的吸电子特性。

由于最初不存在由醛醇缩合产生的水，该配体的分解是通过亚磷酸脂和醛产物形成二氧磷酸盐来进行的。活性和选择性很高，但需要开发更稳定的亚磷酸酯。

8.3.8　加氢甲酰化的纳米颗粒前体

鉴于在过去十年中人们对金属纳米颗粒（MNP）的使用越来越感兴趣，作为催化剂或催化剂前体，这里将提及一些与加氢甲酰化有关的报道。没有证据表明在 MNP 表面发生加氢甲酰化反应。通过浸出形成的均相催化剂可以很好地解释所得到的选择性和低速率，有时借助于添加的配体[148]。作为副反应，可发生烯烃底物的氢化，这是非均相 Rh 催化剂的典型反应。偶见在溶液中加入配体形成的氢化铑羰基络合物，用核磁共振谱对其进行了表征[149]。关于催化剂-产物分离，它具有与固定化催化剂相同的缺点，并且可能问题更严重。且在反应过程中，只有部分昂贵的 Rh 催化剂是活性的，这也不是很有吸引力。当发现金属表面上的活性物质时，MNP 将作为 Rh 催化的加氢甲酰化的催化剂变得令人感兴趣。

8.4　钯催化烯烃-CO 反应

8.4.1　概述

质子溶剂中钯催化烯烃-CO 反应生成酯、低聚物（低聚酮酯）、聚酮、二元酯、酰胺，在其他亲核试剂中还能生成很多其他种类化合物。20 世纪 80 年代初，

Sen[150] 和 Drent[151] 分别发现了弱配位配体和双齿膦对钯催化的影响，之后聚酮作为烯烃和 CO 完全交替排列的聚合物开始受到广泛关注。在这里，我们将重点介绍由烯烃和 CO 形成的酯、低聚物和聚合物。Drent 和 Budzelaar 于 1996 年对早期的研究进行了综述[152]，但是反应机理的解释已经过时，甚至在最近的专著[153] 出现之后又有更多的研究进展出版[154]。聚酮是理想的产品，因为它是一种高性能聚合物，并且由于其原料价格低廉而可能以较低的成本合成。作为一种热塑性工程塑料，聚酮的材料特性和尼龙相似[155]，但它如果能够大规模生产，将比尼龙便宜得多。尤其是它具有很高的耐化学性，对烃和氧气等小分子气体具有优异的阻隔性能，比聚酰胺更不容易变形，并且脂肪族聚酮的水解稳定性尤其好，这些特性使聚酮比聚酰胺和聚酯等许多缩聚物的性能更佳。

乙烯和 CO 的共聚作用早在 1951 年就已被发现，但直到 20 世纪 80 年代催化活性仍很低。Reppe 最先报道了使用氰化镍催化剂的乙烯/CO 配位聚合反应[156]。产量很低，除了聚合物还生成二乙基酮和丙酸。1967 年，报道了生

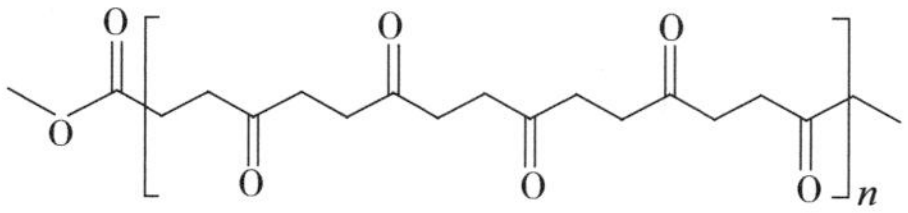

图 8.24　乙烯和 CO 生成的聚酮

成乙烯和 CO 交替聚合物(见图 8.24)的第一代钯催化剂(PdCl$_2$ 的膦配合物)[157]。产量较高，其应用潜力受到认可[158,159]，但产物中含大量沉积钯。

Sen 和 Drent 的发现使得聚酮的商业合成成为可能，每克钯所能生成的产品质量增加到数十千克左右。乙烯和 CO 共聚物的熔点约 260℃，这对于产物的熔融加工(如挤压工艺)来说太高，产物易分解。含有少量第三种单体丙烯的共聚物熔点约 220℃。很多年后，Shell 于 1996 年在英国实现了后者的小规模商业化生产，但工厂在 2000 年倒闭。目前很多专利已经过期，但像其他大宗化学品业务一样，要实现批量生产，不仅需要生产商，还需要用户(如汽车制造商)的大量投入。另外，一些生产商可以提供不同等级的基于聚酯、聚芳基酮或聚酰胺的热塑性工程塑料，而乙烯/CO 聚酮的市场仍很有限。

根据所使用的配体和条件，烯烃、CO、质子组分(水，醇)和钯催化剂通过烯烃的羟基羰基化或甲氧基羰基化反应生成酯，其间会生成低聚物。Sen 研究的 tpp 催化剂的主要产物实际上是丙酸甲酯和低聚物。Lucite 国际(前 ICI)已开发出能快速生成丙酸甲酯且具有高选择性的催化剂(参见 8.4.5 节)，该工艺于 2008 年在新加坡实现商业化[160]。它是生产甲基丙烯酸甲酯(MMA)的起始原料，也可由丙酮通过氢氰化作用生成。该路线还生成化学计量的副产物硫酸铵，但它因没有价值而被倒入大海。合成自乙烯、甲醇、CO 和甲醛(也来自甲醇和合成气)的新催化路线从环境和商业角度来看都更具吸引力。Lucite 是生产丙烯酸酯的全球领先企业，它现在由 Mitsubishi Rayon 有限公司所有。

8.4.2 简单机理概述

生成脂类、低聚物和高聚物的催化循环起始于乙烯对氢化钯的插入反应，同时生成了甲酯基的物种。这在20世纪60年代和70年代第一次报道的时候就已经为人们所接受[161]。图8.25展示了乙烯甲基环脂化反应的两个催化循环（在大多数步骤里底物的预配位及配位平衡被省略）。

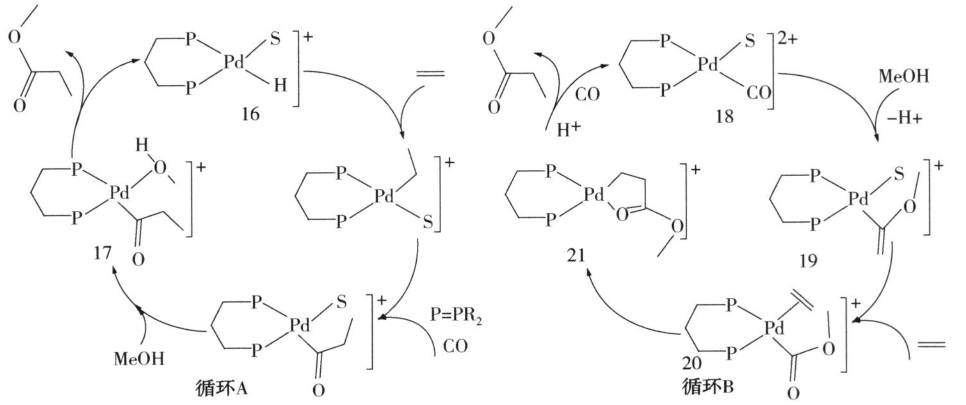

图 8.25　乙烯的甲氧基羰基化的两种催化循环

以氢化物16为起始物的催化循环会回到氢化物16，并且除非发生了另一个反应，否则钯催化剂会保留在A循环中。Toniolo和他的合作者们在1979年就已经展示了在丁醇中以 $PdCl_2(PPh_3)_2$ 为催化剂的丙烯氢脂基化反应中使用CO和 H_2 的混合气是非常有利的，并且人们推测该混合气是和二氯化物反应生成氢氯化钯物种从而引发A循环[162]。A循环中的两个插入反应进行的速度可能较快。丙酰基中间体17与甲醇反应得到的产物是由甲醇分子与钯配位得到的，因为迄今为止尚未观察到来自配位层外部的亲核攻击[163]。氢化物16可能通过还原消除反应生成Pd(0)和HX，这一反应对于膦配体来说是一可逆反应。如果该反应没有逆向进行，则钯可以被氧化生成类似18的物种从而启动B循环，并通过这种方式进行再生（见图8.26的顶部）。Toniolo等人在上述反应中分离了一个酯化钯物种（trans-BuO(O)CPdCl(PPh₃)₂）。虽然这一催化反应包含了A循环，但是催化反应仍然可以通过酯化物种19进行启动。

如循环B所示，物质18向物质19的转变可能包含了甲醇（甲氧基）对钯的配位以及通过迁移插入反应后甲酯基的形成；此外，根据这一体系，两种机理均可能发生。根据化学计量反应，在物质20中的乙烯迁移插入反应是一个非常慢的反应[162,164]。有可能被内部配位于钯金属的酮稳定的中间体物质21，常被人们称为'back-biting'[165]。在某些情况下，物质21的正常质子化并不是一个直接的反应，而是表现为先经过β位消除，再经由再插入反应生成一个钯烯醇化物。该钯

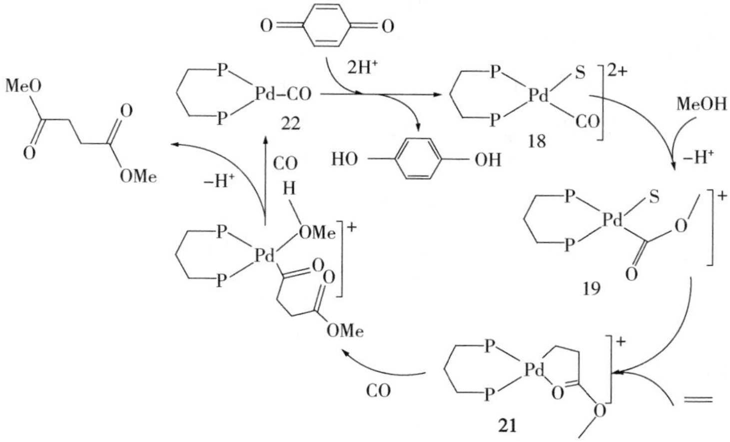

图 8.26 醌对 Pd(0)的再氧化生成琥珀酸酯

烯醇化物可经由一个快速的质子化反应生成最终产物[166]。如果钯催化剂由 CO 还原为了 Pd(0)，则催化反应中的 B 循环有可能中断，例如由 CO 和水生成的一个含有的氢化物的羧基化物，其可以发生还原消除反应并生成 HX。如果这种情况发生了，并且 B 循环成为唯一可能的机理，那么 Pd(0)就必须再氧化生成 Pd(Ⅱ)。对于这一氧化反应，一种常见的氧化剂为醌和 HX。由于醌常被用作钯催化剂的再活化试剂，图 8.26 中展示了一个生成琥珀酸盐的反应次序。

当 CO 和乙烯的多重插入反应发生而生成高聚物和聚酯时，无论是 A 循环还是 B 循环中的终止反应决定了新催化循环的起始状态。钯化物通过消除一个脂并转变为钯氢化物(A 循环)来终止一个反应循环，而该钯氢化物又可以通过烯烃插入反应形成一个具有烷基头基的低聚物来重新启动另一个新的循环。因此，如果仅有一个链转移机理是有效的话，在这种情况下，所有的低聚物都会存在一个烷基头基和一个脂基端基。在温和条件下，对于基于 dppp 配体和 Drent 反应条件的催化体系确实发现了这种情况[167]。在更高的温度下，具有相同的头基和端基以及混合基团的低聚物以统计学概率生成。这意味着两种链转移反应机理都是有效的，并且由于一个不断增长的链本身是'不知道'它是如何开始其链增长的，因而它就有可能产生相同的头基和端基，但是烷基端基和脂基端基的总数是相同的，除非钯引发剂被氧化或还原，或者转化成其他对应的产物。

8.4.3 失活和再生的早期研究

关于在消耗 CO 的反应中钯催化作用的关键问题是活化的 Pd(Ⅱ)被 CO 和水还原为金属化的钯。这在钯催化过程中是很常见的(在 Wacker 反应中烯烃和水起到同样的作用)，这里只引用几例明确处理这个问题的报道即可。用 PdCl₂(PPh₃)₂催化丙烯的氢脂基化反应时加入额外的 PPh₃，可以在不改变反应区域选择性的条件下减少钯金属的沉积（100℃、95bar 条件下 35%的枝化型）[168]。利用含氯催化剂催化反应，可以得到枝化型中等比例的区域选择性。加入 LiCl 可以降低这一比例，但是脂肪族烯烃会产生更多的支化型脂类。低浓度乙醇可以降低这一比例，但是会得到高的 b/l 比例。这可能是由于存在不同的不同的催化物种，其中空间位阻越大，所得线型产物越多。慢速催化剂会在支化型和线型酰基产物间达到平衡状态，从而使得支化型产物更多；而快速催化剂则会产生动力学线型产物[169]。对于乙烯和 CO 的反应，除了在 1bar 乙烯条件下可以形成丙酸甲酯外，还可以在较高压力的乙烯（40bar）条件下，用富含 HCl 的催化体系及 PPh₃作为配体获得低聚物和聚合物[170]。该聚合物含有过量的通过水煤气变换反应生成的乙基酮端基（图 8.27）。

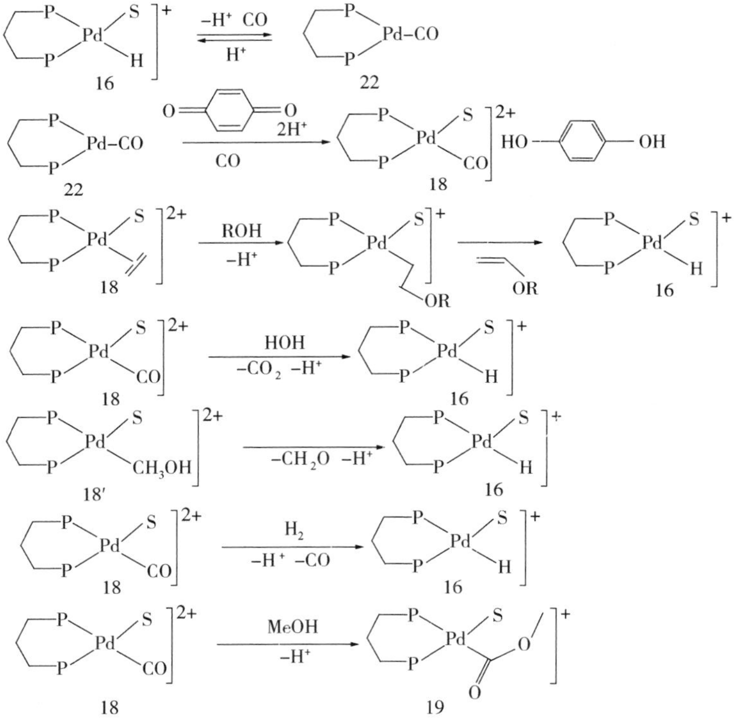

图 8.27　钯催化前体的转化

氯化物在维持钯（Ⅱ）络合物中起着重要作用，因为其他阴离子不仅可以通过水，CO 或烯烃轻易地还原钯，还可以通过 PPh₃进行还原[171]。过量的 HCl 可以通过氧化加成反应将 Pd(0)恢复为活性 PdHCl 物种，并且人们已经报道了许多具有高酸浓度的催化体系[172]。采用常规方法，Drent 使用 Pd(OAc)₂作为钯前体，并且加入过量的 ptsa（对甲苯磺酸）以形成钯盐，其中 ptsa 阴离子作为该钯盐的弱配位阴离子[152]。在甲醇中，ptsa 阴离子的配位作用较弱。对于双齿膦配体，这也是一种稳定体系，但对于双齿氮配体，情况却并非如此。

循环 A 和循环 B 中潜在前体的相互转化在钯催化过程中起重要作用，而甲醇作为溶剂及强酸来提供阴离子是 Drent 催化体系中的偶然选择。在许多情况下，甲醇有助于活性物种的形成，无论活化物种是羧甲氧基物种 19 还是氢化物 16，并且活化物种都是起始于 Pd(Ⅱ)。甲醇、水和二氢物种也可以通过与乙烯或 CO 反应将 Pd(Ⅱ)转化为氢化物 16。图 8.27 中总结了上述反应，并且通过这些反应，我们可以理解许多使用任何上述添加剂而使反应速率增长的研究报告。通过研究哪种添加剂作为再活化剂是有效的，从而可以揭示催化循环的终止反应或者获悉某种前体在某些条件下对某些底物是无效的。

配合物 18 型的钯(Ⅱ)物种明显比钯氢化物 16 更稳定，其中钯氢化物 16 可分解得到 Pd(0)物种 22。物种 22 并非活性物种，且必须通过 16 和 22+HX 的平衡或通过醌氧化再生。在共聚反应中，最有效的添加剂是醌，这表明 Pd(0)化合物处于钝化状态。对于基于膦配体的催化剂，反应速率的增强在 2~15 范围内变化[173]，这表明反应体系中存在的 ptsa 不会使氢化物充分稳定；所使用的膦配体大多数是芳基膦或不太强的电子供体环烷基膦配体。形成的 Pd(0)化合物相对稳定且不一定会导致金属沉积。在某些情况下，它们在与 Pd(Ⅱ)阳离子反应时会形成二聚体[174]，并且该类二聚体中的一种已经通过晶体学进行了表征[175]。二聚体与酸进行氧化加成反应，得到一个氢化物和一个 Pd(Ⅱ)阳离子络合物，因此深橙色二聚体的形成会导致催化剂处于钝化状态而不会使催化剂分解。

对于双齿氮配体情况更糟，因为氢化物和 Pd(0)络合物都不稳定，并且如果氢化物中间体不能快速地插入烯烃和 CO，它们将分解产生季氮盐和钯金属。正因如此，对于二联吡啶和菲咯啉配体，当反应体系中加入醌时会观察到反应速率有 200 倍的增强[176]。这些反应速率的增加是由于产生了更大量的活性催化剂而不是由于增加了反应的增殖速率，因为聚合物的相对分子质量保持不变。对于苯乙烯的共聚合反应，采用二亚胺配体是有利的，并且由于聚合反应总是在高温下通过 β—H 消除反应而终止，因此必须一直使用醌再氧化 Pd(0)以通过甲氧羰基引发剂引发新链反应。因此，这些聚合物中的端基均是乙烯基酮和甲酯。对于在室温或低于室温下的聚合反应，据报道采用不同的溶液时可不需要醌或甲醇，参见第 8.4.4 节。

8.4.4　共聚作用

如上所述，甲醇在钯羰基化反应中起着至关重要的作用。它既可以作为引发剂和链转移剂，在甲氧基羰基化反应中也可以作为反应物。含有可增长链的催化剂在不存在甲醇的情况下更稳定，这不仅是因为甲醇具有链转移剂的作用，而且由于甲醇在 β—H 消除反应中不作为链转移剂，从而使得 β—H 消除反应在甲醇中比在非质子溶剂中似乎进行得更快。如果想要在非质子溶剂中进行该催化反应，则需要另一种引发机制。最常见的技术是从烷基钯物种开始，其中由于甲基钯无法通过 β-H 消除反应分解而成为优选的烷基钯物种。Pd(Ⅱ)络合物的单甲基化反应并不简单，因为大多数甲基化剂会产生二甲基钯物质。人们发现，利用 Me₄Sn 可以选择性地和定量地生成(dppp)Pd(CH₃)Cl 及其类似物，并且该物种通过与含有弱配位阴离子的 Ag(Ⅰ)盐反应可以转化为阳离子催化剂前体 23[177]（见图 8.28）。一种常见的前体是(1，5-cod)Pd(CH₃)Cl，并且它可以与所选择的二齿配体反应[178]。

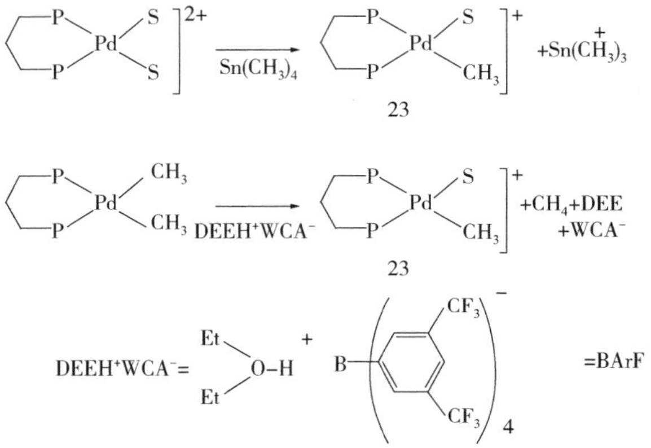

图 8.28　甲基钯引发剂的形成

二甲基钯络合物也可用作起始络合物，该起始络合物可由具有弱配位阴离子的酸（如 BArF，见图 8.28）转化为活性阳离子单甲基钯络合物 23[179]。所得到的含有顺式配位双齿配体的物种 23 不是非常稳定，它通常在室温以下原位产生。双-三苯基膦甲基钯物种更稳定，因为现在膦供体占据了可相互转换的位置并可以稳定处于两个 P-供体顺式位置的 Pd—C 键（参见第 8.4.5 节）。甲基钯络合物 23 是稳定的，并且可作为一个有用的前体来研究插入反应的动力学[179,180]。

如上所述，苯乙烯在甲醇中特别容易终止反应，并且在低温下，二氯甲烷为溶剂会产生更稳定的反应体系和更高相对分子质量的产物。Milani 及其同事研究了使用 2，2，2-三氟乙醇(TFE)作为溶剂的催化剂[181]。TFE 可以减缓链转移反应和钯金属的沉积，但仍有助于通过碳烷氧基钯物种来重启催化循环。链反应以 β—H 消除的形式终止，因此需要再氧化 Pd(0)或 PdH⁺以实现高产量，这可以通过加入醌类有效地实现。在没有醌的情况下，观察到烷基-酮和乙烯基-酮端基的生成。使用吸电子的四氟取代菲咯啉配体导致对甲苯基/CO 聚合反应（7000 重复单元）的相对分子质量高达 1000000[182]。

Bianchini 和 Bianchini 及其同事研究了几种具有双齿膦配体的配合物的合成

产率[183]。他们发现 dppe 和乙酸钯反应的产率低,其原位分析表明,这是由于发生的歧化反应生成了阳离子配合物 Pd(dppe)$_2^{2+}$ 和乙酸钯导致的。后者在该反应条件下迅速分解成金属钯,而前者在共聚反应中是无催化活性的。此外,在二氯甲烷中,基于 dppe 的催化剂的活性低于基于甲基取代的 1,4-丁二酰桥联二膦配体的催化剂的活性。通常以烷基链末端质子化形式发生的链转移反应通过烯醇化物的形成而进行。

在图 8.29 中总结了聚合物链转移反应机理,其本质上是基于图 8.25 中所示的乙烯甲氧基羰基化反应的两个循环;链转移反应可以通过 21p 中烷基链的正常质子化进行,其通过甲氧基物种强制使新链反应开始,或者通过酰基钯物种 17p 醇解形成的氢化物作为新的引发剂进行反应。与图 8.25 的不同之处在于,尽管现在链反应可能从 16 开始,但它可以通过 18 进行下一次链转移反应,从而在产物中形成两个烷基链末端。如引言中所述,如果一种机理比另一种机理快得多,只要中间钯物种 16 和 18 不进行相互转化,那么将仅形成具有乙基酮和甲酯端基的聚合物。

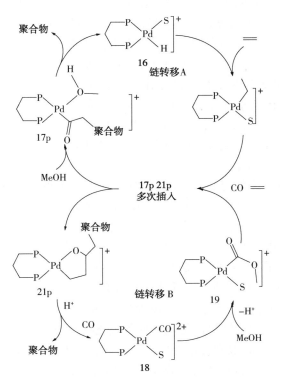

图 8.29　在乙烯/CO 共聚反应中观察到的链转移机理

虽然二甲基钯络合物易于质子化得到阳离子甲基钯络合物,但阳离子甲基钯物种的质子化过程极其缓慢，并且对于络合物 21 和 21p 也是如此。Van Leeuwen 发现，正常的、简单的质子化发生在由 β-氢化物消除反应和不饱和羰基化物在氢化钯键中再插入反应所形成的烯醇化合物上[184]（见图 8.30）。决速步骤是 β-氢化物消除反应，因此该反应与研究条件下的水、甲醇或酸的浓度无关。

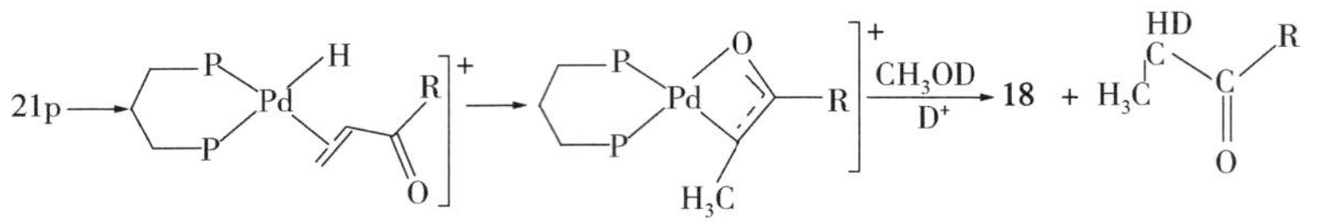

图 8.30　通过烯醇化物的烷基链末端的质子化

长期以来，钯酰基物种与甲醇或水转化为酯或酸被认为是醇或水在酰基碳原子上的第二域亲核进攻反应。在下一部分关于烯烃烷氧基羰基化反应的内容中，我们将看到在形成酯之前，氧代亲核试剂最可能首先与钯配位。

8.4.5　甲氧基羰基化和羟基羰基化

在 8.4.2 节中，我们概述了以起始物种命名的用于烯烃烷氧基羰基化的机理 A（氢化物机理）和 B（甲酰基机理）（见图 8.25）。对于这两种机制，人们发现各个步骤的化学计量反应均为它们中的每一个提供了支持。根据他们对含有三苯基膦的氯化钯配合物的研究，Toniolo 及其同事于 1979 年就已经提出基于氢化物机理 A 的催化作用比基于机理 B 的催化作用快得多，这主要是因为烯烃对羰基氯化钯和两个 tpp 配体所形成络合物的化学计量插入反应很慢，或根本就没有发生[162]。Dekker 及其同事发现，当使用顺式配位的双齿膦配体，也即聚酮形成的首选配体时，即使在氯乙酰基钯配合物中也发生了烯烃的插入反应，并且人们推测五配位物种可能参与了烯烃[164]（以及 CO[180, 185]）的插入反应。当采用经由弱配位阴离子交换氯化物而得到的阳离子物种（在含甲醇的介质中三氟甲磺酸酯足够多）时，反应速度变得更快。在没有 CO 的情况下，紧随插入反应而来的是快速的 β—氢化物消除反应，除非几何结构不利于该反应，例如对于降冰片烯就属于这种情况（对于 PPh₃ 可见参考文献[186]）。对于具有小咬合角的配体，例如 dppe，β—氢化物消除反应速度最快。

Vavasori 及其同事详细研究了环己烯与含有 PPh₃ 配体的甲苯磺酸钯配合物的加氢酯化（甲氧基羰基化）反应[187]。在少量水和对甲苯磺酸（TsOH）的存在下获得了最高反应速率，这一结果清楚地支持了氢化物反应机理；水的存在使钯氢化物从 Pd(Ⅱ) 盐中恢复，酸则通过还原消除反应，使 PdH⁺ 和 Pd(0) 之间的平衡朝向氢化物的一侧移动。动力学的研究结果更加复杂，最大速率穿过了水、PPh₃、TsOH 和 CO 的最大浓度，以及甲醇和环己烯的初始一级常数。上述所有特征都与氢化物机理一致，并且以丙酰基钯配合物的醇解作为决速步骤（同样参见 Milstein 的有机卤化物的烷氧基羰基化反应，而不是烃基和甲酯基物种的还原消除反应[188]）。由于环己烯的浓度决定了酰基中间体的平衡浓度，因而它也出现在速率方程式中。与此相一致，不同醇的反应速率排序为 MeOH > EtOH > PrOH > 2-PrOH；由于反应中空间位阻因素的影响占优势，因而上述排序是涉及醇的亲核进攻反应的常见排序。此外，醇对路易斯酸性金属的配位行为主要是空间因素的影响，而不是醇中氧原子电子云密度的影响。在 100℃条件下所观测到的 *TOF* 值高达 1000h⁻¹。这项工作使人们可以很好地了解如何提高反应速率，即如何使处于活化状态而非在某一种钝化状态下可用钯的量最大化。在这里我们没有对亲核进攻反应的详细机理进行讨论。首先，我们将讨论一种非常快速的甲氧基羰基化反应，然后我们将回到醇解机理进行讲解。

多年来的范例一直认为单齿膦配体主要导致酯的形成，而双齿膦则产生聚酮[152]，直到 Drent（Shell）报道了 1，3-双（二叔丁基膦基）丙烷作为配体可以使乙烯、CO 和 MeOH 快速反应而生成丙酸甲酯[189]。该配体含有 1，3-丙二基桥联基团，这是迄今为止用于生产聚酮的钯催化剂配体的理想桥联基团。随后，在 ICI，Tooze 及其同事发现了一种基于 1，2-双（二叔丁基膦基甲基）苯（dtbpx）配体[190]的更快的催化剂体系。在之前 Shaw 报道的铂金配合物中，dtbpx 是一种体积非常庞大的配体[191]，后来由 Spencer 及其同事进一步发展[192]。如第 8.4.1 节中所述，这种钯催化剂体系由 Lucite 开发成为商业过程，并用于生产甲基丙烯酸甲酯的前体丙酸甲酯。Clegg、Tooze，Eastham 及其同事在一系列出版物中揭开了这一机制[193]。

作为一种配体，dtbpx（见图 8.31）的特征在于其具有大的空间体积、宽的咬合角和强的给电子性。氢化物循环中的全部中间体络合物均已成功鉴别，其中的配体作为一个顺式双齿配体[193c]。在氧气或醌存在的氧化条件下，基于 dtbpx 的氢化物 16x 没有被氧化，这表明该氢化物具有很好的稳定性。强供电性的 dtbpx 稳定了该氢化物种。所有的原位测试结果也都表明该反应经历了氢化物循环过程（图 8.25 中循环 A）。

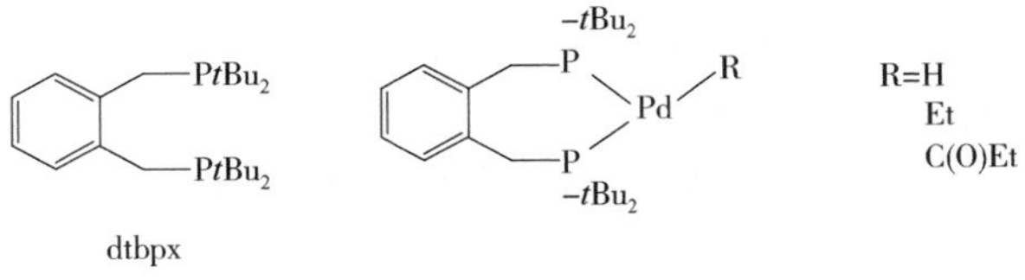

图 8.31　Lucite 甲基丙酸酯工艺中的配体和活性配合物

由于其大的空间体积，人们认为 dtbpx 在低聚金属配合物中有利于形成单齿配位模式或反式配位模式，就如同在 1，3-双（二叔丁基膦基）丙烷的一种乙酸酯配合物中观察到的那样[193b]。这些发现可能解释了反应中出现快速醇解的倾向以及烯烃插入反应需更高活化能的原因。尽管该配体（以及乙烯）具有大的空间体积，但小尺寸的氢化物仍然允许乙烯的插入反应并进而开始催化循环。CO 的配位和迁移插入反应也非常快速并生成丙酰基钯的形式。然而，丙酰基现在体积足够大以阻止（或减缓）乙烯的配位和迁移插入反应，因此不发生聚合反应，并且只要可发生醇解反应，将仅生成酯类物质。综上可得，空间位阻性质对于获得如此高的反应选择性和反应速率至关重要[193a]。

Verspui、Sheldon 及其同事使用水溶性膦配体对水中的羟基羰基化（或加氢羧化）反应进行了广泛的研究：利用 tppts 作为单齿配体和 dppp-s（及其衍生物）作为双齿配体（见图 8.32）。就如同在甲醇中一样，在水中单齿膦配体会导致反应生成酸（而不是甲酯）和一些低聚物[194]，并且当乙烯或丙烯与 CO 在水中共聚时，双齿配体会导致反应生成聚酮[195]。在水或水-乙酸混合溶剂中，弱配位阴离子并不是必需的，这是因为溶剂可通过氢键作用稳定解离的阴离子。Vavasori 及其同事以这种方式获得了高效的聚合催化剂[196]。

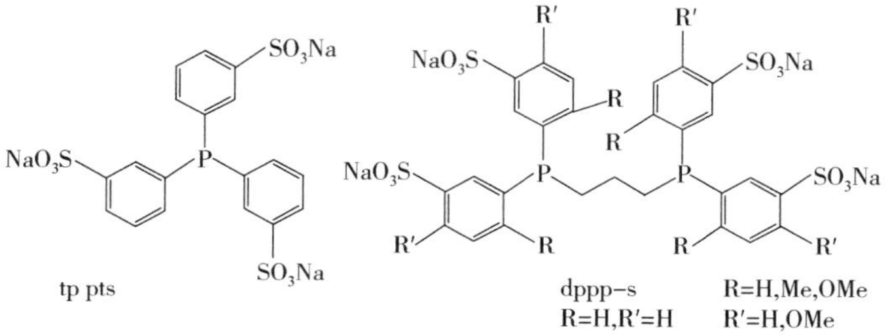

图 8.32　Verspui 等人使用的水溶性配体的实例

在所有情况下，催化循环基于机理 A 中的氢化物路线。大多数催化体系在高达 90℃时仍保持稳定，这在很大程度上取决于其所处的条件。具有弱配位阴离子的酸的效果很好，酸过量得越多越好。配位阴离子会导致更快的还原消除反应和金属钯的沉积。在碱性介质中会立即发生金属的沉积。烯烃等级越高，则反应速度越慢，这是由于它们的溶解度较低，并进一步通过降低酰基静止状态的平衡浓度或通过将动力学转移到不同的限速步骤来影响反应动力学性能。对于双齿膦配体，其对反应的影响很大程度上依赖于配体的浓度（相对于钯浓度），如在 2 : 1 的比例下会生成惰性的 Pd（二膦）$^{2+}$ 配合物，而低于 1 : 1 的比例则会导致钯金属的沉淀。

在水中形成的聚合物通常具有比统计学预期更高的酮端基含量。这有两个原因：第一个原因是所有水基体系通用的，即 Pd^{2+} 通过众所周知的变换反应很容易转化为 PdH$^+$，实际上只有一半，同时将 CO 转化为 CO$_2$ 以及将质子（来源于水）转化为氢化物（而并非如完全转换反应中那样转换为氢气）。在酸性浓聚物中，PdH $^+$ 物种足够稳定并随着乙烯的插入反应开启催化循环。其次，作为聚合反应中的链转移反应，烯醇的质子化反应（见图 8.30）在水中进行得很快，文献[184,

195b]中的作者建议并且以此而终止反应也会优先形成酮基链端基。

通过核磁共振光谱分析，确定了催化循环 A 中所有物种的形成均以乙烯为底物（RPd(tppts)$_3^+$，其中 R=H、Et、C(O)Et），这表明这些水溶性配合物作为 Pd-催化水相烯烃加氢羧化催化循环中的中间体参与反应[197]。所有中间体均为反式膦配合物，如图 8.33 所示。尽管乙烯和 CO 在-20℃条件下可较容易地分别插入到 Pd 氢化物和 Pd 乙基键中，但在升高的温度下 Pd 酰基键会发生水解反应。动力学研究表明，Pd 酰基化物转化为 Pd 氢化物是速率决定的假一级反应。显然，他们可以得出如下结论，后一反应是催化循环中的决速步骤。

直到 2003 年，人们认为酰基钯配合物的醇解（或水解）是由于发生在图 8.33 所示的反式物种被来自外部区域的醇亲核试剂（或水）进攻而产生的。由于在涉及两种物种转移的反应中插入反应被排除在外，因此这是该物种剩下的唯一一个反应。第一个烯烃和 CO 分子的插入反应也应该以氢/烃基的顺式取向进行并插入不饱和分子，但是人们认为该反应也能够通过一个 5-配位的物种开始。值得注意的是，由于反位影响，具有 R=Me、Et 或 C(O)Et 的双齿膦钯配合物 24 的优选几何结构是一个具有反式倾向的膦配体。实际上，正如我们在上面所看到的，tpp 和 tppts 正是采用这种结构（如果可用的话，第四个配位点可以被第三个反式连接到阴离子 s-供体配体上的膦配体占据）。因此，偏向于反式配位模式的双齿膦配体将毫无例外地采用反式构象。

Van Leeuwen 及其同事[163]研究了许多含有双齿膦配体的乙酰基钯配合物的醇解反应，其中两种膦配体具有优选的反式膦构象，这或者是由于它们的骨架结构造成的（SPANphos，25，图 8.34），或者是因为其取代基虽具有大的空间位阻，但仍具有允许形成反式构象的骨架结构（例如 d-t-Bupfc，26）。

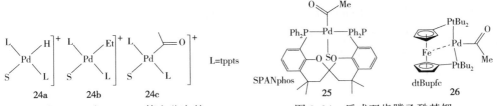

图 8.33　由 Verspui 等人鉴定的
关于 ttpts 的复合物 24

图 8.34　反式双齿膦乙酰基钯
配合物 25 和 26

令人惊讶的是，配体强制的反式阳离子乙酰基钯配合物 25 和 26 不与甲醇反应，即使在室温下 24h 后也没有反应，而所有顺式配合物与几个当量的甲醇反应的速率太快而无法测量。具有柔性配体的反式乙酰基钯络合物与甲醇的二级动力学反应后显示出乙酰基络合物的反式构型。醇的亲核进攻反应顺序与 Toniolo[187]报道的顺序相同，即 MeOH>EtOH>i-PrOH>t-BuOH。

由以上可得出结论，反式配合物必须重排为顺式中间体，然后进行还原消除反应。在反式配合物中，既不发生插入反应，也不发生终止反应！反式配合物的生成顺序示于图 8.35 中。基团 Z 可能是配体中的醚氧原子(或者如果桥联基团是二茂铁则是铁原子)，也可能是一个溶剂分子。还原消除反应可以看作是酰基碳原子上甲氧基的分子内亲核进攻反应，也可以看做是迁移还原消除反应。在反应过程中产生 Pd(0)并且通过与质子及 CO 的二聚反应生成橙色二聚体 27(或者一个 Pd(0)络合物与一个 PdH$^+$ 物种反应同样也可以得到 27)。

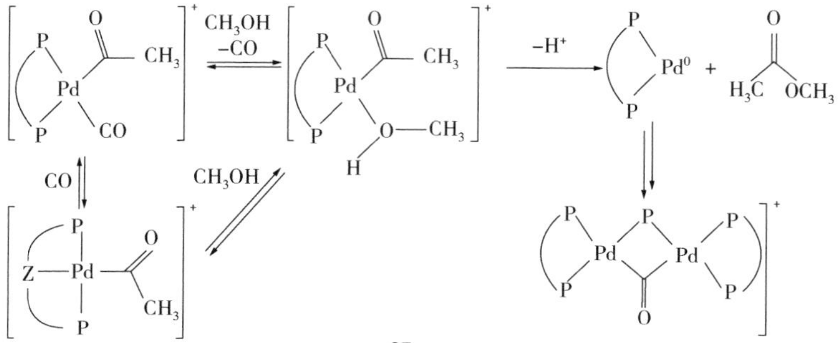

图 8.35　由反式–双齿膦配合物形成酯

因此，具有柔性反式配体和单齿膦配体的络合物将重排成顺式构象，然后迅速进行醇解。醇解的速度取决于所产生的顺式络合物中空间位阻的大小，配体体积越庞大，则醇解速度越快。在催化条件以及乙烯和 CO 存在的条件下，配体较小的空间位阻将导致插入反应的发生并产生聚合物。中间的情况则产生低聚物。在图 8.36 中显示了一系列配体的实例及其在该反应中给出的相对分子质量。正如可预料的那样，DPEphos 和 tpp 产生的空间位阻相似。该方案还表明，在膦配体上具有相同的取代基时(例如 Ph)，可以使用咬合角来关联配体和产物的分布情况。特别是具有小咬合角的配体表明空间排列在影响产物分布时更占优势，而非咬合角本身。

Zuidema 及其同事的 DFT 计算同样支持这种机理，他们还提出了一些关于甲醇作为亲核试剂是如何通过多个甲醇分子的参与来使甲醇失去其质子的观点[198]。该研究还表明，通过 5 配位物种对 MeOH 的进攻是根本不可能的，并且在方形平面中的配体交换产生了一个含有配位 MeOH 分子的中间体。该研究证实，对于诸如 CO 和乙烯这类 π–受体分子，很可能在迁移插入反应之前 5–配位物种就参与了交换过程。

一个值得更多关注的特殊情况是 dtbpx，它是丙酸甲酯 Lucite 商业化生产过程中所用的配体。虽然所有的研究都是用三氟甲磺酸盐进行的，但 dtbpx 的阳离子三氟甲磺酸乙酰基钯配合物不够稳定，不能进行醇解反应的动力学研究，因而

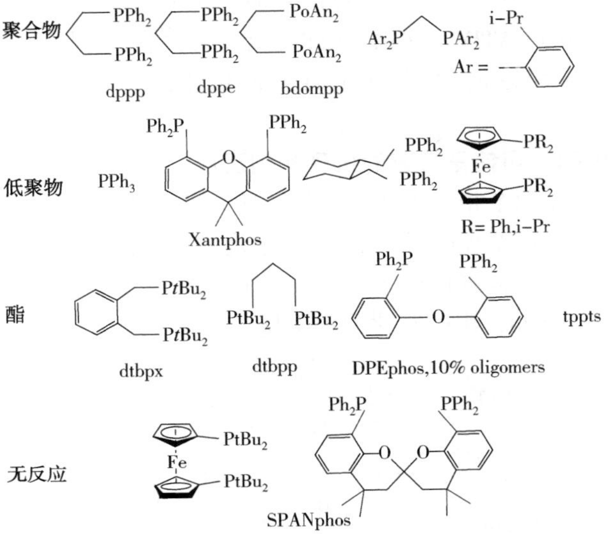

图 8.36　Pd 与 CO、乙烯以及 MeOH 反应的产物和配体系列

改用了三氟乙酸盐(TFA)的衍生物[199]。结果发现(dtbpx)Pd(TFA)C(=O)与甲醇的反应非常迅速；在 -90℃ 条件下，该配合物与 10 当量 MeOH 的反应在不到 3min 内便完全转化(通过 NMR 光谱测量)。Clegg 和其同事还报道了与含有 dtbpx 的丙酰钯配合物的反应太快而无法测量[193a]。

因此，这些结果表明顺式-酰基络合物进行的醇解反应速度比反式络合物的醇解反应速度快数百万倍，并且反式-络合物根本没有反应。所推测的醇解机理与交叉偶联化学中的迁移还原消除机理相同，并且空间位阻因素在这些过程中起主导作用[163]。

8.5　甲醇羰基化反应

8.5.1　概述

作为工业上应用广泛的散装化学品，醋酸可用于生产醋酸纤维(用于香烟过滤器和感光胶片)、醋酸乙烯(油漆、黏合剂和纺织品)、漂白活化剂或用于食品、药品、农药等生产中[200]。其年需求量可达 1000×10^4 t，其中 20% 左右为回收所得(2008，BP)。醋酸溶剂大规模应用于对二甲苯氧化制对苯二甲酸以及 Co/Mn 醋酸酯催化剂、溴化催化剂开发过程中。对苯二甲酸在反应器中沉淀，有利于产物和催化剂的分离。高温高压条件下，采用钴基催化剂用于甲醇、CO 羰基合成醋酸过程中的第一个催化反应。1966 年，孟山都公司开发了铑碘化过程[201]。1970 年，基于这一技术的首套工业装置于得克萨斯州投产运行。1986 年，这项技术被转让到英国石油化学公司(英国石油，BP)。主要生产商有 BP 公司和塞拉尼斯公司。相似条件下，镍、钯和铂等金属在同样的碘基化反应中也很活跃[202]。在 20 世纪 90 年代中期，英国石油公司引入了一种更经济的新型工艺-使用铱作为催化剂的 CATIVA 催化法(详见第 8.5.5 节)。从那时起，许多改造装置和新建装置均采用铱催化剂。CATIVA 催化法的市场份额达到 25%(2008，BP)[203]。

8.5.2 孟山都公司铑基工艺的机理和副反应

孟山都工艺涉及两个相互关联的催化循环，基于铑离子的有机金属循环以及碘化物组成的有机催化循环(见图 8.37)，这是均相催化机理的典型例子[204]。这两种催化剂的活性组分是铑和碘化物。在反应条件下，水和一氧化碳将三碘化铑还原为活性的一价铑 28，甲醇转化为碘甲烷。

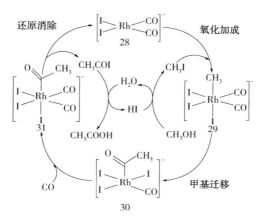

图 8.37　孟山都工艺反应机理

有机金属循环包括将碘甲烷氧化加成为[$RhI_2(CO)_2$]28(原位生成)，这被认为是孟山都工艺的限速步骤。通过配体迁移生成乙酰配合物 30，乙酰碘发生还原消除反应再生为活性铑 28。在有机催化循环中，乙酰基碘水解生成醋酸和碘化氢，将甲醇转化为更亲电的碘甲烷进入有机金属循环。需要注意的是，反应(8.1)和反应(8.2)中的碘化物是定量的，也就是说，平衡向右移动。因此，系统中的碘化物都以碘甲烷的形式出现，在高转化率下，醋酸的生成速率与甲醇浓度无关[205]。

$$CH_3OH+HI \Longleftrightarrow H_2O+CH_3I \qquad (8.1)$$

$$CH_3COI+H_2O \Longleftrightarrow CH_3COOH+HI \qquad (8.2)$$

孟山都工艺最主要的缺点在于贵金属的损失，主要是由于非活性铑的形成以及反应器外部 CO 低压区析出碘化铑。由反应(8.3)、(8.4)可知，化合物 28、29 与碘化氢反应生成非活性组分 $RhI_4(CO)_2$。

$$[Rh(CH_3)I_3(CO)_2]^- + HI \longrightarrow CH_4 + [RhI_4(CO)_2]^- \qquad (8.3)$$

$$[RhI_2(CO)_2]^- + 2HI \longrightarrow H_2 + [RhI_4(CO)_2]^- \qquad (8.4)$$

在孟山都工艺中，通过保持较高的含水量可以抑制铑的沉积，这是因为水可通过部分水–气转移反应将非活性组分 $RhI_4(CO)_2$ 再生为 $Rh(I)$ 活性组分[反应(8.5)]：

$$[RhI_4(CO)_2]^- + H_2O + CO \longrightarrow 2HI + CO_2 + [RhI_2(CO)_2]^- \qquad (8.5)$$

$$[RhI_4(CO)_2]^- + H_2 \longrightarrow 2HI + [RhI_2(CO)_2]^- \qquad (8.6)$$

$$H_2O + CO \longrightarrow H_2 + CO_2 \qquad (8.7)$$

由反应(8.3)和反应(8.4)可知，水的还原作用在一定程度上被抵消，高浓度的碘化氢会加强这一效果。无水情况下，增加氢气也可以起到这个作用[反应(8.6)]，因为 $RhCH_3$ 的氢化反应转化率达不到早期孟山都专利中报道的程度[206]。通过水气变换反应，氢气可在高水浓度反应器中就地生成[反应(8.7)]。氢气在气体循环过程中逐渐积累，因此主组成为一氧化碳的混合气必须被放空导致损失。

水的存在产生对立的影响：含水条件下可使铑处于 $Rh(I)$ 活跃态，但水和一氧化碳发生水气变换反应导致一氧化碳含量降低，碘化氢浓度越高越易氧化[反应(8.3)和(8.4)]。本工艺中，甲醇的选择性 97%，CO 的选择性低于 90%。

8.5.3 以铑为催化剂的乙酸酐反应机理

大部分的乙酸用于生产乙酸酐，因此，用于生产乙酸的孟山都催化剂开发成功后，关于由乙酸甲酯直合成乙酸酐的工艺立刻投入研究。事实上，在 1983 年哈康公司(后来的伊士曼公司)成功工业化铑基催化剂用于乙酸甲酯制乙酸酐的工艺前尚有问题需要解决。这一反应也采用甲基碘作为甲基的激活剂。除有机循环外，该反应方案与孟山都工艺一致，为乙酸取代水，乙酸甲酯取代甲醇[反应(8.9)和反应(8.10)]：

$$CH_3COOCH_3 + HI \Longleftrightarrow CH_3COOH + CH_3I \qquad (8.9)$$

$$CH_3COOH + CH_3COI \Longleftrightarrow CH_3COOOCCH_3 + HI \qquad (8.10)$$

反应(8.9)氧化加成生成碘甲烷进行，反应(8.10)将乙酰碘转化为产物，副产碘化氢。然而，这两个反应有一些明显的差别[207]：生成乙酸酐的反应热力学条件较差，过程更趋于平衡；反应(8.9)和反应(8.10)达到平衡速率较慢；与反应(8.1)和反应(8.2)反应平衡在右边不同，反应(8.9)和反应(8.10)的平衡并不在右边；由于三价铑盐的缓慢还原，反应具有潜伏期；系统中不能有水加速三价铑的还原。

20 世纪 80 年代末，塞拉尼斯取得了重大的技术进步，解决了水问题[208]。首先，可通过添加盐(LiI 或 LiOAc)作为促进剂的方式，保持较低水含量。反应(8.9)和反应(8.10)被反应(8.11)和反应(8.12)所取代，具体如下所示：

$$CH_3COOCH_3 + LiI \Longleftrightarrow CH_3COOLi + CH_3I \qquad (8.11)$$

$$CH_3COI + CH_3COOLi \Longleftrightarrow CH_3COOOCCH_3 + LiI \qquad (8.12)$$

当水含量较低时，三价铑还原为一价铑的速度较慢（或根本不发生），但由于反应（8.3）和反应（8.4）可用的 HI 含量较低，[RhI$_4$(CO)$_2$]的生成也较慢。锂盐的促进效果是由于醋酸或碘 28 形成一个高度亲核中间二阶阴离子(Rh(CO)$_2$I$_2$X)$^{2-}$(X = I 或 OAc)$^{[209,210]}$。其次，氢气（含 5% 的 CO）通过反应（8.6）将三价铑还原为一价铑。此过程不会经历甲基复合物中间体的氢化过程，氢化过程往往会生成甲烷。乙酰配合物会生成乙醛，副产乙烯二乙酯。可能会分解为乙酸乙烯和乙酸乙烯酯，或还原为乙酸乙酯，在循环过程中最终会生成丙酸。

8.5.4 磷化氢改性铑基催化剂

上述两个工艺中，氧化加成都是限速步骤，而膦供体与 Rh（Ⅰ）中间体的络合会强烈地促进这一反应。一价铑和一价铱复合物的氧化加成反应遵从教科书规则，在有机金属化学中不发生其他反应。这一反应遵循 S$_N$2 两步机理；金属对甲基碳亲核攻击取代碘化物，假定碳原子构型反转，那么碘化物与五配位铑复合物将反应生成甲基复合物 29$^{[211,212]}$。该反应产物在光谱学上已充分表征$^{[213~215]}$。该反应产物的光谱特征得到了充分的表征$^{[213~215]}$。这一机理有以下支撑理论：二阶速率定律（一阶的碘甲烷和 28）和表明高度有组织跃迁状态的活化熵。25℃ 条件下，含有 PEt$_3$ 或 dppe 的复合物可能比未修饰的复合物 28 的反应速度快 40~60 倍$^{[216]}$。富电子的铑配合物氧化加成反应速度更快，但结果可能是化合物 31 的磷酸类似物不再发生还原性消除，复合物不具有催化活性$^{[217]}$。磷化氢配合物通常具有活性催化剂，其活性高于 29。

Rankin 和其同事报导的 PEt$_3$-铑修饰系统在催化条件下（150℃）只增加了 1.8 的活性（氧化加成反应比 28 快得多）。该温度下，由于催化活性体系降解为[Rh(CO)$_2$I$_2$]$^-$，约 10min 后即可观察到活性损失。分解反应是通过[RhI$_2$(CO)(CH$_3$)$_2$]$^-$ 与 HI 反应产生[RhI$_3$(CO)(PEt$_3$)$_2$]，还原消除[PEt$_3$I]$^+$ 生成 OPEt$_3$。其中观测到少量 Et$_3$P 碘甲烷。缺水条件下催化反应较慢，说明还原性消除反应在这些条件下会减慢，但磷化氢分解是研究条件下引发失活的原因。

在这些介质中有望形成磷盐$^{[219]}$。尽管容易发生分解，由 1,2-(tBu$_2$PCH$_2$)$_2$C$_6$H$_4$ 和[RhCl(CO)$_2$]$_2$ 制备的催化剂在有碘甲烷条件下催化甲醇羰基化的速度比未添加磷酸盐时的催化速度快。甲醇促进其分解为[RhI$_2$(CO)$_2$]$^-$ 和[1,2-(MetBu$_2$PCH$_2$)$_2$C$_6$H$_4$][I$_3$]$_2$，这些物质已被分离、表征。最终，磷盐会生成氧化膦。虽然没有大量的文献记载，但这是磷改性催化剂的公认过程，也是不易实现工业应用的原因。

单磷酸酯在苛刻条件下的不稳定问题可通过引入螯合对称配体和非对称配体来解决。

专利文献[220,221]中提及对称二膦的用途，当使用 Xantphos 衍生物作为甲醇羰基化的配体时，它们表现为略高于孟山都催化剂的活性的稳定系统。基于这种情况，提出了 P—O—P 三配位基配体。Carraz 和他的同事[222] 报道称反应条件下不对称取代 1，2-乙二醇二膦的使用情况非常稳定，尽管其催化活性与孟山都工艺相比并未改善。反应结束时分离并表征二膦铑羰基配合物的混合物，二次运行过程中没有活性损失。

另一种增加系统活性和稳定性的策略是采用血红蛋白配体（P—X；X＝磷、氧、硫）。Gonsalvi 和同事发现，使用这些配体可以将碘甲烷的氧化添加量提高100 倍[223]。配体通过螯合作用稳定复合物，并通过异质二聚体原子的配位作用增加铑的亲核性[217]。

20 世纪 70 年代末，开始研究双核铑化合物对碘甲烷的反应性[224，225]。第一金属中心被取代后，尤其是复合物的开卷构象被配体强化[226]，第二金属中心的氧化加成/迁移变得更加困难。早期研究就提出双核物系可能参与到孟山都工艺过程，并考虑到乙酰基衍生物 $[RhI_3(COMe)(CO)]^-$ 的二聚平衡问题[213]。以三甲基苯胺盐的形式将双核物系 $[Rh_2I_6(CO)_2(COMe)_2]^{2-}$ 分离出，并利用 X 射线进行表征。最近，中性双核甲基和乙酰三价铑物系在孟山都进程中的重要性已被重新考虑[227]。

为了开发出兼顾稳定性和活性的新系统，Suss-Fink 和同事测试了几种跨对位并兼具灵活性的二磷酸聚合物[228~230]。他们得出结论：反应后，跨二膦酸复合物的催化作用要比单核物系更有效。其中，含有 SPANphos 结构的二聚体（见图8.38）比含有两个膦的单体复合物更活跃[231]。也许是由于二聚体的弯曲结构和dz2 轨道的相互作用。DFT 计算表明，二聚体的势垒略低，但无法从计算中得到清晰的轨道图像[232]。

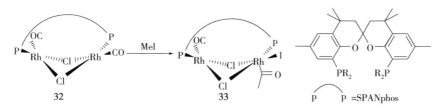

图 8.38　二聚体甲醇羰基化催化剂

目前，基于 SPANphos 的二聚物体系为甲醇羰基化反应最快的磷酸基体系。但考虑到磷酸盐的碱化反应和氧化反应，磷酸盐改性催化剂的工业应用前景仍不乐观。

Clarke 和他的同事研究了 C_4-桥接二膦对铑催化甲醇羰基化工艺的影响，尤其是对氢的敏感度[233]。20 世纪 60 年代引入时，孟山都工艺在速度和选择性方面比基于钴基催化剂的巴斯夫工艺有了很大改进。氢解反应的中间体甲基和乙酰金属配合物对应生成的甲烷和乙醛副产物的产量明显降低[234]。钴能生成更多的甲烷和丙酸，丙酸是乙醛氢化得到的乙醇羰基化的产物。巴斯夫工艺中丙酸的产量高达乙酸主产品的 10%，这一度是获取丙酸的主要途径。尽管铑基催化工艺中仅产生少量的丙酸，但这些丙酸会在催化剂循环中沉积，必须从主产物中移除，生成丙酸的量随着氢浓度的增加而增加。CO 原料为从氢气中分离得到的合成气，尤其对原料纯度要求较高时，这一过程造价过高。因此寻找对氢敏感度低的铑改性催化剂十分必要(在气体循环过程中积累的大量氢气，这部分氢气不是预期产品)。Clarke 和同事将 Moloy 和 Wegman 的一项研究成果作为出发点实现了这一目标。研究成果表明，在以合成气、甲醇为原料生产乙烷过程中采用磷化氢改性铑基催化剂，比如说采用 dppp 为催化剂时(钌、乙醇存在条件下)，dppb 作为配体的作用在甲醇同源反应中并不明显[235]。

研究涉及的配体包括 dppb、BINAP 和 dppx。这些配合物用作催化剂催化原料为含氢的一氧化碳发生甲醇羰基化反应。有机羰基化产物的副产物分析表明，BINAP 和 dppx 的刚性越强，产物中乙醛和甲烷的比例越低。乙酰铑与氢的相对反应性支持了这一结论。dppx 复合物的结构表明，dppx 骨架的刚性使得二苯基膦基团能够保护乙酰不被氢解，这可能是 dppx 羰基化催化剂更大耐氢性的原因。

8.5.5 铱基催化剂

1995 年，由英国石油公司开发的铱基改良工艺(或铱和另一种金属，通常是钌)开始投产。CATIVA 和孟山都的工艺非常相似，可使用相同的化工装置，这使得改造具有很高的商业吸引力。铑基孟山都工艺在成功运作 25 年后逐渐被CATIVA 工艺取代[236]。目前 25% 的工艺使用铱基催化剂，但也有资料提出目前80% 的产品来自 CATIVA 工艺[237]。

综上所述，铑基催化剂被铱基催化剂取代的经济原因是：

① 铱基催化剂可在低水浓度下工作，可减少干燥柱的数量。所形成的液体副产品比高水铑基催化剂体系有显著改进，并且在低水浓度下获得的产物的质量更好[236]。

② 生产的丙酸副产物更少，可减少检查。

③ 使用高浓度的催化剂可增加时间–空间收益，投资可减少 30%。

④ 该催化剂体系表现出高稳定性，可在无催化剂沉积的情况下获得宽范围的工艺条件和组成。

⑤ 铱的价格远低于铑的价格((过去 5 年内平均每千克贵 10 倍左右，这一计算方法应根据原子量修正!)；两者的价格均有巨大的波动[238]。

⑥ 使用 CATIVA 催化剂时，孟山都工艺装置的产能会增加 20%～70%。

孟山都公司的初步研究表明，在甲醇的羰基化过程中，铱的活性低于铑。然而，后续的研究表明，铱基催化剂可以通过添加碘化盐提升性质，生成的催化剂性质优于铑基催化剂。由铑基转换为铱基允许反应混合物中使用更少的水。这一变化可减少干燥柱数量，减少副产品的形成，抑制水气转移反应。与孟山都工艺相比，CATIVA 工艺生成的丙酸副产物更少，催化剂装载量更高。较高的铑载荷与高水含量一起导致铑盐沉淀，特别是在 CO 压力较低的情况下。

铱基催化剂在低水浓度下速率高。该催化剂系统具有很高的稳定性，可在无催化剂沉积的情况下获得宽范围的工艺条件和组成。2003 年，已经有 5 家工厂使用这种新型催化剂。

一般来说，铱[239]的氧化合成速度要比相应的铑配合物(100~150)快得多。平衡在三价态一边。因此，铱在反应(8.2)中反应速度更快。然而，这并不意味着铱基催化剂的催化速度比铑基催化剂快，因为铱的还原过程可能更慢，目前还未涉及到这种状况。第三排金属的共性之一就是迁移是反应中最慢的一步。第三排金属的金属−碳 O′键比第二排金属络合物(相对稳定的 IrCH$_3$ 键)更强、更局域化、更共价。就像一个更分散、更富电子、更富 s 键的烃基更易实现迁移。

BP 工艺中，处于催化剂休眠状态时最丰富的铱不是低价的 Ir(Ⅰ)碘化物，而是碘甲烷在该复合物中氧化添加的产物，这一点恰好与铑基工艺相反。

反应促进剂主要分为两种：锌、镉、汞、铟、镓的碘化配合物以及钨、铼、钌的羰基配合物，尤其是 RuI$_2$(CO)$_4$、铼和铂[241]。离子盐如 LiI 和 Bu$_4$NI 均为抑制剂。促进剂在低水条件下与碘化盐(如碘化锂)具有独特的协同作用。主要基团和过渡金属盐均影响涉及碘的平衡。低水条件下存在速率最大值，并可通过优化工艺参数得到选择性超过 99% 的乙酸。红外光谱研究表明，作为激活剂添加的盐从离子甲基铱中提取碘化物，在中性产物中迁移速度快 800 倍(见图 8.39)[242]。添加过渡金属配合物也可还原三价铱，但目前还没有这方面的报道。对于钴催化剂而言，由铂活化可使甲醇羰基化生成乙醛[243]。

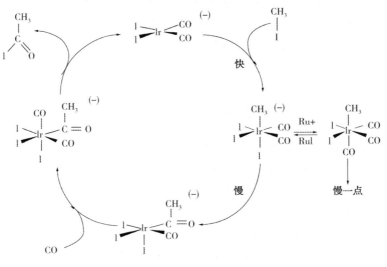

图 8.39　CATIVA 工艺

以此种方式运行的 CATIVA 催化剂比孟山都铑基催化剂的速度快 25%。研究发现其氧化加成反应不仅比铑基催化剂更快，同时也不再是限速步骤。限速步骤为甲基基团迁移为一氧化碳的过程(见图 8.39)。

Kalck 和他的同事们将铂盐作添加剂，并证明碘化铂分离也涉及到提速机理[244]。此外，在质谱分析中观测到反应潜在的中间体-铂铱双核复合体。金属添加剂起到碘离子受体的作用，也就是路易斯酸性化合物。越高的价态产生的路易斯酸越强，但这些金属配合物在还原 CO 时应保持稳定，不以非生产性的方式消耗大量的还原剂(CO，H_2)和氧化剂(HI，CH_3I)。其中，$PtI_2(CO)_2$ 和 $RuI_2(CO)_4$ 均可满足上述要求。

对配体改性铱配合物的研究表明，磷酸盐同预想一致，可以加速氧化加成，但对于 CATIVA 工艺来说这并不重要。有趣的是，尽管 dppe 是更好的供体配体[223]，P-S 异构体(dppms)仍比 dppe 反应更快。

8.6 结语

在本章中，我们讨论了利用 CO 作为底物的四种主要反应。与其他几个案例一样，关于这些主题的报告数量非常多，但突出催化剂失活，催化剂回收以及为避免分解而采取的措施的研究非常少。对于工业反应，如加氢甲酰化、烯烃甲氧基羰基化和甲醇羰基化，这些问题非常重要。毫无疑问，许多未发表的关于失活机理及其固化的研究须在内部报告中才能得到。

加氢甲酰化催化剂的分解由两个反应决定：不饱和物如二烯或烯酮的抑制和配体分解。(异)二烯的抑制不影响其他平衡，并且通常作为间歇反应中的休眠物种观察到。由(异)二烯形成的稳定中间体呈现催化剂的休眠状态，因为随后的反应(例如，CO 插入、氢化)是缓慢的。配体分解通常需要比间歇反应更长的时间，因此通常不会被注意到。在没有底物的情况下对热配体或催化剂分解的专门研究被证明更有用。配体结构的微小变化对结果有很大影响。对于膦和亚磷酸酯，分解途径是完全不同的。

对于钯羰基化化学，活化和失活的基本步骤是众所周知的，并且该原理的应用经常导致寻找到更活泼的催化剂。对膦分解知之甚少，但是从工业上的其他反应和未公开的结果可知，P-C 裂解反应在此中起重要作用。

铑催化的甲醇羰基化的工业应用使用未改性的碘化铑羰基配合物和配体分解不是问题。两个关键特征是 Rh(Ⅲ)种的形成需要减少和 Rh 盐在工厂低压区的沉淀。这些问题的解决方案是可行的。非生产性氧化还原循环导致 CO_2 形成，这意味着 CO 原料的损失。

最近基于铱催化剂的 CATIVA 工艺既没有后者的缺点，也没有形成不溶性盐，因此该系统可以在更高的催化剂浓度下操作。到目前为止还没有报道具体的分解问题。

参 考 文 献

[1] van Leeuwen, P. W. N. M. (2004) Homogeneous Catalysis; Understandingthe Art, Chs. 6~8, 12, Kluwer Academic Publishers. , Dordrecht, the Netherlands (now Springer).

[2] Reppe, W. and Magin, A. (1951) U. S. Patent2, 577, 208; (1952) Chem. Abstr. , 46, 6143.

[3] Roelen, O. (1948) Angew. Chem. , A60, 213.

[4] Hebrard, F. and Kalck, P. (2009) Chem. Rev. , 109, 4272~282.

[5] (a) Falbe, J. (ed.) (1980) New Synthesiswith Carbon Monoxide, Springer-Verlag, Berlin; (b) Falbe, J. (ed.) (1970) Synthesis with Carbon Monoxide, Springer-Verlag, New York.

[6] Toetsch, W. , Arnoldi, D. , Kaizik, A. , and Trocha, M. (2003) PCT Int. Appl. WO 2003078365 (to Oxeno); (2003) Chem. Abstr. , 139, 262474.

[7] Nienburg, H. J. , Kummer, R. , Hohenschutz, H. , Strohmeyer, M. , and Tavs, P. (1973) DE 2206252, add. to Ger. Offen. 2, 139, 630 (to BASF); (1973) Chem. Abstr. , 79, 136504.

[8] van Driessche, E. , van Vliet, A. , Caers, R. F. , Beckers, H. , Garton, R. , da Cruz, B. , Lepagnol, M. , and Kooke, E. (2008) PCT Int. Appl. WO 2008122526 (to ExxonMobil Chemical Patents Inc. , USA); (2008) Chem. Abstr. , 149, 452245.

[9] Slaugh, L. H. and Mullineaux, R. D. (1966) U. S. Pat. 3, 239, 569 and 3, 239, 570 (to Shell); (1964) Chem. Abstr. , 64, 15745 and 19420; (1968) J. Organomet. Chem. , 13, 469.

[10] Van Winkle, J. L. , Lorenzo, S. , Morris, R. C. , and Mason, R. F. (1969) U. S. Patent 3, 420, 898. U. S. Appl. 1965 ¬ 443703; (1967) Chem. Abstr. , 66, 65101.

[11] van Leeuwen, P. W. N. M. (2004) Homogeneous Catalysis; Understandingthe Art, Ch. 7, Kluwer Academic Publishers. , Dordrecht, the Netherlands (now Springer).

[12] Crause, C. , Bennie, L. , Damoense, L. , Dwyer, C. L. , Grove, C. , Grimmer, N. , van Rensburg, W. J. , Kirk, M. M. , Mokheseng, K. M. , Otto, S. , and Steynberg, P. J. (2003) Dalton Trans. , 2036.

[13] MacDougall, J. K. , Simpson, M. C. , Green, M. J. , and Cole-Hamilton, D. J. (1996) J. Chem. Soc. Dalton Trans. , 1161~1172.

[14] Young, J. F. , Osborn, J. A. , Jardine, F. A. , and Wilkinson, G. (1965) J. Chem. Soc. Chem. , Commun. , 131; Evans, D. , Osborn, J. A. , andWilkinson, G. (1968) J. Chem. Soc. (A), 3133; Evans, D. , Yagupsky, G. , and Wilkinson, G. (1968) J. Chem. Soc. A, 2660.

[15] (a) Pruett, R. L. and Smith, J. A. (1969) J. Org. Chem. , 34, 327; (b) Pruett, R. L. , Smith, J. A. , and African, S. (1968) Pat. 6804937 (to Union Carbide Corporation); (1969) Chem. Abstr. , 71, 90819.

[16] Konya, D. , Almeida Lenero, K. Q. , and Drent, E. (2006) Organometallics, 25, 3166~3174.

[17] (a) van Leeuwen, P. W. N. M. and Roobeek, C. F. (1983) J. Organometal. Chem. , 258, 343; (b) Brit. Pat. 2, 068, 377 US Pat. 4, 467, 116 (to Shell Oil); (1984) Chem. Abstr. , 101, 191142; (c) Jongsma, T. , Challa, G. , and van Leeuwen, P. W. N. M. (1991) J. Organometal. Chem. , 421, 121; (d) van Rooy, A. , Orij, E. N. , Kamer, P. C. J. , van den Aardweg, F. , and van Leeuwen, P. W. N. M. (1991) J. Chem. Soc. , Chem. Commun. , 1096~1097; (e) van Rooy, A. , Orij, E. N. , Kamer, P. C. J. , and van Leeuwen, P. W. N. M. (1995) Organometallics, 14, 34~43.

[18] Billig, E. , Abatjoglou, A. G. , Bryant, D. R. , Murray, R. E. , and Maher, J. M. (1986) U. S. Pat. 4, 599, 206 (to Union Carbide Corp.); (1989) Chem. Abstr. , 109, 233177.

[19] Billig, E. , Abatjoglou, A. G. , and Bryant, D. R. U. S. Pat. 4, 769, 498. U. S. Pat. 4, 668, 651; (1987) U. S. Pat. 4748261 (to Union Carbide Corp.); (1987) Chem. Abstr. , 107, 7392r.

[20] Yoshinura, N. and Tokito, Y. (1987) Eur. Pat. 223, 103 (to Kuraray).

[21] Dieguez, M. , Pamies, O. , and Claver, C. (2004) Chem. Rev. , 104, 3189~3216.

[22] Sparta, M. , Borve, K. J. , and Jensen, V. R. (2007) J. Am. Chem. Soc. , 129, 8487~8499.

[23] (a) van Leeuwen, P. W. N. M. , Casey, C. P. , and Whiteker, G. T. (2000) Rhodium Catalyzed Hydroformylation (eds P. W. N. M. van Leeuwen and C. Claver), Kluwer Academic Publishers, Dordrecht, The Netherlands, Ch. 4; (b) van Leeuwen, P. W. N. M. (2004) Homogeneous Catalysis: Understanding the Art, Kluwer Academic Publishers, Dordrecht, The Netherlands, Ch. 8.

[24] Evans, D. , Yagupsky, G. , and Wilkinson, G. (1968) J. Chem. Soc. A, 2660.

[25] Castellanos-Paez, A. , Castillon, S. , Claver, C. , van Leeuwen, P. W. N. M. , and Lange, W. G. J. (1998) Organometallics, 17, 2543.

[26] Freixa, Z. and van Leeuwen, P. W. N. M. (2003) Dalton Trans. , 1890~1901.

[27] van Leeuwen, P. W. N. M. , Sandee, A. J. , Reek, J. N. H. , and Kamer, P. C. J. (2002) J. Mol. Catal. A; Chem. , 182~183, 107~123.

[28] van der Veen, L. A. , Kamer, P. C. J. , and van Leeuwen, P. W. N. M. (1999) Organometallics, 18, 4765~4777.

[29] Silva, S. M. , Bronger, R. P. J. , Freixa, Z. , Dupont, J. , and van Leeuwen, P. W. N. M. (2003) NewJ. Chem. , 27, 1294~1296.

[30] Ewalds, R. , Eggeling, E. B. , Hewat, A. C. , Kamer, P. C. J. , van Leeuwen, P. W. N. M. , and Vogt, D. (2000) Chem. Eur. J. , 6, 1496~1504.

[31] (a) Castellanos-Paez, A. , Castillon, S. , Claver, C. , van Leeuwen, P. W. N. M. , and de Lange, W. G. J. (1998) Organometallics, 17, 2543~2552; (b) Zuidema, E. , Goudriaan, P. E. , Swennenhuis, B. H. G. , Kamer, P. C. J. , van Leeuwen, P. W. N. M. , Lutz, M. , and Spek, A. L. (2010) Organometallics, 29, 1210~1221.

[32] Rafter, E. , Gilheany, D. , Reek, J. N. H. , and van Leeuwen, P. W. N. M. (2010) ChemSusChem, 2, 387~391.

[33] (a) Heck, R. F. and Breslow, D. S. (1961) J. Am. Chem. Soc. , 83, 4023; (b) Heck, R. F. (1969) Acc. Chem. Res. , 2, 10~16.

[34] (a) van der Veen, L. A. , Boele, M. D. K. , Bregman, F. R. , Kamer, P. C. J. , van Leeuwen, P. W. N. M. , Goubitz, K. , Fraanje, J. , Schenk, H. , and Bo, C. (1998) J. Am. Chem. Soc. , 120, 11616~11626; (b) Zuidema, E. , Escorihuela, L. , Eichelsheim, T. , Carbo, J. J. , Bo, C. , Kamer, P. C. J. , and van Leeuwen, P. W. N. M. (2008) Chem. Eur. J. , 14, 1843~1853.

[35] van Rooy, A. , Orij, E. N. , Kamer, P. C. J. , and van Leeuwen, P. W. N. M. (1995) Organometallics, 14, 34~43.

[36] (a) Coolen, H. K. A. C. , Nolte, R. J. M. , and van Leeuwen, P. W. N. M. (1995) J. Organomet. Chem. , 496, 159~168;

（b）Sielcken, O. E., Smits, H. A., Toth, I. (2002) Eur. Pat. Appl. 1249441 (to DSM N. V., Neth.)；(2002) Chem. Abstr., 137, 303813.

[37] Selent, D., Boerner, A., Wiese, K. –D., Hess, D., and Fridag, D. (2008) PCT Int. Appl. WO 2008141853 (to Evonik Oxeno G. m. b. H., Germany)；(2008) Chem. Abstr., 149, 578125.

[38] Hoegaerts, D. and Jacobs, P. A. (1999) Tetrahedron：Asym., 10, 3039–3043.

[39] Coolen, H. K. A. C., Nolte, R. J. M., and van Leeuwen, P. W. N. M. (1996) J. Org. Chem., 61, 4739–4747.

[40] Buisman, G. J. H., Martin, M. E., Vos, E. J., Klootwijk, A., Kamer, P. C. J., and van Leeuwen, P. W. N. M. (1995) Tetrahedron：Asym., 6, 719–738.

[41] Kalck, P., Frances, J. M., Pfister, P. M., Southern, T. G., and Thorez, A. (1983) J. Chem. Soc., Chem. Commun., 510.

[42] (a) Orejon, A., Claver, C., Oro, L. A., Elduque, A., and Pinillos, M. T. (1998) J. Mol. Catal. A：Chem., 136, 279–284；(b) Vargas, R., Rivas, A. B., Suarez, J. D., Chaparros, I., Ortega, M. C., Pardey, A. J., Longo, C., Perez–Torrente, J. J., and Oro, L. A. (2009) Catal. Lett., 130, 470–475.

[43] Davis, R., Epton, J. W., and Southern, T. G. (1992) J. Mol. Catal., 77, 159–163.

[44] Diéguez, M., Claver, C., Masdeu–Bulto, A. M., Ruiz, A., van Leeuwen, P. W. N. M., and Schoemaker, G. (1999) Organometallics, 18, 2107–2115.

[45] Gao, H. and Angelici, R. J. (1998) Organometallics, 17, 3063–3069.

[46] Masdeu, A. M., Orejon, A., Ruiz, A., Castillon, S., and Claver, C. (1994) J. Mol. Catal., 94, 149–156.

[47] Chiusoli, G. P., Venturello, C., and Merzoni, S. (1968) Chem. Ind. (London, U. K.), 977.

[48] Breuzard, J. A. J., Christ–Tommasino, M. L., and Lemaire, M. (2005) Top. Organomet. Chem., 15, 231–270.

[49] Breuzard, J. A. J., Tommasino, M. L., Bonnet, M. C., and Lemaire, M. (2000) C. R. Acad. Sci. Paris, Serie IIc, Chimie, 3, 557–561.

[50] (a) Mieczynska, E., Trzeciak, A. M., Ziolkowski, J. J. (1993) J. Mol. Catal., 80, 189；(b) Buhling, A., Kamer, P. C. J., and van Leeuwen, P. W. N. M. (1995) J. Mol. Catal. A：Chem., 98, 69.

[51] Sandee, A. J., Reek, J. N. H., Kamer, P. C. J., and van Leeuwen, P. W. N. M. (2001) J. Am. Chem. Soc., 123, 8468–8476.

[52] Buhling, A., Kamer, P. C. J., van Leeuwen, P. W. N. M., Elgersma, J. W., Goubitz, K., and Fraanje, J. (1997) Organometallics, 16, 3027–3037.

[53] Andrieu, J., Camus, J. –M., Richard, P., Poli, R., Gonsalvi, L., Vizza, F., and Peruzzini, M. (2006) Eur. J. Inorg. Chem., 51–61.

[54] (a) For examples see：RajanBabu, T. V and Ayers, T. A. (1994) Tetrahedron Asym., 35, 4295–4298；(b) Kwok, T. J. and Wink, D. J. (1993) Organometallics, 12, 1954–1959；(c) Obora, Y., Liu, Y. K., Kubouchi, S., Tokunaga, M., and Tsuji, Y. (2006) Eur. J. Inorg. Chem., 222–230；(d) Chen, J., Ajjou, A. N., Chanthateyanonth, R., and Alper, H. (1997) Macromolecules, 30, 2897–2901；(e) Albers, J., Dinjus, E., Pitter, S., and Walter, O. (2004) J. Mol. Catal. A：Chem., 219, 41–46.

[55] van den Beuken, E., de Lange, W. G. J., van Leeuwen, P. W. N. M., Veldman, N., Spek, A. L., and Feringa, B. L. (1996) J. Chem. Soc., Dalton Trans., 3561.

[56] van Leeuwen, P. W. N. M. and Roobeek, C. F. (1985) J. Mol. Catal., 31, 345.

[57] van Rooy, A., de Bruijn, J. N. H., Roobeek, C. F., Kamer, P. C. J., and van Leeuwen, P. W. N. M. (1996) J. Organomet. Chem., 507, 69–73.

[58] Fyhr, C. and Garland, M. (1993) Organometallics, 12, 1753–1764.

[59] (a) Billig, E., Abatjoglou, A. G., Bryant, D. R., Murray, R. E., and Maher, J. M. (1988) (to Union Carbide Corporation) U. S. Pat. 4, 717, 775；(1989) Chem. Abstr., 109, 233177；(b) Muilwijk, K. F., Kamer, P. C. J., and van Leeuwen, P. W. N. M. (1997) J. Am. Oil Chem. Soc., 74, 223–228.

[60] Liu, G. and Garland, M. (2000) J. Organomet. Chem., 608, 76–85.

[61] Barros, H. J. V., Guimaraes, C. C., dos Santos, E. N., and Gusevskaya, E. V. (2007) Organometallics, 26, 2211–2218.

[62] da Silva, J. G., Vieira, C. G., dos Santos, E. N., and Gusevskaya, E. V. (2009) Appl. Catal. A：Gen., 365, 231–236.

[63] van Leeuwen, P. W. N. M. and Roobeek, C. F. (1985) J. Mol. Catal., 31, 345.

[64] Deshpande, R. M., Divekar, S. S., Gholap, R. V., and Chaudhari, R. V. (1991) J. Mol. Catal., 67, 333–338.

[65] van Leeuwen, P. W. N. M., Walczuk– Gusciora, E. B., Grimmer, N. E., Kamer, P. C. J. (2005) PCT Int. Appl. WO 2005049537；(2005) Chem. Abstr., 143, 9532.

[66] Walczuk, E. B., Kamer, P. C. J., and van Leeuwen, P. W. N. M. (2003) Angew. Chem. Int. Ed., 42, 4665–4669.

[67] Scheuermann ne Taylor, C. J. and Jaekel, C. (2008) Adv. Synth. Catal., 350, 2708–2714.

[68] Slough, G. A., Ashbaugh, J. R., and Zannoni, L. A. (1994) Organometallics, 13, 3587–3593.

[69] Liu, G. and Garland, M. (1999) Organometallics, 18, 3457–3467.

[70] Parshall, G. W., Knoth, W. H., and Schunn, R. A. (1969) J. Am. Chem. Soc., 91, 4990.

[71] (a) O'Brien, C. J., Tellez, J. L., Nixon, Z. S., Kang, L. J., Carter, A. L., Kunkel, S. R., Przeworski, K. C., and Chass, G. A. (2009) Angew. Chem. Int. Ed., 48, 6836–6839；(b) Marsden, S. P. (2009) Nature Chem., 1, 685–687.

[72] Aresta, M., Dibenedetto, A., Tommasi, I. (2001) Eur. J. Inorg. Chem., 1801–1806.

[73] Nicholas, K. M. (1980) J. Organomet. Chem., 188, C10–C12.

[74] Larpent, C., Dabard, R., and Patin, H. (1987) Inorg. Chem., 26, 2922–2924.

[75] Abatjoglou, A. G., Billig, E., and Bryant, D. R. (1984) Organometallics, 3, 923–926.

[76] Billig, E., Jamerson, J. D., Pruett, R. L. (1980) J. Organomet. Chem., 192, C49.

[77] Miller, D. J., Bryant, D. R., Billig, E., and Shaw, B. L. (1990) U. S. Pat. 4, 929, 767 (to Union Carbide Chemicals and Plastics Co.)；(1991) Chem. Abstr., 113, 85496.

[78] Herrmann, W. A. and Kohlpaintner, C. W. (1993) Angew. Chem. Int. Ed. Engl., 32, 1524.

[79] Kaneda, K., Sano, K., and Teranishi, S. (1979) Chem. Lett., 821–822.

[80] Chan, A. S. C., Caroll, W. E., and Willis, D. E. (1983) J. Mol. Catal., 19, 377.

[81] (a) Matthews, R. C., Howell, D. K., Peng, W. –P., Train, S. G., Dale Treleaven, W., and Stanley, G. G. (1996) An-

gew. Chem. Int. Ed. Engl. , 35, 2253; (b) Broussard, M. E. , Juma, B. , Train, S. G. , Peng, W. -J. , Laneman, S. A. , and Stanley, G. G. (1993) Science, 260, 1784.

[82] Aubry, D. A. , Monteil, A. R. , Peng, W. -J. , and Stanley, G. G. (2002) C. R. Chim. , 5, 473−480.

[83] Cheliatsidou, P. , White, D. F. S. , and Cole−Hamilton, D. J. (2004) Dalton Trans. , 3425−3427.

[84] Reinius, H. K. and Krause, A. O. I. (2000) J. Mol. Catal. A; Chem. , 158, 499−508.

[85] Moser, W. R. , Papile, C. J. , and Weininger, S. J. (1987) J. Mol. Catal. , 41, 293.

[86] Reinius, H. K. , Suomalainen, P. , Riihimaki, H. , Karvinen, E. , Pursiainen, J. , and Krause, A. O. I. (2001) J. Catal. , 199, 302−308.

[87] (a) Suomalainen, P. , Laitinen, R. , Jaaskelainen, S. , Haukkaa, M. , Pursiainen, J. T. , and Pakkanen, T. A. (2002) J. Mol. Catal. A; Chem. , 179, 93−100; (b) Suomalainen, P. , Reinius, H. K. , Riihimaki, H. , Laitinen, R. H. , Jaaskelainen, S. , Haukka, M. , Pursiainen, J. T. , Pakkanen, T. A. , and Krause, A. O. I. (2001) J. Mol. Catal. A; Chem. , 169, 67−78.

[88] Bergounhou, C. , Neibecker, D. , and Reau, R. (1988) J. Chem. Soc. , Chem. Commun. , 1370−1371.

[89] Bergounhou, C. , Neibecker, D. , and Mathieu, R. (2003) Organometallics, 22, 782−786.

[90] Buisman, G. J. H. , van der Veen, L. A. , Kamer, P. C. J. , and van Leeuwen, P. W. N. M. (1997) Organometallics, 16, 5681−5687.

[91] Bergounhou, C. , Neibecker, D. , and Mathieu, R. (2004) J. Mol. Catal. A; Chem. , 220, 167−182.

[92] Niyomura, O. , Iwasawa, T. , Sawada, N. , Tokunaga, M. , Obora, Y. , and Tsuji, Y (2005) Organometallics, 24, 3468−3475.

[93] Bianchini, C. , Oberhauser, W. , Orlandini, A. , Giannelli, C. , and Frediani, P. (2005) Organometallics, 24, 3692−3702.

[94] Rivas, A. B. , Perez−Torrentea, J. J. , Pardey, A. J. , Masdeu−Bulto, A. M. , Dieguez, M. , and Oro, L. A. (2009) J. Mol. Catal. A; Chem. , 300, 121−131.

[95] Borman, P. C. and Gelling, O. J. EP 96−203070 (to DSM N. V Neth.); (1998) Chem. Abstr. , 128, 323141.

[96] Billig, E. , Abatjoglou, A. G. , Bryant, D. R. , Murray, R. E. , and Maher, J. M. (1988) (to Union Carbide Corporation) U. S. Pat. 4, 717, 775; (1989) Chem. Abstr. , 109, 233177.

[97] Ramirez, F. , Bhatia, S. B. , and Smith, C. P. (1967) Tetrahedron, 23, 2067.

[98] Billig, E. , Abatjoglou, A. G. , Bryant, D. R. , Murray, R. E. , and Maher, J. M. (1988) (to Union Carbide Corporation) U. S. Pat. 4, 717, 775; (1989) Chem. Abstr. , 109, 233177.

[99] Babin, J. E. , Maher, J. M. , and Billig, E. (1994) EP 590611 (to Union Carbide Chemicals and Plastics Technology Corp. USA); (1994) Chem. Abstr. , 121, 208026.

[100] Ueda, A. , Fujita, Y. , and Kawasaki, H. (2001) JP 2001342164 (to Mitsubishi Chemical Corp. Japan); (2001) Chem. Abstr. , 136, 21214.

[101] (a) Babin, J. E. and Whiteker, G. T. (1992) WO 93103830; (b) Buisman, G. J. H. , Kamer, P. C. J. , and van Leeuwen, P. W. N. M. (1993) Tetrahedron; Asym. , 4, 1625.

[102] (a) Buisman, G. J. H. , Vos, E. J. , Kamer, P. C. J. , and van Leeuwen, P. W. N. M. (1995) J. Chem. Soc, Dalton Trans. , 409−417; (b) Buisman, G. J. H. , van der Veen, L. A. , Klootwijk, A. , de Lange, W. G. J. , Kamer, P. C. J. , van Leeuwen, P. W. N. M. , and Vogt, D. (1997) Organometallics, 16, 2929−2939.

[103] Mathivet, T. , Monflier, E. , Castanet, Y. , Mortreux, A. , and Couturier, J. −L. (2002) C. R. Chim. , 5, 417−424.

[104] (a) van der Slot, S. C. , Kamer, P. C. J. , van Leeuwen, P. W. N. M. , Fraanje, J. , Goubitz, K. , Lutz, M. , and Spek, A. L. (2000) Organometallics, 19, 2504−2515; (b) Baber, R. A. , Clarke, M. L. , Orpen, A. G. , and Ratcliffe, D. A. (2003) J. Organometal. Chem. , 667, 112−119; (c) van der Slot, S. C. , Duran, J. , Luten, J. , Kamer, P. C. J. , and van Leeuwen, P. W. N. M. (2002) Organometallics, 21, 3873−3883; (d) Clarke, M. L. , Ellis, D. , Mason, K. L. , Orpen, A. G. , Pringle, P. G. , Wingad, R. L. , Zaher, D. A. , and Baker, R. T. (2005) Dalton Trans. , 1294−1300;

[105] (a) Sakai, N. , Mano, S. , Nozaki, K. , and Takaya, H. (1993) J. Am. Chem. Soc. , 115, 7033; (b) Horiuchi, T. , Ohta, T. , Shirakawa, E. , Nozaki, K. , andTakaya, H. (1997) J. Org. Chem. , 62, 4285.

[106] Breeden, S. , Cole−Hamilton, D. J. , Foster, D. F. , Schwarz, G. J. , and Wills, M. (2000) Angew. Chem. Int. Ed. Engl. , 39, 4106.

[107] (a) Clark, T. P. , Landis, C. R. , Freed, S. L. , Klosin, J. , and Abboud, K. A. (2005) J. Am. Chem. Soc. , 127, 5040−5042; (b) Thomas, P. J. , Axtell, A. T. , Klosin, J. , Peng, W. , Rand, C. L. , Clark, T. P. , Landis, C. R. , and Abboud, K. A. (2007) Org. Lett. , 9, 2665−2668.

[108] (a) Igau, A. , Gruetzmacher, H. , Baceiredo, A. , and Bertrand, G. (1988) J. Am. Chem. Soc. , 110, 6463; (b) Arduengo, A. J. , Dias, H. V. R. , Harlow, R. L. , and Kline, M. (1992) J. Am. Chem. Soc. , 114, 5530.

[109] Viciu, M. S. , Germaneau, R. F. , and Nolan, S. P. (2002) Org. Lett. , 4, 4053−4056.

[110] Jackstell, R. , Harkal, S. , Jiao, H. , Spannenberg, A. , Borgmann, C. , Roettger, D. , Nierlich, F. , Elliot, M. , Niven, S. , Kingsley, C. , Navarro, O. , Viciu, M. S. , Nolan, S. P. , and Beller, M. (2004) Chem. Eur. J. , 10, 3891−3900.

[111] (a) Cardin, D. J. , Doyle, M. J. , and Lappert, M. F. (1972) J. Chem. Soc. Chem. Commun. , 927; (b) Doyle, M. J. and Lappert, M. F. (1974) J. Chem. Soc. Chem. Commun. , 679.

[112] Praetorius, J. M. and Crudden, C. M. (2008) Dalton Trans. , 4079−4094.

[113] (a) Bortenschlager, M. , Schutz, J. , von Preysing, D. , Nuyken, O. , Herrmann, W. A. , and Weberskirch, R. (2005) J. Organomet. Chem. , 690, 6233; (b) Bortenschlager, M. , Mayr, M. , Nuyken, O. , and Buchmeiser, M. R. (2005) J. Mol. Catal. A; Chem. , 233, 67; (c) Zarka, M. T. , Bortenschlager, M. , Wurst, K. , Nuyken, O. , and Weberskirch, R. (2004) Organometallics, 23, 4817.

[114] Poyatos, M. , Uriz, P. , Mata, Y. A. , Claver, C. , Fernandez, E. , and Peris, E. (2003) Organometallics, 22, 440.

[115] Douglas, S. , Lowe, J. P. , Mahon, M. F. , Warren, J. E. , and Whittlesey, M. K. (2005) J. Organomet. Chem. , 690, 5027.

[116] Praetorius, J. M. , Kotyk, M. W. , Webb, J. D. , Wang, R. Y. , and Crudden, C. M. (2007) Organometallics, 26, 1057.

[117] Lai, R. , Daran, J. −C. , Heumann, A. , Zaragori−Benedetti, A. , and Rafii, E. (2009) Inorg. Chim. Acta, 362, 4849−4852.

[118] Green, M. , McMullin, C. L. , Morton, G. J. P. , Orpen, A. G. , Wass, D. F. , and Wingad, R. L. (2009) Organometal-

lics, 28, 1476-1479.

[119] Dastgir, S. , Coleman, K. S. , Cowley, A. R. , and Green, M. L. H. (2009) Dalton Trans. , 7203-7214.

[120] Gil, W. , Trzeciak, A. M. , and Zio'lkowski, J. J. (2008) Organometallics, 27, 4131-4138.

[121] (a) van Leeuwen, P. W. N. M. and Roobeek, C. F. (1983) J. Organomet. Chem. , 258, 343-350; (b) van Leeuwen, P. W. N. M. and Roobeek, C. F. (1980) Brit. Pat. 2 068 377 (to Shell); (1984) Chem. Abstr. , 101, 191142.

[122] Jeletic, M. S. , Jan, M. T. , Ghiviriga, I. , Abboud, K. A. , and Veige, A. S. (2009) Dalton Trans. , 64-76.

[123] (a) McGuinness, D. S. , Cavell, K. J. , Skelton, B. W. , and White, A. H. (1999) Organometallics, 18, 1596; (b) McGuinness, D. S. and Cavell, K. J. (2000) Organometallics, 19, 741; (c) McGuinness, D. S. and Cavell, K. J. (2000) Organometallics, 19, 4918.

[124] (a) van Rensburg, H. , Tooze, R. P. , Foster, D. F. , and Slawin, A. M. Z. (2004) Inorg. Chem. , 43, 2468; (b) van Rensburg, H. , Tooze, R. P. , Foster, D. F. , and Otto, S. (2007) Inorg. Chem. , 46, 1963.

[125] Arnoldy, P. (1999) Rhodium Catalyzed Hydroformylation (eds P. W. N. M. van Leeuwen and C. Claver), Kluwer Academic Publishers, Dordrecht, Netherlands, Ch. 8, pp. 203-229.

[126] Kuntz, E. G. (1977) Fr. Pat. 2314910 C (to Rhone-Poulenc); (1977) Chem. Abstr. , 87, 101944.

[127] Frohning, C. D. and Kohlpainter, C. W. (1996) Applied Homogeneous Catalysis with Organometallic Compounds (eds B. Cornils and W. A. Herrmann), VCH Verlag GmbH, Weinheim, pp. 29-104.

[128] Herrmann, W. A. and Kohlpainter, C. W. (1993) Angew. Chem. , 105, 1588.

[129] Bexten, L. , Cornils, B. , and Kupies, D. (1986) Ger. Pat. 3431643 (to Ruhrchemie); (1986) Chem. Abstr. , 105, 117009.

[130] Albanese, G. , Manetsberger, R. , Herrmann, W. A. , and Schwer, C. (1996) Eur. Pat. Appl. 704451 (to Hoechst); (1996) Chem. Abstr. , 125, 11135.

[131] Herwig, J. and Fischer, R. (1999) Rhodium Catalyzed Hydroformylation (eds P. W. N. M. van Leeuwen and C. Claver), Kluwer Academic Publishers, Dordrecht, Netherlands, Ch. 7, pp. 189-202.

[132] Cornils, B. , Konkol, W. , Bach, H. , Daembkes, G. , Gick, W. , Wiebus, E. , and Bahrmann, H. (1985) Ger. Pat. 3415968 (to Ruhrchemie); (1986) Chem. Abstr. , 104, 209147.

[133] Schreuder Goedheijt, M. , Hanson, B. E. , Reek, J. N. H. , Kamer, P. C. J. , and van Leeuwen, P. W. N. M. (2000) J. Am. Chem. Soc. , 122, 1650-1657.

[134] Divekar, S. S. , Bhanage, B. M. , Deshpande, R. M. , Gholap, R. V. , and Chaudhari, R. V. (1994) J. Mol Catal. , 91, L1-L6.

[135] (a) Sudheesh, N. , Sharma, S. K. , Shukla, R. S. , and Jasra, R. V. (2008) J. Mol. Catal. A: Chem. , 296, 61-70; (b) Artner, J. , Bautz, H. , Fan, F. , Habicht, W. , Walter, O. , Doring, M. , and Arnold, U. (2008) J. Mol. Catal. , 255, 180-189.

[136] Jongsma, T. , van Aert, H. , Fossen, M. , Challa, G. , and van Leeuwen, P. W. N. M. (1993) J. Mol. Catal. , 83, 37-50.

[137] Wasserscheid, P. and Keim, W. (2000) Angew. Chem. Int. Ed. , 39, 3773-3789.

[138] Mehnert, C. P. , Cook, R. A. , Dispenziere, N. C. , and Mozeleski, E. J. (2004) Polyhedron, 23, 2679-2688.

[139] Bronger, R. P. J. , Silva, S. M. , Kamer, P. C. J. , and van Leeuwen, P. W. N. M. (2004) Dalton Trans. , 1590-1596.

[140] Arhancet, J. P. , Davis, D. E. , Merola, J. S. , and Hanson, B. E. (1989) Nature, 339, 454.

[141] (a) Mehnert, C. P. , Cook, R. A. , Dispenziere, N. C. , andAfeworki, M. (2002) J. Am. Chem. Soc. , 124, 12932; (b) Riisager, A. , Wasserscheid, P. , van Hal, R. , and Fehrmann, R. (2003) J. Catal. , 219, 252.

[142] Riisager, A. , Fehrmann, R. , Haumann, M. , and Wasserscheid, P. (2006) Eur. J. Inorg. Chem. , 695-706.

[143] (a) Vogt, M. (1991) Rheinisch-Westfalischen Technischen Hochschule, PhD. Thesis, Aachen, Germany; (b) Horvath, I. T. and Rabai, J. (1994) Science, 266, 72.

[144] Horvath, I. T. , Kiss, G. , Cook, R. A. , Bond, J. E. , Stevens, P. A. , Rabai, J. , and Mozeleski, E. J. (1998) J. Am. Chem. Soc. , 120, 3133-3143.

[145] Foster, D. F. , Gudmunsen, D. , Adams, D. J. , Stuart, A. M. , Hope, E. G. , Cole-Hamilton, D. J. , Schwarz, G. P. , and Pogorzelec, P. (2002) Tetrahedron, 58, 3901-3910.

[146] Mathivet, T. , Monflier, E. , Castanet, Y, Mortreux, A. , and Coutourier, J. -L. (2002) Tetrahedron, 58, 3877-3888.

[147] Mathivet, T. , Monflier, E. , Castanet, Y. , Mortreux, A. , and Coutourier, J. -L. (1999) Tetrahedron Lett. , 40, 3885-3888; (1998) Tetrahedron Lett. , 39, 9411-9414.

[148] (a) Han, M. and Liu, H. (1996) Macromol. Symp. , 105, 179-183; (b) Wen, F. , Boonnemann, H. , Jiang, J. , Lu, D. , Wang, Y. , and Jin, Z. (2005) Appl. Organometal. Chem. , 19, 81-89; (c) Tuchbreiter, L. and Mecking, S. (2007) Macromol. Chem. Phys. , 208, 1688-1693; (d) Bruss, A. J. , Gelesky, M. A. , Machado, G. , and Dupont, J. (2006) J. Mol. Catal. A, 252, 212-218.

[149] Axet, M. R. , Castillón, S. , Claver, C. , Philippot, K. , Lecante, P. , and Chaudret, B. (2008) Eur. J. Inorg. Chem. , 3460-3466.

[150] (a) Sen, A. and Lai, T. W. (1982) J. Am. Chem. Soc. , 104, 3520; (b) Lai, T. W. and Sen, A. (1984) Organometallics, 3, 866.

[151] (a) Drent, E. (1984) Eur. Pat. Appl. 121, 965; (1985) Chem. Abstr. , 102, 46423; (b) Drent, E. , van Broekhoven, J. A. M. , and Doyle, M. J. (1991) J. Organomet. Chem. , 417, 235.

[152] Drent, E. and Budzelaar, P. H. M. (1996) Chem. Rev. , 96, 663.

[153] Sen, A. (2003) Catalytic Synthesis of Alkene-Carbon Monoxide Copolymers and Cooligmers, Catalysis by Metal Complexes, vol. 27 (eds B. R. James and P. W. N. M. van Leeuwen), Kluwer Academic Publishers, Dordrecht, Netherlands.

[154] Cavinato, G. , Toniolo, L. , and Vavasori, A. (2006) Top. Organomet. Chem. , 18, 125 -164.

[155] Ash, C. E. (1994) J. Mater. Educ. , 16, 1-20 and (1995) Int. J. Polym. Mater. , 30, 1-13.

[156] Reppe, W. and Magin, A. (1951) U. S. Patent 2, 577, 208; (1952) Chem. Abstr. , 46, 6143.

[157] Gough, A. (1967) British Pat. 1, 081, 304; (1967) Chem. Abstr. , 67, 100569.

[158] Fenton, D. M. (1970) U. S. Pat. 3, 530, 109; (1970) Chem. Abstr. , 73, 110466; (1978) U. S. Pat. 4, 076, 911; (1978) Chem. Abstr. , 88, 153263.

[159] Nozaki, K. (1972) U. S. Pat. 3, 689, 460; (1972) Chem. , Abstr. , 77, 152860; (1972) U. S. Pat. 3, 694, 412; (1972) Chem. Abstr. , 77, 165324; (1974) U. S. Pat. 3, 835, 123; (1975) Chem. Abstr. , 83, 132273.

[160] http: //www. lucite. com/news. asp; 31-01-2010. Earlier announcements said Shanghai, 2005.

[161] (a) Tsuji, J., Morikawa, M., and Kiji, J. (1963) Tetrahedron Lett., 1437; (b) Fenton, D. M. (1973) J. Org. Chem., 38, 3192.
[162] Bardi, R., Del Pra, A., Piazzesi, A. M., and Toniolo, L. (1979) Inorg. Chim. Acta, 35, L345–L346.
[163] van Leeuwen, P. W. N. M., Zuideveld, M. A., Swennenhuis, B. H. G., Freixa, Z., Kamer, P. C. J., Goubitz, K., Fraanje, J., Lutz, M., and Spek, A. L. (2003) J. Am. Chem. Soc., 125, 5523–5540.
[164] Dekker, G. P. C. M., Elsevier, C. J., Vrieze, K., van Leeuwen, P. W. N. M., and Roobeek, C. F. (1992) J. Organomet. Chem., 430, 357–372.
[165] Brumbaugh, J., Whittle, R. R., Parvez, M., and Sen, A. (1990) Organometallics, 9, 1735.
[166] Zuideveld, M. A., Kamer, P. C. J., van Leeuwen, P. W. N. M., Klusener, P. A. A., Stil, H. A., and Roobeek, C. F. (1998) J. Am. Chem. Soc., 120, 7977–7978.
[167] Drent, E., van Broekhoven, J. A. M., and Doyle, M. J. (1991) J. Organomet. Chem., 417, 235–251.
[168] Cavinato, G. and Toniolo, L. (1981) J. Mol. Catal., 10, 161–170.
[169] del Rio, I., Claver, C., and van Leeuwen, P. W. N. M. (2001) Eur. J. Inorg. Chem., 2719–2738.
[170] Cavinato, G., Vavasori, A., Amadio, E., and Toniolo, L. (2007) J. Mol. Catal. A: Chem., 278, 251–257.
[171] Amatore, C., Jutand, A., and Medeiros, M. J. (1996) New J. Chem., 20, 1143–1148.
[172] Guiu, E., Caporali, M., Munoz, B., Mueller, C., Lutz, M., Spek, A. L., Claver, C., and Van Leeuwen, P. W. N. M. (2006) Organometallics, 25, 3102–3104.
[173] Van Broekhoven, J. A. M. and Drent, E. (1987) Eur. Pat. Appl. 235, 865 (to Shell); (1988) Chem. Abstr., 108, 76068.
[174] Dekker, G. P. C. M., Elsevier, C. J., Vrieze, K., van Leeuwen, P. W. N. M., and Roobeek, C. F. (1992) J. Organomet. Chem., 430, 357.
[175] Budzelaar, P. H. M., van Leeuwen, P. W. N. M., Roobeek, C. F., and Orpen, A. G. (1992) Organometallics, 11, 23.
[176] Drent, E. (1986) Eur. Pat. Appl. 229, 408 (to Shell); (1988) Chem. Abstr., 108, 6617.
[177] van Leeuwen, P. W. N. M. and Roobeek, C. F. (1990) Eur. Patent Appl. 380162 (to Shell Research); (1991) Chem. Abstr., 114, 62975.
[178] Rulke, R. E., Han, I. M., Elsevier, C. J., Vrieze, K., van Leeuwen, P. W. N. M., Roobeek, C. F., Zoutberg, M. C., Wang, Y. F., and Stam, C. H. (1990) Inorg. Chim. Acta, 169, 5.
[179] Shultz, C. S., Ledfort, J., DeSimone, J. M., and Brookhart, M. (2000) J. Am. Chem. Soc., 122, 6351.
[180] Dekker, G. P. C. M., Elsevier, C. J., Vrieze, K., and van Leeuwen, P. W. N. M. (1992) Organometallics, 11, 1598–1603.
[181] Scarel, A., Durand, J., Franchi, D., Zangrando, E., Mestroni, G., Milani, B., Gladiali, S., Carfagna, C., Binotti, B., Bronco, S., and Gragnoli, T. (2005) J. Organomet. Chem., 690, 2106–2120.
[182] Durand, J., Zangrando, E., Stener, M., Fronzoni, G., Carfagna, C., Binotti, B., Kamer, P. C. J., Muller, C., Caporali, M., van Leeuwen, P. W. N. M., Vogt, D., and Milani, B. (2006) Chem. Eur. J., 12, 7639–7651.
[183] Bianchini, C., Lee, H. M., Meli, A., Oberhauser, W., Peruzzini, M., and Vizza, F. (2002) Organometallics, 21, 16–33.
[184] Zuideveld, M. A., Kamer, P. C. J., van Leeuwen, P. W. N. M., Klusener, P. A. A., Stil, H. A., and Roobeek, C. F. (1998) J. Am. Chem. Soc., 120, 7977.
[185] Markies, B. A., Wijkens, P., Boersma, J., Spek, A. L., and van Koten, G. (1991) Recl. Trav. Chim. Pays-Bas, 110, 133.
[186] Sen, A. and Lai, T. -W. (1984) J. Am. Chem. Soc., 106, 866.
[187] Vavasori, A., Toniolo, L., and Cavinato, G. (2003) J. Mol. Catal A, Chem., 191, 9–21.
[188] Milstein, D. (1986) J. Chem. Soc., Chem. Commun., 817.
[189] Drent, E. and Kragtwijk, E. (1992) Eur. Pat. EP 495, 548 (to Shell); (1992) Chem. Abstr., 117, 150569.
[190] Tooze, R. P., Eastham, G. R., Whiston, K., Wang, X. -L. (1996) PCT Int. Appl. WO 9619434 (to ICI); (1996) Chem. Abstr., 125, 145592.
[191] Moulton, S. J. and Shaw, B. L. (1976) J. Chem. Soc., Chem. Commun., 365–366.
[192] Mole, L., Spencer, J. L., Carr, N., and Orpen, A. G. (1991) Organometallics, 10, 49–52.
[193] (a) Clegg, W., Eastham, G. R., Elsegood, M. R. J., Heaton, B. T., Iggo, J. A., Tooze, R. P., Whyman, R., and Zacchini, S. (2002) Organometallics, 21, 1832–1840; (b) Clegg, W., Eastham, G. R., Elsegood, M. R. J., Tooze, R. P., Wang, X. -L., and Whiston, K. (1999) Chem. Commun., 1877–1878; (c) Eastham, G. R., Heaton, B. T., Iggo, J. A., Tooze, R. P., Whyman, R., and Zacchini, S. (2000) Chem. Commun., 609–610.
[194] (a) Papadogianakis, G., Verspui, G., Maat, L., and Sheldon, R. A. (1997) Catal. Lett., 47, 43; (b) Chepaikin, E. G., Bezruchenko, A. P., Leshcheva, A. A., and Boiko, G. N. (1994) Russ. Chem. Bull., 43, 360.
[195] (a) Verspui, G., Schanssema, F., and Sheldon, R. A. (2000) Angew. Chem. Int. Ed., 39, 804–806; (b) Verspui, G., Schanssema, F., and Sheldon, R. A. (2000) Appl. Catal. A, 198, 5–11.
[196] (a) Vavasori, A., Tonioli, L., Cavinato, G., and Visentin, F. (2003) J. Mol. Catal. A Chem., 204, 295; (b) Vavasori, A., Tonioli, L., and Cavinato, G. (2004) Mol. Catal. A Chem., 215, 63.
[197] Verspui, G., Moiseev, I. I., and Sheldon, R. A. (1999) J. Organomet. Chem., 586, 196.
[198] Zuidema, E., Bo, C., and van Leeuwen, P. W. N. M. (2007) J. Am. Chem. Soc., 129, 3989–4000.
[199] TFA was found to be an attractive anion for methoxycarbonylation of alkenes: Blanco, C., Ruiz, A., Godard, C., Fleury-Brégeot, N., Marinetti, A., and Claver, C. (2009) Adv. Synth. Catal., 351, 1813–1816.
[200] Haynes, A. (2001) Educ. Chem., 38, 99–101.
[201] (a) Forster, D. (1976) J. Am. Chem. Soc., 98, 846–848; (b) Forster, D. (1979) Adv. Organomet. Chem., 17, 255.
[202] (a) van Leeuwen, P. W. N. M. and Roobeek, C. F. (1985) (to Shell Internationale Research Maatschappij B. V., Neth.) Eur. Pat. Appl. EP 133331. (b) Yang, J., Haynes, A., and Maitlis, P. M. (1999) Chem. Commun., 179–180; (c) Tonde, S. S., Kelkar, A. A., Bhadbhade, M. M., and Chaudhari, R. V. (2005) J. Organomet. Chem., 690, 1677–1681.
[203] http://www.bp.com/sectiongenericarticle.do? categoryId—9027101&contentId— 7049636.
[204] van Leeuwen, P. W. N. M. (2004.) Chapter 6, in Homogeneous Catalysis: Understanding the Art, Springer, Dordrecht,

pp. 109–124.

[205] Claver, C. and van Leeuwen, P. W. N. M. (2003) Comprehensive Coordination Chemistry II, vol. 9, Elsevier, Amsterdam.

[206] Maitlis, P. M., Haynes, A., James, B. R., Catellani, M., and Chiusoli, G. P. (2004) Dalton Trans., 3409–3419.

[207] Zoeller, J. R., Agreda, V. H., Cook, S. L., Lafferty, N. L., Polichnowski, S. W., and Pond, D. M. (1992) Catal. Today, 13, 73–91.

[208] (a) Smith, B. L., Torrence, G. P., Murphy, M. A., and Aguilóo, A. (1987) J. Mol. Catal., 39, 115–136; (b) Smith, B. L., Torrence, G. P., Aguiló, A., and Alder, J. S. (January 7, 1991) (Hoechst Celanese Corporation) US Patent 5, 144, 068.

[209] Murphy, M. A., Smith, B. L., Torrence, G. P., and Aguilo, A. (1986) J. Organomet. Chem., 303, 257–272.

[210] Kinnunen, T. and Laasonen, K. (2001) J. Mol. Struct. (Theochem), 542, 273–288.

[211] Griffin, T. R., Cook, D. B., Haynes, A., Pearson, J. M., Monti, D., and Morris, G. (1996) J. Am. Chem. Soc., 118, 3029–3030.

[212] Chauby, V., Daran, J-C., Berre, C. S. -B., Malbosc, F., Kalck, P., Gonzalez, O. D., Haslam, C. E., and Haynes, A. (2002) Inorg. Chem., 41, 3280–3290.

[213] Adamson, W., Daly, J. J., and Forster, D. (1974) J. Organomet. Chem., 1, C17–C19.

[214] Haynes, A., Mann, B. E., Gulliver, D. J., Morris, G. E., and Maitlis, P. M. (1991) J. Am. Chem. Soc., 113, 8567–8569.

[215] Haynes, A., Mann, B. E., Morris, G. E., and Maitlis, P. M. (1993) J. Am. Chem. Soc., 115, 4093–4100.

[216] van Leeuwen, P. W. N. M. and Freixa, Z. (2008) in Modern Carbonylation Methods, (ed. L. Kollár), Wiley, Weinheim, p. 1–25.

[217] McConnell, A. C., Pogorzelec, P. J., Slawin, A. M. Z., Williams, G. L., Elliott, P. I. P., Haynes, A., Marr, A. C., and Cole-Hamilton, D. J. (2006) Dalton Trans., 91–107.

[218] (a) Rankin, J., Poole, A. D., Benyei, A. C., and Cole-Hamilton, D. J. (1997) J. Chem. Commun., 1835–1836; (b) Rankin, J., Benyei, A. C., Poole, A. D., and Cole-Hamilton, D. J. (1999) J. Chem. Soc., Dalton Trans., 3771–3782.

[219] Jimónez-Rodríguez, C., Pogorzelec, P. J., Eastham, G. R., Slawin, A. M. Z., and Cole-Hamilton, D. J. (2007) Dalton Trans., 4160–4168.

[220] Bartish, C. M. (January 13, 1977) (Air Products & Chemicals, Inc.) U. S. Patent 4, 102, 920.

[221] (a) Gaemers, S. and Sunley, J. G. (2004) (BP Chemicals Limited) PCT Int. Appl. WO 2004/101487. (b) Gaemers, S. and Sunley, J. G. (2004) (BP Chemicals Limited) PCT Int. Appl. WO 2004/ 101488.

[222] (a) Carraz, C-A., Ditzel, E. J., Orpen, A. G., Ellis, D. D., Pringle, P. G., and Sunley, G. J. (2000) Chem. Commun., 1277–1278; (b) Baker, M. J., Carraz, C-A., Ditzel, E. J., Pringle, P. G., and Sunley, G. J. (March 31, 1999) U. K. Pat. Appl. 2, 336, 154.

[223] Gonsalvi, L., Adams, H., Sunley, G. J., Ditzel, E., and Haynes, A. (2002) J. Am. Chem. Soc., 124, 13597–13612.

[224] Mayanza, A., Bonnet, J-J., Galy, J., Kalck, P., and Poilblanc, R. (1980) J. Chem. Res. (S), 146.

[225] Doyle, M. J., Mayanza, A., Bonnet, J-J., Kalck, P., and Poilblanc, R. (1978) J. Organomet. Chem., 146, 293–310.

[226] Jimenez, M. V., Sola, E., Egea, M. A., Huet, A., Francisco, A. C., Lahoz, F. J., and Oro, L. A. (2000) Inorg. Chem., 39, 4868–4878.

[227] Haynes, A., Maitlis, P. M., Stanbridge, I. A., Haak, S., Pearson, J. M., Adams, H., and Bailey, N. A. (2004) Inorg. Chim. Acta, 357, 3027–3037.

[228] Burger, S., Therrien, B., and Suss-Fink, G. (2005) Helv. Chim. Acta, 88, 478–486.

[229] Thomas, C. M. and Suss-Fink, G. (2003) Coord. Chem. Rev., 243, 125–142.

[230] Thomas, C. M., Mafia, R., Therrien, B., Rusanov, E., Stúckli-Evans, H., and Suss-Fink, G. (2002) Chem. Eur. J., 8, 3343–3352.

[231] Freixa, Z., Kamer, P. C. J., Lutz, M., Spek, A. L., and van Leeuwen, P. W. N. M. (2005) Angew. Chem., Int. Ed., 44, 4385–4388.

[232] Feliz, M., Freixa, Z., van Leeuwen, P. W. N. M., and Bo, C. (2005) Organometallics, 24, 5718–5723.

[233] Lamb, G., Clarke, M., Slawin, A. M. Z., Williams, B., and Key, L. (2007) Dalton Trans., 5582–5589.

[234] Eby, R. T. and Singleton, T. C. (1983) Applied Industrial Catalysis, vol. 1, Academic Press, London, p. 275.

[235] Moloy, K. G. and Wegman, R. W. (1989) Organometallics, 8, 2883–2892.

[236] (a) (1996) Chem. Br., 32, 7; (b) (March 3, 1997) C&EN; (c) Jones, J. H. (2000) Platinum Met. Rev., 44, 94–105.

[237] Alperowicz, N. (January 28, 2008) Chem. Week, 30.

[238] See www. engelhard. com/eibprices.

[239] (a) Ellis, P. R., Pearson, J. M., Haynes, A., Adams, H., Bailey, N. A., andMaitlis, P. M. (1994) Organometallics, 13, 3215; (b) Griffin, T. R., Cook, D. B., Haynes, A., Pearson, J. M., Monti, D., and Morris, G. E. (1996) J. Am. Chem. Soc., 118, 3029.

[240] (a) Sunley, G. J. and Watson, D. J. (2000) Catal. Today, 58, 293; (b) Ghaffar, T., Charmant, J. P. H., Sunley, G. J., Morris, G. E., Haynes, A., and Maitlis, P. M. (2000) Inorg. Chem. Commun., 3, 11.

[241] Haynes, A., Maitlis, P. M., Morris, G. E., Sunley, G. J., Adams, H., Badger, P. W., Bowers, C. M., Cook, D. B., Elliott, P. I. P., Ghaffar, T., Green, H., Griffin, T. R., Payne, M., Pearson, J. M., Taylor, M. J., Vickers, P. W., and Watt, R. J. (2004) J. Am. Chem. Soc., 126, 2847–2861.

[242] Wright, A. P. (2001) Abstracts of Papers 222nd ACS National Meeting, Chicago, IL, U. S, CATL-044; (2001) Chem. Abstr., AN 637430.

[243] Steinmetz, G. R. (1984) J. Mol. Catal., 26, 145–148.

[244] Gautron, S., Lassauque, N., Le Berre, C., Azam, L., Giordano, R., Serp, P., Laurenczy, G., Daran, J. C., Duhayon, C., Thiebaut, D., and Kalck, P. (2006) Organometallics, 25, 5894–5905.

第9章　金属催化交叉耦合反应

9.1　前言：几个历史记载

随着 C—C 键形成的铃木–宫浦反应和 C—N、C—O 和 C—S 键形成的布赫瓦尔德–哈特维希反应的引入，金属催化的交叉偶联反应在实验室及工业中已经非常普及[1,2]。近来一些其他的碳-杂原子键的结构，例如 C-P 键和 C-B 键也加入到金属催化的交叉偶反应中。C-C 键的催化反应涉及到一种含有有机卤化物或类卤化物烃基的有机金属试剂，这种有机金属试剂通常含有 sp² 杂化碳原子，它来自于非常广泛的金属，通常是以反应的发现者的名字来命名（而不是以这种金属来命名）。例如，镁以 Kumada-Corriu 命名；铜作为非催化剂，以 Castro-Stephens 命名，催化剂以 Sonogashira 命名，锌、铝、锆以 Negishi 命名，锡以 Stille 来命名，硼以 Suzuki-Miyaura 命名，硅以 Hiyama 命名。布赫瓦尔德–哈特维希反应主要是利用了质子化形成的杂原子试剂共轭酸，而且通过添加基质使卤化物中立化。Heck、Negishi 和 Suzuki 三人认为 Heck-Mizoroki 反应，也就是卤代芳烃与烯烃的耦合，是交叉耦合的概念的一部分，他们的这项研究结果获得 2010 年诺贝尔化学奖。

使用格氏试剂能够形成 C—C 键，这个发现可以追溯到 100 年前，这是由于格氏试剂加成反应到羰基化合物[3]。使用活性有机卤化物如苄基卤化物进行亲核取代能够获得更好的收益，但使用格氏试剂与烷基或芳基卤化物进行耦合反应形成新的 C—C 键时，卤化物对试剂的选择性很低，反应速率很慢，或者不进行反应。大约在 1914 年，Bennett 和 Turner 把 CrCl₃ 加入到格氏试剂中，对溴化苯基偶联反应进行观察[4]。联苯的形成是按化学计量的，并没有催化剂。铬和自由基反应得到苯也是一条途径。在没有铬的情况下，联苯也可以在不纯的镁的作用下反应。交叉耦合两种格氏试剂可以得到双均聚物（正己烷和苯）。把 CrCl₃ 添加到 PhMgBr 中时联苯产率很低。几年后（1919 年），Krizewsky 和 Turne 将硫酸铜添加到 PhMgI 得到 CuI，得到 85% 产量的联苯，从而表明铜是一个较好的偶联剂[5]。

总的来说，格氏试剂与卤代烷类反应形成 C—C 键的产量很低，有的时候还会消除 C—C 键。另外，自由基中的单电子转移后发生歧化反应会形成正构烷烃/烯烃产品。事实上，卤代烷与类似烷基锂的反应时出现化学诱导动态核极化，证明格氏试剂与卤代烷类在一定程度上能够形成自由基对[6]。RX 和格氏试剂之间的反应活性低是 RX 与金属镁反应得到格氏试剂的关键；如果这个反应快，格氏试剂的合成是不可能的。芳基卤化物和格氏试剂反应时卤基和镁发生交换，不发生新的 C—C 键的偶联，经常用于制作格氏衍生物。这种交换反应会生成均聚产物。更多的以 Si、P 或者由格氏试剂亲核取代等杂原子为中心的卤化物发生反应时效果更好。

早在 1941 年，Kharasch 和同事已经报道了过量的金属催化剂对格氏试剂反应的影响[7]。他们发现，第一过渡元素氯化物的量的增加会改变耦合反应的过程。为了进行这些实验，必须将镁进行彻底的提纯。在苯甲酮添加氯化锰或者氯化铬可以形成 iBuMgBr。在过渡金属的情况下，预期的两个电子转移产品——二苯基甲醇的产量大于 90%，除此之外还增加了 1%氯化锰和 90%的一个电子转移产品——频哪醇。当过渡金属的含量在 2%时，$CrCl_3$ 只有一半的活性并且其反应选择性较少[7a]。MeMgBr 加入氯化钴可以形成频哪醇，但是与此同时，也可以促进 C—C 键的形成，可以高效率地形成 1，1-二苯基乙烯[7c]。

在没有过渡金属元素的情况下，MeMgBr 和异佛尔酮的产品获得了 1、2 甲基加成产物或者其脱水产物[7b]。当 $FeCl_3$ 存在时，会发生双键异构化形成不太稳定的异构体 3，5，5 三甲基环己烯-3-酮。添加 1%的氯化钴或氯化镍可以使一个电子发生转移产生频哪醇。添加 1%的氯化铜可以产生 80%以上的 1，4-加成产物 3，3，5，5-四甲基环己酰，这也成为一个重要的合成工具。

PhMgBr 与烷基溴或芳基溴在氯化钴为催化剂下反应主要产生偶联产品苯，该反应是通过自由基反应进行的，并且在没有过渡金属时该反应不会发生[7d]。除了氯化镍以外，大多数其他金属的氯化物都会降低苯的产量，这种反应只能得到溴苯的卤化物，且不能把同质和异质的耦合物区分开来。

在这样的背景下，Gilman 和 Lichtenwalter[8]在早期进行的交叉偶联反应工作中涉及到了。在 phmgi 和金属组 8 ~10(Fe、Co、Ni、Ru、Rh、PD)的卤化物的化学反应，得到的还原消除产品联苯的产率都很高(均>97%)。在化学中最早的报告应该是 Bennett 和 Turner[9]在 1914 年发表的，他们发现 PhMgBr 与 $CrCl_3$ 在 35℃下反应 3h 可以得到联苯定量；该反应假设产物是由 Ph_xCrCl_{3-x} 产生的。在合成 PhMgBr 期间大量的二苯形成表明当时的镁比现在的纯度低。几种芳香格氏试剂可以与 $CrCl_3$ 以这种这种方式反应，但脂肪类的有机物不反应。尝试进行两个不同的芳香格氏试剂之间的交叉耦合，只有同型偶联产物产生。

在 Kochi 出版的格氏试剂与有机金属卤化物 (Ag, Cu, Fe) 的偶联反应[10~12]，Kumada 出版的与有机金属卤化物 (Ni)[13]，以及 Corriu 出版的与有机金属卤化物 (Ni)[14]的反应，体现了现代交叉耦合翻译的催化速度。Kumada 和同事发现，在 Etmgbr 和氯苯的反应中加入 0.1% ~1%的镍膦氯化催化剂，可以得到 98%的产率。他们发现，二齿膦络合物比单膦配体可以获得更好的催化剂，dppp 的催化剂效果比 dppe 的更好。在此过程中，只有 SP^2-C 的有机卤化物可以使用，同时值得注意的是，氯化进行得很好。由于所涉及的基本步骤已经在当时作为有机金属化学反应计量用，所以他们提出的机制在今天仍然有效。

　　Sonogashira 反应涉及到在钯或者铜的催化作用下芳基或乙烯基卤化物与末端炔烃的偶联[15]。这种反应是在 1975 年由 Sonogashir 以及 Hagihara 发表，没有铜做催化剂的反应由 Cassar 和 Heck 完成[16]。与碘苯烷基铜的化学计量耦合是由 Castro 和 Stephens 完成[17]。在 20 世纪 70 年代，加入钯催化剂，再加入 PdCl$_2$(PPh$_3$)$_2$，这是当时最流行的催化剂，加入这种催化剂的反应不仅要快得多，而且炔可以在碱的存在下用于消除氢原子。例如，1，4-二碘苯与苯基乙烷偶联，加入 1% 的钯催化剂，以及 2% 的 CuI，Et$_2$NH 提供碱性环境，在室温下 3h 能达到98% 的产率。如今没有铜的方法也被人们研究出来了[18]。

　　在 1976 年，由 Baba 和 Negishi 第一次发表了金属催化的交叉偶联反应以及使用镍和钯催化的烷基烷烃和烷基卤卤化物之间的定向反应。通过 Ni(acac)$_2$ 和 DIBAL 在 4mol 的 PPH$_3$ 中原位制备得到镍催化剂，在一年后锌变体并显示出苯基和苄基锌有机金属试剂与碘和溴的芳香化合物之间发生耦合。尽管有溴苄腈高产率的报道，但对碘硝基苯的时候，得到偶联产物的产率为 90%[20]。

　　斯蒂尔反应(Stille reaction)的第一个实施案例由 Migita 于 1977 年发表[21]，以及 1978 年由 Milstein 和 Stille 进行实验。用 APD 催化剂时，一个 R$_4$Sn(或 RSnMe$_3$，RSnBu$_3$)的烃基被 PhCH$_2$PdCl(PPh$_3$)$_2$ 耦合产生酮酰氯的效率很高[22]。作为饱和的化合物，加入 Pd(PPH$_3$)$_4$ 并不高效，减慢了氧化加成反应。虽然使用烷基化剂的效率不高并且有机锡化合物具有很强的毒性，但这种反应仍然非常普遍。

　　发表于 1979 年的宫浦-铃木(Miyaura – Suzuki)反应，其最初的模型是烷基硼烷与烯卤化物制备二烯的反应[23]。Negishi 使用的反应性金属烷基的局限性是非常明显的，同时硼烷在有机合成中是一个非常有吸引力的替代物，这是因为它能与大量的官能团相容。硼烷本身不是强烈的烷化剂，加入阴离子碱如 Na 矿石后，可以使硼酸酯保持在原位。后者更富电子，它们确实能在烷化后发生氧化加成反应形成卤化钯中间体(见 9.2 节)。用催化剂 PdCl$_2$(PPh$_3$)$_2$ 催化，催化剂用 NaBH$_4$ 还原。Suzuki 最开始是进行硼氢化反应，因而人们认为最初的烷基硼是通过炔烃的硼氢化获得的[24]。其次是卤代芳烃与烷基硼的耦合。一年后出版了现在最出名的芳基硼酸盐与芳基卤化物的反应[25]。之后发生了大量的变化，包括在合成领域的许多有用的应用，以及在工业上许多有用的反应都已经公布出来。A 组的实例是用于治疗高血压的沙坦类药物，它们都是在一个联苯上增加各种氮官能团[27]。

　　例如硼烷和硅烷，在交叉偶联反应中提供烃基，它们的烷基化效率也不高。在 Hiyama 偶联反应中是使用氟化物来提高硅烷烃基的释放速率，这种方法解决上述问题。因此，乙烯、丙烯和乙炔基硅烷与芳基、乙烯基、丙烯基卤化物发生耦合反应的产率高，其中 TASF（三甲胺甲基锍氟硅酸氟）提供氟化物，$(\eta^3-al-lylPdCl)_2$ 为催化剂[28]。在硅醚化学中更常见的氟化物供体是 TBAF，但是效率不高。

Buchwald-Hartwig 碳氮偶联反应的第一个实例是 1995 年由这两位发明家同时发现的[29]。他们的灵感来自十年前 Migita[31] 进行的用锡酰胺作氮亲核试剂的来源的实验[30]。

最先由 Mizoroki[32,33] 发表的 Mizoroki-Heck 反应虽然在反应中没有亲核试剂，也通常被认为是交叉偶联反应。芳基卤化物氧化加成以后，再加入一种烯烃时，催化剂通过正价原子的消除和 HX 的消除回到零价金属（见 9.2 节）。

通过催化剂钯将烯丙基烷基化是有机化学的一种重要工具，也可以被视为是交叉偶联反应。它主要是由 Trost 开发研究[34]。Tsuji 发表了简单的氯化烯丙基钯的烯丙基取代[34b]。该方法已在许多复杂的有机分子的合成中得到应用[35]。在该反应过程中有一个新的 C—C 或 C—N 键形成，但不像上面所述的交叉偶联反应，亲核试剂表现出随意性且未能和钯起到协同。

在催化反应中，交叉偶联催化在失活研究领域占有特殊的位置，由于专门研究失活反应的文章数量占催化反应研究领域的出版物的总数的比例很小，大概只有万分之五，这是由于大多数的出版物涉及的或多或少都是已知的有机合成的催化系统的问题或者是优化，但不注重失活催化研究。在协同和有机金属化学领域的研究人员主要是设计合成新的钯、镍和铜配合物（尤其是钯），他们在化学上的工作往往是筛选 Miyaura-Suzuki 反应，这些研究在这里是不受重视的。

初期的研究像往常一样，没有考虑到实用，经济性的催化剂用量很大。碳-杂原子键的形成比 C—C 键的形成更具挑战性。在最近几年，一些研究小组，如 Buchwald，已经解决了这个问题，并且，如果说产量是一个目标的话，催化剂的稳定性又是一个问题。Hartwig 和 Buchwald 研究小组的关于机理方面的研究已经极大地促进了我们对反应过程的理解，这将用来研究更有效的催化剂。在此过程中，动力学的研究也发挥了重要的作用。人们认识到催化剂的初始化是许多交叉偶联反应的关键问题，这比在聚合反应和羰基化中用到的催化剂更重要，因为它的标准配方适合少数金属和多种配体。因此，人们开始充分观注失活催化剂的研究，现在也有了很多解决问题的方案。同时关于配位体分解的几个结果也在进行讨论。钯金属沉淀这个普遍现象也偶尔会被提到。金属的纯度和金属纳米粒子（MNPs）等前瞻性问题也将被处理。

9.2 初始化和前驱体的机制

在接下来的章节中将分开介绍反应是如何开始，下个步骤是如何发生的以及催化剂是如何进行还原消除的。事实证明，一个反应过程中间会涉及到多个反应，用到不同的知识点。例如，第 9.2.1 节芳基卤的氧化加成反应制备零价钯时前体过程可能用到 9.2.2 节处理的前体过程的知识点，或者是其他的任意部分的知识点。

9.2.1　通过氧化加成得到零价钯的初始化机制

C—C 键形成的机理现在基本达成共识，其主要包括以下几个步骤（见图 9.1）[36]：催化循环中有从前体到中间体的转化；芳基（乙烯基）卤化物发生氧化加成反应变成零价钯中间体；由烃基或金属转移来替换卤化物（或拟卤化物）；还原消除形成产品。忽略金属、配体、（拟）卤化物、碱、溶剂等细节是极其重要的，因为它们对速率、经济性、选择性的影响很大。在 9.1 节中，顺式双齿配体被用于减少只形成独联体的配合物的数量。

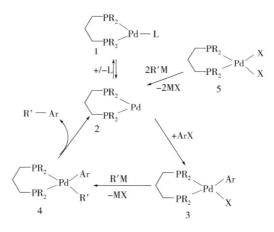

图 9.1　C—C 键形成的反应顺序

正如在 9.1 节中提到的，在最开始的十年中，普遍的前体是 $PdCl_2(PPh_3)_2$ 和 $Pd(PPh_3)_4$。同时，我们已经知道，前体的性质是至关重要的，在加入适当的前体后很多结果可能会得到改善。使用稳定的零价钯需要解离的配体，这是缓慢的，因为配体需要在 1 和 2（见图 9.1）之间进行平衡，可能更偏向于 1，因此降低了催化剂的效率。当加入二价钯的前体 5 时，需要还原形成起始的零价钯化合物。对于金属烷基化反应，则不存在上述问题，因为特别容易发生还原，并且只会形成少量的副产物——R′—R′ 均耦合产物。基于 B 和 Si 并不是非常强烈的烷化剂需要使用活化基，这与偶联反应相同。应当指出的是，活化过程中会形成副产物，尽管只有在催化剂过量的时候发生，但仍然会对催化产生负面的影响。例如在 Amatore[37] 的研究中，卤化物或乙酸盐的存在会影响氧化加成反应和甚至可能带来好的效果。他发现，把 Brion 添加到零价钯的 PPh_3 络合物中能加速氧化加成反应。

除了配体 PPh_3，其他有配体的催化剂可以由原位金属盐如醋酸钯、$PdCl_2$（RCN）$_2$、Ni（acac）$_2$ 等制成。陈置的醋酸钯样品可能会导致较差的结果，除非使用强酸；它是一个溶于有机溶剂中的三聚化合物，如果没有完全溶解，应该会重新结晶。如在第9.1节提到的，在有能提供包含有所需配体的前驱体的配体存在的情况下，金属盐可以提前减少用量，例如DIBAL[19]。通常还原反应的发生全凭运气，磷化氢则作为还原剂（在有水的情况下效果更好），或者还原反应的性质是未知的。Amatore和同事研究了和PPh₃与水一起醋酸钯的还原[38]。

在有2.2mol使氯苯甲醚和苯胺耦合的XPhos存在的情况下，Buchwald和同事[39]为了从醋酸钯中制备零价钯则有意的添加了水。

Pd₂(dba)₃通常用于制备钯前体，但是由所需的配体置换dba很缓慢并可能需要一定的培育时间。在部分例子中经常应用在交叉偶联催化的高温是必要的，以促进初始还原或配体的取代，这在氧化加成反应发生之前是需要的。另外，dba的存在可能会限制部分催化剂[40]。

Hartwig及其同事发现，使用的Pd(BINAP)₂及其dppf类似物作为催化剂的伯烷基和芳基胺以及仲环烷基胺和二芳基烷基胺与芳香硝基化合物的胺化反应，该反应是所有的底物的零级，限速步骤是损失一个前体的配位体[41]。观察dppf作为配位体和苯胺作为底物，更高的转化底物抑制作用源于产物的反向氧化加成。

近日，Hartwig、Blackmond、Buchwald和同事公布了修订的经钯/BINAP复合物[42]催化的卤代芳烃的胺化反应机制。相比以前，其新特点是他们把Pd(BINAP)₂排除在催化循环之外，这也解释了当加入Pd(BINAP)₂用作前体后诱导期的发生，第9.1节所述也支持这种现象。显然，一个复合物如ArPdBr(BINAP)₃被作为催化剂也许可以避免这些问题。对于4,5-双二苯基膦-9,9-二甲基氧杂蒽，Buchwald[43]和同事报道了过量配体的抑制作用。

如Beller和同事报道的那样[44]，单膦/邻苯膦配位体的1,6-二烯的钯配合物是用于氧化加成的前体，简单二烯丙基醚的配合物在Suzuki反应是最有效的。因为复合物比由醋酸钯或Pd₂(dba)₃形成的催化剂更有活性，二烯丙基醚显然更容易脱落。

把p-tBuC₆H₄Br氧化加成到Pd(oTol₃P)₂比Pd(PPh₃)₄要快很多，此时这是一种普遍的零价钯前驱体[45]。反应在来自两个协同的零价钯复合物的膦化物解离后开始，形成了高不饱和度和高活性的物质。在浓度研究中，在芳烃溴化物中反应是一阶和在游离膦浓度中是负一阶。在反应过程中产生自由膦，这是因为产物是二聚物[ArPdBr(oTol₃P)]₂。

Barrios-Landeros和Hartwig[46]研究了由四种芳基卤化物（实际应用中非常重要）氧化加成到零价钯复合物制备现代大体积富电子单膦化合物之一的Q-Phos(Ph₅FcPtBu₂，见第9.5节)。Q-Phos是各种交叉偶联反应中一种高活性的催化剂，并且他这种双膦配合物可以当做前体。在30~65℃条件下使用游离配体颗粒由 PhI、PhBr、PhCl 氧化加成到 Pd(Q-Phos)₂ 来定量制备 [Pd(Q-Phos)(PH)(X)](由于溶解性的原因使用甲苯基代替苯基衍生物 Q-Phos)。除了氯衍生物，该复合物是单体的，氯衍生物在非极性溶剂中和在固体状态是二聚体。图 9.2 总结了其动力学结果。

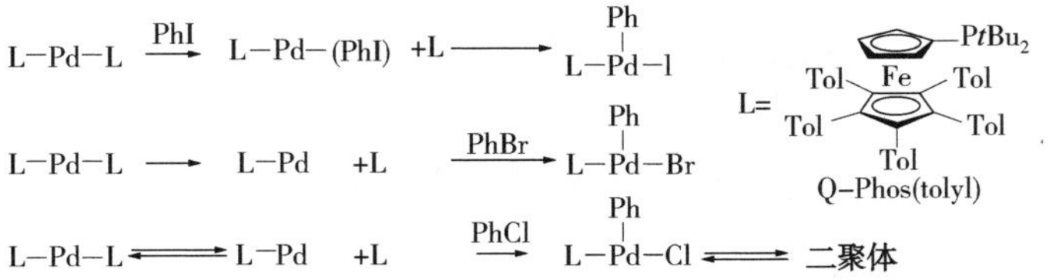

$$L-Pd-L \xrightarrow{PhI} L-Pd-(PhI) \xrightarrow{+L} L-Pd-I \quad \overset{Ph}{|}$$

$$L-Pd-L \longrightarrow L-Pd \xrightarrow{+L} \xrightarrow{PhBr} L-Pd-Br \quad \overset{Ph}{|}$$

$$L-Pd-L \rightleftharpoons L-Pd \xrightarrow{+L} \xrightarrow{PhCl} L-Pd-Cl \quad \overset{Ph}{|} \rightleftharpoons 二聚体$$

L= Q-Phos(tolyl)

图 9.2　PhX(I，Br，Cl)对 Pd(Q-Phos)₂ 氧化加成的动力学

出人意料的是，发现了三个不同的动力学机理。在[PhI]中碘与苯的加成是 1 阶的并且该反应与配体浓度无关(单箭头表示在研究的浓度范围内是不可逆反应)。溴苯加成与配体和溴苯的浓度无关；配体解离后活性物质是被 PhBr 捕获，并且用于其他芳基溴化物(茴香基、甲苯基)的反应显示出完全相同的速率。此外，反应速率不受 L 过量的影响。氯苯反应性较低并且配体离解成了一个可逆过程，PhCl 的加成速率常数正比于[PhCl]而反比于[L]。

该研究扩展到配体 Pd(PtBu₃)₂、Pd(1-AdPtBu₂)₂、Pd(CyPtBu₂)₂ 和 Pd(PCy₃)₂，并包括空间位阻效应[47]。结论基本是一样的，与配位体的空间体积相比，速率常数更加依赖于卤化物的种类，低反应活性的卤化物需要较小程度的膦进行协调。只有芳基氯化物是与 L 物质的浓度有关。在一般情况下，反应速率可以根据一个基片、配体或者其他条件的不同而有大不同，但作为一种趋势，这些动力学研究结果是非常有用的。

在 Shekhar 和 Hartwig 关于碱类和卤化物对 Pd(PtBu₃)₂ 催化氯代芳烃的胺化反应的影响的研究中，发现动力学行为相当复杂[48]。不出意外地，氧化加成对于芳基氯是限速步骤，贫电子芳基氯反应的速度最慢。对于由使用碱的浓度和特性所决定的速率范围，是由芳基氯的电子特性来确定。富电子和电中性的氯代芳烃的反应速率与大的醇盐碱 OCEt₃⁻ 的浓度无关，但它们都依赖于的弱受阻的 OtBu⁻ 碱和较软的 2，4，6-三叔丁基苯酚碱的浓度。他们建议是使用 2，4，6-三叔丁基苯酚碱。可能有更多的物质都参与了催化循环的初始化。

在研究的控制条件下，缺乏强碱时，Pd(PtBu₃)₂HBr 催化了 PhBr 到 Pd(PtBu₃)₂ 的氧化加成反应[49]。该结果体现了一个奇怪现象，PhBr 与氢化物配合物制备 Pd(PtBu₃)₂ 的过程中，加成或置换反应的速率要比氧化反应更快，其限制了配位体的解离速率。Br(HPtBu₃)到 Pd(PtBu₃)₂ 氧化加成是个快速反应，见图 9.3。

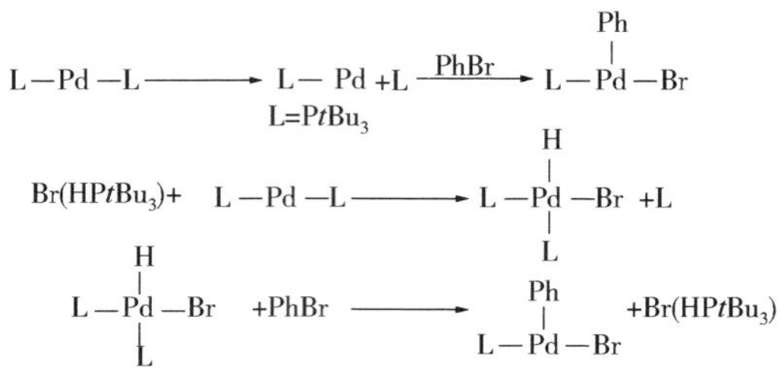

L—Pd—L
L— Pd +L
PhBr
L—Pd—Br
Ph
L=PtBu3
Br(HPtBu3)+
L—Pd—L
L—Pd—Br +L
H
L
L—Pd—Br
+PhBr
Ph
L—Pd—Br
+Br(HPtBu3)

图 9.3　Pd(PtBu$_3$)$_2$HBr 作为催化剂，将 PhBr 氧化加成 Pd(PtBu$_3$)$_2$

对于 Buchwald-Hartwig 反应，一般 C—Y(Y 是 N、O、S 或 P)的偶联反应，在图 9.1 中所述的 C—C 键的形成反应机制是基本相同，但也有一些明显的不同。在图 9.4 的 C—N 键的形成机制可以归于含膦复合物。其中 X 表示为卤化物或拟卤化物，Y 是 N、O、S 或 P 原子，分别表示伯或仲胺、醇、硫醇或 HPR_2化合物。Y 是 N 的时候，3、4 和 6 的反应特别有效。

PR2
Pd—L
1
+/−L
PR2
Pd
X
5
β-氢……碱
2
Y—Ar
+ArX
Ar
Y
4
3
−tBuOH
HY
−NaX
NaOtBu
OtBu
6

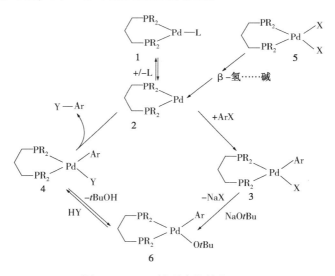

图 9.4　C—Y 键形成的简化机理

C—Y 键形成机理方面的问题由 Hartwig 和同事进行了深入的研究[50]。由于 C—Y 键的形成是在没有烷基化剂的条件下，所以二价钯的还原必须采取不同的方式。Louie 和 Hartwig 进行了利用锡酰胺发生胺化反应以形成零价钯的研究，发现在 HX 碱辅助还原消除之后发生的酰氨基中 β 氢的消除导致了钯[51]的减少。如图 9.5 的例子：3 到 4 的转化是多步反应，其中包括各反应之间的平衡。该形成芳烃的 β 氢的消除机理可以由氘化研究来证明，该研究选用的是全氘化的二甲氨基锡衍生物。除了 ArD，也形成非溶剂产生的 ArH。其他一些可能是来自配体的基团，参与了形成芳烃即 ArH 的副反应。

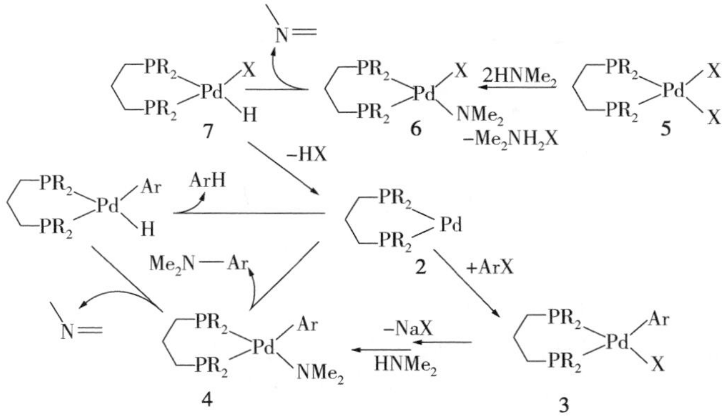

图 9.5　β-氢消除形成 Pd(0)并引起 ArH 形成，突出产物

在 1995 年 Buchwald 和 Guram[30b]已经从氨基的氢消除和 ArH 的还原消除反应中讨论了芳烃的形成原理，该反应用 PPh₃作为配位体，从 P(o-tolyl)₃中得到纯净的交叉耦合的胺，这是一种主要的合成途径。对于铱的研究，Hartwig 还注意到，大体积的配位体更能抑制 β 氢的消除，增强还原消除[52]。

对于用 Pd/BINAP 作为催化剂的 p-溴甲苯和哌嗪之间的偶联反应，人们发现芳烃的形成在极性且惰性溶剂如纳米粒子中要高于在非极性溶剂中；间二甲苯是最佳的溶剂，尽管其盐 NaOtBu[53]的溶解度有限。

哌嗪的过量减少烯烃形成。Beletskaya 提出了从协调胺中转移一个 β 氢到钯与芳基段，因为较强的碱通过更快的去质子化能够减少芳烃形成[54]。值得注意的是三乙胺它不能形成酰胺，还会减少从醋酸钯制备零价钯的产量[38]。

Buchwald 和同事[55]发现溶剂效应也许是由在芳基卤化物与胺的偶联反应中生成的碘化钠的抑制作用造成的。换到一种碘化物盐不溶的溶剂中就没有观察到此抑制作用。

当大体积的 Josiphos 衍生物(1-Cy₂P，2-tBu₂P-α-etylferrocene)被加入非常高效的芳基氯和伯胺的耦合中的时候[56]，可以实现原位还原反应。醋酸钯和游离配位体被用作引发剂。该配体对氧特别稳定，即使在溶液中也是非常稳定的单组分催化剂，被命名为二氯化钯。显然，这是通过伯胺来迅速还原的(包括苯胺)[57]。

胺作为原位还原剂不总是那么满意，可能需要温和的还原剂。在一个 4kg 规模的优化研究中，辉瑞的工作人员有意添加了 2mol 的苯基硼酸到乙酸钯/Davephos 催化剂中(像 Buchwald 之前使用的那样)，这被认为是最好的催化剂活化方案[58]。催化剂在反应器外制备，试剂存放在 15℃的室温环境下(可能使用更强烈的还原剂)。所述偶联反应的试剂见图 9.6；该 β-胺基酸前体是手性的。

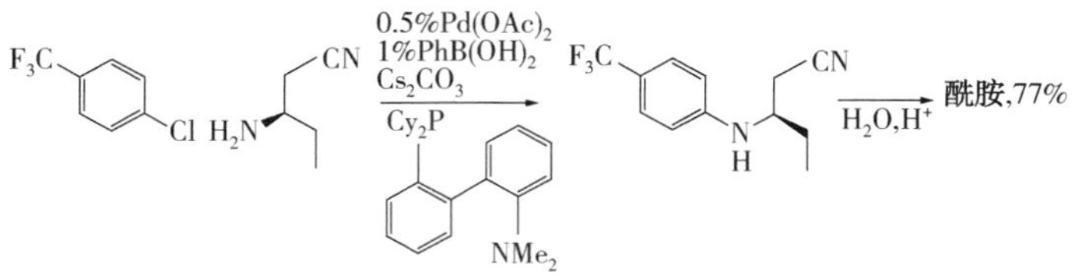

图 9.6 苯基硼酸还原 Pd(Ⅱ)

公认的易于氧化加成或者卤化的顺序为：I>Br>Cl，三氟甲磺酸酯与溴接近。Br/OTf 的顺序的不同，取决于所使用的催化剂体系，甚至是亲核试剂。Kamikawa 和 Hayashi 在 Kumada 偶联反应中使用氯化钯膦配合物对溴苯基三氟甲磺酸酯和苯基溴化镁[59]进行了竞争实验。双齿膦化物如 dpph 和 dppb 会选择性地替换三氟甲磺酸基，而比起 C—OTf 键，单齿膦化物主要造成 C—Br 键的断裂。研究人员发现，在添加溴化锂后会对涉及三氟甲磺酸酯裂解的反应率产生有利的影响。Brown 和同事发现，在芳基溴化物和芳基三氟甲磺酸酯裂解的过程中依赖于亲核试剂的性质[60]，取决于是否是金属 Mg 或者 Zn，或者是其他硼酸。在间溴苯基三氟甲磺酸酯的 Kumada 和 Negishi 偶联反应中，dppp 作为配位体被三氟甲磺酸酯置换，Hayashi 发现，铃木反应会导致溴化物的替代，不论是否使用 dppp 或单齿 PtBu$_3$。斯蒂尔和 Mizoroki-Heck 反应也导致了三氟甲磺酸的替代，而硼试剂是例外。相当奇怪的是，由 HBr 或 ArB(OH)$_2$ 氧化加成制备 PdL 和 PdL$_2$（L 为膦）的时候本应该不受到下一步骤中 X/R 交换的影响，因为可逆氧化加成是基本不可能的。因此，问题则是硼酸或硼酸盐如何影响氧化加成反应，使其选择性完全改变。由 Jutand 和 Amatore[37]的研究报道给出最可能的解释，氧化加成反应发生在络合于阴离子的钯上（同时还要注意在没有溴时加入溴化锂的影响）。布朗提出硼酸阴离子的存在会通过形成复合物来改变钯中心，接着 C—Br 键将优先断裂。如果氧化加成后不破裂，钯与硼酸之间的化学键促进了芳基从 B 转移到钯，正如前面哈特维希提出的关于 Rh 的观点。

9.2.2 烃基钯卤化物的初始物

类型 3 的化合物是便宜的初始材料，它是由芳基卤化物或乙烯基卤化物氧化加成得到。通常来说是比较稳定的合成物，单金属的双齿配体和过渡双金属单配位基配体或体积庞大的单配位基，它们也是使用单金属的。它们可以在膦或氮配体存在情况下有计划的由 Pd$_2$(dba)$_3$ 和 R'X 反应制成。这个反应可能比较慢，但是对于目标复合物的合成则没有别的办法。复合体 3 或一般类型(ArLPdBr)$_2$ 的二聚体的不稳定的配体被需要的配体所取代是一种方便的方式（见图 9.7），其中 L 代表单配位基配体。除了复合体 9 和 11，可以设想到许多例子。

(η^3-allylPdCl)$_2$ 是一种好的前驱体（或者其衍生物 10），由 Hiyama[28]所使用，或者更好的是(η^3-2-methallylPdCl)$_2$，它有更长的保质期。其通常是被作烯

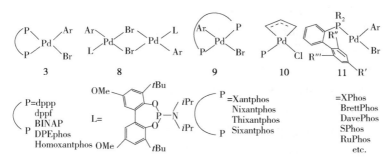

图 9.7　烃基卤代钯前驱体的例子；P 代表膦

丙基烷基化、二烯烃胺化[61]以及聚合过程中的催化剂前身，但是它作为无配体的含烷基的二价钯化合物在交叉耦合催化作用中仍被低估[62]。

　　同样对于从二价钯的前体得到的 C—Y 的形成，膦类化合物被建议用作二价钯的还原剂。例如，在羟化物或醋酸盐存在时，二苯膦会被二价钯氧化至它的一氧化物并得到零价钯[63]。这两个中最有效的代表物就是二膦和单膦化合物。然而，不管是 Xantphos，还是 Buchwald 的联芳膦化物配体的氧化，都不是一个快速的进程。相反，替代的 o-phenylenephenyl-dicylohexylphosphine（如 11）的氧分子的非催化氧化则受到配体空间体积的强烈阻碍[64]，尽管有强支持作用的 Cy 基团存在，但钯催化的氧化的数据是有限的。因此，侥幸减少钯，甚至使用最佳的配体，都不是一个理想提议。

　　中间体 3 为催化剂对 C—Y 形成也是非常有用的；关于发生在催化循环（催化剂）中的前体转化为中间体的问题可以通过使用芳基钯配合物 3 来避免。一些作者显示了在 Buchwald-Hartwi 耦合反应中，第 8~11 前体，如图 9.5 所示，可以没有潜伏期而直接启动催化反应，这同样适用于 Heck 反应[65,66]。例如，随着高达 140mol/（mol·h）的流通频率，C—N 耦合可以在室温下进行[67~69]，而许多研究者则是在高达 120℃ 的温度下进行此反应。同样地，对于 XPhos 和相关配体，优选的前体是 11。单价钯的二聚体是更快的催化剂前体，因为它们以 Pd/p 比为1∶1 的比例迅速歧化成零价钯和二价钯[70]。以这种方式，一半的钯可以不被使用，除非发生溴化钯的还原，如 Suzuki、Kumada 和 Negishi 反应（见图 9.8）。

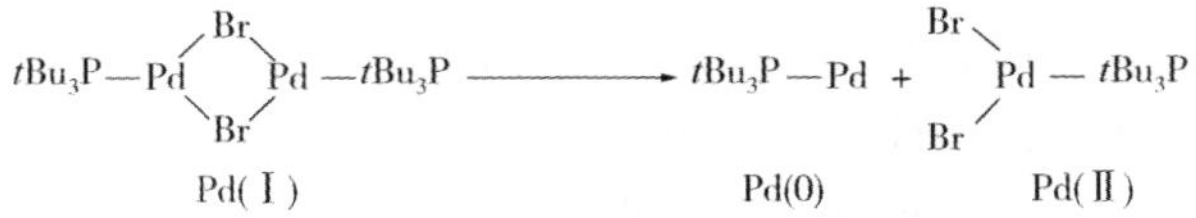

$$tBu_3P-Pd \underset{\quad}{\overset{Br}{\underset{Br}{\diagup\diagdown}}} Pd-tBu_3P \longrightarrow tBu_3P-Pd \quad + \quad \overset{Br}{\underset{Br}{\diagup\diagdown}} Pd-tBu_3P$$

Pd（Ⅰ）　　　　　　　　　Pd（0）　　　Pd（Ⅱ）

图 9.8　单价钯的二聚体的歧化

　　配体 P-o-tol₃ 即复合物 8 可以方便地由 Pd（P-o-tol₃）₂ 加入所需的芳基溴化

物[71]制成。零价钯初始材料通过对 Pd₃(dba)₂/Pd(dab)₃加入 P-o-tol₃反应得到，因为该产品在苯/乙醚中溶解度低因而此方法有良好的效果。无论是在固体还是在溶液中复合物都为二聚体。虽然 3、8 和 9 的直接合成似乎不经过潜伏阶段而很容易成为催化剂，由期望的配体 Pd₂(dba)₃和芳基溴直接合成常常导致副反应和低收率。例如 dba 可能经受加成反应和 β-氢消除反应，"PdArX" 可能歧化成 PdX₂(包含所研究的配体)和钯金属。由所需的单配位基或双配位基膦化物对 8 复合物中的 P-o-tol₃置换往往是一个更好的选择[72,73]。

当使用 NHC 配体，Pd₂(dba)₃都被发现是一种有效的前体，芳基氯和仲胺的交叉偶联可以在室温下实现[74]。此反应暂定用于整合 NHC 的强供电子能力和对空间的严格要求。使用从(η³-allylPdCl)₂制备的 NHC 复合物作为前体，NHCs 在室温下进行布赫瓦尔德-哈特维希反应中得到了良好的结果，虽然在稍高的温度下此反应进行要快得多，因为这是一个慢初始过程[75]。因此，要寻求更快的引发剂，而 1-苯基取代的丙烯基(肉桂)氯化钯在室温下的 Suzuki - Miyaura 和 Buchwald - Hartwig 反应中表现出成为一个极好前体的性质[68]。吗啉和溴均三甲苯间的反应可以在室温下使用 0.1%(摩尔)的催化剂来进行，并在几个小时内完成。而且，在 80℃随着使用 10ppm 的催化剂，反应在 30h 后完成，其 *TON* 达到 100000。

由芳基钯卤化物配体复合物开始并不总是具有快速催化作用。Alvaro 和 Hartwig[76]所示 C—S 键形成的研究，初始阶段速度迅速，但该整体催化过程较为缓慢。所用的配位体是一个 Josiphos 型配体，CyPF-*t*BU，哈特维希小组证明了其在许多交叉偶联反应中是一个非常成功的配体。配体是非常大，这可能有助于快速还原消除，并且对于钯有强供电子能力，便利芳基氯化物的添加并避免金属类配体的离解。首先，它表明醋酸钯和配体的活性低，因为只有少量二价钯转化成零价钯并用于催化循环的启动。当 Pd₃(dba)₂作为前体，对 dba 的高性能提供则导致反应初始化较慢。相应的芳基卤化物中间体 3 可以由 Pd(oto-lP)₂、CyPF-*t*Bu 和芳基溴得到，并与硫醇盐和碱一起迅速转化成所需产物。然而，整体催化反应慢于所研究的单个步骤，其原因为在催化体系中钯被惰性物质占用从而隔离在催化循环以外(见图 9.9)。

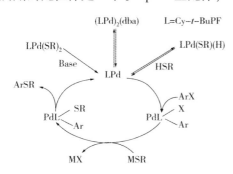

图 9.9　C—S 键和惰性物形成的流程

不过 Cy-*t*-BuPF 基催化剂的作用非常好，可以使用低的催化剂负载量；可以得出以下结论：相对于其他配体，它们抵制有硫醇和硫醇盐的分解反应的能力相当好[77]。

Colacot 和同事报道在甲醇和碱环境下由(1，5-cod)Pd(Ⅱ)开始合成 PdL₂(L

为膦化物)的通用方法[78]。中间形成了金属化的烃基卤化钯(见下一节),其通过消除可以形成所需的零价钯催化剂(见图9.10)。

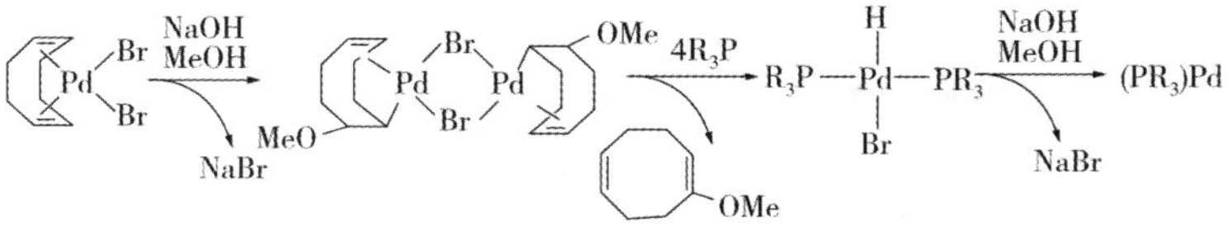

图9.10 PdL₂ 复合体的简便合成

9.2.3 金属化烃基钯卤化物反应

金属化的烃基钯卤化物络合物是有效的催化剂或催化剂前体,这是由 Beletskaya 和 Cherpakov[79] 发现的。他们的结论是,对于再循环及对映体控制并没有实现,但该出版物明确,金属化催化剂启动了催化这个领域爆炸性的兴趣。尤其,在恢复未改变的催化剂后的反应创造了巨大的期待。

1995 年,Herrmann、Beller 和同事发表了使用钯化合物 12,这提供了前所未有的 *TONs*。新催化剂的开发因 Hoechst 感兴趣的 Heck 反应扩展到更便宜和更容易用钯催化剂可用芳基氯,可以重复使用或丢弃,特别是对于溴化物,高 *TONs* 得以实现。例如,在对溴苯甲醛与丙烯酸酯的 Heck 偶联反应中,实现了 *TONs* 高达 $2 \times 10^{5[80]}$。在钯的如此低的水平下,催化剂不必因经济原因被回收,尽管对于另外的原因可能要除去大部分(毒性,或作为分解催化剂)。该催化剂在低温下是非常坚固。醋酸钯在邻甲苯基膦的存在下,可在甲苯溶液及 50℃ 和 3min 反应时间条件下得到金属环 12[81](见图9.11)。最初提出的钯环耦合催化的机理,两者均由赫尔曼和其他涉及钯(Ⅱ)和四价钯之间的转换[82]。有钯(Ⅱ~Ⅳ)的周期的例子很多,尽管有不同的配位体系统[83],但是在交叉偶联或 Heck 反应没有例子呈现的明确证据已经报道了,而相应地找到实验支持。

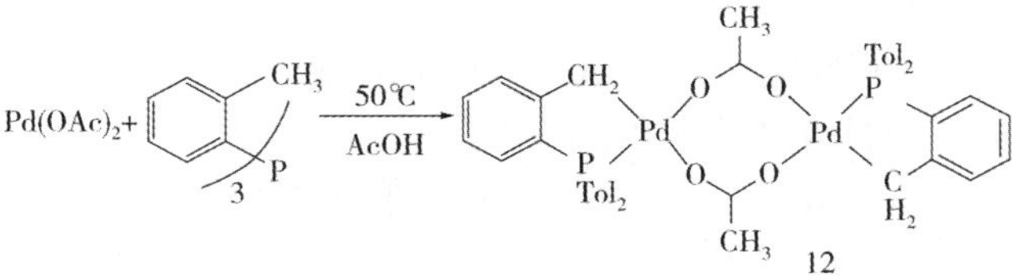

图9.11 环金属前驱体 12 的形成

一年后,路易和哈特维希[84]表明,催化活性的 Pd(0)配合物可以由复杂化合物 12 的两种不同的路线来形成:B-氢气消除的钯酰胺或 C—C 键形成还原消除涉及 Pd-Ph 取代(见图9.12)。二乙胺至化合物 12 中除了给出桥分裂和形成氢键的单体 13。单体 13 和 NaOtBu 处理,得到的 Pd(P-o-tol₃)₂14,如果没有过量配体的存在,一起用 Pd 和在额外的配位体的存在下完全转化为 14。该过程首先导致二去质子化胺给予酰胺钯复杂，它通过 β-H 消除和还原消除产生邻甲苯基膦。

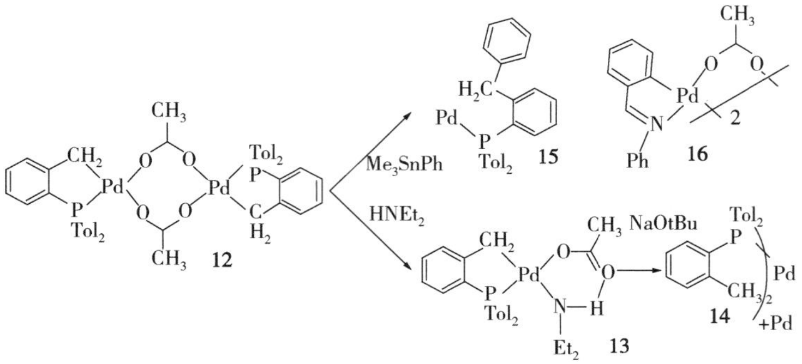

图 9.12　由环金属前驱体 12 和亚胺金属环化合物 16 产生的 Pd(0)13、14、15

与化合物 14 不同，化合物 12 没有给出芳基溴化物与缺乏 β-氢原子的二苯胺的交叉偶联。在铃木反应使用的 15 苯基硼酸的形成中观察到，示出了用于此反应，与迄今已知的系统连接金属环 12 的路径。这些结果没有在当时被认为是结论性的，因为它没有证明这些反应实际上发生在催化剂体系。如今，该机制通过常规钯(0)/钯(Ⅱ)物质是已经达成共识了。

邻甲苯基膦，特别是在利用 Heck 和 Suzuki – Miyaura 的优点反应仍然存在：低催化剂负载和高稳定性。对于氯代芳烃略需要较高的催化剂负载量。相比基于 PPH₃ 的催化剂的配体装载也非常低，因为在金属环化合物无结构 P—C 发生裂解（赫尔曼）。尽管低浓度可以想见，在反应温度下当卤化物基板不会迅速捕捉不稳定的中间体的 Pd(0)，不稳定的 Pd(0) 经过配位体金属化。以这种方式形成一个稳定的催化剂前体可以经由的交叉耦合的步骤之一再次进入催化（用于 Heck 反应仍然不太清楚如何可以发生）。如在游离配位体的系统(9.7.1 节)的金属环催化剂也是卤化物的存在下，其可以被故意加入作为四烷基铵卤化物或可从基板[81]的卤化物在反应过程中形成敏感。

邻甲苯基膦的有利性能已经由 Heck 在 20 世纪 70 年代说明，但他归因高活性的配位体的立体属性作为金属化未研究[85]。Spencer 报道邻甲苯基膦高 TONs 的对硝基溴苯的 Heck-Mizoroki 反应丙烯酸乙酯在 130℃在 DMF（134000），但没有细节提出[86]。几年后，金属化被 Heck 明确地驳斥[87]。但是 Herrmann、Beller 和同事们的工作已经清楚地表明了突出金属无环前体的性质。

Blackmond、Pfaltz 和同事通过量热法[88]研究了详细的反应底物的 Heck 反应的金属非周期性前体动力学。他们发现了一个孵化的过程，被分配到了切除金属环的从钯前体[89]。亚胺杂环 16 的孵化时间短于 12。水的存在缩短了孵化时间[88,90]。目前还不清楚哪种配体在引发后仍然与 Pd 配位；对于 12，这可能是三邻甲苯基膦。温育后反应速率出现独立芳基卤化物浓度，丙烯酸一阶和钯浓度的平方根。Van Leeuwen 的和同事报道，相同的动力学，而不孵育时间，使用 8 的二聚体(含有三邻甲苯基膦,或庞大的亚膦或亚膦酸酯),用于在相同的反应[65](关于庞大的亚磷酸酯见[91])。在这种情况下,在低转化简单动力学测量是足以获得动力学方程的。动力学证明,烯烃的插入或络合率确定,而且不是富电子膦而是电子差亚磷酸酯和的 amidites 提供最快的催化剂。除非氯化物具有高活化性,否则无论在交叉耦合反应中使用庞大的酰胺还是芳基取代的 4,5-双二苯基膦-9,9-二甲基氧杂蒽,氯代芳烃都不表现出活性。

同样对于 dppp/钯/碘化物复合物 3,烯烃的络合/嵌入是碘苯和甲基丙烯酸酯或苯乙烯的 Heck 反应的速率受限步骤[92]。

Milstein 和同事使用强供 PCP-钳形配位体在一个非常稳定的复杂 2,6-(iPr_2 PCH_2)$_2C_6H_3Pd$(TFA)作为催化剂(前体)的 Heck 反应,碘苯和溴苯用丙烯酸丁酯(140℃)并获得 $10 \times 10^4 \sim 50 \times 10^4$ t[93]。他们做了对照实验,强烈建议,钯(0)物种没有参与这个(预)催化剂的催化循环。他们指出,该回收的催化剂含有代替三氟甲磺酸酯,碘化的钳形络合物完好无损。钯痕量从强烈结合提取配位体,得到自由钯原子(溶剂化和络合碘化物离子),这是实际的催化剂(PdNPs 见9.7.2节)。

Beller 和 Riermaier 假定金属环化合物 12 迅速转变为结构 8,这是中间体在 Heck 的催化循环的二聚体反应生产的三取代的烯烃[94];还原剂的性质导致中间的 Pd(0)化合物不明确。由于金属环配合物与 L_2Pd(0)在 Heck 反应中的行为略有不同,Herrmann 提出将 Pd(Ⅱ)还原为 Pd(0)后,金属环配合物仍与 Pd(0)配位,且这种阴离子对氧化反应加成强烈[95]。还原剂在交叉耦合系统的存在下没有理由假设以外的其他物种的形成常规的 Pd(0)种类还原剂。

由乙酰丙酮阴离子在 12 乙酸盐置换给出了一个单体催化剂(前体),其是也具有高活性的芳基卤的 Heck 烯与苯乙烯[96]。

Bedford 报道了另一种极其活泼的金属化前体,他在 Heck 和 Suzuki Miyaura 反应[97]中用反应性底物如对溴苯乙酮获得了金属化的块状亚磷酸或亚磷酸 Pd 配合物的数百次转换。对于不太反应底物,TONs 较低,但仍与催化剂负载远低于 1%,这似乎是催化研究一种流行的起点。因为氧化加成变为速率限制和 Bedford 工作膦酸酯配体似乎承受氧化和还原性之间的最佳平衡亚磷酸酯配体往往是有点慢。图 9.13 所示三个有代表性的催化剂(17~19)显示数百万 TONs[98]!金属化的钯配合物已被公知多年,但它们被限制作为催化剂或其前体[99];贝德福德提到金属环的研究催化剂几乎肯定受到阻碍的误解,认为这样的物种可能是失活的产品和该金属化使它们催化活性的。Lewis 发现,邻位金属化复合物[{PdCl{ K^2-P, C-P(OC_6H_4)(OPhH)$_2$} {P(OPH)$_3$}]可以作为催化剂炔烃及烯烃在加氢活性前段[100]。邻叔丁基苯基的金属化复合铑是铑催化加氢甲酰化和便捷的前兆催化(见第 8 章文献[101])。Herrmann、Beller、Bedford 的出版物刺激了范围广泛的金属化钯物种中的含胺、亚胺、恶唑啉[102]、硫醚等功能性应用,很多都显示催化很高 TONs[103]。

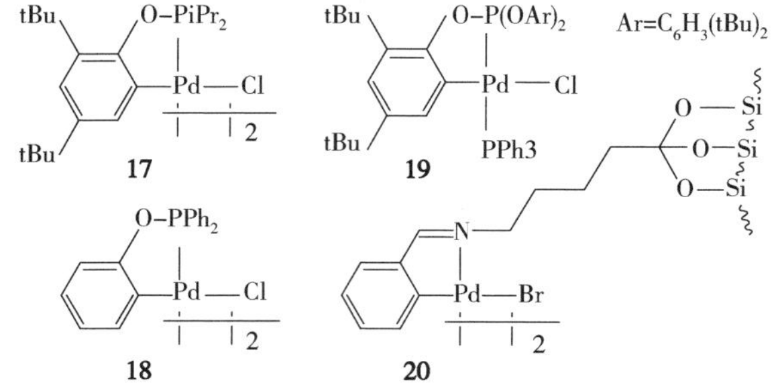

图 9.13 在 Suzuki-Miyaura 反应中可以提供高性能催化剂的
三种贝德福德前驱体(17~19)和亚胺基固化催化剂 20

所有试图获得在交叉偶联或 Heck 反应对映体过量配合使用手性钯化合物的都以失败告终[103]。其中一些前体是固定在聚合物(Bergbreiter[104])或固体(Nowotny[105])上,所有这些结果表明,该催化剂的可回收低,TONs 与每个周期降低迅速,将剩余液相的表现活性而不顾培养时间。所有这些特征都支持这样一种观点,即交叉耦合化学中的金属化物质是前体,而不是催化剂,尽管其机制在几个例子中仍有待阐明。

对于 Suzuki – Miyaura 反应活性的 Pd 中心的形成是和 Herrmann 通过 Hartwig 催化剂[84]的报告是相同的。无论是芳基化膦酸酯和苯基中的前体的反应被确定和苯基硼酸[98](见图 9.14)。芳基氯并不特别显示高活性,但是这是在加入 Cy_3P 催化剂前体解决化学计量的量;分离的桥裂解加合物也可使用。

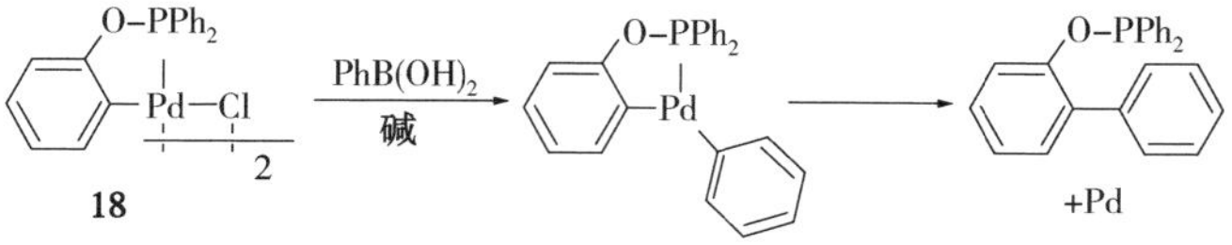

图 9.14 在活性催化剂作用下的 metallated phosphinites 的转化

Bedford、Brown 和同事研究了配体水解的效果、Bedford 催化剂的性能[106]。水解确实发挥了作用,但效果还取决于催化剂前体和配位体。其中金属化的前体是迄今为止最好的催化剂依然存在,而不是源自催化剂更好改造配体。因此,仍然缺乏为什么使用这些催化剂可以在 Suzuki – Miyaura 反应中实现数百万次的循环的详细解释。

上面我们提到了一系列基于 P–配体给予非常高的 TONs。在 Suzuki – Miyaura 反应中,NHC 配体可在 Heck-Mizoroki 给予很高 TONs。例如吡啶或酯官能 NHC 通过 McGuinness 和 Cavell 开发了配体高达 1700000 万 TONs 溴苯乙酮和丙烯酸丁酯[107]的 Heck 反应。可能催化以及因无配体钯,但是这并没有影响的一个使用金属无环前体是确切的 1∶1 比率的优点,金属化时的膦用 Pd 和 P 的使用,作为过量的许多配体减慢反应[108]的速率。

Buchwald 和同事报道了金属化的快速预催化剂 21 未显示任何孵育[109]和其非常稳定。该系统是四配位的,它包含一种成功的单官能团(SPhos,RuPhos,XPhos),卤化物和金属化的苯乙基胺配体,当加入碱时,它们完全脱落(见图 9.15)。该催化剂对多种不反应性的芳族氯化物具有活性,在 100℃ 保持少于 10min,并且在 -10℃ 仍然处于活性状态。因此,对于包含需要在低温下进行处理的敏感官能团的化合物,这些催化剂是非常有用的。

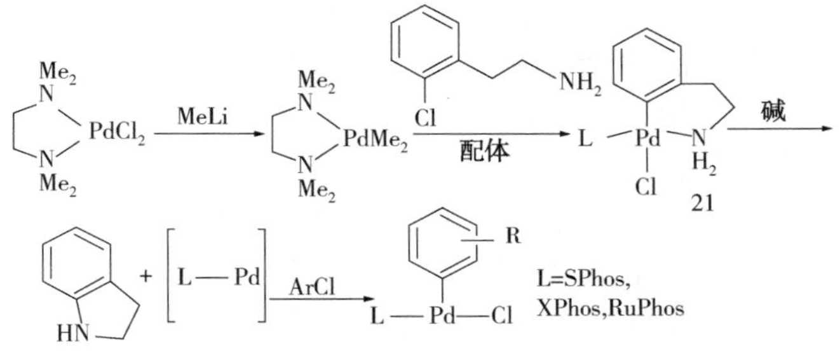

图 9.15　稳定的 metallated 前驱体

对于 C—C 或 C—N 耦合反应的动力学研究的很少,但 C—N 键的形成表明,当使用芳基溴化物时,氧化加成不是速率的决定因素。在室温下 2-甲氧基-N-(对甲苯基)苯胺的高形成速率表明氧化加成肯定也很快,因此对于需要更高温度的其他反应肯定具有不同的起源[69]。几乎没有关于氯代芳烃双膦基催化剂成功使用的报道,这表明对于氯代芳烃氧化加成仍然是一种缓慢的路线方法,不是非此不可。Milstein 和同事报道了以氯代芳烃为基质的 Heck-Mizoroki 反应中 dippp 和 dippb 的成功应用(1,3-二-I-Pr2P 丙烷和丁烷模拟)[110]。对于氯代芳烃,目前最佳的体系是基于大体积的联芳基的单膦,起初报道所称的丰富的电子配体(例如叔 Bu₃P[111])的必要性似乎不再有效。虽然大部分实验采用的烷基化合物,Buchwald 和同事发现 SPhos 联苯化合物在室温下的 Suzuki-Miyaura 反应中也具有高活性,这表明在反应中位阻效应比电子丰富度更重要。由于在目前本反应中氯代芳烃的氧化加成是关键的限制步骤,人们可能会预期基质的 Heck、Suzuki 和氨基化反应也有同样的速率。由于条件(温度及催化剂装载)常常完全不同,事实上并非如此。这是由于配体和主要物质的影响,他们可能激活 0 价钯化合物或者相反,Hartwig 对含有 tBu₃P 作为配体的体系进行了详细的研究[113],Jutand 和 Amatore 研究了 PPh₃[37],通过非活性钯物质的形成(见图 9.9)。

Weck 和 Jones 通过给催化剂系统增加聚合体钯阱来辩证地分析了各种金属前驱体,他们发现许多系统在增加陷阱后,其催化剂活性发生中止[114]。

9.3　金属转移
涉及(伪)卤化钯与碳基亲核试剂的替代的反应被称为金属转移。该反应也出现在第 9.2.1 节，它被用以将二价钯还原为零价钯。

碳、氮、氧或硫基亲核试剂对与钯协同的卤化物的替代作为一种反应，是一种几乎经不起检验的普适性结论，因为这一反应非常依赖于亲核试剂、物质阳离子(如果它是阴性)和溶剂的特征。显然，当亲核试剂是烃基阴离子(金属为锡、硼、镁、锌、锂等)，动力学和热力学上提供反应的驱动力，有利于无机金属卤化物的形成。当亲核试剂是氮基的时候，热力学和动力学是不太有利的，当亲核试剂是醇盐时同样如此。杂环片段的消除顺序为磷>硫>氮>氧[50c]。催化反应动力学测量表明，对于 C—N 键形成，由于中间物的变化反应过程中动力学可能会改变[69,115]。在这种情况下还原消除仍然最有可能是限速步骤，其动力学方程中包括卤化物-亲核试剂替代的预均衡。

关于配体对此取代反应的影响，尚没有数据可用，但是当使用宽咬角二膦化合物或单齿物并涉及五配位复合物时的交换过程更容易实现。对于烯丙基卤化钯复合物，卤化物交换是一个组合过程[116]。对于两个过渡金属简单复合物的卤化物交换，二聚体中间物受到推荐[117]。例如 β-氢消除，虽然其他反应可能涉及空穴的产生，关于钯的大多数交换过程，相关机理则被发现或提出。有迹象显示，在钯和铂间的嵌入和 β 消除反应可能涉及五配位物，而不是一个具有空穴的物质。当涉及 π 键合配体，关于钯复合物的 DFT 计算支持五配位物参与的观点，而由牢固的配体替换是首选[118](参考文献的实验证据)。

关于烷基卤化物交换反应，Farina 推荐 14-电子物质[119]，虽然 Espinet 和同事并不认同[120]。Farina 和 Krishnan 报道了以苯基碘和三丁基乙烯基锡作为试剂和以 Pd₃(dba)₂ 为催化剂前驱体的斯蒂尔反应。通过将经典配体 PPh₃ 更换为 AsPh₃或 P(2-furanyl)₃，反应速率提升 2~3 个数量级。亚磷酸三苯酯也能提供了一种快速的催化剂，在以 PhI 为基质的体系中，氧化加成不再是反应速率受限的步骤，对于 20 种配体的大部分关于乙烯基锡具有一阶反应速率方程。至于双齿配体，dppp 比 dppe 和 dppf 能提供一种更快的催化剂。三苯基砷化氢的优异性能在其他交叉偶联化学过程中并未表现出来，在使用其他卤代芳烃时其性能也并不优异。如今关于通过配体解离形成 14-电子中间体的提议并不令人惊奇，尽管多数系统表明 T 型中间体比 P(2-furanyl)₃ 含有更多的配体。此外，在乙烯基协同下，乙烯基三丁基锡非常适合关联交换反应。按照图 9.7 前驱体规划和精确的 1~2 的钯/L 比，对于此反应(使用芳基溴化物)的研究将很有趣。Amatore、Jutand 和同事还发现，在 PhI 和乙烯基锡混合物的斯蒂尔反应中金属转移反应是限速步骤[121]。

Espinet 和同事在其关于含缺电子芳基(C₆Cl₂F₃)、AsPh₃ 和阴离子如卤化物或三氟甲磺酸酯的斯蒂尔反应研究中演示了卤化物和烷基的关联交换[122]。对于卤化物为阴离子，可发现通过 PdX 和 SnR 的 2+2 复合形成了循环中间物，促进了循环交换。

由 Cotter 和同事观察到呋喃基有锡到钯的可逆转移[123]。锡化合物是 Bu₃Sn（furyl），钯化合物是阳离子 PCP 钳形复合物。其中观察到钯与呋喃基协同的中间物，然后转移至钯，同时形成了 Bu₃Sn（OTF）。其他反应中 π 键作用可能和金属转移中苯基或乙烯基迁移有关。在交叉耦合条件下，钯阳离子不可能存在，但是相对而言，正经过芳基化或乙烯化作用的钯是最具亲电子性和 π 酸性。在反式烷基化过程中这种中间物是不会形成的。

苯基从苯基硼酸到钯的转移不会自发进行，铃木-宫浦反应的一个重要特征是加入碱以助于钯与硼之间的卤化物/苯基的交换。此碱可以是无水物质如 NaOtB，甚至是含水的碳酸钾。该碱可能替换钯上的卤化物离子，另一碱性阴离子添加到苯硼酸以形成硼酸盐，例如，最简形式的 PhB（OH）₃⁻。随后在双分子反应中更过的富电子硼酸盐会替换带有羟基的苯基团。关于这些如何发生的更多详细描述尚不得知。在学术研究中，由于重要的同型耦合反应会发生，这是由还原消除产生的含二价钯的两种硼酸化物相互间反应造成的，所以会使用过量硼酸化合物（高达 50%）。工业应用中，要避免这类过多的同型耦合反应。

有许多关于铃木-宫浦反应中同型耦合抑制的分散的信息，很难进行检索或总结。在这里，我们将列举几个典型的例子。在同型耦合的情况下，化学计量学表明需要氧化剂的参与，而且确实有例子证实氧化剂助于完成同型耦合[124]。因此，排除氧[125]或氧化剂是避免同型反应的一个措施，尽管排除氧后同型耦合仍会发生。Blum 和同事观察到在极性溶剂中发生更多同型耦合[126]。与氧化剂报道相似的，Miller 和同事通过添加微量的还原剂、甲酸钾以及在添加催化剂前使用温和的氮气表面喷雾能够减少同型耦合产物的形成[127]。Bryce 和同事也观察到，加入少量的甲酸钾可以减少同型耦合的产物[128]，但是在某些情况下也观察到相反的情况。空气气氛下水/异丙醇（体积比 9:1）使用 Pd/C 可以通过芳基硼酸同型耦合成功地得到高产率的对称联苯[129]。无基底和配体系统以及催化剂多相性具有实用的且环境友好的操作运行条件，但是最好的催化作用还是发生在溶液中。

通过使用 NHC 钯复合物得到了高产率的同型耦合产物[130]，但是作者没有给出完整的反应方程，因为反应涉及乙硼烷的形成或是氧化剂。

葛兰素史克公司的 Kedia 和 Mitchell[131] 应用 Blackmond[132] 提供的动力学分析以减少同型耦合产物的量，并应用在多氯联苯。根据美国法律，PCB 的浓度应保持低于 50ppm，而且他们比之前更希望达到此目标。当静止/限速步骤从还原消除变为氧化加成，分析表明同型耦合发生并引起一系列反应。在这种情况下，钯的氧化通常导致同型耦合[133]，但在他们的案例中并不如此，这可能由氯苯基硼酸与 Pd 的氧化加成来进行解释。

芳基硼酸同型耦合的高产率不仅仅通过添加氧化剂就可以实现，还要使用 Cu[134]，在这种情况下形成了乙硼烷。当使用乙硼烷(双(频哪醇)二硼)作为还原剂，卤代芳烃或三氟甲磺酸酯能够有效地进行同型耦合[135]。

有机三氟硼酸在 Suzuki – Miyaura 偶合反应中给烃基硼酸提供了一个可选择的机会，避免了中性硼烷基底的活化作用。Genêt 及同事首次在各种有机三氟硼酸和芳基重氮盐的钯催化交叉耦合反应中进行应用[136,137]。在应用到有机卤化物或反式酯类的交叉耦合反应中则又在一段时间之后[138]。有机三氟硼酸能从现有便宜的初始材料通过多种一步法制备得到[139,140]。使用芳基三氟硼酸的过程变得非常普遍，基质和配体的选用范围非常宽广。在三酪氨酸的准备过程中，一种令人印象深刻的联苯合成范例被披露出来。类似的频哪醇硼酸盐不能产生双重耦合产品，而芳基三氟硼酸可以产生得到74%的收益率的目标产物(见图9.16)。

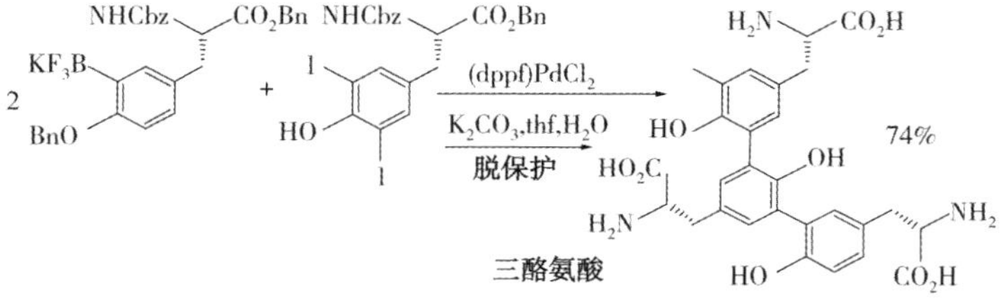

图 9.16　一种有机三氟硼酸在耦合反应中的应用案例

在芳基硼酸的情况下，专门的配体被用来促进特定系统的耦合。

需要特别注意，Buchwalds 的 Sphos 配体在包含富电子和有位阻效应的各种氯代芳烃和氯代杂环芳的高效耦合中的应用(见图9.17)。

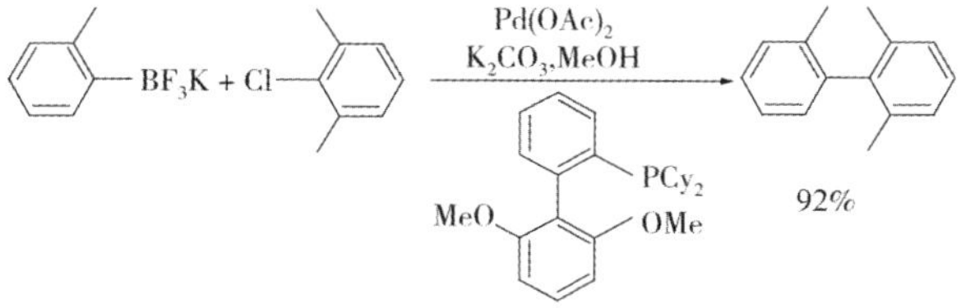

图 9.17　一种使用 Sphos 和有机三氟硼酸的耦合反应的案例

Billingsley 和 Buchwald 在 Suzuki – Miyaura 反应中为了 2-吡啶基[141]将硼酸盐阴离子代替烷基化配体(异丙基-2-吡啶硼酸锂)。其他硼化丙醇吡啶前驱体造成产量较低，因为缺电子杂芳硼衍生物以相对低的速率进行金属转移反应，并且这些试剂通过质子转移反应产生吡啶而分解。在许多情况下可以获得非常高的收益率，而且有趣的是，由于产率高于芳烃膦化物，次级膦氧化物可以用作配体[142]。次级膦氧化物经常构成桥接二聚的单阴离子的氢键。它们也可与硼酸盐(在这种情况下给予吡啶)反应，但催化剂尚未被鉴定出来。

9.4 还原消除

单配位基相对于双配位基膦类化合物以及还原消除，基本上有两种机理可以加快还原消除反应，一个是通过三坐标种类，另一个是通过宽咬角双齿配位体。初步研究涉及还原消除相对较慢的 sp³ 杂化烃基组[143~145]，同时，还原消除很快的 sp² 杂化烃基组也在观察范围内[146]。正如 Stille 和 Yamamoyo 报道的，从二甲基钯复合物中还原消除乙烷需要解离出一个膦类化合物[147]。对于需要经过快速还原消除的三坐标 T 型复合物，像很多庞大的膦配体和亚苯基类配体（也称为联芳膦化物），有充足的证据表明这类结构和配体的解离不再是先决条件[148]。在过去的十年中，Stille 关于还原消除的研究变得意义重大，因为他已经区分出这两种基本的机理。单配位基体系和双配位基体系在 C—X 消除都有不对称性（X 在此情况下不是另外一种芳基）；这在后面关于双配位基的段落中概述。

起初，像 1，1′-联萘-2，2′-双二苯膦、二茂铁基双膦配体、苯基醚和 4，5-双（二苯基膦）-9，9-二甲基氧杂蒽等宽咬角配体是用于交叉偶联反应和布赫瓦尔德-哈特维希反应性能最好的配体，当前，由 Buchwald 集团主要开发的联芳膦化物是可选的配体，尤其是它可以作为基质用于处理芳基卤化物。当然，双齿配位体仍有可用之处[150]，像庞大的双配位基膦类化合物[151]和 NHC 配体[152]。联芳膦化物正准备用于一系列替代模式中，Buchwald 正在调整配体使之用于各种各样的交叉偶联反应并获得最佳的经济效益。对于二膦物质，这些修改则更难以获得，可供开发的改变也更少。基于二苯醚的配体更易获得而且少量的变种已经被报道；通过和 R₂PCL 反应得到的锂化联甲苯或二苯醚将能得到这些配体[153]。在图 9.18 中已经描述了可以由一步法反应得到的联芳膦配体这一简洁的合成物[154]。1，2-dihalobenzene 通过和镁或 1mol 的格氏试剂（或正丁基锂[155]）反应得到苯炔衍生物（在第一步中使用便宜的格式试剂，替代在第二步中可能会用到的更昂贵的试剂）。添加一个分子的格式试剂为苯炔衍生物提供二芳基阴离子，这将和 ClPR₂ 反应得到二芳基膦化物。铜催化剂将能增加产率[156]。其他技术路线也有报道[157]，但是苯炔法仍然是最有效的。通过此方法合成 10kg 级的 2-二环己基膦-2′-甲基联苯和 2-双环己基膦-2′，4′，6′-三异丙基联苯已经得到证明，生产 2-二环己膦基-2′-（N，N-二甲胺）-联苯还需要做一些修改[158]。大规模合成的关键是格氏形成、苯炔形成和与 R₂PCL 反应过程中的热效应。一些人已经关注到克级规模合成格氏试剂中的热效应，因此在几个立方规模的反应中换热是至关重要的（施伦克容器的比表面积减少了百个量级）。百 kg 级试剂生产的可行性也是限制大规模生产的因素。罗地亚公司的 Mauger 和 Mignani 计算出了这些配体合成过程中的放热性能以及生产膦的交叉偶联反应过程中的热效应[159]。实际上，所有的步骤都是高放热性的，需要在缓慢加料条件下良好的控制反应，以确保反应连续进行。

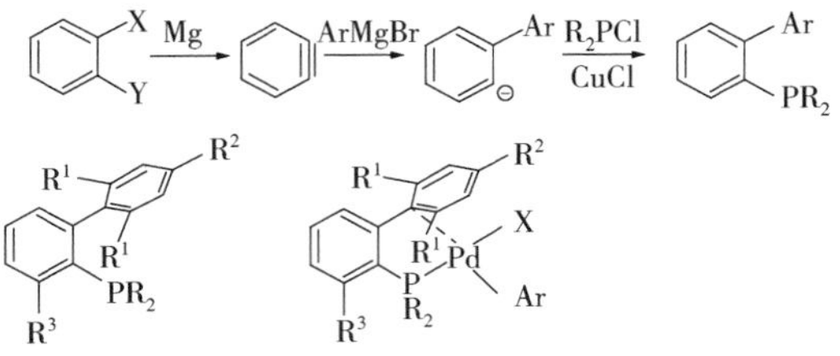

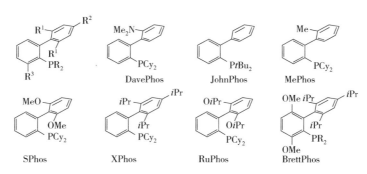

图 9.18　联芳膦配体合成和 monoligated 钯复合物

也有少量的改变得到报道，如在 Buchwald 配体基本结构之外的像屏蔽配体结构中的苯基团（参照文献[160]）。

之前尚不确定，但是后来通过总结，确定了联苯配体在基本结构的不同位置的取代反应中的关键作用[161]。磷化物的 R 基团通常是强的电子供体，能促进或促成（对于芳基卤代烃）的芳基卤基质的氧化。它们的立体体积有助于还原消除反应的进行。R^1基团（或是 H）可以阻止钯对芳基基团的金属取代，这有利于更多的催化剂保持在活跃的状态[162]。大型的 R^1基团（如芳基基团）有助于单膦配体钯配合物的优先形成。一些结构也被发现它的芳香环原位碳原子同钯有弱的协调作用，这增强了单配体复合物的形成。被芳基团屏蔽的磷原子减弱了 Buchwald 配体被氧气氧化的反应[163]。R^3锁住了 PR_2基团，例如在二环己基[3,6-二甲氧基-2',4',6'-三异丙基[1,1'-联苯]-2-基]膦中（见图 9.19），这样钯被固定在靠近芳香环的位置，这也强化了上述效果[164]。获得的 T 型中间物强烈的加剧了还原消除反应。

图 9.19　几种 Buchwald 配体

起初，它被认为是一个杂原子稳定中间钯复合物，如 2-二环己膦基-2'-(N, N-二甲胺)-联苯中的胺基或是 2-双环己基膦-2',4',6'-三异丙基联苯中的醚基。尽管仍有例子显示这一弱稳定有助于催化剂性能，但是基于 2-双环己基膦-2', 4',6'-三异丙基联苯和 2-二环己基膦-2'-甲基联苯的催化剂活性表明事实并不如此。同样的，刚性配体也可能并不利于我们所知的其他催化过程的所有步骤；例如我们对金属转移反应知之甚少，这是一个相互关联的过程，需要更多灵活性。

还原消除和氧化加成可能需要更多的空间和灵活性来降低芳烃和钯相互作用的能量[165]，而这一过程也可能由于太过刚性的体系的影响而受到阻碍。所有的催化剂（配体）的功能略有不同，对于每一种基质则需要一系列新的反应参数、基础、溶剂和最有配体。因此，尽管有了较深入的理解，在最优化过程中仍需要日常经验。Martin 和 Buchwald 将基于二环己基膦的长寿命催化剂归功于两个因素。首先，它通过芳香族 π 体系和钯中心良好的互动稳定了 Pd(0) 中间体，这可由二环己基膦-Pd(0) 复合体的 X 射线晶体学证明。这个复合体具有 Pd(0)η¹ 和芳烃原位碳原子的交互作用[166]。同样有假设认为基于二环己基膦的催化剂的高活性是由于这一配体稳定并最大化具有小配体的单一钯中间物的能力。正如上文提到，这些中间体将在氧化加成和金属转移反应过程中起到特别的作用。

通过添加具有吸收电子能力的烯烃可以增强化学剂量反应中的还原消除反应[167]。尽管这一原理经常被引用，但是其在催化作用中的实际应用在近期才发展起来[168]。例如己二酸二丁酯经常作为前驱体（减缓氧化加成反应），或是有目的地添加对氟苯乙烯。Fairlamb 对此有相关评述[169]。Lei 及其合作者介绍了一种增强根岸偶联反应中还原消除的新概念，此方法是通过合并三苯基膦中一个苯基环邻位缺电子烯烃[170]并具有高效催化作用。Marder 和其合作者对此动力学进行了研究，其反应式由图 9.20 表示。

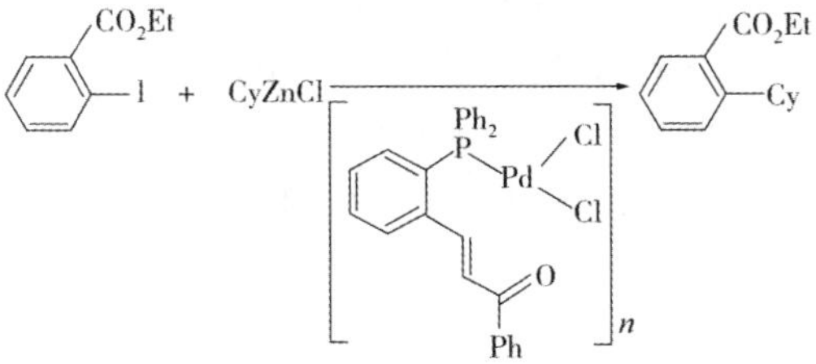

图 9.20　膦基烯烃配体促进还原消除

所使用的基质具有相对的活性，在氧化加成步骤和亲核取代步骤，也就是 ethyl 2-iodobenzoates 和环己基氯化锌，但是在常规系统中 C_{sp3}-C_{sp2} 耦合还原消除反应是很缓慢的。潜伏期的反应动力学是复杂的而难以理解，由于通过烷基锌试剂的二氯化钯磷化氢复合物的减少本应该很快。因为反应首先取决于钯浓度，所以二聚体或 PdNPs 并未被涉及。已有关于 10 万 TOF 级的报道，并且在反应曲线的斜率最大处，TOF 高达 1000mol/(mol·s)，同时反应速率并不依赖于基质的浓度。因此，相邻的烯烃显著地增加反应速率。数十年中氧化加成一直是反应速率受限的因素，在亲核取代中有很多这样的例子，烯烃嵌入（Heck-Mizoroki 反应）或还原消除反应是否是反应速率受限的因素则取决于催化体系的本性。

配体、基质和处理条件在钝化过程或休眠处理过程有细微的差别，但是这不意味着我们需要了解所有这些体系的所有细节；可能只有几个大规模应用过程被挑选出来以了解更多的细节问题，并作为催化作用中的一般性例子。

　　cis 宽咬角双齿膦类化合物可以强有力的促进平面正方形镍和二价钯复合物的还原消除反应[143,144a,172~177]。单独的 MO 图[178]认为宽咬角能够稳定 0 价化合物，接近 90^0 咬入角能够使二价平面正方形复合物稳定。同时，供电子类辅助配体能够使二价钯类物质稳定并减缓还原消除(获得电子类配体的作用相反)。在大量金属有机化学中这似乎是最优的通用法则[179]。在近 10 年关于膦类化合物叔丁基取代的报道显示快速消除反应似乎有些问题(见下文)。

　　在咬入角作用受到关注之前，宽咬角对交叉耦合反应的增强作用已经为人所知[174]。Brown 和 Guiry 第一次明确提及咬入角对还原消除的影响并具有实验判据[177]。他们报告说在二茂铁基双膦配体中用钌取代铁，在当时这一物质可以代表一种最宽咬角的配体，并能促进还原消除反应。

　　Hartwig 及同事广泛研究了配体和基质的碳杂环原子基团还原消除反应的电子效应，并由 Hartwig 作了综述[50c]。碳杂环原子基团还原消除是一种非对称现象，从二甲基复合体中消除了乙烷，其特点被描述成一种杂环原子基亲核试剂迁移至芳基基团的迁移性还原消除。芳基基团取代基的电子效应支持此观点，芳基基团上的电子受体促进了还原消除(见图 9.21)[51,180]。非对称取代双齿配体可能因此偏向于消除，但是 Hartwig 表明了之前未倾向的异构体可能更具可能[181]；当使用膦胺类非对称配体时，这种现象同样发生在迁移性嵌入反应中[182](由于反式影响，亲核试剂更倾向于 CIS to 最强供电子基团的位置，并因此不能获得额外的亲核性；相反的，不饱和受体变得更加富电子性)。对于更强的电子供体消除基团，还原消除进行的更快[51b]；因此涉及 CF_3 基团的还原消除直到最近仍是非常稀有(见第 9.4.2 节)。

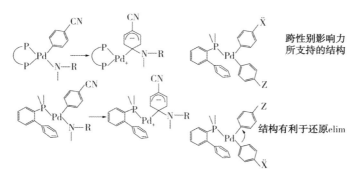

图 9.21　钯-双膦复合体和 T 型中间物上芳基-氮的还原消除的机理

　　因此，关于氮基亲核试剂，更富电子的胺基基团有更快的消除速度[51b]。如上所述，当芳基含有吸电子基团时，消除进行得更快，这似乎与消除基团应富电子这一普适规则相矛盾。对于迁移还原消除过程，中间物的 Meisenheimer 稳定可能会促进反应[180]。这与多年前由 Fitton 和 Rick 提出的关于卤代芳烃对钯氧化加成的机制相悖[183]。同样的，当如 BEt₃ 这样的路易斯酸在以 1,2-双(二苯基膦)苯为配体的化学剂量反应中调和吡啶基团中的氮原子，杂芳族化合物可以以高三个数量级的速度被胺化[184]。此种表现和路易斯酸在氢氰化过程增强还原消除作用非常相似[185]。同样，对于 2- 和 3-呋喃基以及 2- 和 3-噻吩基杂芳族化合物类的 1,1′-双(二苯基膦)二茂铁复合物的附属于钯的具有更少富电子碳的异构体则有更快的还原消除(氨化作用)，也再次证明了碳原子会经过亲核攻击[186]。

卤代芳烃的酰胺化作为另一个例子展示了弱亲核物质的更低的反应性[176c]，其中弱亲核物质作为酰胺化物质。此外，钯类酰胺物质倾向于形成 k² 复合物，此种配位模式可能会有更低的还原消除反应性。因此 4,5-双(二苯基膦)-9,9-二甲基氧杂蒽对于这种耦合反应有特别好的效果，单配位基则不然。之后，Buchwald 及其同事发现了一种单配位基联芳膦化物，其对于酰胺-氯代芳烃耦合反应有高的活性(使用氯代芳烃)，本质则是配体阻止了酰胺化物的双配位基的协同[187]。这是此类反应微妙性的例子，因为邻膦单甲基基团能够提供稳定活性催化剂(见图 9.22)。

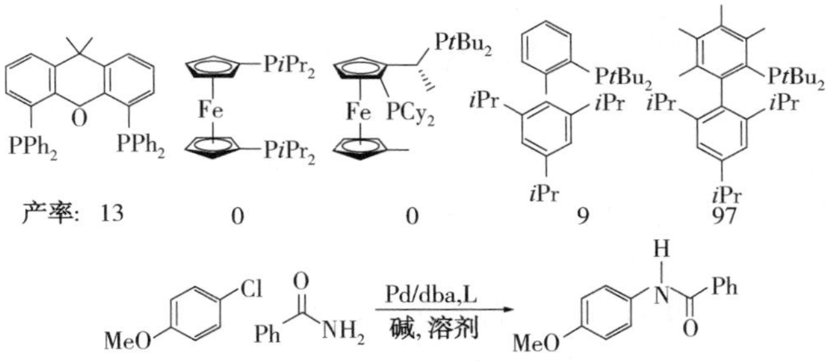

图 9.22　配体对卤代芳烃酰胺化的影响

在 Buchwald 及其同事报道的酮类 α 芳基化，烯醇化物中间体可能也有相似的效果[150a]。在这种情况下，像 1,1′-联萘-2,2′-双二苯膦和 4,5-双(二苯基膦)-9,9-二甲基氧杂蒽的双齿物是最好的配体。

如 Culkin 和 Hartwig 的研究[188]，对于含有像氰烷基和烯醇化物类的烷基官能团的芳基钯复合物的还原消除会被吸电子、庞大的宽咬角双配位基膦化物所增强，就像芳基部分上的吸电子基。在此系列中，取代的烷基的性质对速率的影响最大，正如理论研究所表明，烷基上的具有稳定阴离子和减弱亲核性的吸电子基，如氰甲基，能减缓还原消除[173]。

根据咬入角的变化，烷基氰和甲酯(来自甲氧基酰基复合体)的还原消除速率横跨多个数量级[172,189]。计算研究证实了次试验结果的趋势[118,173]；甚至微小的 PH₂ 基团显示了此趋势，而且被认为是实际的电子性咬入角作用。

由 QM/MM 法处理的 PMe₂ 和 PPh₂ 大基团有相似的能量差，但是这有利于化学计量的、实验模型[173]或羟基化催化反应[118]的大数量级量差不能被完全复现。可惜的是，不管是像叔丁基这样的大基团，还是足够的宽咬角，都不被认为是如此。

除了电子效应外，具有宽咬角的配体和基质有更多的空间交互作用，也是铑加氢甲酰化的重要因素[190]。在磷原子处的庞大的取代基也导致两个膦类化合物间的空间排斥，从而扩大咬角。近年来，许多像乙基二环己基膦和二茂铁基双膦类具有少量宽咬角的配体得到了成功应用[144c,191]。因为小的改变即可导致其他中间体或非活动状态数量变化从而使动力学变化更剧烈，所以钯具有杰出的平稳的空间趋势或咬角效果。例如，在氰氢化方面，比4,5-双二苯基膦-9,9-二甲基氧杂蒽或Sixantphos略小些的咬角产生副产物二氰化镍，而且催化剂也不活跃。在酮类芳基化中 0-甲苯基团对二茂铁基双膦配体中苯基的置换就是一个例子，更多的空间容量(直接的或通过宽咬角方式)使速率成倍增加；这是在圆锥角方面有略微增加[192]。

有迹象表明在双膦配体中由于叔丁基的相互排斥作用会使咬角变宽。如果连接的是五原子(Xantphos，DPEphos)或六原子(BISBI)，这将可能会导致反式复合体，由于反式复合体不会被还原消除，咬角变宽和空间变大会引起负面影响[189]。因此，由于不会形成休眠的反式复合体，一个三原子过渡双齿配位体(乙基二环己基膦)[193]，二茂铁配体[194,195]，或是像 dtbpx 的四原子过渡配体(见图9.23)[196]可能会更有效。在甲氧羟基化过程中1,1′-双(二叔丁基膦)二茂铁复合体不活跃，这是由于他们的烷基钯和酰基复合体具有反式结构[189]，但是在交叉耦合中它们是活跃的，显然酰胺-芳基复合体和醇盐复合体具有 cis 结构[50b]。4,5-双二苯基膦-9,9-二甲基氧杂蒽形成结构9的反式卤代芳烃钯复合体[176e,73,198]，但是活跃的 cis 同分异构体仍是易接近的，而且在交叉耦合反应中反式溴化物复合体9比 cis 溴化物复合体3更有活性。

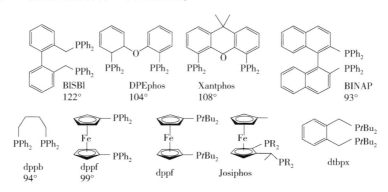

图9.23　本章节中提到的配体

曾认为4,5-双二苯基膦-9,9-二甲基氧杂蒽的氧协同可能会促进还原消除[198]，但是由于双(2-二苯基膦)苯醚本应该更倾向于此以及4,5-双二苯基膦-9,9-二甲基氧杂蒽比双(2-二苯基膦)苯醚在C—N耦合反应中效果更好[150b]，此观点似乎并不正确。同时，乙醚对钯的协调并未被寄予积极的重要作用。

在几种情况下，尤其是在甲氧基羰基化反应[196]中，提出了单齿与主体的双齿配体的配位的可能性，它将连接T型中间体和宽的咬入角的主体中间体两个机制。对于交叉偶联反应没有数据可用，但迹象都与之相反，烷基氰化物消除和CO/乙烯/甲醇催化的实验数据不支持arm-off机理。Marcone和Moloy[172]的实验数据包括对Thorpe-Ingold效应和1,3-二丙基桥的2号碳上的取代基(偕二甲基效应)的研究，该数据表明还原消除反应不会被取代基减慢，因此膦配体的解离可以被排除在外。Goldberg和Moloy以及他们的同事确实观察到了在Pt(Ⅳ)偕烷基取代的丙烷桥配合物中，乙烷的还原消除反应降低了100倍，这表明Thorpe-Ingold效应在该类反应中确实存在。众所周知，含有单配位膦的铂(Ⅳ)配合物中的还原消除的涉及膦离解。

在CO和乙烯聚合物中，链转移包括还原消除反应。因此，在这样一个过程中如果发生膦解离，偕甲基效应导致较高的相对分子质量。较低的相对分子质量与更大量的配位体配合，这会导致更快的还原消除。在交叉耦合化学中，这种类型的详细研究不多，但是如果假设一个膦离解(arm-off机制)应该比Xantphos Pt-DPEphos容易，交叉耦合的研究结果不支持这一机理。Hamann和Hartwig提出了一种离解机理来解释需要使用DPEphos和Xantphos的β-消除反应的副产品的产生，其邻甲苯基衍生物是在这种情况下最有效的配体。Kranenburg认为更大的咬角可能会得到五配位物种，而五配位物种会通过例如β-氢化消除的方式导致副产物的形成[175]。在最近报道中Hartwig提出osiPhos配体通过使PD与刚性双齿配体紧密结合起作用，从而有了钯还原消除反应中的arm-off机理提供一点支持。在二膦络合物的还原消除发生顺式配合物中而反式配合物被发现是有效的催化剂。如上图所示，根据不同的二膦的咬入角，一系列含有双齿配体的PdArBr既能提供反式配合物又能提供顺式配合物，但对于该系列，van Leeuwen组发现反式配合物是NC键形成反应最快的催化剂[69,73]。所给出的解释是，X-射线研究关注的卤化物配合物，而不是酰胺-芳基配合物进行还原消除；取代卤代酰胺的顺式复杂的形式和更广泛的咬入角，更快的还原消除反应。

Gelman和同事描述了一个来自1,8-二-(4-(二苯基膦基)苯基)蒽的反式螯合钯络合物作为羰基化Suzuki偶联和芳基碘化物和溴化物甲氧羰基化催化剂。其选择性来自于式螯合配位体独特的结构特征[202]。产率很高，副反应和催化剂分解不起作用由于可以使用0.01%催化剂(如图9.24所示)。如4,5-双二苯基膦-9,9-二甲基氧杂蒽中所需的较高温度表明，还原消除发生之前形成瞬时顺式络合物。

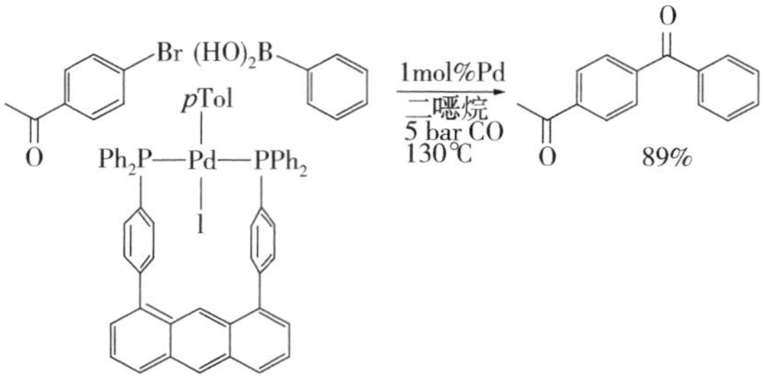

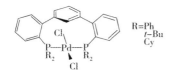

图 9.24　羰基 Suzuki-Miyaura 交叉偶联中的反式前驱体

联苯基二膦(见图 9.25)也形成反式钯配合物，它在 Suzuki-Miyaura 和 Heck-Mizoroki 反应中分别作为芳基溴化物和碘化物与苯丙烯酸和苯乙烯的催化剂[203]。体相的烷基取代的二膦在氯苯偶联反应中 100~120℃ 没有活性。而 Suzuki 反应适用于这三个配体，Heck 反应中效果最好的是二苯基膦取代配体。由于 Suzuki 反应中所

图 9.25　三联苯基二膦及其反式复合物

有三个配体时氧化加成确实发生。在 Heck 反应中苯乙烯插入是慢速步(对 tBu)或阻碍步(CY)。它被认为是足够灵活的配位体以形成在交叉偶联反应中进行还原消除的顺式配合物。如第 9.1 节提到的，烯烃的芳基化收率在缺电子的配体中更好[65]。

　　Hill 和 Fu 指出了在 Heck 反应中环戊基和叔丁基取代基之间的巨大差异，他们比较了 Cy_3P 和 tBu_3p 存在下的氯苯和甲基丙烯酸酯耦合[204]。他们发现，使用的基质的性质是非常重要的，更慢的 Cy_3P 基的催化剂 L_2PdHCl 氢化物竟然是静息状态。因此，在富含电子的钯配合物 HCl 消除可能是限速步。有趣的是，在 tBu_3P 中还原消除反应可以通过比 Cy_3P 配合物中更弱的基质。晶体结构表明，前一个配合物是由于氢离子和氯离子的直径不同使得纯粹的反式构型高度扭曲，这种扭曲增强还原消除。

　　我们回到双齿结构。配体的咬入角和空间体积之间有一个平衡[205]；而作为苯基类似物，4,5-双二苯基膦-9,9-二甲基氧杂蒽总是最好的(但不能代表氯代芳烃，因为不发生氧化加成)。二茂铁二膦配体衍生物 CyPF-t-Bu(见图 9.36)在磷上有相同取代基时的 C—N 键形成反应中比 4,5-双二苯基膦-9,9-二甲基氧杂蒽的表现要好得多(93%，在一个涉及 3-氯吡啶的反应中，则为小于 5%)。含此配体的钯催化剂在胺化过程中的效率首先来自一个不同寻常的刚性骨架，使配体裹紧钯。其次，强电子供体促进较少反应的氯代芳烃的氧化加成。第三，空间位阻不利于二芳基化，促进 Pd(0) 的形成，增强了从芳基钯酰氨基络合物的还原消除。因此，这些因素强烈类似于提到的二芳基单膦基系统。使用二茂铁二膦配体

衍生物时，好几个反应都能得到很高的 *TON*。

二茂铁二膦配体衍生物——CyPF-*t*-Bu（见图 9.26）作为氨[206]、烷基胺、芳胺胺化和卤代芳烃的催化剂，反应较慢，其中氨作为亲核试剂。Klinkenberg 和 Hartwig 研究了苯胺通过苯基钯氨基（NH₂）中间体的化学还原消除[207]。虽然氨基（NH₂）是一个比 ArNH 更好的亲核试剂，但其还原消除很慢。原因是芳基酰胺和烷基酰胺的空间位

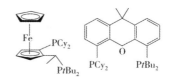

图 9.26　二茂铁二膦配体（CyPF-*t*-Bu）和 4,5-双二苯基膦-9,9-二甲基氧杂蒽同系物

阻使中间体不稳定化到一定程度，导致更快的还原消除发生。

9.4.2　C—F 键的还原消除

芳—氟键的形成不仅从科学的角度也从保健的角度提出了一个特殊情况，因为医药行业中含有 Ar—F 的药物的数量是巨大的。Grushin 详细研究了设想过程的基本步骤，他们很早就描述了这个概念和催化芳香氟化的吸引力[208]。经过多年的尝试，并没有得到结果，他致力于基本步骤和推定的中间体的合成。整体热力学允许 ArBr 和 MF 的复分解反应获得 ARF，例如在缺电子的芳烃亲核取代就是一个工业过程（F 取代 Cl，Halex 反应）。ArBr 氧化加成到 Pd 没有困难，但 Br 被亲核试剂交换得到证实为 Ar-F 的还原消除。Grushin 及其同事与 1997 年第一次报道了包含 Pd-F 键和芳基的络合物，开辟了还原消除研究的道路。在这里我们不考虑从钯还原消除（Ⅳ）[210]，无论是作为原料或作 F+引发的反应的[211]中间体，因为这些系统在催化过程中都很难想象在（ArF 还原消除后 PdX₂仍然必须首先还原）。

因此，尽管在热力学上是可行的，ArF 从钯（Ⅱ）消除在动力学上仍然是一个罕见的过程。F 阴离子在膦稳定的钯配合物是碱性的，从几个氢键复合物可以很明显看出来[212]。然而，迁移的还原消除不发生在 PdF 键很强的地方。加热（PPh₃）2PdPhF 没有发生 PhF 还原消除，但导致氟转移磷形成联苯。有可能的机制为形成金属膦烷，不改变 Pd 的价态（Grushin）。最终的结果与金属和磷芳基/醇盐交换相比，Pt 已经被发现了[213]，尽管当时没有提出金属膦烷中介机制。这两种反应都显示在图 9.27。F 的基本特征也应该援助攻击 C 原子导致还原消除，但没有攻击 P 原子快。贵金属/膦配位体中的 Ar/F 交换已经有几个例子了[212]。

Macgregor、Grushin 及其同事研究了威尔金森络合物中的 Ph/F 交换并确定膦烷机理是最有可能的。这就意味着是 P 原子而非 Rh 原子发生价态变化。另一个重要的结论是，与 Ph-PPh₂加氧化加成到金属反应的反应不同，该反应不需要金属空轨道[215]。这也通过试验确定了。额外的膦加入没有减慢 P-F 键的形成。DFT 计算确认了金属膦烷机理[216]。

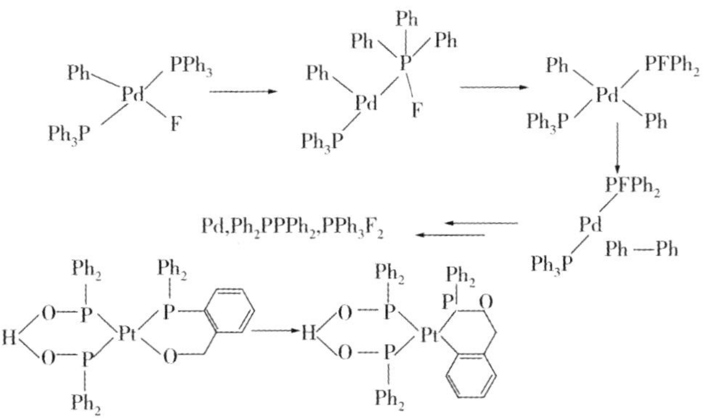

图 9.27　P 和 M(Pt、Pd)之间的 C、F/O 内部交换

　　单膦配合物也被视为他们可能更容易导致还原消除（见第 9.2.5 节），它们被发现形成二聚化合物［LPd(Ar)F］$_2$，包括大体积的配体如 p-tolyl$_3$P 和 PtBu$_3$[217]。加热后无 ArF 形成。考虑到 P-硝基 -苯基部分更快的还原消除，Yandulov 和 Tran 测试了一系列 p-tolyl$_3$P 基配体被添加到二聚体。对于一个 Buchwald 联芳基膦（tBu-XPhos），他们发现在加热该混合物时形成了 10% 的氟硝基苯。

　　Grushin 和 Marshall 报道称，相同的化合物包括 Ph，P-甲苯基，或 P-甲氧苯基在 tBu-XPhos 过量时的该反应中没有生成 ArF[218]。各种各样的单膦（包括刚性二环，BINAP 一氧化物，等等）和二膦进行测试（见 Grushin 的综述文献[212]）。但他们没有形成 PhF，即使当应用 CF3 同系物时，（Xantphos）PD(PH)F 顺利得到 C$_6$H$_5$CF$_3$（见后）。（NHC）（PPh$_3$）Pd(Ph)Cl 结构中的 NHCs 络合物室温下发生了 Ph-NHC 的还原消除，因此 NHCs 被放弃了[219]。Pd 的反应并不成功，CuF$_2$ 在高温下并没有按计量的将 PhI 转化为 PhF[220]。

　　最近，Buchwald 及其同事在钯催化芳香氟化领域取得重要成功[221]。在化学计量的氟化反应很多尝试都失败了之后，这是相当令人惊讶的。反应符合 Grushin 概述的概念，源自一种联芳基膦配体——BrettPhos（见图 9.28）。首先，

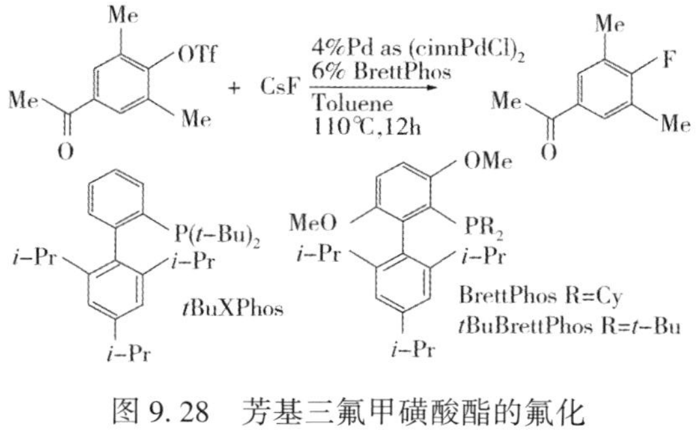

图 9.28　芳基三氟甲磺酸酯的氟化

它表明，（BrettPhos）Pd（Ar）F 的确提供单体络合物，通过还原消除得到 15%～25% ArF，这可以使 ArBr 加成增加到 45%～55%。有人提出溴代芳烃收率较低是由于剩余的（Brettphos）PdAr（F）反应生成（Brettphos）Pd（0）络合物。Hartwig 和同事也观察到，Pd（0）清除剂（在这个例子中三苯基膦作为配体）添加到反应中时，计量反应中 C—S 键从 Pd（Ⅱ）的还原消除反应产品收率增加[144a]。

当使用 Brettphos 和 tBuBrettPhos 时甲磺酸酯的钯催化氟化反应进展顺利。图 9.28 是一个例子。在 1%～4% 的 Pd（作为肉桂酰氯络合物二聚体）以及过量 50% 的 BrettPhos（注意，多余的需要量将取决于催化剂浓度）存在下，80～130℃，CsF 作为氟供体时反应进行。非极性溶剂（环己烷）效果最好，在极性溶剂中 ArH 还原更多并局部形成 ARF 异构体。虽然没有解释，但同分异构体的形成没有遵循苯炔中间体的模式。甲基或甲氧基这种供电子基团间位和邻位取代的芳烃对所需产品的选择性高。但对位取代甲苯和茴香磺酸酯得到大量间位异构体（在甲苯中，分别是 36% 和 70%）。这表明 F 攻击的更加亲电子的间位 ArPd 键而不是本位 C 原子。接着是决速步氢从邻位转移到本位碳，因为生产副产物的整体速率有 H/D 同位素效应。

综上所述，ArCF$_3$ 还原消除并不是一个容易的过程。虽然 F 和 CF$_3$ 键的性能有很大的不同，二者的 Taft 常数和诱导 Hammett 常数非常接近。因此，Grushin 转向 CF$_3$ 消除反应了解亲核氟取代的背景。这个反应也变得相当困难，这是第一次观察到包含宽咬入角配体 Xantphos 的络合物[222]。最近，Buchwald 及其同事报道了引入 CF$_3$ 基团的催化路线[223]。这是一个重要突破，因为 CF$_3$ 也是药品种的常见取代基。采用 6% 的 Pd 和 9% 的 BrettPhos，许多芳基氯化物在 130℃ 下，Et$_3$SiCF$_3$ 作为 CF$_3$ 源时高收率耦合。反应条件和低 *TON* 表明，即便在这个体系缺电子集团如 CF$_3$ 的消除仍然不容易。

9.5　膦分解

9.5.1　膦氧化

在解决 P—C 裂解反应之前，先介绍一些如氧化等的其他磷化氢分解机制。固体状态的芳基膦（除非用大量 MeO 供电子基取代）对空气中氧化不是非常敏感。在溶液中，它们更敏感。烷基膦在空气中很容易氧化，当芳基氯化物作为基质，它们是特选的配体，因为芳基膦化合物的钯配合物通常不经受氯代芳烃的氧化加成。芳基氯化物比芳基溴化物更便宜，可用量更充裕，因为处罚程度与废物处理的重量相关而不是摩尔量，氯化钠联产比溴化钾联产更具有吸引力（相对分子质量分别为 58 和 119）。因此，在过去的十年中针对芳基氯化物在交叉耦合化学中的运用作了许多尝试，并取得较大成功。

从氧化敏感性角度看，关于使用 tBu$_3$P 作为配体的 Fu 协议还是有效的[224]。可以在空气中处理的配体被作为季膦盐添加到反应混合物中（例如，用 BF$_4$- 作为平衡离子)。一旦系统处于惰性气体之中,质子就会被基质转移,分解出磷化氢。它的各种应用已得到了证明。最近的一次修正中,3个当量的二水氟化钾被添加到 $Pd_3(dba)_2$ 和 $[HP(t-Bu)_3]BF_4$ 中[225]。

尽管存在 Cy 或 t-Bu 这两种具有强促进作用的基团,高性能的 Buchwald 配体阻止了氧分子的氧化性。Barder 和 Buchwald 仔细研究了这种现象[226],他们发现在配体的优势构架中,单独一对指向芳基环的 2,6 取代,这抑制了第二个膦对 $R_3P\cdots\cdots O\text{-}O\cdot$ 膦-氧中间体的靠近。因此,2,6 取代在这里扮演了一个重要角色。未取代的联苯膦化物的氧化速度至少是异丙基取代的 Xphos 的 10 倍。

以钯配合物作催化剂时,其他几种含氧试剂能够使膦氧化。甚至水也可以氧化膦,生成氧化膦和氢,这在热动力学上是可行的(甚至是 PPh_3 和烷基膦化物)。一些硬碱如醋酸盐和羟基基团也可以使膦氧化,例如在钯的存在下的 BINAP。

9.5.2 配体 P—C 键的断裂

在 20 世纪 60 年代,P—C 键的还原裂解作为一个既定的步骤已经应用在膦的合成,在 70 年代早期报道了在过渡金属(Rh,Co)部分通过还原裂解分解磷化氢。用 MeO 替代 PPh_3 中 Ph 基团可以由 Rh 作催化剂催化进行[228]。20 世纪 70 年代中,几个团队观察到了从磷化物到钯的芳基交换,并进入到产品中[229](机理和参考文献见 1.4.3 节~1.4.6 节)。例如,在 150℃以 $Pd(PPh_3)_4$ 为催化剂的邻氯苯酚和丙烯酸乙酯的 Heck-Mizoroki 试验中,只得到少量肉桂酸乙酯,氯酚则完全回收。多余的 PPh_3 会抑制反应。其机理被认为是芳基膦化合物的可逆氧化加成作用,这解释说明了过量配体的减缓作用(见图 9.29)。复合物 3,$PdI(Ar')$ $(PPh_3)_2$,显示了在比较温和的条件下芳基和苯基的交换情况[231]。磷化物上的芳基交换也被用作膦合成的工具,但是产率却很少有超过 60%[232]。从三苯基膦和芳基卤化物来制备季鏻盐的产率会更高一些(95%,1% Pd/dba,145℃,1~24h)[233]。

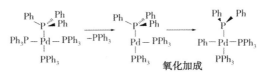

图 9.29 产生空位后的芳基膦化物的氧化加成

早在 1972 年,Matsuda 和同事采用 PPh_3 为芳基的来源,在我们称作 Heck-Mizoroki 反应中,在 50℃以醋酸为溶液的条件下使用化学计量的 $Pd(OAc)_2$ 和 PPh_3[231a,b]进行烯烃(苯乙烯、丙烯酸酯、1-辛烯、环己烯)的芳基化。烯烃和对甲苯基膦复合物的反应产生类似的对甲苯基衍生物。他们提出了亲核攻击的反应机理,例如在磷原子的协同下醋酸盐和苯基同时迁移到钯上。得到了副产物 PhP $(O)(OH)_2$ 和 $Ph_2P(O)OH$,由于非生产目的的氧化作用,同时得到了 Ph_3PO[234]

（见图 9.30）。

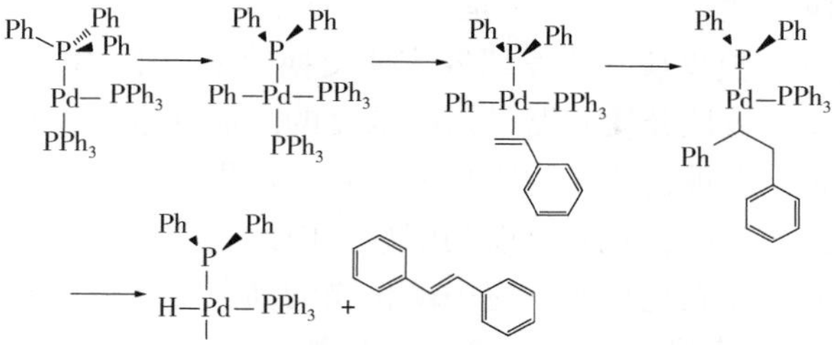

图 9.30　以 PPh$_3$为芳基源的 Heck 反应

　　Hartwig 和同事研究了由钯和镍的 Difluorphos 复合物（以及相关的旋转对映异构配体）催化的酮类和芳基三氟甲磺酸酯的选择性 α 芳基化[235]。三氟甲磺酸酯比卤化物有更高的产率和对映体超量，碘化物效果较差。配体在 P—C 键断裂方面的稳定性影响到反应的产率和非手性产品形成的催化稳定性，如碘化物既如此，更低选择性的手性催化剂也可能导致更低的对映体超量。BINAP 的 P—C 键断裂在之前的芳基溴化物的氨基化中被观察到[41]。

　　在催化反应中，低相对分子质量产生的少量的膦和基板之间的芳基交换也许并不重要，但在聚合物的合成，例如铃木-宫浦交叉偶联反应，这可能意味着每个聚合物分子中含有源于催化剂的芳基，或每个链可能由膦（或磷化物）而终止，这是由 Novak 和他的同事发现[236]。L 为 P（4-FC$_6$H$_4$）$_3$，Ar 为 4-MeOC$_6$H$_4$的 ArP-dL$_2$I 的芳-芳基交换反应被发现遵循伪一级反应动力学。在过量的膦和/或过量碘化物存在下观察到显著的抑制作用，这表明涉及到了一个解离的反应旁路。过量的磷化氢防止解离途径可能不适用，因为由另一机理可能造成季鏻盐的形成（见图 9.31）。

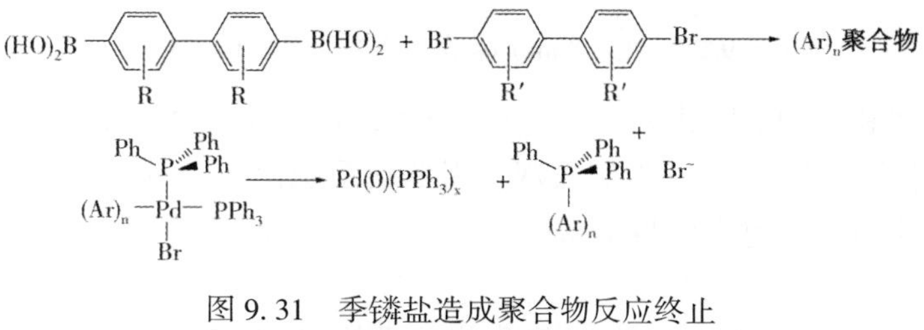

图 9.31　季鏻盐造成聚合物反应终止

　　交换反应通过还原消除形成季鏻盐，而且氧化加成形成了不同的 P—C 键，这表明过量的膦对于中间产物零价钯物质是一个陷阱，阻止生成交换的二价钯复合物。极性溶剂增强交换反应。交换反应的取代基效应的研究表明，膦和钯范围内的芳基吸电子基团抑制交换并增强其位阻效应。三个因素都可能与磷离子形成相关。

Grushin 研究了(Ph₃P)₂Pd(Ph)X 类型所有卤化物的 Pd-Ph/P-Ph 交换反应的热稳定性和反应活性[237]。碘化物是目前最不稳定的。氘代苯中(Ph₃P)₂Pd(C₆D₅)X 的芳基-芳基交换反应动力学研究表明交换速率以 I> Br> Cl(100:4:1)的顺序降低。复合体、极性介质和路易斯酸浓度的降低促进交换反应的进行。不同于 Novak 的上述研究发现，浓度的影响表明解离过程参与其中，在非极性介质和在含阴离子的极性介质中，膦最可能的解离。因此，非极性介质的使用可能在催化反应中是有利的。在氧化加成反应中碘化物的高反应性可能被其高性能的副反应所抵消。Grushin 还建议在过量的膦或卤化物以及最高浓度的催化剂条件下进行反应，因为芳-芳交换是通过结晶游离反应引发的。

以三苯基膦为配体，使用溴化苄酯和 H-膦酸酯的钯催化的 P—C 键生成中观察到季𫎆盐的形成。在催化反应中，三苯基膦的效果较差，而双齿宽咬角物质，如 Xantphos，则表现出优异的效果，表明还原消除是由反应速率限制的(见图 9.32)。苯甲基溴化物的氧化成确实很快。对于 4,5-双(二苯基膦)-9,9-二甲基氧杂蒽𫎆盐(Xantphos phosphonium salt)的形成要弱得多，因为零价钯的氧化加成和还原消除在这种情况下速度更快，这是作者从化学计量反应得到的结论(在这两种情况下，以 Pd/P 为 1:2 进行)[238]。

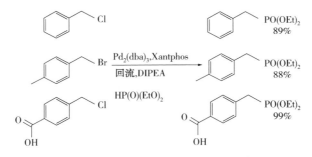

图 9.32　钯/ Xantphos 作用下苯甲基的磷酸化

除了配体和溶剂对防止 P-C 交换的作用，Wallow 和 Novak 也提出了一个无膦铃木-宫浦交叉反应[239]。他们发现，当催化系统使用[(η³-C₃H₅)PdCl]₂作为无膦的前驱体时，其速率比膦基系统，如以 Pd(PPh₃)₄为芳基碘化物的基底，快两个数量级。

1978 年，Ziegler 和 Heck 在溴苯和苯乙烯的 Heck-Mizoroki 反应过程中观察到磷酸盐的形成，期间并未发现芳基的交换或 P—C 键的断裂[240]。由 ArPd(PPh₃)₂还原反应产生 ArPh₃PBkr 是该反应的反应机制。他们还报告说，在 P(o-tolyl)₃作为配体时，副反应没有发生。芳基碘化物 Pd(OAc)₂没有使用磷配体并取得成功。

诺顿和同事证明了钯和磷之间烷基/芳基的交换不涉及磷盐[241]。他们发现

trans-CH₃Pd(PPh₃)₂I 的甲基配体用一个三苯基膦的苯基团和 PhPd(PPh₃)(PMePh₂)I 进行交换。形成的 PMePh₂ 用原始材料三苯基膦来交换。重排是不可逆的，不涉及自由的磷阳离子，也不需要磷化氢离解（见图 9.33）。这样一个重新排列可能涉及正磷的形成，也就是说，磷改变了它的化合价而不是钯。正如我们在 1.4.3~1.4.6 节看到的。在写作本篇报告时，这种机制尚不清楚。

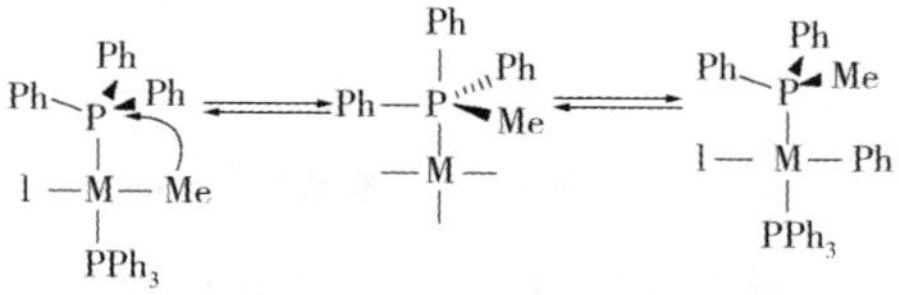

图 9.33　温和条件下钯/磷上苯基/烃基交换

Herrmann 等人研究了在氯代芳烃氧化为相应的 Pd(0)磷配合物时产生的复杂结构性物质 L2PdArCl 时发生的芳基交换[242]。氯苯和缺电子的苯基氯化物 ClC₆H₄X(X=4-NO₂，4-CHO，4-CN，4-H) 被加到 Pd(PPh₃)₄ 或 Pd(PPh₃)₂(dba) 中，在 100~140℃ 以得到 trans-Pd(PPh₃)₂(C₆H₄-p-X)Cl 的复合物。加入的富电子芳基氯化物 ClC₆H₄Y(Y=4-CH₃，4-CH₃O)将会促使反式 Pd(PPh₃)₂(C₆H₄Y)Cl 的形成，然而除了反应释放的，总量基本保持一定，混合物中 90% 为反式 Pd(PPh₃)₂(Oh)Cl，10% 为目标产物反式 Pd(PPh₃){PPh₂(C₆H₄-p-Y)}(Ph)Cl。对初始氧化加成物的稳定性进行研究，结果表明，由碘的衍生物中获得的卤素进行交换形成的富电子氯原子群在中心和磷配体间进行了芳基和芳基之间的交换。最可能的机制是富电子芳基迁移到亲电的磷原子。随后的分子运动导致进一步的结构异化，形成所观察的反应产物。螯合磷配合物顺式 Pd(P∩p)(Ph)Cl(P∩P=dppe，dppp)通过将氧化的氯苯加入到 Pd(P∩P)(dba)或者直接通过磷与 PPh₃ 的交换获得。并没有双配位基的配位体芳基交换的研究报告，这可能是因为含桥联配体结构具有刚性所致。

Herrmann 等人发现，芳基交换后催化剂分解进而限制了 Suzuki-Miyaura 和 Heck-Mizoroki 反应导致邻甲苯基磷的形成（在 9.2.3 节曾讨论）[80]。例如，P—C 键的断裂是对丙烯酸丁酯反应失活的重要原因[243,244]。对于氯化物和溴化物，温度要求很高，要高于120℃。当三苯基磷作为配体，富电子 4-溴苯甲醚作为底物时，会产生大量的肉桂丁酸酯（例如使用的配体的芳基荃）。对于 o-tolylphosphine 不是这种情况

Marcuccio 等人发现，掺入来自三苯基磷的苯基团会使卤代苯和芳基硼酸的偶联产物在最终产物中占三分之一[245]。在另一个试验中他们发现，有 76% 的苯基物转化为二苯物质（见图 9.34）。在一项关于三芳基磷不易提供磷基团的研究中，他们发现三芳基磷性能最好，产品中只有 3% 含有甲醚。正如孔和陈及其他人的研究，外加磷化氢减少了副产物的形成，但这种方法是不实际的，因为会导

致反应速率下降[246]。

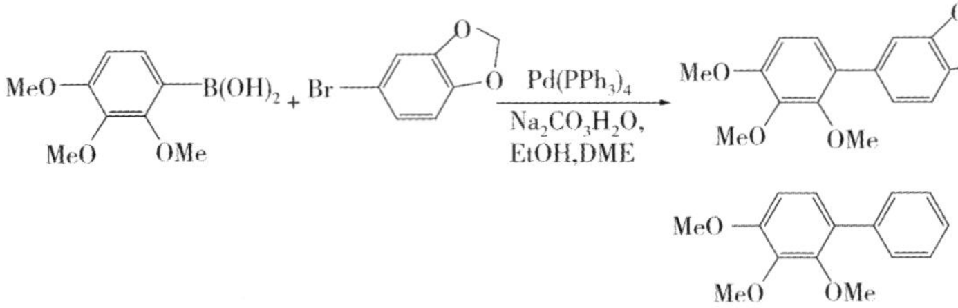

图 9.34　产物中 PPh₃ 苯基群的不兼容

在以 BINAP/Pd 作为催化剂，1,2-二氢呋喃和苯硼酸的非对称 Heck-Mizoroki 反应过程中，也有三苯基磷的产生，这是因为联萘基团内部 P—C 键断裂还原形成三苯基磷[247]。

一个典型的配体分解的例子，就是 Hartwig 等人在卤代芳烃和酚盐的钯催化交叉偶联反应过程中使用的单配位基 tBu₂PFc[248]。在反应过程中，芳基中未被取代的环发生反应，由此产生的基配体似乎是一个催化活性更高的催化剂。单独的合成产物 Ph₅FcPtBu₂ 含有一个五苯茂环(见图 9.35)，这对于 C—O 键的形成可以起到快速的催化作用。

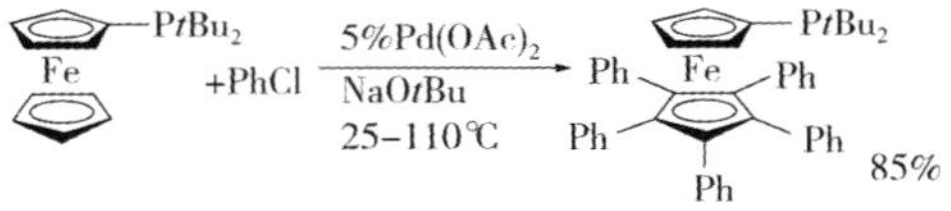

图 9.35　PhCl 苯基化形成 Ph₅FePtBu₂(Q-Phos)

Grushin、MacGregor 和同事研究了在钯催化氰化芳香卤代物中催化剂中毒的机制[249]。尤其重要的是标准催化循环的每一步都可能被过量的氰化物破坏，导致不活跃的 $[(CN)_4Pd]^{2-}$，$[(CN)_3PdR]^{2-}$，和 $[(CN)_3PdH]^{2-}$ 容易形成。水对催化作用特别有害，因为已有的 CN^- 到 HCN 的质子分解对 Pd(0) 是高度活化的。视情况而言，$[(Ph_3P)_4Pd]$ 和 HCN 在 CN—过量的情况下反应可以生成 $[(CN)_4Pd]^{2-}$ 或者非常稳定的新的氢化物 $[(CN)_3PdH]^{2-}$。当 Bu_4N^+ 被用作系统中 CN^- 对应的阳离子，N—C 的解离被观察到，这明显不同于 $[(CN)_3PdBu]^{2-}$ 的形成。机理上讲 C—N 在季鏻盐中的解离与 P—C 的解离类似。Hofmann 降解(水和 CN^- 在强碱下，形成 NBu_3 和 1-丁烯)和钯催化 C-N 解离。常用的 CN^- 的来源 NaCN 和 KCN 易吸湿，因此不建议使用。氰化锌和 $K_4[Fe(CN)_6]$ 产生 CN^- 的能力较弱，并且被成功运用在催化氰化反应中[250,251]。质子溶剂应该避免使用。任何过量的 CN-会导致 $[(CN)_3PdAr]^{2-}$ 的形成，通过 CN^- 取代 PPh₃，这没有经历还原消除。因此，本文很好地解释了为什么催化反应乍看是一个交叉偶联反应的简单修改，很容易被破坏。

9.6 金属杂质

正如我们在介绍中看到的那样(见9.1节)，金属杂质影响格氏试剂的合成和交叉耦合反应本身。Kharasch 和同事们研究发现：出现于格氏合成过程的过渡金属，通过自由基形成导致有机片段的自耦合，并且在与酮的耦合反应中引起了单电子的转移过程。Ahsby 和同事在一系列出版物中研究了 MeMgBr 与酮和腈的发应，发现动力学被大量复合物的形成复杂化并且选择性地取决于酮和格氏浓度[253]。当使用超纯镁时，副产物(如，频哪醇衍生物)的出现完全可以避免。当大量过量的酮被使用时，同样没有副产物被监测到，且与使用镁的纯度无关，但这并非实用的解决办法。

关于 Ag、Cu 和 Fe 的盐与卤代烃的格氏耦合反应，来自 Kochi 和同事的早期结果显示了过渡金属催化剂影响显著但选择性差。总之，金属杂质的存在是值得研究的。注意，在 C—C 的耦合反应中，硼酸、硅烷或基于锡的金属有机组分也是从格氏试剂中合成的，因此，后者的有效合成是重要的。无论是在实验室还是工业中，实际的解决方案通常是测试来自不同供应商的不同等级的镁。

Giordano 详细分析了一个工业中的应用[254]，见图 9.36。它涉及二氟尼柳，一种非甾体抗炎药的合成。销售价格大约是 300 欧元/kg，全球每年生产几百吨。

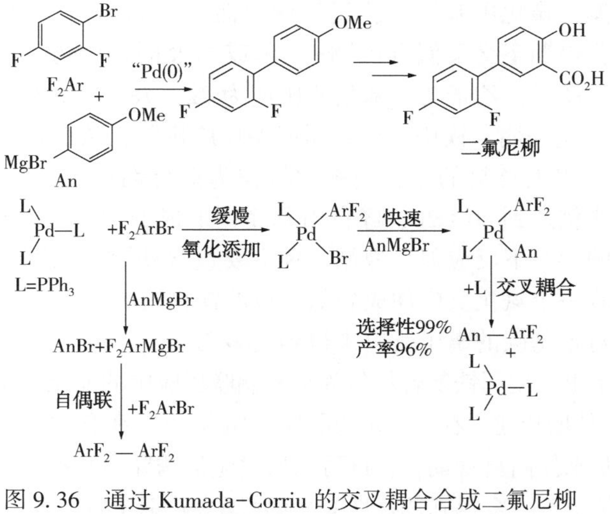

图 9.36　通过 Kumada-Corriu 的交叉耦合合成二氟尼柳

非常纯的产品是需要的。钯含量不得超过 10ppm，并且杂质应低于 0.1%。经典的合成，如 Ullmann 反应不能被应用，因为它们产生大量的副产物。两步是很关键的：交叉耦合和制备 4-溴苯甲醚的格氏试剂。格氏试剂由 4-溴苯甲醚、镁(过量 3%)和碘催化剂在四氢呋喃(3mol/L)中，70℃下制成。主要的问题是在格氏试剂合成期间同质耦合产品的形成。多达 6% 的 4,4′-二甲氧基联苯可能形成。产量依赖于所使用的镁的类型。发现的杂质是 Cu(10~100ppm)，Fe(30~

300ppm)，Ni(5~10ppm)和Mn(35~400ppm)。期待的格氏试剂高产量仅可能当所有这些金属的金属杂质是在上面范围指示的最低水平时出现，否则它们会催化一个交叉耦合反应！

下一步是使用Pd(PPh$_3$)$_4$(0.1%)作为催化剂，格氏试剂与1,3-二氟-4-溴苯的耦合。催化剂是从醋酸钯和三苯基膦原位生成的。二氟溴苯的起始原料是二氟苯胺，其通过重氮化转化为溴化物。格氏试剂(3mol/L)被添加到溴化物溶液中。当格氏试剂被快速添加时，相当数量的同质耦合4,4′-二甲基氧联苯形成。如果氧化加成是反应序列中最慢的一步，应将芳基溴的浓度最大化。由于使用Pd(PPh$_3$)作为原位形成前体，氧化加成在这种情况下是限速步骤。钯金属取代反应，通过甲氧苯基取代溴离子，是比较快的，因此格氏试剂浓度可以保持较低。副反应都是由于格氏试剂和甲氧苯基溴化镁的反应，其在4h内增加。事实上，反应以这样一种方式进行：几乎没有任何格氏试剂在溶液中。结果是更高温度下获得最好的结果(85℃)。总的周转数在高选择性和高收率下超过3000。该反应在12m^{3}不锈钢、玻璃衬里的反应器中运行。到二氟尼柳的转换是通过HBr/AcOH回流去甲氧基完成的，羧酸基团是通过一个与CO$_2$的碱催化反应被引入进来的。

Kim和他的同事[255]对与Kochi(见下文)相关的铁催化剂进行了研究[255]。他们研究了苄基溴与碘化甲基镁反应过程中过渡金属离子(在此情况下为铁)对反应的影响，来获得期望交叉偶合产物-乙苯或均聚耦合产物-二苯基。当使用纯镁制备碘化甲基镁时，乙苯与二苯基的比例为22∶78，如果使用试剂级别的镁，比例为33∶67。这表明，镁中金属杂质影响反应机制，从而导致更少的自身偶联(杂质未识别)。出人意料的是，当氯化铁作为催化剂加入到反应混合物中使乙苯与二苯基的比例达到80∶20，经自由基途径形成的产品会少很多。作者推测，在三价铁离子的存在下反应似乎遵循一种主要包含铁-苯溴化的π络合物的离子机制。这意味着一个氧化反应加成到低价位的铁物质上。该复合物的形成可望提高碘化甲基镁对苯基碳的离子反应来得到更多乙苯。

在过去十年里，使用铁复合物作为交叉偶联反应中的催化剂发生了突然、惊人的增长[256]，这种增长建立在Kochi的前期工作上[12]。在有些情况下，添加铁盐能通过形成自由基来提高自身耦合，这可以通过化学诱导动态核极化(CIDNP)[6]来揭示，但在其他情况下，会得到选择性交叉偶联(这并不矛盾，因为CIDNP的观测需要只对试剂的一部分反应的自由基)。Tamura和Kochi发现室温下以三氯化铁作为催化剂在烷基格利雅试剂和链烯基溴化物之间发生了快速偶合反应，保留了链烯基化合物(Z-1-溴丙烯得到Z-2-丁烯)的E-或Z特性。另一方面，溴化甲基镁与烷基卤化物歧化反应得到烯烃/烷烃，明显通过自由基的途径，类似于使用银催化剂。最近几年发表了很多利用铁催化的选择性交联偶合反应，如果对细节进行适当控制，反应会具有高选择性(来源于铁[257]，溶剂[258]，添加剂[259,260])。Furstner[262]和

Hayashi[263]的小组发表了三氟甲磺酸酯和氯化物偶合反应的几个例子，这些例子表明，迄今为止铁基催化剂在选择性上优于传统的镍催化剂和钯催化剂。这消除了铁催化剂因为是第 10 族金属所以活泼的可能性(Fe 化合物中常见杂质为 Mn，但是 Mn 在交联偶合反应中不活泼)。

Nakamura 和他的同事在 0~40℃时使用 1%~5%氯化亚铁作为催化剂，证实了铃木–宫浦反应和根岸反应的变化[264,265](dppbz = 1,2–双(二苯基膦基)苯)。Nagashima、Nakamura 和他们的同事发现四甲基乙二胺(TMEDA)对 ArMgX 和烷基卤化物[266]在铁催化作用下的偶联反应产生深远的影响。在该反应中四甲基乙二胺与铁协调一致，而不是锂或镁，这增加了该机理的复杂性。该机理最有可能在一个系统到另一个系统间变化，但迄今为止我们一直在避免这种解释。Bedford 和其同事使用锌烷基试剂[267]以 Fe 为催化剂证实了根岸反应的变化。他们使用氯化亚铁(dppbz 或 dppp)作为催化剂。在这种情况下，烷基化剂的作用比仅仅充当烷基化剂更加复杂。

消除铁催化剂中镍或钯中对耦合反应影响不是一件容易的事。与镍在铁催化剂中显示的 PPM(浓度，1ppm = 1mg/kg = 1mg/L)等级相比，简单地用镍替代铁会大幅改变镍的性质。接下来要走的路线是使用纯铁和纯镁(或锌、铝、锂)，并将 ppm 等级的镍或钯添加到系统中，研究这些添加剂的效果。特别是考虑到 Herrmann 和 Bedford 所建立催化剂体系能获得极高的 TONs(百万!)，这似乎意味着建立微量金属体系很重要。使用铁代替钯的吸引力是显而易见的，因此，利用铁作为 Suzuki–Miyaura 反应的催化剂获得的第一个结果被视为重要的突破。Franzen 和他的同事指出 FeCl$_2$(Py)$_4$用作芳基硼酸[268]和芳基溴化物的耦合的催化剂很有效。Bedford，Nakamura 和他们的同事无法重现这些结果，但另外表明，基底与钯的比例达到 1000000 时的反应是完整耦合的[269]。通过使用 P–溴苯乙酮，钯的活性可以达到 ppb 等级[98]。因此，新金属催化了传统交联偶合反应的结论必须谨慎提出。

取代二芳基铁络合物与烷基碘反应的化合物被 Knochel 和 Wunderlich[270]研究发现。有机金属铁的原料能够很方便地通过使用 tmp$_2$Fe · 2MgCl$_2$ · 4LiCl(见图 9.37)替代芳烃来制取。三氯化铁在化合反应中生成类似的 Fe(Ⅱ)络合物。使用高纯度的铁与辛基碘耦合后的产率仅 25%左右，但使用额外 0.5%的氯化镍将产率提高到 94%，与 98%纯度的铁获得的产率相同。金属氯化物如二价钴、锌或铜均没有改善反应，三氯化铁也没有。10%(摩)的对氟苯乙烯被用于加速还原性消去反应。Flu-

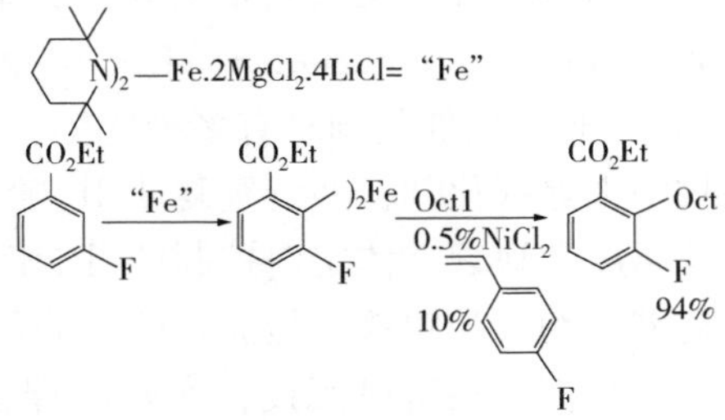

图 9.37 镍催化的芳基铁和烷基碘化物的耦合

orostyrene 在镍催化交叉偶联反应中可以增强还原消除[168a]（参见 9.4.1 节）。

Leadbeater 和同事发现，在 150℃ 微波条件下几分钟，以碳酸钠为碱 50ppb 的钯能够催化泵硼酸和 4-溴苯乙酮的 Suzuki-Miyaura 偶联反应并得到 98% 的产率[271]。反应在无膦配体条件下进行。最初，它被认为在没有钯的情况下可以进行耦合反应，因为其含量低于检测水平。在这样的背景下，我们应该注意到，de Vries 和同事[272]表明，Heck 反应可以在 Beletskaya 称为顺势数量钯催化剂[196d]条件下进行，同时在无配体系统一样。在 PdNPs 作为催化剂使用（前体）时，我们将在 9.7 节进行讨论。

Plenio 总结了无钯 Sonogashira 反应[273]，他得出的结论是，一些不活跃的金属被用于 10% 的量，则钯 *TONs* 可能要超过 10000。Espinet、Echavarren 和同事研究了一个潜在的金催化 Sonogashira 反应，他们得出结论是实际起作用的催化剂是钯[274]。机理研究揭示了几个钯(0)-钯(Ⅱ)对反应不适用于金(Ⅰ)-金(Ⅲ)组对。得出的结论是，金催化的 Sonogashira 反应报道[275]很可能继续得益于任何参加反应的化合物的钯污染。

科雷亚和博尔姆报道铁催化的交叉耦合致使酰胺类、酚类、硫醇和炔烃芳化[276]，其使用了相对高浓度的氯化铁(10%)和 20%（摩）的配体（二胺或二酮），并在 135℃ 如甲苯的溶液中。Bolm 和 Buchwald 团队注意反应的成功在很大程度上取决于铁源[277]。通过使用不同来源和不同纯度三氯化铁进行反应，并加入 5~100ppm 的 Cu_2O，他们证明了实际的催化剂为金属铜。

到目前为止，我们可虑了单一种金属催化剂耦合有机金属化合物片和烃基卤化合物。这是相当困难的，实际情况可能更复杂。过渡金属配合物催化了格氏试剂的形成或催化其分解过程。同样，越来越多的金属可能参与交叉耦合的过程，例如，第二金属可能促进氧化加成或烃基/卤化物交换。关注所有新增加的交叉耦合催化剂并解决所有的问题，这将是非常耗时的[278]。

9.7 金属纳米粒子和负载型金属催化剂

9.7.1 负载型金属催化剂

已知的许多交叉偶联反应例子都是使用负载的金属钯，特别是高温的 Heck-Mizoroki 反应和 Suzuki-Miyaura 反应[279]（负载的纳米粒子将会在 9.7.2 节讲到）。非均相催化剂具有多种优势，如催化剂稳定性高，通过过滤易从反应混合物中去除催化剂，并能重复使用。但是缺点则是负载型催化剂往往需要较高的反应温度和缺乏立体定向控制的可能性。考虑到水和氧气的情况，无机材料负载的钯催化剂较为粗糙。最流行的是碳负载的钯催化剂。

我们将在这里假设，实际的催化反应发生在溶液中，而不是在金属的表面（更多的细节见下文）。例如，碳负载钯作为钯源和反应后钯物明显损失[280]，这意味着进入溶液中的量非常小，或者它的大部分在此反应结束后再次沉淀（例如所有的有机卤化物都被消耗掉）。平均 TOF 或 TON 不是很高；对于碳负载钯，TON 通常低于 100，Zeccas 的综述表明钯在氧的氛围下 TON 可以达到 500[280]，相比其他几个系统数百万的数值低了很多。Zeccas 探讨了多种因素。在反应过程中我们可以做一个过滤测试和 ICP 分析，看溶液中是否有钯[281]或溶液是否显示活性[282]。含有固体催化剂的流动体系的流出物的活性通常表现为阳性。

Arai 和同事深入研究了浸取过程，总结了一些重要的发现[283]。他们观察到，在 75℃ 条件下，在 n-乙烷基吡咯烷酮中添加三乙胺并进行碘苯和丙烯酸甲酯的 Heck 反应时，过滤出 10% 的碳负载钯和 1% 的二氧化硅负载钯催化剂。溶液的最大活性值与溶液中的最高浓度值相一致。他们注意到，在低浓度的 PhI 时会使钯沉淀，并造成反应的结束。再沉淀在碳上比在氧化物上更有效，最好的结果是加热至 160℃。Arai 指出，即使再沉淀再完全，固体催化剂也会产生钝化失活。钯颗粒的烧结可能是潜在的原因，或由碳产品或反应中所产生的盐覆盖了钯。在多相催化反应中，这种积垢可能是可逆的；盐可以通过洗涤而去除，聚合的有机材料可以通过烧蚀去除，虽然这将会破坏钯粒子的尺寸。

默克公司的 Conlon 和同事报道了一个铃木-宫浦反应的粒子，其中钯再沉淀在 C 上并将小于 4ppm 的钯留在溶液中[284]。Kōhler 也报道了高回收碳负载钯的 Heck-Mizoroki 反应，其在 2 小时内的 TONs 高达 18000[285]。他们同时也报道了在 Heck 反应中使用负载钯提高了 TONs[286]。在这个例子中，他们使用纳米粒子的氧化钛、氧化铝和 Y 分子筛负载的钯作为催化剂前驱体在 140℃ 进行芳基卤化物和苯乙烯的反应。对于溴苯，6h 内其 TON 达到 100000，氯苯的速度慢了 10 倍。他们监测了反应速率和溶液浓度，发现两者之间明显的相关性。在这种情况下，钯的使用比平常更有效。

在没有配体的情况下，无配体系统与使用金属钯或钯纳米粒子（PdNPs）系统是密切相关的。过去的二十年里，在 Heck、Suzuki 和 Sonogashira 反应中，这个主题也得到了充分的关注。无配体系统最早是在 1983 年由 Ciba-Geigy 公司的 Spencer 作了研究，显示出工业上对 Heck-Mizoroki 反应中便宜的无配体催化剂的兴趣[86]。对于 p-cyanobromobenzene 和各种烯烃，TONs 高达 1000，但如上述，在邻甲苯基膦的存在下 TONs 要高更多。Spencer 和 Blaser 表明了取代的芳酰基氯化物可以替代卤代芳烃作为基质；在损失一氧化碳的情况下，相比于之前的无配体的乙烯基基质的芳基化产生肉桂酸酯和二苯乙烯类[287]，Heck-Mizoroki 反应可以在较温和的条件下完成。芳酰基氯化物比溴代芳烃更容易发生氧化加成（见图 9.38）。

关于此部分值得一提的是，De Vries 和同事用羧酸酐作为 Heck-Mizoroki 反应中的芳基源，将芳酰基羧酸盐氧化添加到零价钯（见图 9.38）。该芳酰基钯片段脱羟基提供了用于偶联反应的芳基钯[288]。钴产生了一氧化碳和羧酸，并可以回收利用。由于工业上用甲基芳烃（或醛）氧化制成芳基羧酸，因此这中工艺提

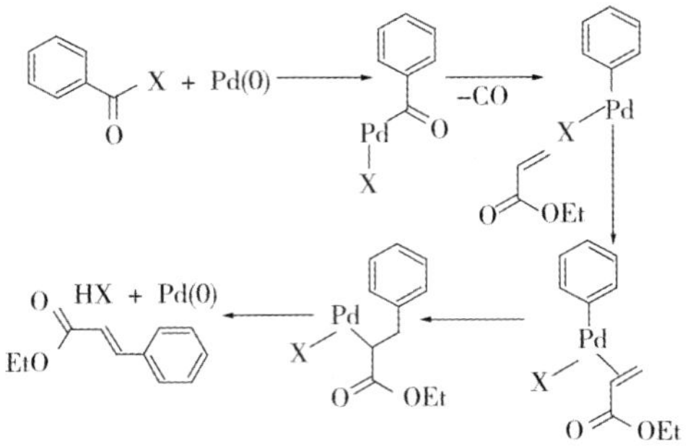

图 9.38 脱羰 Heck-Mizoroki 反应(X=PhCO₂，Cl，OH)

出了一种无卤或盐的交叉偶联反应的选择性。苏和同事直接用羧酸作为氧化剂在苯醌环境下脱去一氧化碳，没有将羧酸转化为酸酐[289]。

在交叉偶联化学领域已经有这么多证据表明需要各种特殊的配体的情况下，人们可能怀疑为什么从负载 Pd 催化剂衍生的无配体催化剂如此好呢？虽然并非总是这样，但在很多情况下对于无配体或钯金属基系统其温度非常高，这可能会限制其在精细化学合成中的使用。如在 9.2.1 节中所述氧化加成不必成为限速步骤，因为有过量的配体如 PPh₃或 dba 来稳定钯。在无配体系统不是这样的，尽管不存在 P-donor 配体，中性钯原子是低的富电子体，也不容易被氧化加成。由于其高度不饱和的状态，无配体钯比复合的钯复合物在氧化加成反应中的活性大。在交叉偶联反应中，还原消除可能成为速率限制环节(对除氯化物外的所有卤化物)，但无配体钯中间体的还原消除速度应该比钯-膦复合物的快，因为膦的供电子效应。

对于无配体的 Heck-Mizoroki 反应，HX 的还原消除可由添加碱的多少来控制，如在第 9.4.1 节所提到的，另一个步骤可能是限速环节。Carrow 和 Hartwig 研究了反应中不用钯纳米粒子而是用均相前驱体制备的无配体钯物质的性质[290]。他们确定了在经过分解后的 ArPdBr₂⁻ 离子二聚物嵌入了烯烃，在室温下形成芳基化烯烃和钯沉淀。由于空间效应，该反应比使用 PPh₃复合钯中间体的反应的速度更快。在 30℃时阴离子像催化剂一样对碘苯与丙烯酸甲酯的反应具有活性；少数基底还可以用于 130℃。中性 PtBu₃复合物的反应比带烯烃的阴离子无配体催化剂慢得多。计算表明阴离子复合物中的钯比中性 PtBu₃复合物中的钯更富电子，因此，在这种情况下，较小空间位阻效应的阴离子复合物具有更高的反应活性。

因此，阴性的无膦复合物被确定，这很可能是从芳基卤化物或其他盐表现出的负载型钯(或钯纳米粒子)生成的复合物。如果把足量的钯加到溶液中，无配体的催化剂可能确实是比较活跃，表现出更高的 *TOFs* 和 *TONs*。使用固体金属前体时，许多报告显示系统计算得到的 *TONs* 要低于总钯的量。总之，有可能是纳米粒子的作用，其具有高的比表面积，从而使较高比例的金属接触到溶液中的需氧化的芳基卤化物和卤化物离子。

9.7.2 金属纳米粒子催化剂

近几十年研究者合成了非常多种类的纳米颗粒用于各种场合，催化剂便是其中之一。有许多方法来获得纳米颗粒并使其稳定[291]，我们可参考相关文章和书籍[292~294]。最初纳米颗粒和胶体被认为是存在均相和多相催化剂之间的一个中间相[295]，也许能成为一个新的催化反应。后者似乎还没有被证实。典型的多相催化反应，如芳香烃和一氧化碳加氢反应，可能发生在纳米颗粒表面，而颗粒可能在反应中完好留存[296]。传统上，在多相催化领域的研究者致力于金属负载颗粒的合成，以提高金属的使用率，因为它们有着较高的比表面积(载体同样有高比表面积)。对于在高温下运行的反应，很小的颗粒可能不稳定并发生重组。这个过程可以被一氧化碳基底强化，以金属羟基合物来输运金属颗粒。由于反应发生在是在如扭结或台阶这种结构特点的地方，非常小的颗粒可能不具有此结构，会比大颗粒更不活跃。例如，单位重量的钴用作菲-托催化剂时，随着钴纳米粒子的尺寸减少其活性大大增加。但尺寸低于 5mm 时活性大大降低，并且其对甲烷的选择性增加。更具体地，标准化的表面原子的数目的活性是恒定在 6nm 以上[297]。实际上，与大块金属相比，这种尺寸效应为纳米颗粒提出了一个新的反应或选择性的变化。

使用钯纳米粒子催化剂从而非常类似于均相催化过程的反应，如交叉偶联反应，Heck-Mizoroki 反应和烯丙基烷基化等，已经成为众多讨论的主题，究竟钯纳米粒子是作为催化剂或作为一种配合物沉/前体；很多文章对此已经作出报道[298]。无配体钯原子(溶剂化)可能是 C—C 偶联反应非常活跃的催化剂，这也许可以解释为什么纳米粒子产生活性催化剂甚至可以高效的回收，只有极少量的催化剂前驱体在每个循环被消耗。不对称的钯纳米粒子催化剂已被报道，如钯催化苯乙烯的硅氢加成[299]和钯催化外消旋底物[300]的烯丙基烷基化。具有手性分子表面修饰已经被发现了几十年并用来产生不对称催化等[301]，但用于均相催化剂和最近的纳米颗粒基不对称催化的类似配体似乎仍有疑问。庞大的配体及其窄口角度使对映选择性反应发生在表面变得不太可能的。越来越多的证据表明，后者的反应是有均相配合物催化的[298]。

均相催化的一个关键问题是，只要分子未被移出反应，纳米颗粒可以通过可逆形式而生成，如同发生在流动系统中，而在热力学和动力学上较大的金属颗粒的形成往往是在不可逆的。

纳米颗粒可能参与了三种交叉耦合化学反应：其使用中或使用后的均相催化剂、催化剂前驱体或者催化剂自身。在反应结束时的催化剂的沉淀可以作为一种手段来完成催化剂的分离或者其在催化作用完成前过早的发生。往往在反应结束时的钯沉淀并没有被报道。在 9.7.1 节中提到的关于钯金属催化剂的发现，即使用纳米颗粒作为均相催化剂的容器这种方法在最近几年流行起来[302]。

Reetz 和 Beller 小组（Hoechst）与 1996 年首次发现 Heck 反应和钯纳米粒子[303,304]。Reetz 和同事通过电化学方法利用季铵盐（Oct_4NBr）和由 Bu_4NBr 稳定的 Pd/Ni 纳米粒子制备了胶体钯或钯纳米粒子，之前 Gratzel 曾经用这个方法处理过 Pt[305]，更具体的过程可参考杰弗里议定[306]。该催化剂用于 120℃ 具有非常活跃的基底（溴代芳烃、硝基氯苯）和苯硼酸的 Suzuki‐Miyaura 反应，而氯苯没有反应。极性溶剂如二甲基乙酰胺的效果最好。Heck-Mizoroki 反应在丙烯酸丁酯和碘苯参与下进行。贝勒和同事研究了在二甲基乙酰胺中利用 p-溴苯乙酮和丙烯酸丁酯在 140℃ 下的反应。在反应温度下，通过添加由 Bōnneman 法[307]制备的钯纳米粒子（通过 $Oct_4N\cdot BHEt_3$ 来减少氯化钯）到反应物中得到了最好的结果。观察到 TOFs 高达 24000h^{-1}。不活泼的氯化物在此温度下不反应。产量不如同期报道的金属环催化剂那么高[80]（参见 9.2.3 节）。

在随后的出版物中，Reetz 和同事描述[308]使用 N,N-二甲基甘氨酸来稳定钯纳米粒子以用于无膦 Heck 反应，它们实现了 100000 数量的 TONs 和超过 1000 的 TOFs。这是迄今为止最活跃的系统之一。当时认为催化作用是发生在钯纳米粒子表面。从图 9.39 可以看出，该系统最有趣的特征是，随着钯浓度的降低反应速率和 TONs 增加。二甲基甘氨酸有稳定作用，但在低浓度时效果会减弱。TOF 提高的一个可能的解释是，在低浓度下较小的颗粒形成，获得更高的表面体积比，而反应是发生在表面上。另一个解释是，在低浓度较大比例的钯（如果不是全部的话）在溶液中以单或低聚钯化合物的形式存在，其比表面原子氧化的更迅速。通过氧化加成的方式分散钯纳米粒子可以获得更高的比表面积，而颗粒生长速度是钯浓度的二阶或更高关系。结果，更小的粒子将会出现。含有吸电子取代基（p-硝基、p-氰基）的芳基溴比电子释放基团（对二甲氨基）有着更高的转换率，这表明在这些系统中高浓度的钯的氧化确是是速率受限的，而均相催化剂并非总是如此[65]。

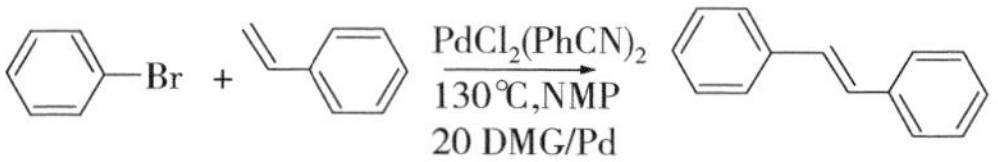

N,N-二甲基甘氨酸(DMG)对无磷的Heck反应的影响

[Pd]	Pd(OAc)₂			PdCl₂(PhCN)₂/20 DMG		
	conv.%	TON	TOF	conv.%	TON	TOF
1.5	51	33	1	98	65	6.5
0.1				96	960	96
0.01	77	8600	360	98	9800	408
0.0009	85	94000	980	96	106700	1100

图 9.39 早期报道的 PdNPs 在低温下有更高的活性

浓度/颗粒大小现象不是唯一的，在钯金属生成中可能经常被观察到。以钯在甲醇和 CO 中为例，在甲醇向乙酸的羰基化过程中在低浓度下发现了更高的 TOFs[309]。

雷茨和韦斯特曼之后证明无配体钯 Heck 催化剂的钯纳米粒子事实上是存在的[310]，但他们还没确定它们的角色，也就是说，它们是否是真正的催化剂或只是作为一个钯的载体。实用的前体包括醋酸钯，氯化钯以及不含膦的钯化合物。所谓的在以 NBu₄Cl 为相转移介质的条件下使用醋酸钯的杰弗里方法是非常有效的[306]。

作者指出，三种不同的原位生成的纳米胶体钯在催化作用中表现相似。他们认为其他无膦催化剂也是基于钯纳米粒子，包括之前建议的钯催化的乌尔曼反应[311]。他们的结论是，虽然催化剂包含胶体"溶液"，但它不是一个传统的均相催化剂，催化作用更可能发生在弯曲处和节点处。后者属于多相催化领域。然而，弯曲和节点随着颗粒尺寸的减小而减少。

在今看来，第一步反应确实可能在表面的热力学不稳定的钯原子上发生。乙烯基或芳基卤化物氧化溶解金属，这让人联想到格氏试剂的生成。可以认为，腐蚀介质会帮助钯和阴离子的氧化溶解过程，就像它们在均匀的膦基系统中的作用。

Beletskaya 和 Cheprakov 综述了到目前为止所有的 Heck-Mizoroki 反应，但是最让人感兴趣的是他们在无配体系统和钯纳米粒子系统方面的贡献[312]。此反应的灵活性是以多样化的催化剂前驱体和基底为证的。我们引用到"催化剂可以是包含钯金属的任何物质，甚至是顺势含有的，在钯缺失的情况下其他金属则起着作用"。同样对 Kumada-Corriu 反应来说，低剂量的钯基催化剂同样得到发展。

Diégez 和合作者证明了钯纳米粒子在手性恶唑啉基亚磷酸盐配体存在的情况下由溶液中的复合体而具有在不对称烯丙基烷基化反应和 Heck-Mizoroki 反应中的活性[314]。钯纳米粒子平均直径为 2.5nm 且具有相当大数量的配合基(每 8 个钯原子和一个双齿配体)。反应在一个 700MW 的连续流动膜式反应器中进行，流出液具有同样的活性，这说明反应发生在溶液中。

Baiker 和合作者研究了 1,3-二苯基烯丙基乙酸酯和二甲基丙二酸酯钠的 AAA 反应中 Pb/Al₂O₃-BINAP 催化剂的同相/异相特性[315]。他们推测了异相催化剂可能具有超量为 60% 的原因，但是他们的结论是很可能均匀溶解的钯物质导致了高的催化活性。氧化的表面钯元素被配体或四氢呋喃溶剂再次还原，但是关于钯纳米粒子本身的活性的证据并没有被发现。

Kōhler 和合作者研究了三氧化二铝负载的钯纳米粒子作为催化剂在 65℃ 下 Suzuki – Miyaura 反应中的反应活性[316]。他们也断言，反应是在同相催化剂的作用下在溶液中发生。在此系统中，颗粒粒径通常是 2nm，这个被认为是由于溶解和钯在钯纳米粒子上的再次沉淀而造成的意外。Rothenberg 和合作者发现在 Sono-gashira 反应中钯纳米粒子的尺寸逐渐减少[317]，同时也显示出浸析的现象。

对钯纳米粒子的详细研究，尽管似乎是认为其在溶液中主要是作为钯物质的来源从而在交叉耦合反应中起到活性作用，但是钯纳米粒子的作用不应该被排除。无膦反应系统可能仍在钯原子表面进行交叉耦合反应的催化，在边缘和节点的钯原子具有两个配位点，这对与氧化加成，亲核取代和还原消除是足够的了。某些需要两个甚至跟多的配位点的机理也不应被排除在外。比如，在 Pd/SiO$_2$ 表面的芳基卤化物加氢成为芳烃，相关基本反应可能发生在钯的表面[318]。因此，纳米粒子仍有可能参与新的反应。作为分子催化剂的存储来源，他们有其优点，但是在催化过程中如何控制其尺寸大小将是一项有待解决的艰难的问题。

9.7.3　金属沉淀

在均相催化中，金属沉淀不像数十年前那样是个经常复发的问题，因为现在许多配体可以形成稳定的复合物，而且在低温下也有高活性。在钯催化中，钯金属的形成是个普遍的现象，通常被称为钯黑的形成。交叉耦合反应易形成钯沉淀，但是已经没有以前那么显著了。如前面提到的，如上文所述，在反应快结束时，钯金属任然可能沉淀，不过可以采取措施来分离金属和有机产品[319]。假如不期望沉淀发生，人们可以通过使用过量的卤代芳烃来避免。在酰胺或脂类合成中作为反应物存在，CO 是造成钯沉淀的因素。Buchwald 对温勒伯(Weinreb)酰胺合成的兴致指引他走向溴苯、胺和一氧化碳的合成路线[320,321]。在这种情况下，相比于联芳单膦类化合物，双齿膦类化合物被发现是最好的，这可能是因为其能更有效地稳定钯配合物以防止金属沉淀。重要的是当 Xamtphos 被应用时，此反应能够在 1bar 的压力下进行。而二苯膦或乙基二环己基膦配体只有在高压下才能有催化活性[322]。Xantphos 可以形成顺式或反式复合体的灵活性保证了其活性，它也可能使一氧化碳以关联的方式进入配位层来形成五配位体复合物[118,173]。显然一个具有灵活的咬角的配体促进了更加稳定的催化剂。

金属团聚体的形成开始于二聚物和三聚物的形成，此可以通过质谱法[319]和 EXAFS 观察到。Van Strijdonck 和他的合作者通过秒为单位的时间解析的 EXAFS 研究了烯丙基烷基化钯催化剂的分解，他们发现二甲基烯丙基钯(Xantphos)(TfO)在观察到团簇前形成了二聚体和三聚体物[323]。相关的有机金属化合物含一价钯，比如一个包含了两个钯-Xantphos 基团的二聚体聚集成烯丙基片段。通过紫外可见光谱观察到分解反应，在可见光区域，当溶液变红时两个特征峰可检测到，而黑色沉淀生成时则消失，这与 EXAFS 分析结果一致。

9.8　结语

在过去的 20 年间，交叉耦合催化无疑是均相催化剂技术的最大应用形式，可能胜过烷基化反应和置换反应的应用范围，接近聚合反应的应用规模。手册和综述需要连续的更新，甚至保持了解用于单一的交叉耦合反应的所有材料也是难以实现的。催化剂失活没有被明确的解决，为了得到关于催化剂活性或分解的相关因素的有用数据，许多关于催化剂系统、金属、配体、两个关键的基底和条件的数据是必须被分析的。通常没有进一步的实验，大部分数据是不能被有效的分析的，在写作此章节时尚没有解决办法。人们可能需要一个不同的方法，就像综述了高收益率的钯催化剂的 Farina 做的那样[324]。任何一个好的系统也不能解决下一个问题，就像在这个领域已经被接受的方案那样，每一组基底都有他自己的解决方案。在这个章节，我们专注于超过记录已有收益率和 TON 的贡献，尽管许多有用的方法没有提供足够的解释。我们希望通过挑选及描述的示例，此概念的本质部分能被记住并用于寻找尚未发现的最好的催化剂的努力中。

为了详细地了解更多的休眠状态、意外的慢步骤和边际反应，成千上万的例子描述是一个不可能完成的任务。只有一些重要的反应能够被进一步的研究，原因之一是它们的工业价值。一组工业调查（由学术研究者）在上文被提到，最近的数据表明这就是目前的状况[158,325]。

除了所提到的反应后载体上钯金属的沉淀，很少的注意力被放到催化剂恢复和从产品中移除金属和配体。为了从含有负载型催化剂的废水或反应流中清除贵金属，Johnson Matthey 公司开发出清除床并能够将金属浓度降低到几个 ppm 量级[326]。

交叉耦合化学占据了有机化学中的关键位置，他提供有价值的捷径来避免保护和去保护步骤、新的转换或者更温和条件下的转变，越来越多的可选择的反应以减少废弃物的产生等。配体的变化致使反应路径的可控，比如 Tsvelikhovsky 和 Buchwald 报道的在闭环反应中那样[327]。工业生产的重要性、实验室有机合成中的重要的作用以及许多有趣的问题将确保交叉耦合化学领域的工作者能够不断地提出新的发明和更多精确的解释。

参 考 文 献

[1] de Meijere, A. and Diederich, F. (eds) (2004) Metal-Catalyzed Cross-Coupling Reactions, 2nd edn, Wiley-VCH Verlag GmbH, Weinheim.
[2] Hartwig, J. F. (2002) Handbook of Organopalladium Chemistry for Organic Synthesis, vol. 1 (ed. E. I. Negishi), Wiley-Interscience, New York, pp. 1051 and 1097.
[3] (a) Grignard, V. (1900) C. R. Hebd. Seances Acad. Sci., 130, 1322; (b) Grignard, V. (1901) Ann. Chim., 24, 433; cited in (c) Shinokubo, H. and Oshima, K. (2004) Eur. J. Org. Chem, 2081-2091.
[4] Bennett, G. M. and Turner, E. E. (1914) J. Chem. Soc., 105, 1057-1062.
[5] Krizewsky, J. and Turner, E. E. (1919) J. Chem. Soc., 110, 559-561.
[6] (a) Ward, H. R. and Lawler, R. G. (1967) J. Am. Chem. Soc., 89, 5518; (b) Lawler, R. G. (1967) J. Am. Chem. Soc., 89, 6519.
[7] (a) Kharasch, M. S., Kleiger, R., Martin, J. A., and Mayo, F. R. (1941) J. Am. Chem. Soc., 63, 2305-2307; (b) Kharasch, M. S. and Tawney, P. O. (1941) J. Am. Chem. Soc., 63, 2308-2315; (c) Kharasch, M. S. and Lambert, F. L. (1941) J. Am. Chem. Soc., 63, 2315-2316; (d) Kharasch, M. S. and Fields, E. K. (1941) J. Am. Chem. Soc., 63, 2316-2320.
[8] Gilman, H. and Lichtenwalter, M. (1939) J. Am. Chem. Soc., 61, 2316-2320.
[9] Bennett, G. M. and Turner, E. E. (1914) J. Chem. Soc. Trans., 1057-1062.
[10] Kochi, J. K. and Tamura, M. (1971) J. Am. Chem. Soc., 93, 1483-1485.
[11] Kochi, J. K. and Tamura, M. (1971) J. Am. Chem. Soc., 93, 1485-1487.
[12] Tamura, M. and Kochi, J. K. (1971) J. Am. Chem. Soc., 93, 1487-1489.
[13] Tamao, K., Sumitani, K., and Kumada, M. (1972) J. Am. Chem. Soc., 94, 4374-4376.
[14] Corriu, R. J. P. and Masse, J. P. (1972) J. Chem. Soc., Chem. Commun., 144.
[15] Chinchilla, R. and Najera, C. (2007) Chem. Rev., 107, 874-922.
[16] (a) Sonogashira, K., Tohda, Y., and Hagihara, N. (1975) Tetrahedron Lett., 16, 4467-4470; (b) Cassar, L. (1975) J. Organomet. Chem., 93, 253; (c) Dieck, H. A. and Heck, R. F. (1975) J. Organomet. Chem., 93, 259.
[17] Stephens, R. D. and Castro, C. E. (1963) J. Org. Chem., 28, 3313-3315.
[18] (a) Tianrui, R., Ye, Z., Weiwen, Z., and Jiaju, Z. (2007) Synth. Commun., 37, 3279-3290; (b) Fukuyama, T.,

Shinmen, M. , Nishitani, S. , Sato, M. , and Ryu, I. (2002) Org. Lett. , 10, 1691-1694; (c) Roya, S. and Plenioa, H. (2010) Adv. Synth. Catal. , 352, 1014-1022.

[19] Baba, S. and Negishi, E. (1976) J. Am. Chem. Soc. , 98, 6729-6731.

[20] Negishi, E. , King, A. O. , and Okukado, N. (1977) J. Org. Chem. , 42, 1821-1823.

[21] Kosugi, M. , Shimizu, Y. , and Migita, T. (1977) Chem. Lett. , 1423.

[22] Milstein, D. and Stille, J. K. (1978) J. Am. Chem. Soc. , 100, 3636-3638.

[23] Miyaura, N. and Suzuki, A. (1979) J. Chem. Soc. , Chem. Commun. , 866-867.

[24] Suzuki, A. (1982) Acc. Chem. Res. , 15, 178-184.

[25] Yanagi, T. , Miyaura, N. , and Suzuki, A. (1981) Synth. Commun. , 11, 513.

[26] Miyaura, N. and Suzuki, A. (1995) Chem. Rev. , 95, 2457-2483.

[27] Smith, G. B. , Dezeny, G. C. , Hughes, D. L. , King, A. O. , and Verhoeven, T. R. (1994) J. Org. Chem. , 59, 8151-8156.

[28] Hatanaka, Y. and Hiyama, T. (1988) J. Org. Chem. , 53, 918-920.

[29] (a) Louie, J. and Hartwig, J. F. (1995) Tetrahedron Lett. , 36, 3609; (b) Guram, A. S. , Rennels, R. A. , and Buchwald, S. L. (1995) Angew. Chem. , Int. Ed. Engl. , 34, 1348; (c) Wolfe, J. P. , Wagaw, S. , and Buchwald, S. L. (1996) J. Am. Chem. Soc. , 118, 7215-7216; (d) Driver, M. S. and Hartwig, J. F. (1996) J. Am. Chem. Soc. , 118, 7217-7218.

[30] (a) Paul, F. , Patt, J. , and Hartwig, J. F. (1994) J. Am. Chem. Soc. , 116, 5969-5970; (b) Guram, A. S. and Buchwald, S. L. (1994) J. Am. Chem. Soc. , 116, 7901-7902.

[31] Kosugi, M. , Kameyama. , M. , and Migita, T. (1983) Chem. Lett. , 927-928.

[32] Heck, R. F. and Nolley, J. P. (1972) J. Org. Chem. , 37, 2320.

[33] Mizoroki, T. , Mori, K. , and Ozaki, A. (1971) Bull. Chem. Soc. Jpn. , 44, 581.

[34] (a) Trost, B. M. and Verhoeven, T. R. (1982) Comprehensive Organometallic Chemistry, vol. 8 (eds G. Wilkinson, E. W. Able, and F. G. A. Stone) , p. 799; (b) Tsuji, J. , Takahashi, H. , and Morikawa, M. (1965) Tetrahedron Lett. , 4387.

[35] Trost, B. M. and Crawley, M. L. (2003) Chem. Rev. , 103, 2921.

[36] Echavarren, A. M. and Córdenas, D. J. (2004) Metal-Catalyzed Cross-Coupling Reactions, 2nd edn (eds A. de Meijere and F. Diederich) , Wiley-VCH Verlag GmbH, Weinheim, pp. 1 -40.

[37] Amatore, C. and Jutand, A. (2000) Acc. Chem. Res. , 33, 314.

[38] Amatore, C. , Carre, E. , Jutand, A. , and M'Barki, M. A. (1995) Organometallics, 14, 1818.

[39] Fors, B. P. , Krattiger, P. , Strieter, E. , and Buchwald, S. L. (2008) Org. Lett. , 10, 3505-3508.

[40] Mace, Y. , Kapdi, A. R. , Fairlamb, I. J. S. , and Jutand, A. (2006) Organometallics, 25, 1795.

[41] Alcazar-Roman, L. M. , Hartwig, J. F. , Rheingold, A. L. , Liable-Sands, L. M. , and Guzei, A. (2000) J. Am. Chem. Soc. , 122, 4618-4630.

[42] Shekhar, S. , Ryberg, P. , Hartwig, J. F. , Mathew, J. S. , Blackmond, D. G. , Strieter, E. R. , and Buchwald, S. L. (2006) J. Am. Chem. Soc. , 128, 3584.

[43] Klingensmith, L. M. , Strieter, E. R. , Barder, T. E. , and Buchwald, S. L. (2006) Organometallics, 25, 82-91.

[44] Gómez Andreu, M. , Zapf, A. , and Beller, M. (2000) Chem. Commun. , 2475-2476.

[45] Hartwig, J. F. and Paul, F. (1995) J. Am. Chem. Soc. , 117, 5373-5374.

[46] Barrios-Landeros, F. and Hartwig, J. F. (2005) J. Am. Chem. Soc. , 127, 6944-6945.

[47] Barrios-Landeros, F. , Carrow, B. P. , and Hartwig, J. F. (2009) J. Am. Chem. Soc. , 131, 8141-8154.

[48] Shekhar, S. and Hartwig, J. F. (2007) Organometallics, 26, 340-351.

[49] Barrios-Landeros, F. , Carrow, B. P. , and Hartwig, J. F. (2008) J. Am. Chem. Soc. , 130, 5842-5843.

[50] (a) Yamashita, M. and Hartwig, J. F. (2004) J. Am. Chem. Soc. , 126, 5344; (b) Mann, G. , Shelby, Q. , Roy, A. H. , and Hartwig, J. F. (2003) Organometallics, 22, 2775; (c) Hartwig, J. F. (2007) Inorg. Chem. , 46, 1936.

[51] (a) Louie, J. and Hartwig, J. F. (1996) Angew. Chem. , Int. Ed. , 35, 2359-2361; (b) Hartwig, J. F. , Richards, S. , Baranano, D. , and Paul, F. (1996) J. Am. Chem. Soc. , 118, 3626.

[52] Hartwig, J. F. (1996) J. Am. Chem. Soc. , 118, 7010-7011.

[53] Christensen, H. , Kiil, S. , Dam-Johansen, K. , Nielsen, O. , and Sommer, M. B. (2006) Org. Process Res. Dev. , 10, 762-769.

[54] Beletskaya, I. P. , Bessmertnykh, A. G. , and Guilard, R. (1999) Tetrahedron Lett. , 40, 6393-6397.

[55] Fors, B. P. , Davis, N. R. , and Buchwald, S. L. (2009) J. Am. Chem. Soc. , 131, 5766-5768.

[56] Shen, Q. , Shekhar, S. , Stambuli, J. P. , and Hartwig, J. F. (2005) Angew. Chem. Int. Ed. , 44, 1371-1375.

[57] Shen, Q. and Hartwig, J. F. (2008) Org. Lett. , 10, 4109-4112.

[58] (a) Damon, D. B. , Dugger, R. W. , Hubbs, S. E. , Scott, J. M. , and Scott, R. W. (2006) Org. Process Res. Dev. , 10, 472; (b) Huang, X. , Anderson, K. W. , Zim, D. , Jiang, L. , Klapars, A. , and Buchwald, S. L. (2003) J. Am. Chem. Soc. , 125, 6653-6655.

[59] Kamikawa, T. and Hayashi, T. (1997) Tetrahedron Lett. , 38, 7087-7090.

[60] Espino, G. , Kurbangalieva, A. , and Brown, J. M. (2007) Chem. Commun. , 1742-1744.

[61] Johns, A. M. , Utsunomiya, M. , Incarvito, C. D. , and Hartwig, J. F. (2006) J. Am. Chem. Soc. , 128, 1828-1839.

[62] Vo, G. D. and Hartwig, J. F. (2008) Angew. Chem. Int. Ed. , 47, 2127-2130.

[63] Ozawa, F. , Kubo, A. , and Hayashi, T. (1992) Chem. Lett. , 2177.

[64] Barder, T. E. and Buchwald, S. L. (2007) J. Am. Chem. Soc. , 129, 5096-5101.

[65] Van Strijdonck, G. P. F. , Boele, M. D. K. , Kamer, P. C. J. , de Vries, J. G. , and van Leeuwen, P. W. N. M. (1999) Eur. J. Inorg. Chem. , 1073.

[66] Batsanov, A. S. , Knowles, J. P. , and Whiting, A. (2007) J. Org. Chem. , 72, 2525-2532.

[67] Ogata, T. and Hartwig, J. F. (2008) J. Am. Chem. Soc. , 130, 13848-13849.

[68] Marion, N. , Navarro, O. , Mei, J. , Stevens, E. D. , Scott, N. M. , and Nolan, S. P. (2006) J. Am. Chem. Soc. , 128, 4101.

[69] Guari, Y. , van Strijdonck, G. P. F. , Boele, M. D. K. , Reek, J. N. H. , Kamer, P. C. J. , and van Leeuwen, P. W. N. M. (2001) Chem. Eur. J. , 7, 475.

[70] Stambuli, J. P. , Kuwano, R. , and Hartwig, J. F. (2002) Angew. Chem. Int. Ed. , 41, 4746-4748.
[71] Paul, F. , Patt, J. , and Hartwig, J. F. (1995) Organometallics, 14, 3030-3039.
[72] Widenhoefer, R. A. , Zhong, H. A. , and Buchwald, S. L. (1997) J. Am. Chem. Soc. , 119, 6787-6795.
[73] Zuideveld, M. A. , Swennenhuis, B. H. G. , Boele, M. D. K. , Guari, Y. , van Strijdonck, G. P. F. , Reek, J. N. H. , Kamer, P. C. J. , Goubitz, K. , Fraanje, J. , Lutz, M. , Spek, A. L. , and van Leeuwen, P. W. N. M. (2002) J. Chem. Soc. , Dalton Trans. , 2308-2318.
[74] Stauffer, S. R. , Lee, S. , Stambuli, J. P. , Hauck, S. I. , and Hartwig, J. F. (2000) Org. Lett. , 2, 1423-1426.
[75] Viciu, M. S. , Germaneau, R. F. , Navarro-Fernandez, O. , Stevens, E. D. , and Nolan, S. P. (2002) Organometallics, 21, 5470-5472.
[76] Alvaro, E. and Hartwig, J. F. (2009) J. Am. Chem. Soc. , 131, 7858-7868.
[77] Fernandez-Rodríguez, M. A. and Hartwig, J. F. (2009) J. Org. Chem. , 74, 1663-1672.
[78] Li, H. , Grasa, G. A. , and Colacot, TJ. (2010) Org. Lett. , 12, 3332-3335.
[79] Beletskaya, I. P. and Cheprakov, A. V. (2004) J. Organomet. Chem. , 689, 4055-4082.
[80] Herrmann, W. A. , Brossmer, C. , Oefele, K. , Reisinger, C. -P. , Priermeier, T. , Beller, M. , and Fischer, H. (1995) Angew. Chem. Int. Ed. Engl. , 34, 1844-1848.
[81] Herrmann, W. A. , Brossmer, C. , Reisinger, C. -P. , Riermeier, T. H. , Oefele, K. , and Beller, M. (1997) Chem. Eur. J. , 3, 1357-1364.
[82] Shaw, B. L. , Perera, S. D. , and Staley, E. A. (1998) Chem. Commun. , 1362-1363.
[83] Canty, A. J. (1992) Acc. Chem. Res. , 25, 83.
[84] Louie, J. and Hartwig, J. F. (1996) Angew. Chem. Int. Ed. , 35, 2359-2361.
[85] Heck, R. F. (1979) Acc. Chem. Res. , 12, 146.
[86] Spencer, A. (1983) J. Organomet. Chem. , 258, 101-108.
[87] Mitsudo. , T. , Fischetti, W. , and Heck, R. F. (1984) J. Org. Chem. , 49, 1640.
[88] Rosner, T. , Le Bars, J. , Pfaltz, A. , and Blackmond, D. G. (2001) J. Am. Chem. Soc. , 123, 1848-1855.
[89] Nadri, S. , Joshaghani, M. , and Rafiee, E. (2009) Organometallics, 28, 6281-6287.
[90] Rosner, T. , Pfaltz, A. , and Blackmond, D. G. (2001) J. Am. Chem. Soc. , 123, 4621-4622.
[91] Jung, E. , Park, K. , Kim, J. , Jung, H. -T. , Oh, I. -K. , and Lee, S. (2010) Inorg. Chem. Commun. , 13, 1329-1331.
[92] Amatore, C. , Godin, B. , Jutand, A. , and Lemaitre, F. (2007) Chem. Eur. J. , 13, 2002-2011.
[93] Ohff, M. , Ohff, A. , van der Boom, M. E. , and Milstein, D. (1997) J. Am. Chem. Soc. , 119, 11687-11688.
[94] Beller, M. and Riermeier, T. H. (1998) Eur. J. Inorg. Chem. , 29-35.
[95] Herrmann, W. A. , Oefele, K. , von Preysing, D. , and Schneider, S. K. (2003) J. Organomet. Chem. , 687, 229-248.
[96] Frey, G. D. , Reisinger, C. -P. , Herdtweck, E. , and Herrmann, W. A. (2005) J. Organomet. Chem. , 690, 3193-3201.
[97] Albisson, D. A. , Bedford, R. B. , Lawrence, S. E. , and Scully, P. N. (1998) Chem. Commun, 2095.
[98] Bedford, R. B. , Hazelwood (níee Welch), S. L. , Horton, P. N. , and Hursthouse, M. B. (2003) Dalton Trans. , 4164-174.
[99] Bruce, M. L. , Goodall, B. L. , and Stone, F. G. A. (1973) J. Chem. Soc. , Chem. Commun. , 558-559.
[100] Lewis, L. N. (1986) J. Am. Chem. Soc. , 108, 743-749.
[101] Coolen, H. K. A. C. , Nolte, R. J. M. , and van Leeuwen, P. W. N. M. (1995) J. Organomet. Chem. , 496, 159-168.
[102] Ohff, M. , Ohff, A. , and Milstein, D. (1999) Chem. Commun. , 357-358.
[103] Bedford, R. B. (2003) Chem. Commun. , 1787-1796.
[104] Bergbreiter, D. E. , Osburn, P. L. , Wilson, A. , and Sink, E. M. (2000) J. Am. Chem. Soc. , 122, 9058.
[105] Nowotny, M. , Hanefeld, U. , van Koningsveld, H. , and Maschmeyer, T. (2000) Chem. Commun. , 1877.
[106] Bedford, R. B. , Hazelwood, S. L. , Limmert, M. E. , Brown, J. M. , Ramdeehul, S. , Cowley, A. R. , Coles, S. J. , and Hursthouse, M. B. (2003) Organometallics, 22, 1364-1371.
[107] McGuinness, D. S. and Cavell, K. J. (2000) Organometallics, 19 (5), 741-748.
[108] Zapf, A. and Beller, M. (2001) Chem. Eur. J. , 7, 2908-2915.
[109] Biscoe, M. R. , Fors, B. P. , and Buchwald, S. L. (2008) J. Am. Chem. Soc. , 130, 6686-6687.
[110] Portnoy, M. , Ben-David, Y. , and Milstein, D. (1993) Organometallics, 12, 4734.
[111] (a) Reddy, N. P. and Tanaka, M. (1997) Tetrahedron Lett. , 38, 4807; (b) Nishiyama, M. , Yamamoto, T. , and Koie, Y (1998) Tetrahedron Lett. , 39, 617; (c) Yamamoto, T. , Nishiyama, M. , and Koie, Y. (1998) Tetrahedron Lett. , 39, 2367; (d) Old, D. W. , Wolfe, J. P. , and Buchwald, S. L. (1998) J. Am. Chem. Soc. , 120, 9722; (e) Littke, A. F. and Fu, G. C. (1998) Angew. Chem. Int. Ed. , 37, 3387.
[112] Barder, T. E. , Walker, S. D. , Martinelli, J. R. , and Buchwald, S. L. (2005) J. Am. Chem. Soc. , 127, 4685.
[113] Alcazar-Roman, L. M. and Hartwig, J. F. (2001) J. Am. Chem. Soc. , 123, 12905.
[114] Weck, M. and Jones, C. W. (2007) Inorg. Chem. , 46, 1865-1875.
[115] Guari, Y. , van Es, D. S. , Reek, J. N. H. , Kamer, P. C. J. , and van Leeuwen, P. W. N. M. (1999) Tetrahedron Lett. , 40, 3789.
[116] Vrieze, K. , Volger, H. C. , and van Leeuwen, P. W. N. M. (1969) Inorg. Chim. Acta, Rev. , 3, 109-128.
[117] Masters, C. and Visser, J. P. (1974) J. Chem. Soc. , Chem. Commun. , 932-933.
[118] Zuidema, E. , van Leeuwen, P. W. N. M. , and Bo, C. (2007) J. Am. Chem. Soc. , 129, 3989-4000.
[119] Farina, V. and Krishnan, B. (1991) J. Am. Chem. Soc. , 113, 9585-9595.
[120] Casares, J. A. , Espinet, P. , and Salas, G. (2002) Chem. Eur. J. , 8, 4844-4853.
[121] Amatore, C. , Bahsoun, A. A. , Jutand, A. , Meyer, G. , Ndedi Ntepe, A. , and Ricard, L. (2003) J. Am. Chem. Soc. , 125, 4212-4222.
[122] Casado, A. L. , Espinet, P. , Gallego, A. M. , and MartInez-Ilarduya, J. M. (2000) J. Am. Chem. Soc. , 122, 11771-11782.
[123] Cotter, W. D. , Barbour, L. , McNamara, K. L. , Hechter, R. , and Lachicotte, R. J. (1998) J. Am. Chem. Soc. , 120, 11016-11017.
[124] Adamo, C. , Amatore, C. , Ciofini, I. , Jutand, A. , and Lakmini, H. (2006) J. Am. Chem. Soc. , 128, 6829-6836.

[125] Rodriguez, N., Cuenca, A., Ramirez de Arellano, C., Medio-Simon, M., and Asensio, G. (2003) Org. Lett., 10, 1705-1708.
[126] Talhami, A., Penn, L., Jaber, N., Hamza, K., and Blum, J. (2006) Appl. Catal. A: Gen., 312, 115-119.
[127] Miller, W. D., Fray, A. H., Quatroche, J. T., and Sturgill, C. D. (2007) Org. Proc. Res. Dev., 11, 359-364.
[128] Clapham, K. M., Batsanov, A. S., Bryce, M. R., and Tarbit, B. (2009) Org. Biomol. Chem., 7, 2155-2161.
[129] Cravotto, G., Palmisano, G., Tollari, S., Nano, G. M., and Penoni, A. (2005) Ultrasonics Sonochem., 12, 91-94.
[130] Jin, Z., Guo, S. -X., Gu, X. -P., Qiu, L. -L., Song, H. -B., and Fanga, J. -X. (2009) Adv. Synth. Catal., 351, 1575-1585.
[131] Kedia, S. B. and Mitchell, M. B. (2009) Org. Proc. Res. Dev., 13, 420-428.
[132] Blackmond, D. (2006) J. Org. Chem., 71, 4711.
[133] Coifini, I. (2006) J. Am. Chem. Soc., 128, 6829.
[134] Demir, A. S., Reis, O., and Emrullahoglu, M. (2004) Abstracts of Papers, 228th ACS National Meeting, Philadelphia, PA, United States, August 22-26, 2004 ORGN-064.
[135] Brimble, M. A. and Lai, M. Y. H. (2003) Org. Biomol. Chem., 1, 2084-2095.
[136] Genet, J. -P., Darses, S., Brayer, J. -L., and Demoute, J. -P. (1997) Tetrahedron Lett., 25, 4393-4396.
[137] Darses, S. and Genet, J. -P. (2008) Chem. Rev., 108, 288-325.
[138] Batey, R. A. andThadani, A. N. (2002) Org. Lett., 4, 3827-3830.
[139] Vedejs, E., Chapman, R. W., Fields, S. C., Lin, S., and Schrimpf, M. R. (1995) J. Org. Chem., 60, 3020-3027.
[140] Molander, G. A. and Ellis, N. (2007) Acc. Chem. Res., 40, 275-286.
[141] Billingsley, K. L. and Buchwald, S. L. (2008) Angew. Chem. Int. Ed., 47, 4695-4698.
[142] (a) Li, G. Y. and Marshall, W. J. (2002) Organometallics, 21, 590-591; (b) Li, G. Y. (2001) Angew. Chem. Int. Ed., 40, 1513-1516.
[143] Calhorda, M. J., Brown, J. M., and Cooley, N. A. (1991) Organometallics, 10, 1431.
[144] (a) Mann, G., Baranano, D., Hartwig, J. F., Rheingold, A. L., and Guzei, I. A. (1998) J. Am. Chem. Soc., 120, 9205; (b) Kondo, T. and Mitsudo, T. -a. (2000) Chem. Rev., 100, 3205; (c) Fernandez-Rodriguez, M. A., Shen, Q., and Hartwig, J. F. (2006) Chem. Eur. J., 7782.
[145] Kantchev, E. A. B., O'Brien, C. J., and Organ, M. G. (2007) Angew. Chem. Int. Ed., 46, 2768.
[146] Jin, L., Zhang, H., Li, P., Sowa, J. R. Jr., and Lei, A. (2009) J. Am. Chem. Soc., 131, 9892-9893.
[147] (a) Gillie, A. and Stille, J. K. (1980) J. Am. Chem. Soc., 102, 4933; (b) Moravskiy, A. and Stille, J. K. (1981) J. Am. Chem. Soc., 103, 4147; (c) Ozawa, F., Ito, T., and Yamamoto, A. (1980) J. Am. Chem. Soc., 102, 6457; (d) Tatsumi, K., Hoffmann, R., Yamamoto, A., and Stille, J. K. (1981) Bull. Chem. Soc. Jpn., 54, 1857.
[148] (a) Stambuli, J. P., Incarvito, C. D., Buhl, M., and Hartwig, J. F. (2004) J. Am. Chem. Soc., 126, 1184; (b) Yamashita, M., Takamiya, I., Jin, K., and Nozaki, K. (2006) J. Organomet. Chem., 691, 3189.
[149] Christmann, U. and Vilar, R. (2005) Angew. Chem. Int. Ed., 44, 366-374.
[150] (a) Fox, J. M., Huang, X., Chieffi, A., and Buchwald, S. L. (2000) J. Am. Chem. Soc., 122, 1360-1370; (b) Birkholz Gensow, M. -N., Freixa, Z., and van Leeuwen, P. W. N. M. (2009) Chem. Soc. Rev, 38, 1099-1118.
[151] Hartwig, J. F. (2008) Acc. Chem. Res., 41, 1534-1544.
[152] Díez-Gonzalez, S. and Nolan, S. P. (2007) Top. Organomet. Chem., 21, 47-82.
[153] Caporali, M., Mueller, C., Staal, B. B. P., Tooke, D. M., Spek, A. L., and van Leeuwen, P. W. N. M. (2005) Chem. Commun., 3478-3480.
[154] Wolfe, J. P., Singer, R. A., Yang, B. H., and Buchwald, S. L. (1999) J. Am. Chem. Soc., 121, 9550-9561.
[155] Tomori, H., Fox, J. M., and Buchwald, S. L. (2000) J. Org. Chem., 65, 5334-5341.
[156] Kaye, S., Fox, J. M., Hicks, F. A., and Buchwald, S. L. (2001) Adv. Synth. Catal., 343, 789-794.
[157] (a) Nishida, G., Noguchi, K., Hirano, M., and Tanaka, K. (2007) Angew. Chem., 119, 4025-4028; (b) Kondoh, A., Yorimitsu, H., and Oshima, K. (2007) J. Am. Chem. Soc., 129, 6996-6997; (c) Ashburn, B. O., Carter, R. G., and Zakharov, L. N. (2007) J. Am. Chem. Soc., 129, 9109-9116; (d) Ashburn, B. O. and Carter, R. G. (2006) Angew. Chem., 118, 6889-6893.
[158] Buchwald, S. L., Mauger, C., Mignani, G., and Scholz, U. (2006) Adv. Synth. Catal., 348, 23-39.
[159] Mauger, C. C. and Mignani, G. A. (2004) Org. Proc. Res. Dev, 8, 1065-1071.
[160] (a) Singer, R. A., Dore, M., Sieser, J. E., and Berliner, M. A. (2006) Tetrahedron Lett., 47, 3727-3731; (b) Rataboul, F., Zapf, A., Jackstell, R., Harkal, S., Riermeier, T., Monsees, A., Dingerdissen, U., and Beller, M. (2004) Chem. Eur. J., 10, 2983-2990; (c) So, C. M., Lau, C. P., and Kwong, F. Y. (2007) Org. Lett., 9, 2795-2798; (d) Harkal, S., Rataboul, F., Zapf, A., Fuhrmann, C., Riermeier, T., Monsees, A., and Beller, M. (2004) Adv. Synth. Catal., 346, 1742-1748; (d) Littke, A. F., Dai, C., and Fu, G. C. (2000) J. Am. Chem. Soc., 122, 4020-4028.
[161] Martin, R., Anderson, K. W., Tundel, R. E., Ikawa, T., Altman, R. A., and Buchwald, S. L. (2006) Angew. Chem. Int. Ed., 45, 6523-6527.
[162] Strieter, E. R. and Buchwald, S. L. (2006) Angew. Chem. Int. Ed., 45, 925-928.
[163] Barder, T. E. and Buchwald, S. L. (2007) J. Am. Chem. Soc., 129, 5096-5101.
[164] Fors, B. P., Watson, D. A., Biscoe, M. R., and Buchwald, S. L. (2008) J. Am. Chem. Soc., 130, 13552-13554.
[165] Barder, T. E. and Buchwald, S. L. (2007) J. Am. Chem. Soc., 129, 12003-12010.
[166] Barder, T. E., Walker, S. D., Martinelli, J. R., and Buchwald, S. L. (2005) J. Am. Chem. Soc., 127, 4685-4696.
[167] (a) Yamamoto, T., Yamamoto, A., and Ikeda, S. (1971) J. Am. Chem. Soc., 93, 3350-3359; (b) Jensen, A. E. and Knochel, P. (2002) J. Org. Chem., 67, 79-85.
[168] (a) Giovannini, R., Studemann, T., Dussin, G., and Knochel, P. (1998) Angew. Chem. Int. Ed., 37, 2387-2390; (b) Grundl, M. A., Kennedy-Smith, J. J., and Trauner, D. (2005) Organometallics, 24, 2831-2833.
[169] Fairlamb, I. J. S. (2008) Org. Biomol. Chem., 6, 3645-3656.
[170] Luo, X., Zhang, H., Duan, H., Liu, Q., Zhu, L., Zhang, T., and Lei, A. (2007) Org. Lett., 9, 4571-4574.
[171] Zhang, H., Luo, X., Wongkhan, K., Duan, H., Li, Q., Zhu, L., Wang, J., Batsanov, A. S., Howard, J. A. K., Marder, T. B., and Lei, A. (2009) Chem. Eur. J., 15, 3823-3829.

[172] Marcone, J. E. and Moloy, K. G. (1998) J. Am. Chem. Soc. , 120, 8527.
[173] Zuidema, E. , van Leeuwen, P. W. N. M. , and Bo, C. (2005) Organometallics, 24, 3703.
[174] (a) Hayashi, T. , Konishi, M. , Kobori, Y, Kumada, M. , Higushi, T. , and Hirotsu, K. (1984) J. Am. Chem. Soc. , 106, 158; (b) Ogasawara, M. , Yoshida, K. , and Hayashi, T. (2000) Organometallics, 19, 1567.
[175] Kranenburg, M. , Kamer, P. C. J. , and van Leeuwen, P. W. N. M. (1998) Eur. J. Inorg. Chem. , 155.
[176] (a) Reductive elimination: Brown, J. M. and Cooley, N. A. (1988) Chem. Rev. , 88, 1031; (b) Hartwig, J. F. (1998) Acc. Chem. Res. , 31, 852; (c) Fujita, K. -i. , Yamashita, M. , Puschmann, F. , Alvarez-Falcon, M. M. , Incarvito, C. D. , and Hartwig, J. F. (2006) J. Am. Chem. Soc. , 128, 9044–9045.
[177] Bite angle effect on reductive elimination: Brown, J. M. and Guiry, P. J. (1994) Inorg. Chim. Acta, 220, 249.
[178] Otsuka, S. (1980) J. Organomet. Chem. , 200, 191.
[179] For platinum see: Abis, L. , Santi, R. , and Halpern, J. (1981) J. Organomet. Chem. , 215, 263.
[180] (a) Baranano, D. and Hartwig, J. F. (1995) J. Am. Chem. Soc. , 117, 2937; (b) Widenhoefer, R. A. , Zhong, H. A. , and Buchwald, S. L. (1997) J. Am. Chem. Soc. , 119, 6787; (c) Driver, M. S. and Hartwig, J. F. (1997) J. Am. Chem. Soc. , 119, 8232.
[181] Yamashita, M. , Cuevas Vicario, J. V. , and Hartwig, J. F. (2003) J. Am. Chem. Soc. , 125, 16347.
[182] (a) Dekker, G. P. C. M. , Buijs, A. , Elsevier, C. J. , Vrieze, K. , van Leeuwen, P. W. N. M. , Smeets, W. J. J. , Spek, A. L. , Wang, Y. F. , and Stam, C. H. (1992) Organometallics, 11, 1937; (b) van Leeuwen, P. W. N. M. , Roobeek, C. F. , and van der Heijden, H. (1994) J. Am. Chem. Soc. , 116, 12117; (c) van Leeuwen, P. W. N. M. and Roobeek, C. F. (1995) Rec. Trav. Chim. Pays-Bas, 114, 73.
[183] Fitton, P. and Rick, E. A. (1971) J. Organomet. Chem. , 28, 287.
[184] Shen, Q. and Hartwig, J. F. (2007) J. Am. Chem. Soc. , 129, 7734.
[185] Tolman, C. A. , Seidel, W. C. , Druliner, J. D. , and Domaille, P. J. (1984) Organometallics, 3, 33.
[186] Hooper, M. W. and Hartwig, J. F. (2003) Organometallics, 22, 3394.
[187] Ikawa, T. , Barder, T. E. , Biscoe, M. R. , and Buchwald, S. L. (2007) J. Am. Chem. Soc. , 129, 13001–13007.
[188] Culkin, D. A. and Hartwig, J. F. (2004) Organometallics, 23, 3398.
[189] van Leeuwen, P. W. N. M. , Zuideveld, M. A. , Swennenhuis, B. H. G. , Freixa, Z. , Kamer, P. C. J. , Goubitz, K. , Fraanje, J. , Lutz, M. , and Spek, A. L. (2003) J. Am. Chem. Soc. , 125, 5523.
[190] (a) van der Veen, L. A. , Boele, M. D. K. , Bregman, F. R. , Kamer, P. C. J. , van Leeuwen, P. W. N. M. , Goubitz, K. , Fraanje, J. , Schenk, H. , and Bo, C. (1998) J. Am. Chem. Soc. , 120, 11616; (b) Carbo, J. J. , Maseras, F. , Bo, C. , and van Leeuwen, P. W. N. M. (2001) J. Am. Chem. Soc. , 123, 7630; (c) Zuidema, E. , Escorihuela, L. , Eichelsheim, T. , Carbó, J. J. , Bo, C. , Kamer, P. C. J. , and van Leeuwen, P. W. N. M. (2008) Chem. Eur. J. , 14, 1843; (d) Zuidema, E. , Daura-Oller, E. , Carbo, J. J. , Bo, C. , and van Leeuwen, P. W. N. M. (2007) Organometallics, 26, 2234.
[191] Murata, M. and Buchwald, S. L. (2004) Tetrahedron, 60, 7397.
[192] Hamann, B. C. and Hartwig, J. F. (1997) J. Am. Chem. Soc. , 119, 12382.
[193] Roy, A. H. and Hartwig, J. F. (2004) Organometailics, 23, 194.
[194] Fihri, A. , Meunier, P. , and Hierso, J. -C. (2007) Coord. Chem. Rev. , 251, 2017.
[195] (a) Hartwig, J. F. (1999) Pure Appl. Chem. , 8, 1417; (b) Prim, D. , Campagne, J. -M. , Joseph, D. , and Andrioletti, B. (2002) Tetrahedron, 58, 2041; (c) Ley, S. V and Thomas, A. W. (2003) Angew. Chem. Int. Ed. , 42, 5400; (d) Beletskaya, I. P. and Cheprakov, A. V. (2004) Chem. Rev. , 248, 2337; (e) Beletskaya, I. P. (2005) Pure Appl. Chem. , 77, 2021.
[196] (a) Eastham, G. R. , Heaton, B. T. , Iggo, J. A. , Tooze, R. P. , Whyman, R. , and Zacchini, S. (2000) Chem. Commun. , 609; (b) Clegg, W. , Eastham, G. R. , Elsegood, M. R. J. , Heaton, B. T. , Iggo, J. A. , Tooze, R. P. , Whyman, R. , and Zacchini, S. (2002) Organometallics, 21, 1832.
[197] Yin, J. and Buchwald, S. L. (2002) J. Am. Chem. Soc. , 124, 6043.
[198] Zheng, N. , McWilliams, J. C. , Fleitz, F. J. , Armstrong, J. D. III, and Volante, R. P. (1998) J. Org. Chem. , 63, 9606.
[199] Arthur, K. L. , Wang, Q. L. , Bregel, D. M. , Smythe, N. A. , O'Neill, B. A. , Goldberg, K. I. , and Moloy, K. G. (2005) Organometallics, 24, 4624.
[200] Mul, M. P. , van der Made, A. W. , Smaardijk, A. B. , and Drent, E. (2003) Catalytic Synthesis of Alkene-Carbon Monoxide Copolymers and Cooligomers (ed. A. Sen), Kluwer Academic Publishers, Dordrecht, pp. 87–140.
[201] Hamann, B. C. and Hartwig, J. F. (1998) J. Am. Chem. Soc. , 120, 3694.
[202] Kaganovsky, L. , Gelman, D. , and Rueck-Braun, K. (2010) J. Organometal. Chem, 695, 260–266.
[203] Smith, R. C. , Bodner, C. R. , Earl, M. J. , Sears, N. C. , Hill, N. E. , Bishop, L. M. , Sizemore, N. , Hehemann, D. T. , Bohn, J. J. , and Protasiewicz, J. D. (2005) J. Organometal. Chem. , 690, 477–481.
[204] Hills, I. D. and Fu, G. C. (2004) J. Am. Chem. Soc. , 126, 13178–13179.
[205] Shen, Q. , Ogata, T. , and Hartwig, J. F. (2008) J. Am. Chem. Soc. , 130, 6586–6596.
[206] Vo, G. D. and Hartwig, J. F. (2009) J. Am. Chem. Soc. , 131, 11049–11061.
[207] Klinkenberg, J. L. and Hartwig, J. F. (2010) J. Am. Chem. Soc. , 132, 11830–11833.
[208] Grushin, V. V. (2002) Chem. Eur. J. , 8, 1006–1014.
[209] Fraser, S. L. , Antipin, M. Yu. , Khroustalyov, V. N. , and Grushin, V. V. (1997) J. Am. Chem. Soc. , 119, 4769–4770.
[210] Furuya, T. and Ritter, T. (2008) J. Am. Chem. Soc. , 130, 10060–10061.
[211] Ball, N. D. and Sanford, M. S. (2009) J. Am. Chem. Soc. , 131, 3796–3797.
[212] Grushin, V. V. (2010) Acc. Chem. Res. , 43, 160–171.
[213] van Leeuwen, P. W. N. M. , Roobeek, C. F. , and Orpen, A. G. (1990) Organometallics, 9, 2179.
[214] Macgregor, S. A. , Roe, D. C. , Marshall, W. J. , Bloch, K. M. , Bakhmutov, V. I. , and Grushin, V. V. (2005) J. Am. Chem. Soc. , 127, 15304–15321.
[215] Macgregor, S. A. (2007) Chem. Soc. Rev. , 36, 67–76.
[216] Macgregor, S. A. and Wondimagegn, T. (2007) Organometallics, 26, 1143–1149.

[217] Yandulov, D. V. and Tran, N. T. (2007) J. Am. Chem. Soc., 129, 1342-1358.
[218] Grushin, V. V. and Marshall, W. J. (2007) Organometallics, 26, 4997-5002.
[219] Marshall, W. J. and Grushin, V. V. (2003) Organometallics, 22, 1591-1593.
[220] Grushin, V. (2007) U. S. Patent 7, 202, 388 (to DuPont); (2006) Chem. Abstr., 144, 317007.
[221] Watson, D. A., Su, M., Teverovskiy, G., Zhang, Y., García-Fortanet, J., Kinzel, T., and Buchwald, S. L. (2009) Science, 325, 1661-1664.
[222] Grushin, V. V. and Marshall, W. J. (2006) J. Am. Chem. Soc., 128, 12644.
[223] Cho, E. J., Senecal, T. D., Kinzel, T., Zhang, Y., Watson, D. A., and Buchwald, S. L. (2010) Science, 328, 1679-1681.
[224] Netherton, M. R. and Fu, G. C. (2001) Org. Lett., 3, 4295-4298.
[225] Lou, S. and Fu, G. C. (2010) Adv. Synth. Catal., 352, 2081-2084.
[226] Barder, T. E. and Buchwald, S. L. (2007) J. Am. Chem. Soc., 129, 5096-5601.
[227] Ozawa, F., Kubo, A., and Hayashi, T. (1992) Chem. Lett., 2177.
[228] Kaneda, K., Sano, K., and Teranishi, S. (1979) Chem. Lett., 821-822.
[229] (a) Kikukawa, K., Yamane, T., Takagi, M., and Matsuda, T. (1972) J. Chem. Soc., Chem. Commun., 695-696; (b) Yamane, T., Kikukawa, K., Takagi, M., and Matsuda, T. (1973) Tetrahedron, 29, 955; (c) Asano, R., Moritani, I., Fujiwara, Y, and Teranishi, S. (1973) Bull. Chem. Soc. Jpn., 46, 2910.
[230] Fahey, D. R. and Mahan, J. E. (1976) J. Am. Chem. Soc., 98, 4499-4503.
[231] Kong, K. -C. and Cheng, C. -H. (1991) J. Am. Chem. Soc., 113, 6313-6315.
[232] Wang, Y., Lai, C. W., Kwong, F. Y., Jia, W., and Chan, K. S. (2004) Tetrahedron, 60, 9433-9439.
[233] Marcoux, D. and Charette, A. B. (2008) J. Org. Chem., 73, 590-593.
[234] Kikukawa, K., Takagi, M., and Matsuda, T. (1979) Bull. Chem. Soc. Jpn., 52, 1493-1497.
[235] Liao, X., Weng, Z., and Hartwig, J. F. (2008) J. Am. Chem. Soc., 130, 195-200.
[236] (a) Wallow, T. I., Seery, T. A. P., Goodson, F. E., and Novak, B. M. (1994) Polym. Prepr. Am. Chem. Soc. Div. Polym. Chem., 35, 710; (b) Novak, B. M., Wallow, T. I., Goodson, F. E., and Loos, K. (1995) Polym. Prepr. Am. Chem. Soc. Div. Polym. Chem., 36, 693; (c) Goodson, F. E., Wallow, T. I., and Novak, B. M. (1997) J. Am. Chem. Soc., 119, 12441-12453.
[237] Grushin, V. V. (2000) Organometallics, 19, 1888-1900.
[238] Laven, G., Kalek, M., Jezowska, M., and Stawinski, J. (2010) New J. Chem., 34, 967-975.
[239] Wallow, T. I. and Novak, B. M. (1994) J. Org. Chem., 59, 5034-5037.
[240] Ziegler, C. B. Jr. and Heck, R. F. (1978) J. Org. Chem., 43, 2941-2946.
[241] Morita, D. K., Stille, J. K., and Norton, J. R. (1995) J. Am. Chem. Soc., 117, 8576-8581.
[242] Herrmann, W. A., Brossmer, C., Priermeier, T., and Oefele, K. (1994) J. Organomet. Chem., 481, 97-108.
[243] Herrmann, W. A., Brossmer, C., Oefele, K., Beller, M., and Fischer, H. (1995) J. Organomet. Chem., 491, C1-C4.
[244] Herrmann, W. A., Brossmer, C., Oefele, K., Beller, M., and Fischer, H. (1995) J. Mol. Catal. A: Chem., 103, 133-146.
[245] O'Keefe, D. F., Dannock, M. C., and Marcuccio, S. M. (1992) Tetrahedron Lett., 33, 6679-6680.
[246] Kong, K. -C. and Cheng, C. -H. (1991) J. Am. Chem. Soc., 113, 6313-6315.
[247] Penn, L., Shpruhman, A., and Gelman, D. (2007) J. Org. Chem., 72, 3875-3879.
[248] Shelby, Q., Kataoka, N., Mann, G., and Hartwig, J. F. (2000) J. Am. Chem. Soc., 122, 10718-10719.
[249] Erhardt, S., Grushin, V. V., Kilpatrick, A. H., Macgregor, S. A., Marshall, W. J., and Roe, D. C. (2008) J. Am. Chem. Soc., 130, 4828-4845.
[250] Tschaen, D. M., Desmond, R., King, A. O., Fortin, M. C., Pipik, B., King, S., and Verhoeven, T. R. (1994) Synth. Commun., 24, 887-890.
[251] Schareina, T., Zapf, A., and Beller, M. (2004) Chem. Commun., 1388-1389.
[252] Dobbs, K. D., Marshall, W. J., and Grushin, V. V. (2007) J. Am. Chem. Soc., 129, 30-31.
[253] Ashby, E. C., Neumann, H. M., Walker, F. W., Laemmle, J., and Chao, L. - C. (1973) J. Am. Chem. Soc., 95, 3330-3337.
[254] Giordano, C. (1995) Pemscola Meeting Cataluna Network on Homogeneous Catalysis; Giordano, C., Coppi, L., and Minisci, F. (1992) (to Zambon Group S. p. A.), Eur. Pat. Appl. EP 494419. (1992) Chem. Abstr., 117, 633603.
[255] Kim, J. C., Koh, Y. S., Yoon, U. C., and Kim, M. S. (1993) J. Korean Chem. Soc., 37, 228-236 (Journal written in Korean); Chem Abstr (1993) 119, 95575.
[256] (a) Sherry, B. D. and Fürstner, A. (2008) Acc. Chem. Res., 41, 1500-1511; (b) Bolm, C., Legros, J., Le Paih, J., and Zani, L. (2004) Chem. Rev., 104, [6217-6254; (c) Furstner, A. and Martin, R. (2005) Chem. Lett., 34, 624-629.
[257] Neumann, S. M. and Kochi, J. K. (1975) J. Org. Chem., 40, 599-606.
[258] Molander, G. A., Rahn, B. J., Shubert, D. C., and Bonde, S. E. (1983) Tetrahedron Lett., 24, 5449-5452.
[259] Cahiez, G. and Avedissian, H. (1998) Synthesis, 1199-1205.
[260] Nakamura, M., Matsuo, K., Ito, S., and Nakamura, E. (2004) J. Am. Chem. Soc., 126, 3686-3687.
[261] Furstner, A., Martin, R., Krause, H., Seidel, G., Goddard, R., and Lehmann, C. W. (2008) J. Am. Chem. Soc., 130, 8773-8787.
[262] (a) Furstner, A., Leitner, A., Mendez, M., and Krause, H. (2002) J. Am. Chem. Soc., 124, 13856-13863; (b) Furstner, A. and Leitner, A. (2002) Angew. Chem., Int. Ed., 41, 609-612.
[263] Berthon-Gelloz, G. and Hayashi, T (2006) J. Org. Chem., 71, 8957-8960.
[264] Hatakeyama, T., Hashimoto, T, Kondo, Y., Fujiwara, Y., Seike, H., Takaya, H., Tamada, Y., Ono, T., and Nakamura, M. (2010) J. Am. Chem. Soc., 132, 10674-10676.
[265] Kawamura, S., Ishizuka, K., Takaya, H., and Nakamura, M. (2010) Chem. Commun., 46, 6054-6056.
[266] Noda, D., Sunada, Y., Hatakeyama, T., Nakamura, M., and Nagashima, H. (2009) J. Am. Chem. Soc., 131, 6078-6079.

[267] Bedford, R. B. , Huwe, M. , and Wilkinson, M. C. (2009) Chem. Commun. , 600-602.
[268] Kylmála, T. , Valkonen, A. , Rissanen, K. , Xu, Y. , and Franzen, R. (2008) Tetrahedron Lett. , 49, 6679. Meanwhile the paper has been retracted.
[269] Bedford, R. B. , Nakamura, M. , Gower, N. J. , Haddow, M. F. , Hall, M. A. , Huwea, M. , Hashimoto, T. , and Okopie, R. A. (2009) Tetrahedron Lett. , 50, 6110-6111.
[270] Wunderlich, S. H. and Knochel, P. (2009) Angew. Chem. Int. Ed. , 48, 9717-9720.
[271] Arvela, R. K. , Leadbeater, N. E. , Sangi, M. S. , Williams, V. A. , Granados, P. , and Singer, R. D. (2005) J. Org. Chem. , 70, 161-168.
[272] de Vries, A. H. M. , Mulders, J. M. C. A. , Mommers, J. H. M. , Henderickx, H. J. W. , and de Vries, J. G. (2003) Org. Lett. , 5, 3285-3288.
[273] Plenio, H. (2008) Angew. Chem. Int. Ed. , 47, 6954-6956.
[274] Lauterbach, T. , Livendahl, M. , Rosellon, A. , Espinet, P. , and Echavarren, A. M. (2010) Org. Lett. , 12, 3006-3009.
[275] Gonzalez-Arellano, C. , Abad, A. , Corma, A. , Garcia, H. , Iglesias, M. , and Sanchez, F. (2007) Angew. Chem. Int. Ed. , 46, 1536-1538.
[276] Correa, A. and Bolm, C. (2007) Angew. Chem. Int. Ed. , 46, 8862.
[277] Buchwald, S. L. and Bolm, C. (2009) Angew. Chem. Int. Ed. , 48, 5586-5587.
[278] Nakamura, M. (2009) Kagaku to Kogyo, 62, 994-995; (2009) Chem. Abstr. , 151, 538052.
[279] Yin, L. and Liebscher, J. (2007) Chem. Rev. , 107, 133-173.
[280] Biffis, A. , Zecca, M. , and Basato, M. (2001) J. Mol. Catal. A: Chem. , 173, 249-274.
[281] Hamlin, J. A. , Hirai, K. , Millan, A. , and Maitlis, P. M. (1980) J. Mol. Catal. , 7, 543.
[282] Ohff, M. , Ohff, A. , and Milstein, D. (1999) Chem. Commun. , 357.
[283] Zhao, F. , Bhanage, B. M. , Shirai, M. , and Arai, M. (2000) Chem. Eur. J. , 6, 843-848.
[284] Conlon, D. A. , Pipik, B. , Ferdinand, S. , LeBlond, C. R. , Sowa, J. R. , Izzo, B. , Collins, P. , Ho, G. J. , Williams, J. M. , Shi, Y. J. , and Sun, Y. K. (2003) Adv. Synth. Catal. , 345, 931-935.
[285] Koáhler, K. , Heidenreich, R. G. , Krauter, J. G. E. , and Pietsch, M. (2002) Chem. Eur. J. , 8, 622-631.
[286] Práckl, S. S. , Kleist, W. , Gruber, M. A. , and Kohler, K. (2004) Angew. Chem. Int. Ed. , 43, 1881-1882.
[287] Blaser, H. -U. and Spencer, A. (1982) J. Organomet. Chem. , 233, 267-274.
[288] Stephan, M. S. , Teunissen, A. J. J. M. , Verzijl, G. K. M. , and de Vries, J. G. (1998) Angew. Chem. Int. Ed. , 37, 662-664.
[289] Hu, P. , Kan, J. , Su, W. , and Hong, M. (2009) Org. Lett. , 11, 2341-2344.
[290] Carrow, B. P. and Hartwig, J. F. (2010) J. Am. Chem. Soc. , 132, 79-81.
[291] Starkey Ott, L. and Finke, R. G. (2007) Coord. Chem. Rev. , 251, 1075-1100.
[292] (a) Astruc, D. (ed.) (2008) Nanoparticles and Catalysis, Wiley-VCH Verlag GmbH, Weinheim; (b) Schmid, G. (2004) Nanoparticles, from Theory to Application, Wiley-VCH, Weinheim.
[293] Somorjai, G. A. and Park, J. Y. (2008) Angew. Chem. Int. Ed. , 47, 9212-9228.
[294] Durand, J. , Teuma, E. , and Goímez, M. (2008) Eur. J. Inorg. Chem. , 3577-3586.
[295] Astruc, D. , Fu, J. , and Aranzaes, J. R. (2005) Angew. Chem. Int. Ed. , 44, 7852-7872.
[296] Sablong, R. , Schlotterbeck, U. , Vogt, D. , and Mecking, S. (2003) Adv. Synth. Catal. , 345, 333.
[297] Bezemer, G. L. , Bitter, J. H. , Kuipers, H. P. C. E. , Oosterbeek, H. , Holewijn, J. E. , Xu, X. , Kapteijn, F. , van Dillen, A. J. , and de Jong, K. P. (2006) J. Am. Chem. Soc. , 128, 3956-3964.
[298] (a) deVries, J. G. (2006) Dalton Trans. , 421; (b) Phan, N. T. S. , van der Sluys, M. , and Jones, C. W. (2006) Adv. Synth. Catal. , 348, 609-679; (c) Durand, J. , Teuma, E. , and Gomez, M. (2008) Eur. J. Inorg. Chem. , 3577-3586; (d) Duran Pachon, L. and Rothenberg, G. (2008) Applied Organomet. Chem. , 22, 288-299; (c) Trzeciak, A. M. and Ziolkowski, J. J. (2007) Coord. Chem. Rev. , 251, 1281-1293; (d) Djakovitch, L. , Koehler, K. , and de Vries, J. G. (2008) Nanoparticles and Catalysis (ed. D. Astruc), Wiley-VCH Verlag GmbH, Weinheim, pp. 303-348; (e) Moreno- Manas, M. and Pleixats, R. (2003) Acc. Chem. Res. , 36, 638-643.
[299] Tamura, M. and Fujihara, H. (2003) J. Am. Chem. Soc. , 125, 15742.
[300] (a) Jansat, S. , Gómez, M. , Phillipot, K. , Muller, G. , Guiu, E. , Claver, C. , Castillón, S. , and Chaudret, B. (2004) J. Am. Chem. Soc. , 126, 1592; (b) Favier, I. , Gómez, M. , Muller, G. , Axet, M. A. , Castillon, S. , Claver, C. , Jansat, S. , Chaudret, B. , and Philippot, K. (2006) Adv. Synth. Cat. , 349, 2459.
[301] Klabunovskii, E. , Smith, G. V. , and Zsigmond, A. (2006) Heterogeneous enantioselective hydrogenation, theory and practice, in Catalysis by Metal Complexes, vol. 31 (eds B. R. James and P. W. N. M. van Leeuwen), Springer, Dordrecht, the Netherlands.
[302] (a) Rocaboy, C. and Gladysz, J. A. (2003) New J. Chem. , 27, 39-ˆ9; (b) Nowotny, M. , Hanefeld, U. , van Konings-veld, H. , and Maschmeyer, T. (2000) Chem. Commun, 1877-1878; (c) Beletskaya, I. P. , Kashin, A. N. , Karlstedt, N. B. , Mitin, A. V. , Cheprakov, A. V. , and Kazankov, G. M. (2001) J. Organomet. Chem. , 622, 89-96; (d) Astruc, D. (2007) Inorg. Chem. , 46, 1884-1894.
[303] Reetz, M. T. , Breinbauer, R. , and Wanninger, K. (1996) Tetrahedron Lett. , 37, 4499-4502.
[304] Beller, M. , Fischer, H. , Kuhlein, K. , Reisinger, C. -P. , and Herrmann, W. A. (1996) J. Organomet. Chem. , 520, 257-259.
[305] Kiwi, J. and Gratzel, M. (1979) J. Am. Chem. Soc. , 101, 7214.
[306] (a) Jeffery, T. (1984) J. Chem. Soc. Chem. Commun. , 1287-1289; (b) Jeffery, T. and David, M. (1998) Tetrahed-ron Lett. , 39, 5751-5754.
[307] Bonnemann, H. , Brijoux, W. , Brinkmann, R. , Dinjus, E. , Fretzen, R. , Joussen, T. , and Korall, B. (1991) Angew. Chem. Int. Ed. Engl. , 30, 1312.
[308] Reetz, M. T. , Westermann, E. , Lohmer, R. , and Lohmer, G. (1998) Tetrahedron Lett. , 39, 8449-8452.
[309] van Leeuwen, P. W. N. M. (1983) Eur. Pat. Appl. 90443 (to Shell); (1984) Chem. Abstr. , 100, 191388.
[310] Reetz, M. T. and Westermann, E. (2000) Angew. Chem. Int. Ed. , 39, 165-168.
[311] Dyker, G. and Kellner, A. (1998) J. Organomet. Chem. , 555, 141-144.

[312] Beletskaya, I. P. and Cheprakov, A. V. (2000) Chem. Rev. , 100, 3009–3066.
[313] Alimardanov, A. , Schmieder–van de Vondervoort, L. , de Vries, A. H. M. , and de Vries, J. G. (2004) Adv. Synth. Catal. , 346, 1812–1817.
[314] Dieguez, M. , Pàmies, O. , Mata, Y. , Teuma, E. , Goómez, M. , Ribaudo, F. , and van Leeuwen, P. W. N. M. (2008) Adv. Synth. Catal. , 350, 2583–2598.
[315] Reimann, S. , Grunwaldt, J. –D. , Mallat, T. , and Baiker, A. (2010) Chem. Eur. J. , 16, 9658–9668.
[316] Soomro, S. S. , Ansari, F. L. , Chatziapostolou, K. , and Kohler, K. (2010) J. Catal. , 273, 138–146.
[317] Thathagar, M. B. , Kooyman, P. J. , Boerleider, R. , Jansen, E. , Elsevier, C. J. , and Rothenberg, G. (2005) Adv. Synth. Catal. , 347, 1965–1968.
[318] Aramendía, M. A. , Borau, V. , García, I. M. , Jimónez, C. , Marinas, A. , Marinas, J. M. , and Urbano, F. J. (2000) C. R. Acad. Sci. Chem. , 3, 465–470.
[319] de Vries, A. H. M. , Parlevliet, F. J. , Schmeider–van de Vondervoort, L. , Hommers, J. H. M. , Henderickx, H. J. W. , Walet, M. A. M. , and de Vries, J. G. (2002) Adv. Synth. Catal. , 344, 996–1002.
[320] Martinelli, J. R. , Freckmann, D. M. M. , and Buchwald, S. L. (2006) Org. Lett. , 8, 4843–4846.
[321] Martinelli, J. R. , Watson, D. A. , Freckmann, D. M. M. , Barder, T. E. , and Buchwald, S. L. (2008) J. Org. Chem. , 73, 7102–7107.
[322] Cai, C. , Rivera, N. R. , Balsells, J. , Sidler, R. R. , McWilliams, J. C. , Shultz, C. S. , and Sun, Y. (2006) Org. Lett. , 8, 5161–5164.
[323] Tromp, M. , Sietsma, J. R. A. , van Bokhoven, J. A. , van Strijdonck, G. P. F. , van Haaren, R. J. , van der Eerden, A. M. J. , van Leeuwen, P. W. N. M. , and Koningsberger, D. C. (2003) Chem. Commun. , 128–129.
[324] Farina, V. (2004) Adv. Synth. Catal. , 346, 1553–1582.
[325] (a) Slagt, V. F. , de Vries, A. H. M. , de Vries, J. G. , and Kellogg, R. M. (2010) Org. Process Res. Dev. , 14, 30–47; (b) Beller, M. , Zapf, A. , and Moagerlein, W. (2001) Chem. Eng. Technol. , 24, 575–582.
[326] Frankham, J. and Kauppinen, P. (2010) Platinum Metals Rev. , 54, 200–202.
[327] Tsvelikhovsky, D. and Buchwald, S. L. (2010) J. Am. Chem. Soc. , 132, 14048–14051.

第 10 章　烯烃复分解反应

10.1　前言

烯烃复分解反应最先由 Eleuterio[1] 报告，反应涉及轻烯烃在 160℃的高温条件下在负载氧化钼的氧化铝上发生复分解反应。异构化应用包括将丙烯转化为乙烯和 2-丁烯或者逆反应，这取决于原料的需求和应用。乙烯-丙烯-丁烯过程就是 Phillips 三烯烃过程，在 20 世纪 60 年代，丙烯转化生产运行了几年时间。BASF 和 FINA 公司在得克萨斯州的一个装置在 2001 年开始运行，进行逆过程，提高了裂化装置中丙烯的含量，这就是 OCT(烯烃转化技术)过程，从那时开始更多的装置被建造起来。另外一个异构复分解催化剂的大规模工业化应用是 SHOP 过程的一部分，在这个过程中，所有不想获得的 α-烯烃(1-烯烃)都通过异构化和复分解作用被转化为内烯烃。其他的非均相催化剂包括钨和铼活性金属的氧化物。

也是在 20 世纪 60 年代，在研究新式的 Ziegler-Natta 催化剂时发现了第一批均相催化剂。它们是早期的过渡金属(ETM)氯化物，尤其是用像 AlEt₃ 和 AlEt₂Cl[3] 这样的烷化剂处理过的 WCl₆ 和 WOCl₄。在环戊烯的聚合过程中，发现双键被保留在聚合物中，发现一种新式的聚合物，开环复分解聚合(ROMP)。德国将环辛烯的聚合商业化，1982 年，他们将反式-聚(1-辛烯)投放市场，并命名为 Vestenamer 8012。WCl₆ 可以用来制备钨催化剂，二乙基氯化铝的取代酚作为活化剂。钨的氯化物烷基化形成了二烷基物质是通过 α-消除以及金属-亚烷基引发剂实现的。

金属钌对于开环复分解聚合的活性很久为人熟知。Natta 在 1965 年报告环辛烯和 3-甲基-环辛烯在质子介质中可以在氯化钌的催化下依照 ROMP 的机理进行聚合[4]。冰片烯在质子介质中在钌催化下依照 ROMP 机理反应的报告也出现在同一年。钌复分解催化剂对于极性基质甚至质子溶剂的抵抗力直到 1988 年才被注意到，Novak 和 Grubbs 再次验证了钌催化在质子介质中以 7-氧杂冰片烯为基质的 ROMP 反应。

在 20 世纪 60 年代和 70 年代，复分解反应的机理受到了巨大的关注，也是众多争论的焦点，因为反应包含的基本步骤迄今为止在有机金属化学领域是未知的。"卡宾(carbene)"机理最开始由 Hérisson 和 Chauvin 提出[7]。他们是通过如下观察得出结论的，最开始，在环戊烯与 2-戊烯的开环聚合中产生了一种配合物混合物，包含有两种亚乙基或者两种亚丙基，或者亚乙基和亚丙基各一种，对于成对的环戊烯和 2-戊烯的反应，没有生成单独的一种产物。由于很少有人关注这项工作，在 20 世纪 70 年代，在文献中关于机理的讨论又继续了五年，最终得出了确定的结论！关于金属亚烷基配合物在链增长聚合反应中的参与情况，以及金属亚烷基配合物如何通过消除反应形成的研究由 Dolgoplosk 和同事提出。在随后的一篇论文中，他们将重氮苯添加到了六氯化钨中，首先提出了环戊烯或者环辛二烯开环复分解反应的机理，生成金属亚烷基配合物的其他方法包括亚烷基从含磷烷烃或者环丙烯的开环反应中转移。

尽管一些工业化的装置很早就开始应用，在头 20 年里，烯烃复分解反应的应用发展缓慢，只能说是平稳。直到大概 1990 年，新的突破巨大地提高了发展速度。在当时，Schrock 提出并发展了亚烷基早期过渡金属配合物领域，这是一个有机金属化学的巨大突破，早期过渡金属复分解催化剂的原位生成法被高活性

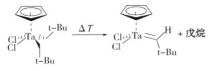

图 10.1　形成明确的亚烷基配合物

的金属配合物的使用所替换。他的研究最开始关注钽配合物 $CpTaCl_2R_2$，经过 α-消除（见图 10.1）后生成亚烷基配合物 $CpCl_2Ta-CHR'$[12]。

金属亚烷基配合物和烯烃的复分解反应的假定中间产物是金属环丁烷。Grubbs 研究了钛配合物并发现双（环戊二烯基）二甲基钛作为复分解催化剂具有稳定的活性。钛的杂环丁烷是催化剂的稳定状态，而不是钛亚烷基配合物[13]（见图 10.2）。这个以 $AlMe_2Cl$ 稳定的亚烷基配合物被称为 Tebbe's 试剂[14]。

图 10.2　Grubbs 的用于复分解的钛酸环丁烷催化剂

在 20 世纪 90 年代，Grubbs 提出了一种具有特点的钌催化剂，成为了复分解反应新时代的开端。对于复分解反应的新推动来自于 Schrock 和 Grubbs 的工作，他们提出了对于官能化烯烃具有活性的定义明确的催化剂。对应选择性复分解由 Grubbs、Schrock 和 Hoveyda 提出，在有机合成领域产生了更多的应用。近些年，复分解反应与一些其他的有机金属催化反应一起，已经成为了有机合成工具箱中一项不可缺少的技术。由于当今具有该特点的大多数催化剂被使用，人们将注意力集中在这些催化剂的分解反应上，而将原位制备的催化剂放到了一边。

在过去 10 年，一项重要的发展是由 Copéret 和 Basset 提出的有机金属配合物和交换催化剂在氧化物（二氧化硅）表面的固定。在精密核磁技术的帮助下，可以对表面物质进行详细的研究表征（SOMC，表面有机金属化学法，由 Basset 在 20 年前提出）。这促使产生了目前已知的具有最高活性的多相催化剂，具有占金

属总量 70% 的活性组分，远高于最佳的无机催化剂，后者最多只含有 2% 的活性组分(往往更少)。在表 10.1 中，我们从最近的一项报告中[15]，给出了每种金属最佳催化剂的例子。

表 10.1 SOMC 丙烯复分解催化剂例子[16~18]

催化剂	tBu—Re(≡CtBu)(=CHtBu) 型 Si-O 负载结构	(iPr)₂C₆H₃N= Mo(CMe₂Ph) NPh₂ 型 Si-O 负载结构	(iPr)₂C₆H₃N= W(CMe₂Ph) 型 Si-O 负载结构
初速率/(h⁻¹)	7200	22500	1400
底物用量/催化剂用量(TON)	6000	138000	25000
选择性/%	96	99.9	99.9

10.2 钼和钨催化剂

10.2.1 烯烃复分解催化剂的分解路线

最初的 ETM 催化剂体系的亲氧性禁止使用含活性基团的烯烃，即使很简单的如羧酸酯类、酰胺类、醚类，因为它们会与亲电的金属产生协同作用，或者与烷化剂和金属亚烷基催化剂反应。寻找官能团阻抗催化剂一直是复分解反应的一个关键问题。采用的实际操作比较少，例如加入化学计量的路易斯酸来阻断底物的极性供电基团。从现存的证据来看，金属亚烷基活性基团会与 C=O 双键反应形成烯烃和不活泼的 M=O 物质，就如同 Schrock 亚烷基化合物中金属是高价态的，亲电的金属原子和亚烷基碳原子带有负电荷。

第一次突破表明完成这样的复分解反应不是不可能的，例如，羧酸酯与早期的过渡金属便是甲基油酸酯和四甲基锡活化的卤钨催化剂复分解反应的产物，这项工作是 Boelhouwer 和他的同事完成的[19]。Boelhouwer 是一个油脂化学家，他认识到通过复分解反应将油脂转化为其他化学原料的重要性，而这种复分解反应或是自身的复分解或是与其他烯烃的复分解。四甲基锡与六氯化钨反应生成初始的卡宾钨配合物，但是它不像金属烷基化合物一样具有活性能够与甲基酯进行反应。Grubbs 的氚标记研究表明最初的亚甲基确实来源于锡烷基化剂[20]。用酚类物质替换部分卤化物阴离子可以使钨配合物对于亲核物质失效。转化数仅仅有 100~500，这相对于环辛烯以及环戊烯的 W 和 Mo 聚合催化剂来说较低，但是许多当今用于有机合成的催化剂没有显示更高的转化数。

早期的过渡金属催化剂与各种极性底物以及杂质反应，只有钼催化剂在电子以及空间上进行了替换，使得它的亲氧性变弱。一般来说，早期的过渡金属亚烷基化合物会与醛类发生反应，形成金属氧配合物和烯烃。在 1990 年，Schrock 和他的同事发表了一个这种反应的例子（图 10.3 物质 1）[21]。这种类型的杂环原子的复分解反应非常普遍。即使像图 10.3 中那样高度稳定的催化剂仍然会和苯甲醛在 10min 内反应完全，反应的依据是 Witting 反应。在几周的时间里，催化剂没有和醋酸乙酯或者是 N,N-二甲基甲酰胺在室温下反应，而和丙酮发生了反应，但产物无法知晓。这样，即使对于抗性最强的催化剂（比如 Grubbs 催化剂和化合物 1），像保护缩醛一样保护醛类也是值得的[22]。羧酸酯以及酰胺对于原位制备的钨和铼催化剂的耐受性是已知的，就如同上面提到的例子一样。

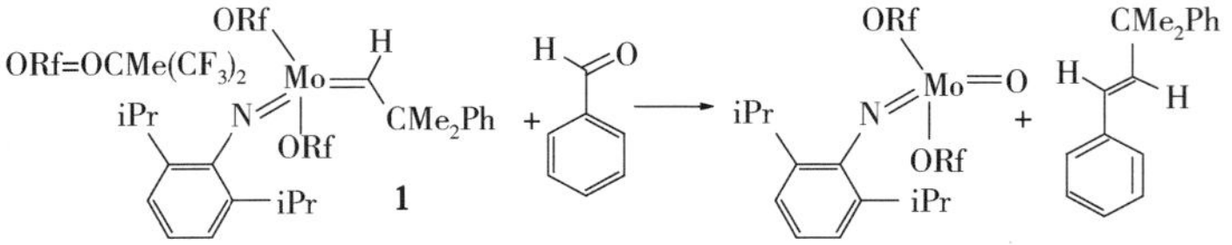

图 10.3　亚烷基钼与苯甲醛的反应

类型 1 的催化剂的一个重要特征是它们在活性激发之前不需要配体损失，如同基于 Ru 的 Grubbs 催化剂一样。它是一种 14 个电子的物质（假定 Mo≡N 是一个三键），可以和烯烃反应生成钼环丁烷作为重要的催化中间体。大体积的酰亚胺基阻止了二聚作用，氟代烷氧基给予金属亲电性，加强了烯烃之间的反应。

简单的烯烃可以给予 W 或 Mo 催化剂 100000 的转化数，这些催化剂包括原位制备的催化剂（例如 WCl_6、PhOH、$SnBu_4$），假定烯烃被完全纯化。一个便捷的纯化方法是在中性的氧化铝上过滤烯烃，以去除氢过氧化物。氧化铝在烯丙基醇及其共轭化合物中转化烯丙基氢过氧化物，如果这些物质没有被吸收，它们或许仍然会阻止催化作用。工业上的方法是在分散有 Na 或 Na/K 的多相载体上净化烯烃。这也可以去除烯烃以及共轭二烯烃。这个步骤也可以提高钌催化剂对于未取代烯烃的转化数，表明尽管很少有报道，但是问题仍然存在（见图 10.4）。

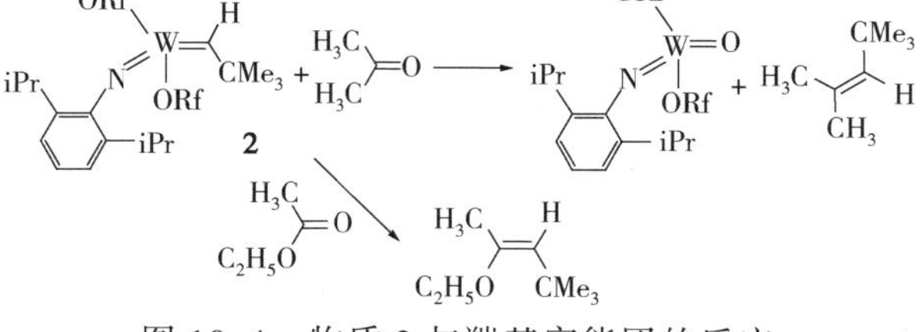

图 10.4　物质 2 与羰基官能团的反应

四配位的 Schrock 钼和钨催化剂的前身是 1982 年 Osborn 和同事报告的亚烷基钨配合物，这是一种五配位的配合物 $(tBuCH_2O)_2X_2W=CHtBu$，X 卤化物对于促进顺式-2-戊烯复分解反应的催化剂给予了极强的活性[23]，这样就阻止了 Schrock 法则，即亚烷基 ETM 催化剂的复分解反应应该是四配位的。尽管没有相关数据，但是可以假定的是这些催化剂比 Schrock 催化剂更加具有亲氧性。当 $GaBr_3$ 被用来做 Lewis 酸时，$TOFs$ 在室温下、$300000h^{-1}$ 的反应速率下的反应产物是顺式-2-戊烯[24]。

数以百计的负载 W、Mo 和 Re 的 Schrock 催化剂在过去的 20 年被开发出来，不同于它们的醇盐、酰亚胺以及亚烷基取代物。它们的活性、选择性以及稳定性主要取决于它们的复分解模式[25]。利用如此多的催化剂对于大量的有机合成目标物来说具有巨大价值，因为"少量的复分解反应催化剂参与大量的复分解反应的可能性越来越小"[26]。这也意味着任何潜在中性的或阴离子配体，可以替换催化剂中的配体，将会对催化剂的性能产生巨大的影响，通常变化是更糟的。通过掌握大量的知识，人们或许可以通过进一步的修饰或催化剂筛选来解决这些问题。质子通常可以得到保护，保护基团的本质是改变催化反应的结果，但对于钌催化剂，不一定总是需要。

催化剂 1 是一种非常活泼的 2-戊烯复分解催化剂[21]；25℃下 1min 可以获得 250 的转化数，而 W_{analog}[27]的转化数甚至更快，大于 $1000min^{-1}$。烷氧基在钼催化剂上的本质影响可以很好地解释为相对于 $OCMe_3$、$OCMe_2(CF_3)$、$OCM_3(CF_3)_2$ 的相对速率为 1、100、10^5。在这个例子中，对于纯烃类物质，由金属卤化物、酚类物质和 DEAC 原位制备的催化混合物也许会形成比特定催化剂活性更好的催化剂。

钨催化剂 2(见图 10.4)作为一种复分解催化剂对于甲基油酸酯(顺-十八碳烯酸甲酯)[28]。在室温下 3h 以内可以达到 200~300 的转化数，之后催化剂失活。亚烷基消失，仅有 W=O 产物生成。它也会和丙酮以及乙酸乙酯在室温下以 Witting 的反应模式快速反应，如图 10.4 所示。这也清楚地说明了 Mo 催化剂 1 对于官能团的抗性比 W 催化剂 2 更强。

当反应性的基团在底物或溶剂中存在时，催化剂也会发生分解，Schrock 及其同事也对 W 和 Mo 催化剂研究了这个过程。分解反应涉及双分子或单分子的分解，生成了烯烃和简化了的 Mo(Ⅳ)或 W(Ⅳ)配合物。亚烷基的双分子分解对于新亚戊基和新酚亚烷基配合物是最慢的，对于亚甲基配合物是最快的。

在室温下，这些反应有时需要一天或更长的时间，对于具有高转化率的快速催化转化反应而言，这些反应也许并不重要，但是催化剂不能存放在溶液中。亚乙基配合物易于形成二聚体(见图 10.5，A)，任何存在于金属环丁烷的 β-氢都会发生 β-氢消除反应生成烯烃(见图 10.5，B)。伴随产生的 Mo 二聚体含有两个四面体结构的 Mo 原子。在图 10.5 的机理中，按照路线 B 生成大量丙烯的第一个范例催化剂是配合物 3，含有一个未取代的金属环丁基环[29]。它是由 Schrock 和 Hoveyda 针对不对称环闭合复分解反应（ARCM）而开发出来的。RCM 反应经常能生成乙烯，而这种特殊的催化剂和乙烯一起能生成物质 3（见图 10.6）。分解过程在室温下能进行 10 天时间，这与催化剂的相关性不大。ARCM 过程也很缓慢，取决于底物，但是反应可以通过将乙烯移除溶液来加速。有机金属产物无法被鉴定出来，二聚物的形成很可能被大体积的三异丙苯基基团阻碍。

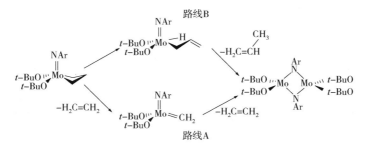

图 10.5　由金属环丁烷形成还原的钼二聚物

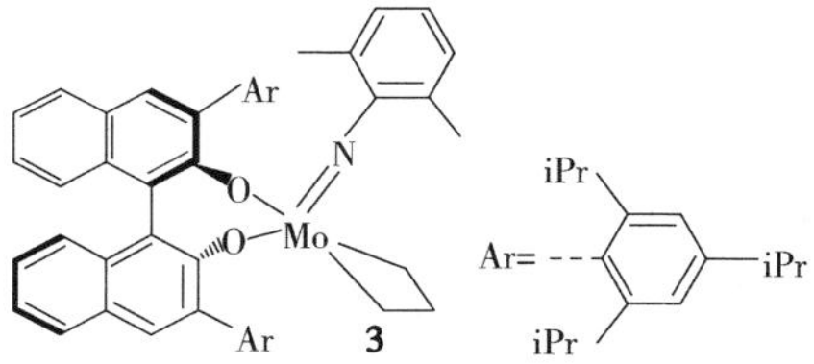

图 10.6　物质 3

产物的生成以及亚烷基的损失率很大程度上依赖于配合物中的配体，人们可能会有印象，每一种"Schrock"都有其独特的反应活性，也许比后过渡金属的三氢化磷配合物的样式还要多。由于篇幅有限，我们仅给出一些例子，有兴趣的读者可以查阅 Schrock 对于反应进一步细节的评述[25,26]。含有手性双酚配体的钨配合物与乙烯反应生成钨环丁烷配合物、乙烯配合物和钨环戊烷配合物。有趣的是，[13]C 核磁共振的研究表明，镜像的双金属亚甲基配合物的形成的桥接是不对称的（见图 10.7）。

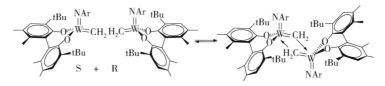

图 10.7　形成异手性双金属亚甲基络合物

此外，采用了纯双酚配体进行对称合成，却没有观察到二聚物纯手性产物。这让人想到在第 7.8 节中手性的中毒与激活以及外消旋配合物选择性的生成，C_2-对称性 η^2-阴离子通过一个被称之为自分辨的机理复合成由金属原子如 Zn 原子呈四面体包围的结构，而对于平面方形的配合物，可以观察到相反的情况，即自我识别。这样，在外消旋对称合成的纯系统中亚烷基可以以不同的速率分解，也许影响二聚体的形成(例如，o-芳基取代的联二萘酚配体，如[33])的体积更大、距离更远的取代基可以抑制这种类型的分解反应。从金属环丁烷经过 β-H 消除反应而产生的烯烃的单金属释放不能以该方法阻止。在钼系二聚物(与图 10.7 所示相似)的相关研究中，该现象没有被发现。

图 10.8　在复分解过程中
形成 W=W 双键

观察到的另外一个反应是，消除烯烃的一个分子[34](见图 10.8)之后形成了还有 W=W 双键的二聚物。当催化剂使用 2-戊烯进行处理，反应就发生了，在 25℃下反应了 16h，便得到了二聚物的晶体。

通过 X 射线知道，W=W 的距离为 2.47~2.49Å，这里的含 W=W 键的物质具有 90°的 W—W—N 键角和一个 180°的 N—W—W—N 二面角。W=W 双键非常稳定，没有观察到二聚物之间的交换。人们可以设想二聚物从一个类似于图 10.5 的二聚物的一个中间体形成，由于空间位阻的存在，烯烃可以发生消除反应。根据二聚物的稳定性，能够产生活性催化剂的逆反应似乎不太可能发生，除非使用高活性的烯烃；另一方面，这样具有活性的烯烃或许会产生不具有催化活性的 Fischer 形式的亚烷基配合物。

当 W 和 2,6-二氯苯基酰亚胺配体复合物被使用时，反应不同[35]。W 配合物经常能够发现，在乙烯的作用下，含有 WC_3 环的稳定产物，金属环丁烷形成了(见图 10.9)。分解作用给了二聚体桥连的酰亚胺基团，乙烯和丙烯的产物表明反应机理都是可以操作的。叔丁基亚烷基钨和 2-甲基二丁烯反应直接生成了二聚体，在这个过程中，可观察到 Cl 原子和 W 原子之间的反应。

在 W 配合物中使用吡咯烷酮替换 RfO 将会产生钨酰亚胺亚烷基双吡咯烷酮配合物，该物质与乙烯反应生成稳定的亚烷基配合物 $W=CH_2$，该物质非常稳定，但是催化活性很低[36]。

对于钼催化剂，底物诱发的稳定性可以通过使用乙烯修饰的底物来实现。1,4-二庚氧基-2,5-二乙烯基苯和 Schrock 形式的亚烷基配合物 $Mo(NAr)(CHCMe_2Ph)(ORf)_2$ 发生无环二烯烃复分解(ADMET)缩聚反应，需要在比烷基取代的二乙烯基苯更高的温度(60℃)下进行。原因在于乙醚和钼的联系形成了，需要打

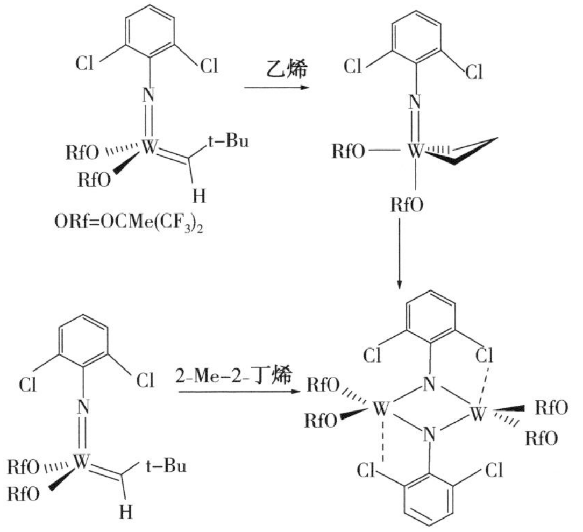

图 10.9　形成具有 Cl-W 相互作用的亚氨基桥连二聚体

破来获得一个活性物质。结果，催化剂也更加稳定，可以存放在溶剂中 24h 不分解[37]（见图 10.10）。亚烷基和具有稳定化的乙醚连接的钼环丁烷中间体都被检测出来。

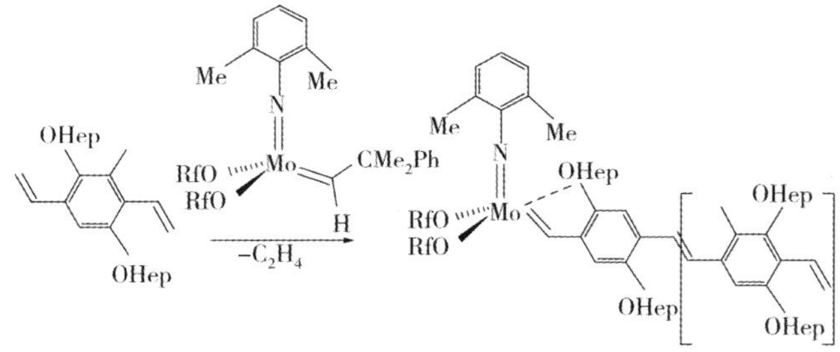

图 10.10　Mo 亚烷基的醚配位

10.2.2　活性亚烷基物质的再生

　　在一篇最近的报道中，Schrock 讨论了如何将分解的物质再生成为活性的亚烷基催化剂[26]，表明了在过去的十年里，在延长催化剂使用寿命或增加转化数方面的兴趣收到的关注比均相催化剂发展的头 30 年里还要大。Schrock 关注于简化催化剂（Mo（Ⅳ）和 W（Ⅳ））的再生，即按照分解路线得到的分解产物是通过与底物或者杂质间的反应来引发的。我们已经提到了可行的方法来产生金属亚烷基物质，我们将会回到下面的这些反应。首先，将要使用一些方法来用在高价态失活化合物上。最可能的就像我们上面看到的那样，这些物质包括 M＝O 单元，替换了金属亚烷基 M＝C 单元（见图 10.3 和图 10.4）。从热力学上来讲，烯烃诱导逆反应过程是不可能的。在多相催化反应体系中，在间断式流动反应器中操作，不断地将乙醛分离，使用的高温将会突破热力学障碍。更重要的，对于四面体的含氧金属酸盐，热力学过程会更加有利(见10.3.2节)。

双甲基化之后再经过α-消除是一个可行的路线，尤其是对于金属M(Ⅳ)二卤化物这种传统的金属催化剂。对于 M＝O 似乎不太可能，尽管含有 Re_2O_7 并负载在氧化铝载体上的多相催化剂的活性可以增大 10 倍，或者是通过 R_4Sn(R ＝ 烷基)处理，在温和的条件下可以存储[38]。添加四甲基锡也增加了 MoO_3/Al_2O_3 催化剂的反应活性。在 303K 下发生的丙烯复分解反应，使用四甲基锡处理过的催化剂反应的活性比没有使用四甲基锡处理过的催化剂高 20 倍。对于 MoO_3/Al_2O_3 催化剂来说，最佳的 Sn 和 Mo 的摩尔比是 0.05，在 MoO_3/Al_2O_3 表面上通过四甲基锡产生的活性位的数量不到催化剂上 Mo 原子数量的 10% [39]。当 MoO_x/TiO_2 催化剂使用 Me_4Sn 处理之后，活性增加了 10^3 倍[40]。

基于 WCl_6 和 DEAC 的初始催化剂表明当添加乙醇、羧酸、双氧化物时，催化剂的寿命和活性都会增加。对于现在的 Schrock 催化剂并不合适。二醇物质将会导致金属亚烷基化合物(见 10.3.2 节)的修复，这仅对简单的卤化物催化剂或氧化物催化剂有效。二氧化物在旧的系统中的作用很可能是把 M(Ⅳ)氧化成 M(Ⅵ)，之后通过烷基化和 α-消除形成金属亚烷基化合物。通过使用制备金属亚烷基的常见化学试剂来修复 $(RO)_2M＝NAr$ (四价的金属)的复分解活性是可行的。比如重氮甲烷(见图 10.11，路线 A)[9]，环丙烯[41]，从另一种配合物或磷光剂或硫叶丽德[42]转化而来，由金属与两个烯烃分子经过环金属反应生成的金属环戊

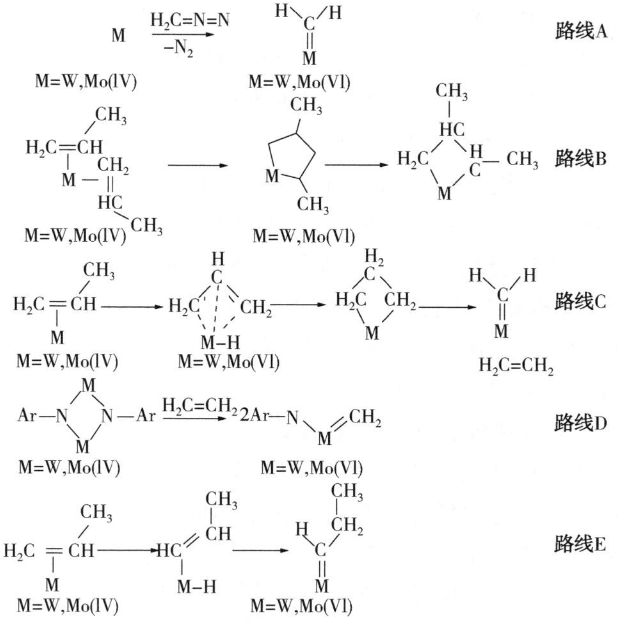

图 10.11　金属氧化物催化剂的金属亚烷基形成

烷，进行缩环反应生成金属环丁烷(见图 10.11，路线 B)[43]。

另外一种可能是还原态二聚物通过图 10.5 逆反应的反应，但是"氧化"的烯烃将具备不同的本质，比在钝化步骤(见图 10.11，路线 C 和路线 D)中发生消除反应的烯烃。在多相催化剂的文献中，人们可以发现关于添加的烯烃 C—H 键被氧化为氢化乙烯基的推测，之后发生重排(见图 10.11，路线 E)。图 10.11 有 Mo 和 W 氧化物反应的例子，还有 Ta 化合物的例子，但这些化合物不用于复分解催化剂[44]。

另外一种被报告的反应是还原态金属与环丙烷的活化反应，后者被视为是均相反应系统中的引发剂[3,45,46]。例如，还原态的硅-氧化钼和 CO 在辐射下，和环丙烷在室温下反应，生成了一种用于丙烯复分解的 10 倍活性的催化剂。一分子的表面物质 $Mo = CH_2$ 和一个 Mo 乙烯配合物形成了。Mo-亚甲基在 400℃ 下保持稳定，根据红外结果来看[47]，Mo-亚甲基和水蒸气在 120℃(生成甲烷)发生反应。对于多项钼催化剂达成了一项共识，就是较好的前驱体是 Mo(Ⅳ)，发生了氧化反应[48]；本质的钝化作用包括从 Mo(Ⅵ)金属环丁烷形成烯烃-Mo(Ⅳ)配合物。

所有试剂的首要条件是它们不能与普通复分解催化剂反应，只能与 M＝O(六价)或还原态(四价)的二聚物反应。从金属亚烷基的反应活性和不活泼状态的低反应性来看，人们宁愿选择相反的情况。Schrock 得出结论，在这些方法中，没有那种对于精制而有规则的均相催化剂非常成功[26]。也许最好的办法是继续调整每种基底，并减少钝化作用。

人们也许会想象到一种对于老式再生方法温和的办法，这种再生方法是使用二氧化物和 DEAC 处理 WCl_6 和 $WOCl_4$。例如，使用一种温和的卤化剂(有机或无机)和不反应的烷基化试剂例如 SnR_4。最近很多研究证实了 O_2 的作用，例如，催化剂 $W(O-2,6-C，H，Ph_2)_2Cl_4/SnBu_4$ 在二氧化物存在时更具有活性[49]。用卤化物生产的氧化剂在使用金属烷基后对于再生过程更具吸引力。对于卤化或者溴化作用而言，一批不那么活泼的物质就可以利用了(例如，$\alpha，\alpha$-二氯甲苯[50]就会生成一种二氯金属化合物和一个苯亚甲基催化剂!)。烷基化会变得不那么重要，正如我们从 Schrock 的 ETM 工作中以及他的许多同事从事的相关领域中知道的那样，高价 ETM 化合物的烷基化是非常棘手的一项工作，大多数情况下，亚烷基不是添加到配合物的最终配体。

10.2.3 炔烃复分解催化剂的分解路线

炔烃复分解反应自从发现第一批多相复分解催化剂[51]开始就被人知道了。与显示高活性的原位制备的烯烃复分解催化剂不同，对纯碳氢化合物来说，与今天标准意义上的催化剂相比，原位混合制备出的炔烃催化剂性能并不好。在 1972 年，Mortreux 建议破坏第三键而不破坏 σ 键并交换基团。$^{14}CH_3C \equiv CPr$ 在 MoO_3-SiO_2 上在 300~400℃ 下发生复分解反应生成 $PrC \equiv CPr$ 和 $^{14}CH_3C \equiv C^{14}CH_3$[52]。炔烃复分解催化剂通过采用标准意义的次烷基催化剂来替换原位混合搅拌的催化剂使得性能得到了极大地改善；这是一个关于机械思维如何产生高性能催化剂的例子。最初的均相催化剂通过在高温下（110~160℃）加热羰基钼和间苯二酚或氯苯得到的，对于芳基取代的炔烃[53]每小时有一定的转化数。使用 $O_2Mo(acac)_2$ 和苯酚，$AlEt_3$ 作为烷基化试剂，性能可以获得很大的提高，这是一种很有可能达到钼次烷基物质的方法。在 110℃ 时，可以实现每小时的转化数高达 17000[54]。许多钨次烷基配合物被尝试了，但是许多没有显示活性。此外，合成往往不是直接的，有效的，有效的步骤还需要发展（Schrock 和他的同事）。Wengrovius 和 Schrock[55]发现 $t\text{-}BuC≡W(O\text{-}t\text{-}Bu)_3$ 对于 3-庚炔的复分解反应是一个效果很好的催化剂，在室温下反应每小时的转化数可达成百上千！甚至对于最快的原位法制备的 Mortreux 催化剂也意味着那样，考虑到温度的差异，要慢数百倍，也许催化剂的浓度只有总钼数的几个 ppm（值得注意的是，大多数的 Mo 化合物比 W 化合物的活性低，除非对 Mo 使用 RfO）。

依赖于所使用的醇盐的大小，反应有一个休眠的状态，就是金属环丁烯配合物或次烷基配合物，这从动力学中可以得出结论。前者在炔烃聚合（"游离的"）的反应中为零级，后者在炔烃聚合（"关联的"）的反应中[56]为一级，见图 10.12。

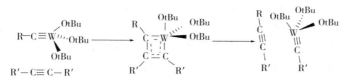

图 10.12　具有钨烷基炔络合物的炔烃复分解

1-炔烃的复分解反应转化率非常低，Schrock 和他的同事在 1983 年对此已经做过解释[57]。氢原子（β-氢消除）从金属环丁烯转移到了金属上，形成了去质子化的环丁烯钨配合物，之后发生了 ROH 的消除反应（见图 10.13）。

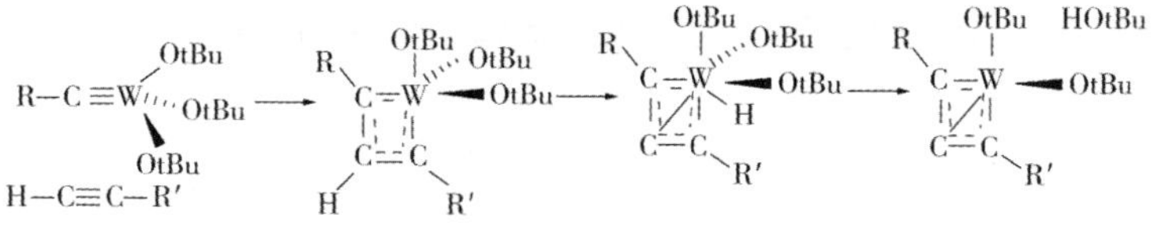

图 10.13　1-炔烃复分解催化剂的分解

盐酸、酚类和羧酸添加到 $RC≡W(OR)_3$ 配合物中生成亚烷基配合物，如图 10.13[58]所示。可以设想，通过图 10.13 生成的酚和次烷基催化剂反应生成亚烷基配合物，如图 10.14 所示。如报道中 Mortreux 使用 Schrock-Wengrovius 形式的催化剂，1-炔烃的复分解反应，除了初始阶段的快速交换过程，炔烃发生聚合反应，最终生成聚乙炔[59]，但使用二乙基醚作溶剂时，很少发生这种反应。使用亚烷基配合物，乙炔的聚合反应可以很好建立[60]。也许组合的分解反应解释了高分子的形成。

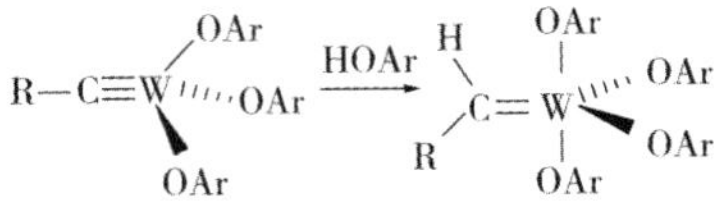

图 10.14　通过向烷基炔配合物中加入酸形成金属亚烷基配合物

可以设想一些生成金属亚烷基化合物的其他反应，这当中有去质子化的金属环丁烯钨配合物的重排，尽管生成的是四价钨配合物，不是一种活性催化剂（见图 10.15）[61]。

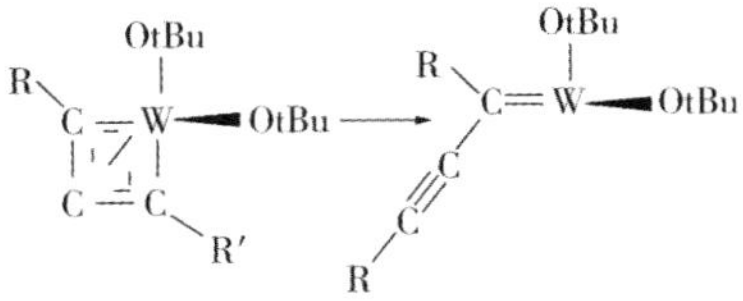

图 10.15　由去质子化的金属环丁二烯形成亚烷基

Mortreux 和他的同事发现在 tBuC≡W(OtBu)$_3$ 中添加奎宁环可以改变反应的选择性，使得 1-庚炔几乎全部发生复分解反应，不发生聚合反应，尽管反应的速率很慢（室温下每小时转化数为 10）[62]。

许多反应是 Mo 和 W 次烷基配合物和炔烃的反应，许多形成的其他杂质实际上是烯烃复分解反应的催化剂，反应包括次烷基配合物或者是炔烃的聚合。当使用 1-炔烃和烯烃与 tBuC≡WCl$_3$(dme)[63] 一起时，研究者提出了炔烃反应的一种解释，反应是由 Schrock 发现的（对于 Mo[64]，W[65]），按照图 10.16 描述，但是可能性最大的是烯烃复分解和 1-炔烃聚合反应的活性是由痕量亚烷基钨（Ⅵ）造成的，亚烷基钨的形成如图 10.14 所示。此外，对于 1-炔烃而言，含有 Mo 的系统发生了另一个过程，如图 10.17 所示，[64] 最终形成了亚烷基 Mo（Ⅳ）化合物。这些反应没有一个能够归纳为完全依赖于金属和炔烃的取代基。

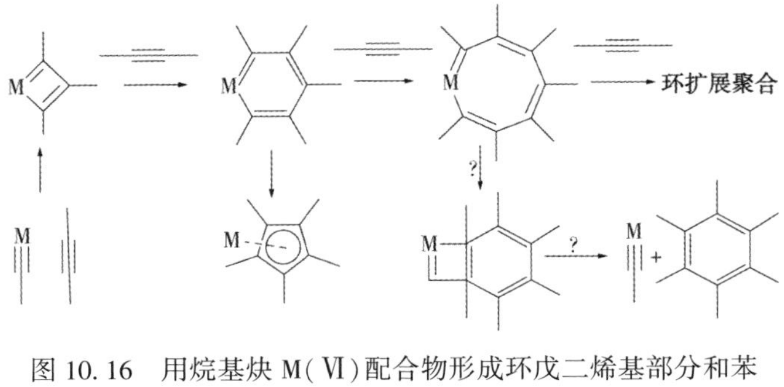

图 10.16　用烷基炔 M（Ⅵ）配合物形成环戊二烯基部分和苯

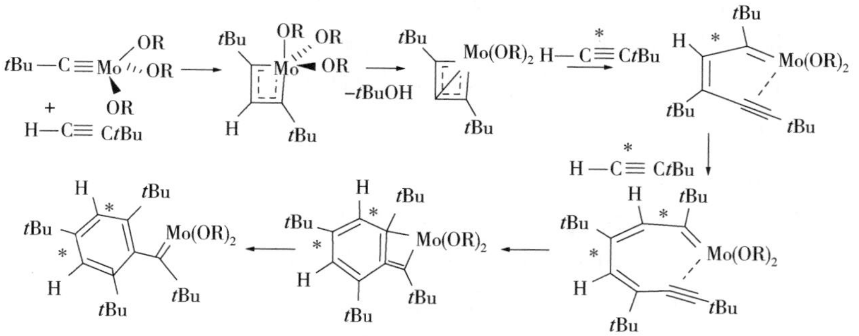

图 10.17　由亚烷基炔形成 Mo(Ⅳ)亚烷基("＊"表示通过复分解
反应合成新炔烃的位置，即 a2 + 2 加成和重排)

我们把金属环辛四烯生成苯的过程加入到图 10.16 中；在二氧化硅的多相 WO₃ 催化剂上，产物由 Moulijin 和他的同事报告，有内炔烃和端炔烃[66]。其他的机理也不能排除，因为低价的 Mo 化合物将会使羧基炔烃发生三聚反应，而高价金属次烷基的参与似乎不太可能[67]。

近期由 Copéret 和 Schrock 开发的固定化标准定义的催化剂显示了对烷氧基、酰亚胺基取代基在活性、TON 以及寿命方面的强大依赖性。Mo 催化剂对于无环炔烃非常活泼，但 RCM 催化剂往往不是这样。他们给出了一种对于油酸酯来说最好的催化剂[17,68]。遗憾的是，讨论它们的分解路线还太早(相关的 Re 化合物请见 10.3.2 节)。对于钨来说，位置是一样的[18,69]。在这种情况下，这种定义清晰的固定的催化剂与这种原位制备的具有未知组成的均相催化剂相比，活性差很多。

10.3　铼催化剂

10.3.1　前言

历史上，铼作为均相复分解催化剂是相对比较近的事情。铼作为催化剂主要应用于石油工业中的重整过程("铼重整"，或更常见的铂重整)，将低辛烷值的线型的和环形的烷烃(石脑油)转变为高辛烷值汽油，包括支链烷烃和芳香烃，同时副产氢气。催化剂就是 Pt 和 Re 的组合并负载在二氧化硅或二氧化硅–氧化铝载体上。多相 Re 催化剂已被应用于精细化学品合成，仅限比较小的规模(1400t/a)，由法国的贝尔壳牌化工公司从 1986 年开始的几年里进行的[70]。两个目标反应被提出来，环辛烯的乙烯醇分解和环辛二烯生产 α，ῶ-双烯，以及环辛二烯的异丁烯裂解，这对萜烯化学起始物的合成起意义。对于液相法乙烯和丁烯生产丙烯，开发出来了一个使用氧化铝负载 Re₂O₇ 的一个流程(Meta-4，由 IFP 和 CPC 开发)[71]。氧化铝是一种选择性的载体材料，通常可以具有很高的负载量[45]。

1988 年，均相催化剂的发展开始了，尽管在那之前，一些铼的前驱体在烷基化试剂和路易斯酸的作用下具有一定的复分解反应的活性。在 20 世纪 80 年代的后期，Herrmann 开始了他的关于 $MeReO_3$（MTO）作为环氧化以及复分解方面的催化剂的工作研究。MTO 的合成在之前报告过[72]，但是化学与催化作用是 Herrmann 等人探索并开发的[73]。MTO 本身并不像复分解催化剂那样活泼，但像其他的 Re 化合物，需要烷基化试剂以及酸性的助催化剂[74]。当 MTO 沉积在一个具有 Basset 和 Herrmann 基团的载体上时，就可以获得更高的活性。载体对活性有巨大的影响，当 Nb_2O_5 作为 2-戊烯复分解反应在室温下的载体时，活性可以达到每小时 6000 反应数[75]。这种作用归因于 Lewis 酸和 Brønsted 酸性位的同时存在，因为不管是像 TiO_2 这样的 Lewis 酸还是二氧化硅这样的弱的 Brønsted 酸都不能显示好的活性。人们可能会想到第一个亚烷基基团的产生来源于甲基基团，但情况并非如此，就像 Buffon 和他的同事给出的那样[76]。这一点相当诱人，因为用四甲基锡活化剂处理 Re_2O_7 可以产生复分解反应的活性，而制备 MTO 的一种方法就是让 Re_2O_7 和 Me_4Sn 发生反应。然而，反式-2,5-二甲基-3-己烯与 $^{13}CMe_4Sn$ 的复分解反应没有生成预期的标记物 3-甲基-1-丁烯，$^{13}C-1$，可以得出结论，反应是通过烯丙基氢活化机理（见图 10.10，C）引发的。后者实际生成了 3-Me-1-丁烯，但是不含有 ^{13}C。该反应需要低价 Re（Ⅳ，或 Ⅴ）的存在，这是可以被识别的。此外，还发现一旦将其暴露于烯烃下，他们的浓度就会缩减。

Schrock 努力尝试获得标准定义下的 Re 复分解催化剂，Schrock 关注各种新亚戊基 Re 酰亚胺-烷氧基配合物，这是受该方法在 Mo 和 W 化学上成功的启发[77]，但是 Horton 和 Schrock 没有发现这些配合物上的任何活性，甚至没有找到亚烷基配合物 $(ArN)_2(RfO)Re=CH-tBu$ 的活性。最近，Wang 和 Espenson[78]研究了三（金刚烷基酰亚胺）MeRe。没有报告烯烃的复分解反应，我们假定这种三酰亚胺配合物也不具有活性。它确实与苯甲醛发生复分解反应，但是却不能和酮类发生。在更长的反应时间下，并存在有过量的醛，可以生成 MTO。亚胺类化合物可以发生转化，但是亚胺类化合物没有发生催化复分解反应，比如生成 MTO。

关于标准定义下的均相 Re 催化剂的首批报道始于 1990 年，Toreki 和 Schrock 描述了 $tBuC≡Re(=CH-tBu)(ORf)_2$ 的合成与分离，作为一种橙色的性质不稳定的油[79]，对于端烯烃、内烯烃以及官能化的烯烃而言，它是一种活泼的复分解催化剂。在 1993 年[80]报告出了更多的复分解反应数据，但是催化剂的活泼性能却要比 W 和 Mo 等电子催化剂要小好几个数量级。

Copéret、Basset 和他们的同事[16]将催化剂 $(t-BuCH_2)_2Re(=CH-t-Bu)(≡C-t-Bu)$ 定了型，它本身并不是复分解催化剂，附着在二氧化硅表面消除新戊烷，便得到了目前为止最活性最强的铼催化剂，接近了 Mo 的活性（见图 10.18）。表面的化合物通过高标准的 NMR 技术得到了充分的表征。尽管催化剂的寿命很短，但是 *TONs* 数比大多数其他的铼催化剂高很多。

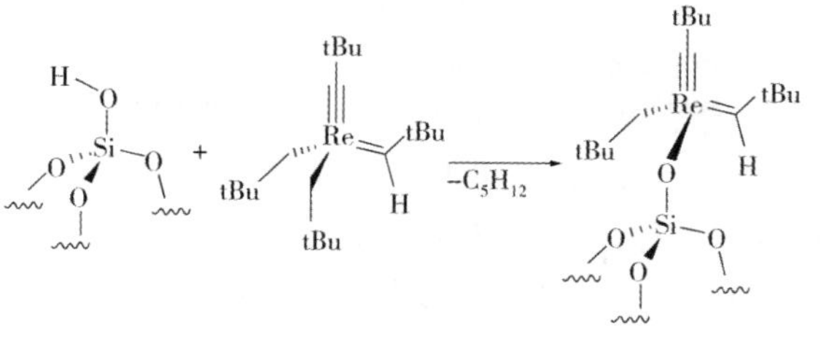

图 10.18   固定化烃基铼配合物和活性催化剂的形成

10.3.2　催化剂的引发与分解

对于铼催化剂，引发与催化剂的分解都相对未知，无论当它们是均相还是非均相。仅对于定义标准的 Schrock 催化剂，亚烷基配合物其本身才会是引发物，正如我们以后会看到的那样，将会出现一个潜伏期。对于固定化的版本，一个主要的本质的分解路线得到了建立。

现在看来，在 1990 年之前制备的原位均相催化剂性能很低。一些羰基铼和二氯（或者氧化物）烷基铝被使用，它们使烯烃具有复分解反应的活性，经常在高温下进行，并伴随有许多副反应，正如 Farona[81] 的工作。他建议在协同的 CO 中加入 R—AlCl$_2$ 来获得第一个（Fischer）亚烷基配合物。催化剂的寿命很长（在 90℃），在 5 天之内失掉了一半的活性；当失活开始发生的时候，最有可能的是一种新的引发剂开始形成了，仅有微量的配合物是活泼的。Warwel 报告 MeRe (CO)$_5$ 在 *i*—BuAlCl$_2$ 存在下在 70℃ 时具有活性[82]。

多相催化剂 Re$_2$O$_7$/Al$_2$O$_3$ 的活性很强的依赖于负载物，当达到单分子层完全覆盖时，每个 Re 原子可以将活性提高到最大 18% Re$_2$O$_7$[83]。每个铼原子可以覆盖 0.35nm^2，而它最有可能以 Al—O—Re(=O)$_3$ 为主要物质而存在。多相催化剂 Re$_2$O$_7$/Al$_2$O$_3$ 非常活泼，当使用 R$_4$Sn 烷基化试剂时，它们在室温下就很活泼[84]，甚至在使用油酸甲酯作底物时。油酸甲酯和反式-3-己烯共同复分解反应也非常成功。正如从 Mol 团队报告中明显看到的那样，多相催化反应有趣的方面是在高温下用 O$_2$ 处理后，再添加 Me$_4$Sn 后，其活性可以完全恢复[83]。烷基锡促进的催化剂比没有促进的催化剂的活性更高，但是它们失活得更快。此外，含锡催化剂的氧化修复在长远来看会导致催化剂被氧化锡覆盖而失活[85]。

Gates 对比了许多 Re 多相催化剂，得出结论 Re 必须在高的氧化态下才具有活性，仅有一小部分的 Re 具有高的氧化态[86]。他也坚持只有一小部分的 Re 参与到了催化作用中这种解释，大量的前驱体正逐渐被氧化确保整体活性被保留。在 10.3.1 节中，我们已经提到了 Buffon 等人的工作[76]，研究表明，引发反应需要 Re 以低价态的形式存在（Ⅳ，或Ⅴ），该物质事实得到了证实。研究表明，一旦暴露在烯烃下，这些位置就会消失，并伴随着复分解催化反应的开始。

Spronk[87]和Behr[88]分别用1-辛烯和1-戊烯研究了Re_2O_7/Al_2O_3催化剂失活的热力学参数。在杂质存在时研究了内在的分解过程并确定了复分解表观的活化障碍以及失活过程。Spronk发现复分解的表观活化能要高于失活过程的活化能，但是Behr公布了相反的结果。两个反应动力学模型都建立了，逐渐升高温度以维持在平推流反应器中在相同的流速中相同的转化率。其他的解决方案也是可行的，但是工业化的角度来看，提高温度是最切实际的。考虑到发现的活化能，对于Spronk的催化体系而言，需要的温度提升更小。FEAST过程就是以这种模式操作的，这些研究者把高纯原料的失活归因于重的副产物质污染将孔道堵塞[70]。

最近针对1-戊烯在Re_2O_7/Al_2O_3上发生复分解反应的失活进行了研究，表明了关于中毒的更多细节[89]。因为1-戊烯是通过Fischer-Tropsch方法制备的，因此含有各种增氧剂，必须进行认真排除。发现2-戊烯醇是一种比2-戊烯醛更强的有毒物质。后者与酮类物质（1-戊烯-3-酮）具有相同的作用。BTS催化剂（Cu附着于M_gSiO_3）可以用来降低增氧剂的量至10ppm。用氧化铝进行处理可以将增氧剂的量低于能够探测到的标准。从重量基准上来说水是一种比2-戊烯醇更强的催化剂毒害物。本质的分解过程的速率以及机理是独立于1-戊烯的流速的。研究者们建议将图10.11的路线B以及环戊烷的还原消除过程作为机理（见图10.19）。在30h的流动之后，发现TON数比较适度约在几千，超纯原料的活性下降到60%，反应中原料含有2-戊烯醇的浓度为50ppm，此时活性下降到52%，表明主要原因是内部的分解。

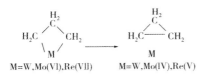

图10.19 减少环丙烷的消除

Farona发现引发反应不会和乙烯一起发生，这就排除了$Re=O$和乙烯的复分解反应是亚烷基形成的反应[90]。丙烯确实具有活性，这样烯丙基氢机理就被建议作为能够产生第一批亚烷基化合物的反应（见图10.11，路线B）。该机理以Re（V）作为催化剂前驱物质，这与Mo（Ⅳ）和W（Ⅳ）相似。从本质上来讲，催化活性可能相当高，但是由于仅有小部分达到了活性的状态，因此观察到的活性可以呈现数量级的变化。

在一份更近的研究中，使用氘化标记的乙烯和非标记乙烯证实了乙烯不能制备引发亚烷基催化剂[91]。然而，顺式二苯基乙烯确实能够与乙烯发生同质或交叉复分解反应，表明另外一种机理比π-烯丙基机理更具有操作性。研究者提出金属亚烷基的形成是通过$Re=O$和烯烃之间Witting式的交叉复分解反应发生的。副产的乙醛不能检测到，仅仅2%的活性Re形成，此外，醛类物质被强烈的吸附在氧化铝上。

在Meta-4过程的发展中，许多研究者也发现失活有两个原因，一个是因为原料中的杂质，另一个是因为内在的分解机理，最可能是图10.11的逆反应[92]。

尝试模仿多相催化剂 Commereux[93] 混合 $(ArO)_2Al-i-Bu$ 和 Re_2O_7(Ar = 大体积苯氧化物),获得混合化合物和 $(ArO)_2Al-OReO_3$ 和 $i-BuReO_3$ 的初始形成物。形成的沉淀是一种活性复分解催化剂,但是对于 2-戊烯(TOF = 60h^{-1})活性很低,人们一定得出结论,仅仅极小部分具有活性。油酸甲酯发生复分解反应的速率更慢。降冰片烯的 ROMP 的 TOF 数在高温下非常高(3500h^{-1})。降冰片烯在产生活性位方面也常常被认为是有效的,这就解释了其具有较高的活性,并且表明只需要和铝和铼的化合物进行混合,就不会形成太多催化剂。丙酮和 THF 抑制了反应。在后来的一个出版物上[94],催化剂活性可以通过广泛制备各种芳氧基铝高铼酸盐加合物来得到巨大提高。对一个原位制备的催化剂,可以测出 2-戊烯复

分解反应的活性高达 6000h^{-1}。联丙烯醚展示了很高的活性。配合物或催化剂不会被孤立,但是与奎宁环的反应生成了配合物 4(见图 10.20),使得产生了高度易变的催化剂或前驱体的近似特征。

Grubbs 报告了使用 2-二苯基环戊烯来活化 Re(V),与 Ru(II)和 W(IV)的活化作用相同[95],图 10.21。生成的配合物不像复分解催化剂一样具有活性,从六配位的特点来看没有惊奇之处。在与路易斯

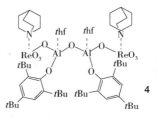

图 10.20　物质 4

酸如 GaBr$_3$ 反应之后,仅有成环的、变形的烯烃才能进行 ROMP 反应。路易斯酸也许移除了 THF 分子和一个 ORf 基团。我们之前见过变形的环烯烃比无环的烯烃更适合形成金属亚烷基催化剂,而这个例子中无环烯烃没有显示复分解活性。

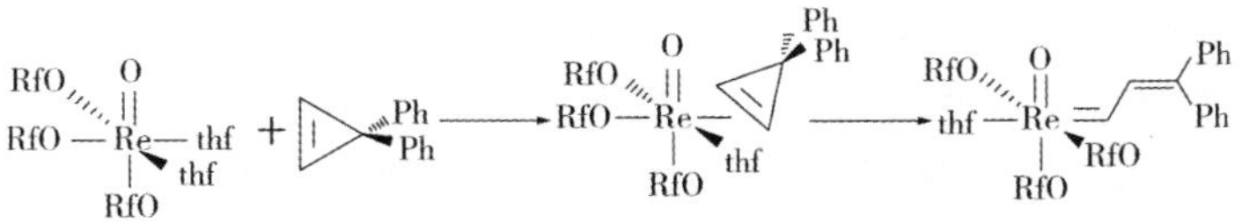

图 10.21　用 2-Ph$_2$-环丙烯转化 Grubbs Re(V)至 Re(VII)

Berke 及其同事[96]继续寻找含铼的亚硝酰基催化剂。[Re(H)(NO)$_2$(PR$_3$)$_2$]配合物和 BArF 酸醚化物反应生成相应的阳离子[Re(NO)$_2$(PR$_3$)$_2$][BArF$_4$]。将苯基重氮甲烷添加到这些阳离子的苯溶液中生成了合适的稳定的阳离子,五配位的铼苯亚甲基配合物。这些配合物催化了高度应变的非官能化的环烯烃的开环复分解聚合反应(ROMP),比如降冰片烯和二环戊二烯。转化数仅仅为 650h^{-1}。初始反应通过 ESI MS/MS 进行了研究,并发现了一个生成活性催化剂(见图 10.22)独特的反应机理。重要的步骤是磷化氢对配位降冰片烯的亲核攻击,磷亚烷基对一个亚硝酰基的攻击生成了 iminate。最终的铼 iminate 并不是开启催化反应的必要的分子,因为在整个序列中两个较早的亚烷基化合物也会开启 ROMP 反应。相对分子质量是大的,在链转移存在下,最多 10% 的铼是活泼的。因为在多相系统

中，大多数的分析也许具有误导性。另一方面，这个例子也给我们展示了许多比图 10.11 中那些反应复杂的反应也许正在进行，对于在像这些体系中的催化剂的引发和分解反应都是如此，尤其是当只存在有一小部分百分比的金属参与到催化反应中时。

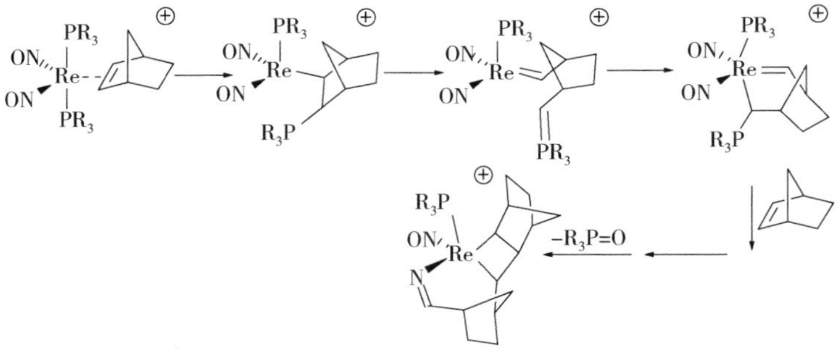

图 10.22　在亚硝酰基铼催化的降冰片烯 ROMP 中观察到的中间体

对于 1-己烯在室温下的复分解反应，附着在二氧化硅-氧化铝上的 CH_3ReO_3 是一种比附着于同样载体上的 NH_4ReO_4 更好的催化剂[97]。用 $MeAlCl_2$ 活化后的 CH_3ReO_3 催化剂是一种应用于降冰片二烯 ROMP 反应并具有 *TOF* 大于 $1000h^{-1}$ 的特点，但是高相对分子质量 $MW(5×10^5)$ 再次说明了仅有部分 Re 是具有活性的。

Basset 和 Copéret[98] 提出负载在氧化铝的 $MeReO_3$ 部分生成一个含有铝-铼桥连的亚甲基物质，与 Tebbe 试剂（含有 Ti 作为早期过渡金属）类似[14]。他们提出这是活性催化剂的前驱体。这与其他的一些研究不一致，那些研究表明 MTO 上的 CH_3 基团不参与到第一批亚甲基配合物的形成。对于丙烯，初始的 *TOF* 数是 $2600h^{-1}$，但发生了快速的失活过程。当在其他研究中发现乙烯作为引发剂不够活泼时，Basset 及其同事怀疑乙烯引起了失活。这两件事情也许彼此关联。下面我们将看到乙烯如何在 Copéret 发明的 SOMC 催化反应中引起催化剂失活。

来自于 $Np_2Re(=CH-t-Bu)(≡C-t-Bu)$ 的定型配合物形成了最具活性的 Re 催化剂，起始 TOF 数为 $7200h^{-1}$[16]。它们比均相催化剂 $(RO)_2Re(=CH-t-Bu)$ $(≡C-t-Bu)$ 和所有已知的多相催化剂更活泼。一个可能的解释是在表面上的位置分离，这就阻止了任何双分子机理。Copéret、Eisenstein 和他们的同事对定型的标准定义的 Re 催化剂的活性给出了重要的解释[99]，对于其他 d^0 催化剂（W，Mo）同样有效[100]。他们的工作涉及配合物分子 $XYRe(=CHtBu)(≡CtBu)$ 的 DFT 研究，X 和 Y 是单配位基阴离子，比如烷氧基团，酰胺基团或者是烷基。他们发现乙烯对于四配位物质的配位作用形成了一个三角形的双椎体，当 X、Y 中有一个是强 σ 给体（X 在图 10.23 中），另外一个 Y 是弱的给体，则该作用被大大强化。当 X 是 C，而 Y 是 O 时，反应最快，例如，一个烷基基团和一个表面硅醇基团。制备一个乙烯配合物的催化剂暗示了一个比预期要大得多的障碍，这个障碍也许比生成金属环丁烷的催化剂的障碍还要高。后者可以使用弱的 X，Yσ 给体来获得稳定。熵扮演了一个重要的角色，尤其在刚性的金属环中，没有切实的结论可以得出哪一步是速率控制步骤。

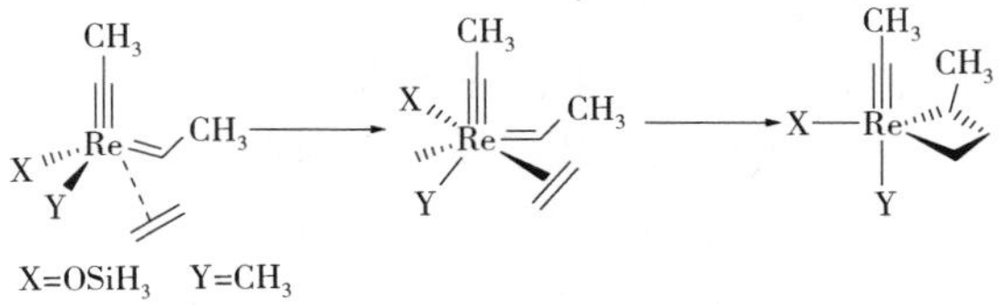

图 10.23　用于计算 X 和 Y 性质影响的模型化合物

$X=OSiH_3$　$Y=CH_3$

大量的活性催化剂（目前所有铼催化剂的 70%）和短寿命使得研究丙烯复分解催化剂的分解方面成为可能，这其中有无法预料的细节[101]。催化剂失活被证实最先发生在乙烯及活性位上。生成 1－丁烯和戊烯在数量上比活性位的数量更大，这就意味着这些物质的形成既与活性位活化无关，也与催化活性位的可逆性失活无关。此外，在液相中，铼配合物发生浸析，也会导致失活作用。DFT 计算以及 ^{13}C 标记研究产生了图 10.24 的机理。在金属环化物发生 β-H 消除反应之后，乙烯的插入就是最低的障碍。接着烯丙基乙基铼配合物发生 α-消除生成了 1－丁烯和初始亚乙基催化剂；这样可以生成 1－丁烯而不发生催化剂分解。如果氢化物发生了消除反应，就像我们之前看到的那样，一个不活泼的 Re(Ⅴ)物质就形成了（见图 10.5，对 Mo 来说上面的部分或图 10.11，路线 B 的逆过程）。一个略微高一些的障碍是发生 β-H 消除生成了硅醇和一个 Re(Ⅴ)配合物。这就解释了乙烯以及乙基基团的作用，因为从一开始呈现的新戊基基团没有包含 β-H。

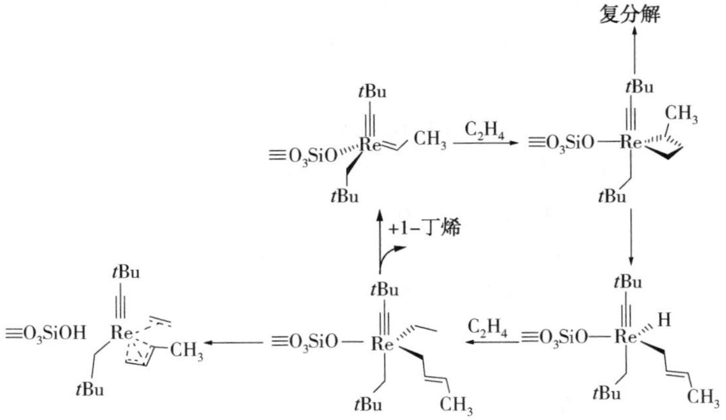

图 10.24　固定化、高活性 XYRe(=CHtBu)(≡CtBu)催化剂的分解途径

可以设想一些其他的反应（一些反应我们已经在上面看到了），但是显示的方案包含的是最低计算障碍的路线。不把二聚的路线视为是 Re 原子之间的平均

距离，铼原子之间的距离大于 10Å，并且在煅烧硅的表面流动性很低。

10.4 钌催化剂

10.4.1 前言

在 1972 年，钌聚合催化剂的复分解反应的本质就被认识到了[102]。Porri 根据这些成果继续进行研究，在 1974 年，他报告了降冰片烯和钌以及铱盐在质子介质中的 ROMP 反应[103]。报道的潜伏以及反应时间相当长。钌也显示了对于环戊烯 ROMP 反应的活性，但仅是在添加了二氢物质之后如此。这些是第一批关于从元素周期表的右半部分元素制备的催化剂的报告。这很让人瞩目，因为直到那时，复分解催化剂与极性的、质子溶剂都不相容。这项工作相对没有引起人们的注意，尽管在 1976 年有工业装置以其为基础并生产一种名为 Norsorex 的高分子（CdF-Chimie，后来 Atofina，Arkema 和 Astrotech）。就像在 Porri 体系中，在乙醇中使用 $RuCl_3$ 作为溶剂（t-BuOH），预期的钌亚烷基配合物的原位形成就发生了。Norsorex 是降冰片烯的反式（90%）高分子材料，是通过 ROMP 获得的，相对分子质量为 2×10^6。关于钌催化剂在质子介质中反应的兴趣被 Novak 和 Grubbs 在 1988 年再度激发[104]。Rh（Ⅱ）的甲苯磺酸盐被用来作为 7-氧杂降冰片烯衍生物在水中聚合反应的催化剂，注意到有潜伏期，这是形成初始钌-碳烯物质的必要条件。水极大地降低了潜伏期，但后来我们将发现水也会导致亚烷基催化剂的分解！

10.4.2 引发以及潜伏现象

有一些例子是关于催化剂在引发剂的帮助下的原位合成，这些是在 Porri 和 Novak 的原位以及不受控制催化剂合成方面的直接后续工作，但是这些将在 Grubbs 催化剂引入之后提到。这些原位的方法利用了钌对于炔烃具有很高的活性这样的知识，这样，亚乙基物质就会从反应中生成，尽管早期有文献报告双磷钌二氯亚乙烯基配合物仅对刚性的环烯烃的 ROMP 反应具有活性，而对无环烯烃没有活性[105]。

作为活性复分解催化剂，钨和钼的亚烷基配合物没有进一步的活化的出现促进了在该方向上的钌催化剂的研究。作为碳烯的前驱体（如 Dolgoplosk 在钨[106]上面做的那样），添加乙基重氮基醋酸酯到钌水合盐中生成了活性催化剂[107]，正如在原位制备中使用的那样。第一个钌亚甲基物的成功合成是使用了二苯基环丙烯作为碳烯的前驱体[108]，如图 10.25，一个普通的钌磷化氢二氯化物前驱体。

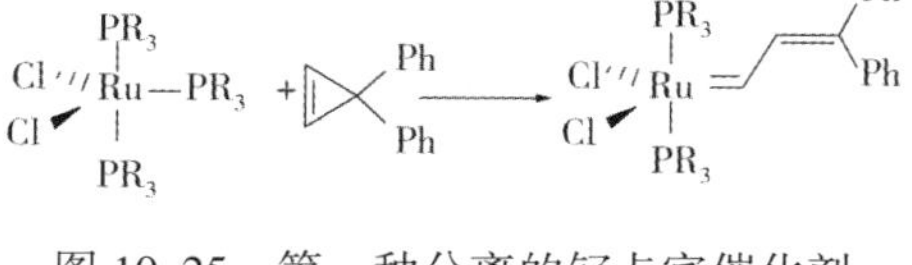

图 10.25 第一种分离的钌卡宾催化剂

后面的方法在合成钌乙烯基亚烷基配合物 $RuCl_2$（$= CHCH = CPh_2$）（PR_3）$_2$

$(R = Ph^{[109]}$ 和 $R = Cy^{[110]})$ 时被使用。当偶氮甲苯被使用时[111]，苯基碳烯物(苯亚甲基)就被分离，如图 10.26 所示。

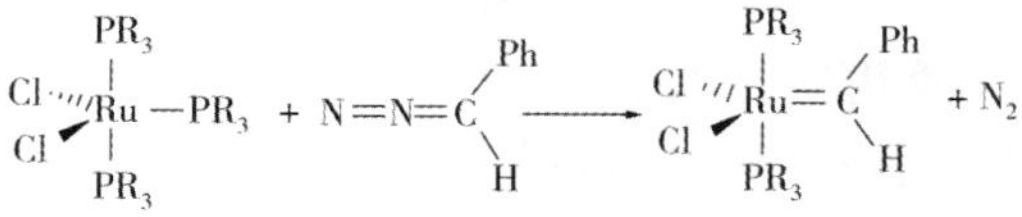

图 10.26　钌亚苄基催化剂(现称为 Grubbs I 催化剂)

　　二氯化钌总是需要很长的引发时间，这些新式的催化剂开始反应几乎不需要耽搁。对于不含有官能团的化合物，它们的转化数可以达到每小时几千，但对于极性分子，总的转化数可以低至 50 上下，这是在几小时获得的数据。Grubbs I 催化剂-含有苯亚甲基作为亚烷基-比最先隔离的活性亚烷基钌催化剂，二苯基乙烯基亚烷基具有更短的潜伏时间[112]。在 ROMP 反应中，后者显示的引发速率比增长速率慢得多，而对于前者，他们具有相当的数量级[111]。

　　最初，在配合物中存在的两种磷化氢分子被认为十分重要。Grubbs 已经证实实际上只含有一种磷化氢配体的配合物更具有活性[113]，需要分离出一个磷化氢来实现制备活性催化剂的目的。在双磷配合物和单磷配合物(+游离磷)之间有一个平衡关系。当把 CuCl 添加到反应混合物中时，可以得到高活性，CuCl 将游离的磷移出溶剂，这样就把平衡转向了单取代钌配合物的一边。具有较低 x 值的配体(比如，三环己基磷化氢)具有更快的反应速率。阴离子遵循相反的顺序：Cl>Br>I。这项细节性的研究是在 RCM 反应上进行的，如图 10.27，在 Grubbs

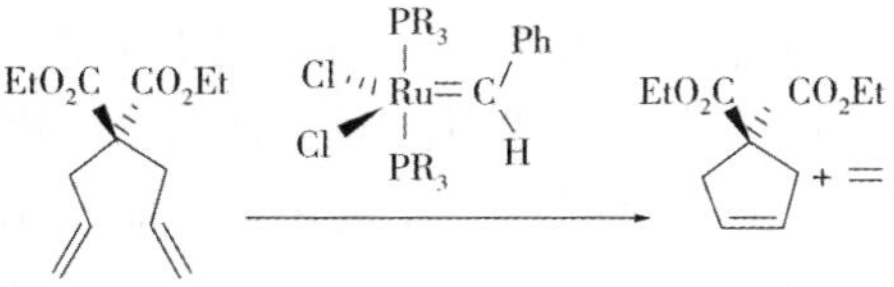

图 10.27　RCM 模型与 Grubbs 催化剂的反应

引入他的催化剂之后，这个反应常常被作为模型测试反应。通常，钌催化剂仍然没有钨或钼催化剂那样反应迅速，但它们的灵活性以及范围是很广的。

　　另外一种移除一个 Cy_3P 配体的方法如图 10.28 所示。Dias 和 Grubbs 报告了双核催化剂的合成，是从 Grubbs I 催化剂和路易斯酸二聚物(见图 10.28)的反应获得的，例如甲基异丙基苯钌二氯二聚物和 $CpRhCl_2$ 二聚物[114]。催化剂是在 1，5-环辛二烯的 ROMP 反应中使用的。新的二聚物比 Grubbs I 催化剂的活性高 10~90 倍(注意到当磷化氢没有从溶液中移除时，后者的浓度值为 0.5，这样对

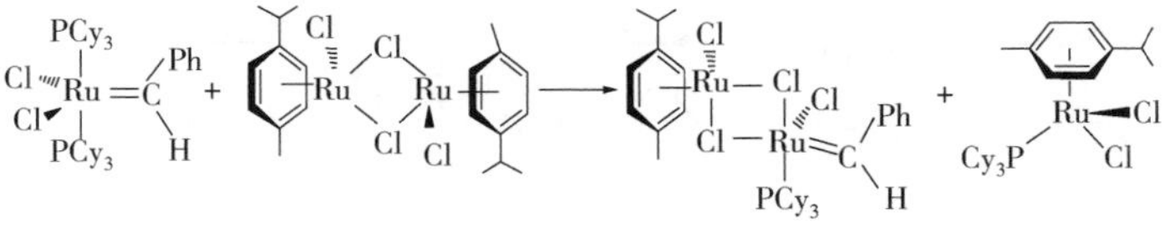

图 10.28　路易斯酸与 Grubbs I 催化剂组合

比就会困难）。观察到二聚物和烯烃的反应是相关的，这与 Grubbs I 的反应顺序不同，后者的开始是随着游离磷化氢的释放进行的。这可以通过更多的缺电子钌中心来解释，而缺电子钌中心是由路易斯酸中心形成二聚体产生的。

在尝试增强一个磷化氢的分离工作中，Werner 及其同事制备了一个与 Grubbs I 催化剂类似的物质三环辛基磷化氢[115]。由于不知道的原因，含有更大磷化氢的催化剂没有含有一个磷化氢的 Cy_3P 更活泼，这样活性顺序为 Cy_3P>（环辛基）$_3$P>iPr_3P。

以磷化氢的分离作为初始反应，并且 Grubbs 及其同事针对 ROMP 反应从各种配体，阴离子以及溶剂方面进行了广泛的研究。双磷配合物和 NHC-磷配合物（Grubbs II 催化剂，在下面进行了讨论）都进行了研究。磷化氢分解的速率随着溶剂极性（介电常数）的增加而增加（戊烷<甲苯<二乙基醚<二氯甲烷<四氢呋喃）。当对位的配体是 NHC 比当配体是磷化氢时，PCy_3 的分解速率要慢得多。为什么会这样，并不好理解，但也许是空间的原因。当烯烃被绑到不饱和的中间物时，在 NHC 催化剂的作用下比在 PCy_3 催化剂作用下的反应速率快四个数量级。这可以通过在 NHC 配合物中对于烯烃的极强的反馈 π 键来解释，因为 NHCs 是比磷化氢强得多的给体[117]。在 NHCs 的作用下，强大的给电子体给予烯烃最快速的配合作用（结果也是最快的催化剂）。除了可以稳定烯烃配合物，来自 NHCs 的电子给体有可能加速金属环丁烷形成过程中氧化物的添加。NHC 催化剂比 Grubbs I 催化剂热稳定性高很多。就像上面提到的，亚烷基或苯亚甲基催化剂的分解是一个双分子过程，它在磷化氢分解之后进行，这样，如果磷化氢分解非常缓慢，程度很小，那么双分子分解也将非常缓慢。在烯烃存在下，对于 NHC 催化剂来说，分解的速率也许会进一步下降，因为它们与烯烃快速地反应，就不会得到平衡浓度。

另外一个有趣的前驱体可以生成反应非常快的催化剂，它是由 Castarlenas，Dixneuf 及其同事提出来的[118]。图 10.29 展示了一个阳离子甲基异丙基苯-钌乙烯基在三氟甲磺酸如何重排成为一个茚烯基配合物。在丢失掉甲基异丙基苯之后，茚烯基生成了一种活性物质，来源于阳离子 Grubbs I 催化剂，因为它含有 PCy_3 做配体，仍存在与配合物之中。环戊烯和环辛烯的 ROMP 反应速率极高，达到 $300 mols^{-1}$。很明显甲基异丙基苯的分解比磷化氢的分解快得多，并形成高浓

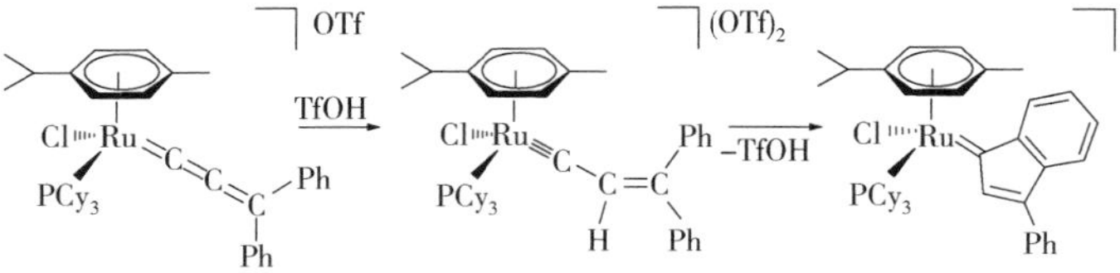

图 10.29　亚蒽基钌重排为亚茚基钌

度的活性物质。底物与钌的比例在 300000 至 1 之间时，由于系统中的杂质，很难发现任何活性物质。

已有很多研究指出钌配合物和 1-炔烃反应生成亚乙烯基配合物[119]。一些组织已研究了亚烷基物从炔烃形成最初钌亚乙烯基或亚烷基物的原位形成过程。来自 BP Amoco 的 Nubel 和 Hunt 成功报道了丁炔-1,4-二醇二醋酸盐作为三卤化钌和磷化氢在乙醇介质中的引发剂的应用，这在二氢物质存在时生成了高活性催化剂[120]。1-辛烯在 90℃反应 2h 的转化数可高达 110000。

从端炔烃合成的 Grubbs 式的催化剂已由 Werner 报告，他致力于催化剂合成而不是催化反应[121]。几年后由同一组织开发了一种巧妙的原位方法，利用镁作为 RuCl₃ 水合物在理想的磷化氢和二氢化物存在下的还原剂；在还原反应发生后，端炔烃在低温下加入（见图 10.30）[122]。在相关的方法下，2-丁醇被用来作为氢源。也可以使用乙炔来生成亚乙基钌配合物。

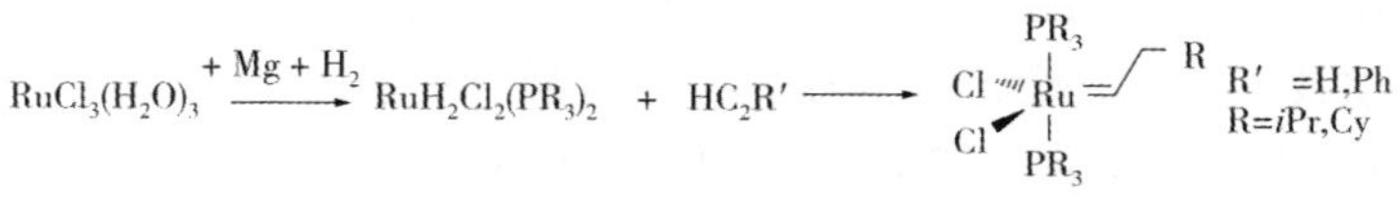

$$RuCl_3(H_2O)_3 \xrightarrow{+\ Mg + H_2} RuH_2Cl_2(PR_3)_2 \ + \ HC_2R' \longrightarrow \begin{array}{c} PR_3 \\ | \\ Cl\underset{|}{\overset{\ldots\ldots}{Ru}}\diagup \diagup R \\ Cl \quad PR_3 \end{array} \quad \begin{array}{l} R' = H, Ph \\ R = iPr, Cy \end{array}$$

图 10.30　由 Werner 原位生成 Grubbs I 催化剂

事实上，这种使用钌氢化物的方法是有趣的，因为通过亚烷基催化剂与水和乙醇的分解从而引起烯烃的异构的形成方式是已知的。Nubel 和 Hunt 强调用这种方法原位制备的催化剂很少形成异构化物。这样，当采用乙醇和水作为介质使得分解更快发生，存在的炔烃将活泼的异构化催化剂氢化钌快速的转变为复分解反应中高活性的亚烷基配合物。

涉及到从氯化钌、磷化氢、氢气和炔烃原位制备复分解催化剂的上述发现被 Vosloo 及其同事在 1-辛烯的复分解反应中应用[123]。在反应中使用氢气获得了初始复分解产物最高的产量。如果乙酸或乙醇作为溶剂并且 PCy₃/Ru 的摩尔比为 1，则 1-辛烯的复分解反应在 80~90℃ 的范围内显示出了最好的结果。内部和端部的烷基和芳基炔烃都可以用原位来活化。

炔烃有两个功能，它们把不活泼的氢化物转变为活泼的亚烷基，这样做的话，它们移除了钌氢化物，否则将会引起烯烃生成产品过程中有毒的异构化作用。在后面的部分里，我们将回归到这些氢化物是如何生成的。Grubbs 及其同事研究了如何使用其他添加剂来钝化氢化物[124]。针对多种添加剂进行了测试，发现醌类作为氢化物陷阱很有效。

一项重要的发展是引入 N-杂环碳烯配体替换一个磷化氢配体。由于强大的供电配体例如 PCy₃ 配体比 PPh₃ 配体性能更好，人们希望作为强 σ-给体的碳烯配体会更好。配合物的结构是一样的，碳烯和磷化氢占据反键的位置。催化剂是第二代 Grubbs 催化剂（Grubbs Ⅱ），在许多装置上都比第一代 Grubbs 催化剂性能更好。如之前提到的一样，Grubbs Ⅱ催化剂的引发很慢，但是磷化氢的分解可通过调整磷化物来获得加速，这个调整不会影响复分解反应的高反应速率[125]。来自于配合物中的磷化氢的分解（初始）速率随着磷化氢供给力的减弱而增加。含有三芳基膦的配合物展示出了有巨大提高的相对于（H₂IMes）（PCy₃）（Cl）₂Ru = CHPh 的引发反应。加快的磷化氢分解速率使得烯烃复分解反应速率更快。

Grubbs 及其同事引入了各种方法来为含有 NHC 的催化剂清除磷化氢。添加少量的 HCl 作为一种磷盐来移除 PCy₃ 是一种有效的方式[126]。Herrman 报道了使用甲基异丙基苯二氯化钌作为 Grubbs Ⅰ 催化剂的清除剂，如图 10.28 所示[127]。

为了加快引发过程，将一个弱的配体以反式的方法配位到 NHC 配体上是一个循环的主题。然而，如果配体太弱，配合物就会分解或形成二聚物，但是一种稳定弱配体配合物的方法是将弱配体进行合并，形成初始碳烯或阴离子的二配位物质。乙醚–碳烯这种变体作为 Hoveyda–Grubbs 催化剂为人所知（见图 10.31）。当羧酸盐被用作为一种阴离子，弱的配体就会与阴离子相接。图 10.31 中有更多的例子。这项技术不总是会产生高速率，而且最有可能的是增加的稳定性仅占应用催化剂活性的一小部分。类似于 Grubbs–Hoveyda 催化剂的硫代乙醚也被报道了[128]。

作为磷化氢催化剂，NHC 催化剂也可以通过原位法从（甲基异丙苯基）RuCl₂二聚体，t-Bu-乙烯和在氢气和磷化氢存在中的 NHC 前驱体很方便的制得[134]。原位制备的催化剂比含 PCy₃ 的 Grubbs Ⅱ 催化剂更加活泼，因为按照这种方法，磷化氢缓慢的分解步骤就被避免了。在 t-Bu-乙炔的存在下，系统的活性很低，证明了乙炔加速了钌亚烷基物的形成。

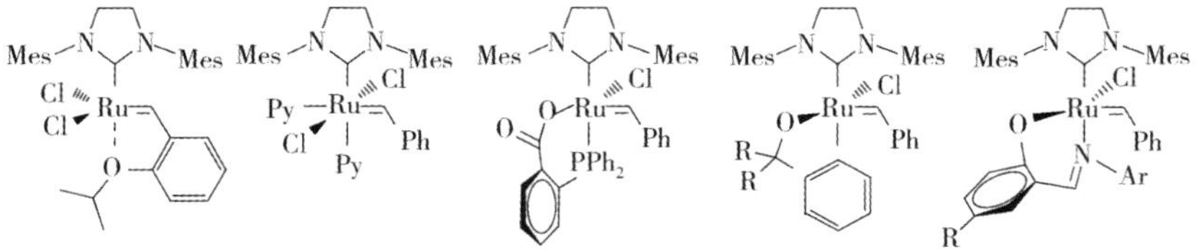

图 10.31　（双齿）弱配体概念[129-133]

另外一种避免 Grubbs 的催化剂缓慢的引发过程的方法是 Piers 及其同事提出的[135]。他们利用了 Heppert 及其同事提出的化学计算的复分解反应，就是在一个 Grubbs 催化前驱体和一个被称之为 Feist 酯的亚甲基环丙烷之间[136]。富马酸二乙酯的复分解以及消除反应生成了不寻常的碳化钌（见图 10.32）。弱配位阴离子 [H(OEt₂)₂]⁺[B(C₆F₅)₄]⁻ 的一种酸的质子化作用导致磷化氢迁移到碳化合物的碳原子上。4 配位阳离子，获得的 14-电子的亚烷基磷配合物被发现是具有最快初始反应速率的催化剂前驱体。第一个烯烃分子的初始反应生成乙烯基鏻盐和不饱和反应物。

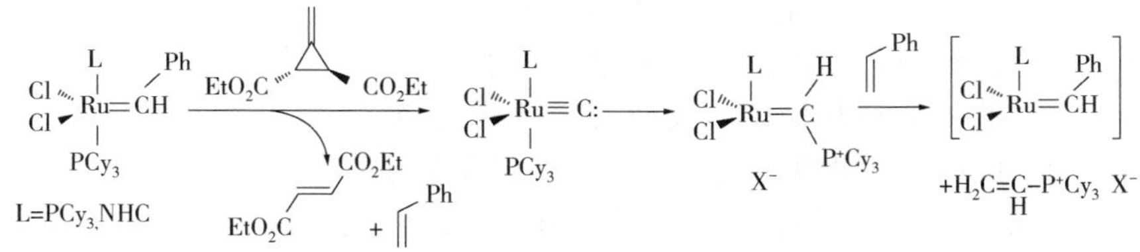

图 10.32　用亚甲基环丙烷二酯和酸形成快速引发剂

10.4.3　亚烷基片段的分解

Ulman 和 Grubbs 研究了大量 Grubbs Ⅰ 催化剂在 RCM 反应中的分解机理[137]。研究发现含有取代基的亚烷基通过双分子路线进行分解，而无取代基的亚甲基以单分子路线进行分解。这在动力学上可以看出双分子反应需要磷化氢的分解，并且有机产物是烯烃；无机产物无法识别，但它包括氢化钌。这一分解方式可通过加入磷化氢而钝化，同时也可减缓复分解反应。亚甲基钌的分解数据符合一级动力学图，过量游离磷化氢的存在不会影响分解速率。1HNMR 分析无乙烯形成。钌配合物无法识别。PCy$_3$ 基的引发剂对于 RCM 反应来讲明显好于 P-i-Pr$_3$ 基的引发剂。

Grubbs 及其同事进一步研究了最敏感的催化剂中间体，即亚甲基钌物质的分解路线。发现自由的 PCy$_3$ 对亚甲基碎片在反应初始阶段进行了亲核攻击[138]。形成的磷内鎓盐从钌配合物中游离而出，随后高度基本磷内鎓盐从另外一个亚甲基钌上吸引质子，并形成一种以前观察到的产物，三环己基甲基磷氯化物。并提出，生成的次烷基钌配合物与另外一种配位的不饱和钌物质反应，形成如图 10.33 所示的二聚物。该二聚物的产率为 46%。

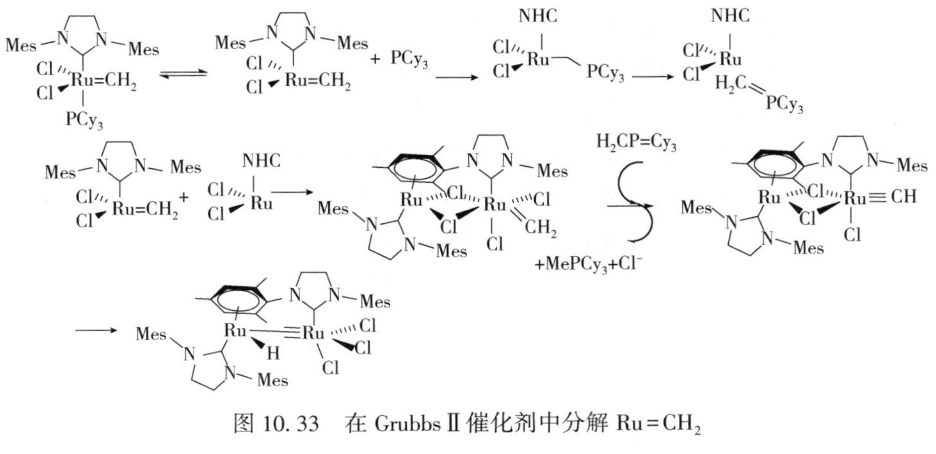

图 10.33　在 Grubbs Ⅱ 催化剂中分解 Ru＝CH$_2$

在上述发现之前，Hofmann 及其同事表述了配位在 Grubb Ⅰ 催化剂上的富电子磷对苯亚甲基片段的攻击，在这一情况下，磷化氢是双配位的，且可通过分子内特征促进这一攻击[139]。这不是一种制备已有活性催化剂的步骤，它们都是反式二磷配合物，但 Hofmann 及其同事建议，这一反应对催化剂分解可能非常重要，由于从钌前驱体到开始催化反应都需要磷化氢的分解。反应如图 10.34 所示。内鎓盐形成后，三苯基磷化物的分解反应发生且配合物发生二聚反应。明显的，基于 $(tBu_2P)_2CH_2$ 的催化剂仅作为配体——以顺式结构进行配位！——在当时他们开发出的是环辛烯 ROMP 反应最快的催化剂[140]。

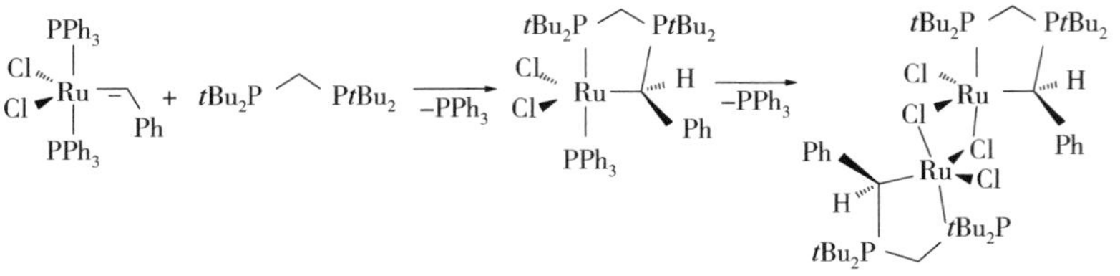

图 10.34　磷化氢对卡宾的亲核攻击

Maughon 及其同事进行了油酸甲酯和乙烯在 Grubbs I 催化剂下的复分解反应的动力学研究[141]。在 25℃ 和乙烯压力为 4bar 下，以很高的初始速率选择性催化生成了 1-癸烯和 9-甲基癸烯酸酯。在更高转化率下，反应速率下降到工业应用可接受的范围。他们得出结论是，端烯烃产品可引起非生产性复分解反应数量的增加，亚甲基钌物质浓度增加，这是分解的主要原因。DFT 计算证实了乙烯对亚甲基中间体的配位作用对油酸的配位作用高度满足。

Grubbs I 亚甲基催化剂的不稳定性在乙烯和二丁烯在连续反应器的复分解反应中所证实[142]。

Delaude 及其同事展示了高度活性的催化剂可以由二聚甲基异丙基苯钌通过与乙烯及其配体(Cy_3P 或 NHC)的好几步反应制备。见图 10.35。由上述步骤(10.4.2 节)将乙烯配合物转化为催化剂，这些步骤包括与炔丙醇衍生物的反应最终获得茚亚甲基前驱体。在乙烯或端烯烃存在时，他们观察到高活性催化剂的快速钝化反应。茚亚甲基或苯亚甲基催化剂(NHC-和 Cy_3P-基的)的化学计量反应将亚甲基前驱体快速恢复成乙基-甲基异丙基苯；鉴于观察到的该反应的高收率以及其他产物的存在，研究者们提出这是一个将亚甲基转化成乙烯的双分子过程[143]。由于 PCy_3 配体保留在产物中，这一机理似乎不包括 Grubbs 发现的由

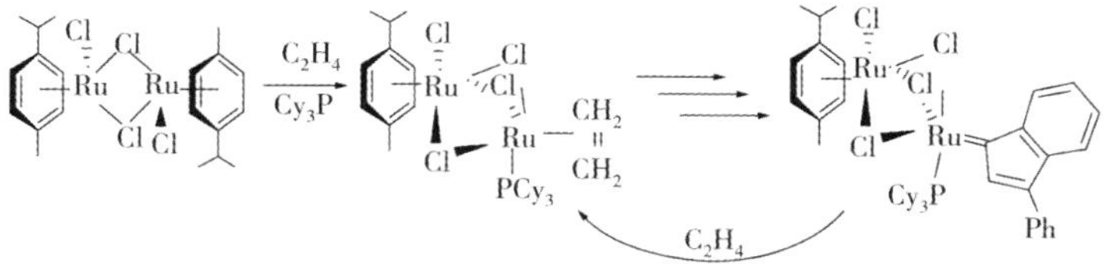

图 10.35　钌-亚烷基路易斯酸加合物的形成及其与乙烯络合物的反转

PCy₃对亚甲基片段的攻击开始的机理，释放了内鎓盐（或鏻盐，见图 10.33），并且后续的反应与乙烯生成乙烯配合物[138a]。

10.4.4　含有 NHC 配体的反应

金属-碳烯的分解路线，它们的配体以及配位的底物片段在 1.7.3 节呈现，呈现的一些反应涉及到复分解催化反应。在这部分讨论的反应主要涉及 NHC 配体的 C-H 活化反应。Grubbs 及其同事描述了 H_2IMes（NHC）配体中甲基基团在"适度严格的惰性气氛中"的金属取代[144]。全部的反应在图 10.36 中。一个相似的氢化钌的 C-H 活化由 Whittlesey[145]进行了报告，他也观察到了 Ru 随着甲烷的消除插入到了 C—C 键（甲基-苯基）中。由 C-H 活化作用产生的配合物含有一个羰基基团，它经常从乙醇中产生，但是细节情况却不为人所知。

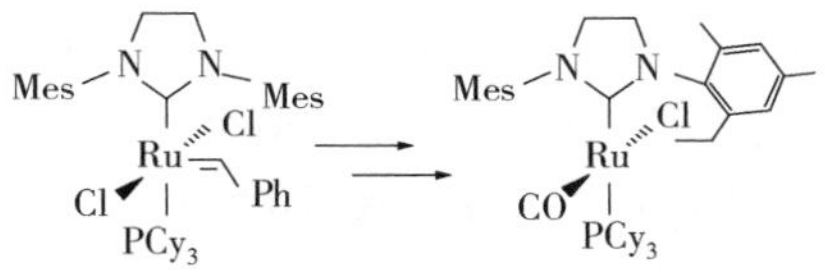

图 10.36　Grubbs Ⅱ 催化剂中的第一次 C—H 活化

Grubbs 及其同事报告了 NHC 两个苯环发生的金属取代（见图 10.37）。在第一个 C-H 活化之后，发生了最有可能的苯亚甲基插入到 Ru-H 的反应，之后发生了苯基和苄基中间体的还原性消除反应[146]。第二个金属取代反应发生在 HCl 的还原性消除反应以及鏻盐的形成之后。反应在二氯甲烷中的反应速率比在苯中的速率要快得多。

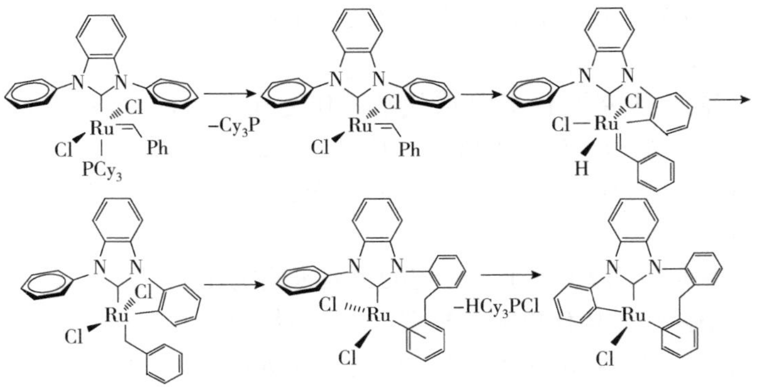

图 10.37　在 Grubbs Ⅱ 催化剂中进行双 C—H 活化

Blechert 及其同事发现 Hoveyda-Grubbs 催化剂发生了一个可逆的环化作用（形式上是一个 Cope 重排）而不是 C-H 活化作用，如图 10.38 所示，在钌环氧化之后，使化合物变得不活泼。使用氧气进行氧化反应重建芳香环，并且另外一个不适合于催化反应的亚烷基钌键形成了[147]。得到的化合物产率很低，反应最有可能被适当的在芳环上的取代形式所阻止。

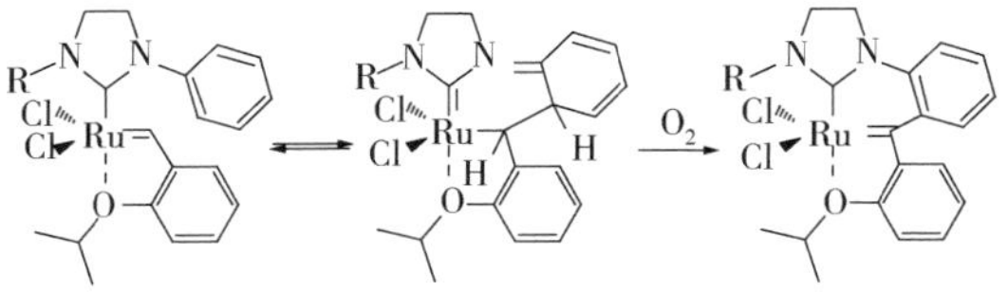

图 10.38　在 Hoveyda-Grubbs 催化剂中涉及 NHC 配体和亚烷基的可逆环化

　　在氧化物的存在下，氧气是催化剂分解的原因，NHC 配体上的芳基环的 C-H 活化反应是分解反应重要的开端。近些年，许多团队关注于 NHC 配体的变化为了获得更加稳定的催化剂（见文献[148b]）。像上面提到的那样，反应速率主要依赖于催化剂特殊的结构，并且可以通过选择合适的芳香环取代形式以及 NHC 配体的主体来进行有效的放缓，就如同 Grubbs 及其同事所展示的那样[148]。他们研究了在二烯丙基丙二酸二乙酯的 RCM 反应中整个范围内的 NHC 配体，并经常选择该反应为基准反应。他们做了一个非常微小的试验，为了获得更加稳定的催化剂的相关数据，他们使用了少至 25ppm 的催化剂。在这些催化剂的浓度下，氧气必须严格的排除。发现了在 NHC 配体上体积较小的 N-aryl 产生更高的活性，但可以预料的是，它也会降低稳定性。更多的骨干取代导致催化剂的寿命增加以及反应速率的降低。对于这一部分最稳定的催化剂，催化剂使用量在 15～25ppm，严格控制为无氧条件并在图 10.39 中展示。受限制的旋转阻止了 Ru 和芳基基团的紧密接触以及一个快速的 C-H 活化反应。

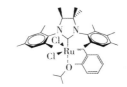

图 10.39　二烯丙基丙二酸二乙酯 RCM 最稳定，最活泼的催化剂[148]

　　Dorta 及其同事研究了 1-萘基取代基团作为在 Grubbs II 催化剂上的 NHC 配体[149]上的芳基基团，即包含有 PCy₃。特别的，2-异苯基-1-萘基（另外的取代基在 C-6 或 C-7 上）生成稳定快速的催化剂，但是该研究是在催化剂浓度为0.1%（摩）时做的。

　　Wagener 及其同事做了一个氘标记的研究来确定在第二代 Grubbs 催化剂催化的复分解反应中烯烃异构化反应的机理[150]。1-烯丙基，1-d₂甲基乙醚的复分解反应给出线索金属氢化物的添加-消除机理正在进行，因为氘被发现在乙烯基的位置上。随后，负载有芳香环上的重氮 o-甲基基团的 NHC 配体被使用。它的分解生成了一些金属氢化物，但没有检测到氘配合物。1-辛烯的复分解反应生成各种重氮烯烃（见图 10.40），表明了氘配合物的存在，尽管在视觉上没有发现它。他们提出钌氢化物中间体促进了 H/D 交换，它的形成与亚甲基催化剂的分解密切相关（见图 10.33）。

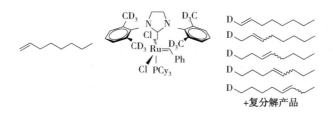

图 10.40　使用含 NHC 的 CD3 基团在烯烃中掺入氘

10.4.5　含增氧剂的反应

钌催化剂对于增氧剂比早期过渡金属催化剂具有更强的抵抗性，就像从 1965 年的研究发现的那样[4]，但尽管如此，在有机合成中存在增氧剂时，常常要使用 1% 的催化剂。在发现亚烷基以及 NHC 分解反应之前，催化剂失活的关注在于原料中杂质的移除。如果氢过氧化物被移除至只有 ppm 级，对于碳氢化物烯烃底物的转化数可以高达一百万[120]。增氧剂通常被认为对于金属亚烷基化物具有内在的活性，这样就可以得到有限的转化数。然而，注意到钨催化剂（用 Me_4Sn 活化的）也将转化到高达 500mol 的油酸酯底物[151]。Mol 及其同事，使用了 Grubbs I 催化剂，实现了油酸甲酯 2500 的转化数[152]。该转化数被来自于 Sasol 的研究者提高到几乎 20000[153]，也是在对底物进行了认真的净化之后，使用了新的配体 9-环己基-9-磷酸-9H 双环壬烷（以 3∶1 的 [3.3.1]- 和 [4.2.1] 的桥接同分异构体混合使用）替代 PCy_3。转化数比纯净的烯烃要低，但是内在的失活比人们从有机合成中催化剂的使用量的得出的结果要低。

含有醛类的底物显示了低的转化数，而 α，β-不饱和醛不显示活性。保护醛类物质作为缩醛的功能性给予了复分解反应转化数，但是仍然需要 2%～5% 的催化剂[145]。

在合成 Grubbs II 催化剂期间，Grubbs 及其同事发现了初级醇类物质的存在生成了氢化羰基氯化钌[144]。同时，Dinger 和 Mol[155] 通过 Grubbs I 催化剂在乙醇的存在下的钝化作用鉴定了这种物质的形成。他们将机理通过图 10.41 呈现出来。

图 10.41　Grubbs I 催化剂用醇和分子氧分解

相似的结果被其他团队发现[156]。

Grubbs Ⅱ催化剂(见图 10.42)在基本条件下与甲醇反应比 Grubbs Ⅰ催化剂更快，生成混合物，包括一个配体，歧化反应生成了来自于 Grubbs Ⅰ同样的氢化物；机理与图 10.41[157]所展示的一样。双磷化氢配体的歧化作用是惊人的，因为 NHCs 常常比膦类化合物的键合作用更强。NHC 的命运无法确定。

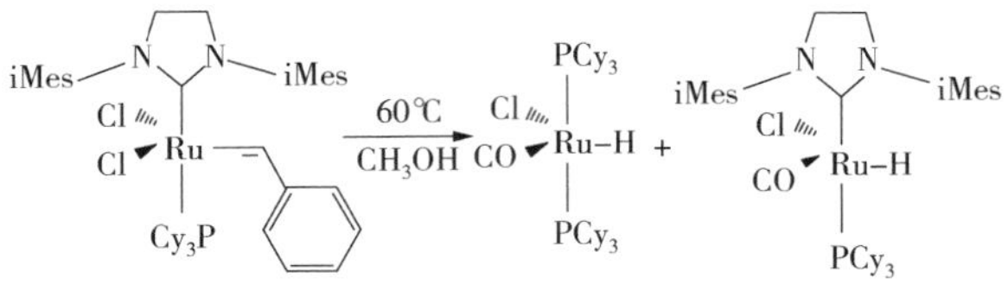

图 10.42　Grubbs Ⅱ催化剂与醇和分子氧分解

形成的氢化物是具有高活性的异构化催化剂，这样它们的形成能够巨大地影响复分解反应的选择性。复分解反应仍然比甲醇分解反应更加迅速，这样进行乙醇中的反应对结果的影响很小。Dinger 和 Mol 观察到在 1-辛烯的复分解反应中，高的底物与催化剂的比例下(100000∶1)，这样在更长的反应时间下，会发生大量的异构化反应。

在 2003 年，Werner 及其同事报告了当烯丙基乙醇作为底物时 Grubbs Ⅰ催化剂的分解[158]。分解过程以生成苯乙烯和一个羟基-亚乙基钌配合物的普通的复分解反应开始，但是后者分解生成了二氯羰基钌(见图 10.43)。

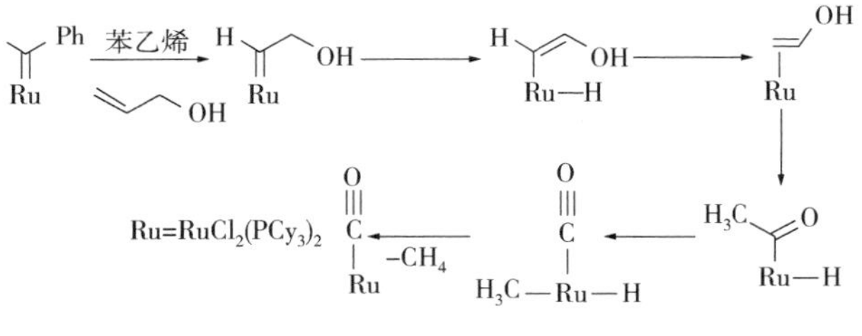

图 10.43　Grubbs Ⅰ催化剂用烯丙醇分解

将 Grubbs Ⅱ催化剂暴露于 CO 不会产生上面报告的羰基配合物。相反，将亚烷基插入到 NHC 配体的一个芳香基团中与两个 CO 分子的配位同时发生[159]，假设经过一个降莕二烯分子重排成为一个环庚三烯分子的形成过程(见图 10.44)。

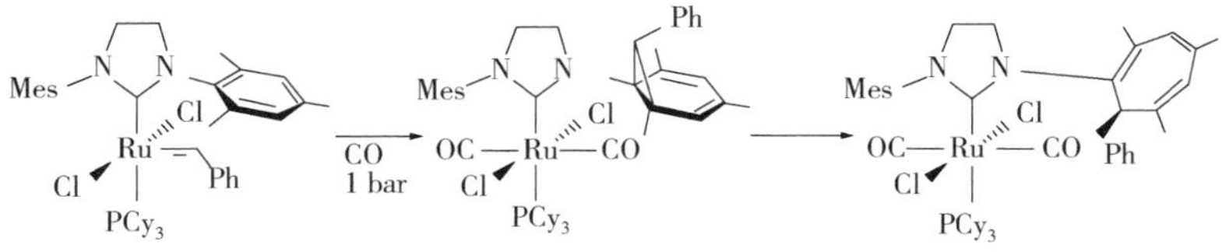

图 10.44　由 CO 和正亚拉基，环庚三烯形成的亚苄基排出

一个含有苯亚甲基的 Grubbs II 催化剂的三氟衍生物处在水中的微酸性条件下，乙腈与水在室温下定量反应了 4 天生成了苯甲醛，根据图 10.45 显示的机理，如 Lee 及其同事描述的那样[160]。反应最可能以水对碳烯中配位在阳离子钌上的碳原子的亲核攻击开始。这也许能与配位到二价钯和水的磷化物中的磷氧化物的形成相比较(1.4.2 节和 1.4.4 节)。使用重氮苯亚甲基来显示与水之间没有氢交换。

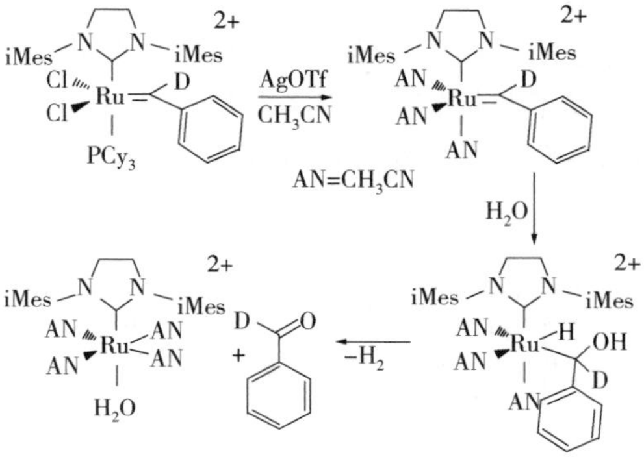

图 10.45　阳离子 NHC 催化剂与水的反应

使用水溶性的催化剂，RCM 在水中很难形成任何复分解反应，而 ROMP 就会进行的很好[161]。这是由于亚甲基中间体在水中不稳定，它在苯亚甲基被替换的第一个循环之后形成，甲基或苯基取代的 α，ω-二烯烃比没有取代的二烯烃在 RCM 过程中显示出更好的结果[162]。Hong 和 Grubbs 合成了水溶性的 Hoveyda-Grubbs 催化剂，其中聚乙二醇连接到 NHC 的饱和的主干结构上。该催化剂被成功使用在 RCM 和 CM 在水中的反应，尽管仍需要 5% 的催化剂。

在离子液体作为复分解反应的溶剂中，水会导致催化剂分解。Stark 及其同事研究了杂质对 Grubbs I、Grubbs II 以及 Hoveyda-Grubbs 催化剂在 1-辛烯自身复分解反应活性上的影响。后者被证明对于经常出现在离子液体中的杂质不那么敏感，如水、卤化物、1-甲基咪唑。在可以检测到的这些杂质的极限以下，Grubbs II 以及 Hoveyda 催化剂表现得一样好。在摩尔量上，1-甲基咪唑是这三种有毒物质最强的抑制剂。所使用的浓度(室温下)为每个钌原子上有 6mol 1-甲基咪唑会引起 11 个因数的活性下降。Grubbs II 催化剂对于水和 1-甲基咪唑是最敏感的，这也许意味着 NHC 配体是这些杂质(如图 10.42~10.44)的目标。催化剂在离子液体中内在的活性似乎比在纯 1-辛烯中活性要高。

Vosloo 及其同事比较了水、1-丁醇、乙酸对 1-辛烯与 Grubbs I 催化剂在各种溶剂中的自复分解反应的影响[164]。系统在氯苯中最活泼，活性和选择性的顺序为水>1-丁醇>乙酸。Schrock 催化剂 W(O-2,6-$C_6H_3Ph_2)_2Cl_4$/Bu_4Sn 具有一半的活性并且对于研究的杂质更加敏感。

与金属亚烷基物快速反应的有效的催化剂"毒物"可以尽我们的优势用来作为终止剂，例如在聚合反应中。在有阴离子存在的聚合反应里，高分子链可以在链的初始反应阶段被官能化或者在反应末尾通过一个适当的终止剂来进行。Kilbinger 及其同事引进了各种试剂来作为正在进行中的 ROMP 反应的终止剂，这些试剂在终止链的末端提供了官能团[165]。他们使用了单体 PNI 作为一种模型的环烯烃(它已经具有极性，它的应用将会涉及降冰片烯或环辛烯)，见图 10.46。展示的试剂是碳酸亚乙烯酯，生成一个以醛类终止的高分子。缺电子烯烃亚乙烯碳酸酯与增长的链进行定量的反应，形成了 Fischer 碳烯。这种特别的 Fischer 碳烯消除了一分子羧酸，生成了碳烯钌[166]，这不是一种活性复分解催化剂，除非对它进行再生。使用 3-溴-吡啶作为配合物的配体(为了减少潜伏期)，可以得到完美的封端结果。

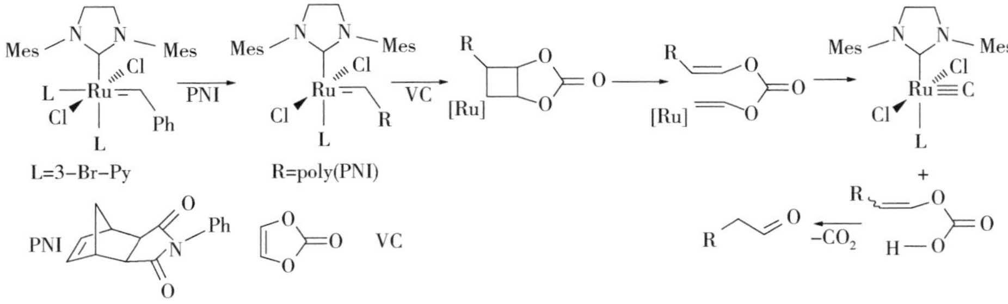

图 10.46　用碳酸亚乙烯酯封闭活 ROMP 聚合物

10.4.6　串联的复分解反应/加氢反应

通过任何目前为止报告的分解反应形成的氢化物都是高活性的加氢催化剂，并可以这样来是使用。此外，亚烷基催化剂被有意转化为氢化物，从而进行串联的复分解/加氢反应。第一个作为串联催化剂的应用应该是来自 McLain 和他的同事在一个简洁的高分子聚合综述中，他们简要介绍了由 1，5-环辛二烯和钯催化的甲氧羰基化反应得到环辛烯羧酸甲酯的 ROMP 反应[167]。复分解反应之后，产物通过复分解 Grubbs I 催化剂进行加氢反应，反应在高温高压下加入氢气。作者推测复分解亚烷基催化剂被转化为 $(Cy_3P)_2RuCl_2(H_2)$，一种在二氢的影响下具有加氢活性的催化剂。

在串联反应之前，$(Cy_3P)_2RuClH(CO)$ 作为 Grubbs I 催化剂与水和乙醇反应的分解产物，被用于一些反应实例中的加氢催化剂。$(Cy_3P)_2RuClH(CO)$ 作为氢转移催化剂的应用在 1980 年由 Graser 和 Steigerwald 进行了报告，在那时是对于磷化氢钌催化反应来说最快的催化剂[168]。Strohmeier 将 α，β-不饱和醛在钌配合物作为均相催化剂的情况下，大量选择性的加氢到不饱和醇[169]。被测试的配合物中，不包括 $(Cy_3P)_2RuClH(CO)$，$RuCl_2(CO)_2[PCy_3]_2$ 是该反应最有效的催化剂。Sanchez-Delgado 和他的同事发现，酮类加氢生成醇时，在 $(Cy_3P)_2RuClH$ (CO) 及其 PPh_3 的反应速率上没有太多的不同[170]。通过三氟醋酸盐代替氯离子生成最快的催化剂。Rempel 和他的同事，同样与 1997 年就丁腈橡胶采用 $(Cy_3P)_2RuClH$(CO) 作为催化剂的加氢反应作出报告[171]。

由于芳烃和二氯化钌的配合物在基底的作用下可以轻易的转化为活性加氢催化剂[172]，Dias 和 Grubbs[114] 在 ROMP 复分解反应的末端加入三乙胺生成二聚物，如图 10.28 所示，在加氢反应之后，实际上获得了饱和的高分子。之后才知道，(甲基异丙基苯)$RuCl_2$ 碎片的存在也许不是加氢反应发生的先决条件。

Yi 和他的同事研究了 $(Cy_3P)_2RuClH$(CO) 作为烯烃加氢催化剂的活性[173]，最开始没有参考将其描述为由 Grubbs I 催化剂与水或初级醇分解产物的复分解文献，如 10.4.5 节所述一样。1-己烯的加氢反应是在 $12000h^{-1}$ 的 TOF 下于 4bar 和室温下得到。速率通过添加 $HBF_4·OEt_2$ 可增加 3 倍，这导致一种新氢化物的形成，只含有一个磷化氢，另外一个磷化氢分子作为其磷酸盐被移除[174]。Yi 和 Nolan 通过一个 NHC 配体替换一个 Cy_3P，对 1-己烯的加氢反应速率在同样条件下提高到 $24000h^{-1}$[175]。

Watson 和 Wagener 为一个由 ADMET 或 ROMP 反应组成的串联反应作出报道，随后使用 Grubbs I 作为催化剂的加氢反应[176]，在复分解反应之后将二氧化硅添加到溶剂中，在这个溶剂中碳烯钌或其析出的分解产物被转化为多相加氢催化剂(8bar，90℃)。例如通过这种方法得到了脂肪族聚酯(见图 10.47)。

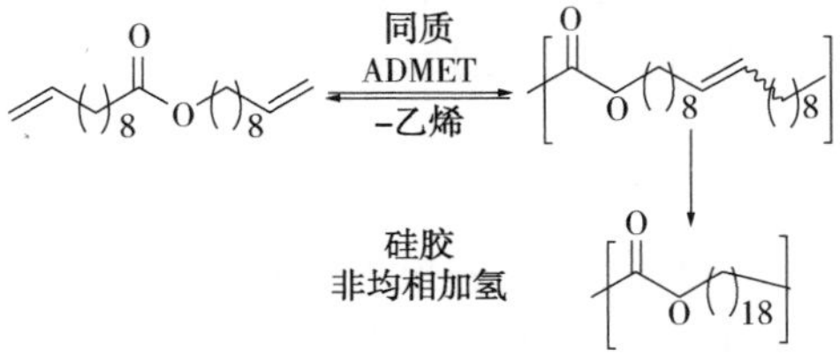

图 10.47 均相 ADMET，然后进行非均相氢化

Grubbs 及其同事使用 Grubbs I 和 Grubbs II 催化剂研究了在复分解反应 (RCM，交叉复分解)中的各种底物，之后进行原位加氢反应[177]。Grubbs I 催化剂与氢气在有碱存在的条件下反应生成 $(Cy_3P)_2RuClH(H_2)$[178]。添加基底对于烯烃的加氢反应不是必要的，但是为了获得酮类加氢的活性，乙二胺、碱和异丙醇被添加进来，这与上面描述的催化剂以及复分解反应时代之前的报道相似。烯酮可以被逐步加氢，首先是烯烃在基本添加物的存在下反应，之后酮在添加完碱和乙醇之后发生反应，但是后者反应的产率很适量。芳香物不适合于作为加氢反应的溶剂，因为它们仅会产生烯烃复分解产物的异构化作用。一个氢转移的方案可以在异丙醇作为氢的给体下酮类的加氢反应中被使用。

Fog 及其同事报告了如何在 ROMP-加氢-ROMP 反应的顺序下使用的一种催化剂[179]。Grubbs I 催化剂在添加完甲醇和氢气之后被转化成为了一种加氢催化剂。发现甲醇在加氢反应中相当于一种有力的促进剂，并且反应速率随着 MeOH 浓度的增加而增大。我们现在知道甲醇将复分解催化剂转化为 $(Cy_3P)_2RuClH(CO)$。添加 Et_3N 促进活性氢化物的形成。通过添加 3-氯-3-甲基-1-丁炔使得复分解反应的活性得到修复[121b]。

Dinger 和 Mol 使用通过 Grubbs II 催化剂与甲醇和 Et_3N 反应得到的 (NHC) $PCy_3Ru(CO)HCl$ 实现了 1-辛烯的加氢反应在 100℃、4bar 的氢气压力下的 TOFs 高达 160000h^{-1}[180]。

Schmidt 和 Pohler 在 RCM 反应之后添加氢化钠到溶液中，使用 Grubbs II 催化剂将钌化合物转化为活性加氢催化剂[181]。氢气可以通过将质子溶剂添加进存在的过量的 NaH 中的原位的方法来生成。

另外一个串联的反应是异构化反应，常常是一种不希望得到的复分解反应的副反应。Snapper 及其同事将其应用到了极致[182]。Grubbs II 和 Hoveyda-Grubbs 亚烷基钌是烯丙基醇和成环以及无环烯烃交叉复分解反应有效的催化剂，同时也是生成的烯丙基醇向烷基酮异构化转化的有效催化剂。这种新的串联方法的结果是一个单瓶过程，它能够从简单的烯丙基醇前驱体中提供高度功能化的，含有酮类物质的产品。Schmidt 介绍了复分解反应以及异构化作用的串联催化反应[183]。随后，Schmidt 展示了 RCM 可以由一些反应进行继续，这取决于应用在钌催化剂上的反应条件，这与上面描述的反应非常一致（见图 10.48）[184]。

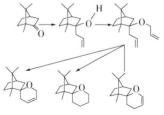

图 10.48 RCM，氢化和异构化的组合

复分解反应与其他反应的串联反应由 Dragutan[185] 进行过报告。迄今为止遇到的大多数基本的非复分解合成转化(加氢，氧化，异构化，烯丙基化，环丙烷化，等等)应用的背景是知道的，各种人名反应(Diels-Alder、Claisen、Heck、Ugi、Pauson-Khand、Kharasch 加成，等等)依次发生，每一种已知的钌配合物催化的复分解反应的形式同时发生或连续发生。大量的应用强调了钌催化剂的生产力。

10.5 结语

在过去 15 年，官能团烯烃的复分解反应提供了大量的新化合物，其中许多化合物通过其他途径是极其难以得到的。复分解反应极大程度上丰富了化学合成。它的普及无需进一步阐述[186]。尽管这一领域有惊人的进步，仍然有很大的收获。许多基底和催化剂的 TOF 高于 100000h^{-1}，TON 达 50000000。这些反应中的基底为非官能团化烯烃，用于 CM、ROMP 和 RCM。由于多相催化中毒实验表明，有时所采用的金属仅有 1% 是活性的，因此 *TON* 可能更高[187]。对于更多复杂分子，通常仍使用 1%~5% 的催化剂，而且在特殊情况下甚至可达到 30%~40%。对于后者如果所有的复杂催化剂都是有活性的，由于催化初始阶段的次烷基最终成为其中一种产物的碎片，这甚至对 CM 反应是有害的。因此，功能化基底在 *TOF* 和 *TON* 中仍有很大的提升空间。如果简单烯烃的催化剂的 *TON* 可以更高，则从产品中既不需要回收也不需要分解催化剂。对于简单烯烃，由于均相钌催化剂需求量太大，因此目前还没有大规模的应用。上述 10.4.2 节提及的，已分解催化剂的原位再生使得其触手可及。对于高附加值产品，5% 用量的催化剂甚至会对工业应用造成障碍，而在实验室，鉴于可以得到特别的合成，催化剂的用量并无限制。

因此，目前就失活机制方面的大量研究工作也就不足为奇了，同时，如何避免失活的研究在这一领域也位居榜首。除有机金属配合物的聚合之外，没有任何一个领域将如此大部分的研究投入到催化剂稳定性、分解机制和再生方面（不包括一些应用报告）。

相同平均摩尔量的非均相催化剂可能没有均相催化剂有活性，但它们可通过燃烧残留物并通过合适的处理将金属变回到预期的价态。用于官能化烯烃复分解反应的激活烷基金属，由于金属氧化为不能轻松出去而带来额外的困难。数十年来，简单烯烃已被大规模的应用于生产。

即使 Schrock 声称对于每个工艺，必须开发一个全新、优化的催化剂是更有可能的，但非均相催化剂领域依然致力于发现普遍的催化剂或配比[26]。

在大规模应用中，为帮助催化剂的分离，可选择性的采用离子液，而且，由于离子溶液中的固有活性看似稍高于纯溶液[163,188]。对于精细化学品，催化剂的分离可通过在溶液中加入二氧化硅使催化剂附着沉淀来实现；如果得到足够高的转化数，溶液就满足要求。有时低价位的精细化学品仍然可达到 50 万~100 万每摩尔催化剂的转化数。

次烷基金属催化剂的分解可通过大量反应实现。所有金属（Mo，W，Re，Ru）的亚甲基配合物是最不稳定，可以区分内在的不稳定性，并与杂质或官能化基底反应。氧化钼环丁烷分解生成丙烯。Mo 和 W 烷亚基可以分解生成二聚物或产生乙烯和 M=M 双链，或当存在酰亚胺配位体时产生氮桥接二聚体。可使用更庞大的配体阻止二聚反应。研究表明 Mo 和 W 次烷基与维蒂希类型的乙醛反应生成金属氧化物和烯烃，表明这些金属的亲氧性。通过合适的替换，这一反应可以减弱。许多质子化合物可导致分解反应，但已开发出大量的可以抵制底物极性和官能团的催化剂。

对于非官能化的烃类，原位制备的 Mo 和 W 催化剂通常比标准定义的催化剂更具有活性。对于完全净化的烃类，*TON* 的上限大约是 50 万（超过 Na/K）；这样不仅可以脱除含氧化合物，还可脱除炔烃和二烯烃。由于这些净化方法不能用于官能化烯烃，后者的转化数就不能轻易的达到一个高值。另一方面，合成产生的中间产物可能不含有典型的炼油厂杂质，炔烃和二烯烃！

炔烃可以迅速的与标准定义的次烷基前驱体发生复分解，而 1 炔烃不能，因为当 β-氢化物在金属环二丁烯中间产物中生成去质子的环丁二烯钨复合物并伴随 ROH 的消除后，它们生成亚烷基。这一平衡可通过加入更多的乙醇来还原。然而，在次烷基配合物中加入 ROH 同样可以发生，反应生成亚烷基配合物，这一反应可代替炔烃复分解反应导致炔烃聚合。

在铼氢化物的键中插入乙烯以及一系列的反应后，铼金属环二丁烯中的 β-氢化物将消失。

普通的钌催化剂分解反应是与质子溶液或杂志生成钌氢化物物质。氢化物是底物和产物异构化的诱因，并且在多数情况下，避免其发生是令人满意的。钌氢化物可通过醌类或炔衍生物有效地除去。后者再生的亚烷基钌物质，又可成为有活性的催化剂。同样，钌氢化物可在复分解反应完成之后生成，继续烯烃或其他不饱和中间产物的加氢合成(串联合成)。

亚甲基钌是一种具有最低固有稳定性的物质，最终可形成部分甲基磷盐或碳化物。NHC 配体经过大量反应，如通过 C-H 活化作用的金属取代，或与亚烷基环扩张。

许多摧毁亚烷基催化剂活性的反应已被作为 ROMP 反应的终止剂，这一反应在聚合物的尾端放置一个具有所需属性的分子。

总而言之，催化剂的分解机理已在复分解领域被详细的研究，包括这些反应和再生反应的有效应用，鉴于有机合成和聚合物合成中复分解反应的重要性，许多更有趣的现象将被发现。

参 考 文 献

[1] (a) Eleuterio, H. S. (1960) US Patent 3, 074, 918; Chem., Abstr (1961) 55, 16005; (b) Eleuterio, H. S. (1991) J. Mol. Catal., 65, 55.
[2] van Leeuwen, P. W. N. M. (2004) Homogeneous Catalysis; Understanding the Art, Ch. 9, Kluwer Academic Publishers, Dordrecht, the Netherlands (now Springer).
[3] Ivin, K. J. and Mol, J. C. (1997) Olefin Metathesis and Metathesis Polymerization, Academic Press, San Diego, USA, London, UK.
[4] Natta, G., Dall'Asta, G., and Porri, L. (1965) Makromol. Chem., 81, 253.
[5] (a) Michelotti, F. W. and Keaveney, W. P. (1965) J. Polym. Sci., A3, 895; (b) Rinehart, R. E. and Smith, H. P. (1965) Polym. Lett., 3, 1049.
[6] Novak, B. M. and Grubbs, R. H. (1988) J. Am. Chem. Soc., 110, 960 and 7542.
[7] Hórisson, J.-L. and Chauvin, Y. (1971) Makromol. Chem., 141, 161.
[8] Dolgoplosk, B. A., Makovetskii, K. L., and Tinyakova, E. I. (1972) Dokl. Akad. Nauk SSSR, 202, 871 (Engl. transl. p. 95~97).
[9] Dolgoplosk, B. A., Golenko, T. G., Makovetskii, K. L., Oreshkin, I. A., and Tinyakova, E. I. (1974) Dokl. Akad. Nauk SSSR, 216, 807.
[10] (a) Sharp, P. R. and Schrock, R. R. (1979) J. Organomet. Chem., 171, 43; (b) Johnson, L. K., Frey, M., Ulibarri, T. A., Virgil, S. C., Grubbs, R. H., and Ziller, J. W. (1993) J. Am. Chem. Soc., 115, 8167.
[11] (a) Binger, P., Muller, P., Benn, R., and Mynott, R. (1989) Angew. Chem., Int. Ed. Engl., 28, 610; (b) Johnson, L. K., Grubbs, R. H., and Ziller, J. W. (1993) J. Am. Chem. Soc., 115, 8130.
[12] Schrock, R. R. (1974) J. Am. Chem. Soc., 96, 6796.
[13] (a) Howard, T. R., Lee, J. B., and Grubbs, R. H. (1980) J. Am. Chem. Soc., 102, 6876; (b) Lee, J. B., Ott, K. C., and Grubbs, R. H. (1982) J. Am. Chem. Soc., 104, 7491; (c) Straus, D. A. and Grubbs, R. H. (1985) J. Mol.

Catal. , 28, 9.

[14] Tebbe, F. N. , Parshall, G. W. , and Reddy, G. S. (1978) J. Am. Chem. Soc. , 100, 3611-3613.

[15] Rendón, N. , Blanc, F. , and Coperet, C. (2009) Coord. Chem. Rev. , 253, 2015-2020.

[16] Chabanas, M. , Baudouin, A. , Copóeret, C. , and Basset, J. -M. (2001) J. Am. Chem. Soc. , 123, 2062-2063.

[17] Rendón, N. , Berthoud, R. , Blanc, F. , Gajan, D. , Maishal, T. , Basset, J. -M. , Coperet, C. , Lesage, A. , Emsley, L. , Marinescu, S. C. , Singh, R. , and Schrock, R. R. (2009) Chem. Eur. J. , 15, 5083-5089.

[18] Blanc, F. , Berthoud, R. , Coperet, C. , Lesage, A. , Emsley, L. , Singh, R. , Kreickmann, T. , and Schrock, R. R. (2008) Proc. Nat. Acad. Sci. , 105, 12123-12127.

[19] (a) Van Dam, P. B. , Mittelmeijer, M. C. , and Boelhouwer, C. (1972) J. Chem. Soc. , Chem. Commun. , 1221; (b) Verkuylen, E. and Boelhouwer, C. (1974) J. Chem. Soc. , Chem. Commun. , 793; (c) Verkuylen, E. , Kapteijn, F. , Mol, J. C. , and Boelhouwer, C. (1977) J. Chem. Soc. , Chem. Commun. , 198.

[20] Grubbs, R. H. and Hoppin, C. R. (1977) J. Chem. Soc. , Chem. Commun. , 634-635.

[21] Schrock, R. R. , Murdzek, J. S. , Bazan, G. C. , Robbins, J. , DiMare, M. , and O'Regan, M. (1990) J. Am. Chem. Soc. , 112, 3875.

[22] O'Leary, D. J. , Blackwell, H. E. , Washenfelder, R. A. , Miura, K. , and Grubbs, R. H. (1999) Tetrahedron Lett. , 40, 1091-1094.

[23] Kresss, J. , Wesolek, M. , and Osborn, J. A. (1982) J. Chem. Soc. , Chem. Commun. , 514-516.

[24] Kresss, J. and Osborn, J. A. (1983) J. Am. Chem. Soc. , 105, 6346-6347.

[25] Schrock, R. R. (2002) Chem. Rev. , 102, 145.

[26] Schrock, R. R. (2009) Chem. Rev. , 109, 3211-3226.

[27] Schrock, R. R. , DePue, R. , Feldman, J. , Schaverien, C. J. , Dewan, J. C. , and Liu, A. H. (1988) J. Am. Chem. Soc. , 110, 1423.

[28] Schaverien, C. J. , Dewan, J. C. , and Schrock, R. R. (1986) J. Am. Chem. Soc. , 108, 2771-2773.

[29] Tsang, W. C. P. , Schrock, R. R. , and Hoveyda, A. H. (2001) Organometallics, 20, 5658-5669.

[30] Takacs, J. M. , Reddy, D. S. , Moteki, S. A. , Wu, D. , and Palencia, H. (2004) J. Am. Chem. Soc. , 126, 4494-4495.

[31] (a) Kim, H. -J. , Moon, D. , Lah, M. S. , and Hong, J. -I. (2002) Angew. Chem. , Int. Ed. , 41, 3174-3177; (b) Portada, T. , Roje, M. , Hamersak, Z. , and Zinic, M. (2005) Tetrahedron Lett. , 46, 5957-5959.

[32] (a) Enemark, E. J. and Stack, T. D. P. (1998) Angew. Chem. , Int. Ed. , 37, 932-935; (b) Rowland, J. M. , Olmstead, M. M. , and Mascharak, P. K. (2002) Inorg. Chem. , 41, 1545-1549.

[33] Zhu, S. S. , Cefalo, D. R. , La, D. S. , Jamieson, J. Y. , Davis, W. M. , Hoveyda, A. H. , and Schrock, R. R. (1999) J. Am. Chem. Soc. , 121, 8251-8259.

[34] Lopez, L. P. H. , Schrock, R. R. , and Miiller, P. (2006) Organometallics, 25, 1978-1986.

[35] Arndt, S. , Schrock, R. R. , and Miiller, P. (2007) Organometallics, 26, 1279-1290.

[36] Kreickmann, T. , Arndt, S. , Schrock, R. R. , and Miiller, P. (2007) Organometallics, 26, 5702.

[37] Peetz, R. M. , Sinnwell, V. , and Thorn- Csanyi, E. (2006) J. Mol. Catal. A: Chem. , 254, 165-173.

[38] Tarasov, A. L. , Shelimov, B. N. , Kazansky, V. B. , and Mol, J. C. (1997) J. Mol. Catal. , 115, 219-228.

[39] Handzlik, J. and Ogonowski, J. (2002) Catal. Lett. , 83, 287-290.

[40] Tanaka, K. and Tanaka, K. -I. (1984) J. Chem. Soc. , Chem. Commun. , 748-749.

[41] (a) Binger, P. , Mueller, P. , Benn, R. , and Mynott, R. (1989) Angew. Chem. , Int. Ed. Engl. , 28, 610; (b) de la Mata, F. J. and Grubbs, R. H. (1996) Organometallics, 15, 577; (c) Johnson, L. K. , Grubbs, R. H. , and Ziller, J. W. (1993) J. Am. Chem. Soc. , 115, 8130.

[42] Tonzetich, Z. J. , Schrock, R. R. , and Mueller, P. (2006) Organometallics, 25, 4301.

[43] Yang, G. K. and Bergman, R. G. (1985) Organometallics, 4, 129.

[44] Freundlich, J. S. , Schrock, R. R. , and Davis, W. M. (1996) J. Am. Chem. Soc. , 118, 3643.

[45] Mol, J. C. and van Leeuwen, P. W. N. M. (2008) Metathesis of alkenes, in Handbook of Heterogeneous Catalysis, 2nd edn, vol. 7 (eds G. Ertl, H. Knozinger, F. Schuth, and J. Weitkamp), Wiley-VCH Verlag GmbH, Weinheim, pp. 3240-3256.

[46] Elev, I. V. , Shelimov, B. N. , and Kazansky, V. B. (1989) Kinet. Katal. , 30, 895-900.

[47] Vikulov, K. A. , Elev, I. V. , Shelimov, B. N. , and Kazansky, V. B. (1989) J. Mol. Catal. , 55, 126-145.

[48] Vikulov, K. A. , Shelimov, B. N. , Kazansky, V. B. , and Mol, J. C. (1994) J. Mol. Catal. , 90, 61-67.

[49] Vosloo, H. C. M. , Dickinson, A. J. , and du Plessis, J. A. K. (1997) J. Mol. Catal. A: Chem. , 115, 199-205.

[50] Maynard, H. D. and Grubbs, R. H. (1999) Macromolecules, 32, 6917-6924.

[51] Pennella, F. , Banks, R. L. , and Bailey, G. C. (1968) Chem. Commun. , 1548.

[52] Mortreux, A. and Blanchard, M. (1972) Bull. Soc. Chim. France, 1641.

[53] Mortreux, A. and Blanchard, M. (1974) J. Chem. Soc. Chem. Commun. , 786.

[54] Bencheick, A. , Petit, M. , Mortreux, A. , and Petit, F. (1982) J. Mol. Catal. , 15, 93.

[55] Wengrovius, J. H. , Sancho, J. , and Schrock, R. R. (1981) J. Am. Chem. Soc. , 103, 3932.

[56] Freudenberger, J. H. , Schrock, S. R. R. , Churchill, M. R. , Rheingold, A. L. , and Ziller, J. W. (1984) Organometallics, 3, 1563.

[57] (a) McCullough, L. G. , Listermann, M. L. , Schrock, R. R. , Churchill, M. R. , and Ziller, J. W. (1983) J. Am. Chem. Soc. , 105, 6729-6730; (b) Freudenberger, I. H. and Schrock, R. R. (1986) Organometallics, 5, 1411.

[58] Freudenberger, J. H. and Schrock, R. R. (1985) Organometallics, 4, 1937.

[59] Mortreux, A. , Petit, F. , Petit, M. , and Szymanska-Buzar, T. (1995) J. Mol. Catal. A: Chem. , 96, 95-105.

[60] Schrock, R. R. , Luo, S. , Lee, J. C. Jr. , Zanetti, N. C. , and Davis, W. M. (1996) J. Am. Chem. Soc. , 118, 3883.

[61] Bray, A. , Mortreux, A. , Petit, F. , Petit, M. , and Szymanska-Buzar, T. (1993) J. Chem. Soc. , Chem. Commun. , 197-199.

[62] Coutelier, O. and Mortreux, A. (2006) Adv. Synth. Catal. , 348, 2038-2042.

[63] Weiss, K. , Goller, R. , and Loessel, G. (1988) J. Mol. Catal. , 46, 267-275.

[64] Strutz, H. , Dewan, J. C. , and Schrock, R. R. (1985) J. Am. Chem. Soc. , 107, 5999-6005.

[65] Pedersen, S. F. , Schrock, R. R. , Churchill, M. R. , and Wasserman, H. J. (1982) J. Am. Chem. Soc. , 104, 6808-6809.

[66] Moulijn, J. A., Reitsma, H. J., and Boelhouwer, C. (1972) J. Catal., 25, 434–459.

[67] Ardizzoia, G. A., Brenna, S., LaMonica, G., Maspero, A., and Masciocchi, N. (2002) J. Organomet. Chem., 649, 173–180.

[68] Blanc, F., Berthoud, R., Salameh, A., Basset, J.-M., Coperet, C., Singh, R., and Schrock, R. R. (2007) J. Am. Chem. Soc., 129, 8434–8435.

[69] Rhers, B., Salameh, A., Baudouin, A., Quadrelli, E. A., Taoufik, M., Coperet, C., Lefebvre, F., Basset, J.-M., Solans- Monfort, X., Eisenstein, O., Lukens, W. W., Lopez, L. P. H., Sinha, A., and Schrock, R. R. (2006) Organo-metallics, 25, 3554–3557.

[70] Chaumont, P. and John, C. S. (1988) J. Mol. Catal., 46, 317–328.

[71] Cosyns, J., Chodorge, J., Commereuc, D., andTorck, B. (1998) Hydrocarbon Process., March 77, 61–66.

[72] Beattie, I. R. and Jones, P. J. (1979) Inorg. Chem., 18, 2318–2319.

[73] Herrmann, W. A. (1990) J. Organomet. Chem, 382, 1–18.

[74] Herrmann, W. A., Kuchler, J., Felixberger, J. K., Herdtweck, E., and Wagner, W. (1988) Angew. Chem., 100, 420–422.

[75] Buffon, R., Auroux, A., Lefebvre, F., Leconte, M., Choplin, A., Basset, J.-M., and Herrmann, W. A. (1992) J. Mol. Catal., 76, 287–295.

[76] Buffon, R., Choplin, A., Leconte, M., Basset, J.-M., Touroude, R., and Herrmann, W. A. (1992) J. Mol. Catal., 72, L7–L10.

[77] Horton, A. D. and Schrock, R. R. (1988) Polyhedron, 7, 1841–1853.

[78] Wang, W. -D. and Espenson, J. H. (1999) Organometallics, 18, 5170–5175.

[79] Toreki, R. and Schrock, R. R. (1990) J. Am. Chem. Soc., 112, 2448–2449.

[80] Toreki, R., Vaughn, G. A., Schrock, R. R., and Davis, W. M. (1993) J. Am. Chem. Soc., 115, 127–137.

[81] Greenlee, W. S. and Farona, M. F. (1976) Inorg. Chem., 15, 2129–2134.

[82] Warwel, S. and Siekermann, V. (1983) Makromol. Chem. Rapid Commun., 4, 423–427.

[83] Mol, J. C. (1999) Catal. Today 51, 289–299.

[84] Bosma, R. H. A., Van den Aardweg, G. C. N., and Mol, J. C. (1983) J. Organomet. Chem., 255, 159–171.

[85] Rodella, C. B., Cavalcante, J. M., and Buffon, R. (2004) Appl. Catal. A: Gen., 274, 213–217.

[86] Kirlin, P. S. and Gates, B. C. (1985) Inorg. Chem., 24, 3914–3920.

[87] Spronk, R., Dekker, F. H. M., and Mol, J. C. (1992) Appl. Catal. A: Gen., 83, 213–233.

[88] Behr, A. and Schuller, U. (2009) Chem. Ing. Technol., 81, 429–439.

[89] Behr, A., Schueller, U., Bauer, K., Maschmeyer, D., Wiese, K. -D., and Nierlich, F. (2009) Appl. Catal. A: Gen., 357, 34–41.

[90] McCoy, J. R. and Farona, M. F. (1991) J. Mol. Catal., 66, 51–58.

[91] Salameh, A., Coperet, C., Basset, J. -M., Bohm, V. P. W., and Roper, M. (2007) Adv. Synth. Catal., 349, 238–242.

[92] Amigues, P., Chauvin, Y., Commereuc, D., Hong, C. T., Lai, C. C., and Liu, Y. H. (1991) J. Mol. Catal., 65, 39–50.

[93] Commereuc, D. (1995) J. Chem. Soc., Chem. Commun., 791–792.

[94] Doledec, G. and Commereuc, D. (2000) J. Mol. Catal. A: Chem., 161, 125–140.

[95] Flatt, B. T., Grubbs, R. H., Blanski, R. L., Calabrese, J. C., and Feldman, J. (1994) Organometallics, 13, 2728–2732.

[96] Frech, C. M., Blacque, O., Schmalle, H. W., Berke, H., Adlhart, C., and Chen, P. (2006) Chem. Eur. J., 12, 3325–3338.

[97] Herrmann, W. A., Wagner, W., Flessner, U. N., Vokhardt, U., and Komber, H. (1991) Angew. Chem. Int. Ed. En-gl., 30, 1636–1638.

[98] Salameh, A., Baudouin, A., Soulivong, D., Boehm, V., Roeper, M., Basset, J. -M., and Coperet, C. (2008) J. Catal., 253, 180–190.

[99] Solans–Monfort, X., Clot, E., Coperet, C., and Eisenstein, O. (2005) J. Am. Chem. Soc., 127, 14015–14025.

[100] Poater, A., Solans - Monfort, X., Clot, E., Coperet, C., and Eisenstein, O. (2007) J. Am. Chem. Soc., 129, 8207–8216.

[101] Leduc, A. -M., Salameh, A., Soulivong, D., Chabanas, M., Basset, J. -M., Coperet, C., Solans–Monfort, X., Clot, E., Eisenstein, O., Bohm, V. P. W., and Roper, M. (2008) J. Am. Chem. Soc., 130, 6288–6297.

[102] Porri, L., Rossi, R., Diversi, P., and Lucherini, A. (1972) Polym. Prepr. (Am. Chem. Soc. Div. Polym. Chem.), 13, 897.

[103] Porri, L., Rossi, R., Diversi, P., and Lucherini, A. (1974) A. Makromol. Chem., 175, 3097.

[104] Novak, B. M. and Grubbs, R. H. (1988) J. Am. Chem. Soc., 110, 7542–7543.

[105] (a) Bruneau, C. and Dixneuf, P. H. (1999) Acc. Chem. Res., 32, 311–323; (b) Katayama, H. and Ozawa, F. (1998) Chem. Lett., 67–68; (c) Schwab, P., Grubbs, R. H., and Ziller, J. W. (1996) J. Am. Chem. Soc., 118, 100–110.

[106] Dolgoplosk, B. A., Golenko, T. G., Makovetskii, K. L., Oreshkin, I. A., and Tinyakova, E. I. (1974) Dokl. Akad. Nauk SSSR, 216, 807.

[107] France, M. B., Paciello, R. A., and Grubbs, R. H. (1993) Macromolecules, 26, 4739.

[108] Johnson, L. K., Grubbs, R. H., and Ziller, J. W. (1993) J. Am. Chem. Soc., 115, 8130; For this method, see also: Binger, P., Muller, P., Benn, R., and Mynott, R. (1989) Angew. Chem., Int. Ed. Engl., 28, 610.

[109] Nguyen, S. T., Johnson, L. K., Grubbs, R. H., and Ziller, J. W. (1992) J. Am. Chem. Soc., 114, 3974.

[110] Nguyen, S. T., Grubbs, R. H., and Ziller, J. W. (1993) J. Am. Chem. Soc., 115, 9858.

[111] Schwab, P., Grubbs, R. H., and Ziller, J. W. (1996) J. Am. Chem. Soc., 118, 100–110.

[112] Nguyen, S. T., Johnson, L. K., and Grubbs, R. H. (1992) J. Am. Chem. Soc., 114, 3974–3975.

[113] Dias, E. L., Nguyen, S. T., and Grubbs, R. H. (1997) J. Am. Chem. Soc., 119, 3887.

[114] Dias, E. L. and Grubbs, R. H. (1998) Organometallics, 17, 2758–2767.

[115] Stuer, W. , Wolf, J. , and Werner, H. (2002) J. Organomet. Chem. , 641, 203−207.

[116] Sanford, M. S. , Love, J. A. , and Grubbs, R. H. (2001) J. Am. Chem. Soc. , 123, 6543−6554.

[117] McGuinness, D. S. , Cavell, K. J. , Skeleton, B. W. , and White, A. H. (1999) Organometallics, 18, 1596.

[118] Castarlenas, R. , Vovard, C. , Fischmeister, C. , and Dixneuf, P. H. (2006) J. Am. Chem. Soc. , 128, 4079−4089.

[119] Katayama, H. and Ozawa, F. (2004) Coord. Chem. Rev. , 248, 1703.

[120] Nubel, P. O. and Hunt, C. L. (1999) J. Mol. Catal. A, 145, 323.

[121] (a) Griinwald, C. , Gevert, O. , Wolf, J. , Gonzalez−Herrero, P. , and Werner, H. (1996) Organometallics, 15, 1960−1962; (b) For propargyl chloride, see: Wilhelm, T. E. , Belderrain, T. R. , Brown, S. N. , and Grubbs, R. H. (1997) Organometallics, 16, 3867−3869.

[122] Wolf, J. , Stüer, W. , Griinwald, C. , Werner, H. , Schwab, P. , and Schulz, M. (1998) Angew. Chem. Int. Ed. , 37, 1124−1126.

[123] van Schalkwyk, C. , Vosloo, H. C. M. , and Botha, J. M. (2002) J. Mol. Catal. A: Chem. , 190 185−195.

[124] Hong, S. H. , Sanders, D. P. , Lee, C. W. , and Grubbs, R. H. (2005) J. Am. Chem. Soc. , 127, 17160−17161.

[125] Love, J. A. , Sanford, M. S. , Day, M. W. , and Grubbs, R. H. (2003) J. Am. Chem. Soc. , 125, 10103−10109.

[126] Morgan, J. P. and Grubbs, R. H. (2000) Org. Lett. , 2, 3153−3155.

[127] Weskamp, T. , Kohl, F. J. , Hieringer, W. , Gleich, D. , and Herrmann, W. A. (1999) Angew. Chem. Int. Ed. , 38, 2416−2419.

[128] Ben−Asuly, A. , Tzur, E. , Diesendruck, C. E. , Sigalov, M. , Goldberg, I. , and Lemcoff, N. G. (2008) Organometallics, 27, 811−813.

[129] Garber, S. B. , Kingsbury, J. S. , Gray, B. L. , and Hoveyda, A. H. (2000) J. Am. Chem. Soc. , 122, 8168−8179.

[130] Gessler, S. , Randl, S. , and Blechert, S. (2000) Tetrahedron Lett. , 41, 9973−9976.

[131] Samec, J. S. M. and Grubbs, R. H. (2008) Chem. Eur. J. , 14, 2686−2692.

[132] Denk, K. , Fridgen, J. , and Herrmann, W. (2002) Adv. Synth. Catal. , 344, 666−670.

[133] Allaert, B. , Dieltiens, N. , Ledoux, N. , Vercaemst, C. , VanDerVoort, P. , Stevens, C. V. , Linden, A. , and Verpoort, F. (2006) J. Mol. Catal. A, 260, 5482−5486.

[134] Louie, J. and Grubbs, R. H. (2001) Angew. Chem. Int. Ed. , 40, 247−249.

[135] Romero, P. E. , Piers, W. E. , and McDonald, R. (2004) Angew. Chem. Int. Ed, 43, 6161−6165.

[136] Carlson, R. G. , Gile, M. A. , Heppert, J. A. , Mason, M. H. , Powell, D. R. , Vander Velde, D. , and Vilain, J. M. (2002) J. Am. Chem. Soc. , 124, 1580.

[137] Ulman, M. and Grubbs, R. H. (1999) J. Org. Chem. , 64, 7202−7207.

[138] (a) Hong, S. H. , Wenzel, A. G. , Salguero, T. T. , Day, M. W. , and Grubbs, R. H. (2007) J. Am. Chem. Soc. , 129, 7961−7968; (b) Hong, S. H. , Day, M. W. , and Grubbs, R. H. (2004) J. Am. Chem. Soc. , 126, 7414−7415.

[139] Hansen, S. M. , Rominger, F. , Metz, M. , and Hofmann, P. (1999) Chem. Eur. J. , 5, 557−566.

[140] Hansen, S. M. , Volland, M. A. O. , Rominger, F. , Eisentrager, F. , and Hofmann, P. (1999) Angew. Chem. Int. Ed. , 38, 1273−1276.

[141] Burdett, K. A. , Harris, L. D. , Margl, P. , Maughon, B. R. , Mokhtar−Zadeh, T. , Saucier, P. C. , and Wasserman, E. P. (2004) Organometallics, 23, 2027−2047.

[142] Lysenko, Z. , Maughon, B. R. , Mokhtar− Zadeh, T. , and Tulchinsky, M. L. (2006) J. Organomet. Chem. , 691, 5197−5203.

[143] Sauvage, X. , Borguet, Y. , Zaragoza, G. , Demonceau, A. , and Delaude, L. (2009) Adv. Synth. Catal. , 351, 441−455.

[144] Trnka, T. M. , Morgan, J. P. , Sanford, M. S. , Wilhelm, T. E. , Scholl, M. , Choi, T. −L. , Ding, S. , Day, M. W. , and Grubbs, R. H. (2003) J. Am. Chem. Soc, 125, 2546−2558.

[145] Jazzar, R. F. R. , Macgregor, S. A. , Mahon, M. F. , Richards, S. P. , and Whittlesey, M. K. (2002) J. Am. Chem. Soc. , 124, 4944−4945.

[146] Hong, S. H. , Chlenov, A. , Day, M. W. , and Grubbs, R. H. (2007) Angew. Chem. Int. Ed. , 46, 5148−5151.

[147] Vehlow, K. , Gessler, S. , and Blechert, S. (2007) Angew. Chem. Int. Ed. , 46, 8082−8085.

[148] (a) Chung, C. K. and Grubbs, R. H. (2008) Org. Lett. , 10, 2693−2696; (b) Kuhn, K. M. , Bourg, J. −B. , Chung, C. K. , Virgil, S. C. , and Grubbs, R. H. (2009) J. Am. Chem. Soc. , 131, 5313−5320.

[149] Vieille−Petit, L. , Luan, X. , Gatti, M. , Blumentritt, S. , Linden, A. , Clavier, H. , Nolan, S. P. , and Dorta, R. (2009) Chem. Commun. , 3783−3785.

[150] Courchay, F. C. , Sworen, J. C. , Ghiviriga, I. , Abboud, K. A. , and Wagener, K. B. (2006) Organometallics, 25, 6074−6086.

[151] (a) Baker, R. and Crimmin, M. J. (1977) Tetrahedron Lett. , 441; (b) Verkuijlen, E. and Boelhouwer, C. (1974) J. Chem. Soc. , Chem. Commun. , 793−794.

[152] Buchowicz, W. and Mol, J. C. (1999) J. Mol. Catal. A: Chem. , 148, 97−103.

[153] Forman, G. S. , McConnell, A. E. , Hanton, M. J. , Slawin, A. M. Z. , Tooze, R. P. , Janse van Rensburg, W. , Meyer, W. H. , Dwyer, C. , Kirk, M. M. , and Serfontein, D. W. (2004) Organometallics, 23, 4824−4827.

[154] O'Leary, D. J. , Blackwell, H. E. , Washenfelder, R. A. , Miura, K. , and Grubbs, R. H. (1999) Tetrahedron Lett. , 40, 1091−1094.

[155] Dinger, M. B. and Mol, J. C. (2003) Organometallics, 22, 1089−1095.

[156] (a) Furstner, A. , Ackermann, L. , Gabor, B. , Goddard, R. , Lehmann, C. W. , Mynott, R. , Stelzer, F. , and Thiel, O. R. (2001) Chem. Eur. J. , 7, 3236; (b) Fogg, D. E. , Amoroso, D. , Drouin, S. D. , Snelgrove, J. , Conrad, J. , and Zamanian, F. (2002) J. Mol. Catal. A: Chem. , 190, 177−184; (c) Drouin, S. D. , Zamanian, F. , and Fogg, D. E. (2001) Organometallics, 20, 5495−5497; (d) Werner, H. , Griinwald, C. , Stüer, W. , and Wolf, J. (2003) Organometallics, 22, 1558−1560.

[157] (a) Dinger, M. B. and Mol, J. C. (2003) Eur. J. Inorg. Chem. , 2827; (b) Banti, D. and Mol, J. C. (2004) J. Organomet. Chem. , 689, 3113−3116.

[158] Werner, H. , Griinwald, C. , Stüer, W. , and Wolf, J. (2003) Organometallics, 22, 1558−1560.

[159] Galan, B. R. , Gembicky, M. , Dominiak, P. M. , Keister, J. B. , and Diver, S. T. (2005) J. Am. Chem. Soc. , 127,

15702—15703.

[160] Kim, M., Eum, M. -S., Jin, M. Y., Jun, K. - W., Lee, C. W., Kuen, K. A., Kim, C. H., and Chin, C. S. (2004) J. Organomet. Chem., 689, 3535—3540.

[161] Hong, S. H. and Grubbs, R. H. (2006) J. Am. Chem. Soc., 128, 3508—3509.

[162] Kirkland, T. A., Lynn, D. M., and Grubbs, R. H. (1998) J. Org. Chem., 63, 9904—9909.

[163] Stark, A., Ajam, M., Green, M., Raubenheimer, H. G., Ranwell, A., and Ondruschka, B. (2006) Adv. Synth. Catal., 348, 1934—1941.

[164] van Schalkwyk, C., Vosloo, H. C. M., and du Plessis, J. A. K. (2002) Adv. Synth. Catal., 344, 781—788.

[165] Hilf, S., Grubbs, R. H., and Kilbinger, A. F. M. (2008) J. Am. Chem. Soc., 130, 11040—11048.

[166] Caskey, S. R., Stewart, M. H., Johnson, M. J. A., and Kampf, J. W. (2006) Angew. Chem., Int. Ed., 45, 7422—7424.

[167] McLain, S. J., McCord, E. F., Arthur, S. D., Hauptman, E., Feldman, J., Nugent, W. A., Johnson, L. K., Mecking, S., and Brookhart, M. (1997) Polym. Mater. Sci. Eng., 76, 246—247.

[168] Graser, B. and Steigerwald, H. (1980) J. Organomet. Chem., 193, C67—C70.

[169] Strohmeier, W. and Holke, K. (1980) J. Organomet. Chem., 193, C63—C66.

[170] Sanchez-Delgado, R. A., Valencia, N., Marquez-Silva, R. -L., Andriollo, A., and Medina, M. (1986) Inorg Chem., 25, 1106—1111.

[171] Martin, P., McManus, N. T., and Rempel, G. L. (1997) J. Mol. Catal. A: Chem, 126, 115—131.

[172] Hinze, A. G. (1973) Reel. Trav. Chim. Pays- Bas, 92, 542—552.

[173] Yi, C. S. and Lee, D. W. (1999) Organometallics, 18, 5152—5156.

[174] Yi, C. S., Lee, D. W., He, Z., Rheingold, A. L., Lam, K. -C., and Concolino, T. E. (2000) Organometallics, 19, 2909—2915.

[175] Lee, H. M., Smith, D. C. Jr., He, Z., Stevens, E. D., Yi, C. S., and Nolan, S. P. (2001) Organometallics, 20, 794—797.

[176] Watson, M. D. and Wagener, K. B. (2000) Macromolecules, 33, 3196—3201.

[177] Louie, J., Bielawski, C. W., and Grubbs, R. H. (2001) J. Am. Chem. Soc., 123, 11312—11313.

[178] Drouin, S. D., Yap, G. P. A., and Fogg, D. E. (2000) Inorg. Chem., 39, 5412—5414.

[179] (a) Drouin, S. D., Zamanian, F., and Fogg, D. E. (2001) Organometallics, 20, 5495—5497; (b) Fogg, D. E., Amoroso, D., Drouin, S. D., Snelgrove, J., Conrad, J., and Zamanian, F. (2002) J. Mol. Catal. A: Chem., 190, 177—184.

[180] Dinger, M. B. and Mol, J. C. (2003) Eur. J. Inorg. Chem., 2827—2833.

[181] Schmidt, B. and Pohler, M. (2003) Org. Biomol. Chem., 1, 2512—2517.

[182] Finnegan, D., Seigal, B. A., and Snapper, M. L. (2006) Org. Lett., 8, 2603—2606.

[183] Schmidt, B. (2004) Eur. J. Org. Chem., 1865—1880.

[184] Schmidt, B. and Staude, L. (2006) J. Organomet. Chem., 691, 5218—5221.

[185] Dragutan, V. and Dragutan, I. (2006) J. Organomet. Chem., 691, 5129—5147.

[186] Hoveyda, A. H. and Zhugralin, A. R. (2007) Nature, 450, 243—251.

[187] Chauvin, Y. and Commereuc, D. (1992) J. Chem. Soc., Chem. Commun., 462—464.

[188] Williams, D. B. G., Ajam, M., andRanwell, A. (2006) Organometallics, 25, 3088—3090.